建筑施工安全专项方案编制

邢建兴　范利霞　吕家骥　张　锐　主编

中国铁道出版社

2010年·北　京

内 容 简 介

本书以安全技术标准、规范为依据，重点探讨了施工组织设计、安全技术措施、专项施工方案编制依据、内容、方法、设计计算和程序等技术文件的形成。全书共8章36节，内容包括：建筑工程安全技术；脚手架工程专项施工方案；"三宝、四口"及安全防护措施；基坑支护与降水工程；模板工程专项施工方案；施工用电；起重吊装专项施工方案；建筑起重机械设备安装、拆除作业方案。

图书在版编目(CIP)数据

建筑施工安全专项方案编制/那建兴，范利霞，吕家骥，张锐主编．北京：中国铁道出版社，2009.10（2010.4重印）

ISBN 978-7-113-10441-2

Ⅰ.建… Ⅱ.那… Ⅲ.建筑工程—工程施工—安全技术 Ⅳ.TU714

中国版本图书馆CIP数据核字(2009)第158540号

书　　名：建筑施工安全专项方案编制

作　　者：那建兴　范利霞　吕家骥　张　锐　主编

责任编辑：江新锡　　**电话：**010-51873018　　**电子信箱：**Jxinxi@suhu.com

编辑助理：陈小刚

封面设计：崔丽芳

责任校对：张玉华

责任印制：李　佳

出版发行：中国铁道出版社（100054，北京市宣武区右安门西街8号）

网　　址：http://www.tdpress.com

印　　刷：北京市彩桥印刷有限责任公司

版　　次：2009年10月第1版　　2010年4月第2次印刷

开　　本：787mm×1 092mm　1/16　印张：30.75　字数：775千

书　　号：ISBN 978-7-113-10441-2/TU·1055

定　　价：65.00元

前　言

安全生产是社会进步与文明的标志，是生产力发展的基础和条件。实现安全生产，需要相应技术和管理工作的保证。本书以国家安全生产方针、政策和安全技术标准、规范为依据；以提高施工企业工程技术人员、安全生产管理人员施工技术和管理能力为目标；全面系统的介绍了施工组织设计、安全技术措施、专项施工方案的编制、设计、计算和安全管理文件的编制等内容。融汇了大量的专业技术知识，提供了不同类型专项施工方案的实际案例，具有较强的技术指导性和可操作性。适用于建设工程安全监督管理部门、施工企业、监理单位工作学习之用。

本书在落实安全技术标准、规范方面，进行了非常有益的探索。重点探讨了施工组织设计、安全技术措施、专项施工方案编制依据、内容、方法、设计计算和程序等技术文件的形成。全书共 8 章 36 节，内容包括：建筑工程安全技术；脚手架工程专项施工方案；“三宝、四口”及安全防护措施；基坑支护与降水工程；模板工程专项施工方案；施工用电；起重吊装专项施工方案；建筑起重机械设备安装、拆除作业方案。

本书由那建兴、范利霞、吕家骥、张锐、刘庆余、李晓玲、李娇编写。在编写过程中，参阅了大量的技术资料，得到了很多专家和单位的大力支持，在此表示衷心的感谢。

书中涉及专业计算及引用的计算公式仅供参考，具体实施须以国家标准规范为依据。由于编写时间仓促，编者水平所限，难免有疏漏和不当之处，恳请批评指正。

编　者

目　录

第一章　建设工程安全技术

第一节　概　　述

针对施工作业中，为防止施工现场存在的机械能、电能、热能、爆炸能等危险因素的意外排放或在排放时排除障碍因素所采取的各种技术方法、技术手段的综合，统称为安全技术。建设工程安全技术是指从事各类土木工程、建筑工程、线路管道和设备安装工程及装修工程等有关施工活动所采取，消除导致人员伤害、死亡、职业病，或造成设备财产破坏、损失，以及危害环境的条件，实现安全生产的技术措施。建设工程安全技术，包括施工组织设计、安全技术措施、专项安全施工方案、安全技术交底等。安全技术文件体系关系如图 1—1。

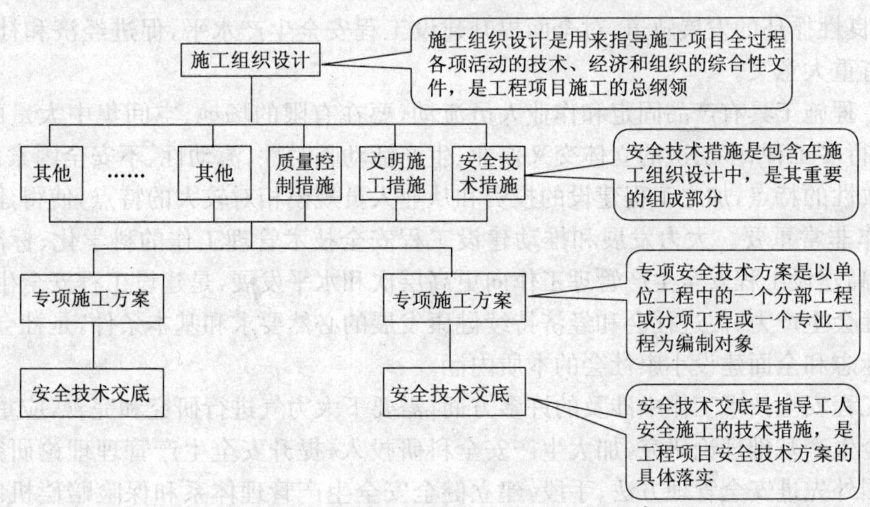

图 1—1　安全技术文件体系关系图

建设工程施工是将工程设计图纸，在指定的位置建成完整的建筑物或构筑物，是一项过程比较复杂，需要组织多单位（如基础、土建、吊装、安装、装饰等单位）、多工种协同配合的系统工程。施工组织设计就是为了保证施工中在质量、进度、效益方面都达到设计标准，完成建设目标，编制的统筹全局、科学安排工作计划的统称，是指导施工的技术文件。

《建设工程安全生产管理条例》第二十六条规定：施工单位应当在施工组织设计中编制安全技术措施和施工现场临时用电方案；对达到一定规模的，或者对工程较大、施工工艺复杂、专业性很强的施工项目，还必须编制专项安全施工方案；危险性较大的分部分项工程编制的专项施工方案，并附具安全验算结果；经施工单位技术负责人、总监理工程师签字后实施，由专职安全生产管理人员进行现场监督实施。

安全技术措施是施工单位为顺利完成施工任务，防止发生生产安全事故和职业病的危害，保护生命安全和身体健康，从技术上采取的措施，是安全技术方法、安全技术工艺、安全用具、安全装置及安全设备的综合。包括在建设工程施工前编制的施工组织设计或施工方案中，针对工程特点、施工方法、使用的机械、动力设备及现场环境等具体情况，制定的安全技术措施。还包括为防止发生险情，或者发生险情也不会造成生产安全事故，防止人员、物体坠落伤人所设置的安全立网、平网；防止司机操作失误发生冲顶或断绳事故，在升降机械中装设可以自动断电停机的升高限位装置等。

安全技术方案是以单位工程中比较复杂、危险的分部、分项工程或一个专项工程为对象，依照国家标准、规范编制的专项施工方案，是指导施工的技术文件，比安全技术措施内容更具体、详细，更具有针对性和指导作用。它包括基础、脚手架、模板、施工用电、安全防护、起重吊装、拆除等方面。

安全技术交底是工程开工前，依据施工组织设计及施工方案，向参加施工的人员进行安全技术措施、方案详细交底，使施工人员知道什么时候、什么部位、什么作业应当采取哪些安全技术措施，保证施工安全的管理方法，是具有法律作用的技术文件。

安全生产关系到经济建设的发展和社会的稳定，是社会进步和文明发展进程的标志。目前我国面临着新形势、新机遇、新挑战，对建设工程安全生产工作提出了很高的要求和期望。建立安全生产长效机制，按照安全生产和科技发展的客观规律，逐步使建设工程安全生产工作步入健康、良性循环的发展轨道，对全面提升建设工程安全生产水平，促进经济和社会的可持续发展具有重大意义。

建设工程施工具有产品固定和作业人员流动，要在有限的场地、空间集中大量的人员、设备、材料进行多工种、多层次的立体交叉作业，生产活动临时性、流动性、不安全因素多、事故多发性和时效性的特点，加之工程建设的投资和从业人员规模相对较大的特点，使得建设工程安全生产工作非常重要。大力发展和推动建设工程安全技术管理工作的科学化、标准化、规范化，不断提高建设工程安全生产管理工作向更高层次和水平发展，是建设工程安全生产工作保护和发展社会生产力、促进社会和经济持续健康发展的必然要求和基本条件，是社会文明与进步的重要标志和全面建设小康社会的本质内涵。

建设工程安全技术工作中涉及的许多方面，需要下大力气进行研究和完善，应重点加强建设工程安全生产基础理论研究，加大生产安全科研投入，提升安全生产管理理论研究水平，借鉴和学习国外先进安全管理方法、手段，建立健全安全生产管理体系和保险赔偿机制，形成安全生产科技开发、新技术推广的产业化系统与机制。对灾害的监控，灾害的预测、预报，灾害的诱发机制，以及相应的灾害防治措施等进行系统而全面的调查研究，使我国建设工程安全生产能够得到强有力的技术支持，从根本上解决我国建设工程安全生产领域的突出问题，提高建设工程安全技术人员的安全技术管理水平，提高施工企业和施工现场安全管理的科技能力，建立安全生产可持续发展的健康环境和机制。

第二节　施工组织设计

施工组织设计是指导建筑施工的重要技术经济文件，也是对建筑施工安全的整体规划。施工组织设计是用来指导施工项目全过程各项活动的技术、经济和组织的综合性文件，为了在安全、质量、进度、效益等都得到保证的情况下，顺利完成建设任务，编制的一个统筹全局、科学安排的工作方案。它是施工技术与施工项目管理有机结合的产物，是工程开工后施工活动能有序、高效、科学合理地进行的保证，是工程施工的总纲领。

一项工程，如果在工程项目开工之前，没有根据工程特点，结合建设地点的环境和施工单位的客观条件编制施工组织设计，必然造成人力、物力、财力的浪费；同时，极大地关系到整个工程施工全过程的安全生产。所以，每个单位工程必须编制施工组织设计。

一、施工组织设计的分类

施工组织设计根据工程项目的规模大小，可以编制施工组织总设计和单位工程施工组织设计。

(一)施工组织总设计

施工组织设计是以大、中型等群体工程建设项目为对象，在规划设计阶段，对整个建设项目从施工组织方面进行全面规划、周密部署，保证施工准备工作按照规划的程序合理有效地进行。施工组织总设计的内容比较概括、粗略。

(二)单位工程施工组织设计

单位工程施工组织设计是在施工组织总设计指导下，以一个单位工程为对象，在施工图纸到达后，单位工程开工前，落实具体的施工组织、施工方法和具体的技术措施。内容较施工组织总设计详细具体，适用于指导单位工程的施工管理。在单位工程施工组织设计编制后，可重新审议施工组织总设计，有时需要进行必要的修改与调整。

二、施工组织设计的编制及审批程序

施工单位应当建立以企业技术负责人为第一责任人的企业技术责任制度，应当建立和完善施工组织设计的编审程序和专家审查制度，明确各级技术人员的职责。一般工程的施工组织设计由项目技术负责人编制，企业技术、质量、安全、材料、设备等相关部门审核会签，企业技术负责人、项目总监理工程师审批。

重大工程施工组织设计由企业技术部门组织编制，企业技术、质量、安全、材料、设备等相关部门审核会签，企业技术负责人、项目总监理工程师审批。

施工组织设计如需变更的，应由原编制人进行修改并出具变更通知单，经原审核人、审批人签发后方可实施。

建设工程实行总包和分包的，由总包单位负责编制施工组织设计或者分阶段施工组织设计。分包单位在总包单位的总体部署下，负责编制分包工程的施工组织设计。

三、单位工程施工组织设计主要内容

施工组织设计应当根据现行有关技术标准、规范、施工图设计文件(通过质量、环境、职业健康安全管理体系认证的企业，还要结合 GB/T 19001－2000、GB/T 28001－2001、GB/T 24001－2004 标准要求)，并根据工程特点、施工方法、劳动组织和作业环境等具体情况，并结合企业、项目部实际编制，编制时要遵循 P(计划)－D(实施)－C(检查)－A(处理、提高)的原则，明确项目的质量、环境、职业健康安全管理目标，要求内容全面、突出主要施工工序的施工方法和确保工程安全、质量的技术措施，要有针对性、可行性和可操作性，同时还要明确规定落实技术措施的责任人、完成时间、检查人。施工组织设计要突出主要施工工序的施工方法和确保工程安全、质量的技术措施。措施要明确，要有针对性和可操作性，同时还要明确规定落实技术措施的责任人。单位施工组织设计中应包括的主要内容有：

1. 编制依据。

编制施工组织设计涉及的相关技术规范、标准、规程、法律法规性文件、施工企业的贯标技术文件等，还应包括施工图纸、地质勘察报告、招投标文件等相关的资料等。

2.工程概况。

工程的位置、尺寸；施工环境周围的地形、地质、水文情况、地上地下障碍物情况等；气象条件、交通状况等；工程的结构、使用功能特点以及使用新技术、新材料、新结构、新机具的情况。

3.工程质量、安全、环境、职业健康安全目标。

工程质量、安全、环境、职业健康目标，应结合投标文件中向建设单位所承诺的目标制定。

4.工程质量、安全、环境、职业健康目标分解及管理。

5.主要施工方法。

根据施工现场的具体情况，选择最为合理的施工工艺和施工方法，并要详细说明施工的关键过程、特殊过程控制方法。

6.工程施工进度计划、施工力量、机具及部署、职责分工。

7.施工组织技术措施。

施工组织技术措施中包括保证质量的技术措施、保证安全生产的安全技术措施、预防职业病以及环境污染等各种措施，针对工程的特殊性，进行危险性分析，制定可行的安全措施，预防危险发生。

8.施工总平面布置图、施工现场安全标志平面图、施工现场排水平面图。

9.总包和分包的分工范围及交叉施工部署。

体现“安排”与“组织”，按照施工程序、流向，合理划分流水段；施工机械的选择；时间、空间的利用等。

10.项目部组织机构图、质量、安全、环境保证体系图。

11.监控及救援预案。

对施工环境危险源的分析，识别，进行分析和判断的基础上，根据分析、判断采取预防及救援措施；可利用管理技术方法进行分析，建立危险辨识体系，并明确应急报警机制；配置应急反应行动的资源；建立应急反应救援安全通道体系和通讯体系；受影响区域的疏散机制；交通管制机制等。

四、施工组织设计的实施和检查

工程项目部应承担施工组织设计的贯彻执行职责。经过审批的施工组织设计，在开工前要召开项目部会议，详细地讲解其内容、要求、安全生产的关键和保证措施，主要内容是施工工艺、操作方法、操作要求等，组织班组人员广泛讨论，使施工组织设计贯彻到每个施工生产人员，并在施工中贯彻落实执行。

对施工现场易发生重大事故的部位、环节进行重点监控，制定项目施工生产事故的应急救援预案，建立了公司和项目部双重应急救援组织、机构，明确职责分工，以应对突发事件的发生，确保万无一失。施工作业过程中，项目技术负责人和项目质量（安全）员应随时进行检查，发现问题及时整改。施工作业完成后项目技术负责人和项目质量（安全）员应当进行检查验收。发现存在不符合要求的，并由检查人员下达相应的整改指令，并签字负责。

五、施工组织设计编制应注意的问题

在编制施工组织设计或施工方案时，应注意克服下述几种问题：

1.对施工现场不做实际、具体、细致的调查研究，致使施工组织设计或施工方案，脱离实际，使基层难于执行，使施工组织设计沦为一种应付开工的形式，失去了指导施工具体作用。

2. 负责编制施工组织设计的人员，搞繁琐哲学，不管工程规模大小，结构复杂程序，一律表格、文字堆积，重点不突出，成效甚微，未起到施工组织的作用。

第三节　安全技术措施

《中华人民共和国建筑法》第三十八条规定："建筑施工企业在编制施工组织设计时，应当根据建筑工程的特点制定相应的安全技术措施"。

安全技术措施，系指为防止工伤事故和职业病的危害，从技术上采取的措施。工程施工中，针对工程的特点、施工现场环境、施工方法、劳动组织、作业方法、使用的机械、动力设备、变配电设施、架设工具以及各项安全防护设施等制定的确保安全施工的措施，称为施工安全技术措施。

施工安全技术措施是施工组织设计和施工方案中的重要组成部分，它是具体安排和指导工程安全施工的安全管理与技术文件。它是针对每项工程在施工过程中可能发生的事故隐患和可能发生安全问题的环节进行预测，从而在技术上和管理上采取措施，消除或控制施工过程中的不安全因素，防范发生事故。施工安全技术措施对于一般工程项目，可以在施工组织设计中作为一部分内容进行编写。但是，对于施工工艺复杂、工程规模大、作业队伍多的重点项目，施工的安全技术措施可能较为独立且内容比较繁多，这样也可以在施工组织设计的基础上，单独编制施工的安全技术措施。

一、安全技术措施编制的要求

(一)安全技术措施要在工程开工前编制，并经过审批

要求在开工前编制和审批好安全技术措施，在工程图纸会审时，就必须考虑到施工的安全。同时，因为开工前已经编审了安全技术措施，为此，用于该工程的各种安全设施，依据安全技术措施的要求，就能有充分的时间做准备，从而保证了各种安全设施的落实。

对于在施工过程中，由于工程更改等情况变化，安全技术措施也必须及时相应补充完善，并经过重新审批后实施。

(二)安全技术措施要有针对性

由于施工安全技术措施针对每项工程特点制定，所以要有针对性。编制安全技术措施的技术人员必须掌握工程概况、施工方法、场地环境、条件等第一手资料。并熟悉安全法律法规和标准规范等，才能编写有针对性的安全技术措施。

1. 针对不同工程的特点可能造成施工的危害，从技术上采取措施，消除危险，保证施工安全。

2. 针对不同的施工方法，如立体交叉作业、滑模、网架整体提升吊装、大模板施工等，可能给施工带来不安全因素，从技术上采取措施，保证安全施工。

3. 针对使用的各种机械设备、变配电设施给施工人员可能带来那些危险因素，从安全保险装置等方面采取技术措施。

4. 针对施工中有毒有害、易爆、易燃等作业，可能给施工人员造成的危害，从技术上采取防护措施，防止伤害事故。

5. 针对施工现场及周围环境，可能给施工人员或周围居民带来伤害，以及材料、设备运输

带来的困难和不安全因素，从技术上采取措施，给以保护。

（三）编制安全技术措施要考虑全面、内容详尽具体

安全技术措施均应贯彻于全部施工工序之中，力求细致全面、具体。如：施工平面布置不当、暂设工程多次迁移、建筑材料多次运转、不仅影响施工进度而造成浪费，有的还留下隐患。而且易燃、易爆临时仓库及明火作业区、工地宿舍、厨房等定位及间距不当，可能酿成事故。只有把多种因素和各种不利条件考虑周全，有对策措施，才能真正做到预防事故。

（四）对大型工程或重点工程编制施工安全技术措施应全面

对大型群体工程或一些面积大，结构复杂的重点工程除必须在施工组织总设计中编制施工安全总体措施外，还应编制单位工程或分部分项工程安全技术措施。

对爆破、吊装、水下、深坑、模板支设、拆除等大型特殊工程，都要编制单项安全技术方案。此外，还应编制季节性施工安全技术措施。

（五）对编制人员的要求

编制人员必须树立“安全第一、预防为主”的思想，从会审图纸开始就必须认真考虑施工安全问题，尽可能地不给施工和操作人员留下隐患。编制人员应当充分掌握工程概况、施工工期、场地环境条件，根据工程的结构特点，科学地选择施工方法，施工机械，变配电设施及临时用电线路架设，合理地布置施工平面。安全施工涉及施工的各个环节。编制人员应当了解施工安全的基本规范、标准及施工现场的安全要求，如《建筑安装工程安全技术规程》、《建筑施工高处作业安全技术规范》、《施工现场临时用电安全技术规范》、《建筑施工安全检查评分标准》等。如果是采用滑模工艺或其他特殊工艺施工，还必须熟悉《液压滑动模板施工安全技术规程》和相应的专业技术知识以后，才能在编制施工方案时确立工程施工安全目标，使措施通过现场人员的认真贯彻达到目标要求。施工方案编制人员，还必须了解施工工程内部及外部给施工带来的不利因素，通过综合分析后，制定具有针对性的安全施工措施，使之起到保证施工进度。确保工程质量和安全，科学、合理，有序地指导施工的作用。

总之，应该根据工程施工的具体情况进行系统的分析，选择最佳施工安全方法，并编制针对该施工方法做采取的安全技术措施。但是，所有的工程即使是同结构的工程，由于施工条件、环境等不同，既有共性，也有不同之处。不同之处在共性措施中就无法解决。因此应根据工程施工特点，将不同危险因素，按照有关规程规定，结合以往的施工经验与教训进行编制。安全技术措施全面、具体，并不是罗列一般通常的操作规程、施工方法、安全注意事项等，这些制度性的规定，在安全技术措施中不需要再抄录，这些是施工作业人员必须要严格执行的。

二、安全技术措施主要内容

由于建筑工程的结构复杂多变，各施工工程所处地理位置、环境条件不尽相同，无统一的安全技术措施，所以编制时应结合本企业的经验教训，工程所处位置和结构特点，以及既定的安全目标。安全技术措施是施工组织设计的重要组成部分，而施工组织设计有些是在工程招投标时所编制的，其中的安全技术措施的内容，是一个项目安全生产的技术性概括，是明确具体安全技术工作责任的有关人员和安全管理的方向性文件。由于安全技术措施是包括在施工组织设计中的，它的目的是要考虑施工现场的具体情况，从技术角度制定相应措施，预防事故的发生。对工程较大、施工工艺复杂、专业性很强的施工项目，安全技术措施编制中远远的达不到设计和计算等内容，这时，就必须在安全技术措施中指定出哪些分项工程需要编制专项安全施工方案，同时在技术措施中明确具体编制人员和编制的有关要求及标准。一般工程安全

技术措施的编制主要应从以下方面进行：

1.从建筑或安装工程施工现场整体布置方面。

土建工程首先考虑施工期内对周围道路，行人及邻近居民、设施的影响，是否应采取相应的防护措施（全封闭防护或部分封闭防护）；平面布置应考虑施工区与生活区分隔、施工排水，安全通道的问题，是否需要编制专项的安全防护方案。

2.高处作业对下部和地面人员是否有影响，是否应该编制有关专项的方案进行设计。

3.考虑临时用电线路的整体布置、架设方法，是否要编制专项的临时用电的方案或临时用电施工组织设计；根据施工总平面的布置和现场临时用电需要量，制定相应的安全用电技术措施和电气防火措施，如果临时用电设备在5台及5台以上或设备总容量在50kW及50kW以上者，应编制临时用电组织设计。

4.考虑安装工程中的设备、构配件吊运方式，起重设备的选择和确定，起重半径以外安全防护范围等，是否需要编制专项的吊装方案，是否对作业队伍有所选择；复杂的吊装工程还应考虑视角、信号、步骤等细节。

5.考虑深基坑、基槽的土方开挖方式，根据土壤种类，选择土方开挖方法，放坡坡度或固壁支撑的具体做法，是否需要制定专项的施工方案；人工挖孔桩基础工程还须考虑测毒设备和防中毒措施。对于不能采取放坡施工工艺的，在安全技术措施中要指定应单独编制基坑支护或者基坑开挖方案。

6.考虑选择脚手架的搭设方式，并制定专项脚手架方案的编写内容。

7.安全平网、立网的架设要求，架设层次段落，如一般民用建筑工程的首层、固定层、随层（操作层）安全网的安装要求。

8.龙门架、井字架等垂直运输设备的安装、检验验收的有关程序，考虑是否单独编制方案的内容；拉结、固定方法及防护措施等。

9.施工过程中的“四口”防护措施，即楼梯口、电梯口、通道口、预留洞口应有防护措施。如楼梯、通道口应设置1.2 m高的防护栏杆并加装安全立网；预留孔洞应加盖，大面积孔洞，如吊装孔、设备安装孔、天井孔等应加周边栏杆并安装立网。

10.交叉作业应采取隔离防护。如上部作业应满铺脚手板，外侧边沿应加挡板和网等防物体下落措施。

11.“临边”防护措施。施工中未安装栏杆的阳台（走台）周边，无外架防护的屋面（或平台）周边，框架工程楼层周边，跑道（斜道）两侧边，卸料平台外侧边等均属于临边危险地域，应采取防人员和物料下落的措施。

12.施工过程中与外电线路的安全防护问题。当外电线路与在建工程（含脚手架）的外侧边缘与外电架空线的边线之间达到最小安全操作距离时，必须采取屏障、保护网等措施。

13.施工工程、暂设工程、井架门架等金属构筑物，避雷措施要求。

14.对易燃易爆作业场所必须采取防火防爆措施。

三、季节性施工安全技术措施

季节性施工安全措施，就是考虑不同季节的气候，对施工生产带来的不安全因素，可能造成各种突发性事故，从技术上、防护上、管理上采取的措施。一般建筑工程可以在安全技术措施中写入季节性施工安全技术措施。危险性较大、高温期长的建筑工程，应单独编制季节性的施工安全措施。季节性主要指夏季、雨季和冬季，施工企业应当根据不同季节的施工特点编制有针对性的季节性施工安全技术措施。各季节性施工安全的主要内容为：

（一）夏期施工安全技术措施应考虑的问题

夏期气候炎热，高温时间持续时间长，主要做好防暑降温工作。在编制季节性安全技术措施时候，应对以下问题进行重点说明：

1. 采用多种形式，对职工进行防暑降温知识宣传教育，使职工知道中暑症状，学会对中暑病人采取应急措施。

2. 合理调整作息时间，避开中午高温时间工作，严格控制工人加班加点，高处作业工人的工作时间要适当缩短。保证工人有充足的休息和睡眠时间。

3. 对在容器内和高温条件下的作业场所，采取措施，搞好通风和降温。

4. 对露天作业集中和固定场所，能够搭设歇凉棚，防止热辐射，并经常洒水降温。

5. 对高温、高处作业的工人，需经常进行健康检查，发现有作业禁忌者，应及时调离高温和高处作业岗位。

6. 要及时供应合乎卫生要求的茶水、清凉含盐饮料、绿豆汤。

7. 要经常组织医护人员深入施工现场进行巡回医疗和预防工作。重视年老体弱、患过中暑和血压高症状的工人身体健康情况的变化。

8. 及时发放给职工防暑降温的急救药物和劳动保护用品。

（二）雨期施工安全技术措施应考虑的问题

雨期进行施工作业，主要做好防触电、防雷、防坍塌和防汛、防台风的工作。并应重点注意以下几点：

1. 基础工程开挖后应设排水沟、积水坑等，雨后积水应设置防护栏杆或警告标志，危险部位要考虑加设支撑，并搞好排水工作。对于脚手架、龙门架、塔机等的基础排水工作要考虑防倾斜、防沉降。

2. 机械设备应设置在地势较高、防潮避雨的地方，要搭设防雨棚。机械设备的电源线路要绝缘良好，要有完善的保护接零。

3. 对于高处建筑物的塔吊、龙门架、脚手架等要考虑安装避雷装置。要经常检查，发现问题要及时处理或更换加固。现浇结构、脚手架和建筑物要按电气专业规定设临时避雷装置。

4. 防台风的要求，城市建筑物高度的增加，势必会增加城市的风洞效应，使城市的风力有所增加。在夏季安全措施中，要把施工单位及时收听气象台天气预报的工作列入具体工作中，采取相关措施，避免事故的发生。

（三）冬期施工季节性措施应考虑的问题

冬期施工季节性措施主要应做好防火、防寒、防风工作，同时要以防煤气中毒、防亚硝酸盐中毒、防滑、防爆等工作为重点，制定安全措施进行预防。

1. 凡是参加冬期施工的工人，必须进行冬期施工的安全教育，并进行安全交底。

2. 安装的暖气炉要经过验收合格后，方可使用。

3. 搞好防滑的措施，冬期施工前，各类脚手架要牢固。对斜道、通行道、爬梯等作业面上的霜冻、冰块、积雪要及时清理。

4. 易燃材料必须经常注意清理，必须保证消防水源的供应，保证消防道路的畅通。

5. 严寒时节，施工现场应根据实际需要和规定配设挡风设备。要防止一氧化碳中毒。

6. 对亚硝酸盐等化学添加剂要严加管理，严格发放制度，以防止误食中毒。

7. 使用热电法等加热方法施工时，要加强检查和管理制度，防止触电和火灾的发生。

(四)季节性安全技术措施还应考虑的问题

季节性安全技术措施同时还要根据节假日、农忙季节等特殊阶段制定相应的安全技术措施,确保施工现场的安全生产工作顺利进行。

四、应急预案

应急预案一般包括预案使用范围、重特大事故应急处理指挥系统及组织构架等、指挥部系统职责及责任人、重特大事故报告和现场保护、应急处理预案、其他事项。

五、安全技术措施的编制及审批程序

由于安全技术措施是施工组织设计中的一部分,可以作为施工组织设计的一个组成部分,或者单独编制。所以,它的编写及审批程序与施工组织设计基本相同。安全技术措施应当由技术人员组织安全管理小组的有关成员进行精心编制,经施工企业相关部门审核,由企业技术负责人、总监理工程师审批签字后方可实施。经过审批的安全技术措施,不得随意修改。

如果施工过程中发生设计变更,原定的安全技术措施也必须随之变更,否则不准施工。当施工条件发生重大变化,需对安全技术措施进行修改时,应提出修改申请,并重新经有关人员审核审批后方可实施。

六、安全技术措施的检查落实

企业技术部门、安全生产管理部门应当对安全技术措施和施工方案编制及其执行落实情况进行定期及不定期的监督检查。

工程开工前,工程负责人应向参加施工的各类人员认真进行安全技术措施交底,使大家明白工程施工特点及各时期安全施工的要求,这是贯彻施工安全技术措施的关键。施工单位安全负责人核对现场安全技术措施是否符合施工方案的要求,若存在漏洞不可开工,应对措施进行完善,直至符合要求方可开工。

第四节　安全专项施工方案

一、安全专项施工方案的编制要求

为了保证《中华人民共和国安全生产法》、《中华人民共和国建筑法》及有关建设工程质量、安全技术标准、规范的切实落实,加强建筑工程项目的质量安全生产监督管理,保障人民群众生命财产的安全,依据《建设工程安全生产管理条例》和《危险性较大工程安全专项施工方案编制及专家论证审查办法》(建质〔2004〕213 号),编制一份合理完善的安全专项施工方案是非常重要的。

《建设工程安全生产管理条例》第二十六条中,也对专项安全施工方案的编制进行了规定:施工单位应当在施工组织设计中编制安全技术措施和施工现场临时用电方案,对下列达到一定规模的危险性较大的分部分项工程编制专项施工方案,主要包括:

1. 基坑支护与降水工程。

基坑支护工程是指开挖深度超过 5 m(含 5 m)的基坑(槽)并参与采用支护结构施工的工程;或基坑虽未超过 5 m,但是地质条件和周围环境复杂、地下水位在坑底以上等工程。

2. 土方开挖工程。

土方开挖工程是指开挖深度超过 5 m(含 5 m)的基坑、槽的土方开挖。

3. 模板工程。

各类工具式模板工程,包括滑模、爬模、大模板等;水平混凝土构件模板支撑系统及特殊结构模板工程。

4. 起重吊装工程。

5. 脚手架工程。

高度超过 24 m 的落地式钢管脚手架;附着式升降脚手架,包括整体提升与分片式提升;悬挑式脚手架;门型脚手架;挂脚手架;吊篮脚手架;卸料平台。

6. 施工用电。

7. 物料提升机。

8. 外用电梯。

9. 塔式起重机。

10. "三宝、四口"安全防护。

11. 拆除、爆破工程。

采用人工、机械拆除或爆破拆除的工程。

12. 其他危险性较大的工程。

建筑幕墙的安装施工;预应力结构张拉施工;隧道工程施工;桥梁工程施工(含架桥);特种设备施工;网架和索膜结构施工;6 m 以上的边坡施工;大江、大河的导流、截流施工;港口工程、航道工程;采用新技术、新工艺、新材料,可能影响建设工程质量安全,已经行政许可,尚无技术标准的施工。

二、安全专项方案的编制依据

1. 国家现行的法律法规。

2. 国家现行规范、标准。

3. 行业现行规范、标准。

4. 建(构)筑物设计文件、地质报告。

5. 地下管线,周边建筑物等情况调查报告。

6. 本工程施工组织总设计及相关文件。

三、安全专项施工方案编制内容及程序

(一)安全专项施工方案内容

安全专项施工方案的内容主要包括:

1. 编制依据。

2. 分部分项工程概况。

3. 影响质量、安全的危险源分析及相关措施。

4. 设计计算书和设计施工图等设计文件。

5. 施工准备和部署,质量检测和相关观测预警措施,现场平面布置图。

6. 应急预案。

7. 安全专项工程安全检查和评价方法。

(二)安全专项施工方案内容及编制程序

编制程序见图1－2。

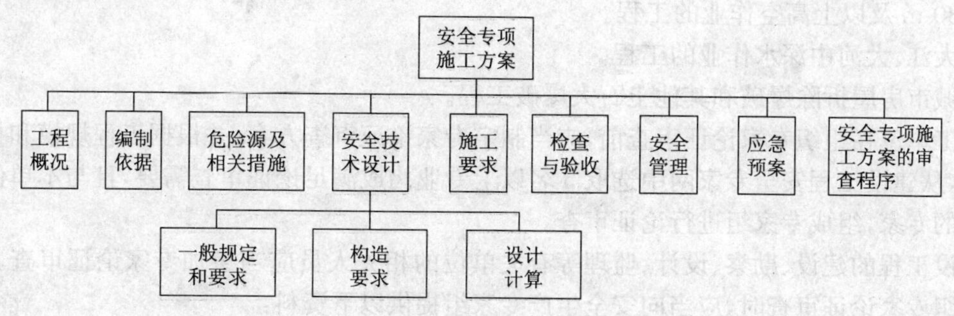

图1－2　安全专项施工方案编制程序图

四、安全专项施工方案编制及审查程序

(一)一般的专项方案

施工单位应当指定专业工程技术人员编制安全专项施工方案，经本单位有关部门的专业技术人员初审后，交监理单位专业监理工程师进行审核。经审核合格的安全专项施工方案，由施工单位技术负责人、监理单位总监理工程师签字后实施。建筑施工企业对安全专项施工方案的自审查程序见图1－3。

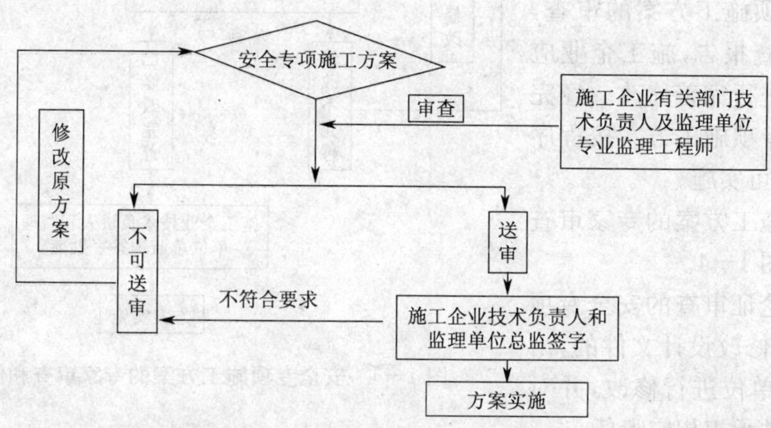

图1－3　建筑施工企业对安全专项施工方案的自审查程序

(二)需要进行专家论证的专项方案

对于下列需要建筑施工企业组织专家进行论证审查的工程，其安全专项施工方案及其安全验算结果，在施工单位技术负责人、监理单位总监理工程师签字前，施工单位还应当组织安全生产专家进行论证审查。

1. 深基坑工程。

开挖深度超过5 m(含5 m)或地下室3层以上(含3层)，或深度虽未超过5 m(含5 m)，但地质条件和周围环境及地下管线极其复杂的工程。

2. 地下暗挖工程。

地下暗挖及遇有溶洞、暗河、瓦斯、岩爆、涌泥、断层等地质复杂的隧道工程。

3. 高大模板工程。

水平混凝土构件模板支撑系统高度超过 8 m,或跨度超过 18 m,施工总荷载大于 10 kN/m^2,或集中线荷载大于 15 kN/m 的模板支撑系统。

4. 30 m 及以上高空作业的工程。

5. 大江、大河中深水作业的工程。

6. 城市房屋拆除爆破和其他土石大爆破工程。

施工单位在组织专家论证审查前,应当制定专家论证审查方案,并根据工程规模和技术复杂程度,从建设工程安全专家网中选取 5 名以上专业构成满足论证审查需要,且与本单位无隶属关系的专家,组成专家组进行论证审查。

建设工程的建设、勘察、设计、监理等有关单位的相关人员应当参加专家论证审查。施工单位组织专家论证审查时,应当向安全生产专家组提供以下资料:

1. 工程概况资料。

2. 工程施工组织资料。

3. 施工图纸。

4. 危险性工程的专项施工方案、方案的说明以及相应附件资料。

5. 编制安全专项施工方案所依据的标准、规范、规程等。

安全专项施工方案专家论证会通过对安全专项施工方案的审查,应提出书面审查报告,施工企业应根据审查报告进行完善修改。经完善修改的安全专项施工方案按程序复审合格后,方可实施。

安全专项施工方案的专家审查和修改程序见图 1—4。

经过专家论证审查的安全专项施工方案,确需修改设计文件的,由建设工程设计单位进行修改,并对修改的设计文件承担相应责任。

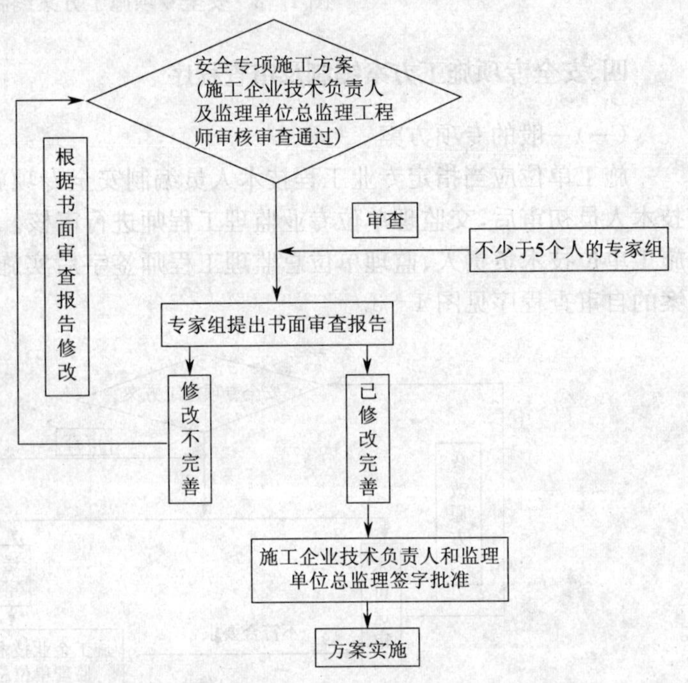

图 1—4　安全专项施工方案的专家审查和修改程序

五、安全专项施工方案编制中应重点注意的事项

1. 在工程施工前编制安全专项施工方案。

2. 所有安全施工方案内容应充分考虑人、机、料、施工方法、环境等因素,应全面、具体。

3. 安全专项施工方案是施工组织设计不可缺少的组成部分,它应是施工组织设计的细化、完善、补充,且自成体系。安全专项施工方案应重点突出分部分项工程的特点、安全技术的要求、特殊质量的要求,重视质量技术与安全技术的统一。

4. 编制安全专项方案应将安全和质量相互联系、有机结合;临时安全措施构建的建(构)筑物与永久结构交叉部分的相互影响统一分析,防止荷载、支撑变化造成的安全、质量事故。

5. 安全措施形成的临时建(构)筑物必须建立相关力学模型,进行局部和整体的强度、刚度、稳定性验算。

6.相互关联的危险性较大工程应系统分析，重点对交叉部分的危险源进行分析，采取相应措施。

第五节 安全技术交底

一、安全技术交底的基本要求

安全技术交底是指导工人安全施工操作的技术文件，是工程项目安全技术方案的具体落实。安全技术交底一般由项目经理部技术管理人员根据分部分项工程的具体要求、特点和危险因素编写，是操作者的指令性文件，因此，要求具体、明确、针对性强。

《建设工程安全生产管理条例》第二十七条规定：建设工程施工前，施工单位负责项目管理的技术人员应当对有关安全施工的技术要求向施工作业班组、作业人员作出详细说明，并由双方签字确认。同时，对于施工现场没有认真地落实安全技术交底内容的，在《建设工程安全生产管理条例》第六十四条第一款进行了处罚的相关规定：施工前未对有关安全施工的技术要求作出详细说明的，责令限期改正；逾期未改正的，责令停业整顿，并处5万元以上10万元以下的罚款；造成重大安全事故，构成犯罪的，对直接责任人员，依照刑法有关规定追究刑事责任。因此，安全技术交底工作，是施工负责人向施工作业人员进行指责落实的法律要求，要严肃认真，不能流于形式。

1.项目部必须实行安全技术交底分级制度，纵向延伸到班组全体作业人员。

2.安全技术交底必须具体、明确、针对性强。

3.技术交底的内容应针对分部分项工程施工中给作业人员带来的潜在隐含危险因素和存在问题。

4.应有效采用新的安全技术措施。

5.应将工程概况、施工方法、施工程序、安全技术措施等向工长、作业班组长、作业人员进行详细交底。

6.定期向由两个以上作业队伍和多工种进行交叉施工的作业队伍进行交底。

7.保持书面安全技术交底等签字记录。

二、需要进行安全技术交底的分部分项工程

1.基础工程：包括土方开挖、回填及基坑支护等。

2.主体工程：包括砌筑工程、模板工程、钢筋工程、混凝土工程、钢结构及铁件制作工程、构件吊装工程等。

3.屋面工程：钢筋混凝土屋面施工、卷材屋面施工、涂料防水屋面施工、瓦屋面施工、玻璃钢型屋面施工等。

4.装饰工程：内外墙装饰等。

5.门窗工程：包括木门窗、铝合金门窗、塑钢门窗、钢门窗工程等。

6.脚手架工程：包括落地式脚手架、悬挑脚手架、门型脚手架、吊篮脚手架、附着式升降脚手架等。

7.临时用电工程。

8. 垂直运输机构：包括塔吊、物料提升机、外用电梯、卷扬机等机械设备的安、拆、使用。

9. 施工机具及设备：木工、钢筋、混凝土、电气焊等机具设备的安装、使用。

10. 水暖、通风工程。

11. 电气安装工程。

12. 防火工程：包括电气防火、木工棚防火、职工宿舍防火及建筑材料防火等。

13. 临设工程等。

14. 其他工程。

15. 各工种安全技术交底。

三、安全技术交底的内容

单位工程开工前，项目经理部的技术负责人必须将工程概况、施工方法、施工工艺、施工程序、安全技术措施，向承担施工的责任队长、作业队长、班组长和相关人员进行安全技术交底。结构复杂的分部分项工程施工前，项目经理部技术负责人应针对性地进行全面、详细的安全技术交底。要根据不同工程的特点和不同工程的施工方法，针对施工现场和周围的环境，从防护上、技术上，提出安全技术交底的主要内容和要求，通常包括以下内容：

1. 本工程项目的施工作业特点和危险点，在施工组织设计、施工方案的基础上进行的，按照施工方案的要求，对施工方案进行作业环节和作业程序进行分解，明确作业程序。但施工方案没有明确的，不要随意发挥和补充。

2. 针对危险点的具体预防措施。

3. 应注意的安全事项，要将操作者的安全注意事项讲明，保证操作者的人身安全。

4. 相应的安全操作规程和标准。

5. 发生事故后应及时采取的避难和急救措施。

交底内容不能过于简单，千篇一律口号化，应按分部分项工程和针对作业条件的变化具体进行。建筑机械安全技术交底要向操作者交待机械的安全性能及安全操作规程和安全防护措施，并经常检查操作人员的交接班记录。

四、安全技术交底的编批要求

安全技术交底必须由技术人员编制，在施工现场各分项工程在施工作业前进行安全技术交底，施工员安排分项工程生产任务的同时，向作业人员进行有针对性的安全技术交底，不但口头讲解，同时应有书面文字材料，准确填写交底作业部位和交底日期，接受交底的工人，听过交底后，应在交底书上签字，履行签字手续，不准代签和漏签。安全技术交底至少一式 3 份，施工负责人、生产班组、现场安全员三方各 1 份。

技术交底应满足时间的有效性，同一种同一作业班组同一工序交底时间不应超过 1 个月。

五、安全交底的方式

施工现场各分项工程在施工作业前必须进行安全技术交底，施工员在安排分项工程生产任务的同时，必须向作业人员进行有针对性的安全技术交底，不但口头讲解，同时应有书面文字材料，准确填写交底作业部位和交底日期，并履行签字手续，不准代签和漏签。安全技术交底施工负责人、生产班组、现场安全员三方各 1 份。

六、安全技术交底的检查落实

施工现场安全员必须认真履行检查、监督职责并在安全技术交底上注明安全技术交底的执行情况。切实保证安全技术交底工作不流于形式，提高全体作业人员安全生产的自我保护意识。

第六节　施工现场平面布置及文明施工方案

施工现场平面布置应结合文明施工方案进行，两者互相结合，彼此协调。

施工总平面布置应本着“因地制宜，节约用地，便于施工，安全防护、抗击灾害”的原则布置。内容包括办公和生活用地、施工场地、仓库与材料厂、结构加工厂、机械停放场、工地试验室及临时道路用地等。在进行临时工程设施的设计和施工时，应遵守当地劳动、建设、运输管理、公安和消防、供电、供水、环保等有关部门的规定，规范施工现场。施工现场保证“三通一平”，确保工程施工顺利进行。施工现场标示牌标示醒目整齐，各种材料码放整齐有序。各类材料品种、规格标示齐全明显，车辆停放有序，船舶靠港停泊。施工现场随完成随清理。污水处理达标排放，雨水统一排放，生活和施工垃圾统一处理。

施工现场文明施工是保持施工现场良好的作业环境、卫生环境和工作秩序。现代建筑企业管理理念，是现代化施工的一个重要标志。现代化施工安全管理。开工前应由工程技术人员、安全管理人员要认真对施工现场进行策划和布置，并编制文明施工专项方案。文明施工专项方案应由施工单位技术负责人审批，项目总监理工程师、建设单位项目负责人审核并签字确认。文明施工专项方案应包括施工现场平面布置、场容场貌、临建设施、文明建设、环境保护等主要内容(参照河北省建筑施工文明工地检查评分办法)。

一、施工现场平面布置

(一)施工现场平面布置编制的依据

1. 工程所在地区的原始资料，包括建设、勘察、设计以及规划等单位提供的相关资料。

2. 原有和拟建建筑工程的位置和尺寸。

3. 施工方案、施工进度和资源需要计划。

4. 全部设施建造方案。

5. 建设单位可提供的房屋和其他设施。

(二)施工平面布置原则及要求

1. 满足施工要求，场内道路畅通，运输方便，各种材料能按计划分期分批进场，充分利用场地。

2. 材料堆放为之尽量靠近使用地点，减少二次搬运。

3. 现场布置紧凑，减少施工用地。

4. 在保证施工顺利进行的条件下，尽可能减少临时设施搭设，尽可能利用施工现场附近的原有建筑物作为施工临时设施。

5. 临时设施的布置，应便于施工人员生产和生活，办公用房靠近施工现场，娱乐室、淋浴室、食堂等应在生活区范围之内。

6. 平面布置应符合安全、消防、环境保护等要求。

7. 施工现场的办公区、生活区应当与作业区分开设置，并保持安全距离。

8. 办公区和生活区应当设置于在建建筑物坠落半径之外，与作业区之间设置防护设施，进行明显的划分隔离，以免作业及相关人员误入危险区域。如因条件限制，办公区、生活区设置在建建筑物坠落半径之内时，必须采取可靠的防砸措施。

9. 功能区规划设置时还应考虑交通、水电、消防和卫生、环境等因素。

(三)施工总平面图标示内容

1. 拟建建筑的位置，平面轮廓。

2. 施工用机械设备的位置。

3. 塔式起重机轨道、运输路线及回转半径。

4. 施工运输道路、临时供水、排水管线、消防设施。

5. 临时供电线路及变配电设施位置。

6. 施工临时设施位置。

7. 物料堆放位置。

8. 绿化区域位置。

9. 围墙与入口位置。

二、场容场貌

(一)围挡封闭

施工现场围挡封闭，包含两个方面的内容：一是对施工现场实行封闭式管理，在施工现场入口处设置大门，现场周围设置围墙、围挡，将施工现场与外界隔离，无关人员不得随意进入，既解决了"扰民"和"民扰"两个问题，也起到保护环境、美化市容和文明施工的作用；二是对在建的建筑物、构筑物使用密目式安全网封闭，既保护作业人员的安全，防止坠物伤人和高处坠落，消除施工中的不安全因素，防止将不安全因素扩散到场外，又能减少扬尘外泄。

1. 现场围挡

(1)施工现场围挡应沿施工现场四周连续设置，封闭施工，围挡材料应选用砌块、彩色喷塑压型钢板等硬质材料，禁止使用彩条布、竹笆等易变形材料，做到坚固、平稳、整洁、美观，确保围挡的稳定性、安全性。

(2)施工现场的围挡高度，根据行政区域划分，在市、县主干道两侧的施工工地围挡不低于2.5 m，在一般路段的施工工地围挡不低于1.8 m。

(3)围挡施工应有详图，详图中应反映出围挡位置、高度、材质、基础、压顶、涂料颜色，并结合工程概况、企业业绩、门头企业标志等，统筹考虑，结合工地施工道路和周围环境设置主大门及附门。

(4)围挡施工完毕，施工单位应会同建设、监理单位对围挡墙进行验收，验收合格后方可使用，并建立巡查制度和验收、巡查档案。

(5)围挡墙内外应保持整洁，禁止依靠围挡墙堆放物料、器具等。禁止用围挡墙做挡土、挡水墙或做宣传牌(含广告牌)、机械设备等的支撑体。

(6)雨后、大风后以及春天融冰时节应当定期检查围挡的稳定性，发现问题及时处理。

2. 封闭管理

施工现场大门既是控制现场人员、车辆和物资进出的设施，也是展示企业文化的窗口，所以在进行施工现场围挡设计的同时进行施工现场大门的设计，并绘出详图。

(1)施工现场大门必须牢固、美观,大门净高度不低于 4 m,门扇材质应用 1 英寸(1 inch=2.54 cm)以上钢管焊制或薄铁板制作。规格为对开门或四开门,总宽度为 6~8 m,高度为 2~2.3 m。门头高度 0.8~1.5 m,门柱断面尺寸 0.6 m×0.6 m~1 m×1 m。

(2)门头应书写承建工程的企业名称、工程名称、项目经理部。门柱书写安全生产、文明施工及创优保信誉等与企业管理内容有关的宣传标语,门头要求加灯箱或霓虹灯,夜晚要亮。

(3)在施工现场的大门口处,设置七牌(工程概况牌、安全生产纪律牌、"三清""六好"牌、文明施工管理牌、十项安全技术措施牌、工地消防管理牌、警示佩戴安全帽牌)、三图(施工总平面图、现场安全标志布置总平面图、施工现场排水网络图),并在适当位置设置宣传栏、读报栏、黑板报、安全标语等。使进入该工地的人,能对该工程的概况有一个基本了解和注意安全的忠告。

(4)施工现场大门处应设置车辆冲刷设施保持出场车辆清洁。

(5)施工现场进出口要设警卫室,应有警卫人员和警卫制度。所有进入施工现场的工作人员要佩戴工作卡。

(二)道路、场地

1.道路

(1)市、县主干道两侧建筑面积 8 000 m^2 以上或工期 1 年以上的工程,施工现场的道路、作业场地要采用混凝土硬化。其他工程的施工现场可采用其他方式硬化,保证无浮土、不积水。

(2)工地的人行道、车行道应坚实平坦,保持畅通。主要道路应与主要临时建筑物的道路连通。场内运输道路应尽量减少弯道和交叉点。频繁的交叉处,必须设有明显的警告标志或设临时交通指挥(指挥人员或指挥信号)。

(3)道路中间应起拱,两侧设排水设施,主干道宽度不宜小于 3.5 m,载重汽车转弯半径不宜小于 15 m,如因条件限制,应当采取相应措施。

(4)道路的布置要与现场的材料、构件仓库(料场)、吊车位置相协调、配合。道路施工时,应设置过路施工用电电缆、施工用水管套管,避免以后破路。

(5)施工现场的道路应当设置交通指示标志。通行危险的地段应当悬挂警戒标志,夜间设置红灯示警。在车辆、行人通过的地方施工,应当对沟、坑、井等进行覆盖,并设置施工标志和防护设施。

2.场地

(1)施工现场应设施(临建、设备、材料等)的布局,须编制并实施分阶段(基础、主体、装修等)的施工平面图,按图布场。

(2)工地地面应采用相应的硬化处理。

(3)根据现场总平面布置图,设置施工临时排水系统和沉淀池,确保泥浆、污水、废水沉淀后有组织排放,严禁污水未经处理直接排入城市管网和河流。明沟、沉淀池应有盖板,并定期清淤。工地内场地应平整无积水。

(4)施工总平面图还要根据施工场地,建筑物位置、围护结构位置等要素,设计出基础阶段的现场布置图。根据现场布置图设置循环干道,保持经常畅通,且经常洒水、清扫,避免扬尘污染环境。挖土阶段运土车辆进出大门听从现场指挥,轮胎上沾土必须清洁后方可外运。

(5)在工地适当的部位应设置饮水处,高温季节供应淡盐水等,平时应供应开水。施工现场内严禁吸烟,在适当的部位设置吸烟处,吸烟处应远离火源,并设置必要的灭火器材。饮水处和吸烟处宜设置在一起。

(6)工地上应见缝插针地适当种植绿色植物，美化生产生活环境，且防治污染。植物宜选用四季常绿，且易成活的品种，如黄杨木等，搞好“场前三包”(环境整洁、绿化爱护、景观秩序)，爱护花草树木，保持环境整齐。

(7)施工现场应在边角处每隔 15 m 设灭鼠设施，并设专人负责管理投放药品；温暖季节应设置捕蝇设施。

(8)施工现场的垃圾应分类集中堆放，并标识明确，且应定期运出施工现场。

(三)材料堆放

(1)施工现场材料、机具等要位置合理、方便生产，按图(施工现场平面布置图)堆放、整齐划一，存放位置应选择适当，便于运输和装卸，尽量减少二次搬运。

(2)建筑材料、构件、工具应按照不同阶段的现场布置图堆放，并结合用量大小、使用时间长短、供应与运输情况，用量大、使用时间长、供应运输方便的应当分期分批进场，以减少存放场地和库房的面积。

(3)建筑材料应挂牌标明名称、品种、规格等。

需送检的建筑材料(钢筋、水泥、砌块等)应标明检验情况(检验合格、待检、送检中等)。

(4)主要材料、半成品的堆放的要求。

①大型工具，应当一头见齐。

②钢筋应当堆放整齐，用方木垫起，不应放在潮湿有积水处。

③砖应当码成方垛，不得超高，距沟槽坑边不小于 0.5 m，防止坍塌。

④砂、石、渣应当按不同粒径规格分别堆放成方。

⑤各种模板应当按规格分类堆放整齐，地面应平整坚实，叠放高度不应超过 2 m；大模板存放应放在经专门设计的存架上，应当采用两块大模板面对面存放，当存在施工楼层上时，应当满足自稳角度并有可靠的防倾倒措施。

⑥混凝土构件堆放场地应坚实、平整，按规格、型号分类堆放，垫木位置要正确，多层构件的垫木要上下堆齐，垛位不准超高；混凝土墙板应设插放架，插放架要焊接或绑扎牢固，防止倒塌。

⑦易然、易爆等危险品应设立专用的危险品仓库分类存放，配备足够的相应的消防器材，管理制度上墙，专人负责管理。

⑧对易松散和易飞扬的各种建筑材料用彩条布、篷布等严密覆盖，并放于居住区的下风处。

⑨水泥存放应设专用库房，按规定排放，并有防潮、防雨措施。

(四)机械设备

1. 所有施工机械都必须悬挂统一的安全操作规程牌，做到车容(机容)整洁。

2. 室外中小型机械设备必须按标准要求搭设防护棚，防护棚内地面进行硬化并按要求做好排水措施。

(五)安全标志

施工现场应当根据工程特点及施工阶段，有针对性地设置、悬挂安全标志。

1. 安全标志的定义与分类

根据《安全标志》(GB 2894—1996)规定，安全标志是用于表达特定信息的标志，有图形符号、安全色、几何图形(边框)或文字组成。包括提醒人们注意的各种标牌、文字、符号以及灯光等,依次表达特定的安全信息。其目的是引起人们对不安全因素的注意,防止发生事故。安全标志主要包括安全色和安全标志牌等。

(1)施工现场除应设置安全宣传标语牌外,危险部位必须悬挂按照《安全色》(GB 2893—82)和《安全标志》(GB 2894—82)规定的标牌。

(2)不同的安全色给人不同的感受,国家标准《安全色》(GB 2893—82)采用红、黄、绿、蓝4种颜色:

红色——禁止、停止。

黄色——警告、警戒、注意。

绿色——提示、安全状态、通行。

蓝色——指令、必须遵守的规定。

(3)安全标志是由安全色、几何图形和图形符号的构成,其目的是引起人们对不安全因素的注意,预防安全事故。我国的国家标准中共规定了112个安全标志,分为四大类,即禁止标志、警告标志、指令标志和提示标志。安全标志应当明显,便于作业人员识别。灯光标志,要求明亮显眼;文字图形标志,要求明确易懂;

禁止标志——禁止标志的含义是不准或制止人们某种行为。

几何图形为白底黑色图案加带斜杠的红色圆环,并在正下方用文字补充说明禁止的行为模式。

警告标志——警告标志的含义是警告人们当心、小心、注意。

几何图形为黄底黑色图案加三角形黑边,并在正下方用文字补充说明当心的行为模式。

指令标志——指令标志的含义是必须遵守有关规定。

几何图形为圆形,以蓝底白线条的圆形图案加文字说明。

提示标志——提示标志的含义是指示人们按指定要求去做。

图形以长方形、绿底(防火为红底)白线条加文字说明,如"安全通道"、"太平门"、"灭火器"、"火警电话"等。

2. 安全标志布置总平画图

施工项目部应当根据工程项目的规模、施工现场的环境、工程结构形式以及设备、机具的位置等情况,确定危险部位,有针对性地设置安全标志。施工现场应绘制安全标志平面布置图,根据不同阶段的施工特点,组织人员有针对性地进行设置、悬挂和增减。安全标志平面布置图,是重要的安全工作内业资料之一,当使用一张图不能完全表明时可以分层表明或分层绘制。安全标志平面布置图应由绘制人员签名,项目负责人审批。

3. 安全标志的设置与悬挂

施工现场施工机械、机具数量与种类较多,并且高处、交叉作业多,临时设施多,不安全因素多、作业环境复杂,属于危险因素较大的作业场所,容易造成人身伤亡事故。按照规定,施工现场应当根据工程特点及施工阶段,有针对性地在施工现场的危险部位和有关设备、设施上设置安全警示标志,提醒、警示进入施工现场的管理人员、作业人员和有关人员,时刻认识到所处环境的危险性,随时保持清醒和警惕,避免事故发生。

(1)安全标志的设置位置与方式

高度:安全标志牌的设置高度应与人眼的高度一致,"禁止烟火"、"当心坠物"等环境标志牌下边缘距离地面高度不能小于2 m;"禁止乘人"、"当心伤手"、"禁止合闸"等局部信息标志牌的设置高度应视具体情况确定。

角度:标志牌的平面与视线夹角应接近 90°,观察者位于最大观察距离时最小夹角不小于 75°。

位置:标志牌应设在与安全有关的醒目和明亮的地方,并使大家看见后,有足够的时间来注意它所表示的内容。环境信息标志宜设在有关场所的入口处和醒目处;局部信息标志应设在所涉及的相应危险地点或设备(部件)附近的醒目处。标志牌一般不易设置在可移动的物体上,以免这些物体位置移动后,看不见安全标志。标志牌前不得放置妨碍认读的障碍物。

顺序:必须同时设置不同类型多个标志时,应当按照警告、禁止、指令、提示的顺序,先左后右、先上后下的排列设置。

固定:建筑施工现场设置的安全标志牌的固定方式主要为附着式、悬挂式两种。在其他场所也可采用柱式。悬挂式和附着式的固定应稳固不倾斜,柱式的标志牌和支架应牢固地联结在一起。

(2)危险部位安全标志的设置

根据国家有关规定,施工现场入口处、施工起重机械、临时用电设施、脚手架、出入通道口、楼梯口、电梯井口、孔洞口、桥梁口、隧道口、基坑边沿、爆破物及有害危险气体和液体存放处等属于危险部位,应当设置明显的安全标志。安全标志的类型、数量应当根据危险部位的性质,设置相应的安全警示标志。如在施工机具旁设置"当心触电"、"当心机械伤害"等警告标志;在施工现场入口处设置"必须正确佩戴安全帽"等指令标志,在通道口处设置"安全通道"、"注意安全"等指令标志;在施工现场的沟、坎、深基坑等处,夜间设红灯示警;在木工加工及库房等处设置"禁止烟火"、"禁止吸烟"等禁止标志。

(3)安全标志登记

安全标志设置后应当进行统计记录,并填写施工现场安全标志登记表。

三、临建设施

1. 临建设施的定义

这里所称的临建设施主要指施工期间临时搭建、租赁的各种房屋里临时设施。临建设施必须合理选址,正确用材,确保满足使用功能和安全、卫生、环境、消防等要求。

2. 临建设施的分类

施工现场的临建设施较多,按照使用功能可分为:

(1)办公设施,包括办公室、会议室、资料室、门卫值班室。

(2)生活设施,包括宿舍、食堂、厕所、沐浴室、阅览室、娱乐室、卫生保健室。

(3)生产设施,包括材料仓库、防护棚、加工棚(如混凝土搅拌、砂浆搅拌、木材加工、钢筋加工和机械维修)、操作棚。

(4)辅助设施,包括道路、现场排水设施、围墙、大门、供水处、吸烟室。

3. 临建设施的设计

施工现场搭建的生活设施,办公设施,两层以上、大跨度及其他临时房屋、建筑物应当进行结构计算,绘制简单施工图纸并经审批方可搭建。临时建筑物设计应符合《建筑结构可靠度设计统一标准》(GB 50068—2001)、《建筑结构荷载规范》(GB 50009—2001)的规定。临时建筑物使用年限规定为 5 年。临时建筑及设施设计可不考虑地震因素。

4. 临时设施的选址

办公生活临时设施的选址，首先应考虑与作业区相隔离；其次是位置的周边环境必须具有安全性，例如不得设置在高压线下，也不得设置在沟边、崖边、河流边、强风口处、高墙下以及滑坡、泥石流等灾害地质带上和山洪可能冲击到的区域。

5. 临建设施的布置原则

(1)合理布局，协调紧凑，充分利用地形，节约用地。

(2)尽量利用建设单位在施工现场或附近能提供的现有房屋和设施。

(3)临建房屋应本着厉行节约、减少浪费的精神，充分利用当地材料，或容易拆除的房屋。

(4)临建房屋布置应方便生产和生活。

(5)临建房屋的布置应符合安全、消防和卫生、环保要求(尽量采用活动式)。

(6)生活性临建房屋可布置在工地现场以外，生产性临时设施应按照生产的需要在工地选择适当的位置，行政管理的办公室等应靠近工地，或是在工地现场出入口。

(7)生活性临时房屋设在工地现场以内时，一般应布置在现场的四周或集中于一侧。

(8)生活性临时设施，如混凝土搅拌站、钢筋加工厂、木材加工厂等，应全面分析比较确定位置。

6. 临时房屋的结构类型

(1)活动式临时房屋，如钢骨架活动房屋、彩钢板房。

(2)固定式临时房屋，主要为砖木结构、砖石结构和砖混结构。

7. 临建设施的搭设

(1)新建临建设施必须使用符合规定要求的装配式彩钢活动房屋，活动房屋不得超过2层，并满足安全、卫生、保温、通风等要求，温暖季节应安装纱门、纱窗。

(2)临建设施内用电应达到“三级配电两级保护”，灯具距地高度低于2.4 m时使用安全电压。

(3)施工单位应会同建设、监理单位对临建设施进行验收，验收合格后方可使用，并建立巡查制度和验收、巡查档案。恶劣天气条件下必须进行重点检查，确保临建设施稳固。

8. 临建设施的卫生管理

(1)办公室

施工现场应设置办公室，办公室内布局应合理，施工项目部各管理人员岗位职责应上墙悬挂，文件资料宜归档存放，并应保持室内清洁卫生。

(2)职工宿舍

宿舍应当选择在通风、干燥的位置，防止污水、雨水流入；不得在尚未竣工建筑物内设置员工集体宿舍；宿舍必须设置开启式窗户，设置外开门；宿舍应实行单人单床，室内净高不得小于2.4 m，每间房居住人数不得超过16人，严禁睡通铺。

宿舍内应当设置2 m×0.9 m规格的单层或双层单人床，床铺不得超过2层，床铺高于地面不小于0.3 m，床铺间距不得小于0.5 m，通道宽度不得小于0.9 m；宿舍内应设置生活用品柜、鞋柜和鞋架，有条件的宿舍宜设置生活用品储藏室，宿舍内严禁存放施工材料、施工机具和其他杂物。

宿舍周围应搞好环境卫生，应设置垃圾桶，生活区内应为作业人员提供晾衣物的场地，房屋外应道路平整、硬化，晚间有良好的照明。

寒冷地区冬季宿舍应有保暖措施、防煤气中毒措施，炎热季节应有消暑和防蚊虫叮咬措施。

应当制订宿舍管理制度，轮流负责卫生和使用管理，或安排专人管理。宿舍卫生制度、卫生值日表、宿舍负责人标牌应上墙明示。

(3)职工食堂

食堂必须取得卫生许可证，距离厕所、垃圾点等污染源不得小于30 m。炊事员应取得“健康证”后方可上岗，并按规定定期进行体检。工作时应穿戴工作服、工作帽。

食堂应选择在通风、干燥、清洁、平整的位置，防止污水、雨水流入，应当保持环境卫生，距离厕所、垃圾站(场)、有毒有害场所等污染源30 m以上，装修材料必须符合环保、消防要求。

食堂内禁止人员住宿和放置施工料具、有毒有害物品等。生、熟炊具器皿应有明显标记，分别放置，经常消毒，保持洁净。温暖季节食品出售前应加盖防蝇罩。严禁购买、出售变质食品。

灶间、售饭间、食品储藏室应分隔设置，制作间、储藏间应独立设置。

食堂应配备必要的排风设施和冷藏设施；安装纱窗、纱门，室内不得有蚊蝇。

食堂的燃气罐应当单独设置存放间，存放间应通风良好并严禁存放其他物品。

食堂制作间灶台及其周边应贴瓷砖，瓷砖的高度不应小于1.5 m；地面应做硬化和防滑处理，按规定设置污水排放设施。

食堂制作间的刀、盆、案板等炊具必须生熟分开，食品必须有遮盖，遮盖物品应有正反面标识；炊具应存放在封闭的橱柜内。

食堂内应有存放各种作料和副食的密闭器皿，并应有标识，粮食存放台距墙和地面应不小于0.2 m。

食堂门下方应设不低于0.5 m的防鼠挡板：挡鼠板应包白铁皮，防止老鼠啃咬；挡鼠板应分两部分设置，一部分高0.2 m，固定设置，一部分高0.3 m，活动设置，白天可取下，晚上和暂停使用时应装上。

食堂外应设置密闭式泔水桶，并及时清运，保持清洁；应当制订并在食堂张挂食堂卫生责任制，责任落实到人，加强管理。

(4)厕所

施工现场应设置封闭、水冲式厕所，蹲位应满足使用要求，蹲位之间设置隔挡高度不低于1.2 m；厕所大小应根据施工现场作业人员的数量设置，有女工时应分设男、女厕所。厕所地面应硬化，且纱窗、纱门应齐全有效；厕所应设专人管理，及时冲刷清理、喷洒药物消毒，无蚊蝇孳生。高层建筑施工超过8层以后，每隔4层宜设置临时便溺设施(如封闭式便桶)。

(5)淋浴室、娱乐室、卫生室等其他设施

施工现场应设置淋浴室，淋浴喷头数量应满足使用要求，保证冷水、热水供应，排通风良好；淋浴间与更衣间应隔离，并使用防水电器。

施工现场应设置职工文化学习娱乐室，配备电视、报刊、杂志等学习娱乐用品。

施工现场应设置卫生室，配备担架等急救器材，配备止血药、绷带及其他常用药品。现场应配备急救人员。

施工现场应设置吸烟室、饮水室，严禁在施工区域内吸烟。饮水室应设置密封式保温桶，保温桶应加盖加锁，保持卫生、清洁。

施工现场应设置宣传栏、读报栏、黑板报，达到牢固、美观、防雨要求。宣传内容应及时更换。

四、文明建设

1. 工地宣传

现场主入口处设置"七牌三图"标牌。工程公告牌内容应包括设计、业主、监理、总承包、施工单位等单位名称以及安全宣传标语和警告牌。为进一步对职工做好安全宣传工作，现场主入口处应有宣传栏、读报栏、黑板报、公告栏等，丰富学习内容，表扬好人好事。为了使标牌、专栏规范整洁，企业应统一规划、设计、加工。现场悬挂条幅进行宣传教育。

2. 班组建设

施工单位要经常开展文明教育，施工人员遵守市民文明规范，加强班组建设，有良好的班容班貌。项目部给施工班组提供一定的活动场所提高班组整体素质。生产班组必须认真执行班组安全活动制度，在班前要对所有机具、设备、防护用品及作业环境进行安全检查，发现问题立即采取措施加以解决。班组长负责班组班前安全活动，针对专业特点、当天施工任务和生产条件，召开班前安全生产会。不得以布置生产工作代替安全活动。

3. 施工不扰民措施

(1)项目部进场后应及时与当地居委会联系，加强与居委会及居民沟通，与居委会签订共建协议，力所能及地帮助居民解决一些困难。工地大门口应公布"文明施工承诺书"。

(2)对于爆破作业等施工应提前通知居委会。

(3)项目部要制订施工不扰民措施并落实到位，使施工噪声不超标。项目部要在开工前15日内向市环保局领取《建筑施工噪声排放申报登记表》及《建筑施工噪声排放许可证》，施工现场严禁焚烧有毒有害物质。高层、多层建筑垃圾严禁向下抛撒。

(4)工地上应有防粉尘防噪音措施，脚手架外围必须用密目网封闭，施工现场作业范围实行封闭管理，并定时洒水抑尘。现场裸露的堆土、散料，需覆盖密目网，以防止扬尘。

(5)场地、便道应每天清扫，建筑垃圾宜袋装化，临时发电机组应有隔音棚。

(6)合理组织施工，夜间施工应尽力避开浇捣混凝土等噪音大的作业。夜间运土车辆保证静音，禁止鸣喇叭扰民。对噪音大的施工机械，采取有效的控制噪音扰民措施，必要时夜间22时至次日6时不安排扰民施工作业。在允许施工时间外必须施工的，应有主管部门的批准手续，并将复印件张贴在大门口。夜间施工时还须采取有效措施，尽力降低施工噪声。

(7)采取有效措施，施工期不影响当地道路和交通设施的使用，不影响群众的通行，影响当地居民的生活和工作。

4. 治安综合治理

(1)项目经理在开工前应与总公司安全生产处、保卫处签订《安全生产、治安消防管理承包责任书》，要有治安保卫制度，有保卫组织，保卫制度健全，并将责任分解到人，严格执行。

(2)项目部对施工现场外包队伍人员组织情况明了，建立档案卡片，与分包队伍签订治安防火协议书，对外包队伍人员加强法制教育。

(3)项目部要加强对职工(包括分包队伍的职工)的思想和法制教育，在施工现场内严禁赌博、酗酒、传播淫秽物品和打架斗殴。项目都要设专职人员管理和掌握人员底数，及时办理暂住手续，杜绝无身份证和无有效证件的人进入现场。

(4)施工现场要坚持"打防并举，标本兼治，重在治本"的方针和群防群治原则，建立治安综合治理制度和责任制。

5. 防火安全

项目部应建立防火管理网络，成立义务消防队。布置施工任务同时布置防火要求。木工间、危险品库、油漆间、配电房等重点部位制度上墙。配备足够数量的灭火器，高层建筑一般每 100 m^2 必须配备 2 个合适的灭火器，一般临时设施区每 100 m^2 配备两个 10 L 灭火器，木工间、机具间等每 25 m^2 应配备一个合适的灭火器，油库、危险品仓库应配备足够数量、种类的灭火器。高层建筑应每层设置消防水源管道，采用 2 英寸（1 inch＝2. 54 cm）立管，并设置加压泵，每层设置消防水源接口。应严格执行三级动火审批制度，在动火证、操作证、消防器材齐全的条件下，监护人全过程严格履行监护职责。工地设置固定吸烟处，严禁工人随处吸烟。

五、环境保护

1. 扬尘的控制

(1)施工现场门口必须有防止车辆车轮带泥上路的措施，设置宽度不小于出口处的车辆冲洗排水沟，对进出车辆的车轮进行冲刷。

(2)施工现场主要道路进行硬化处理，料具场地要平整夯实，其他裸露地面尽量绿化或用石子覆盖，施工现场的办公区和生活区应进行绿化和美化。

(3)现场水泥、白灰、沙、土等易产生扬尘的材料入库或严密遮盖存放，运输或卸运时防止遗洒飞扬，以减少扬尘。

(4)施工现场土方作业应采取防止扬尘措施。从事土方、渣土和施工垃圾运输应采用密闭式运输车辆或采取覆盖措施；施工现场出入口应采取保证车辆清洁的措施。

(5)施工现场混凝土搅拌场所应采取封闭、降尘措施。

(6)制定清扫洒水制度，专人负责施工现场及场区主路洒水降尘工作。

(7)高层或多层建筑清除建筑垃圾时，要使用专用的垃圾道或采用容器吊运，严禁随意凌空抛撒造成扬尘，施工垃圾要及时清运，清运时，适量洒水减少扬尘。

(8)拆除建筑物、构筑物时，应采用隔离、洒水等措施，并应在规定期限内将废弃物清理完毕。

2. 噪声的控制

(1)施工现场应按照现行国家标准《建筑施工场界噪声限值及其测量方法》(GB 12523～12524)制定降噪措施，并由施工企业自行对施工现场的噪声值进行测量和记录。

(2)施工现场边界噪声限值(表 1－1)。

表 1－1　施工现场边界噪声限值

标准值	土方阶段——昼间 75 dB、夜间 55 dB 打桩阶段——昼间 85 dB、夜间禁止施工 结构阶段——昼间 70 dB、夜间 55 dB 装修阶段——昼间 65 dB、夜间 55 dB
备　注	6:00～22:00 为昼间　　22:00～6:00 为夜间

(3)工程施工应安排在 6:00～22:00 间进行，若因工艺等技术原因需连续施工，必须经过环境或建设管理部门批准。取得合法夜间施工手续并通告附近居民。夜间禁止使用打桩机。

(4)施工企业的强噪声设备宜设置在远离居民区的一侧，并应采取降低噪声措施。

(5)有条件情况下，现场施工要采用商品混凝土，现场搅拌混凝土时搅拌站应封闭，要加强泵送混凝土设备的维护保养，保证其平稳运行。

(6)施工现场尽量选用环保型振捣棒；振捣棒使用完毕后，及时清理保养；振捣时，禁止碰钢筋或钢模板；要防止振捣棒空转。

(7)模板、脚手架支架、拆除、搬运时必须轻拿轻放；钢模板、钢管修理时，禁止使用大锤敲打；锯模板、切割钢管时，锯片转速不能太快。

(8)在敏感区域施工时，应对噪声影响区域的作业层采用有效的降噪措施。

(9)施工现场的木工棚须做封闭处理。

3. 水污染控制

(1)经工程所属地方主管部门批准后，各施工现场的施工污水应排入市政污水管网。各项目经理部禁止未经沉淀处理的污水直接排入城市排水设施和河道、市政雨水管网。

(2)现场搅拌站污水及运输车辆、混凝土输送泵的冲洗污水应先排入沉淀池，经沉淀后方可外排或二次利用，沉淀池应及时清理。

(3)食堂设隔油池，隔油池做法参见DBJ02—22—9857，大小按现场实际确定，生活污水经隔油池沉淀后排入集水井或污水管网，隔油池及时清理。

(4)厕所必须建化粪池，化粪池做法参见DBJ02—22—9857，大小按现场实际确定，化粪池及时清理。

(5)施工现场存放的油料和化学溶剂等物品应设有专门的库房，地面应做防渗漏处理。废弃的油料和化学溶剂应集中处理，不得随意倾倒。

4. 废弃物管理

(1)废弃物分类(图1—5)

图1—5　废弃物分类图

(2)废弃物的清单(表1—2)

表1—2　废弃物清单

项　目	可回收废弃物	不可回收废弃物	备　注
无毒无害类	废木材、废钢材、废水泥、废办公用纸、空材料桶等	碎砖头、碎混凝土块、碎石材、生活垃圾、过期的散装混凝土等	
有毒有害类	废油桶类、废油漆桶、废灭火器罐、废塑料布、废化工材料及其包装物、废玻璃丝布、废铝箔纸、工业棉布、含油棉纱(棉布)油手套、废聚苯板和聚酯板、废石棉类、废岩绵类等	办公垃圾： 废计算机废打印墨粉、废色带、废磁盘、废计算器、废日光灯、废涂改液、废复印机墨盒、废电池、废复写纸等 建筑垃圾： 变质过期的化学稀料、废胶类、废涂料、废化学品类等	

(3)废弃物的标识

施工现场建立《废弃物清单》，并在临时和固定存放点按四种类别设立醒目的标识，标明此处所存放的废弃物种类、名称等。

(4)废弃物的存放

各个产生废弃物的单位应设置废弃物临时置放点，并在临时存放场地分开存放；有毒有害废弃物单独分类封闭存放，废电池与其他有毒有害废弃物分开存放；在场内运输废弃物时，应确保不遗洒，不混放。

(5)废弃物的回收

现场设施工垃圾分拣站，对于可回收的施工垃圾，如废钢筋、木材、塑料等要分类堆放，以便回收利用。

(6)废弃物处理

施工现场施工、生活、办公中产生的不可回收的无毒无害废弃物，由项目部委托有准运证件的单位及时清运(签订《废弃物清运协议书》)，清运到合理、合法的场所，不得随意排放。有毒有害类废弃物(废油漆、油漆桶、化学品的包装等)，要分类且在监控的情况下处理或由供方负责回收。施工现场严禁焚烧各类废弃物。

5. 运输遗洒的控制

现场渣土、商品混凝土、生活垃圾、原材料在运输过程中易产生遗洒、污染路面、影响居民生活，要求混凝土罐车每次出场前应清洗下料车，自卸汽车、运输垃圾车出场前一律用苫布覆盖，进行全封闭运输。

6. 光污染的控制

减少施工现场夜间照明的光污染，各单位尽量选用节能工具，使用前配备灯罩，夜间施工照明灯罩使用率 100%，使夜间照明只照射施工区而不影响周围居民。

第二章　脚手架工程专项施工方案

第一节　概　述

脚手架是建筑界的通用术语，指施工现场为工人操作并解决垂直和水平运输而搭设的各类支架，用于建筑施工现场中外墙、内部装修或层高较高等无法直接施工的地方，主要为了施工人员上下干活或外围安全网维护及高空安装构件等，同时，也可作为模板支撑体系使用。施工现场非模板支撑系统的外脚手架，按照建筑物立面上设置状态，主要分为落地、悬挑、挂式、吊篮和附着升降等几种常见形式。

落地式钢管扣件脚手架搭设在建筑物外围地面上，主要搭设方法为立杆单排和双排两种方式。单排脚手架搭设高度应不超过 24 m，双排脚手架因受立杆承载力限制，加之材料耗用量大，占用时间长，搭设高度也多控制在 40 m 以下。在房屋砖混结构施工中，此类脚手架兼作砌筑、装修和防护之用；在多层框架结构施工中，此类脚手架主要作装修和防护之用。

悬挑式脚手架搭设在建筑物外边缘向外伸出的悬挑结构上，将脚手架荷载全部或部分传递给建筑结构。悬挑支承结构主要有用型钢焊接制作的三角桁架下撑式结构以及用钢丝绳斜拉住水平型钢挑梁的斜拉式结构两种主要形式。在悬挑结构上搭设的双排外脚手架与落地式脚手架相同，分段悬挑脚手架的高度一般控制在 25 m 以内。该形式的脚手架作装修和防护之用，在高层建筑施工中广为应用。

挂脚手架是随主体结构施工向上升高，用塔吊吊升，悬挂在结构上的一种外脚手架。其吊升单元宽度宜控制在 5～6 m，高度为一个或一个半楼层，每一吊升单元的自重宜在 1 t 以内。根据建设部 2007 年 6 月 14 日发布的第 659 号公告(《建设部关于发布建设事业"十一五"推广应用和限制禁止使用技术(第一批)的公告》)要求，自公告发布之日起，禁止在房屋建筑施工中使用简易临时吊架和大模板悬挂脚手架(包括同类型脚手架)。简易临时吊架是指用钢筋焊成梯型架体，挂在外墙上，在梯形架体的横梁上铺设脚手板后，作为砌筑和装修脚手架使用。由于在施工现场临时搭设，制作粗糙，缺少安全措施，已造成多起群死群伤事故，被列入禁止范围。大模板悬挂脚手架(包括同类型脚手架)，由于该类型脚手架是在大模板就位后，再在其上安装"挂脚手架"作为操作平台，在安装过程中，施工人员必须站在起重机吊起的架体上作业，由于结构缺陷，架体横向稳定性差，抗风荷载能力差，容易造成架体倾翻，极易发生坠落事故，在设计、搭设和使用方面存在严重安全隐患，危险性大，也被列入禁止范围。现阶段，施工现场多数挂脚手架是近年来在插口架的基础上形成并发展起来的，主要适用于造型较简单，中途无太大截面变化，标准层占大多数且连续、无悬挑长度较大阳台的高层框架或剪力墙结构的施工。该类型脚手架悬挂点多位于主体结构上，提升过程中，大模板多置于架体之上，随架体一同提升，在很大程度上提高了架体稳定性。该类型脚手架主要是大模板生产厂家根据施工工艺制作的定型化挂脚手架，所以施工方案随工程特点变化较大。

附着升降脚手架是将自身分为两大部分，分别依附固定在建筑结构上。在主体结构施工阶段，附着升降脚手架以电动葫芦为提升设备，两个部件互为利用，交替松开、固定，交替爬升，其爬升原理同爬升模板。在装饰施工阶段，交替下降。该形式脚手架搭设高度为 3～4 个楼层，不占用塔吊，相对一落到底的外脚手架，省材料，省人工，适用于高层框架和剪力墙结构的快速施工。由于附着式升降脚手架的性价比高，在高层及超高层建筑施工中已呈现出了全面普及之势。为保证附着式升降脚手架的安全使用，必须建立健全生产认证和使用管理制度；施工企业必须有严格的技术和管理措施，加强施工现场的安全管理，认真落实施工人员的安全教育工作和体检工作，减少及至消除使用过程中的安全隐患；各级建设行政主管部门或建筑安全监督机构应当加强对附着升降脚手架工程的监督检查，确保安全生产。

脚手架作为建筑工程施工中必不可少的临时设施，随着工程进度搭设，工程完毕后拆除，但它对建筑施工速度、工作效率、工程质量以及工人的人身安全有着直接的影响，如果脚手架搭设不及时，势必会拖延工程进度；脚手架搭设不符合施工要求，工人操作就不方便，质量得不到保障，工效也不能提高；脚手架搭设不牢固，不稳定就容易造成施工中的伤亡事故。因此，对脚手架的选型、构造、搭设决不可忽视大意。本章重点针对以上 4 种常见形式的脚手架以及附属的卸料平台搭设的施工方案编制中一些具体问题进行讲解，收入典型方案实例，以求施工方案能够与现场实际能够紧密结合，进一步贯彻落实安全质量标准化有关要求，使方案更具针对性和可操作性。由于，现阶段施工现场脚手架材质钢管、扣件为主，故本章所涉及内容也均以扣件式钢管脚手架为例。此外，模板支撑系统脚手架将在模板工程章节中进行专门描述。

第二节 脚手架工程专项施工方案

目前，建筑工地不同程度的存在着：外脚手架专项施工方案编制不严肃，方案形同虚设；专项施工方案中的计算类型与实际搭设不符，外脚手架计算书中的有些参数取值不符合实际情况；实际搭设没有按专项施工方案和相应的规范执行，尤其是连墙杆件不严格按照方案设置等诸多现象，外脚手架存在隐患较多，容易发生安全生产事故。为此，用一份编制科学、有针对性的专项施工方案来指导实地搭设，真正把现场编制的脚手架施工方案作为施工基本依据，确保施工方案各项措施的有效落实，是避免此类事故发生的有效途径。为此，本节重点介绍脚手架工程专项施工方案应包括的主要内容，切实增强专项方案的全面性、针对性和操作性，确保施工安全。脚手架工程专项施工方案主要内容应包括以下几个方面。

一、工程概况

工程概况应简洁明了，把与本方案有关的内容说明清楚，并应根据工程概况，说明本方案的总体思路和外脚手架选型，必要时还应进行选型比较，在保证安全的前提下，尽量选用经济合理的脚手架类型。主要内容包括：

(一)建筑面积、高度、基本结构形式、地质情况、工期。

(二)外脚手架方案选择考虑等。

二、编制依据

使用或参考的编制依据与国家通用标准不一致时，应重点说明，并不低于国家现行的标准。主要内容包括：

(一)《建筑施工扣件式脚手架安全技术规范》等相应规范。

(二)《建筑施工安全检查标准》。

(三)本工程设计图纸。

(四)附着升降脚手架编制依据还包括《建筑施工附着升降脚手架管理暂行规定》,此外,悬挑式、挂式和附着升降式脚手架还应遵循的编制依据有:《建筑结构荷载规范》、《钢结构设计规范》、《冷弯薄壁型钢结构技术规范》、《混凝土结构设计规范》等。

三、施工组织

施工组织在保证安全的基础上,应能够满足施工进度要求,并明确组织机构和相关责任人职责。主要内容包括:

(一)组织领导机构及职责。

(二)脚手架搭设拆除施工的劳动力准备情况。

(三)作业负责人、操作人员须经培训合格持证上岗。

(四)搭拆施工流程等。

四、脚手架设计

脚手架设计应有针对性,施工荷载和结构尺寸、杆件相对位置、杆件连接等必须清晰说明。当出入通道设在门洞口处时,应详细说明通道搭设做法。主要内容包括:

(一)确定脚手架架管及脚手板材料、施工荷载。

(二)确定脚手架基本结构尺寸、搭设高度及基础处理要求。

(三)确定脚手架步距、立杆横距,杆件相对位置。

(四)剪刀撑的搭设布置要求。

(五)明确连墙杆材料、连接方式、布置间距。

(六)上、下施工作业面通道设置方式。

(七)出入通道设置方式。

(八)如采用悬挑式、挂式或附着升降式脚手架时,还应包括该类架体相关设计要求等。

五、设计计算

只有敞开式脚手架(未用密目网封闭),且基本风压不大于 0.35 kN/m^2 时,50 m 以下的单双排落地式脚手构造符合规范要求,才可以不进行部分杆件的验算。设计计算主要内容包括:

(一)落地式脚手架

1. 纵向、横向水平杆等受弯构件的强度和连接扣件抗滑承载力计算。

2. 立杆的稳定性计算、悬挑梁刚度计算。

3. 连墙件的强度、稳定性和连接强度的计算。

4. 立杆地基承载力计算。

(二)悬挑式脚手架

1. 纵向、横向水平杆等受弯构件的强度和连接扣件抗滑承载力计算。

2. 立杆的稳定性计算、悬挑梁刚度计算。

3. 连墙件的强度、稳定性和连接强度的计算。

4. 悬挑梁的受力和整体稳定性计算。

5. 拉绳或支杆的受力和强度计算。

6. 锚固段与楼板连接稳定性的计算。

(三)挂脚手架

1. 纵向、横向水平杆等受弯构件的强度和连接扣件抗滑承载力计算。

2. 立杆的稳定性计算。

3. 连墙件的强度、稳定性和连接强度的计算。

4. 支座受力和整体稳定性计算。

5. 焊缝强度计算。

6. 窗洞处斜杆抗压强度计算。

(四)附着升降脚手架

1. 架体结构和附着支承结构的设计计算。

2. 升降动力设备、吊具、索具的设计计算。

3. 荷载设计计算。

4. 螺栓连接强度设计计算。

5. 受压构件稳定性设计计算。

6. 受弯构件稳定性设计计算。

六、脚手架搭设质量要求和管理

明确安全防护做法、质量要求及各环节的验收要求等,验收标准可直接引用规范,也可将规范所列验收内容进行逐项说明。主要内容包括:

1. 材料准备:对架管、扣件、安全网按规定进行验收。

2. 基础验收,立杆定位放线。

3. 搭设进度控制(配合施工进度一次搭设高度不应超过相邻连墙件以上 2 步)。

4. 搭设质量要求:立杆、水平杆搭设要求,杆件搭接要求,扣件拧紧力矩要求,扣件位置要求,脚手板安装固定要求等。

5. 安全防护的作法:密目式安全网全封闭作法,水平兜网作法,作业层和通道两侧栏杆作法,挡脚板作法等。

6. 按照搭设进度,分阶段对脚手架各杆件搭设质量进行验收(允许偏差在《规范》规定范围内)。

7. 如采用悬挑式、挂式或附着升降式脚手架时,还应包括该类架体搭设质量和管理要求等。

七、安全技术措施

应重点针对搭拆、使用阶段,明确安全文明施工各项技术措施和安全注意事项。主要内容包括:

1. 搭设、拆除作业安全技术措施和操作人员安全操作规程和防护用品配备措施。

2. 搭设、拆除及脚手架上施工前安全教育和技术交底措施。

3. 高处作业人员操作规程和防护用品配备措施。

4. 安全注意事项,如:不得将模板支架、揽风绳、混凝土输送管等固定在脚手架上,6 级以上大风和大雨、雪、雾天气停止搭设和拆除作业等。

5. 脚手架使用期间安全技术措施。

6. 脚手架上作业防火措施。

7. 脚手架日常维护和管理要求。

8. 文明施工措施等。

9. 如采用悬挑式、挂式或附着升降式脚手架时，还应包括该类架体安全技术措施要求等。

八、专项应急救援预案

对脚手架工程的搭拆、使用和日常维护等情况进行危险源识别，确定日常监控重点和可能发生的事故类型，确定现场应急处置预案。

九、施工详图、大样图

对脚手架整体结构绘制施工详图，对各重要节点绘制大样图。

十、卸料平台设计

悬挑式卸料平台，是建筑工程垂直运输的一种重要的转运平台，在框架及框剪等结构工程施工过程中常常使用，一方面作为周转材料的中转站，另一方面作为砌体、粉刷等材料的转运工作面。一般情况下，卸料平台多与脚手架一起进行设计，并不得与脚手架连接。

卸料平台分为落地式和悬挑钢平台两种，落地式卸料平台参照落地式脚手架设计计算验算各杆件稳定性和地基承载力是否符合要求。悬挑钢平台应按照设计荷载限额，重点进行主、次梁、铺板、吊环与钢平台和主体结构连接方式以及后部锚固钢筋设计，并验算其强度或稳定性。

第三节 脚手架工程安全技术要求

一、安全专项施工方案的编制审批程序

单位工程脚手架安全专项施工方案应重点依据《建筑施工扣件式钢管脚手架安全技术规范》(JGJ 130－2001)和《建筑施工安全检查标准》(JGJ 59－99)有关要求，结合施工现场实际情况，由该项目技术人员编写，报施工单位技术负责人审批，最后由监理单位审查专项施工方案是否符合工程建设强制性标准，并经单位工程总监理工程师审批签字后，方可实施。

悬挑式脚手架安全专项施工方案还应参照《钢结构设计规范》(GB 50017－2003)进行编制，在方案审批时，公司技术负责人和监理单位方案审批责任人必须认真验算设计计算结果，特别是，无拉绳或支杆时，必须重点验算悬挑梁的受力及整体稳定性和锚固段与楼板连接强度的设计计算结果，并严格审查安全专项施工方案是否符合工程建设强制性标准，确保悬挑部件本质安全。

二、脚手架工程的设计计算

(一)设计计算中的荷载效应

1. 荷载的分类

作用在脚手架上的荷载有两种，一种是静荷载，一种是动荷载。

静荷载也称为永久荷载，是指长期作用在脚手架上的不变荷载。如钢管、扣件、脚手板、安全网等构配件的自重，为设计计算方便可分为两部分计算。一部分为脚手架结构自重，是指组成脚手架的主要杆件，包括立杆、大横杆、小横杆、剪刀撑、横向斜撑、扣件等材料的自重；另一

部分为构、配件自重，是指随着作业条件的不同设计要求，脚手架上的辅助材料的自重，一般包括脚手板、防护栏挡脚板、安全网等材料的自重。

动荷载也称为施工均布活荷载，是指作用在脚手架上可以变化的荷载。如施工荷载、风荷载等，应根据脚手架的类型分别计算。施工荷载包括脚手板上的堆放材料、运输小车、作业人员及器具等荷载，是以作业层脚手板的面积为基准按均布荷载计算（kN/m^2）。脚手架使用的目的不同，施工荷载也不同。用于结构用的脚手架其施工荷载按 3 kN/m^2 计算；用于装修的脚手架考虑堆放材料少不允许有车辆运行，其施工荷载按 2 kN/m^2 计算。风荷载按水平荷载计算，是均布作用在脚手架立面上的荷载（kN/m^2）。

2. 风荷载效应

按照《建筑施工扣件式钢管脚手架安全技术规范》第 4.3.2 条规定，在基本风压等于或小于 0.35 kN/m^2 的地区，对于仅有栏杆和挡脚板的敞开式脚手架，当每个连墙点的覆盖面积和构造符合规范要求时，验算脚手架立杆的稳定性可不考虑风荷载作用。由于目前建筑工地脚手架外侧均需用密目式安全立网全封闭，故一般施工现场在设计计算时必须考虑风荷载影响。

风荷载标准值（ω_k）的大小与不同地区的基本风压（ω_0）、风压高度变化系数（μ_z）以及风荷载体型系数（μ_s）有关，具体计算公式为：

$$\omega_k = 0.7\mu_z \cdot \mu_s \cdot \omega_0 \tag{2-1}$$

基本风压（ω_0）和风压高度变化系数（μ_z）可以通过荷载规范，根据所在地区查表所得。而风荷载体体型系数（μ_s），在脚手架规范附表中仅给出了敞开式单、双排脚手架的取值，目前建筑工地又常用大于 2 000 目/cm^2 的密目式安全网封闭脚手架外侧，属于全封闭外脚手架，故全封闭外脚手架风荷载体体型系数 μ_s 计算过程如下：

以立杆纵距为 1.2 m、步距 1.5 m 的密目网封闭的脚手架为例：密目网的挡风系数 φ_1 取值，经查阅参考资料，应取 0.841，敞开式脚手架挡风系数为 $\varphi_2 = 0.105$，密目式安全立网封闭脚手架挡风系数 φ 计算公式为：$\varphi = \varphi_1 + \varphi_2 - \varphi_1 \times \varphi_2 / 1.2 = 0.841 + 0.105 - 0.841 \times 0.105/1.2 = 0.872$。再根据背靠建筑物状况，如背靠全封闭建筑物，则 $\mu_s = 1.0\varphi$；如背靠框架和洞墙建筑物，则 $\mu_s = 1.3\varphi$。

3. 荷载效应组合

设计脚手架时，应根据整个使用过程中（包括工作状态及非工作状态）可能产生的各种荷载，按最不利的荷载组合进行计算，将荷载效应叠加后脚手架应满足其稳定性要求。

（1）脚手架的立杆稳定计算时的荷载效应组合

应分别按下列两种情况计算：

①永久荷载＋施工荷载。

②永久荷载＋0.85（施工荷载＋风荷载）。

其中 0.85 为荷载组合系数，是考虑脚手架在既有施工荷载，又有风荷载的情况下，不会出现最大值，所以在取二者最大值后乘以 0.85 系数进行折减。

（2）脚手架的纵横向水平杆强度与变形荷载效应组合

永久荷载＋施工荷载。

（3）脚手架的连墙件时荷载效应组合

①单排架：风荷载＋3 kN。

②双排架：风荷载＋5 kN。

在计算连墙杆的承载能力时，除去考虑各连墙杆负责面积内能承受的风荷载外，还应再加上由于风荷载的影响，使脚手架侧移变形产生的水平力对连墙杆的作用。按每一连墙点计算，对于单排脚手架取 3 kN，对于双排脚手架取 5 kN 的水平力，并与风荷载叠加。

(4)计算杆件的强度、稳定性与连接强度时，应采用荷载设计值

永久荷载分项系数为 1.2，可变荷载分项系数为 1.4。

4. 荷载的传递

对于采用脚手板的脚手架，其荷载的传递方式为：脚手板—小横杆—大横杆—立杆—基础。

对于采用竹笆片的脚手架，其荷载的传递方式为：竹笆片—大横杆—小横杆—立杆—基础。

(二)设计计算中的特殊部位

当脚手架搭设尺寸中的步距、立杆纵距、立杆横距和连墙件间距有变化时，除计算底层立杆段外，还必须对出现最大步距或最大立杆纵距、立杆横距、连墙件间距等部位的立杆段进行验算。

落地双排脚手架高度不宜超过 50 m，当双排架的搭设高度超过 24 m 时，应对脚手架所采用的杆件间距进行核算，并从结构上进行加强。由于，搭设过高的脚手架也会影响材料的周转使用，同时还考虑脚手架是属于临时结构，其安全度受人为影响很大，高度越高，隐患也越大，所以，根据国内几十年经验，为确保脚手架的安全，立杆采用单管的落地双排脚手架规定操作高度不宜超过 50 m。当施工工程需要搭设高度 50 m 以上的脚手架时，必须另行专门设计。可采用双管立杆、分段悬挑或分段卸荷等有效措施，同时应考虑风涡流的作用，应采取抗上升翻流作用的连墙措施。当采用双管立杆时，变截面处主立杆上部单根立杆的稳定性，应按规范要求，单独进行计算。

(三)落地式脚手架设计计算

1. 总体要求

按照《建筑施工扣件式钢管脚手架安全技术规范》第 5.1.5 条规定："搭设高度在 50 m 以下的常用敞开式单、双排脚手架，当脚手架构造及扣件拧紧扭力矩符合相关规范要求时，相应杆件可不必进行设计计算，但连墙件、立杆基础承载力等仍应根据实际荷载进行设计计算。"而敞开式脚手架是指仅设有作业层栏杆和挡脚板，无其他遮挡设施的脚手架。同时，按照《建筑施工安全检查标准》要求，脚手架外侧必须使用密目式安全立网进行全封闭，因此，一般情况下，施工现场所使用的落地式扣件钢管脚手架均应对纵向、横向水平杆等受弯构件的强度和连接扣件抗滑承载力、立杆的稳定性、立杆地基承载力以及连墙件的强度、稳定性和连接强度进行设计计算。

2. 近似分析

分析脚手架的受力情况，可以视双排脚手架似一个空间框架结构，立杆就是框架柱，水平杆就是梁，荷载通过节点(扣件)传递到梁、柱，最后到基础，唯一不同的是这个框架结构节点的"梁"和"柱"都不在一个平面上，因为它们是通过扣件连接的，所以节点各杆件的轴线不能正交于一点。

扣件连接不但使立杆形成偏心受压，同时由于扣件连接并不属于刚性连接，受力后杆件的夹角会产生变化，所以不同于框架的刚性节点。但是由于设置了剪刀撑、横向斜撑和连墙杆。从而限制了脚手架各个方向的位移，因此可以近似的按无位移多层框架进行力学分析。

3. 大横杆、小横杆计算

大横杆按三跨连续梁计算；小横杆按简支梁计算。双排脚手架：里排立杆距墙 500 mm，立杆横距为 105～150 cm，小横杆伸出里排立杆小于 300 mm，伸出外排立杆 100 mm，小横杆计算跨度为立杆间距。单排脚手架：小横杆插入墙内长度不小于 180 mm。小横杆的计算跨度：$b+120$(b 为立杆距墙外皮的距离)。

验算大横杆、小横杆与立杆连接时的扣件抗滑承载力，不应超过扣件抗滑承载力设计值。

(1)抗弯强度计算公式

$$\sigma=M/W\leqslant f \quad (2-2)$$

式中 M——弯矩设计值；

W——截面模量；

f——钢材抗弯强度设计值。

(2)弯矩设计值计算公式

$$M=1.2\sum M_{Gk}+1.4\sum M_{Qk} \quad (2-3)$$

式中 M_{Gk}——脚手板自重标准值产生的弯矩；

M_{Qk}——施工荷载标准值产生的弯矩。

(3)挠度应符合式(2－4)规定

$$v\leqslant[v] \quad (2-4)$$

式中 v——挠度；

$[v]$——容许挠度。

大横杆、小横杆$[v]\leqslant l/150$与10 mm，其中l为杆件长度。

悬挑受弯杆件$[v]\leqslant l/400$，其中l为杆件长度。

4. 立杆计算

这里的立杆计算，实质上也是对脚手架整体稳定的计算。计算公式见式(2－5a、b)。

不组合风荷载时：

$$N/\varphi A\leqslant f \quad (2-5a)$$

组合风荷载时：

$$N/\varphi A+M_w/W\leqslant f \quad (2-5b)$$

式中 N——计算立杆的轴向力设计值，计算公式为

不组合风荷载时：

$$N=1.2(N_{G1k}+N_{G2k})+1.4\sum N_{Qk} \quad (2-6a)$$

组合风荷载时：

$$N=1.2(N_{G1k}+N_{G2k})+0.85\times1.4\sum N_{Qk} \quad (2-6b)$$

其中 N_{G1k}——脚手架结构自重标准值产生的轴向力，

N_{G2k}——脚手架配件自重标准值产生的轴向力，

N_{Qk}——施工荷载标准值产生的轴向力(各层施工荷载总合)，双排脚手架的内、外立杆按总和的1/2取值；

φ——轴心受压杆件的稳定系数，φ值根据λ值查表所得，λ计算公式为

$$\lambda=l_0/i$$

其中 λ——长细比，

i——截面回转半径，

l_0——立杆计算长度，$l_0=k\mu h$，

k——长度附加系数，取1.155，

μ——考虑脚手架稳定因素的单杆计算长度系数，按规范取值，

h——立杆步距；

A——立杆的截面积；

M_w——计算立杆段由风荷载设计值产生的弯矩，计算公式为

$$M_w=0.85\times1.4M_{Wk}=0.85\times1.4\omega_k l_a h^2/10$$

其中　M_{Wk}——风荷载标准值产生的弯矩，

M_w——风荷载设计值产生的弯矩，

ω_k——风荷载标准值，

l_a——立杆纵距；

f——钢材抗压强度设计值。

在这里需要说明的是，风荷载作用于脚手架上主要表现为水平均布荷载，如果把脚手架放平，则脚手架的侧立图面就形成了一根多跨连续梁，连续梁的支座就是脚手架的连墙杆，风荷载就是作用在连续梁上的均布荷载。

从立杆的稳定计算公式看，当组合风荷载时为：$N/\varphi A+M_w/W\leqslant f$。公式中前半部分是竖向荷载，后半部分是风荷载的影响。当前半部分按立杆轴心受压计算，后半部分是按承受弯矩的梁计算，把两部分的荷载叠加，即脚手架计算稳定组合风荷载时的计算公式。

从风荷载产生的弯矩看，M_w 的取值为 $qh/10$，介于简支梁与三跨连跨梁之间。如果按连墙杆垂直距离取一个脚手架段计算，实际上就相当于计算一根简支梁；当计算这一脚手架的立杆时，因为有大横杆、小横杆的支撑作用，虽然没有完全对立杆形成固定支座，但仍然有限制立杆弯曲变形作用，所以对于一个步距的立杆计算，其变形介于简支梁（$qh^2/8$）与三跨连续梁（$qh/12$）之间。"q"在这里是风荷载标准值，即 $q_{Wk}=\omega_k l_a h$，故得出上述公式。

5. 连墙杆计算

脚手架结构只适于承受竖向荷载，其水平荷载通过连墙杆传给建筑结构承担。所以连墙杆的竖向间距缩小，不但可减少脚手架段的计算高度，同时还可以增加承受风荷载的能力，加强脚手架的整体稳定性。

连墙杆的轴向力设计值计算公式：

$$N_l=N_{lW}+N_0 \tag{2-7}$$

式中　N_l——连墙杆轴向设计值；

N_{lW}——风荷载产生的轴向力设计值；

N_0——连墙杆约束脚手架竖向平面外变形所产生的轴向力，单排架取3，双排架取5。

6. 立杆地基承载力计算

立杆基础底面的平均压力应满足式（2－8）要求：

$$P\leqslant f_g \tag{2-8}$$

式中　P——立杆基础底面的平均压力，$p=N/A$；

N——上部结构传至基础顶面的轴向力设计值；

A——基础底面面积；

f_g——地基承载力设计值，按规范计算。

（四）悬挑式脚手架设计计算

悬挑式脚手架因悬挑梁作为上部脚手架的基础，为考虑基础承载力，悬挑梁均应在下部设置支杆或在上部设置钢丝绳拉绳。实际验算证明，以悬挑8步架为例，悬挑梁挠度满足不了安全要求。

纵向、横向水平杆等受弯构件的强度和连接扣件抗滑承载力、立杆的稳定性以及连墙件的强度、稳定性和连接强度计算，与落地式脚手架计算方式相同。

1. 悬挑梁的整体稳定性计算

设置了支杆或拉绳的悬挑式脚手架，支杆或拉绳与悬挑梁连接处可视为铰接，通过绘制悬挑梁结构剪力图和弯矩图，可得出最大弯矩。利用最大应力法演算整体稳定性。

(1)最大应力计算方法一

$$\sigma = M_{max}/1.05W + N/A \tag{2-9a}$$

(2)最大应力计算方法二

$$\sigma = \frac{M}{\varphi_b W_x} \leqslant [f] \tag{2-9b}$$

式中 φ_b——均匀弯曲的受弯构件整体稳定系数，按照式(2-9c)计算

$$\varphi_b = \frac{570tb}{lh} \cdot \frac{235}{f_y} \tag{2-9c}$$

如 φ_b 大于 0.6，查《钢结构设计规范》(GB 50017-2003)附表 B 取值。

2. 拉绳或支杆的受力分析

$$R_{AH} = \sum_{i=1}^{n} R_{Ui} \cos\theta_i \tag{2-10a}$$

$$R_{Ci} = R_{Ui} \sin\theta_i \tag{2-10b}$$

式中 R_{AH}——水平钢梁的轴力；

R_{Ui}——为各支点支撑力；

R_{Ci}——拉绳或支杆的轴向力；

θ_i——支杆与悬挑梁夹角。

3. 拉绳或支杆连墙点强度计算

$$\sigma = \frac{N}{l_w t} \leqslant f_c \text{ 或 } f_z \tag{2-11a}$$

式中 N——斜撑支杆的轴向力，即 R_{Ci}；

l_w——斜撑支杆件的周长；

t——斜撑支杆焊缝的厚度；

f_t 或 f_c——对接焊缝的抗拉或抗压强度。

$$\sigma = \frac{N}{A} \leqslant [f] \tag{2-11b}$$

式中 N——斜拉绳的轴向力，即 R_{Ci}；

$[f]$——钢丝绳与悬挑梁连接拉环受力的单肢抗剪强度；

4. 水平钢梁与楼板压点拉环强度计算

$$\sigma = \frac{N}{A} \leqslant [f] \tag{2-12}$$

式中 $[f]$——拉环钢筋抗拉强度。

(五)挂脚手架设计计算

挂脚手架根据模板施工进行设计，设计计算详见方案实例。

(六)附着升降脚手架设计计算

1. 设计计算基本原则

附着升降脚手架的各组成部分应按其结构形式、工作状态和受力情况，分别确定在使用、升降和坠落三种不同状况下的计算简图，并按最不利情况进行计算和验算。必要时应通过整体模型试验验证脚手架架体结构的设计承载能力。

2. 架体结构和附着支承结构的设计计算

附着升降脚手架的架体结构和附着支承结构应按“概率极限状态法”进行设计计算，承载力设计表达式为：

$$\gamma_0 S \leqslant R \tag{2-13}$$

式中　γ_0——结构重要性系数，取 0.9；

S——荷载效应；

R——结构抗力。

3. 升降动力设备、吊具、索具的设计计算

附着升降脚手架升降结构中的升降动力设备、吊具、索具，按“容许应力设计法”进行设计计算，执行本规定和有关起重吊装的现行规范，计算表达式为：

$$\sigma \leqslant [\sigma] \tag{2-14}$$

式中　σ——设计应力；

$[\sigma]$——容许应力。

4. 荷载设计计算

附着升降脚手架设计中荷载标准值应分使用、升降及坠落三种状况按以下规定分别确定。

(1)恒载标准值 G_k

包括架体结构、围护设施、作业层设施以及固定于架体结构上的升降机构和其他设备、装置的自重，其值可按现行《建筑结构荷载规范》(GBJ 9)附录一确定。对于木脚手板及竹串片脚手板，取自重标准值为 0.35 kN/m²。

(2)施工活荷载标准值 Q_k

包括施工人员、材料及施工机具等自重；可按施工设计确定的控制荷载采用，但其取值不得小于以下规定：结构施工按乙层同时作业计算，使用状况时按每层 3 kN/m² 计算，升降及坠落状况时按每层 0.5 kN/m² 计算；装修施工按 3 层同时作业计算，使用状况时按每层 2 kN/m² 计算，升降及坠落状况时按每层 0.5 kN/m² 计算。

风荷载标准值 W_k 按前部分提到的风荷载效应计算。

附着升降脚手架各组成部分的设计应按表 2—1 的规定计入相应的荷载计算系数。

表 2—1　荷载计算系数表

设计项目		应计入的计算系数		设计方法
		使用工况	升降及其坠落工况	
体结构	构架	$(\gamma_G\gamma_Q\phi)$，γ'_m		概率极限状态法
	竖向主框架			
	水平梁架	$\gamma_1(\gamma_G\gamma_Q\phi)$	$\gamma_2(\gamma_G\gamma_Q\phi)$	
附着支承结构				
防倾、防坠落装置				
升降动力设备			γ_2	容许应力法
索具、吊具		γ_1	γ_2	

表中　γ_G——永久荷载分项系数，一般取 1.2，但当有利于抗倾覆验算时，取 0.9；

γ_Q——可变荷载分项系数，取 1.4；

ϕ——可变荷载组合系数，取 0.85；

γ'_m——结构抗力调整系数，按《编制建筑施工脚手架安全技术标准的统一规定》(修订稿)确定；

γ_1，γ_2——荷载变化系数，$\gamma_1=1.3$，$\gamma_2=2.0$。

(3)注意事项

采用"概率极限状态"设计时，按承载力极限状态设计的计算荷载取荷载的设计值；按使用极限状态设计的计算荷载取荷载的标准值。

索具、吊具按表 3－1 的规定进行设计计算时，其安全系数的取值参照相关的设计规范确定，但升降机构中使用的索具、吊具的安全系数不得小于 6.0。

对于升降动力设备，其容许荷载的取值参照相关的设计规范确定，当无规定时可取其额定荷载。

5. 螺栓连接强度的设计值

螺栓连接强度的设计值见表 2－2。

表 2－2 螺栓连接强度设计值 单位：N/mm^2

钢号	抗拉 f_t^b	抗剪 f_v^b
Q235	170	130

6. 受压构件的长细比

受压构件的长细比应不大于 150。

7. 受弯构件的容许挠度允许值

受弯构件的容许挠度允许值见表 2－3。

表 2－3 受弯构件的容许挠度值

构件类别	容许挠度
大横杆、小横杆	$L/150$
水平支承结构	$L/200$
其他受弯构件	$L/300$

三、扣件式钢管脚手架有关强制性标准

1. 钢管上严禁打孔。

2. 立杆稳定性计算时，当脚手架搭设尺寸中的步距、立杆纵距、立杆横距和连墙件间距有变化时，除计算底层立杆段外，还必须对出现最大步距或最大立杆纵距、立杆横距、连墙件间距等部位的立杆段进行验算。

3. 脚手架主节点处必须设置一根横向水平杆，用直角扣件扣接且严禁拆除。

4. 脚手架必须设置纵、横向扫地杆。纵向扫地杆应采用直角扣件固定在距底座上皮不大于 200 mm 处的立杆上。横向扫地杆亦应采用直角扣件固定在紧靠纵向扫地杆下方的立杆上。当立杆基础不在同一高度上时，必须将高处的纵向扫地杆向低处延长两跨与立杆固定，高低差不应大于 1 m。靠边坡上方的立杆轴线到边坡的距离不应小于 500 mm。

5. 立杆接长除顶层顶步可采用搭接处，其余各层各步接头必须采用对接扣件连接。

6. 一字型、开口型脚手架的两端必须设置连墙件，连墙件的垂直间距不应大于建筑物的层高，并不应大于 4 m(2 步)。

7. 对高度 24 m 以上的双排脚手架，必须采用刚性连墙件与建筑物可靠连接。

8. 连墙件必须采用可承受拉力和压力的构造。

9. 高度在 24 m 以下的单、双排脚手架，均必须在外侧立面的两端各设置一道剪刀撑，并

应由底至顶连续设置。

10. 一字型、开口型双排脚手架的两端均必须设置横向斜撑。

11. 当脚手架基础下有设备基础、管沟时，在脚手架使用过程中不应开挖，否则必须采取加固措施。

12. 脚手架必须配合施工进度搭设，一次搭设高度不应超过相邻连墙件以上 2 步。

13. 严禁将外径 48 mm 与 51 mm 的钢管混合使用。

14. 剪刀撑、横向斜撑搭设应随立杆、纵向和横向水平杆等同步搭设。

15. 拆除脚手架时，拆除作业必须由上而下逐层进行，严禁上下同时作业。

16. 拆除脚手架时，连墙件必须随脚手架逐层拆除，严禁先将连墙件整层或数层拆除后再拆脚手架；分段拆除高差不应大于 2 步，如高差大于 2 步，应增设连墙件加固。

17. 脚手架拆除卸料时，各构配件严禁抛掷至地面。

18. 脚手架的旧扣件使用前应进行质量检查，有裂缝、变形的严禁使用，出现滑丝的螺栓必须更换。

19. 脚手架搭设人员必须是经过按现行国家标准《特种作业人员安全技术考核管理规则》(GB 5036)考核合格的专业架子工。上岗人员应定期体检，合格者方可持证上岗。

20. 脚手架作业层上的施工荷载应符合设计要求，不得超载。不得将模板支架、缆风绳、泵送混凝土和砂浆的输送管等固定在脚手架上；严禁悬挂起重设备。

21. 在脚手架使用期间，严禁拆除连墙件以及主节点处的纵横向水平杆、纵横向扫地杆。

四、悬挑式脚手架安全技术要求

1. 挑架外挑梁或悬挑架应积极采用型钢或定型桁架。

2. 悬挑型钢或悬挑架通过预埋与建筑结构固定，安装符合设计要求。

3. 挑架立杆与悬挑型钢连接必须固定，防止滑移。

4. 架体与建筑结构进行刚性拉结。

5. 挑架必须按照专项施工方案和设计要求搭设。实际搭设与方案不同的，必须经原方案审批部门同意并及时做好方案的变更工作。

6. 挑架搭拆前必须进行针对性强的安全技术交底，每搭一段挑架均需交底一次，交底双方履行签字手续。

7. 每段挑架搭设后，由公司组织验收，内容量化，合格后挂合格牌方可投入使用。验收人员须在验收单上签字，资料存档。

8. 验收中应强化架体防护的验收。挑架与建筑物间距大于 20 cm 处，应铺设脚手板。除挑架外侧、施工层设置 1.2 m 高防护栏杆和 18 cm 高踢脚杆外，挑架里侧遇到临边时(如大开间窗、门洞等)时，也应进行相应的防护。

五、外挂脚手架安全技术要求

外挂架是通过支撑三脚架将脚手架荷载传递给悬挂件，再通过挂架穿墙螺栓将荷载最终传递给已施工完成并达到一定强度的钢筋混凝土结构上。所以，施工过程中必须严格按照工艺流程施工，外挂架提升程序为：第一步，将备用穿墙螺栓由外向内插入上层预留孔，上好垫片及双螺母。第二步，将待提升外挂架上的 4 个吊耳挂好吊钩，松动挂架螺栓螺母。启动塔吊缓慢提升外挂架至脱离原穿墙螺栓，并使外挂架处于水平状态，拆除原穿墙螺栓备用。第三步，动塔吊将外挂架沿墙面缓慢向上提升至悬挂件稍高出上层穿墙螺栓的高度。

将外挂架插入穿墙螺栓，紧固穿墙螺栓双螺母，摘除吊钩。不得在无备用螺栓情况下，操作人员先拆除架体螺栓，并随架体提升后，再使用原螺栓开始安装作业。

(一)安装条件

大模板拆除后，主体外墙混凝土达到一定强度后，即可安装外挂架。一般应具备 200 mm 的墙厚，C20 混凝土(常温，未考虑添加外加剂)，墙体混凝土强度不低于 7.5 kPa。在施工过程中，外挂架开始承受荷载时，墙体混凝土强度不应低于 10.0 kPa。

(二)操作要点

1. 悬挂点布置

根据建筑物的结构特点、尺寸及门窗洞口位置、大小和现场塔吊位置确定挂脚手架的平面布置及每组长度，并由此确定各悬挂点并绘制悬挂点分布图，图中必须注明轴线位置和各预留洞位置及尺寸。

2. 支撑三脚架安装

检查外挂架的实际施工荷载是否符合设计荷载，挂架安装时的混凝土强度不得低于 7.5 MPa；核对外挂架预留孔是否符合设计，是否符合平面图留设，核定无误后进行挂设；将穿墙螺栓由外向内插入预留孔，上垫片及双螺母；用塔吊将三脚支撑架慢速吊至螺栓孔附近，由架子工将三脚支撑架悬挂件人工定位插入穿墙螺栓。紧固双螺母，同时调整三脚架的垂直度，保证三脚架处于铅垂状态。

3. 搭设脚手架

根据施工方案用大横杆分区将外挂架连成整体，架体部分搭设及管件搭接同普通脚手架。架体与支撑三脚架相交部分用扣件与三脚架上端短管扣接，纵向横杆伸出扣件不得过长，以免影响相邻挂脚手架的提升。

(三)架体防护

操作层及防护层均满铺脚手板，立面采用平网、密目式安全网各一道封闭，防护层脚手板下方用密目式安全网和平网将底部兜严。操作层设 18 cm 高挡脚板。

架体与墙体、两榀外挂架之间有间距或缝隙，应用跳板或竹胶板封闭并用铁丝固定在架体上。

在每个流水段外挂架的端头、墙体阳角处和利用跳板铺设的地方外侧无防护栏杆时，应用脚手钢管进行封闭并设置安全网。

相邻两榀外挂架外侧立面防护架间用不少于 3 道钢管进行扣接，并悬挂密目网。

六、附着升降脚手架安全技术要求

(一)构造与装置

1. 基本原则

附着支承结构的平面布置必须依据安全要求和工程情况审慎设计，避免出现超过其设计承载能力的工作状态。

附着升降脚手架应具有足够强度和适当刚度的架体结构；应具有安全可靠的能够适应工程结构特点的附着支承结构；应具有安全可靠的防倾覆装置、防坠落装置；应具有保证架体同步升降和监控升降荷载的控制系统；应具有可靠的升降动力设备；应设置有效的安全防护，以确保架体上操作人员的安全，并防止架体上的物料坠落伤人。

附着升降脚手架应根据建筑物的平面、立面、剖面和结构施工图绘制升降脚手架平面布置图。脚手架的附墙支座应避开建筑的内隔墙、高层建筑的中间水箱、管道井和垃圾井，结构上应避开配筋密集处以及梁的支座等部位。附墙脚手架的平面布置：

(1)窗间墙墙面

每2片升降架由立杆、大横杆等连接，组成一跨独立的升降单元体，沿建筑物的外墙面鱼贯布置。两片升降架的间距不宜超过7 m，大横杆可向两端升降架适当外伸，各升降单元体之间留有100 mm左右的间隙，以防升降操作时互相碰撞。

(2)转角墙面

为使脚手架在转角墙面处贯通，可将一个墙面的脚手架伸至墙面转达角处，将另一墙面的脚手架大横杆外伸与其接通，外伸量不宜大于1 200 mm，并设斜拉杆加强外伸部位的刚度。

2.架体尺寸规定

架体高度不应大于5倍楼层高。

架体宽度不应大于1.2 m。

直线布置的架体支承跨度不应大于8 m。

折线或曲线布置的架体支承跨度不应大于5.4 m。

整体式附着升降脚手架架体的悬挑长度不得大于1/2水平支承跨度和3 m。

单片式附着升降脚手架架体的悬挑长度不应大于1/4水平支承跨度。

升降和使用工况下，架体悬臂高度均不应大于6.0 m和2/5架体高度。

架体全高与支承跨度的乘积不应大于110 m^2。

3.架体结构规定

架体必须在附着支承部位沿全高设置定型加强的竖向主框架，竖向主框架应采用焊接或螺栓连接的片式框架或格构式结构，并能与水平梁架和架体构架整体作用，且不得使用钢管扣件或碗扣架等脚手架杆件组装。

竖向主框架与附着支承结构之间的导向构造不得采用钢管扣件、碗扣架或其他普通脚手架连接方式。

架体水平梁架应满足承载和与其余架体整体作用的要求，采用焊接或螺栓连接的定型桁架梁式结构。

当用定型桁架构件不能连续设置时，局部可采用脚手架杆件进行连接，但其长度不能大于2 m，并且必须采取加强措施，确保其连接刚度和强度不低于桁架梁式结构。

主框架、水平梁架的各节点中，各杆件的轴线应汇交于一点。

架体外立面必须沿全高设置剪刀撑，剪刀撑跨度不得大于6.0 m；其水平夹角为45°～60°，并应将竖向主框架、架体水平梁架和构架连成一体。悬挑端应以竖向主框架为中心成对设置对称斜拉杆，其水平夹角应不小于45°。单片式附着升降脚手架必须采用直线形架体。

4.应采取可靠加强构造措施的部位

与附着支承结构的连接处。

架体上升降机构的设置处。

架体上防倾、防坠装置的设置处。

架体吊拉点设置处。

架体平面的转角处。

架体因碰到塔吊、施工电梯、物料平台等设施而需要断开或开洞处。

物料平台所在跨。

其他有加强要求的部位。

5. 附着支承结构设置和构造

总体要求：必须满足附着升降脚手架在各种工况下的支撑、防倾和防坠落的承力要求。

附着支承结构采用普通穿墙螺栓与工程结构连接时，应采用双螺母固定，螺杆露出螺母应不少于 3 扣。垫板尺寸应设计确定，且不得小于 80 mm×80 mm×8 mm。

当附着点采用单根穿墙螺栓锚固时，应具有防止扭转的措施。

附着构造应具有对施工误差的调整功能，以避免出现过大的安装应力和变形。

位于建筑物凸出或凹进结构处的附着支承结构应单独进行设计，确保相应工程结构和附着支承结构的安全。

对附着支承结构与工程结构连接处混凝土的强度要求应按计算确定，并不得小于 C10。

在升降和使用工况下，确保每一架体竖向主框架能够单独承受该跨全部设计荷载和倾覆作用的附着支承构造均不得少于两套。

6. 防倾装置设置和构造

附着升降脚手架的防倾装置必须与竖向主框架、附着支承结构或工程结构可靠连接。

防倾装置应用螺栓同竖向主框架或附着支承结构连接，不得采用钢管扣件或碗扣方式。

在升降和使用两种工况下，位于在同一竖向平面的防倾装置均不得少于两处，并且其最上和最下一个防倾覆支承点之间的最小间距不得小于架体全高的 1/3。

防倾装置的导向间隙应小于 5 mm。

7. 防坠落装置要求

防坠落装置应设置在竖向主框架部位，且每一竖向主框架提升设备处必须设置一个。

防坠装置必须灵敏、可靠，其制动距离对于整体式附着升降脚手架不得大于 80 mm，对于单片式附着升降脚手架不得大于 150 mm。

防坠装置应有专门详细的检查方法和管理措施，以确保其工作可靠、有效。

防坠装置与提升设备必须分别设置在两套附着支承结构上，若有一套失效，另一套必须能独立承担全部坠落荷载。

8. 安全防护措施要求

架体外侧必须用密目安全网(≥2 000 目/100 cm^2)围挡；密目安全网必须可靠固定在架体上。

架体底层的脚手板必须铺设严密，且应用平网及密目安全网兜底。应设置架体升降时底层脚手板可折起的翻板构造，保持架体底层脚手板与建筑物表面在升降和正常使用中的间隙，防止物料坠落。

在每一作业层架体外侧必须设置上、下两道防护栏杆(上杆高度 1.2 m，下杆高度 0.6 m)和挡脚板(高度 180 mm)。

单片式和中间断开的整体式附着升降脚手架，在使用工况下，其断开处必须封闭并加设栏杆；在升降工况下，架体开口处必须有可靠的防止人员及物料坠落的措施。

物料平台必须将其荷载独立传递给工程结构。在使用工况下，应有可靠措施保证物料平台荷载不传递给架体。物料平台所在跨的附着升降脚手架应单独升降。

附着升降脚手架的升降动力设备应满足附着升降脚手架使用工作性能的要求，升降吊点超过两点时，不能使用手拉葫芦。升降动力控制台应具备相应的功能，并应符合相应的安全规程。

同步及荷载控制系统应通过控制各提升设备间的升降差和控制各提升设备的荷载来控制各提升设备的同步性，且应具备超载报警停机、欠载报警等功能。

附着升降脚手架在升降过程中，必须确保升降平稳。

(二)加工制作

附着升降脚手架构配件的制作，必须具有完整的设计图纸、工艺文件、产品标准和产品质量检验规则；制作单位应有完善有效的质量管理体系，确保产品质量。

制作构配件的原、辅材料的材质及性能应符合设计要求，并按规定对其进行验证和检验。

加工构配件的工装、设备及工具应满足构配件制作精度的要求，并定期进行检查。工装应有设计图纸。

附着升降脚手架构配件的加工工艺，应符合现行有关标准的相应规定，所用的螺栓连接件，严禁采用钣牙套丝或螺纹锥攻丝。

附着升降脚手架构配件应按照工艺要求及检验规则进行检验。对附着支承结构、防倾防坠落装置等关键部件的加工件要有可追溯性标示，加工件必须进行100%检验。构配件出厂时，应提供出厂合格证。

(三)安装、使用和拆卸

1.附着升降脚手架的安装

水平梁架及竖向主框架在两相邻附着支承结构处的高差应不大于20 mm。

竖向主框架和防倾导向装置的垂直偏差应不大于5‰和60 mm。

预留穿墙螺栓孔和预埋件应垂直于结构外表面，其中心误差应小于15 mm。

2.附着升降脚手架组装完毕，必须进行以下检查，合格后方可进行升降操作

工程结构混凝土强度应达到附着支承对其附加荷载的要求。

全部附着支承点的安装符合设计规定，严禁少装附着固定连接螺栓和使用不合格螺栓。

各项安全保险装置全部检验合格。

电源、电缆及控制柜等的设置符合用电安全的有关规定。

升降动力设备工作正常。

同步及荷载控制系统的设置和试运效果符合设计要求。

架体结构中采用普通脚手架杆件搭设的部分，其搭设质量达到要求。

各种安全防护设施齐备并符合设计要求。

各岗位施工人员已落实。

附着升降脚手架施工区域应有防雷措施。

附着升降脚手架应设置必要的消防及照明设施。

同时使用的升降动力设备、同步与荷载控制系统及防坠装置等专项设备，应分别采用同一厂家、同一规格型号的产品。

动力设备、控制设备、防坠装置等应有防雨、防砸、防尘等措施。

其他需要检查的项目。

3.附着升降脚手架的升降操作必须遵守以下规定

严格执行升降作业的程序规定和技术要求。

严格控制并确保架体上的荷载符合设计规定。

所有妨碍架体升降的障碍物必须拆除。

所有升降作业要求解除的约束必须拆开。

严禁操作人员停留在架体上，特殊情况确实需要上人的，必须采取有效安全防护措施，并由建筑安全监督机构审查后方可实施。

应设置安全警戒线，正在升降的脚手架下部严禁有人进入，并设专人负责监护。

严格按设计规定控制各提升点的同步性，相邻提升点间的高差不得大于 30 mm，整体架最大升降差不得大于 80 mm。

升降过程中应实行统一指挥、规范指令。升、降指令只能由总指挥一人下达，但当有异常情况出现时，任何人均可立即发出停止指令。

采用环链葫芦作升降动力的，应严密监视其运行情况，及时发现、解决可能出现的翻链、铰链和其他影响正常运行的故障。

附着升降脚手架升降到位后，必须及时按使用状况要求进行附着固定。在没有完成架体固定工作前，施工人员不得擅自离岗或下班。未办交付使用手续的，不得投入使用。

4. 附着升降脚手架升降到位架体固定后，必须通过以下检查项目

附着支承和架体已按使用状况下的设计要求固定完毕；所有螺栓连接处已拧紧；各承力件预紧程度应一致。

碗扣和扣件接头无松动。

所有安全防护已齐备。

其他必要的检查项目。

5. 附着升降脚手架在使用过程中严禁进行下列作业

利用架体吊运物料。

在架体上拉结吊装缆绳(索)。

在架体上推车。

任意拆除结构件或松动联结件。

拆除或移动架体上的安全防护设施。

起吊物料碰撞或扯动架体。

利用架体支顶模板。

使用中的物料平台与架体仍连接在一起。

其他影响架体安全的作业。

6. 拆下的材料及设备要及时进行全面检修保养，出现以下情况之一的，必须予以报废

焊接件严重变形且无法修复或严重锈蚀。

导轨、附着支承结构件、水平梁架杆部件、竖向主框架等构件出现严重弯曲。

螺纹连接件变形、磨损、锈蚀严重或螺栓损坏。

弹簧件变形、失效。

钢丝绳扭曲、打结、断股，磨损断丝严重达到报废规定。

其他不符合设计要求的情况。

7. 其他有关要求

使用前，应根据工程结构特点、施工环境、条件及施工要求编制“附着升降脚手架专项施工组织设计”，办理使用手续，备齐相关文件资料。

施工人员必须经过专项培训。

组装前，应根据专项施工组织设计要求，配备合格人员，明确岗位职责，并对有关施工人员进行安全技术交底。

附着升降脚手架所用各种材料、工具和设备应具有质量合格证、材质单等质量文件。使用前应按相关规定对其进行检验。不合格产品严禁投入使用。

附着升降脚手架在每次升降以及拆卸前应根据专项施工组织设计要求对施工人员进行安全技术交底。

整体式附着升降脚手架的控制中心应设专人负责操作，禁止其他人员操作。

附着升降脚手架在首层组装前应设置安装平台，安装平台应有保障施工人员安全的防护设施，安装平台的水平精度和承载能力应满足架体安装的要求。

附着升降脚手架的使用必须遵守其设计性能指标，不得随意扩大使用范围；架体上的施工荷载必须符合设计规定，严禁超载，严禁放置影响局部杆件安全的集中荷载，并应及时清理架体、设备及其他构配件上的建筑垃圾和杂物。

附着升降脚手架在使用过程中，应按第四十二条的规定每月进行一次全面安全检查，不合格部位应立即改正。

当附着升降脚手架预计停用超过1个月时，停用前采取加固措施。

当附着升降脚手架停用超过1个月或遇6级以上大风后复工时，必须按要求进行检查。

螺栓连接件、升降动力设备、防倾装置、防坠落装置、电控设备等应至少每月维护保养一次。

附着升降脚手架的拆卸工作必须按专项施工组织设计及安全操作规程的有关要求进行。拆除工程前应对施工人员进行安全技术交底，拆除时应有可靠的防止人员与物料坠落的措施，严禁抛扔物料。

遇5级(含5级)以上大风和大雨、大雪、浓雾和雷雨等恶劣天气时，禁止进行升降和拆卸作业。并应预先对架体采取加固措施。夜间禁止进行升降作业。

七、悬挑钢平台安全技术要求

在编制施工组织设计时或在制作前都要按所用的材料依照现行的规范进行设计计算。设计的主要依据是《建筑结构荷载规范》和《钢结构设计规范》。计算书和图纸要编入施工方案。实际使用中，操作平台上在显著位置标明它允许的荷载值。使用时，操作人员和物料的总重量不得超过设计的允许荷载。操作平台应具有必要的强度和稳定性，使用过程中不得晃动。操作平台方案编制完成后，监理单位相关人员应严格审查方案是否符合强制性标准。

悬挑式钢平台强制性条文如下：

1.悬挑式钢平台应按现行的相应规范进行设计，其结构构造应能防止左右晃动，计算书及图纸应编入施工组织设计。

2.悬挑式钢平台的搁支点与上部拉结点，必须位于建筑物上，不得设置在脚手架等施工设备上。

3.悬挑式钢平台应设置4个经过验算的吊环。吊运平台时应使用卡环，不得使直接钩挂吊环。吊环应用甲类3号沸腾钢制作。

4.悬挑式钢平台安装时，钢丝绳应采用专用的挂钩挂牢，采取其他方式时卡头的卡子不得少于3个。建筑物锐角利口围系钢丝绳处应加衬软垫物，钢平台外口应略高于内口。

5.悬挑式钢平台左右两侧必须装置固定的防护栏杆。

6.悬挑式钢平台吊装，需待横梁支撑点电焊固定，接好钢丝绳，调整完毕，经过检查验收，方可松卸起重吊钩，上下操作。

7.悬挑式钢平台使用时，应有专人进行检查，发现钢丝绳有锈蚀损坏应及时调换，焊缝脱焊应及时修复。

8.操作平台上应显著地标明容许荷载值。操作平台上人员和物料的总重量，严禁超过设计的容许荷载。应配备专人加以监督。

八、钢管脚手架作业安全操作规程

1. 钢管脚手架立杆应垂直稳放在金属底座或垫木上。各类杆件应按照施工方案和技术交底要求的构造方式和尺寸进行搭设。

2. 脚手架搭设时,注意搭设顺序,搭设必须配合施工进度,一次搭设高度不应超过相邻连墙件以上2步,剪刀撑、横向斜撑搭设应随立杆、纵向和横向水平杆等同步搭设。

3. 脚手架搭设时应及时与结构拉接或采用临时支顶,以确保搭设过程的安全。没有完成的脚手架,在每日收工时,一定要加设临时固定措施,确保架子稳定。

4. 脚手架搭设时不得使用变形或打孔的杆件,不得使用有裂纹、尺寸不合适、扣接不紧等不合格的扣件。脚手架使用期间严禁在钢管上打孔。

5. 脚手板须铺平、铺稳、满铺,不得有空隙和探头板,脚手板搭接时不得小于20 cm,对头接时应设双排小横杆,间距不大于20 cm,在拐弯处脚手板应交叉接搭。翻脚手板应两人由里往外按顺序进行,在铺第一块或翻到最后一块脚手板时,必须挂牢安全带。

6. 砌筑里脚手架铺设宽度不能小于1.2 m,高度应保持低于外墙20 cm,里脚手架的支架间距不得大于1.5 m,支架底脚要有垫木块,搭设双层架时,上下支架对齐,同时支架间应绑斜支撑拉杆。

7. 砌墙高度超过4 m时,必须在墙外搭设能承受160 kg荷重的安全网或防护挡板。多层建筑应在2层和每隔4层设一道固定安全兜网,同时再设一道随施工高度提升的安全兜网。网应外高里低,网与网之间须拼接严密,网内杂物要随时清扫。

8. 拆除脚手架,周围应设围栏或警戒标志,并设专人看管,禁止人入内,拆除应按顺序由上而下,一步一清,严禁上下同时作业。当解开与另一人有关的扣件时须先告知对方,以防坠落。

9. 拆除脚手架时,连墙件必须随脚手架逐层拆除,严禁先将连墙件整层或数层拆除后再拆脚手架;分段拆除高差不应大于2步,如高差大于2步,应增设连墙件加固。

10. 拆除脚手架大横杆、剪刀撑,应先拆中间扣,再拆两头扣,由中间操作人往下顺杆子。

11. 拆下的脚手杆、脚手板、钢管、扣件、钢丝绳等材料,应向下传递或用绳吊下,禁止往下投掷。

12. 年满18岁,经查体检合格后方可从事脚手架上作业。架子工应当按照国家有关规定经特种设备安全监督管理部门考核合格,取得国家统一格式的特种作业人员证书后,方可上岗。上岗人员应定期体检,合格者方可继续持证上岗。

13. 架子工人员不准酒后作业,遇有6级以上强风、浓雾等恶劣天气应停止作业。暴风雪及台风暴雨后,应对脚手架进行检查,发现有松动、变形、损坏或脱落等现象,应立即修理完善。

14. 架子工人员进行脚手架搭拆作业时必须穿防滑鞋,佩戴安全带和安全帽。

15. 任何施工人员不要坐在脚手架栏杆上、墙头上、砖堆上或踏在未安装牢固的模板、设备、管道及物件上。不准沿着拖拉绳或其他斜绳攀登高空,要沿着马道、梯子和其他安全坚固可靠的攀登物登高。

16. 脚手架上,如有冰块、霜雪须打扫干净,并采取防滑措施。

17. 在脚手架上运料或操作时,不要奔跑或多人聚集在一起,不要玩笑打逗,多人运送材料时,要离开一定距离。

18. 脚手架上作业所用的工具,应放在工具袋内,不能使用工具袋的工具必须放置稳妥。工具材料不能上下投掷,须经马道运送或用绳索吊运。

19. 脚手架上进行高空焊接、气刨作业时,必须履行动火审批手续后发可进行。施工前应事先清除火星飞溅范围内的易燃易爆品,施工过程中必须有专人看护。

20. 当脚手架基础下有设备基础、管沟时,在脚手架使用过程中不应开挖,否则必须采取加固措施。

21. 脚手架作业层上的施工荷载应符合设计要求,不得超载。不得将模板支架、缆风绳、泵送混凝土和砂浆的输送管等固定在脚手架上;严禁悬挂起重设备。

22. 在脚手架使用期间,严禁拆除连墙件以及主节点处的纵横向水平杆、纵横向扫地杆。

第四节　脚手架施工设计计算书及专项方案实例

一、单排落地式扣件钢管脚手架设计计算书

(一)工程概况

建设单位、施工单位、监理单位、勘察单位。

总建筑面积:××××m^2。

结构形式:框架砖混结构。

层数:地上 6 层;半地下 1 层。

建筑高度:20.8 m;标准层层高:3.30 m。

总工期:×××天。

(二)脚手架设计参数

采用的钢管类型为 $\phi48\times3.5$,单排脚手架搭设高度为 21.3 m;搭设尺寸为:立杆与墙中距离为 1.05 m,立杆的横距为 1.5 m,大小横杆的步距为 1.8 m;大横杆在上,搭接在小横杆上的大横杆根数为 2 根;连墙件采用两步三跨,竖向间距 3.6 m,水平间距 4.5 m,采用扣件连接。脚手架整体结构简图见图 2－1、图 2－2。

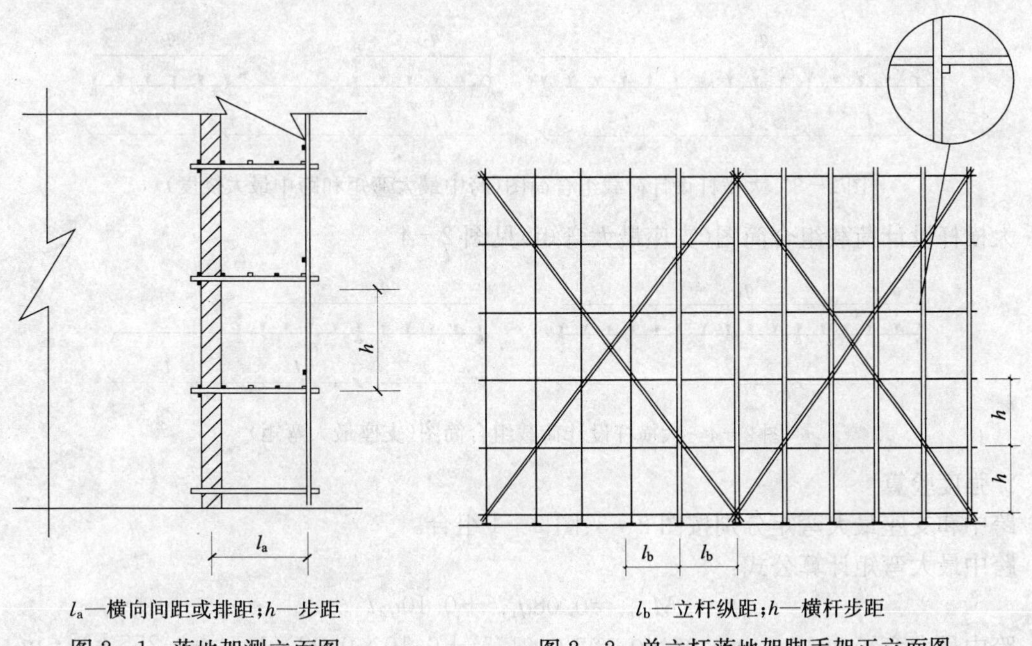

l_a—横向间距或排距;h—步距

图 2－1　落地架测立面图

l_b—立杆纵距;h—横杆步距

图 2－2　单立杆落地架脚手架正立面图

(三)荷载参数

1.活荷载参数

脚手架用途:装修脚手架,施工均布活荷载标准值为 2 kN/m,同时施工层数为 2 层。

2.静荷载参数

脚手板铺设层数:7。

每米立杆承受的结构自重标准值(kN/m):0.136 0。

脚手板类别:竹笆脚手板,脚手板自重标准值(kN/m):0.350。

栏杆挡板类别:栏杆、木脚手板挡板,栏杆挡脚板自重标准值(kN/m):0.140。

安全设施与安全网(kN/m):0.005。

每米脚手架钢管自重标准值(kN/m):0.038。

3.地基参数

地基土类型:素填土。

地基承载力标准值(kPa):160.00。

立杆基础底面面积(m^2):0.25。

地面广截力调整系数:1.00。

(四)大横杆计算

大横杆按照三跨连续梁进行强度和挠度计算,大横杆在小横杆的上面。将大横杆上面的脚手板自重和施工活荷载作为均布荷载计算大横杆的最大弯矩和变形。

1.均布荷载值计算

大横杆的自重标准值:P_1=0.038 kN/m。

脚手板的自重标准值:P_2=0.35×1.05/(2+1)=0.122 5 kN/m。

活荷载标准值:Q=2×1.05/(2+1)=0.7 kN/m。

静荷载的设计值:q_1=1.2×0.038+1.2×0.122 5=0.192 6 kN/m。

活荷载的设计值:q_2=1.4×0.7=0.98 kN/m。

大横杆设计荷载组合简图(跨中最大弯矩和跨中最大挠度)见图 2-3。

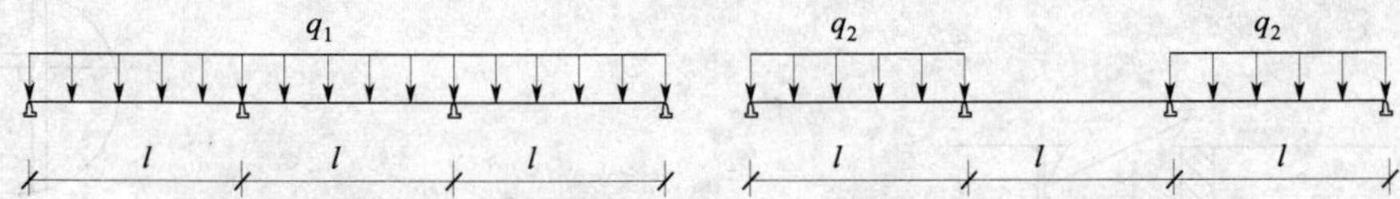

图 2-3 大横杆设计荷载组合简图(跨中最大弯矩和跨中最大挠度)

大横杆设计荷载组合简图(支座最大弯矩)见图 2-4。

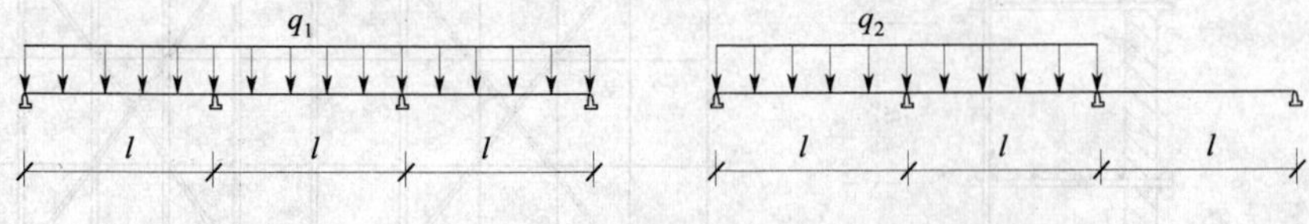

图 2-4 大横杆设计荷载组合简图(支座最大弯矩)

2.强度验算

跨中和支座最大弯矩分别按图 2-3、图 2-4 组合。

跨中最大弯矩计算公式:

$$M_{1\max}=0.08q_1l^2+0.10q_2l^2$$

跨中最大弯矩为 $M_{1\max}=0.08\times0.192\ 6\times1.5^2+0.10\times0.98\times1.5^2=0.255$ kN·m。

支座最大弯矩计算公式：

$$M_{2\max}=-0.10q_1l^2-0.117q_2l^2$$

支座最大弯矩为 $M_{2\max}=-0.10\times0.1926\times1.5^2-0.117\times0.98\times1.5^2=-0.302$ kN·m。

选择支座弯矩和跨中弯矩的最大值进行强度验算：

$$\sigma=0.302\times10^6/5\,080=59.449\ \text{N/mm}^2$$

大横杆的最大弯曲应力为 $\sigma=59.449$ N/mm²，小于大横杆的抗压强度设计值 $[f]=205$ N/mm²，满足要求。

3.挠度验算

最大挠度考虑为三跨连续梁均布荷载作用下的挠度。

计算公式：

$$v_{\max}=0.677\frac{q_1l^4}{100EI}+0.990\frac{q_2l^4}{100EI}$$

其中：

静荷载标准值：$q_1=P_1+P_2=0.038+0.1926=0.2306$ kN/m。

活荷载标准值：$q_2=Q=0.7$ kN/m。

最大挠度计算值为：

$$v=0.677\times0.2306\times1\,500^4/(100\times2.06\times10^5\times121\,900)+0.990\times0.7\times1\,500^4/(100\times2.06\times10^5\times121\,900)=1.713\ \text{mm}$$

大横杆的最大挠度 1.713 mm，小于大横杆的最大容许挠度 1 500/150 mm=10 mm，满足要求。

（五）小横杆的计算

小横杆按照简支梁进行强度和挠度计算，大横杆在小横杆的上面。用大横杆支座的最大反力计算值作为小横杆集中荷载，在最不利荷载布置下计算小横杆的最大弯矩和变形。

1.荷载值计算

大横杆的自重标准值：$P_1=0.038\times1.5=0.058$ kN。

脚手板的自重标准值：$P_2=0.35\times1.05\times1.5/(2+1)=0.183\,75$ kN。

活荷载标准值：$Q=2\times1.05\times1.5/(2+1)=1.050$ kN。

集中荷载的设计值：$P=1.2\times(0.058+0.183\,75)+1.4\times1.05=1.760\,1$ kN。

小横杆设计荷载组合简图见图 2－5。

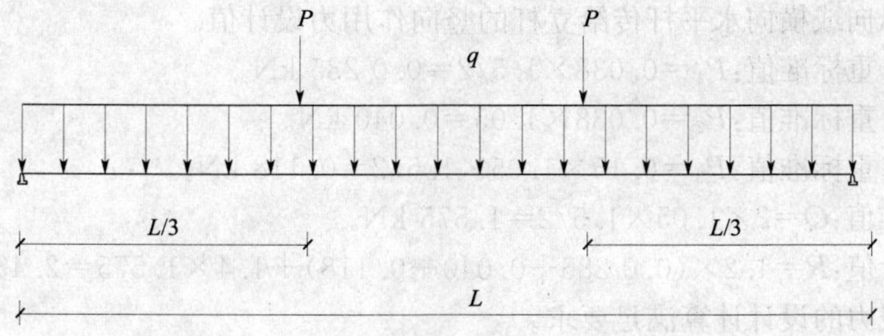

图 2－5　小横杆计算简图

2.强度验算

最大弯矩考虑为小横杆自重均布荷载与大横杆传递荷载的标准值最不利分配的弯矩和均

布荷载最大弯矩计算公式：

$$M_{qmax}=ql^2/8$$

$$M_{qmax}=1.2\times0.038\times1.05^2/8=0.006\ \text{kN}\cdot\text{m}$$

集中荷载最大弯矩计算公式：

$$M_{pmax}=\frac{Pl}{3}$$

$$M_{pmax}=1.761\times1.05/3=0.617\ \text{kN}\cdot\text{m}$$

最大弯矩 $M=M_{qmax}+M_{pmax}=0.623\ \text{kN}\cdot\text{m}$。

最大应力计算值 $\sigma=M/W=0.623\times10^6/5\,080=122.638\ \text{N/mm}^2$。

小横杆的最大弯曲应力 $\sigma=122.638\ \text{N/mm}^2$ 小于小横杆的抗压强度设计值 205 N/mm²，满足要求。

3. 挠度验算

最大挠度考虑为小横杆自重均布荷载与大横杆传递荷载的设计值最不利分配的挠度和小横杆自重均布荷载引起的最大挠度计算公式：

$$v_{qmax}=\frac{5ql^4}{384EI}$$

$$v_{qmax}=5\times0.038\times1\,050^4/(384\times2.06\times10^5\times121\,900)=0.024\ \text{mm}$$

大横杆传递荷载 $P=P_1+P_2+Q=0.058+0.183\,75+1.05=1.291\,75\ \text{kN}$。

集中荷载标准值最不利分配引起的最大挠度计算公式：

$$v_{pmax}=\frac{Pl(3l^2-4l^2/9)}{72EI}$$

$$v_{pmax}=1\,291.75\times1\,050\times(3\times1\,050^2-4\times1\,050^2/9)/(72\times2.06\times10^5\times121\,900)=2.113\ \text{mm}$$

最大挠度和 $v=v_{qmax}+v_{pmax}=0.024+2.113=2.137\ \text{mm}$。

小横杆的最大挠度为 2.137 mm 小于小横杆的最大容许挠度 1 050/150＝7 mm，满足要求。

(六)扣件抗滑力的计算

直角、旋转单扣件承载力取值为 8.00 kN。

纵向或横向水平杆与立杆连接时，扣件的抗滑承载力按照式(2－15)计算：

$$R\leqslant R_c \tag{2-15}$$

式中　R_c——扣件抗滑承载力设计值，取 6.40 kN；

R——纵向或横向水平杆传给立杆的竖向作用力设计值。

大横杆的自重标准值：$P_1=0.038\times1.5/2=0.0\,285\ \text{kN}$。

小横杆的自重标准值：$P_2=0.038\times1.05=0.040\ \text{kN}$。

脚手板的自重标准值：$P_3=0.15\times1.05\times1.5/2=0.118\ \text{kN}$。

活荷载标准值：$Q=2\times1.05\times1.5/2=1.575\ \text{kN}$。

荷载的设计值：$R=1.2\times(0.0\,285+0.040+0.118)+1.4\times1.575=2.43\ \text{kN}$；$R<8\ \text{kN}$，单扣件抗滑承载力的设计计算满足要求。

(七)脚手架立杆荷载计算

作用于脚手架的荷载包括静荷载、活荷载和风荷载。

脚手架自重标准值产生的轴向力：

每米立杆承受的结构自重标准值：查《施工手册》，标准值取 0.136 0。

$$N_{G1k}=0.136\ 0\times21.3=2.896\ 8\ \text{kN}$$

构配件自重标准值产生的轴向力：

脚手板的自重标准值：采用竹笆脚手板，标准值为0.35。

$$0.35\times7\times1.5\times(1.05-0.15)=3.31\ \text{kN}$$

栏杆与挡脚手板自重标准值：采用栏杆、木挡板，标准值为0.140。

$$0.140\times7\times1.5=1.47\ \text{kN}$$

吊挂的安全设施荷载：包括安全网、密目网，标准值为0.005。

$$0.005\times1.5\times21.3=0.160\ \text{kN}$$

经计算得到，构配件自重标准值产生的轴向力：$N_{G2k}=3.31+1.47+0.160=4.94$ kN。

活荷载：

为施工荷载标准值产生的轴向力总和，按一纵距内施工荷载的总和取值。经计算得：

活荷载标准值 $N_Q=2\times2$（同时有2层施工）$\times1.05\times1.5=6.3$ kN。

风荷载标准值应按照公式(2－16)计算

$$\omega_k=0.7\mu_z\cdot\mu_s\cdot\omega_0 \tag{2－16}$$

式中　ω_0——基本风压，按照《建筑结构荷载规范》的规定，以秦皇岛地区为例，查表得：$\omega_0=0.45$；

μ_z——风荷载高度变化系数，按照《建筑结构荷载规范》的规定，以秦皇岛地区为例，查表得：$\mu_z=0.62$；

μ_s——风荷载体型系数：$\mu_s=1.134$（见"荷载取值注意事项"）。

经计算得：风荷载标准值 $\omega_k=0.7\times0.62\times1.344\times0.45=0.22\ \text{kN/m}^2$。

（八）脚手架立杆的稳定性计算

1.考虑风荷载时，立杆的轴向压力设计值

$$\begin{aligned}N&=1.2(N_{G1k}+N_{G2k})+0.85\times1.4N_Q\\&=1.2\times(2.8\ 968+4.94)+0.85\times1.4\times6.3=16.91\ \text{kN}\end{aligned}$$

2.风荷载设计值产生的立杆段弯矩

$M_W=0.85\times1.4\omega_k lah^2/10=0.85\times1.4\times0.22\times1.5\times1.8\times1.8/10=0.127\ \text{kN}\cdot\text{m}$

式中　W_k——风荷载基本风压值(kN/m²)；

l_a——立杆的纵距(m)；

h——立杆的步距(m)。

3.考虑风荷载时，立杆的稳定性计算

$$\frac{N}{\varphi A}+\frac{M_W}{W}\leqslant[f] \tag{2－17}$$

式中　N——计算立杆段的轴心力设计值，$N=16\ 910$ N；

φ——轴心受压构件的稳定系数，根据长细比 $\lambda=164$，查表取值：0.262；

λ——长细比，$\lambda=l_0/i$；

$$\lambda=2\ 599/15.8=164;$$

l_0——计算长度(m)，由公式 $l_0=k\mu h$ 确定；

$$l_0=k\mu h=1.155\times1.5\times1.5=2.599\ \text{m}=2\ 599\ \text{mm};$$

i——立杆的截面回转半径，$i=15.8$ mm；

k——计算长度附加系数，取1.155；

μ——计算长度系数，查表确定，$u=1.80$；

A——立杆净截面面积，$A=489\ mm^2$；

W——立杆净截面模量(抵抗矩)，$W=5\ 080\ mm^3$；

M_W——计算立杆段由风荷载设计值产生的弯矩，$M_W=127\ 000\ N\cdot mm$；

f——钢管立杆抗压强度设计值，$f=205.00\ N/mm^2$。

立杆的稳定性计算：

$$16\ 910/(0.262\times489)+127\ 000/5\ 080=131.99+25=156.99<f=205$$

立杆的稳定性满足要求。

(九)最大搭设高度的计算

不考虑风荷载时，采用单立管的敞开式、全封闭和半封闭的脚手架可搭设高度按照式(2—18a)计算：

$$H_s=\frac{\varphi Af-(1.2N_{G2k}+1.4\sum N_{Qk})}{1.2g_k} \tag{2—18a}$$

式中 N_{G2k}——构配件自重标准值产生的轴向力，$N_{G2k}=4.94\ kN$；

N_{Qk}——活荷载标准值，$N_Q=6.3\ kN$；

g_k——每米立杆承受的结构自重标准值，$g_k=0.1\ 360\ kN/m$。

经计算得：

$H_s=[0.262\times489\times10^{-6}\times205\times10^3-(1.2\times4.94+1.4\times6.3)]/1.2\times0.1\ 360=70\ m$

考虑风荷载时，采用单立管的敞开式、全封闭和半封闭的脚手架可搭设高度按照式(2—18b)计算：

$$H_s=\frac{\varphi Af-[1.2N_{G2k}+0.85\times1.4(N_{Qk}+\varphi A\cdot M_{Wk}/W)]}{1.2g_k} \tag{2—18b}$$

式中 N_{G2k}——构配件自重标准值产生的轴向力，$N_{G2k}=4.94\ kN$；

N_{Qk}——活荷载标准值，$N_Q=6.3\ kN$；

g_k——每米立杆承受的结构自重标准值，$g_k=0.1\ 291\ kN/m$；

M_{Wk}——计算立杆段由风荷载标准值产生的弯矩；

$$M_{Wk}=M_w/(1.4\times0.85)=0.127/(1.4\times0.85)=0.1\ 067\ kN\cdot m。$$

经计算得：

$H_s=\{0.262\times489\times10^{-6}\times205\times10^3-[1.2\times4.94+0.85\times1.4\times(6.3+0.262\times489\times10^{-6}\times0.106\ 7/5\ 080\times10^{-9})]\}/1.2\times0.129\ 1$

$=\{26.2\ 641-[5.928+1.19\times(6.3+2.673\ 3)]\}/0.163\ 2=59\ m$

取最小值，考虑风荷载时，按照稳定性计算的搭设高度 $H_s=59\ m$。

脚手架搭设高度 H_s 等于或大于 26 m，按照下式调整且不超过 50 m。

$$[H]=\frac{H_s}{1+0.001H_s}$$

$$[H]=59/(1+0.001\times59)=55\ m>50\ m$$

所以，脚手架搭设高度限值为 50 m。

(十)连墙件的计算

连墙件的强度稳定性和连接强度应按现行国家标准《冷弯薄壁型钢结构技术规范》(GBJ 8)、《钢结构设计规范》(GBJ 17)、《混凝土结构设计规范》(GBJ 10)等的规定计算。

连墙件的轴向力计算值应按式(2—19)计算：

$$N_l = N_{lw} + N_0 \quad (2-19)$$

式中　N_l——连墙件轴向力计算值(kN)；

N_{lw}——风荷载产生的连墙件轴向力设计值(kN),应按照下式计算

$$N_{lw} = 1.4 \times \omega_k \times A_W = 1.4 \times 0.22 \times 16.2 = 4.99\ \text{kN};$$

其中　ω_k——风荷载基本风压值,$\omega_k = 0.22\ \text{kN/m}^2$；

A_W——每个连墙件的覆盖面积内脚手架外侧的迎风面积,$A_W = 4.5 \times 3.6 = 16.2\ \text{m}^2$；

N_0——连墙件约束脚手架平面外变形所产生的轴向力,$N_0 = 3$(单排取3,双排取5)。

经计算得:$N_l = N_{lw} + N_0 = 4.99 + 3 = 7.99\text{kN}$。

连墙件轴向力设计值

$$N_f = \phi A[f]$$

式中 ϕ——轴心受压立杆的稳定系数,由长细比 $l/i = 500.0/15.8 = 31.65$,查表得到 $\phi = 0.912$。

$$A = 489\ \text{mm}^2; [f] = 205.00\ \text{N/mm}^2。$$

经计算得:$N_f = 91.42\ \text{kN}$。

$N_f > N_l$,连墙件稳定性满足要求。

连墙件采用扣件与墙体连接时,$N_l = 6.33$,小于单扣件的抗滑力8.0kN,扣件抗滑强度也满足要求。

(十一)立杆的地基承载力计算

立杆基础底面的平均压力应满足式(2—20)的要求

$$p \leqslant f_g \quad (2-20)$$

式中　p——立杆基础底面的平均压力(kN/mm²),$p = N/A = 16.91/0.25 = 67.64\ \text{kN/mm}^2$；

N——上部结构传至基础顶面的轴向力设计值(kN),$N = 17.47$；

A——基础底面面积(m²),$A = 0.25$；

f_g——地基承载力设计值(N/mm²)。

$$f_g = k_c \times f_{gk} = 1.0 \times 160 = 160\ \text{kN/mm}^2$$

式中　k_c——脚手架地基承载力调整系数,$k_c = 1.0$；

f_{gk}——地基承载力标准值,$f_{gk} = 160\ \text{kPa}$。

经计算 $p = 67.64 < 160$,地基承载力的计算满足要求。

二、悬挑式脚手架(设拉绳)施工方案和设计计算书(节选)

(一)脚手架设计参数

1.脚手架参数

双排脚手架搭设高度为15 m,立杆采用单立杆。

搭设尺寸为:立杆的纵距为1.5 m,立杆的横距为1.05 m,立杆的步距为1.8 m。

内排架距离墙长度为0.30 m。

大横杆在上,搭接在小横杆上的大横杆根数为2根。

采用的钢管类型为 $\phi48 \times 3.5$。

横杆与立杆连接方式为单扣件,取扣件抗滑承载力系数1.00。

连墙件布置取两步三跨,竖向间距3.6 m,水平间距4.5 m,采用扣件连接。

2. 活荷载参数

施工均布荷载(kN/m^2):2.000;

脚手架用途:装修脚手架;

同时施工层数:2 层。

3. 静荷载参数

每米立杆承受的结构自重荷载标准值(kN/m^2):0.124 8。

脚手板自重标准值(kN/m^2):0.300。

栏杆挡脚板自重标准值(kN/m^2):0.150。

安全设施与安全网自重标准值(kN/m^2):0.005。

脚手板铺设层数:4 层。

脚手板类别:竹笆片脚手板。

栏杆挡板类别:栏杆、竹笆片脚手板挡板。

(二)水平悬挑支撑梁设计

悬挑水平钢梁采用 16a 号槽钢,其中建筑物外悬挑段长度 1.5 m,建筑物内锚固段长度2.3 m。

与楼板连接的螺栓直径(mm):20.00。

楼板混凝土标号:C35。

(三)拉绳参数

支撑数量为:1。

钢丝绳安全系数为:8。

悬挑水平钢梁采用钢丝绳与建筑物拉结,钢丝绳与悬挑梁夹角为 68.2°。

悬挑脚手架结构简图见图 2—6、图 2—7。

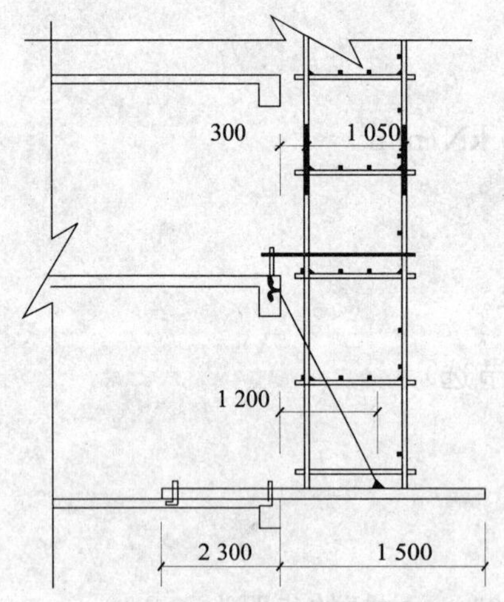

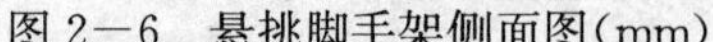

图 2—6　悬挑脚手架侧面图(mm)

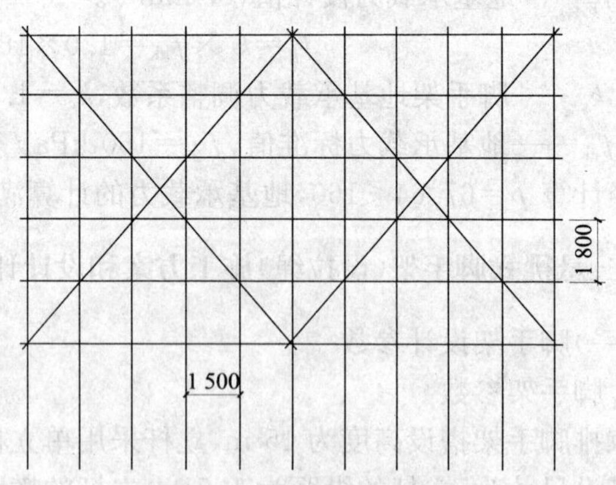

图 2—7　悬挑架正立面图(mm)

(四)悬挑梁的受力分析

悬挑脚手架的水平钢梁按照带悬臂的连续梁计算,悬臂部分受脚手架荷载 N 的作用,里端 B 为与楼板的锚固点,A 为墙支点。

本方案中,脚手架排距为 1 050 mm,内排脚手架距离墙体 300 mm,支拉斜杆的支点距离墙体为 1 200 mm，水平支撑梁的截面惯性矩 $I=866.2\ cm^4$，截面抵抗矩 $W=108.3\ cm^3$，截面积 $A=21.95\ cm^2$。

受脚手架集中荷载 $N=1.2\times4.13+1.4\times3.15=9.365$ kN。

水平钢梁自重荷载 $q=1.2\times21.95\times0.0001\times78.5=0.207$ kN/m。

悬挑脚手架计算示意图见图 2－8。

悬挑脚手架计算简图见图 2－9。

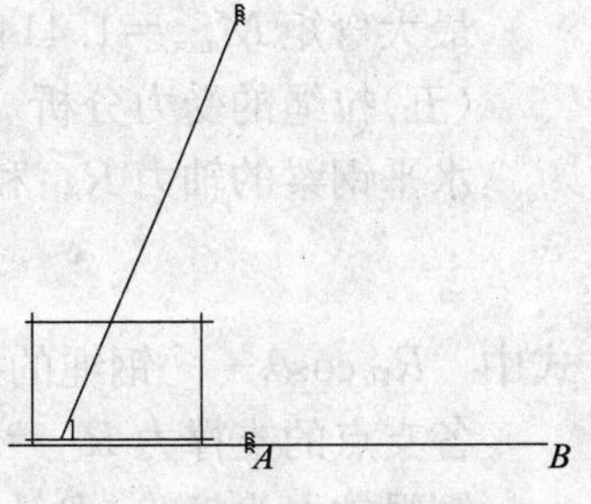

图 2－8　悬挑脚手架示意图

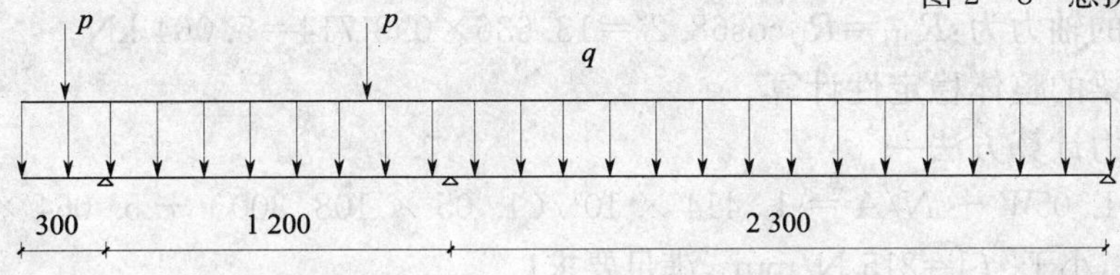

图 2－9　悬挑脚手架计算简图

经过连续梁的计算得到：

悬挑脚手架支撑梁剪力图见图 2－10。

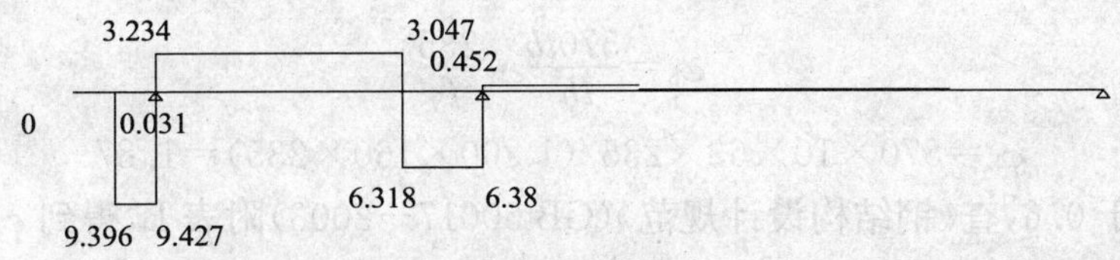

图 2－10　悬挑脚手架支撑梁剪力图(kN)

悬挑脚手架支撑梁变形图见图 2－11。

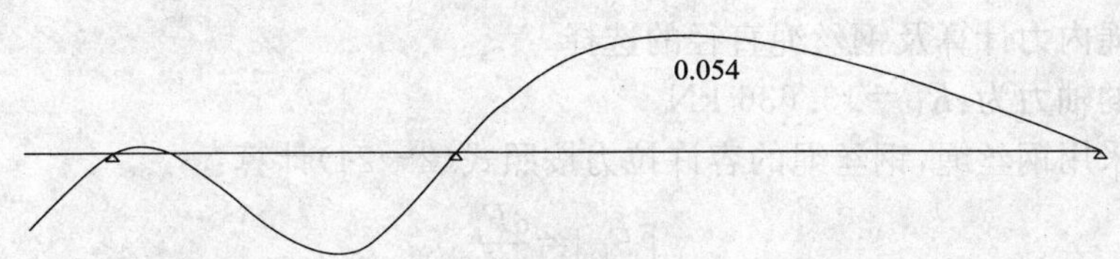

图 2－11　悬挑脚手架支撑梁变形图(mm)

悬挑脚手架支撑梁弯矩图见图 2－12。

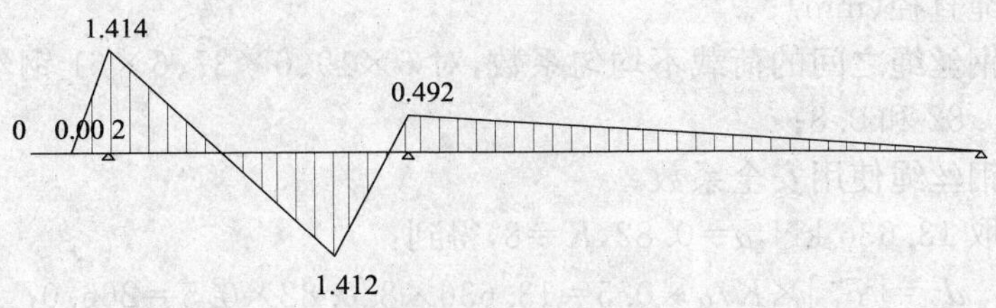

图 2－12　悬挑脚手架支撑梁弯矩图(kN · m)

各支座对支撑梁的支撑反力由左至右分别为

$R_1=12.661$ kN；

$R_2=6.832$ kN；

$R_3=0.024$ kN。

最大弯矩 M_{max}=1.414 kN·m。

(五)拉绳的受力分析

水平钢梁的轴力 R_{AH} 和拉钢绳的轴力 R_{Ui} 按照式(2－21)计算

$$R_{AH}=\sum_{i=1}^{n}R_{Ui}\cos\theta_i \tag{2-21}$$

式中　$R_{Ui}\cos\theta_i$——钢绳的拉力对水平杆产生的轴压力。

各支点的支撑力 $R_{Ci}=R_{Ui}\sin\theta_i$。

钢绳拉力为:$R_U=R_1/\sin68.2°=12.661/0.9285=13.636$kN。

水平钢梁的轴力为:$R_{AH}=R_U\cos68.2°=13.636\times0.3714=5.064$ kN。

(六)悬挑梁的整体稳定性计算

1.最大应力计算方法一

$\sigma=M_{max}/1.05W+N/A=1.414\times10^6/(1.05\times108300)+5.064\times10^3/2195=14.743$ N/mm²,小于[f]=215 N/mm²,满足要求!

2.最大应力计算方法二

$$\sigma=\frac{M}{\varphi_b W_x}\leqslant[f] \tag{2-22}$$

式中　φ_b——均匀弯曲的受弯构件整体稳定系数,按照式(2－23)计算:

$$\varphi_b=\frac{570tb}{lh}\cdot\frac{235}{f_y} \tag{2-23}$$

$$\varphi_b=570\times10\times63\times235/(1200\times160\times235)=1.87$$

由于 φ_b 大于 0.6,查《钢结构设计规范》(GB 50017－2003)附表 B,得到 φ_b 值为 0.919。

经过计算得到最大应力 $\sigma=1.414\times10^6/(0.919\times108300)=14.205$ N/mm²,小于[f]=215 N/mm²,满足要求!

(七)拉绳强度计算

1.钢丝拉绳内力计算及钢丝绳直径的选择

钢丝拉绳的轴力为:R_U=13.636 kN。

如果上面采用钢丝绳,钢丝绳的容许拉力按照式(2－24)计算:

$$[F_g]=\frac{\alpha F_g}{K} \tag{2-24}$$

式中　$[F_g]$——钢丝绳的容许拉力(kN);

F_g——钢丝绳的钢丝破断拉力总和(kN),计算中可以近似计算 $F_g=0.5d^2$,d 为钢丝绳直径(mm);

α——钢丝绳之间的荷载不均匀系数,对 6×19、6×37、6×61 钢丝绳分别取 0.85、0.82 和 0.8;

K——钢丝绳使用安全系数。

计算中 $[F_g]$ 取 13.636 kN,α=0.82,K=8,得到:

$$d^2=[F_g]\times K/\alpha\times0.5=13.636\times8/0.82\times0.5=266.07$$

经计算,钢丝绳最小直径必须大于 17 mm 才能满足要求!

2.钢丝拉绳拉环强度计算及钢丝绳与悬挑梁连接拉环直径的选择

钢丝拉绳的轴力 R_U 的最大值进行计算作为钢丝绳与悬挑梁连接拉环的拉力 N,$N=R_U$=13.636 kN。

钢丝绳与悬挑梁连接拉环的强度计算公式为

$$\sigma=\frac{N}{A}\leqslant[f] \qquad (2-25a)$$

式中　$[f]$——钢丝绳与悬挑梁连接拉环受力的单肢抗剪强度，取$[f]=125\ \text{N/mm}^2$。

所需要的钢丝绳与悬挑梁连接拉环最小直径 $D=(1\,363.6\times4/3.142\times125)^{1/2}=12\ \text{mm}$，拉环最小直径必须大于 12 mm 才能满足要求！

(八)锚固段与楼板连接的计算

1.水平钢梁与楼板压点如果采用钢筋拉环，拉环强度计算

水平钢梁与楼板压点的拉环受力 $R=0.024\ \text{kN}$。

水平钢梁与楼板压点的拉环强度计算公式为：

$$\sigma=\frac{N}{A}\leqslant[f] \qquad (2-25b)$$

式中　$[f]$——拉环钢筋抗拉强度，按照《混凝土结构设计规范》第 10.9.8 条，$[f]=50\ \text{N/mm}^2$。

所需要的水平钢梁与楼板压点的拉环最小直径 $D=[24\times4/(3.142\times50\times2)]^{1/2}=0.55\ \text{mm}$。

水平钢梁与楼板压点的拉环一定要压在楼板下层钢筋下面，并要保证两侧 30 cm 以上搭接长度。

2.水平钢梁与楼板压点如果采用螺栓，螺栓黏结力锚固强度计算

锚固深度计算公式：

$$h\geqslant\frac{N}{\pi d[f_b]} \qquad (2-26)$$

式中　N——锚固力，即作用于楼板螺栓的轴向拉力，$N=0.024\ \text{kN}$；

d——楼板螺栓的直径，$d=20\ \text{mm}$；

$[f_b]$——楼板螺栓与混凝土的容许黏结强度，计算中取 $1.57\ \text{N/mm}^2$；

$[f]$——钢材强度设计值，取 $215\ \text{N/mm}^2$；

h——楼板螺栓在混凝土楼板内的锚固深度，经过计算得到 h 要大于 $23.717/(3.142\times20\times1.57)=0.24\ \text{mm}$。

螺栓所能承受的最大拉力 $F=1/4\times3.14\times20^2\times215\times10^{-3}=67.51\ \text{kN}$。

螺栓的轴向拉力 $N=0.024\ \text{kN}$ 小于螺栓所能承受的最大拉力 $F=67.51\ \text{kN}$，满足要求！

3.水平钢梁与楼板压点如果采用螺栓，混凝土局部承压计算

混凝土局部承压的螺栓拉力要满足公式：

$$N\leqslant\left(b^2-\frac{\pi d^2}{4}\right)f_{cc} \qquad (2-27)$$

式中　N——锚固力，即作用于楼板螺栓的轴向压力，$N=6.832\ \text{kN}$；

d——楼板螺栓的直径，$d=20\ \text{mm}$；

b——楼板内的螺栓锚板边长，$b=5d=100\ \text{mm}$；

f_{cc}——混凝土的局部挤压强度设计值，计算中取 $0.95\ f_c=16.7\ \text{N/mm}^2$。

经过计算得到公式右边等于 161.75 kN，大于锚固力 $N=6.83\ \text{kN}$，楼板混凝土局部承压计算满足要求！

三、悬挑式脚手架(设支杆)施工方案和设计计算书(节选)

(一)脚手架设计参数

1.脚手架参数

双排脚手架搭设高度为 15 m，立杆采用单立杆。

搭设尺寸为：立杆的纵距为 1.5 m，立杆的横距为 1.05 m，立杆的步距为 1.8 m。

内排架距离墙长度为 0.30 m。

大横杆在上，搭接在小横杆上的大横杆根数为 2 根。

采用的钢管类型为 $\phi48\times3.5$。

横杆与立杆连接方式为单扣件，取扣件抗滑承载力系数 1.00。

连墙件布置取两步三跨，竖向间距 3.6 m，水平间距 4.5 m，采用扣件连接。

2. 活荷载参数

施工均布荷载(kN/m^2)：2.000。

脚手架用途：装修脚手架。

同时施工层数：2 层。

3. 静荷载参数

每米立杆承受的结构自重荷载标准值(kN/m^2)：0.124 8。

脚手板自重标准值(kN/m^2)：0.300。

栏杆挡脚板自重标准值(kN/m^2)：0.150。

安全设施与安全网自重标准值(kN/m^2)：0.005。

脚手板铺设层数：4 层。

脚手板类别：竹笆片脚手板。

栏杆挡板类别：栏杆、竹笆片脚手板挡板。

(二)水平悬挑支撑梁

悬挑水平钢梁采用 16a 号槽钢，其中建筑物外悬挑段长度 1.5 m，建筑物内锚固段长度 2.3 m。

与楼板连接的螺栓直径(mm)：20.00。

楼板混凝土标号：C35。

(三)支杆参数

支撑数量为：1。

支杆与墙支点距离为(m)：3.000。

最里面支点距离建筑物 1.2 m，支杆采用 12.6 号槽钢，支杆与悬挑梁夹角为 68.2°。

悬挑脚手架结构简图见图 2－13、图 2－14。

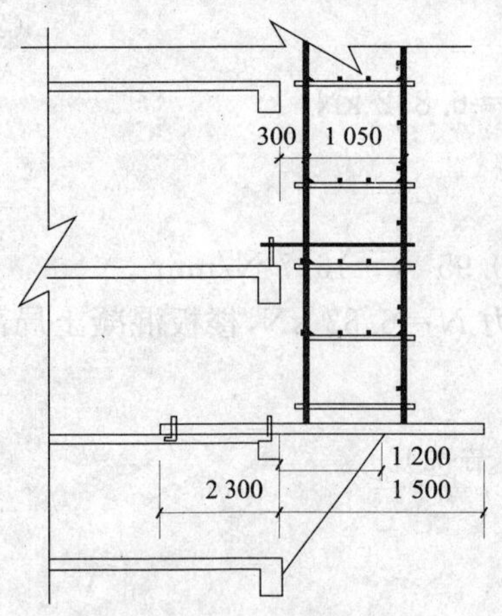

图 2－13　悬挑脚手架侧面图(mm)

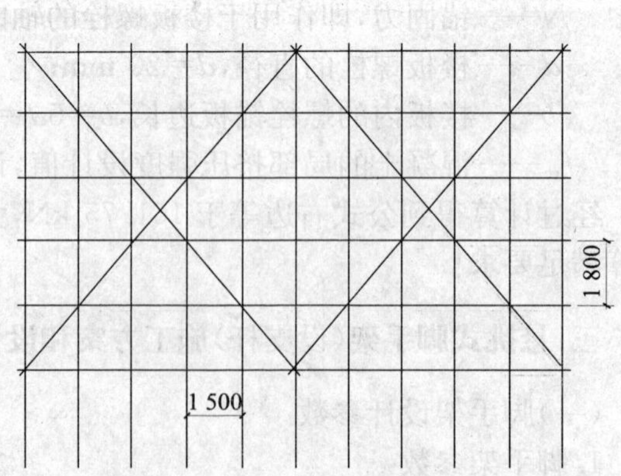

图 2－14　悬挑架正立面图(mm)

(四)悬挑梁的受力分析

悬挑脚手架的水平钢梁按照带悬臂的连续梁计算。

悬臂部分受脚手架荷载 N 的作用,里端 B 为与楼板的锚固点,A 为墙支点。

本方案中,脚手架排距为 1 050 mm,内排脚手架距离墙体300 mm,支拉斜杆的支点距离墙体为 1 200 mm,水平支撑梁的截面惯性矩 $I=866.2\ \text{cm}^4$,截面抵抗矩 $W=108.3\ \text{cm}^3$,截面积 $A=21.95\ \text{cm}^2$。

受脚手架集中荷载 $N=1.2\times4.13+1.4\times3.15=9.365\ \text{kN}$。

水平钢梁自重荷载 $q=1.2\times21.95\times0.000\,1\times78.5=0.207\ \text{kN/m}$。

悬挑脚手架计算示意图见图 2－15。

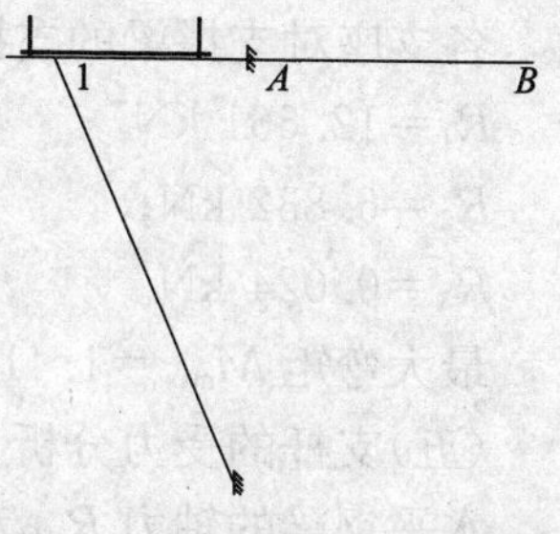

图 2－15　悬挑脚手架示意图

悬挑脚手架计算简图见图 2－16。

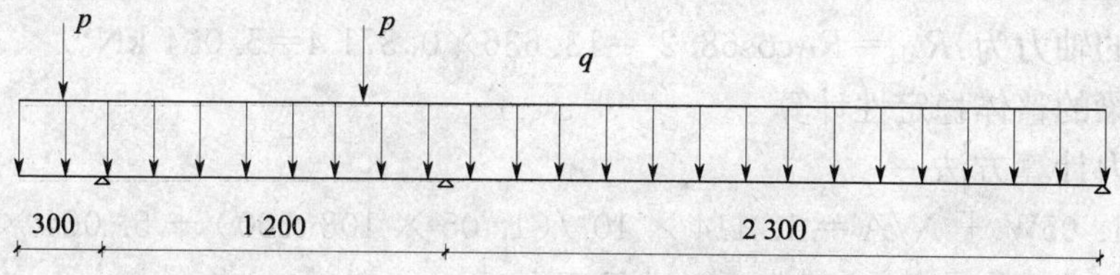

图 2－16　悬挑脚手架计算简图(mm)

经过连续梁的计算得到:

悬挑脚手架支撑梁剪力图见图 2－17。

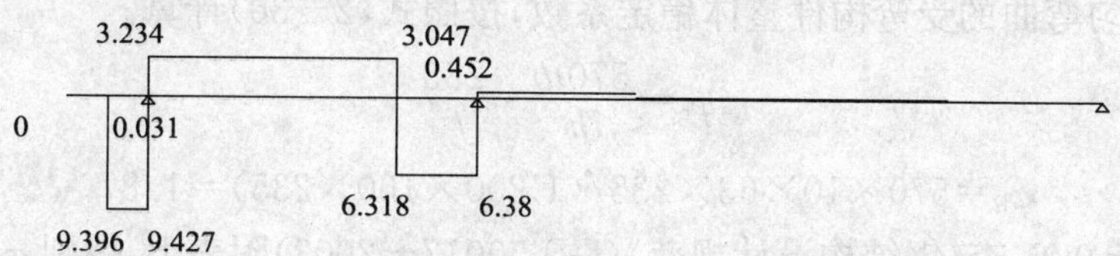

图 2－17　悬挑脚手架支撑梁剪力图(kN)

悬挑脚手架支撑梁变形图见图 2－18。

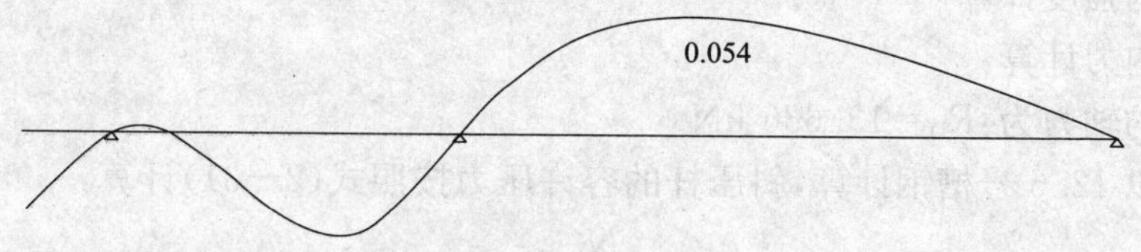

图 2－18　悬挑脚手架支撑梁变形图(mm)

悬挑脚手架支撑梁弯矩图见图 2－19。

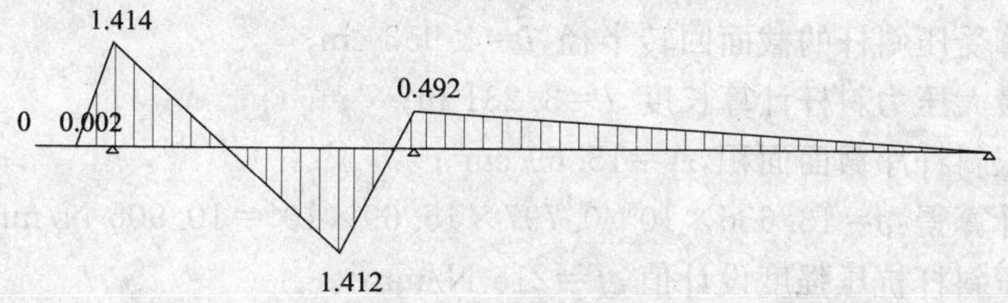

图 2－19　悬挑脚手架支撑梁弯矩图(kN · m)

各支座对支撑梁的支撑反力由左至右分别为

R_1=12.661 kN

R_2=6.832 kN；

R_3=0.024 kN。

最大弯矩 M_{max}=1.414 kN·m。

(五)支杆的受力分析

水平钢梁的轴力 R_{AH} 和拉钢绳的轴力 R_{Ui} 按照式(2—28)计算。

$$R_{AH}=\sum_{i=1}^{n}R_{Ui}\cos\theta_i \tag{2—28}$$

式中 $R_{Ui}\cos\theta i$——钢绳的拉力对水平杆产生的轴压力。

各支点的支撑力 $R_{Ci}=R_{Ui}\sin\theta i$。

支杆轴向压力为：$R_U=R_1/\sin68.2°$=12.661/0.928 5=13.636 kN。

水平钢梁的轴力为：$R_{AH}=R_U\cos68.2°$=13.636×0.371 4=5.064 kN。

(六)悬挑梁的整体稳定性计算

1.最大应力计算方法一

$\sigma=M_{max}/1.05W+N/A$=1.414×10^6/(1.05×108 300)+5.064×10^3/2 195=14.743 N/mm^2，小于[f]=215 N/mm^2，满足要求！

2.最大应力计算方法二

$$\sigma=\frac{M}{\varphi_b W_x}\leqslant[f] \tag{2—29}$$

式中 φ_b——均匀弯曲的受弯构件整体稳定系数，按照式(2—30)计算。

$$\varphi_b=\frac{570tb}{lh}\cdot\frac{235}{f_y} \tag{2—30}$$

$$\varphi_b=570\times10\times63\times235/(1\ 200\times160\times235)=1.87$$

由于 φ_b 大于 0.6，查《钢结构设计规范》(GB 50017—2003)附表 B，得到 φ_b 值为 0.919。

经过计算得到最大应力 σ=1.414×10^6/(0.919×108 300)=14.205 N/mm^2，小于[f]=215 N/mm^2，满足要求！

(七)支杆的强度计算

1.支杆的内力计算

斜压支杆的轴力为：R_D=13.636 kN

下面压杆以 12.6 号槽钢计算，斜压杆的容许压力按照式(2—31)计算：

$$\sigma=\frac{N}{\varphi A}\leqslant[f] \tag{2—31}$$

式中 N——受压斜杆的轴心压力设计值，N=13.636 kN；

φ——轴心受压斜杆的稳定系数，由长细比 l/i 查表得到 φ=0.797；

i——计算受压斜杆的截面回转半径，i=4.953 cm；

l——受最大压力斜杆计算长度，l=3.231 m；

A——受压斜杆净截面面积，A=15.69 cm^2；

经计算得：σ=13.636×10^3/0.797×15.69×10^2=10.905 N/mm^2；

[f]——受压斜杆抗压强度设计值，f=215 N/mm^2。

受压斜杆的稳定性计算 σ<[f]，满足要求！

2. 斜撑支杆的焊缝计算：

斜撑支杆采用焊接方式与墙体预埋件连接，对接焊缝强度计算公式

$$\sigma=\frac{N}{l_{w}t}\leqslant f_{c}\text{ 或 } f_{t} \tag{2-32}$$

式中　N——斜撑支杆的轴向力，$N=13.636$ kN；

l_w——斜撑支杆件的周长，取 453 mm；

t——斜撑支杆焊缝的厚度，$t=5.5$ mm；

f_t 或 f_c——对接焊缝的抗拉或抗压强度，取最小值 185 N/mm²。

经过计算得到焊缝最大应力 $\sigma=13\ 636/(453\times5.5)=5.473\ \text{N/mm}^2$。

对接焊缝的最大应力 5.473 N/mm² 小于 185 N/mm²，满足要求！

（八）锚固段与楼板连接的计算

1. 水平钢梁与楼板压点如果采用钢筋拉环，拉环强度计算

水平钢梁与楼板压点的拉环受力 $R=0.024$ kN。

水平钢梁与楼板压点的拉环强度计算公式为：

$$\sigma=\frac{N}{A}\leqslant[f] \tag{2-33}$$

式中　$[f]$——拉环钢筋抗拉强度，按照《混凝土结构设计规范》第 10.9.8 条，$[f]=50\ \text{N/mm}^2$，

计算所需要的水平钢梁与楼板压点的拉环最小直径：

$$D=[23.717\times4/(3.142\times50\times2)]^{1/2}=0.55\ \text{mm}。$$

水平钢梁与楼板压点的拉环一定要压在楼板下层钢筋下面，并要保证两侧 30 cm 以上搭接长度。

2. 水平钢梁与楼板压点如果采用螺栓，螺栓黏结力锚固强度计算

锚固深度计算公式：

$$h\geqslant\frac{N}{\pi d[f_{b}]} \tag{2-34}$$

式中　N——锚固力，即作用于楼板螺栓的轴向拉力，$N=0.024$ kN；

d——楼板螺栓的直径，$d=20$ mm；

$[f_b]$——楼板螺栓与混凝土的容许黏结强度，计算中取 1.57 N/mm²；

$[f]$——钢材强度设计值，取 215 N/mm²；

h——楼板螺栓在混凝土楼板内的锚固深度，经过计算得到 h 要大于

$$23.717/(3.142\times20\times1.57)=0.24\ \text{mm}。$$

螺栓所能承受的最大拉力 $F=1/4\times3.14\times20^2\times215\times10^{-3}=67.51$ kN。

螺栓的轴向拉力 $N=0.024$ kN 小于螺栓所能承受的最大拉力 $F=67.51$ kN，满足要求！

3. 水平钢梁与楼板压点如果采用螺栓，混凝土局部承压计算

混凝土局部承压的螺栓拉力要满足公式：

$$N\leqslant\left(b^{2}-\frac{\pi d^{2}}{4}\right)f_{cc} \tag{2-35}$$

式中　N——锚固力，即作用于楼板螺栓的轴向压力，$N=6.832$ kN；

d——楼板螺栓的直径，$d=20$ mm；

b——楼板内的螺栓锚板边长，$b=5d=100$ mm；

f_{cc}——混凝土的局部挤压强度设计值，计算中取 $0.95f_c=16.7\ \text{N/mm}^2$。

经过计算得到公式右边等于 161.75 kN，大于锚固力 $N=6.83$ kN，楼板混凝土局部承压计算满足要求！

四、挂脚手架施工专项方案

(一)编制依据

1. 工程《施工组织设计》

2. 施工图

3. 主要规范、规程及标准

《安全生产法》。

《建筑施工安全检查评分标准》(JGJ 59—99)。

《建筑施工高处作业安全技术规范》(JGJ 80—91)。

《安全帽、安全网、安全带试验方法》。

《建筑安装工程安全检查标准》。

《塔式起重机安全技术规程》(GB 5144—2006)。

《建筑工程施工安全操作规程》。

《建筑施工安全管理条例》。

(二)工程概况

地上结构外墙为现浇混凝土剪力墙。

建筑物高度：18 层，总高 54.1 m。

主楼正二层开始使用悬挑式脚手架和外挂脚手架。

(三)施工工艺

1. 材料准备

由钢大模板厂提供的与大模配套的三角挂架。现场准备 $\phi48\times3.5$ 钢管、扣件、密目安全网。

2. 搭设顺序

穿墙螺杆穿入预留孔→挂三脚架上紧双螺母将外挂架连成整体→搭设立杆、安全防护栏杆、剪刀撑→封安全网→检查验收。

3. 搭设方法

在搭设时，首先要检查外挂预留孔，是否按平面布置图位置留设，待无误后可进行外挂架搭设。预留孔选择剪力墙浇筑时大模板穿墙杆留下的孔洞。

首先将穿墙拉杆 $\phi27$ 从墙外穿入预留孔内，上垫板(带上双螺母)，按平面布置图安装。

挂三角型架，上紧双螺母将外挂架连成整体。底部连接小横杆，同时搭设竖向立杆，安全防护栏杆(立杆底部必须与三脚架小横杆连接)及剪刀撑，形成一组后，从上往下兜安全网，注意安全网要兜住底部。

操作平台封板，封板时要用 8# 铅丝与挂架绑扎牢固，封闭要严密。注意封板时要将吊环预留在外，以备吊装用。

由于钢大模板螺栓洞眼高度低于门窗洞口，在洞口处设置钢管斜撑，保证挂架间距在 1.5 m之内。

挂架分组安装完毕后，检查每个挂架穿墙拉杆螺母是否锁紧，检查组与组相交连接钢管是否交叉(每组断开处间距为 200 mm 并封活动板)，确认无误后方可进行模板施工。

4. 挂架提升

墙体混凝土强度符合承载设计要求后，将穿墙拉杆穿入上层设留孔里(由外向里)，用塔吊提升挂架。

在提升时，松开内侧螺母后，垂直慢速提升到上层预留杆处，紧固内侧螺母、落钩。注意挂架在提升时不要相互钩挂，逐组提升。

5. 预留杆拆除

穿墙拉杆拆除时需在挂架下层平台内拆除，先松开内侧螺母，卸下垫片然后从外侧拨出穿墙拉杆，以备下次周转使用。

6. 挂架拆除

当结构施工完毕后，用塔吊将外挂架吊到地面后再解体。

7. 荷载试验

外架在投入使用前必须经荷载试验(试验荷载值取 4 kN/m^2)，持荷 4 h 后未发现焊缝开裂，结构变形等情况方可使用。投入使用前，必须经过验收，验收合格后方可。

(四)施工注意事项

1. 搭设注意事项

全部采用 ϕ48 钢管及相应配件。

杆件端部伸出扣件的长度不得小于 100 mm。

剪刀撑的斜撑与基本构架结构杆件之间至少有 3 道连接，其中斜撑腰对接或搭接接头部位至少有 1 道连接。

对接平板脚手时，对接处的两侧必须设置横杆，间距不大于 20 mm。

作业层的栏杆和挡脚板一般应设在立杆的内侧。栏杆接长符合对接和搭接的相应规定。

脚手架搭设质量的检查与验收见表 2-4。

表 2-4　脚手架搭设的技术要求与容许偏差

项次	项目		技术要求	容许偏差(mm)	检查方法与工具
1	搭设中检查垂直度偏差的高度		H=2 m	±7	
			H=10 m	±25	
2	间距	步距偏差		±20	钢卷尺
		柱偏差		±50	
		排距偏差		±20	
3	纵向平杆高差		一根杆的两端	±20	水平仪或水平尺
			同跨内外纵向水平杆高差	±10	
4	扣件安装	主节点处扣件距主节点的距离	$a\leqslant150$		钢卷尺
		立柱上的对接扣件距主节点的距离	$\leqslant h/3$		
		同步立杆上的两个相邻对接扣件的高差	$\leqslant500$		
		纵向水平杆的对接扣件距主节点的距	$\leqslant L/3$		
5	扣件螺栓拧紧力矩		40～50 N·m		扭力扳手

续上表

项次	项　目		技术要求	容许偏差(mm)	检查方法与工具
6	剪刀撑斜撑与地面倾角		45°～60°		角尺
7	脚手外伸长度(mm)	对接	$100<a<150$ $2a<300$		卷尺
		搭接	$a\geqslant100$		

2.架子作业注意事项

作业层每 1 m² 架面上实用的施工荷载不得超过 1 kN/m²。

施工设备单重不得大于 1 kN,使用人力在架上搬运和安装的构件的自重不得大于 2.5 kN。

架面上设置的材料码放整齐稳固,不影响施工操作和人员通行。

作业人员在架子上的最大作业高度以可进行正常操作为度,禁止在架板上加垫器物或单块脚手板以增加高度。

在作业中,禁止随意拆除脚手架的基本构架杆件、整体性杆件、连接紧固件和连墙件。确因操作要求需要临时拆除时,必须经主管人员同意,采取相应加固措施,并在作业完毕后,及时予以恢复。

工人在架上作业中,应注意自我安全保护和他人的安全,避免发生碰撞,闪失、落物。严禁在架上戏闹和坐在栏杆上等不安全处休息。

人员上下脚手架必须走设安全防护的出入通(梯)道,严禁攀援脚手架上下。

每班工人上架作业时,先检查有无影响安全作业的问题存在,在排除和解决后开始作业。在作业中发现有不安全的情况和迹象时,立即停止作业进行检查及时向项目部报告,解决以后才能恢复正常作业;发现有异常和危险情况时,应立即通知所有架上人员撤离。

在每步架的作业完成之后,必须将架上剩余材料物品移至上(下步架或室内)步架或室内;每日收工前应清理架面,将架面上的材料物品堆放整齐,垃圾清运出去;在作业期间,应及时清理落入安全网内的材料物品。在任何情况下,严禁自架上向下抛掷物品和倾倒垃圾。

(五)维护保养

脚手架在露天使用。搭拆频繁,耗损较大,因此必须加强维护和保养,及时做好回收、清理、保管、整修、防锈、防腐等工作,才能降低损耗率,提高周转次数,延长使用年限,降低工程成本。

使用完毕的脚手架料和构件、零件要及时回收,分类整理,分类存放,堆放点要场地平坦,排水良好,下设支垫。钢管、三脚架最好放在室内,如露天堆放,用毡、席加盖。扣件、螺栓及其他小零件,就用木箱、钢筋笼或麻袋、草包等容器分类贮存,放在室内。

弯曲的钢杆要调直,损坏的构件要修复,损坏的扣件、零件要更换。

做好钢铁件的防锈处理。钢管外壁要刷防锈漆一次。涂刷时涂层不宜过厚,经彻底除后,涂一度红丹即可。扣件要涂油,螺栓要在每次使用后用煤油洗涤并涂机油防锈。

三角挂架在拆除之后及时进行维修保养(更换受损伤的螺栓、钢丝绳和其他部件,上油和喷漆等),运至新工地或入库存放。

脚手架使用的扣件、螺栓、螺母、垫板、连接棒、插销等小配件极易丢失。在安装脚手时,多余的小配件及时收回存放;在拆脚手架时,散落在地面上的小配件要及时收捡起来。

健全制度,加强管理,养活损耗和提高效益是脚手架管理的中心环节。由架子班(组)管理，采用谁使用、谁维护、谁管理的原则，并建立积极的奖罚制度。做到确保施工的需要，用毕及时归库、及时清理和及时维修保养，减少丢失和损耗。

（六）安全保证措施

采用整体吊升的挑、挂脚手架，必须有较好的整体刚度。当采用脚手架杆构件组装时，其架段的纵向平杆采用整根长杆；除构架稳定所要求的斜杆外，在吊点和悬点处用杆件予以加强，杆件间的连接必须达到牢固要求。

新设计组装或加工的定型脚手架段，在使用前进行不低于 2 倍使用施工静荷载试验和起吊试验，试验合格后方能投入使用。

塔吊具有满足整体吊升（降）挑、挂脚手架段的能力。

挂脚手架的底部设顶墙杆（件）和相应拉接，以避免或减小脚手架使用时出现的晃动。

挂脚手架的外侧立面采用一道密目安全网和一道大眼网全封闭，以确保架上人员操作安全和避免发生落物。

必须设置可靠的上下人员的安全通道（出入口）。

使用中就经常检查脚手架和挑、挂设施的工作情况。当发现异常时，及时停止作业，进行检查和处理。

吊索（钢筋绳）应经常检查和保养，不用时妥为保管存放。有磨损的钢丝绳不得继续使用。

高层建筑的安全网，采用挑、挂脚手架，除顶面和靠墙一面外，其他各面均满挂密目网和大眼网各一道，以避免从作业面向下坠物。同时挑出安全平网。

采用挑脚手架时，当脚手架升高后，保留悬挑支架，并加绑斜杆改挂安全网。

（七）脚手架设计

地上结构外墙为现浇混凝土剪力墙，为便于施工，此处外架选用与大钢模板配套的外挂架。外挂架是采用一种三角型架，分跨、不落地的工具型脚手架，高度为 2 100 mm，悬挂在外墙预留杆上，依靠塔吊分层提升，可以用在结构工程外墙安全防护和外墙模板施工。

外挂架用于支撑外墙模板，外挂架之间用 $\phi48$ 脚手钢管连接，上铺 $\delta=50$ mm 木跳板，外侧作防护栏杆。外挂架的计算以单榀为计算单元，按铰接式桁架进行计算。

（八）管理体系（框架图略）

（九）应急救援预案（略）

（十）外挂架计算书

1. 荷载计算

(1)操作人员荷载

按每开间（1.8 m 左右，按 1.5 m 施工，按 1.8 m 考虑）外挂架上最多有 4 人操作，每人按 750 N 计算，则

$$q_1=\frac{4\times750}{1.8\times1.5}=1\ 111.1\ \text{N/m}^2$$

(2)外挂架自重

每榀按 800 N，则

$$q_2=\frac{800}{1.8\times1.5}=296.3\ \text{N/m}^2$$

(3)其他荷载

木跳板荷载 960 N/m²，脚手钢管荷载 740 N/m²，安全网荷载 49 N/m²，扣件荷载 123 N/m²，则

$$q_3=740+960+49+123=1\ 872\ \mathrm{N/m^2}$$

(4)钢大模板荷载

按 1 200 N/m²，则

$$q_4=\frac{1.8\times2.8\times1\ 200}{1.8\times1.5}=2\ 240\ \mathrm{N/m^2}$$

(5)总荷载

$$q=q_1+q_2+q_3+q_4=5\ 519.4\ \mathrm{N/m^2}$$

2. 计算简图

计算简图见图 2－20。

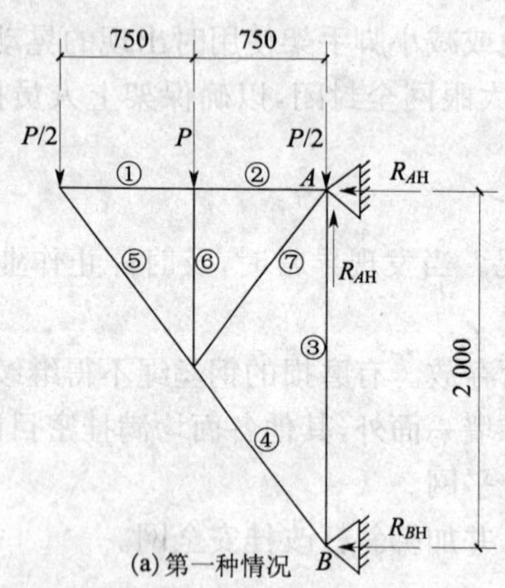

(a) 第一种情况

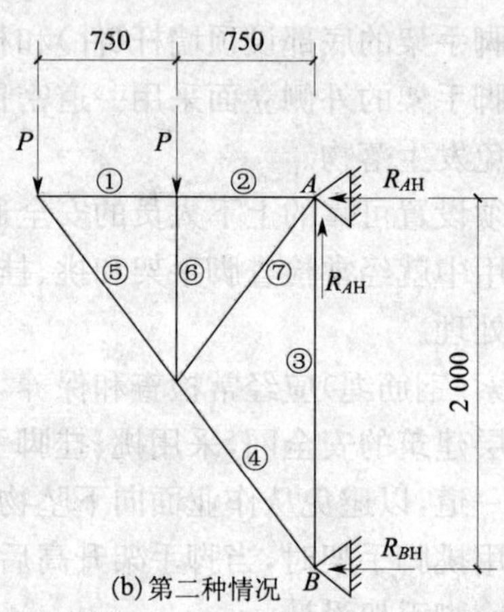

(b) 第二种情况

图 2－20 挂架计算简图

计算时考虑两种情况：

第一种情况：挂架上的荷载为均匀分布，化为节点集中荷载，则为：

$$P=\frac{5\ 519.4\times1.8\times1.5}{2}=7\ 451.2\ \mathrm{N}$$

第二种情况：荷载的分布偏于外挂架外侧时，单位面积上的荷载化为节点集中荷载，

$$P=\frac{11\ 038.8\times1.8\times0.75}{2}=7\ 451.2\ \mathrm{N}$$

第二种情况为最不利情况。

3. 杆件内力计算

按桁架进行计算，计算结果见表 2－5。

表 2－5 外挂架杆件内力计算表

杆件编号	内力系数及内力值		杆件规格	截面面积（mm²）
	荷载均匀分布时	荷载偏于外侧时		
1	$N_1=0.375P=2\ 794.2$ N	$N_1=0.75P=5\ 588.4$ N	ϕ48 钢管	489
2	$N_2=0.375P=2\ 794.2$ N	$N_2=0.75P=5\ 588.4$ N	ϕ48 钢管	489
3	$N_3=1.0P=7\ 451.2$ N	$N_3=1.5P=11\ 176.8$ N	ϕ48 钢管	489
4	$N_4=-1.25P=9\ 314.0$ N㊀	$N_4=-1.875P=13\ 971.0$ N㊀	ϕ48 钢管	489
5	$N_5=-0.625P=4\ 657.0$ N㊀	$N_5=-1.25P=9\ 314.0$ N㊀	ϕ48 钢管	489

续上表

杆件编号	内力系数及内力值		杆件规格	截面面积(mm^2)
	荷载均匀分布时	荷载偏于外侧时		
6	$N_6=-1.0P=7\ 451.2$ N⊖	$N_6=-1.0P=7\ 451.2$ N⊖	ϕ48 钢管	489
7	$N_7=0.625P=4\ 657.0$ N	$N_7=0.625P=4\ 657.0$ N	ϕ48 钢管	489
支座 A	$R_{AV}=2.0P=14\ 902.4$ N↑ $R_{AH}=0.75P=5\ 588.4$ N→	$R_{AV}=2.0P=14\ 902.4$ N↑ $R_{AH}=1.125P=8\ 382.6$ N→		
支座 B	$R_{BH}=0.75P=5\ 588.4$ N←	$R_{BH}=1.125P=8\ 382.6$ N←		

4. 杆件截面验算

(1)杆件 1、2 验算

杆件 1、2 为拉杆，最大内力，选用 ϕ48 脚手钢管，考虑管与外挂架拉杆连接焊有一定的偏心，其容许应力乘以 0.95 折减系数，则：

$\alpha=\dfrac{N_1}{A}=\dfrac{7\ 451.2}{489}=15.24\ \text{N/mm}^2<0.95[f]=0.95\times170=161.5\ \text{N/mm}^2$，满足要求。

$[f]$为钢管抗拉强度设计值 170 N/mm²。

由于 1、2 拉杆是受弯杆件，尚需考虑其拉弯强度。

$$q=(q_1+q_2+q_4)\times1.8=9\ 401.6\ \text{N/m}$$

$$M_{\max}=0.125ql^2=0.125\times9\ 401.6\times0.75^2=661.05\ \text{N}\cdot\text{m}$$

$\phi48\times3.5$ 钢管的力学参数如下：

$E=2.0\times105\ \text{N/mm}^2$，$I=\dfrac{\pi}{64}(d^4-{d_1}^4)=121\ 867\ \text{mm}^4$，$W=\dfrac{\pi}{32}\left(d^3-\dfrac{{d_1}^4}{d}\right)=5\ 077.8\ \text{mm}^3$

$i=\dfrac{1}{4}\sqrt{(d^2+{d_1}^2)}=15.78\ \text{mm}$，$[f]=205\ \text{MPa}$，$[\omega]=l/400=1.875\ \text{mm}$

$\omega=0.521\times\dfrac{ql^4}{100\ EI}=0.521\times\dfrac{940\times1.6\times10^{-3}\times750^4}{100\times2\times10^5\times121\ 867}=0.64\ \text{mm}<[\omega]=1.875\ \text{mm}$

$\sigma=\dfrac{N}{A}+\dfrac{M}{W}=\dfrac{5\ 588.5}{489}+\dfrac{661.05\times10^3}{5\ 077.8}=141.6\ \text{N/mm}^2<[f]=205\ \text{MPa}$

杆件 1、2 安全储备较大，如上面的木跳板或钢管有一定的偏心，产生压弯作用亦安全。

(2)杆件 3、7 验算

杆件 3、7 为拉杆，选用 ϕ48 脚手钢管，按最大内力 $N_3=7451.2$ N 计算，则

$\sigma=\dfrac{N_3}{A}=\dfrac{7\ 451.2}{489}=15.24\ \text{N/mm}^2<0.95[f]=0.95\times170=161.5\ \text{N/mm}^2$，满足要求。

杆件 3 的计算长度 $l_0=2\ 000$ mm。

则 $\lambda=\dfrac{l_0}{i}=\dfrac{2\ 000}{15.78}=126.7<[\lambda]=150$。

因此，杆件 3、7 在强度和稳定性方面均满足要求。本工程用 2[8 代替 ϕ48 钢管，作为储备。

(3)杆件 4、5 验算

杆件 4、5 为压杆，计算长度 $l_0=1\ 250$ mm，则

$$\lambda=\frac{l_0}{i}=\frac{1\ 250}{15.78}=79.2<[\lambda]=150$$

查表，杆件稳定系数 $\phi=0.726\ 8$。

则 $\sigma=\dfrac{N_4}{\phi A}=\dfrac{13\ 971.0}{0.7\ 268\times 489}=39.3\ \text{MPa}<0.95[f]=0.95\times 170=161.5\ \text{N/mm}^2$，满足要求。

(4)杆件 6 验算

杆件 6 为压杆，计算长度 $l_0=1\ 000$ mm，则

$$\lambda=\frac{l_0}{i}=\frac{1\ 000}{15.78}=63.4<[\lambda]=150$$

查表，杆件稳定系数 $\phi=0.804$。

则 $\sigma=\dfrac{N_6}{\phi A}=\dfrac{7\ 451.2}{0.804\times 489}=19.0\ \text{MPa}<0.95[f]=0.95\times 170=161.5\ \text{N/mm}^2$，满足要求。

(5)焊缝强度验算

取杆件中内力最大的杆件 4 进行计算，$N_4=13\ 971$ N。

取焊缝高度 $h_f=5$ mm，则焊缝有效高度为 $h_e=0.7h_f=3.5$ mm。

焊缝长度 $l_f=\dfrac{N_4}{h_e\cdot\tau_f}=\dfrac{13\ 971}{3.5\times 170}=23.5$ mm。

考虑到焊接方便，取焊缝长度为 40 mm。

(6)支座验算

支座 A 用 $\phi25$ 挂架螺栓，按受拉和受剪进行验算。

螺栓所受拉力为 $N_t=R_{AH}=8\ 382.6$ N，剪力为 $N_v=R_{AV}=14\ 902.4$ N。

螺栓截面面积为 $A=\dfrac{\pi}{4}\times D^2=\dfrac{\pi}{4}\times 25^2=490.6\ \text{mm}^2$，螺栓抗拉强度 $f_{tb}=170$ MPa，抗剪强度 $f_{vb}=130$ MPa。

其容许受拉承载力为 $N_{tb}=f_{tb}\times A=170\times 490.6=83\ 402\ \text{N}>N_t$。

容许受剪承载力为 $N_{vb}=f_{vb}\times A=130\times 490.6=63\ 778\ \text{N}>N_v$。

则，$\sqrt{\left(\dfrac{N_v}{N_{vb}}\right)^2+\left(\dfrac{N_t}{N_{tb}}\right)^2}=\sqrt{\left(\dfrac{14\ 902.4}{63\ 778}\right)^2+\left(\dfrac{8\ 382.6}{83\ 402}\right)^2}=0.254<1.0$，满足要求。

(7)窗洞处斜杆验算

按最大荷载原则，以计算简图(图 2－21)计算。

见图 2－21，斜撑杆的受力 $F_{max}=8\ 382.6\ \text{N}\times 1.414=11\ 853$ N

$$\sigma=\frac{N}{\phi A}\leqslant[f]$$

根据公式

$\sigma=0.0\ 387\ \text{kN/mm}^2\leqslant 0.205\ \text{kN/mm}^2$，

满足要求。

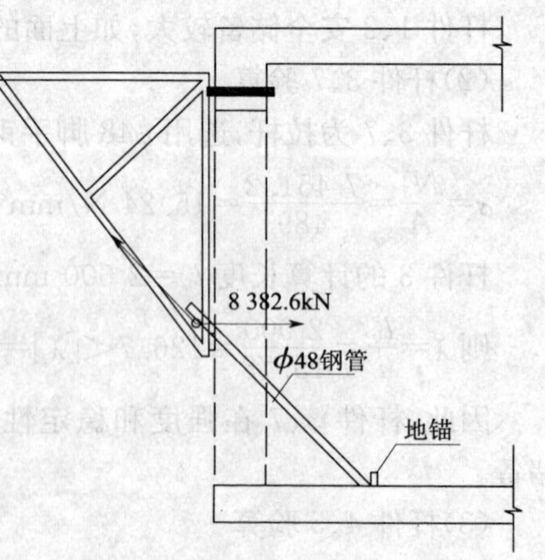

图 2－21 窗洞处斜杆计算简图

五、双排落地式扣件钢管脚手架施工专项方案

(一)工程概况

总建筑面积：6 588 m^2。

机构形式：框架。

建筑高度：总高度 23.80 m，标准层层高 3.30 m。

层数：地上 6+1 层。

建筑施工现场地质情况：勘察期间的地面绝对标高介于 2.45～3.83 m 之间，最大高差为 1.38 m，场地地貌属滨海沉积平原。

建设、施工、监理、勘察、设计单位。

（二）编制依据

《建筑施工扣件式钢管脚手架安全技术规范》(JGJ 130－2001)。

《建筑施工安全检查标准》(JGJ 59－99)。

《钢结构设计规范》(GB 50017－2003)。

《建筑结构荷载规范》(GB 50009－2001)。

《建筑地基基础设计规范》(GB 50007－2002)。

《建筑施工手册》(第四版)中国建筑工业出版社。

《建筑结构静力计算手册》(第二版)中国建筑工业出版社。

本工程施工图纸、本省有关文件等。

（三）施工组织

1.组织领导机构及职责

安全生产、文明施工是企业生存与发展的前提条件，是达到无重大伤亡事故的必然保障，也是项目部创建"文明现场"、"样板工地"的根本要求，为此项目部可成立以项目经理为组长的安全防护领导小组，其机构组成人员编制及责任分工如下：

组长：项目经理负责协调工作。

副组长：项目副经理现场指挥、协调。

工程部长现场施工总指挥。

技术部长技术总部署。

组员：技术员方案编制、交底。

施工员负责现场施工具体协调。

安全员负责具体安全管理工作。

架子工班长负责具体实施，并保证安全。

2.人员要求

项目经理、安全员安全生产考核合格证书复印件。

现场架子工特种作业人员岗位证复印件。

（四）脚手架设计

1.脚手架采用双排脚手架，采用的钢管类型为 $\phi48\times3.5$，作业层脚手板采用冲压钢脚手板。同时施工 2 层，脚手板共铺设 7 层，施工均布荷载为 3 kN/m^2，风压按《建筑结构荷载规范(GB 50009－2001)》50 年一遇取值，钢材的强度设计值 $f=205$ N/mm^2，弹性模量 $E=2.06\times10^5$ N/mm^2，惯性矩 $I=12.19\times10^4$ mm^4。

2.脚手架搭设高度为 25.4 m，立杆采用单立管，脚手架底面标高高于自然地坪 50 mm，立杆基础外侧设置截面 20 cm×20 cm 的排水沟。脚手架地基与基础的施工，应根据脚手架搭设高度，原土或回填土必须事先进行夯实，(地基能承受 0.8 kg/cm^2 的压力)后用 C20 混凝土浇注厚度大于 10 cm 硬化，2 m 平面沿杆基础周边位置，基础和能承受上部结构荷载。脚手架搭设尺寸为：立杆的横距 1.05 m，立杆的纵距 1.2 m，立杆的步距 1.5 m。

3. 立杆接头除顶层顶步外，其余各层各步接头必须采用对接扣件连接，立杆与大横杆采用直角扣件连接。接头交错布置，两个相邻立柱接头避免出现在同步同跨内，并且在高度方向至少错开 50 cm；各接头中心距主节点的距离不大于步距的 1/3。立杆在顶部搭接时，搭接长度不小于 1 m，必须等间距 3 个旋转扣件固定，端部扣件盖板边缘至搭接纵向水平杆杆端的距离不小于 100 mm。

4. 大横杆置于小横杆之下，立柱的内侧，用直角扣件与立杆扣紧，采用至少 6 m 且同一步大横杆四周要交圈。大横杆采用对接扣件连接，其接头交错布置，不在同步同跨内；相邻接头水平距离不小于 50 cm，各接头距立柱距离不大于纵距的 1/3(本工程不大于 50 cm)，大横杆在同一步架内纵向水平高差不超过全长的 1/300(本工程不超过 50 cm)，局部高差不超过 5 cm。

5. 每一立杆与大横杆相交处(主节点)都必须设置一根小横杆，并采用直角扣件扣紧在大横杆上，该杆轴线偏离主节点不大于 15 cm。小横杆间距与立杆纵距相同，且根据作业层脚手板搭设的需要，在两立柱之间等距离设置 1 根小横杆，最大间距不超过 75 cm。小横杆伸出外排大横杆边缘距离不小于 10 cm，伸出里排大横杆距离结构外边缘 15 cm。上下层小横杆在立杆处错开布置，同层的相邻小横杆在立杆处相向布置。

6. 纵向扫地杆采用直角扣件固定在距离底座上皮 20 cm 的立柱上，横向扫地杆则用直角扣件固定在紧靠纵向扫地杆下方的立柱上。对于立杆存在较大高低差时，扫地杆错开，高处的纵向扫地杆向底处延长两跨与立柱固定。

7. 本工程双排落地脚手架采用剪刀撑与横向斜撑相结合的方式，随立柱、纵横向水平杆同步搭设，用通长剪刀撑沿架高连续布置，全部采用单杆通长剪刀撑。

剪刀撑每 6 步 4 跨设置一道，斜杆与地面的夹角在 45°～60°之间(本工程全部在 50°左右)。斜杆相交点处于同一条直线上，并沿架高连续布置，剪刀撑的一根斜杆扣在立杆上，另一根扣在小横杆伸出的端头上，两端分别用旋转扣件固定，在其中间增加 2～4 个扣节点。所有固定点距主节点距离不大于 15 cm。

为保证剪刀撑的顺直，同时充分考虑剪刀撑的安全作用，剪刀撑采用对接扣件连接(保证钢管和对接扣件的质量，保证必要日常检查)。

本工程除在每一拐角处设置横向斜撑外，中间每隔 6 跨设置一道。横向斜撑在同一节间，由底至顶层呈之字形连续布置，斜杆采用通长杆件，使用旋转扣件固定在与之相交的立杆或横向水平杆的伸出端上。

8. 在作业层下部加设一道水平兜网，随作业层上升，同时作业层不超过 2 层。首层满铺一层脚手板，作业层满铺一层脚手板，并设置安全网及防护栏杆。

脚手板采用冲压钢脚手板，设置在 3 根横向水平杆上，并在两端 8 cm 处用直径 14 号镀锌钢丝箍绕 2～3 圈固定。

脚手板应平铺、满铺、铺稳，接缝处设 2 根小横杆，各杆距离接缝的距离均不大于 15 cm。靠墙一侧的脚手板距离结构墙的距离不大于 15 cm。

9. 连墙件采用刚性连接，用 $\phi48\times3.5$ 的钢管，与脚手架的连接采用直角扣件。设置为 2 步 2 跨，竖向间距 3.00 m，水平间距 2.40 m。第一道连墙件从约 3 m 标高开始设置，连墙件尽量靠近主节点，偏离主节点不大于 300 mm。

连墙件中的连墙杆尽量呈水平设置，当不能水平设置时，与脚手架连接的一端应下斜连接，不得采用上斜连接；当脚手架暂时不能设置连墙件时，可搭设抛撑，抛撑采用通长杆与脚手架可靠连接，与地面成45°～60°夹角。

10. 脚手架首层设出入通道，人员上下脚手架必须走设安全防护的出入通（梯）道，由楼内上至操作层，严禁攀援脚手架上下。

（五）设计计算

1. 小横杆的计算

小横杆按照简支梁进行强度和挠度计算，小横杆在大横杆的上面。

按照小横杆上面的脚手板和活荷载作为均布荷载计算小横杆的最大弯矩和变形。

(1)均布荷载值计算

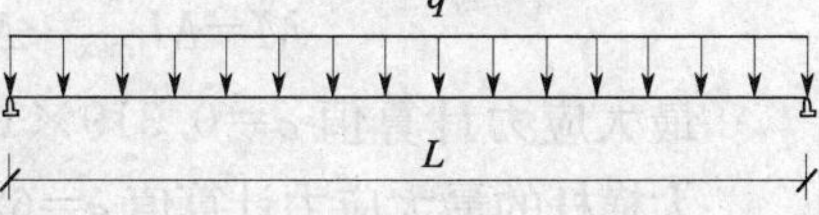

图2—22　小横杆计算简图

小横杆的自重标准值：$P_1=0.038$ kN/m。

脚手板的荷载标准值：$P_2=0.3\times1.2/3=0.12$ kN/m。

活荷载标准值：$Q=3\times1.2/3=1.2$ kN/m。

荷载的计算值：$q=1.2\times0.038+1.2\times0.12+1.4\times1.2=1.87$ kN/m。

(2)强度计算

最大弯矩考虑为简支梁均布荷载作用下的弯矩，其计算公式为：

$$M_{\text{qmax}}=ql^2/8$$

最大弯矩 $M_{\text{qmax}}=1.87\times1.05^2/8=0.258$ kN·m。

最大应力计算值 $\sigma=M_{\text{qmax}}/W=50.732\ \text{N/mm}^2$。

小横杆的最大弯曲应力 $\sigma=50.732\ \text{N/mm}^2$ 小于小横杆的抗压强度设计值$[f]=205\ \text{N/mm}^2$，满足要求！

(3)挠度计算

最大挠度考虑为简支梁均布荷载作用下的挠度。

荷载标准值 $q=0.038+0.12+1.2=1.358$ kN·m。

$$v_{\text{qmax}}=384\frac{5ql^4}{EI}$$

最大挠度 $v=5.0\times1.358\times1\,050^4/(384\times2.06\times10^5\times121\,900)=0.856$ mm。

小横杆的最大挠度0.856 mm小于小横杆的最大容许挠度1 050/150=7与10 mm，满足要求！

2. 大横杆的计算

大横杆按照三跨连续梁进行强度和挠度计算，小横杆在大横杆的上面。

(1)荷载值计算

小横杆的自重标准值：$P_1=0.038\times1.05=0.04$ kN。

脚手板的荷载标准值：$P_2=0.3\times1.05\times1.2/3=0.126$ kN。

活荷载标准值：$Q=3\times1.05\times1.2/3=1.26$ kN。

荷载的设计值：$P=(1.2\times0.04+1.2\times0.126+1.4\times1.26)/2=0.982$ kN。

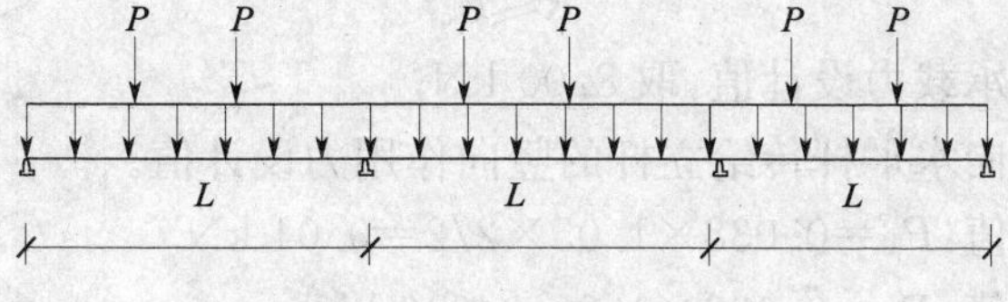

图2—23　大横杆计算简图

(2)强度验算

最大弯矩考虑为大横杆自重均布荷载与小横杆传递荷载的设计值最不利分配的弯矩和。

$$M_{max}=0.08ql^2$$

均布荷载最大弯矩计算：$M_{1max}=0.08\times0.038\times1.2\times1.2=0.004$ kN · m。

集中荷载最大弯矩计算公式如下：

$$M_{P\max}=0.267Pl$$

集中荷载最大弯矩计算：$M_{2max}=0.267\times0.982\times1.2=0.315$ kN · m。

$$M=M_{1max}+M_{2max}=0.004+0.315=0.319\ \text{kN}\cdot\text{m}^2$$

最大应力计算值 $\sigma=0.319\times10^6/5\ 080=62.793$ N/mm²。

大横杆的最大应力计算值 σ=62.793 N/mm² 小于大横杆的抗压强度设计值[f]=205 N/mm²，满足要求!

(3)挠度验算

最大挠度考虑为大横杆自重均布荷载与小横杆传递荷载的设计值最不利分配的挠度和，单位为 mm。

均布荷载最大挠度计算公式如下：

$$v_{max}=0.677\times\frac{ql^4}{100EI}$$

大横杆自重均布荷载引起的最大挠度：

$$v_{max}=0.677\times0.038\times1\ 200^4/(100\times2.06\times10^5\times121\ 900)=0.021\ \text{mm}$$

集中荷载最大挠度计算公式如下：

$$v_{P\max}=1.883\times\frac{Pl^3}{100EI}$$

小横杆传递荷载 $P=(0.04+0.126+1.26)/2=0.713$ kN。

集中荷载标准值最不利分配引起的最大挠度：

$$v=1.883\times0.713\times1\ 200^3/(100\times2.06\times10^5\times121\ 900)=0.924\ \text{mm}$$

最大挠度和：$v=v_{max}+v_{pmax}=0.021+0.924=0.946$ mm。

大横杆的最大挠度 0.946 mm 小于大横杆的最大容许挠度 1 200/150=8 与 10 mm，满足要求!

3. 扣件抗滑力的计算

按《建筑施工扣件式钢管脚手架安全技术规范》(简称《扣件式规范》)表 5.1.7，直角、旋转单扣件承载力取值为 8.00 kN，按照扣件抗滑承载力系数1.00，该工程实际的旋转单扣件承载力取值为 8.00 kN。

纵向或横向水平杆与立杆连接时，扣件的抗滑承载力按照下式计算(《建筑施工扣件式钢管脚手架安全技术规范》(简称《扣件式规范》)第 5.2.5 条)：

$$R\leqslant R_c$$

式中 R_c——扣件抗滑承载力设计值，取 8.00 kN；

R——纵向或横向水平杆传给立杆的竖向作用力设计值。

小横杆的自重标准值：$P_1=0.038\times1.05\times2/2=0.04$ kN。

大横杆的自重标准值：$P_2=0.038\times1.2=0.046$ kN。

脚手板的自重标准值：$P_3=0.3\times1.05\times1.2/2=0.189$ kN。

活荷载标准值：$Q=3\times1.05\times1.2/2=1.89$ kN。

荷载的设计值：$R=1.2\times(0.04+0.046+0.189)+1.4\times1.89=2.976$ kN。

$R<8.00$ kN，单扣件抗滑承载力的设计计算满足要求！

4. 脚手架立杆荷载计算

作用于脚手架的荷载包括静荷载、活荷载和风荷载。静荷载标准值包括以下内容：

(1)每米立杆承受的结构自重标准值(kN)，为 0.129 1

$$N_{G1}=[0.129\,1+(1.05\times2/2)\times0.038/1.50]\times25.40=3.962\text{ kN}$$

(2)脚手板的自重标准值(kN/m^2)；采用冲压钢脚手板，标准值为 0.3

$$N_{G2}=0.3\times4\times1.2\times(1.05+0.3)/2=0.972\text{ kN}$$

(3)栏杆与挡脚手板自重标准值(kN/m)；采用栏杆、木脚手板挡板，标准值为 0.14

$$N_{G3}=0.14\times4\times1.2/2=0.336\text{ kN}$$

(4)吊挂的安全设施荷载，包括安全网(kN/m^2)；0.005

$$N_{G4}=0.005\times1.2\times25.4=0.152\text{ kN}$$

经计算得到，静荷载标准值

$$N_G=N_{G1}+N_{G2}+N_{G3}+N_{G4}=5.422\text{ kN}$$

活荷载为施工荷载标准值产生的轴向力总和，立杆按一纵距内施工荷载总和的 1/2 取值。

经计算得到，活荷载标准值

$$N_Q=3\times1.05\times1.2\times2/2=3.78\text{ kN}$$

风荷载标准值按照以下公式计算

$$\omega_k=0.7\mu_z\cdot\mu_s\cdot\omega_0$$

式中　ω_0——基本风压，按照《建筑结构荷载规范》的规定，以秦皇岛地区为例，查表得：$\omega_0=0.45$；

μ_z——风荷载高度变化系数，按照《建筑结构荷载规范》的规定，以秦皇岛地区为例，查表得 $\mu_z=0.62$；

μ_s——风荷载体型系数：$\mu_s=1.134$(见“荷载取值注意事项”)。

经计算得，风荷载标准值 $\omega_k=0.7\times0.62\times1.344\times0.45=0.22\text{ kN}\cdot m^2$。

不考虑风荷载时，立杆的轴向压力设计值计算公式

$$N=1.2N_G+1.4N_Q=1.2\times5.422+1.4\times3.78=11.799\text{ kN}$$

考虑风荷载时，立杆的轴向压力设计值为

$$N=1.2N_G+0.85\times1.4N_Q=1.2\times5.422+0.85\times1.4\times3.78=11.005\text{ kN}$$

风荷载设计值产生的立杆段弯矩 M_W 为

$$M_W=0.85\times1.4\omega_kL_ah^2/10=0.850\times1.4\times0.22\times1.2\times1.5^2/10=0.071\text{ kN}\cdot m$$

5. 立杆的稳定性计算

不考虑风荷载时，立杆的稳定性计算公式为：

$$\sigma=\frac{N}{\phi A}\leqslant[f]$$

立杆的轴向压力设计值：$N=11.799$ kN。

计算立杆的截面回转半径：$i=1.58$ cm。

计算长度附加系数参照《扣件式规范》表 5.3.3 得：$k=1.155$；当验算杆件长细比时，取块 1.0。

计算长度系数参照《扣件式规范》表 5.3.3 得：$\mu=1.5$。

计算长度，由公式 $L_0=k\mu h$ 确定：$L_0=2.599$ m。

长细比 $L_0/i=164$。

轴心受压立杆的稳定系数 φ，由长细比 L_0/i 的计算结果查表得到：$\varphi=0.262$。

立杆净截面面积：$A=4.89\ \text{cm}^2$。

立杆净截面模量(抵抗矩)：$W=5.08\ \text{cm}^3$。

钢管立杆抗压强度设计值：$[f]=205\ \text{N/mm}^2$。

$$\sigma=11\ 799/(0.262\times489)=92.093\ \text{N/mm}^2$$

立杆稳定性计算 $\sigma=92.093\ \text{N/mm}^2$ 小于立杆的抗压强度设计值 $[f]=205\ \text{N/mm}^2$，满足要求！

考虑风荷载时，立杆的稳定性计算公式

$$\sigma=\frac{N}{\varphi A}+\frac{M_W}{W}\leqslant[f]$$

立杆的轴心压力设计值：$N=11.005\ \text{kN}$。

计算立杆的截面回转半径：$i=1.58\ \text{cm}$。

计算长度附加系数参照《扣件式规范》表 5.3.3 得：$k=1.155$。

计算长度系数参照《扣件式规范》表 5.3.3 得：$\mu=1.5$。

计算长度，由公式 $L_0=k\mu h$ 确定：$L_0=2.599\ \text{m}$。

长细比：$L_0/i=164$。

轴心受压立杆的稳定系数 φ，由长细比 L_0/i 的结果查表得到：$\varphi=0.262$。

立杆净截面面积：$A=4.89\ \text{cm}^2$。

立杆净截面模量(抵抗矩)：$W=5.08\ \text{cm}^3$。

钢管立杆抗压强度设计值：$[f]=205\ \text{N/mm}^2$。

$$\sigma=11\ 005/(0.262\times489)+71\ 000/5\ 080=99.88\ \text{N/mm}^2$$

立杆稳定性计算 $\sigma=99.88\ \text{N/mm}^2$ 小于立杆的抗压强度设计值 $[f]=205\ \text{N/mm}^2$，满足要求！

6. 最大搭设高度的计算：

按《扣件式规范》第 5.3.6 条不考虑风荷载时，采用单立管的敞开式、全封闭和半封闭的脚手架可搭设高度按照下式计算：

$$H_s=\frac{\varphi A\sigma-(1.2N_{G2k}+1.4N_{Qk})}{1.2g_k}$$

构配件自重标准值产生的轴向力 N_{G2k}(kN)计算公式为：

$$N_{G2k}=N_{G2}+N_{G3}+N_{G4}=1.46\ \text{kN}$$

活荷载标准值：$N_Q=3.78\ \text{kN}$。

每米立杆承受的结构自重标准值：$g_k=0.129\ \text{kN/m}$。

$$H_s=[0.262\times4.89\times10^{-4}\times205\times10^3-(1.2\times1.46+1.4\times3.78)]/(1.2\times0.129)=124\ \text{m}$$

按《扣件式规范》第 5.3.6 条脚手架搭设高度 H_s 等于或大于 26 m，按照下式调整且不超过 50 m：

$$[H]=\frac{H_s}{1+0.001H_s}$$

$[H]=124/(1+0.001\times124)=110\ \text{m}$；

$[H]=110$ 和 50 比较取较小值。经计算得到，脚手架搭设高度限值 $[H]=50\ \text{m}$。

脚手架单立杆搭设高度为 25.4 m，小于[H]，满足要求！

按《扣件式规范》第 5.3.6 条考虑风荷载时，采用单立管的敞开式、全封闭和半封闭的脚手架可搭设高度按照下式计算

$$H_s=\frac{\varphi A\sigma-[1.2N_{G2t}+0.85\times1.4(N_{Qk}+\varphi A\cdot M_{Wk}/W)]}{1.2g_k}$$

构配件自重标准值产生的轴向力 N_{G2K}(kN)计算公式为

$$N_{G2K}=N_{G2}+N_{G3}+N_{G4}=1.46\ \text{kN}$$

活荷载标准值：$N_Q=3.78$ kN。

每米立杆承受的结构自重标准值：$G_k=0.129$ kN/m。

计算立杆段由风荷载机准值产生的弯矩：$M_{wk}=M_w/(1.4\times0.85)=0.071/(1.4\times0.85)=0.060$ kN·m。

$H_s=(0.262\times4.89\times10^{-4}\times205\times10^3-(1.2\times1.46+0.85\times1.4\times(3.78+0.262\times4.89\times100\times0.060/5.08)))/(1.2\times0.129)=106$ m

按《规范》5.3.6 条脚手架搭设高度 H_s 等于或大于 26 m，按照下式调整且不超过 50 m：

$$[H]=\frac{H_s}{1+0.001H_s}$$

$[H]=106/(1+0.001\times106)=96$ m

$[H]=96$ 和 50 比较取较小值。经计算得到，脚手架搭设高度限值$[H]=50$ m。

脚手架单立杆搭设高度为 25.4 m，小于[H]，满足要求！

7. 连墙件的计算

连墙件的强度稳定性和连接强度应按现行国家标准《冷弯薄壁型钢结构技术规范》(GB J8)、《钢结构设计规范》(GB J17)、《混凝土结构设计规范》(GBJ 10)等的规定计算。

连墙件的轴向力计算值应按式(2－40)计算：

$$N_l=N_{lw}+N_0 \tag{2－40}$$

式中　N_l——连墙件轴向力计算值(kN)；

N_{lw}——风荷载产生的连墙件轴向力设计值(kN)，应按照下式计算

$$N_{lW}=1.4\times\omega_k\times A_W=1.4\times0.22\times7.2=2.22;$$

其中　ω_k——风荷载基本风压值，$\omega_k=0.22$ kN/m²，

A_W——每个连墙件的覆盖面积内脚手架外侧的迎风面积，$A_W=2.4\times3=7.2$ m²；

N_0——连墙件约束脚手架平面外变形所产生的轴向力，$N_0=5$(单排取 3，双排取 5)。

经计算得：$N_{lW}=2.22$ kN，连墙件轴向力计算值 $N_l=N_{lW}+N_0=7.22$ kN

连墙件轴向力设计值

$$N_f=\varphi A[f] \tag{2－41}$$

式中　φ——轴心受压立杆的稳定系数，由长细比 $l/i=500.0/15.8=31.65$，查表得到 $\varphi=0.912$。

$$A=489\ \text{mm}^2;[f]=205.00\ \text{N/mm}^2。$$

经计算得：$N_f=91.42$ kN。

$N_f>N_l$，连墙件稳定性满足要求。

连墙件采用扣件与墙体连接时 $N_l=7.22$，小于单扣件的抗滑力 8.0 kN，扣件抗滑强度满足要求。

8. 立杆的地基承载力计算

立杆基础底面的平均压力应满足式(2－42)的要求

$$p \leqslant f_g \quad (2-42)$$

式中 p——立杆基础底面的平均压力(kN/m²)，$p=N/A=11.799/0.25=47.195$ kN/m²；

N——上部结构传至基础顶面的轴向力设计值(kN)，$N=11.799$；

A——基础底面面积(m²)，$A=0.25$；

f_g——地基承载力设计值(kN/m²)；

$$f_g=k_c \times f_{gk}=1.0 \times 280=280 \text{ kN/m}^2$$

其中 k_c——脚手架地基承载力调整系数，$k_c=1.0$，

f_{gk}——地基承载力标准值，$f_{gk}=280$ kN/m²。

经计算 $p=47.195<280$，地基承载力的计算满足要求。

(六)脚手架搭设质量要求和管理

1. 材料准备

对架管、扣件、安全网按规定进行验收：

(1)搭设脚手架全部采用 ϕ48 mm，壁厚 3.5 mm 的钢管，其质量符合现行国家标准规定。

(2)脚手架钢管的尺寸、横向水平杆最大长度 2.2 m，其他杆最大长度为 6.5 m，每根钢管的最大质量不小于 25 kg。

(3)钢管表面平直光滑，无裂缝、结疤、分层、错位、硬弯、毛刺、压痕和深的划痕。

(4)钢管上严禁打孔，钢管在使用前先涂刷防锈漆。

(5)扣件材质必须符合《钢管脚手架扣件》(GB 15831)规定。

(6)新扣件具有生产许可证，法定检测单位的测试报告和产品质量合格证。对扣件质量有怀疑时，按现行国家规定标准《钢管脚手架扣件》(GB 15831)规定抽样检测。对不合格品禁止使用。

(7)旧扣件使用前，先进行质量检查，有裂缝、变形的严禁使用，出现滑丝的螺栓进行更换处理。

(8)新、旧扣件均进行防锈处理。

(9)密目式安全网必须符合 GB 16909－1997 标准要求。

2. 基础验收，立杆定位放线

按施工设计放线、铺垫板、设置底座或标定立杆位置。根据构造要求在建筑物四角用尺量出内、外立杆离墙距离，并做好标记；用钢卷尺拉直，分出立杆位置，并用小竹片点出立杆标记；垫板、底座应准确地放在定位线上，垫板必须铺放平整，不得悬空。

脚手架地基与基础的施工，根据脚手架搭设高度，原土或回填土必须事先进行夯实(地基能承受 0.8 kg/cm² 的压力)后，用 C20 混凝土在沿立杆基础周边位置浇筑厚度大于 10 cm 硬化，确保基础能承受上部结构荷载。

脚手架底面标高高于自然地坪 50 mm。

立杆基础外侧设置截面 20 cm×20 cm 的排水沟。

3. 搭设进度控制

配合施工进度一次搭设高度不应超过相邻连墙件以上 2 步。

在牢固的地基弹线，按照下列顺序搭设：立杆定位→摆放扫地杆→竖立杆并与扫地杆扣紧→装扫地小横杆，并与立杆和扫地杆扣紧→装第一步大横杆并与各立杆扣紧→安第一步小横杆→安第二步大横杆→安第二步小横杆→加设临时斜撑杆，上端与第二步大横杆扣紧(装设与柱连接杆后拆除)→安第三、四步大横杆和小横杆→安装二层与柱拉杆→接立杆→加设剪力

撑→铺设脚手板，绑扎防护及挡脚板、立挂安全网。

4. 脚手架构配件、搭设质量及扣件拧紧程度验收

构配件允许偏差详见《建筑施工扣件式钢管脚手架安全技术规范》(JGJ 130－2001，2002版)表 8.1.5，脚手架搭设的允许偏差和检验方法详见《建筑施工扣件式钢管脚手架安全技术规范》(JGJ 130－2001，2002 版)表 8.2.4，扣件拧紧抽样检查数目及质量判定标准详见《建筑施工扣件式钢管脚手架安全技术规范》(JGJ 130－2001，2002 版)表 8.2.5。

5. 质量保证注意事项

(1)脚手架必须经过安全员验收合格后方可使用，作业人员必须认真戴好安全帽、系好安全带。

(2)在以下情况下脚手架的应进行验收和日常检查，检查合格后，方允许使用或继续使用：

①搭设完毕后。

②连续使用达 6 个月。

③施工中中途停止使用超过 15 d，在重新使用之前。

④在受到暴风或大雨、地震等强力因素作用之后。

⑤在使用过程中发现显著变形、沉降、拆除杆件和拉结及安全隐患存在的情况时。

(3)操作架上严禁集中堆放不必要的施工材料或重大荷载。

(4)在架子的使用过程中，要做好日常的维护、保养工作，派专门人员定期检查钢管、扣件、脚手板及安全网的使用情况，遇有问题及时解决。

(5)安全网总体颜色应当一致，每一立面安全网的颜色不得出现过大色差，安全网挂设必须紧凑，表面绷紧。脚手架钢管颜色一致。

6. 劳动力、材料及机具配备

(1)劳动力配备

详见表 2－6。

表 2－6　劳动力配备一览表

工　种	人　数	任　务
架子工	8	负责架子搭设及拆除
测量放线工	2	负责脚手架垂直度控制

(2)材料配备

详见表 2－7。

表 2－7　材料配备一览表

名　称	单　位	数　量	名　称	单　位	数　量
普通钢管	t	50	直角扣件	个	500
脚手板	块	20	旋转扣件	个	400
密目安全网	m^2	300	对接扣件	个	3 000
水平安全网	片	300	镀锌钢丝	kg	30

(3)机具配备

详见表 2－8。

表 2—8　机具配备一览表

名　称	单　位	数　量	备　注
架子扳手	把	20	搭设和拆除架子用
力矩扳手	把	20	检查架子扣件拧紧力度是否达到要求
倒链葫芦	个	2	调整架子水平弯曲度

7.搭设质量要求

(1)剪刀撑设置为间距为 9 m(6 跨)一排剪刀撑。

(2)纵向水平杆设置在立杆内侧,其长度不小于 3 跨。纵向水平杆接长采用对接扣件连接,交错布置,2 根相邻纵向水平接头设置相互错开不小于 500 mm,各接头中心至最近主节点的距离不大于纵距的 1/3。

(3)纵向搭接长度不小于 1 m,并等间距设置 3 个旋转扣件固定,端部扣件盖板边缘至搭接纵向水平杆杆端的距离不小于 100 mm。

(4)纵向水平杆的各节点处采用直角扣件固定在横向水平杆上。

(5)横向水平杆的各个节点处必须设置并采用直角扣件扣接且严禁拆除。

(6)脚手板必须垂直于墙面横向铺设,满铺到位,不留空位。四角用 18# 铁丝双股并联绑扎,固定在纵向水平杆上,要求绑扎牢固,交接处平整,无空头板。

(7)脚手片底层满铺,中间每隔 3 层,操作层的上下层顶层都必须满铺。

(8)脚手片外侧自第二步起必须设 1.2 m 高同材质的防护栏和 30 cm 高处的踢脚杆。

(9)每根立杆垂直稳放在垫板上。

(10)脚手架里立杆距离墙体净距为 20 cm,大于 20 cm 处的须铺凤站人脚手片,并设置平稳牢固。

(11)脚手架必须设置纵、横向扫地杆。纵向扫地杆采用直角扣件固定在距离底座上不大于 200 处的立杆上。横向扫地杆亦采用直角扣件固定在紧靠纵向扫地杆下方的立杆上。当立杆基础不在同一高度上时,必须将高处的纵向扫地杆向低处延伸长 2 跨与立杆固定,高低差不小于 1 m。靠边坡上方的立杆轴线到边坡的距离不小于 500 mm。

(12)立杆必须用连墙件与建筑物可靠连接。

(13)立杆接长除顶层步可采用搭接外,其余各层各步接头必须用对接扣件连接。对接扣件交错布置,两根相邻立杆的接头相互错开,不设置在同步内,同步内隔一根立杆的两个相隔接头在高度方向错开的距离不小于 500 mm,各接头中心至主节点的距离不大于步距的 1/3。搭接长度不应小于 1 m,应采用不小于 2 个旋转扣件固定,端部扣件盖板的边缘至杆端距离不应小于 100 mm。

(14)立于土地面之上的杆底部应加设宽度≥200 m、厚度≥50 mm 的垫木、垫板或其他刚性垫块,每根立杆的支垫面积应符合设计要求且不得小于 0.15 m^2。

(15)扣件的紧固程度宜在 40～50 N·m,并不大于 65 N·m,对接扣件的抗拉承载力为 3 kN。对接扣件安装时其开口应向内,以防进雨,直角扣件安装时开口不得向下,以保证安全。

遇有下列情况时,应按以下要求加设安全网:

①首层网应距地面 4 m 设置,悬出宽度应≥3.0 m。

②层间网自首层网每隔 3 层设一道,悬出高度应≥3.0 m。

(16)外墙施工作业采用栏杆或立网围护的吊篮、架设高度≤6.0 m 的挑脚手架、挂脚手架和附墙升降脚手架时，应于其下 4～6 m 起设置 2 道相隔的 3.0 m 的随层安全网，其距外墙面的支架宽度应≥3.0 m。

(17)上下脚手架的梯道、坡道、栈桥、斜梯、爬梯等均应设置扶手、栏杆或其他安全防(围)护措施并清除通道中的障碍，确保人员上下的安全。

(18)临街脚手架，架高≥25 m 的外脚手架以及在脚手架高空落物影响范围内同时进行其他施工作业或有行人通过的脚手架，应视需要采用外立面全封闭，半封闭以及搭设通道防护棚等适合的防护措施。

8.安全防护设施作法

(1)踢脚杆、防护杆从第二步起设置，设置高度分别为 0.3 m 和 2 m。顶排防护栏不少于 2 道，高度分别为 0.9 m、1.3 m。

(2)斜道两侧及平台外围均应设置栏杆及踢脚杆，栏杆高度应为 1.2 m，踢脚杆高度仅为 0.3 m，内侧应挂密目网封闭。

(3)脚手架外侧必须采用合格的密目式安全立网封闭，且应将安全网固定在脚手架外立杆里侧，应用 18# 铅丝张持严密。

(4)作业层安全网应高于平台 1.2 m，并在作业层下部挂一道水平兜网，在架内高度3.0 m 左右设首层平网，往上每隔 6 步设隔层平网，施工层随层设网。

9.脚手板作法

(1)脚手板或其他铺板应铺平铺稳，必要时应予绑扎固定。

(2)脚手板采用对接平铺时，在对接处，与其下两侧支承横杆的距离应控制在 100～200 mm之间；采用挂扣式定型脚手板时，其两端挂扣必须可靠地接触支撑横杆并与其扣紧。

(3)脚手板采用搭设铺放时，其搭接长度不得小于 200 mm，且在搭接段的中部应设有支撑横杆。铺板严禁出现端头超出支撑横杆 250 mm 以上未作固定的探头板。

(4)长脚手板采用纵向铺设时，其下支撑横杆的间距不得大于：竹串片脚手板为 0.75 m；木脚手板为 1.0 m；冲压钢脚手板和钢框组合脚手板为 1.5 m(挂扣式定型脚手板除外)。纵铺脚手板应按以下规定部位与其下支撑横杆绑扎固定：脚手架的两端和拐角处；沿板长方向每隔 15～20 mm；坡道的两端；其他可能发生滑动和翘起的部位。

(5)采用以下板材铺设架面时，其下支撑杆件的间距不得大于：竹笆板为 400 mm，七夹板为 500 mm。

(七)安全技术措施

1.搭设作业

(1)搭设场地应平整、夯实并设置排水措施。基础必须经过硬化处理满足承载力要求，做到不积水、不沉陷，顶板基础的混凝土必须达到设计强度的 75%以上才能施工。

(2)搭设、拆除及脚手架上施工前安全教育和技术交底措施。

(3)高处作业人员操作规程和防护用品配备措施。

(4)不得将模板支架、揽风绳、混凝土输送管等固定在脚手架上，6 级以上大风和大雨、雪、雾天气停止搭设和拆除作业等。

(5)周边脚手架应从一个角部开始并向两边延伸交圈搭设，“一”字形脚手架应从一端开始并向另一端延伸搭设。

(6)应按定位依次竖起立杆，将立杆与纵、横向扫地杆连接固定，然后装设第 1 步的纵向和横向平杆，随校正立杆垂直之后予以固定，并按此要求继续向上搭设。

(7)在设置第一排连墙件前,"一"字形脚手架应设置必要数量的抛撑;以确保构架稳定和架上工作人员的安全。边长≥20 m 的周边脚手架,亦应适量设置抛撑。

(8)剪刀撑、斜杆等整体拉结杆件和连墙件应随搭升的架子一起及时设置。

(9)脚手架处于顶层连墙点之上的自由高度不得大于 6 m。当作业层高出其下连墙件 2 步或 4 m 以上,且其上尚无连墙件时,应采取适当的临时撑拉措施。

(10)用于支托挑、吊、挂脚手架的悬挑梁、架必须与支承结构可靠连接。其悬臂端应有适当的架设起拱量,同一层各挑梁、架上表面之间的水平误差应不大于 20 mm,且应视需要在其间设置整体拉结构件,以保持整体稳定。

(11)装设连墙件或其他撑拉杆件时,应注意掌握撑拉的松紧程度,避免引起杆件和整架的显著变形。

(12)搭设过程中划出工作标志区,禁止行人进入,统一指挥、上下呼应、动作协调,严禁在无人指挥下作业。当解开与另一人有关的扣件时必须先告诉对方,并得到允许,以防坠落伤人。

(13)开始搭设立杆时应每隔 6 跨设置一根抛撑,直至连墙件安装稳定后,方可根据情况拆除。

(14)脚手架及时与结构拉结或采取临时支顶,以保证搭设过程安全,未完成脚手架在每日收工前,一定要确保架子稳定。

(15)脚手架必须配合施工进度搭设,一次搭设的高度不得超过相邻连墙件以上 2 步。

(16)在搭设过程中应由安全员、架子班长等进行检查、验收和签证。每 2 步验收一次,达到设计施工要求后挂合格牌。

(17)工人在架上进行搭设作业时,作业面上宜铺设必要数量的脚手板并予临时固定。工人必须戴安全帽和佩挂安全带。不得单人进行装设较重杆配件和其他易发生失衡、脱手、碰撞、滑跌等不安全的作业。

(18)在搭设中不得随意改变构架设计、减少杆配件设置和对立杆纵距作大于或等于100 mm 的构架尺寸放大。确有实际情况,需要对构架作调整和改变时,应提交技术主管人员解决。

2.脚手架使用

(1)作业层每 1 m^2 架面上实用的施工荷载(人员、材料和机具重量)不得超过以下的规定值或施工设计值。

(2)严格控制施工荷载,脚手板上不得集中堆放荷载。施工荷载(作业层上人员、器具、材料的重量)的标准值,结构脚手架采取 3 kN/m^2;装修脚手架取 2 kN/m^2;吊篮、桥式脚手架等工具式脚手架按实际值取用,但不得低于 1 kN/m^2。

(3)在架板上堆放的标准砖不得多于单排立码 3 层;砂浆和容器总重量不得大于 1.5 kN;施工设备单重不得大于 1 kN,使用人力在架上搬运和安装的构件的自重不得大于 2.5 kN。

(4)在架面上设置的材料应码放整齐稳固,不影响施工操作和人员通行。按通行手推车要求搭设的脚手架应确保车道畅通。严禁上架人员在架面上奔跑、退行或倒退拉车。

(5)作业人员在架上的最大作业高度应以可进行正常操作为度,禁止在架板上加垫器物或单块脚手板以增加操作高度。

(6)在作业中,禁止随意拆除脚手架的基本构架杆件、整体性杆件、连接紧固件和连墙件。确因操作要求需要临时拆除时,必须经主管人员同意,采取相应弥补措施,并在作业完毕后,及时予以恢复。

(7)工人在架上作业中,应注意自我安全保护和他人的安全,避免发生碰撞、闪失和落物。

严禁在架上戏闹和坐在栏杆上等不安全处休息。

(8)每班工人上架作业时，应先行检查有无影响安全作业的问题存在，在排除和解决后方许开始作业。在作业中发现在不安全的情况和迹象时，应立即停止作业进行检查，解决以后才能恢复正常作业；发现有异常和危险情况时，应立即通知所有架上人员撤离。

(9)在每步架的作业完成之后，必须将架上剩余材料物品移至上(下)步架或室内；每日收工前应清理架面，将架面上的材料物品堆放整齐，垃圾清运出去；在作业期间，应及时清理落入安全网内的材料和物品。在任何情况下，严禁自架上向下抛掷材料物品和倾倒垃圾。

(10)结构外脚手架每支搭1层，支搭完毕后，经项目经理部安全员验收合格后方可使用，任何班组长和个人，未经同意不得任意拆除脚手架部件。

(11)施工荷载不得大于3 kN/m^2，确保较大安全储备。

(12)结构施工时不允许3层同时作业，装修施工时同时作业层数不超过2层，临时使用的落地式脚手架同时作业层数不超过1层。

(13)当作业层高出其下连墙件3.1 m以上，且其上尚无连墙件时应采取适当的临时抛拉措施。

(14)各作业层之间设置可靠的防护栏杆，防止坠落物体伤人。

(15)定期检查脚手架，发现问题和隐患，在施工作业前及时维修加固，以达到坚固稳定，确保施工安全。

3.拆除作业

(1)脚手架的拆除作业应按确定的拆除程序进行。

(2)连墙件应在位于其上的全部可拆杆件都拆除之后才能拆除。

(3)在拆除过程中，凡已松开连接的杆配件应及时拆除运走，避免误扶和误靠已松脱连接的杆件。

(4)拆下的杆配件应以安全的方式运出和吊下，严禁向下抛掷。

(5)在拆除过程中，应作好配合、协调动作，禁止单人进行拆除较重杆件等危险性的作业。

(6)连墙件应在位于其上的全部可拆杆件都拆除之后才能拆除。

(7)拆架前，全面检查待拆脚手架，根据检查结果，拟订出作业计划，报请批准，进行技术交底后才准备工作。

(8)架体拆除前，必须察看施工现场环境，包括架空线路、外脚手架、地面的设施等各类障碍物、地锚、揽风绳、连墙杆及被拆除架体各吊点、附件、电器装置情况，凡能提前拆除的尽量拆除掉。

(9)拆除时应划出作业区，周围设绳绑围栏或树立警示标志，地面设专人围护，禁止非作业人员进入。

(10)拆除时统一指挥、上下呼应、动作协调，当解开与另一人有关的扣件时必须先告诉对方并得到允许，以防坠落伤人。

(11)拆架时不得中途换人，如必须换人时，应将拆除情况交代清楚后方可离开。

(12)每天拆架下班时，不应留下隐患部位。

(13)拆架时严禁碰撞脚手架附近电源线，以防触电事故。

(14)在拆除过程中，凡松开连接的杆、配件应及时拆除运走，避免误扶、误靠已松脱的杆件。拆除的杆、配件严禁向下抛掷，应吊至地面，同时做好配合协调工作，禁止单人进行拆除较重杆件等危险性作业。

(15)所有杆件和扣件在拆除时分离，不准在杆件上附着扣件或两杆连着送至地面。

(16)所有的脚手板，应自外向里竖立搬运，以防止脚手板和垃圾物从高处坠落伤人。

(17)拆除的零配件要装入容器内,用吊篮吊下;拆下的钢管要绑扎牢靠,双点起吊,严禁从高空抛掷。

(18)6 级风以上(含 6 级)时停止拆除脚手架施工。

4. 防雷避电措施

本工程脚手架接地、避雷措施执行《施工现场临时用电安全技术规范》(JGJ 46—88)标准。

(1)工程采用避雷针与大横杆连通、接地线与整栋建筑物楼层内避雷系统连成一体的措施。

(2)每栋楼各设置 4 根避雷针,避雷针采用 ϕ12 镀锌钢筋制作,高度 1.5 m,设置在脚手架四角立杆上,并将所有最上层的大横杆全部连通,形成避雷网络。

(3)接地线采用 40×4 的镀锌扁钢,将立杆分别与建筑物楼层内的避雷系统连成一体。

(4)接地线的连接牢靠,与立杆连接采用 2 道螺栓卡箍连接,螺钉加弹簧垫圈以防止松动,并保证接触面积不小于 10 mm^2,并将表面的油漆及氧化层清除干净,露出金属光泽并涂以中性凡士林。

(5)接地线与建筑物楼层内避雷系统的设置按脚手架的长度不超过 50 m 设置一个(本工程按照南北各 3 个的原则设置,设置由项目机电部完成),位置尽量避免人员经常走动的地方,以避免跨步电压的危害,防止接地线遭机械破坏。

(6)接地线和避雷线的连接采用焊接,焊接长度大于 2 倍的扁钢宽度。焊完后再用接地电阻测试仪测定电阻,要求冲击电阻不大于 10 Ω,同时注意检查与其他金属物或埋地电缆之间的安全距离不小于 3 m,以避免发生击穿事故。

5. 其他安全生产、文明施工措施

(1)脚手架搭拆人员必须是经过考核的专业架子工,并持证上岗。上岗人员定期体检,体检合格者方可发上岗证。凡有高血压、贫血病的、心脏病及其他不适宜高空作业者,一律不得上脚手架操作。

(2)各杆件端头伸出扣件盖板边缘不小于 100 mm。

(3)外脚手架严禁钢竹、钢木混搭,禁止扣件、绳索、钢丝、竹篾、塑料混用。

(4)严禁将外径 48 mm 与 51 mm 的钢管混合使用。

(5)进入施工现场的人员必须戴好安全帽,高空作业系好安全带,穿好防滑鞋等,现场严禁吸烟。

(6)进入施工现场的人员要爱护场内的各种绿化设施和标志牌,不得践踏草坪、损坏花草树木、随意拆除和移动标志牌。

(7)严禁酗酒人员上架作业,施工操作时要求精力集中、禁止开玩笑和打闹。

(8)上架子作业人员上下均应走人行梯道,不准攀爬架子。

(9)护身栏、脚手板、挡脚板、密目安全网等影响作业班组支模时,如需要拆改时,应由架子工来完成,任何人不得任意拆改。

(10)脚手架验收合格后任何人不得擅自拆改,如需作局部拆改时,须经技术部同意后由架子工操作。

(11)不准利用脚手架吊运重物;作业人员不准攀登架子上下作业面;不准推车在架子上跑动;塔吊起吊物体时不能碰撞和拖动脚手架。

(12)不得将模板支撑、泵送混凝土及砂浆的输送管等固定在脚手架上,严禁任意悬挂起重设备。

(13)在架子上的作业人员不得随意拆动脚手架的所有拉结点和脚手板,以及扣件绑扎扣等所有架子部件。

(14)拆除架子而使用电焊气割时，派专职人员做好防火工作，配备料斗，防止火星和切割物溅落。

(15)脚手板使用时间较长，因此在使用过程中需要进行检查，发现地基下沉、杆件变形严重、防护不全、拉结松动等问题要及时解决。

(16)要保证脚手架体的整体性，不得与施工电梯等一并拉结，不得截断架体。

(17)施工人员严禁凌空抛掷杆件、物料、扣件及其他，材料、工具用滑轮和绳索运输，不得乱扔。使用的工具要放在工具袋内，防止掉落伤人；登高要穿防滑鞋，袖口及裤口要扎紧。

(18)脚手架堆放场做到整洁、摆放合理、专人保管，并建立严格领料手续。施工人员做到活完料净脚下清，确保脚手架施工材料不浪费。

(19)运至地面的材料应按指定地点随拆随运，分类堆放，当天拆当天清，拆下的扣件和钢丝要集中回收处理，应及时整理、检查，按品种、分规格堆放整齐，妥善保管。

(20)6 级以上(含 6 级)大风、大雪、大雾、大雨天气停止脚手架作业。在冬期、雨期要经常检查脚手板、斜道板、跳板上有无积雪、积水等物若有则应随时清扫，并要采取防滑措施。

(八)卸料钢平台设计

1.卸料平台的布置

根据本工程特点以及立面的情况和周边环境决定布置卸料平台，以便将无法用施工电梯运输的模板、钢管等大件材料、安装设备等由塔吊先吊运至受料平台上，再转运至使用或安装地点。根据本工程施工进度的要求及现场实际情况设置。

2.次梁设计

次梁选用槽钢[14 制作。4.0 m 长钢平台设 5 道次梁，焊接在主梁凹槽内(主梁侧加 140×70×12 垫板)，其间距为 1.0 m。[14 槽钢截面特性：重量 0.14 kN/m，W_x=84.5 cm^3，h=140 mm，b=58 mm。

(1)荷载计算

依据 JGJ 80－91 规范，永久荷载中的自重，铺板以 0.4 kN/m^2 计；施工活荷载(均布)以 1.5 kN/m^2 计；另外，本设计考虑增加集中施工荷载，按混凝土料斗容量 0.2 m^3，荷载 5 kN 设计。永久荷载分项系数 1.2，可变荷载分项系数 1.4。

钢板 3 mm 厚　　　$0.4\times1\times1.2=0.48$ kN/m；

[14 槽钢　　　$0.14\times1.2=0.168$ kN/m；

施工荷载(均布)　　　$1.5\times1\times1.4=2.1$ kN/m；

$\sum q=2.748$ kN/m；

施工荷载(集中)　　　$P=5\times1.4=7$ kN。

(2)内力计算

计算简图见图 2－24。

集中荷载处于最不利位置(在次梁跨中)

$$M=\frac{1}{8}ql^2+\frac{1}{4}Pl$$

$$=\frac{1}{8}\times2.748\times2.2^2+\frac{1}{4}\times7\times2.2=5.51\text{ kN}\cdot\text{m}$$

(3)抗弯强度计算

$$\frac{M}{W_x}\leqslant f$$

$$\sigma=\frac{5.48\times10^{6}}{39.7\times10^{3}}=138\ \text{N/mm}^2<f=215\ \text{N/mm}^2$$

满足要求。

3. 主梁设计

选用槽钢[16，其截面特性为：重量 0.205 kN/m，$W_x=140.9\times10^3$，$h=160$ mm，$b=65$ mm。

主梁设置及框架平面图见图 2－25。

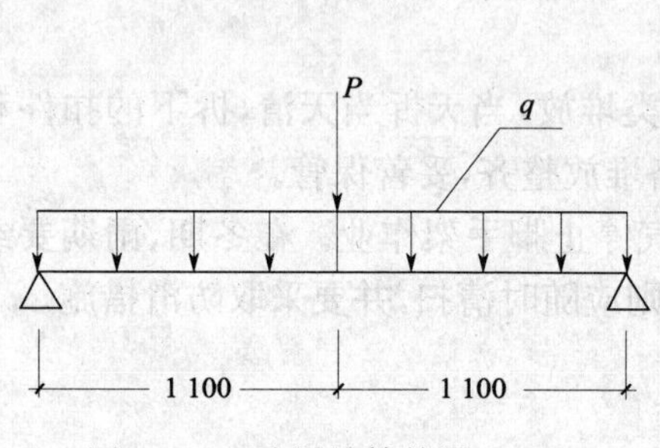

图 2－24　次梁计算简图(mm)

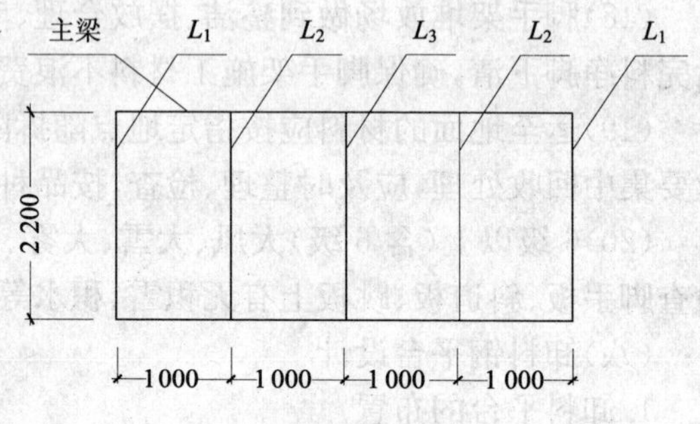

图 2－25　框架平面图(mm)

(1)荷载及内力计算

主梁均布荷载：

[16 槽钢　　0.205×1.2=0.246 kN/m；

栏杆、栏板　　0.115×1.2=0.138 kN/m；

2 厚钢挡板　　0.072×1.2=0.086 kN/m；

$\sum q=0.47$ kN/m。

加上次梁(L)传递荷载，主梁计算简图见图 2－26。

$$P_1(L_1\text{ 传})=\frac{1}{2}\times\frac{0.48+2.1}{2}+\frac{1}{2}\times0.168\times2.2=1.6\ \text{kN}$$

$$P_2(L_2\text{ 传})=\frac{1}{2}\times2.748\times2.2=3\ \text{kN}$$

P_3 处于主梁最不利位置，在 $L3$ 上，且在 $L3$ 边缘 0.6 m 处(混凝土料斗中心距主梁 0.6 m)。

$$P_3(L_3\text{ 传})=\frac{1}{2}\times2.748\times2.2+\frac{7\times1.6}{2.2}=8.11\ \text{kN}$$

$$M=\frac{1}{8}\times0.47\times4^2+3\times1.0+\frac{1}{4}\times8.11\times4=14.87\ \text{kN}\cdot\text{m}$$

$$R_A=R_B=\frac{1}{2}\times0.47\times4+1.6+3\times\frac{1}{2}\times8.11=9.6\ \text{kN}$$

(2)强度计算

$$\frac{M_x}{W_x}=\frac{14.87\times10^6}{140.9\times10^3}=106\ \text{N/mm}<f=215\ \text{N/mm}^2$$

满足要求。

4. 铺板设计

选用 4 m 长，50 mm 厚落叶松板，板宽不小于 250 mm，并以螺栓与槽钢相固定。计算简图见图 2－27。

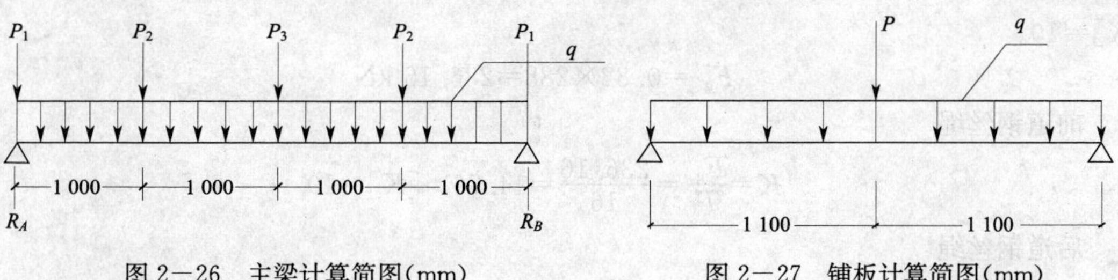

图 2－26　主梁计算简图(mm)　　图 2－27　铺板计算简图(mm)

铺板自重及施工荷载：

$$q=0.4\times1\times1.2+1.5\times1\times1.4=2.58\ \text{kN/m}$$

集中荷载：

$$P=5\times1.4\ \text{kN}$$

$$M=\frac{1}{8}ql^2+\frac{1}{4}Pl=\frac{1}{8}\times2.58\times1^2+\frac{1}{4}\times7\times1=2.07\ \text{kN}\cdot\text{m}$$

依据 GBJ 5－88 规范，木结构受弯构件的抗弯构件的抗弯承载能力，按下式验算：

$$W=\frac{1}{6}bh^2=\frac{1}{6}\times100\times5^2=417\ \text{cm}^3$$

$$\sigma=\frac{M_x}{W_x}\leqslant f_{\text{m}}$$

$$\sigma_{\text{m}}=\frac{2.07\times10^6}{4.17\times10^5}=5\ \text{N/mm}^2<f_{\text{m}}=13\ \text{N/mm}^2$$

满足要求。

5. 钢丝绳设计

规范 JGJ 80－91 规定：钢平台构造上宜两边各设 2 道钢丝绳，2 道中的每 1 道应作单道受力计算，前后 2 道均选用 6×37＋1ϕ24 mm 钢丝绳，查表，破断拉力 $F_g=288$ kN。

(1)计算内力

由主梁计算简图(图 2－28)、钢丝绳计算简图(图 2－29)进行内力计算。

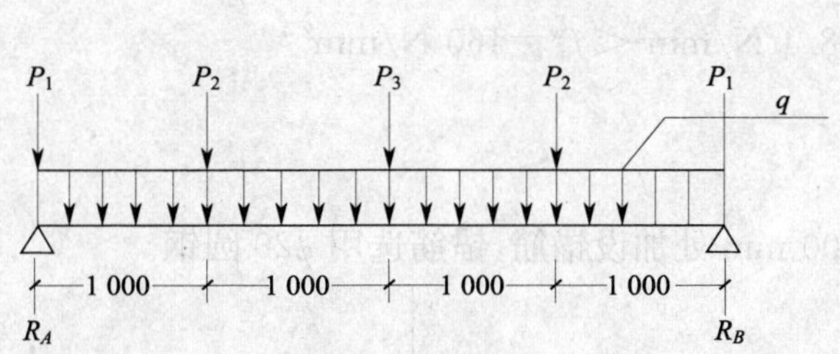

图 2－28　主梁计算简图(mm)

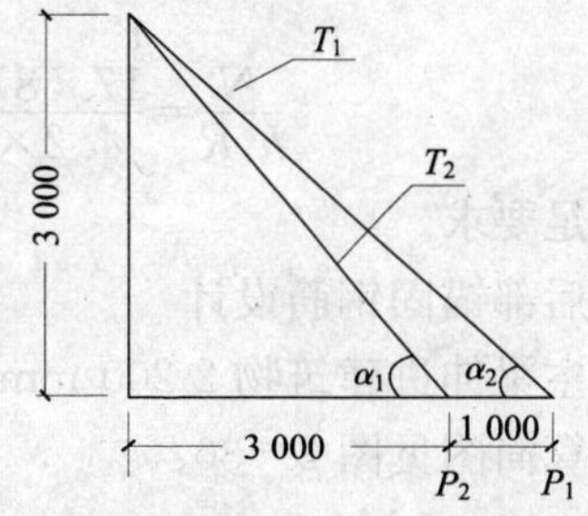

图 2－29　钢丝绳计算简图(mm)

$P_1=R_B=9.6$ kN　　　　(见主梁计算)

$P_2=P_B'=12.5$ kN　　　　(由图 2－28 计算)

$$T_1=\frac{P_1}{\sin\alpha_1}=\frac{9.6}{0.6}=16\ \text{kN}$$

$$T_2=\frac{P_2}{\sin\alpha_2}=\frac{12.5}{0.707}=17.68\ \text{kN}$$

(2)安全系数计算

查表：6×37＋1 钢丝绳被断拉力换算系数 $a=0.82$。作吊索用钢丝绳的法定安全系数

$[K]=10$。

$$F_g{}'=0.82\times288=236.16\ \text{kN}$$

前道钢丝绳

$$K=\frac{F_g{}'}{T_1}=\frac{236.16}{16}=14.76>[K]=10$$

后道钢丝绳

$$K=\frac{F_g{}'}{T_2}=\frac{236.16}{17.68}=13.36>[K]=10$$

2 道钢丝绳均满足要求。

6. 吊环设计

在钢平台主梁[16 中吊环位置，焊 244×100×12 钢板(四周围焊)，焊缝高度 6 mm，钢板上部割 $\phi40$ 圆孔，利用圆孔作吊环。为防止钢板锐角切割钢丝绳，在圆孔处钢板两面各焊圆环 $\phi12$ 钢筋，与孔平，详见剖面图节点 A。

(1)钢板割孔处强度计算

$$\sigma=\frac{N}{A_n}\leqslant f$$

$N=T_2=17.68$ kN(见钢丝绳计算)

$$A_n=(100-40)\times12=720\ \text{mm}^2$$

$$\sigma=\frac{17\ 680}{720}=25.6\ \text{N/mm}^2<f=215\ \text{N/mm}^2$$

满足要求。

(2)焊缝验算

焊缝高 6 mm，有效厚度为：

$$h_e=0.7h_f=0.7\times6=4.2\ \text{mm}$$

焊缝周长 R 为(160+100)×2=520 mm，查表可知：

$$f_f^w=160\ \text{N/mm}^2$$

$$\frac{N}{h_eR}=\frac{17.68\times10^3}{4.2\times520}=8.1\ \text{N/mm}^2<f_f^w=160\ \text{N/mm}^2$$

满足要求。

7. 后部锚固钢筋设计

设主梁伸进建筑物 2 200 mm，在 2 000 mm 处加设锚筋，锚筋选用 $\phi20$ 圆钢。

计算简图见图 2－30：

$$N=\frac{14.87\ \text{kN}}{2\ \text{m}}=7.435\ \text{kN}$$

则拉应力为：

$$\sigma=\frac{N}{W_x}=\frac{7\ 435}{2\times0.785\times20^2}=11.84\ \text{N/mm}$$

小于吊环控制应力 50 N/mm²，满足要求。

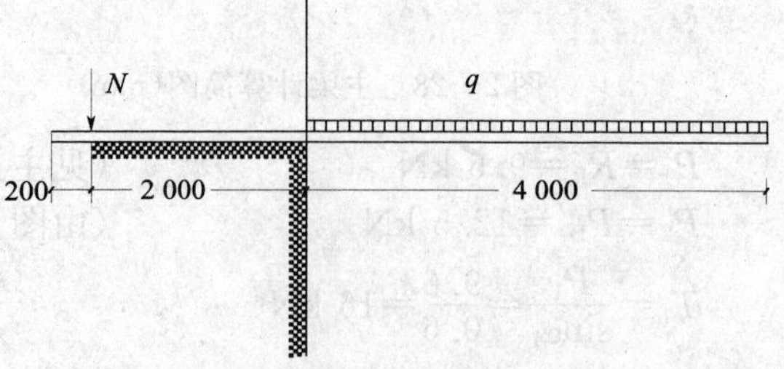

图 2－30 后部锚固钢筋计算简图(mm)

8. 钢平台安装

(1)钢平台的搁支点与上部拉结点必须位于建筑队物上，不得设置在脚手架等施工设备上，支撑系统不得与脚手架连接。

(2)钢平台搁支点的混凝土梁(板)应预埋铁件,宜于与楼板用 ϕ20 圆钢预埋连接,以利平台多次周转使用。

(3)钢丝绳与平台的水平夹角宜 45°～60°。

(4)吊运平台时应使用卡环,不得使吊钩直接钩挂平台吊环。

(5)钢平台安装时,钢丝绳应采用专用的挂钩挂牢,采取其他方式时卡头的卡子不得少于 3 个,建筑锐角利围系钢丝绳处应加衬软垫物,钢平台外口应略高于内口。

(6)钢平台左右两侧必须装置固定的防护栏杆和栏板。

(7)搭设脚手架时应预留钢平台位置;平台两侧脚手架的立杆应用双立杆加强。

(8)本受料平台按施工荷载 1 500 N/m²,集中荷载按 5 000 N/m² 设计,在实际使用过程中必须限量在 1 500 N/m²,即整个受料台承受重量为 2 t,并于受料平台挂限量标志,同时应有专人负责监督。

(九)专项应急处置预案(略)

(十)施工详图、大样图

1. 脚手架立面图(图 2—31)

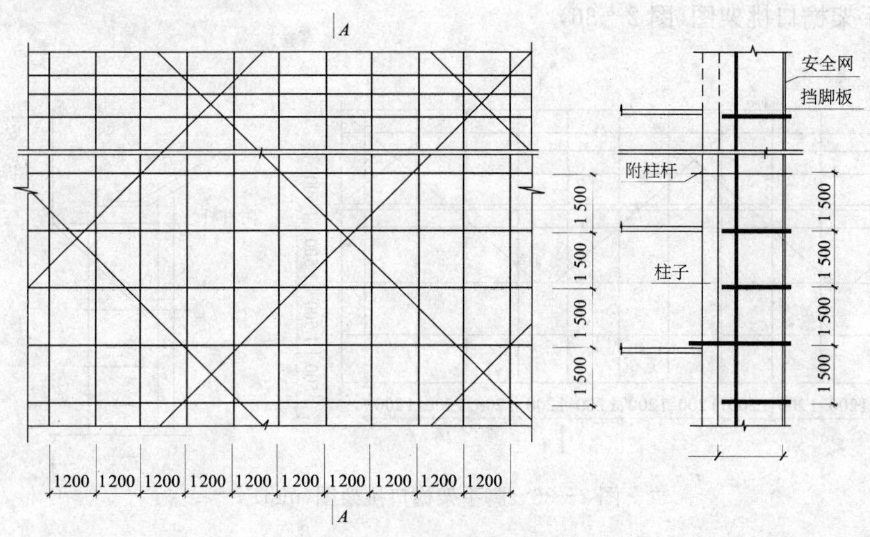

图 2—31　框架结构双排脚手架立面图(mm)

2. 底座大样图(图 2—32)

3. 脚手架基础剖面(图 2—33)

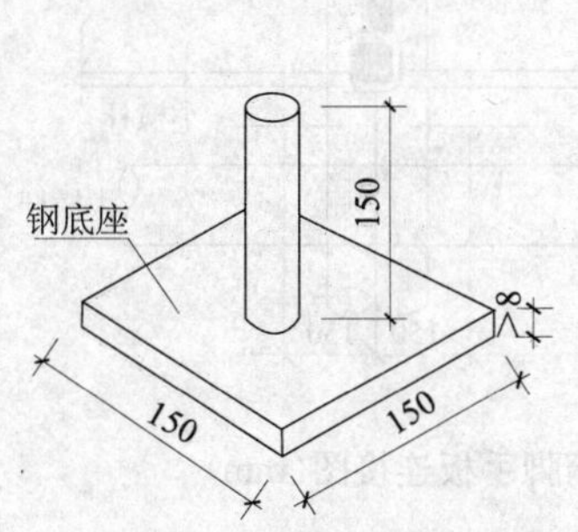

图 2—32　脚手架底座大样图(mm)

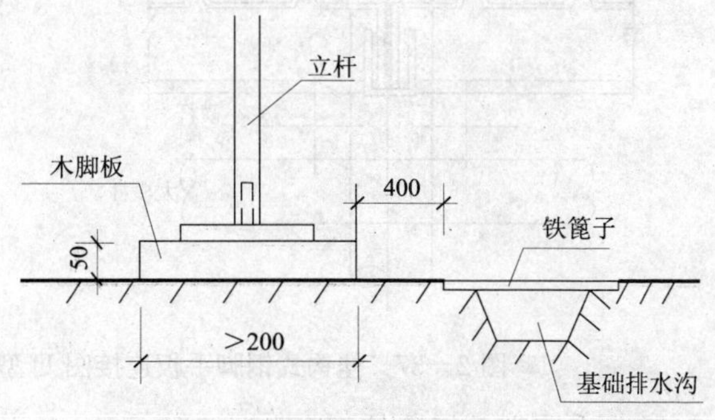

图 2—33　脚手架基础剖面大样图(mm)

4. 基础做法大样图(图 2—34)

5. 连墙件扣件连接大样图(图 2—35)

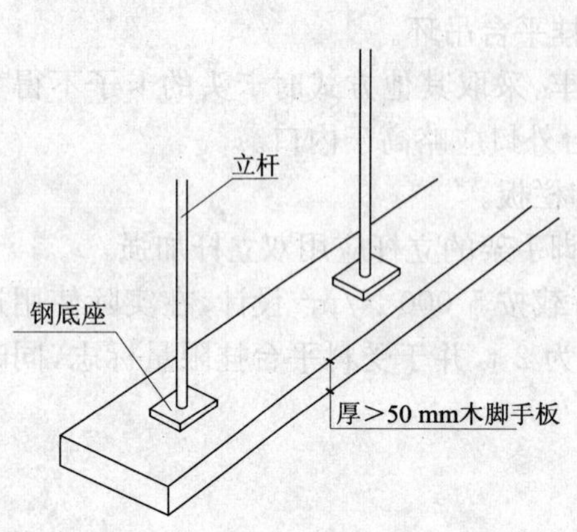

图 2—34 脚手架基础做法大样图

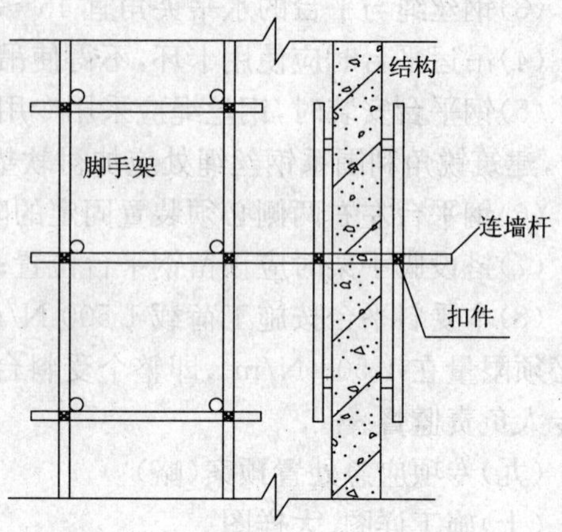

图 2—35 连墙件扣件连接大样图

6. 脚手架檐口挑架图(图 2—36)

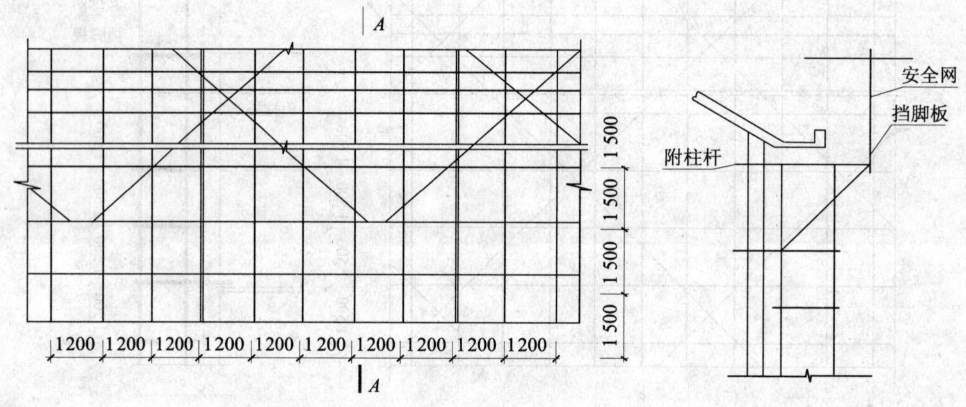

图 2—36 脚手架檐口挑架图(mm)

7. 挂钩式钢脚手板连接图 U 型卡式(图 2—37)

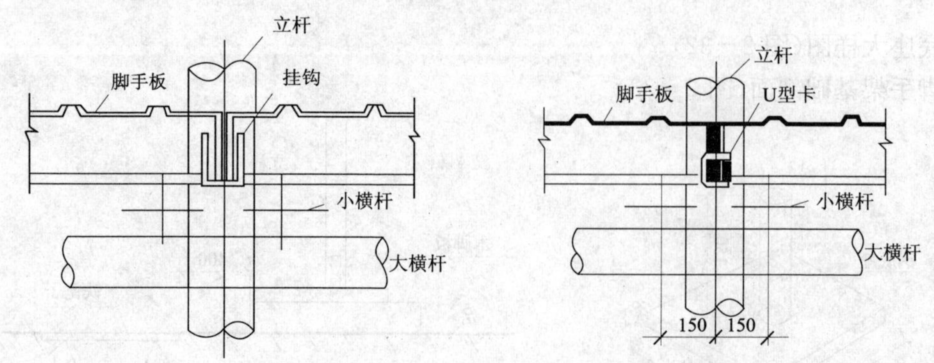

图 2—37 挂钩式钢脚手板连接图 U 型卡式钢脚手板连接图(mm)

8. 插孔式钢脚手板连接图(图 2—38)

9. 木脚手板对接、搭接构造图(图2—39)

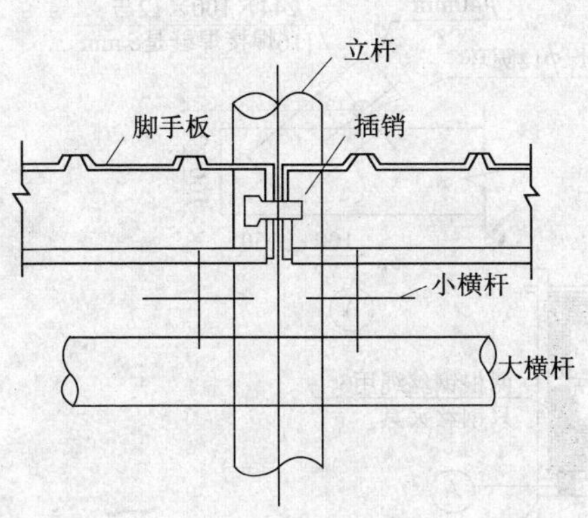

图2—38　插孔式钢脚手板连接图

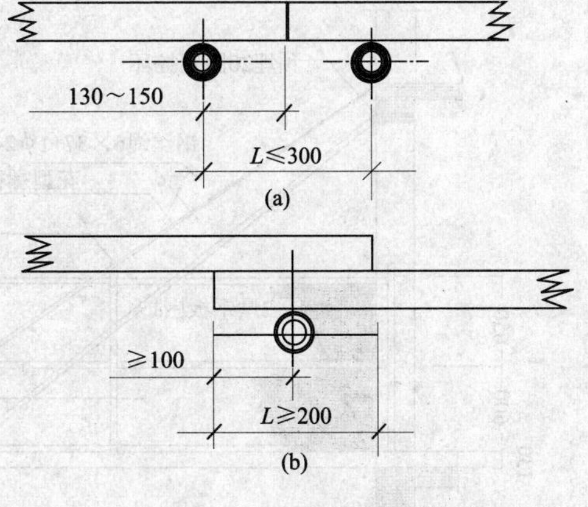

图2—39　木脚手板对接、搭接构造图(mm)

(a)脚手板对接；(b)脚手板搭接

10. 纵、横向扫地杆构造(图2—40)

11. 栏杆与挡脚板构造(图2—41)

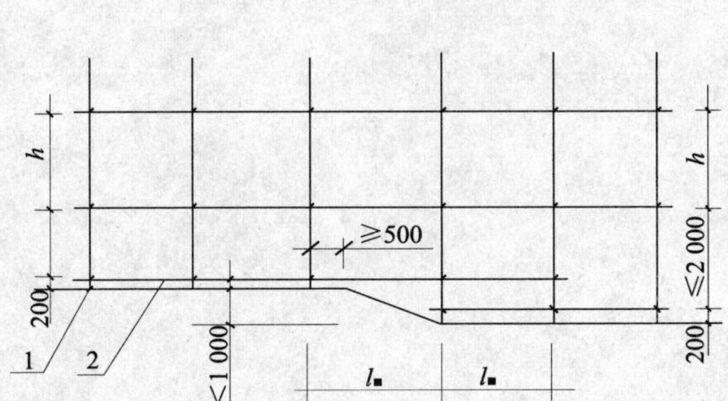

图2—40　纵、横向扫地杆构造(mm)

1—横向扫地杆；2—纵向扫地杆

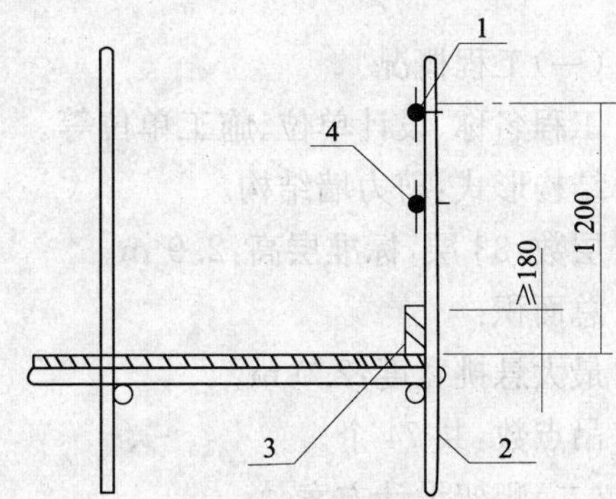

图2—41　栏杆与挡脚板构造(mm)

1—上栏杆；2—外立杆；3—挡脚板；4—中栏杆

12. 钢平台平面图(图2—42)

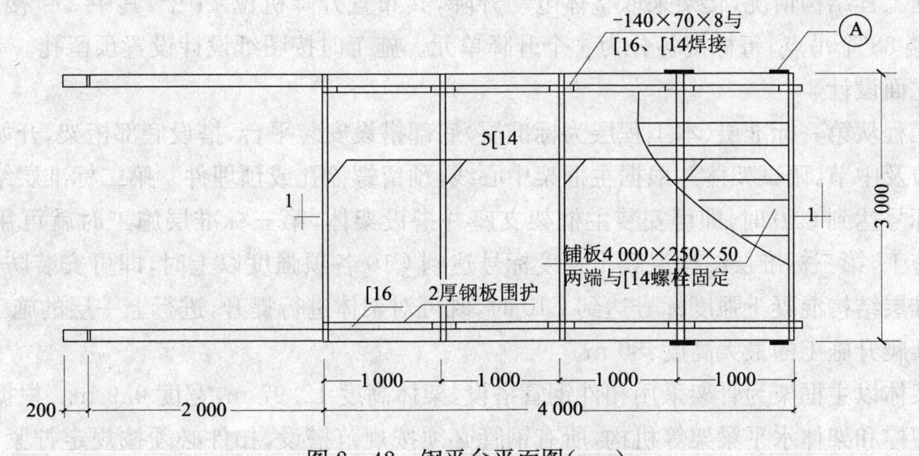

图2—42　钢平台平面图(mm)

13. 钢平台剖面图(图 2—43)

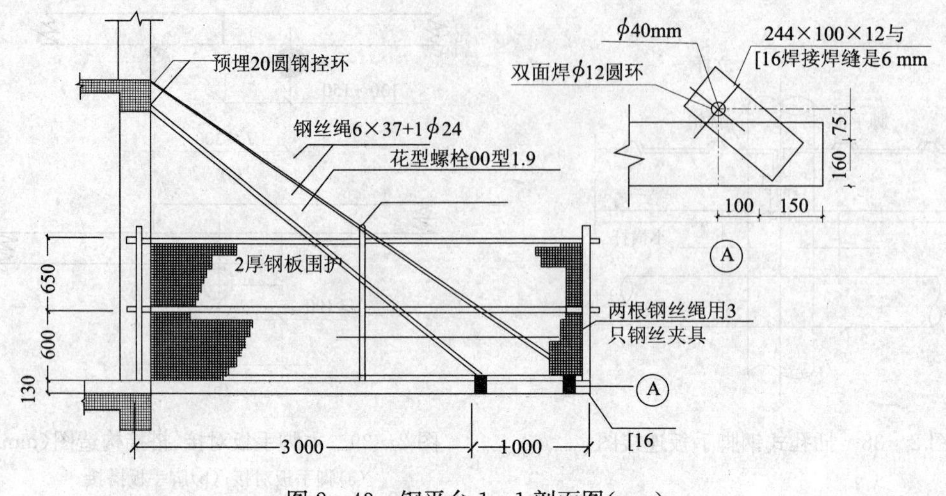

图 2—43 钢平台 1—1 剖面图(mm)

六、附着升降脚手架(爬架)施工专项方案

(一)工程概况

工程名称、设计单位、施工单位等。

结构形式:剪力墙结构。

层数:33 层,标准层高:2.9 m。

总面积:

最大悬挑宽度:2.0 m。

吊点数:共 74 个。

(二)爬架设计方案

依据工程设计图纸、建设部《建筑施工附着升降脚手架管理暂行规定》(建建〔2000〕230 号文件)的通知、《建筑施工安全检查标准》(JGJ 59—99)等编制。

1. 平面设计

根据工程结构情况,爬架采取整体电动升降,共布置升降机位 74 个,其中 27# 楼 36 个吊点,31# 楼 38 个吊点,每栋楼各分为 4 个升降单元。施工时按图纸设计设置预留孔。

2. 立面设计

本工程从第一标准层(本工程层为标准层)底部搭设安装平台,搭设底部桁架,开始安装主框架下节及中节,调试架体并根据主框架中心线,预留螺栓孔或预埋件。第二标准层结构混凝土强度标号达到 C10 时,即可安装主框架支座并搭设架体,第三标准层施工时就可用爬架进行主体施工,第三标准层结构混凝土强度标号达到 C10 各项强度以上时,即可安装防倾支座,第四标准层结构混凝土强度标号达到 C10 时,既可对架体进行提升,进行上一层的施工。

爬架爬升施工的最大高度:80 m。

爬架体以主框架为骨架采用扣件钢管搭设,架体高度 12.97 m,宽度 0.9 m。根据示意图搭设剪刀撑和架体水平梁架等机构,所有钢管必须按规范搭设,扣件必须按规定拧紧,扭紧力矩 40~50 N·m。

爬架的搭设及防护详见爬架立面示意图(图2—44)。

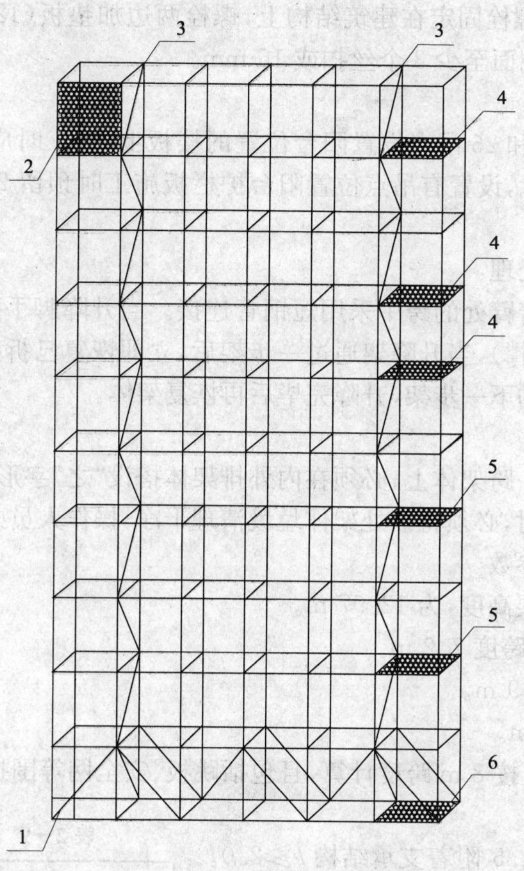

图2—44　爬架立面示意图

1—底部桁架;2—立网;3—主框架;4—跳板;5—水平网;6—水平网、跳板

3.附着的设计

附着结构形式1,见图2—45。

该型支座用剪力墙部位,墙上安装支座采用预留孔方式连接。

附着结构形式2,见图2—46。

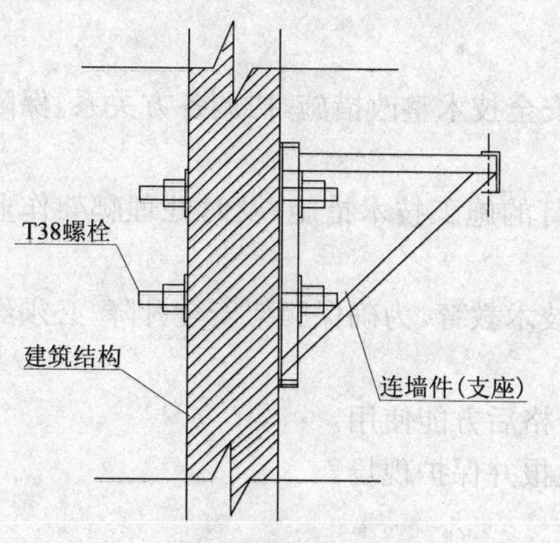

图2—45　附着结构形式设计图

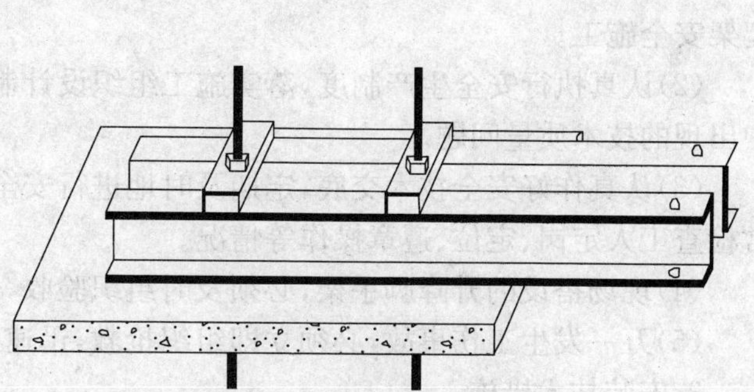

图2—46　板式支座

该型支座安装在楼板上，安装时通过 2 条 T38 螺栓与建筑结构连接。

支座采用 T38 穿墙螺栓固定在建筑结构上，螺栓两边加垫板(120×150×12)，螺母拧紧后应保证螺栓伸出螺母端面至少 3 个丝扣或 15 mm。

4. 特殊结构设计

本工程 31# 楼的 14 和 25 吊点设置阳台位置的楼板上，施工时应保证承重支座板下返 3 层阳台钢管支撑不被拆除，设置有吊点位置阳台护栏板施工时预留 250×300 的洞口，保证附着的正常安装。

5. 塔吊附着位置的处理

升降爬架在塔吊附着臂处的跨中采用短钢管连接。当升降脚手架通过附着臂时，每次只能拆除一步架(包括剪刀撑)，当升降架通过一步架后，立即恢复已拆架体(包括剪刀撑)，恢复好后马上拆除通过向下的下一步架，升降完毕后再恢复架体。

注意：

在塔吊附着臂处的一跨架体上，必须在内外排架体搭设“之”字形斜撑。

当拆除最低部架体时，必须将该处架体垃圾清理干净，操作人员必须系好安全带。

(三)爬架主要技术参数

架体全高为 4 倍楼层高度，为 12.97 m。

跨度：该工程的最大跨度 7.2 m。

宽度：架体宽度为 0.9 m。

架体悬挑尺寸：2.7 m。

架体自重：3 700 kg(按 8 m 跨度计算，且包括跳板、安全网等围护结构)。

设计安全度：

强度设计：架体 $k \geqslant 1.5$ 附着支承结构 $k \geqslant 2.0$。

稳定性设计：架体 $k \geqslant 2.0$ 附着支承 $k \geqslant 2.5$。

升降设备采用电动葫芦，其主要参数见表 2—9。

表 2—9　电动葫芦主要参数表

额定起重量：7.5 t	起升速度：0.09 m/min
起升高度：5～8 m	整机重量：90～124 kg

(四)施工现场安全管理及安全控制措施

1. 一般规定及要求

在爬架的安装搭设及使用过程中，甲、乙双方应以满足工程建设要求为基本出发点，贯彻“安全第一，预防为主”的方针，遵守国家及地方有关规范、规程、标准及规定，加强爬架施工现场管理，确保国家财产和施工人员的安全。

2. 安装单位职责

(1)监控各项安全制度和措施落实情况，主持制订安全技术整改措施，协调各方关系，保障爬架安全施工。

(2)认真执行安全生产制度，落实施工组织设计制订的施工技术措施，及时处理爬架作业中出现的技术质量问题。

(3)认真作好安全技术交底，定期及时地进行安全技术教育，为确保爬架安全升降，必须经常检查工人定岗、定位、遵章操作等情况。

(4)现场搭设的升降脚手架，必须及时组织验收，合格后方能使用。

(5)万一发生工伤事故，必须立即组织抢救，迅速上报并保护现场。

3. 安装技术措施

严格遵守建设部《建筑施工附着升降脚手架管理暂行规定》(建建〔2000〕230 号)、《建筑施工安全检查标准》(JGJ 59－99)和《爬架施工组织设计》以及地方规范、标准等。修改方案或增减措施，须经安装、使用双方认可后，并报主管部门批准。

4. 使用方现场管理

(1)坚持一切为工程着想的原则，互通信息，密切配合。

(2)指定专职安全技术人员进行安全技术协调工作。

(3)负责搭设爬架安装所需要的安装平台，安装平台必须能承受爬架安装时的竖向荷载且应设有安全防护措施。安装平台的水平精度应满足架体安装精度要求，任意两点间的高差最大值不应大于 20 mm。

(4)为安装方提供现场使用的垂直运输设施、电气焊设备、专用配电柜，以及安全围护材料(如安全网、脚手板)等。

(5)负责穿墙螺栓预留孔的留设工作，预留孔中心偏差应小于 15 mm。

(6)工程结构施工时，应保证梁、柱、剪力墙等的模板及支撑与爬架内排立杆之间有不小于 200 mm 的间隙，以免影响爬架升降，在支模过程中，不得将爬架作为支撑架。

(7)严格将施工活荷载控制在规定范围内。使用工况下 3×kN/m^2 或 2×3 kN/m^2；升降工况下 0.5 kN/m^2，且不允许使用动荷载。

(8)负责预留爬架与建筑结构正式避雷引下线的连接位置，每层均必须留设不少于 4 处，乙方负责爬架各架体之间的具体连接。

(9)其他未详之处，按双方所签合同及国家、地方有关规范、规程、标准及规定执行。

5. 安全技术交底和升降验收制度

爬架在安装搭设及升降前必须进行安全技术交底及检查验收等工作，且必须做好书面记录，无签字或签字不全者无效。

(1)防坠措施

该工程爬架主要采用 2 道安全防坠措施：采用专用防坠器，并且每榀爬架配置防坠销。

(2)防雷措施

在建筑设计中，随着建筑物主体的施工，各种防雷接地线和引下线都在同步施工，建筑物的竖向钢筋就是防雷接地的引下线，所以当爬架每次提升工作完成后，在每段爬架上选择一至两个点，用直径大于 16 mm 的圆钢把架体与建筑物主体结构的竖直钢筋焊接起来(焊接长度应大于接地直径的 6 倍)。使架体良好的接地，达到防雷的目的。

当爬架下降状态时，架体已处在楼顶避雷针的伞形防雷区内，故无需在爬架上再另设防雷装置。

(五)爬架的安装和搭设

1. 一般规定及要求

(1)安装搭设前，均应根据施工组织设计要求组织技术人员与操作人员进行技术、安全交底。

(2)安装使用过程中使用的计量器具应定期进行计量检测。

(3)在安装、升降、拆除过程中，在操作区域及可能坠落范围均应设置安全警戒。

(4)遇 5 级以上(包括 5 级)大风、大雨、大雪、浓雾等恶劣天气时禁止升降爬架作业，遇 5 级以上(包括 5 级)大风时还应事先对爬架采取必要的加固措施或其他应急措施，并撤离架体上的所有施工活荷载。夜间禁止进行爬架的升降作业。

(5)施工现场应配备必要的通讯工具，以加强通讯联系。

(6)在爬架安装、搭设以及使用全过程中，施工人员应遵守现行《建筑施工高处作业安全技术规范》(JGJ 80)、《建筑安装工人安全技术操作规程》(建工劳字〔80〕第24号)等的有关规定。各工种人员应固定，并按规定持证上岗。

(7)现场使用时应设置必要的消防措施及防雷措施。

2.安装前准备

(1)根据工程特点与使用要求编制专项施工方案。对特殊尺寸的架体应进行专门设计，架体在使用过程中因工程结构的变化而需要局部变动时，应制定专门的处理方案。

(2)根据施工方案设计的要求，落实现场施工人员及组织机构。

(3)核对脚手架搭设材料与设备的数量、规格，查验产品质量合格证、材质检验报告等文件资料，必要时进行抽样检验。主要搭设材料应满足以下规定：脚手管外观质量平直光滑，没有裂纹、分层、压痕、硬弯等缺陷，并应进行防锈处理；立杆最大弯曲变形应小于$L/500$，横杆最大弯曲变形应小于$L/150$ mm；端面平整，切斜偏角应小于1.70 mm；实际壁厚不得小于标准公称壁厚的90%；焊接件焊缝应饱满，焊缝高度符合设计要求，并满足钢结构GB 50221—95、JGJ 81—91规范要求，没有咬肉、夹渣、气孔、未焊透、裂纹等缺陷；螺纹连接件应无滑丝、严重变形、严重锈蚀等现象；扣件应符合现行《钢管脚手架扣件》(JGJ 22)的规定；安全围护材料及其他辅助材料应符合国家标准的有关规定。

(4)安装需要施工塔吊配合时，应核验塔吊的施工技术参数是否满足需要。

3.安装流程图(略)

4.搭设注意事项

(1)预留螺栓孔或预埋件的中心位置偏差应小于15 mm。

(2)水平梁架及竖向主框架在相邻附着支承结构处的高差应不大于20 mm。

(3)竖向主框架和防倾导向装置的垂直偏差应不大于5‰和60 mm。

(4)爬架安装搭设前，应核验工程结构施工时留设的预留螺栓孔或预埋件的平面位置、标高和预留螺栓孔的孔径、垂直度等，还应该核实预留螺栓孔或预埋件处混凝土的强度等级。预留孔应垂直于结构外表面。不能满足要求时应采取合理可行的补救措施。

(5)爬架在安装搭设前，应设置安全可靠的安装平台来承受安装时的竖向荷载。安装平台上应设有安全防护措施。安装平台水平精度应满足架体安装精度要求，任意两点间的高差最大值不应大于20 mm。

(6)用垫木把主框架下节、标准节垫平，穿好螺栓(M16×50、M16×90)垫圈，并紧固所有螺栓。注意：拼接时要把每两节之间的导轨找正对齐。

(7)把导向装置组装好安装在相应位置。

(8)把支座(附着支承结构)固定在主框架相应连接位置上，并紧固。

(9)当结构混凝土强度达到设计要求，把支座与结构进行可靠连接。爬架主框架、支座的连接见图2—47。

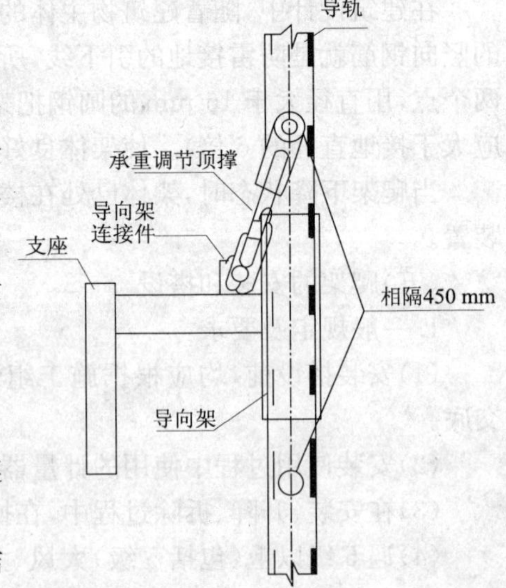

图2—47 爬架主框架、支座连接示意图

(10)主框架拼接、组装完毕后，检查是否合格。质量要求：各连接部位的主肢要对齐，不能错位;各处螺栓均要牢固拧紧(扭力力矩约为 40～50 N·m)。

(11)用起重设备把拼接好的主框架吊起,吊点设在上部 1/3 位置上。

(12)按照爬架方案要求,把主框架临时固定在建筑结构或内脚手架上。安装底部桁架,并搭设架体。

(13)架体构架立杆纵矩≤1 500 mm,立杆轴向最大偏差应小于 20 mm,相邻立杆接头不应在同一步架内。

(14)外侧大横杆步矩 1 800 mm,内侧大横杆步矩 1 800 mm,上下横杆接头应布置在不同立杆纵矩内。最下层大横杆搭设时应起拱 30～50 mm。

(15)小横杆贴近立杆布置,搭于大横杆之上。外侧伸出立杆 100 mm,内侧伸出立杆 100～400 mm。内侧悬臂端可铺脚手板或翻板,使架体底部与建筑物封闭。

(16)架体外侧必须沿全高设置剪刀撑,剪刀撑跨度不得大于 6 000 mm,其水平夹角为 45°～60°,并应将竖向主框架、架体水平梁架和架体构架连成一体。

(17)脚手板设计铺设 4 层,最下层脚手板距离外墙不超过 100 mm,并用翻板封闭。

(18)架体底层的脚手板必须铺设严密,且应用大眼网(平网)和密眼网双层网进行兜底。应设置架体升降时底层脚手板可折起的翻板构造,保持架体底层脚手板与建筑物表面在升降和正常使用中的间隙,防止物料坠落;架体外侧应用密眼网进行封闭式围护,围护时要保证横平竖直,应有尽可能多的点与架体进行连接。整个升降架外侧满挂安全网,安全网应上,下绷紧,每处均用 16# 铁丝绑牢,组与组之间应搭接好,不能留有空隙,转角处用 $\phi10$～$\phi16$ 钢筋压角,与立杆绑扎牢固。相邻安全网搭接长度不少于 200 mm,底部密封板、翻板处在条件许可时将架子提升约 1 500 mm 后,在其底部兜挂安全网,在翻板处上翻钉牢。

(19)当采用木、竹串片脚手板时,脚手板应设置在不少于 3 根小横杆上;当采用钢脚手板时,脚手板应设置在大横杆和填心杆上,脚手板应对接平铺满,不允许有探头板,相接处高低错位应小于 30 mm,4 个角应与横杆用 18# 铅丝绑扎牢,每块绑扎不少于 6 处。在每一作业层架体外侧必须设置上、下 2 道防护栏杆(上杆高度 1.2 m,下杆高度 0.6 m)和挡脚板(高度 180 mm)踢脚板高 180 mm,外表面按规定间距刷红、白两色油漆。踢脚板紧贴脚手板和靠紧外立杆装在安全网外,用 16# 铁丝与脚手板和大横杆、立杆绑扎牢固,安装时应注意高低一致和水平一条线。

(20)安装过程中应严格控制架体水平梁架与竖向主框架的安装偏差。架体水平梁架相邻二吊点处的高差应小于 20 mm;相邻两榀竖向主框架的水平高差应小于 20 mm;竖向主框架和防倾导向装置的垂直偏差应不大于 5‰和 60 mm。

(21)安装过程中架体与工程结构间应采取可靠的临时水平拉撑措施。确保架体稳定。

(22)扣件式脚手杆件搭设的架体,搭设质量应符合相关标准的要求。

(23)扣件螺栓螺母的预紧力矩应控制在 40～50 N·m 范围内。

(24)脚手杆端头扣件以外的长度应不小于 100 mm,架体外侧小横杆的端头外露长度应不小于 100 mm。

(25)作业层与安全围护设施的搭设应满足设计与使用要求。脚手架邻近高压线时,必须有相应的防护措施。

5.底层密封板、翻版制作与安装

先将底部桁架的内挑横杆按离墙约 120 mm 搭设好,再在大横杆上按间距 200～500 mm 用 16# 铁丝将 100×50×1 200 的木方绑扎好,再将厚 10～15 mm 厚的模板制作的密封板用铁钉钉牢在木方上，密封板应拼缝严密，间隙控制在 5 mm 内，然后根据离墙距离制作翻板，翻板要求做成定型的，不得采用临时性可移动翻板，且翻板顶面高度均应在同一水平面内，翻板在密封板上搭接长度约 50 mm，在密封板里端向外移约 50 mm 位置处安装合页，使之与翻板和密封板连接，要求合页确保翻板正常翻动；翻板与建筑结构应搭接良好，转角处根据转角形状制作，翻盖应吻合良好，吻合间隙少于 5 mm。翻板搭在建筑结构上应与墙面的夹角控制在 30°～45°之间。如工程有特殊要求，可再在第四步架按底部翻板密封的要求再制作一层密封翻板。

6. 安装完毕后的调试验收

架体搭设完毕后，应立即组织有关部门会同爬架单位对下列项目进行调试与检验，调试与检验情况应作详细的书面记录。

(1)架体结构中采用扣件式脚手杆件搭设的部分，应对扣件拧紧质量按 50％的比例进行抽查，合格率应达到 95％以上。

(2)对所有螺纹连接处进行全数检查。

(3)进行架体提升试验，检查升降机具设备是否正常运行。

(4)对架体整个防护情况进行检查。

(5)其他必须的检验调试项目。

(6)架体调试验收合格后方可办理投入使用的手续。

(六)爬架的升降施工与日常使用

爬架的使用应遵守本《方案》及国家、地方相应规范、标准等，若本规程与国家、地方相应规范、标准等矛盾，应以国家、地方相应规范标准为主。

1. 爬架的提升

上插防坠销，将防倾支座提升至上一层并固定，将防坠支座上的顶撑拆开，并将防坠支座、导向架延导轨提至上层并固定，调整电动升降设备并预紧，拔下承重支座承重销、松开防坠器。提升架体，支座上部插防坠销，承重支座安装好承重销，防坠支座安装好调节顶撑，锁紧防坠器，使用。

2. 爬架升降前的准备与检查

由安全技术负责人对爬架提升的操作人员进行安全技术交底，明确分工，责任落实到位，并记录和签字。按分工清除架体上的活荷载、杂物与建筑的连接物、障碍物，安装电动升降装置，接通电源，空载试验，检查防坠器，准备操作工具，专用扳手、手锤、千斤顶、撬棍等。在每次升降前，必须将爬架和建筑物主体连接的钢筋断开，置于一边，然后在进行升降。提升到位后，再将圆钢和主体结构的竖直钢筋焊接起来。

3. 提升施工流程图

提升防倾支座并固定—提升防坠支座并固定—调整防坠装置—提升承重支座并固定—调整升降装置—提升架体—到位后穿架体销轴—紧固调节顶撑—锁紧防坠器—重复下一个循环

现场按照施工流程图提升施工。下降操作过程为上升过程的逆过程。

4. 升降注意事项

(1)升降前应均匀预紧机位，以避免预紧不均引起局部机位过大超载。

(2)在完成下列项目检查后方能发布升降令，检查情况应作详细的书面记录：

①附着支撑结构附着处混凝土实际强度已达到脚手架设计要求。

②所有螺栓连接处螺母已拧紧。

③应撤去的施工活荷载已撤离完毕。

④所有障碍物已拆除，所有不必要的约束已解除。

⑤电动升降系统能正常运行。

⑥所有相关人员已到位，无关人员已全部撤离。

⑦所有预留螺栓孔洞或预埋件符合要求。

⑧所有防坠装置功能正常。

⑨所有安全措施已落实。

⑩其他必要的检查项目。

如上述检查项目有一项不合格，应停止升降作业，查明原因排除隐患后方可作业。

(3)升降过程中必须统一指挥，指令规范，并应配备必要的巡视人员。

(4)架体操作的人员组织：

以若干个单片提升作为1个作业组，做到统一指挥，分工明确，各负其责。下设组长1名，负责全面指挥；操作人员1名，负责电动装置管理、操作、调试、保养的全部责任；在一个工程中，根据工期要求，可组织几个作业组各自同时对架体进行提升。作业组完成一架体的提升的时间约为45 min。

5.电动升降装置的操作步骤

控制柜放置到与电动葫芦同一标准层—接好线路—接通电源(380 V)(检查电机转向)—搬动控制手柄—预紧动力装置—提升架体—安装承重销—安装顶撑—锁紧防坠器—进入使用状态

(1)升降过程中，若出现异常情况，必须立即停止升降进行检查，彻底查明原因、消除故障后方能继续升降。每一次异常情况均应作详细的书面记录。

(2)整体电动爬架升降过程中由于升降动力不同步(相邻两榀主框架高差超过50 mm)引起超载或失载过度时，应通过控制柜点动予以调整。

(3)邻近塔吊、施工电梯的爬架进行升降作业时，塔吊、施工电梯等设备应暂停使用。

(4)升降到位后，爬架必须及时予以固定。在没有完成固定工作且未办妥交付使用前，爬架操作人员不得交班或下班。

6.爬架升降后的检查验收

检查拆装后的螺栓螺母是否真正按扭矩拧到位，检查是否有该装的螺栓没有装上；架体上拆除的临时脚手杆及与建筑的连接杆要按规定搭接的，检查脚手杆、安全网是否按规定围护好；检查承重销及顶撑是否安装到位；检查防坠器是否锁紧。

架体提升后，要由爬架施工负责人组织对架体各部位进行认真的检查验收，每跨架体都要有检查记录，存在问题必须立即整改。检查合格达到使用要求后由爬架施工负责人填写《附着式升降脚手架施工检查验收表》，双方签字盖章后方可投入下一步使用。

7.爬架使用注意事项

(1)爬架不得超载使用，不得使用体积较小而重量过重的集中荷载。如：设置装有混凝土养护用水的水槽、集中堆放物料等。

(2)禁止下列违章作业：

超载；将模板支架、缆风绳、泵送混凝土和砂浆的输送管等固定在脚手架上；悬挂起重设备；任意拆除结构件或松动连接件、拆除或移动架体上的安全防护设施；起吊构件时碰撞或扯动脚手架；使用中的物料平台与架体仍连接在一起；在脚手架上推车等。

(3)爬架穿墙螺栓应牢固拧紧(扭矩为700～800 N·m)。检测方法：一个成年劳力靠自身重量以1.0 m加力杆紧固螺栓，拧紧为止。

8. 使用中的检查保养

(1)施工期间，每次浇筑完混凝土后，必须将导向架滑轮表面的杂物及时清除，以便导轨自由上下。

(2)工程竣工后，应将爬架所有零部件表面导物清除干净，重新刷漆。将已损坏的零件重新更换，以待新工程继续使用。

(3)有关电动提升装置的维修与保养，详情请见《爬架电动系统使用说明书》。

(4)防坠器的检查与保养：

①各转动部位是否灵活，并且严禁硬性碰撞。

②使用保管过程中应注意防坠、防水、防锈。

③每次使用前必须检查其灵敏度。

9. 施工期间的注意事项

(1)施工期间，定期对架体及爬架连接螺栓进行检查，如发现连接螺栓脱扣或架体变形现象，应及时处理。

(2)每次提升，使用前都必须对穿墙螺栓进行严格检查，如发现裂纹或螺纹损坏现象，必须予以更换。

(3)对架体上的杂物、垃圾、障碍物要及时清理。

(4)当附着升降脚手架预计停用超过 1 个月时，停用前采取加固措施。

(5)当附着升降脚手架停用超过 1 个月或遇 6 级以上大风后复工时，必须按要求进行检查。

(6)螺栓连接件、升降动力设备、防倾装置、防坠装置、电控设备等应至少每月维护保养 1 次。

(7)遇 5 级以上(包括 5 级)大风、大雨、大雪、浓雾等恶劣天气时禁止进行多功能爬架升降和拆卸作业。并应事先对爬架架体采取必要的加固措施或其他应急措施。如将架体上部悬挑部位用钢管和扣件与建筑物拉结，以及撤离架体上的所有施工活荷载等。夜间禁止进行爬架的升降作业。

10. 安全用电

(1)爬架施工现场临时用电必须符合现行行业标准《施工现场临时用电安全技术规范》的规定，采用 TN－S 系统。

(2)施工用电实行三级配电，即设置总配电箱，分配电箱，开关箱配电；两级保护，即在总配电箱和开关箱中各设漏电保护器。开关箱要做到“一箱、一机、一闸、一漏”，有门有锁和防雨、防尘。

(3)电箱安置要适当，周围不得有杂物。开关箱内漏电保护器的额定电流动作电流不应大于 30 mA，额定漏电动作时间不应大于 0.1 s，潮湿、腐蚀环境下额定漏电动作电流不应大于 15 mA。

(4)现场施工电缆线路不得拖地，不得直接架空缠绕穿越爬架敷设。电线接头处用绝缘胶带包好。配电箱内电器、规格参数与设备容量相匹配，按规定位置紧固在电器安装板上，严禁用其他金属丝代替熔丝。

(5)升降脚手架主要由钢管等金属构件搭设而成，这些均为良导电体，所以在高、低压线路下方均不得搭设升降脚手架。升降架外侧边缘与外电架空线路的边线之间必须保持安全操作距离。最小安全操作距离应不小于《建筑施工安全检查标准》中的规定。

(6)当施工现场条件达不到规定的最小距离时,必须采取安全防护措施,增设屏障或防护架等,并悬挂醒目的警告标志牌。

(7)定期检查线路和电闸箱内漏电保护器,一旦发现异常情况及时维修更换。

(七)爬架的拆除

1.爬架拆除注意事项

(1)首先制定拆除方案。方案分空中拆除与地面拆除两种,具体可根据施工现场情况拆除。

(2)拆除人员须佩戴完备的安全防护,在拆除区域设立标志,警戒线及安检员。

(3)检查爬架各部情况,如有异常需妥善处理后方可拆除。

(4)由上至下顺序拆除横杆、立杆及斜杆,超长临边斜杆,最后拆下前应绑上防坠绳。严禁上、下同时拆除。

(5)主框架的拆除:先用起重机械对主框架进行预紧,防止穿墙螺栓松开时主框架下坠。

(6)拆卸所有穿墙螺栓,利用起重机械将主框架吊至平地。

(7)妥善保管爬架各部件。

(8)拆除时应在地面设立围栏和警戒标志,严禁一切人员入内。

2.爬架拆除后的维修保养及报废

(1)每完成一个单体工程,应对脚手杆及配件、升降设备、控制设备、防坠装置进行一次检查、维修和保养,必要时应送生产厂家检修。

(2)焊接件严重变形或严重锈蚀时应予以报废。

(3)穿墙螺栓与螺母在使用1个单体工程后,或严重变形、或严重磨损、或严重锈蚀时应予以报废;其余螺纹连接件在使用2个单体工程后,或严重变形、或严重磨损、或严重锈蚀时应予以报废。

(4)升降设备一般部件损坏后允许进行更换维修,但主要部件损坏后应予以报废。

(5)防坠装置的部件有明显变形时应予以报废,其弹簧件使用1个单体工程后应予以更换。

(6)防坠器使用1个工程后,必须检修,保养,更换易损件使其达到出厂时的标准,方可继续使用。

(7)防坠器使用2年必须报废,或到生产厂家进行检测,修理,否则不能使用。

(八)质量、安全保证措施

1.公司从爬架的结构设计到现场的组装使用、拆除,始终贯彻执行"安全第一、预防为主"的方针,严格通过各种检查、验收手段达到在施工中的使用安全。

2.公司凭借多年的施工经验及技术认证,制定了详细的《升降脚手架安全技术规程》,严格执行《建筑施工附着升降脚手架管理暂行规定》,用以保证升降脚手架在使用中各个环节的安全性。

3.附着升降脚手架的设计计算均严格执行《建筑结构荷载规范》(GB 5009—2001)、《钢结构设计规范》(GB 50017—2003)、《冷弯薄壁型钢结构技术规范》(GB 50018—2002)、《编制建筑施工脚手架安全技术标准的统一规定》(修订稿)以及其他有关标准。

4.在升降脚手架的组装、使用中,按照本方案执行,有针对性的实行各级、各阶段的检查、验收制度。

在架体结构重点检查部位:与附着支撑结构的连接处;架体上升降机构的设置处;架体上防倾、防坠装置的设置处;架体吊拉点设置处;架体平面的转角处;架体因碰到塔吊、施工电梯、物料平台等设施而需要断开或开洞处。

5. 防坠装置与提升设备均设置在两套附着支撑结构上，若有一套失效，另外一套仍能够独立承担全部坠落荷载。防坠装置应经常检查加强管理，保证工作可靠、有效。

6. 爬架升降作业时，随提升进度，将防坠销及时插在距离支座导向架最近的主框架销孔内，确保坠落距离最短；在升降操作距离的顶部设置防坠销；升降作业前调整防坠器，使其灵敏可靠。采用上述 3 种措施确保升降安全。

7. 爬架使用时，穿好承重销，紧固调节顶撑，锁紧防坠器，穿好防坠销 4 种措施确保使用安全。

8. 架体外侧用密目安全网（800 目/100 cm^2）围挡，底层铺设严密脚手板，且采用平网及密目安全网兜底。底层脚手板采用在升降时可折起的翻版构造，保持架体底层脚手板与建筑物表面在升降和正常使用中的间隙，杜绝了物料坠落。

9. 在作业层架体外侧设置上、下 2 道防护栏杆（上杆高度 1.2 m，下杆高度 0.6 m）和挡脚板（高度 180 mm）。在架体断开处，处于使用工况下时，其断开处必须封闭并架设栏杆，防止人员及物料坠落。

10. 公司在现场技术服务管理中实行合同责任制，制订具体的奖惩制度，签订合同，责任落实到人。做到有章可循、有合同可依，具体内容采用检查评分的形式进行。

（九）爬架设计计算书

1. 编制依据

《冷弯薄壁型钢结构技术规范》（GB 50018－2002）。

《钢结构设计规范》（GB 50017－2003）。

《建筑结构荷载规范》（GB 50009－2001）。

《建筑施工附着升降脚手架管理暂行规定》（建〔2000〕230 号）。

《建筑施工扣件式钢管脚手架安全技术规范》（JGJ 130－2001）。

《建筑钢结构焊接规程》（JGJ 81－91）。

2. 工程概况

工程名称、工程地址（略）。

结构形式：剪力墙结构。

层数：33。

主要剪力墙厚度：200 mm。

标准层高：2.9 m。

3. 爬架技术参数（见表 2－10）

表 2－10 爬架主要技术参数一览表

爬架搭设高度	13.0 m	立杆横距	0.9 m
爬架最大跨度	7.2 m	立杆纵距	1.5 m
爬架最大侧悬挑	2.7 m	步距	1.8 m
爬架最大回悬挑	500 mm	搭设步数	7
爬架最大悬挑支座	500 mm	跳板形式	木脚手板/竹笆
同时作业步数	主体施工期间≤2 步，装修阶段≤3 步		
使用荷载限制	结构施工期间作业的每步≤3 kN/m^2 装修施工期间作业的每步≤2 kN/m^2		

4. 爬架荷载标准值

(1)静荷载标准值

爬架搭设高度为 13.0 m,立杆采用单立管。

搭设尺寸为:立杆纵距 1.5 m,立杆的横距 0.9 m,立杆步距 1.8 m。

脚手板采用木脚手板(竹笆),其荷载标准值按《建筑施工扣件式钢管脚手架安全技术规范》(JGJ 130－2001)中表 4.2.1－1 取值:0.35 kN/m² 计算。

挡脚板采用木脚手板(竹笆),其荷载标准值按《建筑施工扣件式钢管脚手架安全技术规范》(JGJ 130－2001)中表 4.2.1－2 取值:0.14 kN/m² 计算。

每步的挡脚杆和 2 道防护栏杆都采用 $\phi48\times3.5$ 钢管。

脚手架外侧满挂绿色密目安全网,其荷载标准值按照侧面投影面积 0.005 kN/m² 计算。

主要材料参数见表 2－11。

表 2－11　爬架主要使用材料及其参数表

材料名称	[6.3 槽钢	[14 槽钢	ϕ483.5 钢管	80604 方钢	60604 方钢
A	8.4 cm²	18.51 cm²	4.89 cm²	10.56 cm²	8.96 cm²
I	I_x=51 cm⁴	I_x=563.7 cm⁴	I=12.19 cm⁴	I_x=94.26 cm⁴	I=47.07 cm⁴
	I_y=11.9 cm⁴	I_y=53.2 cm⁴		I_y=59.64 cm⁴	
i	i_x=2.45 cm	i_x=5.52 cm	i=1.58 cm	i_x=2.988 cm	i=2.29 cm
	i_y=1.18 cm	i_y=1.7 cm		i_y=2.376 cm	
W			5.08 cm³		
g	6.63 kg/m	14.53 kg/m	3.84 kg/m		7.03 kg/m

①架体结构的自重

a. 采用 $\phi48\times3.5$ 钢管的配件的总重量

立杆长度:$L=13\times3\times2=78$ m。

大横杆长度:$L=2\times7\times8.5=119$ m(每根长度按 8.5 m 计算)。

小横杆长度:$L=9\times7\times1.2=76$ m(每根长度按 1.2 m 计算)。

纵向支撑(剪刀撑)长度:

$$L=4\times\sqrt{8^2+(\frac{13}{3})^2}+4\times\sqrt{4^2+(\frac{13}{3})^2}=61\text{ m(按单片剪刀撑计算)}$$

架体结构边柱的缀条长度:横缀条 7 根,斜缀条 6 根,共 2 片。

$$L=2\times(6\times\sqrt{0.9^2+(\frac{13}{6})^2}+7\times0.9)=41\text{ m}$$

水平支撑(水平剪刀撑)长度:

$$L=2\times(1.8+4\times\sqrt{1.8^2+4^2})=39\text{ m}$$

架体内的水平斜杆长度:

$$L=3\times4\times\sqrt{0.9^2+2^2}=27\text{ m}$$

护栏长度:$L=2\times9\times3=54$ m。

则采用 $\phi48\times3.5$ 钢管的配件的总长度为:$\sum L=78+119+76+61+41+39+27+54=495$ m。

所以,$\phi48\times3.5$ 钢管配件的总重量为:$G_1=495\times3.89=1\,926$ kg。

b. 槽钢[6.3 的总重量

采用[6.3 的架体构件为架体结构的边柱。长 13 m 共 4 根。所用槽钢[6.3 的总重量为:

$G_2=4\times13\times6.6=345$ kg。

c. 所用 $\phi48\times3.5$ 钢管架体结构边柱的总重量

采用 $\phi48\times3.5$ 钢管的架体结构边柱，长 13 m 共 2 根。

所用 $\phi48\times3.5$ 钢管的总重量为：$G_3=2\times13\times3.89=101$ kg。

d. 架体结构的自重

对架体边柱考虑 10% 的构造系数。

$$G=G_1+(G_2+G_3)\times1.1=1\,926+1.1\times(345+101)=2\,417\text{ kg}$$

②脚手板自重

板宽 0.9 m，长 8 m，厚 0.04 m，按原计算考虑有 3 步脚手板。

根据荷载规范木脚手板自重取 0.35 kN/m^2。

③安全网自重

仍用原计算的数据但按面积比增大。

安全网的重量为：$G_{安全网}=1.212\times8\times13=130$ kg。

④固定支架及支座(一个支座重量 60 kg)

$G_{支座}=60\times2=120$ kg

⑤永久荷载汇总(见表 2－12)。

表 2－12　永久荷载汇总表

序　号	构件	重量(kg)	备　注
1	架体结构 G	2 510	包含其他配件
2	脚手板 G_P	690	
3	安全网 G_N	130	
4	支座 G_C	120	
总计		3 450	3 450 kg(34.5 kN)

(2)施工活荷载标准值

根据《建筑施工扣件式钢管脚手架安全技术规范》(JGJ 130－2001)及《建筑施工附着升降脚手架管理暂行规定》。

结构施工按 2 层同时作业计算，使用状况时按每层 3 kN/m^2 计算，升降及坠落状况时按每层 0.5 kN/m^2 计算。

装修施工按 3 层同时作业计算，使用状况时按每层 2 kN/m^2 计算，升降及坠落状况时按每层 0.5 kN/m^2 计算。

①结构施工

使用状态：$3\times0.8\times8\times2=38.4$ kN。

升降、坠落状态：$0.5\times0.8\times8\times2=6.4$ kN。

②装修施工

使用状态：$2\times0.8\times8\times3=38.4$ kN

升降、坠落状态：$0.5\times0.8\times8\times3=9.6$ kN。

所以，施工活荷载标准值 Q_k 取：38.4 kN(施工状态)；9.6 kN(升降状态)。

5. 相关强度设计值

(1)钢材的强度设计值(《冷弯薄壁型钢结构技术规范》GB 500018－2002)见表 2－13。

表 2-13　钢材的强度设计值

钢材牌号	抗拉、抗压和抗弯 f_v	抗剪 f_v	端面承压(磨平顶紧)
Q235	205 N/mm²	120 N/mm²	310 N/mm²

(2)焊缝的强度设计值(《冷弯薄壁型钢结构技术规范》GB 500018-2002)见表 2-14。

表 2-14　焊缝的强度设计值

钢材牌号	对接焊缝			角焊缝
	抗压 f_c^w	抗拉 f_t^w	抗剪 f_v^w	抗压、抗拉和抗剪 f_f^w
Q235	205 N/mm²	175 N/mm²	120 N/mm²	140 N/mm²

(3)C 级普通螺栓连接的强度设计值(《冷弯薄壁型钢结构技术规范》GB 500018-2002)见表 2-15。

表 2-15　C 级普通螺栓连接的强度设计值

类别	性能等级 4.6 级、4.8 级
抗拉 f_t^b	165 N/mm²
抗剪 f_v^b	125 N/mm²

6. 大横杆计算

大横杆按照三跨连续梁进行挠度和强度计算。

按照大横杆上面的脚手板和活荷载作为均布荷载计算大横杆的最大弯矩和变形。

(1)均布荷载值计算

大横杆的自重标准值 P_1=0.0 384 kN/m。

脚手板的荷载标准值 P_2=0.35×0.9/2=0.1 575 kN/m。

活荷载标准值 Q=3×0.9/2=1.35 kN/m。

静荷载计算值 q_1=1.2×0.0 384+1.2×0.1 575=0.235 kN/m。

活荷载计算值 q_2=1.4×1.35=1.89 kN/m。

(2)最大弯矩考虑为三跨连续梁均布荷载作用下的弯矩

大横杆计算荷载组合简图(跨中最大弯矩和跨中最大挠度)见图 2-48。

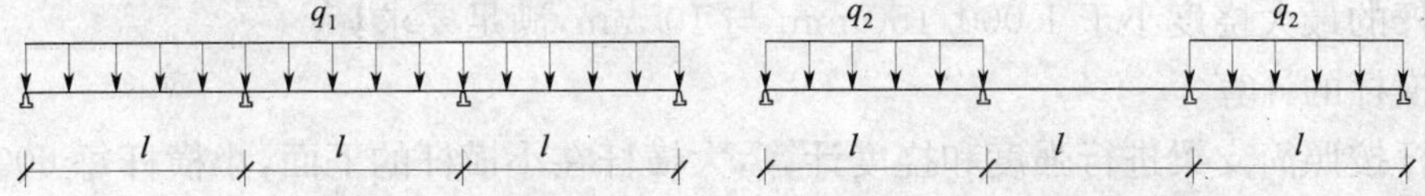

图 2-48　大横杆计算荷载组合简图(跨中最大弯矩和跨中最大挠度)

大横杆计算荷载组合简图(支座最大弯矩)见图 2-49。

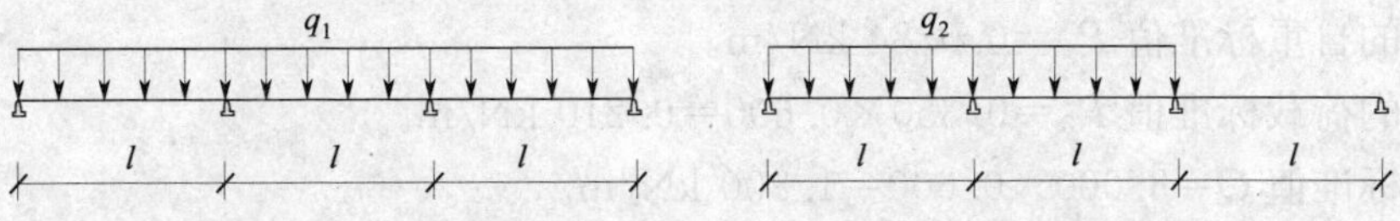

图 2-49　大横杆计算荷载组合简图(支座最大弯矩)

跨中最大弯矩计算公式如下：

$$M_{1\max}=0.08q_1l^2+0.101q_2l^2$$

跨中最大弯矩为：

$$M_1=(0.08\times0.235+0.101\times1.89)\times1.5^2=0.472\ \text{kN}\cdot\text{m}$$

支点最大弯矩计算公式如下：

$$M_{2\max}=-0.1q_1l^2-0.117q_2l^2$$

支点处最大弯矩为：

$$M_2=-(0.1\times0.235+0.117\times1.89)\times1.5^2=-0.55\ \text{kN}\cdot\text{m}$$

选择支点弯矩和跨中弯矩的最大值进行强度验算：

$$\sigma=M/W=0.55\times10^6/5\ 080=108.27\ \text{kN/mm}^2<[\sigma]=205\ \text{N/mm}^2$$

所以大横杆抗弯强度满足要求！

(3)抗剪强度计算

最大剪力考虑为三等跨连续梁上面荷载组合示意图中的第二种组合情况下最大剪力，其计算公式为：

$$V=0.6q_1l+0.617q_2l$$

支点最大剪力为：

$$V=-(0.6\times0.235+0.617\times1.89)\times1.5=-1.961\ \text{kN}$$

剪切强度为：

$$\tau=V/A=1.961\times10^3/424=4.625\ \text{N/mm}^2<[f_v]=120\ \text{N/mm}^2$$

所以大横杆抗剪切强度满足要求！

(4)挠度计算

最大挠度考虑为三跨连续梁均布荷载作用下的挠度。

计算公式：

$$v_{\max}=0.677\times\frac{q_1l^4}{100EI}+0.99\times\frac{q_2l^4}{100EI}$$

钢材弹性模量 $E=206\times10^3\ \text{N/mm}^2$。

三跨连续梁均布荷载作用下的最大挠度 $v=(0.677\times0.235+0.99\times1.89)\times1\ 500^4/(100\times12.19\times10^4\times2.06\times10^5)=4.1\ \text{mm}$。

大横杆的最大挠度小于 1 000/150 mm 与 10 mm，满足要求！

7. 小横杆的计算

小横杆按照简支梁进行强度和挠度计算，大横杆在小横杆的下面，小横杆每 600 mm 设置搭设。

用大横杆支座的最大反力计算值，在最不利荷载布置下计算小横杆的最大弯矩和变形。

(1)荷载值计算

小横杆的自重标准值 $P_1=0.0384$ kN/m。

脚手板的荷载标准值 $P_2=0.350\times0.600=0.210$ kN/m。

活荷载标准值 $Q=3.000\times0.600=1.800$ kN/m。

荷载的计算值 $P=1.2\times0.035+1.2\times0.210+1.4\times1.800=2.814$ kN/m

小横杆计算简图见图 2—50。

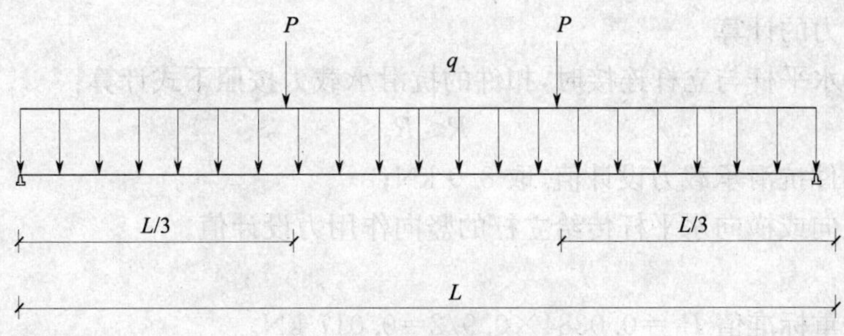

图 2－50　小横杆计算简图

(2)抗弯强度计算

最大弯矩考虑为小横杆自重均布荷载与荷载的计算值最不利分配的弯矩和。

均布荷载最大弯矩计算公式：

$$M_{qmax}=ql^2/8$$

集中荷载最大弯矩计算公式：

$$M_{pmax}=\frac{Pl}{3}$$

$$M=(1.2\times0.0\,384+1.2\times0.210)\times0.9^2/8+2.814\times0.9/3=0.874\ \text{kN}\cdot\text{m}$$

$$\sigma=M/W=0.874\times10^6/5\,080=172.05\ \text{kN/mm}^2$$

小横杆的计算抗弯强度小于 205.0 N/mm²，满足要求！

(3)抗剪强度计算

最大剪力计算公式：

$$V=ql/2+2P/2=(1.2\times0.038\,4)\times0.900/2+2\times2.814/2=2.832\ \text{kN}$$

最大剪切强度为：

$$\tau=V/A=2.832\times1\,000/424=6.681\ \text{N/mm}^2<[f_v]=125\ \text{N/mm}^2$$

小横杆的计算剪切强度小于 125.0 N/mm²，满足要求！

(4)挠度计算

最大挠度考虑为小横杆自重均布荷载与荷载的计算值最不利分配的挠度和。

均布荷载最大挠度计算公式：

$$v_{qmax}=\frac{5ql^4}{384EI}$$

集中荷载最大挠度计算公式：

$$v_{pmax}=\frac{Pl(3l^2-4l^2/9)}{72EI}$$

小横杆自重均布荷载引起的最大挠度

$$v_1=5.0\times0.0384\times900^4/(384\times2.050\times10^5\times107\,831.000)=0.029\ \text{mm}$$

集中荷载标准值

$$P=0.038\,4+0.210+1.800=2.045\ \text{kN/m}$$

集中荷载标准值最不利分配引起的最大挠度

$$v_2=2\,045\times900\times(3\times900^2-4\times900^2/9)/(72\times2.05\times10^5\times107\,831.0)=2.533\ \text{mm}$$

最大挠度和：$v=v_1+v_2=2.562$ mm。

小横杆的最大挠度小于 1 050.0/150 与 10 mm，满足要求！

8. 扣件抗滑力的计算

纵向或横向水平杆与立杆连接时，扣件的抗滑承载力按照下式计算：

$$R \leqslant R_c \tag{2-43}$$

式中 R_c——扣件抗滑承载力设计值，取 8.0 kN；

R——纵向或横向水平杆传给立杆的竖向作用力设计值。

荷载值计算：

小横杆的自重标准值 $P_1=0.0384\times0.9/2=0.017$ kN。

大横杆的自重标准值 $P_1=2\times(0.0\,384\times1.500)=0.115$ kN。

脚手板的荷载标准值 $P_2=0.350\times0.9\times1.500/2=0.236$ kN。

活荷载标准值 $Q=3.000\times0.9\times1.500/2=2.025$ kN。

荷载的计算值 $R=1.2\times0.017+1.2\times0.115+1.2\times0.236+1.4\times2.025=3.276$ kN$<$ 8.0 kN。

单扣件抗滑承载力的设计计算满足要求！

9. 脚手架荷载标准值

作用于脚手架的荷载包括静荷载、活荷载和风荷载。

(1)静荷载标准值

①每米立杆承受的结构自重标准值(kN/m)

本例为外立杆、主框架、小横杆、大横杆、中间填心杆、扣件的自重荷载之和再换算成每米立杆的平均荷载。

$$N_{G1}=2\,510\times10^{-3}/7.2=3.486\text{ kN}$$

②脚手板的自重标准值

本例采用脚手板，标准值为 0.35。

$$N_{G2}=0.35\times1.5\times0.9\times3/2=0.709\text{ kN}$$

③外立杆上栏杆与挡脚手板自重标准值

本例采用 2 道钢管栏杆和 1 道钢管挡板，标准值为：

$$N_{G3}=0.038\,4\times3\times1\times1.5\times3=0.518\text{ kN}$$

④外立杆上吊挂的安全设施荷载

本例计算中仅包括安全网的荷载，因考虑到剪刀撑自身完全可以承担自身重量荷载而没有计算在内(8 步架)。

$$N_{G4}=0.005\times1.2\times8=0.048\text{ kN}$$

⑤静荷载标准值

经计算得到，静荷载标准值 $N_G=N_{G1}+N_{G2}+N_{G3}+N_{G4}=3.486+0.709+0.51+0.048=4.75$ kN。

(2)活荷载

为施工荷载标准值产生的轴向力总和，内、外立杆按一纵距内施工荷载总和的 1/2 取值。

经计算得到，活荷载标准值 $N_Q=3\times2\times1.5\times0.9/2=4.05$ kN。

(3)风荷载标准值

应按照以下公式计算：

$$\omega_k=0.7\times\mu_s\times\mu_z\times\omega_0=0.7\times0.32\times2.1\times0.50=0.24\text{ kN/m}^2$$

(4)立杆的轴向压力设计值

考虑风荷载时，立杆的轴向压力设计值计算公式

$$N=1.2N_G+0.85\times1.4N_Q=1.2\times4.75+0.85\times1.4\times4.05=10.519\text{ kN}$$

不考虑风荷载时，立杆的轴向压力设计值计算公式

$$N=1.2N_G+1.4N_Q=1.2\times4.75+1.4\times4.05=11.37\text{ kN}$$

(5)立杆段弯矩

风荷载设计值产生的立杆段弯矩 M_W 计算公式

$$M_W=0.85\times1.4\omega_k L_a h^2/10=0.85\times1.4\times0.26\times0.9\times1.8^2=0.091\text{ kN·m}$$

式中　ω_k——风荷载基本风压标准值(kN/m²)；

l_a——立杆的纵距(m)；

h——立杆的步距(m)。

10. 立杆的稳定性计算

(1)不考虑风荷载时，立杆的稳定性计算

$$\sigma=\frac{N}{\varphi A}\leqslant[f] \tag{2-44a}$$

式中　N——立杆的轴心压力设计值，$N=11.37$ kN；

φ——轴心受压立杆的稳定系数，由长细比 $\lambda=l/\mu i=1\,800/(0.7\times15.9)=162$ 的结果查 JGJ 130－2001 附录 C 表 C 得到 0.268；

i——计算立杆的截面回转半径，$i=1.58$ cm$=15.8$ mm；

l——计算时取的脚手架步高(m)，$l=1.8$ m；

μ——计算长度系数，根据压杆的约束条件情况来取的系数，依据脚手架纵横方向都有横杆约束的情况取 $\mu=0.70$；

A——立杆净截面面积，$A=4.89\text{ cm}^2=489\text{ mm}^2$；

σ——钢管立杆受压强度计算值(N/mm²)，经计算得到 $\sigma=11.37/(0.268\times489)=86.76\text{ N/mm}^2<[f]$；

$[f]$——钢管立杆抗压强度设计值，$[f]=205.00\text{ N/mm}^2$。

不考虑风荷载时，立杆的稳定性计算 $\sigma<[f]$，满足要求！

(2)考虑风荷载时，立杆的稳定性计算

$$\sigma=\frac{N}{\varphi A}+\frac{M_w}{W}\leqslant[f] \tag{4-44b}$$

式中　N——立杆的轴心压力设计值，$N=10.519$ kN；

φ——轴心受压立杆的稳定系数，由长细比 $\lambda=l/\mu i=1\,800/(0.7\times15.9)=162$ 的结果查表得到 0.268；

i——计算立杆的截面回转半径，$i=1.58$ cm$=15.8$ mm；

l——计算时取的脚手架步高(m)，$l=1.8$ m；

μ——计算长度系数，根据压杆的约束条件情况来取的系数，依据脚手架纵横方向都有横杆约束的情况取 $\mu=0.70$；

A——立杆净截面面积，$A=4.89\text{ cm}^2=489\text{ mm}^2$；

W——立杆净截面模量(抵抗矩)，$W=5.08\text{ cm}^3=5\,080\text{ mm}^3$；

M_W——计算立杆段由风荷载设计值产生的弯矩，经计算得

$$M_W=0.85\times1.4\omega_k L_a h^2/10=0.85\times1.4\times0.26\times0.9\times1.8^2=0.091\ \text{kN}\cdot\text{m};$$

σ——钢管立杆受压强度计算值（N/mm²），经计算得到 $\sigma=10\ 519/(0.268\times489)+91\ 000/5\ 080=80.266+17.913=98.188\ \text{N/mm}^2$；

$[f]$——钢管立杆抗压强度设计值，$[f]=205.00\ \text{N/mm}^2$。

考虑风荷载时，立杆的稳定性计算 $\sigma<[f]$，满足要求！

11. 主框架计

(1)荷载计算

a. 恒载标准值 G_k

$$3\ 450\ \text{kg}\times10\ \text{m/s}^2=34.5\ \text{kN}$$

b. 施工活荷载标准值 Q_k

结构施工：使用状态时为 $3\times0.8\times8\times2=38.4$ kN；

升降、坠落状态时为 $0.5\times0.8\times8\times2=6.4$ kN。

装修施工：使用状态时为 $2\times0.8\times8\times3=38.4$ kN；

升降、坠落状态时为 $0.5\times0.8\times8\times3=9.6$ kN。

主框架构造示意图见图 2－51、图 2－52。

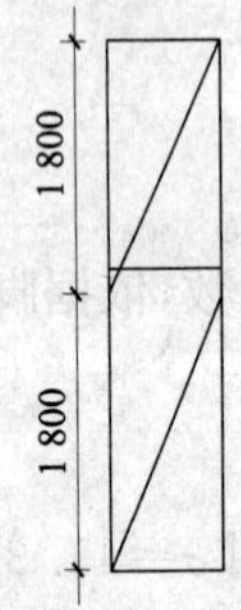

图 2－51 主框架构造立面图

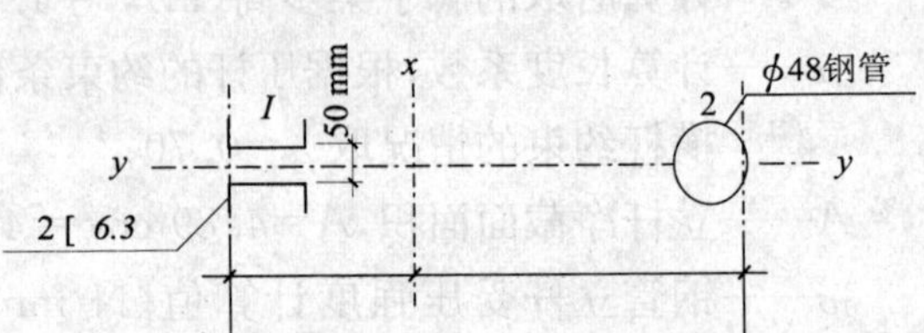

图 2－52 主框架构造平面图

$$\lambda=\frac{lk\mu_0}{i}=\frac{1\ 800\times1.155\times1.0}{1.58\times10}=131.58<[\lambda]=210(\text{钢管}),\phi=0.381$$

$$\lambda=\frac{lk\mu_0}{i}=\frac{1\ 800\times1.155\times1.0}{2.46\times10}=84.51<[\lambda]=210(\text{钢管}),\phi=0.661$$

取其中较小值考虑计算。

考虑风荷载时，主框架的轴向压力设计值计算公式

$$N=1.2N_G+0.85\times1.4N_Q=1.2\times34.5+0.85\times1.4\times38.4=87.096\ \text{kN}$$

不考虑风荷载时，主框架的轴向压力设计值计算公式

$$N=1.2N_G+1.4N_Q=1.2\times34.5+1.4\times38.4=95.16\ \text{kN}$$

(2)不组合风荷载状态下稳定性计算

$$\sigma=\frac{N}{\varphi A}\leqslant[f]$$

式中 N——主框架的轴心压力设计值，$N=95.16$ kN；

φ——轴心受压立杆的稳定系数，由长细比决定，取 0.381；

i——计算主框架的截面回转半径，i=1.58 cm=15.8 mm；

l——计算时取的脚手架步高(m)，l=1.8 m；

μ——计算长度系数，根据压杆的约束条件情况来取的系数，依据脚手架纵横方向都有横杆约束的情况取 μ=0.70；

A——主框架净截面面积，$A=2\times8.4+8.96=25.76\ cm^2=2\ 576\ mm^2$；

σ——主框架受压强度计算值(N/mm²)，经计算得到 $\sigma=95.16/(0.381\times2\ 576)=136.818\ N/mm^2<[f]$；

$[f]$——主框架抗压强度设计值，$[f]=205.00\ N/mm^2$。

不考虑风荷载时，主框架的稳定性计算 $\sigma<[f]$，满足要求！

(3)组合风荷载状态下稳定性计算

$$\sigma=\frac{N}{\varphi A}+\frac{M_W}{W}\leqslant[f] \tag{2-44c}$$

式中 N——主框架的轴心压力设计值，N=87.096 kN；

φ——轴心受压立杆的稳定系数，由长细比 0.381；

i——计算主框架的截面回转半径，i=1.58 cm=15.8 mm；

l——计算时取的脚手架步高(m)，l=1.8 m；

μ——计算长度系数，根据压杆的约束条件情况来取的系数，依据脚手架纵横方向都有横杆约束的情况取 μ=0.70；

A——主框架净截面面积，$A=2\times8.4+8.96=25.76\ cm^2=2\ 576\ mm^2$；

σ——主框架受压强度计算值(N/mm²)，经计算得到 $\sigma=87.096/(0.381\times2\ 576)+91\ 000/32.3\times1\ 000=126.16+2.817=128.977\ N/mm^2<[f]$；

$[f]$——主框架抗压强度设计值，$[f]=205.00\ N/mm^2$。

考虑风荷载时，主框架的稳定性计算 $\sigma<[f]$，满足要求！

12. 支座(连墙件)计算

正常施工状态下，由 2 个支座承受主框架传递荷载，示意图见图 2—53。

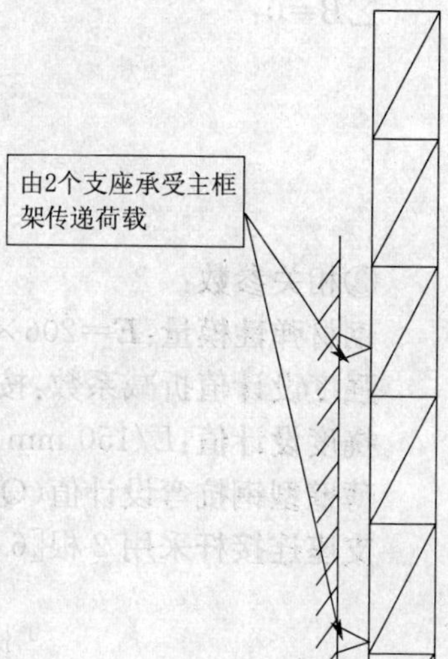

图 2—53 爬架支座受力示意图

(1)支座荷载设计值

不考虑风荷载时，主框架的轴向压力设计值计算公式

$N=1.2N_G+1.4N_Q=1.2\times34.5+1.4\times38.4=95.16$ kN

$N_{支座}=N/2=95.16/2=47.58$ kN

支座轴向力设计值：

$$N_l=N_{lW}+N_0 \tag{2-45}$$

式中 N_l——支座轴向力设计值；

N_{lW}——风荷载产生的连墙件轴向力设计值；

N_0——支座约束脚手架平面外变形所产生的轴向力本计算书中取 5 kN。

$N_l=0.26\times14.8\times7.2/2+5=13.85+5=18.85$ kN

(2)剪力墙支座(500 支座；固定螺栓距 L_{AB}=400 mm)强度计算

①风吸力状态下支座受力分析

受力分析图见图 2—54。

由受力分析结果得：

$\sum A=0$：

$$F_B=47.5\ \text{kN}(\text{压力})$$

$\sum B=0$：

$$F_A=40.96\ \text{kN}(\text{拉力})$$

$$T_A=N_{\text{支座}}=47.58\ \text{kN}$$

$$N_{BC}=67.28\ \text{kN}$$

$$N_{AB}=47.58\ \text{kN}$$

②风拉力状态下支座受力分析

受力分析图见图2－55。

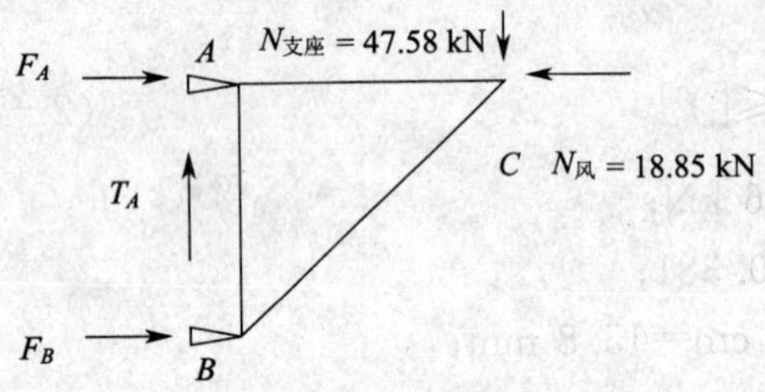

图2－54　500剪力墙支座风吸力状态下受力分析图

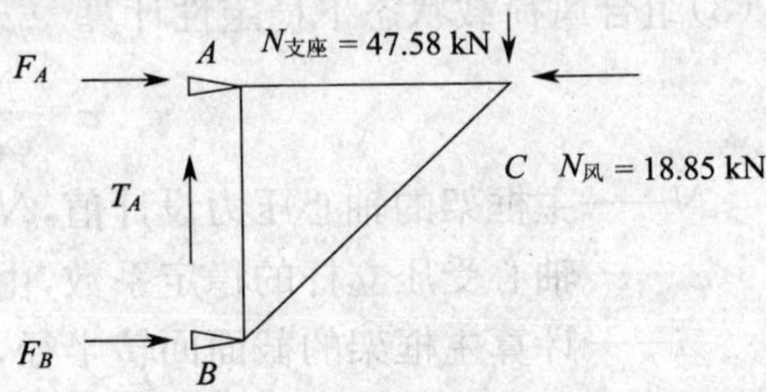

图2－55　500剪力墙支座风吸力状态下受力分析图

由受力分析结果得：

$\sum A=0$：

$$F_B=47.58\ \text{kN}(\text{压力})$$

$\sum B=0$：

$$F_A=78.325\ \text{kN}(\text{拉力})$$

$$T_A=N_{\text{支座}}=47.58\ \text{kN}$$

$$N_{BC}=67.28\ \text{kN}$$

$$N_{AB}=47.58\ \text{kN}$$

③相关参数：

钢材弹性模量：$E=206\times10^3\ \text{N/mm}^2$。

强度设计值折减系数：按照薄壁型钢结构取0.95。

挠度设计值：$L/150$ mm。

薄壁型钢抗弯设计值(Q235)：205 N/mm²。

支座连接杆采用2根[6.3槽钢或60×80×4方钢：截面见图2－56。

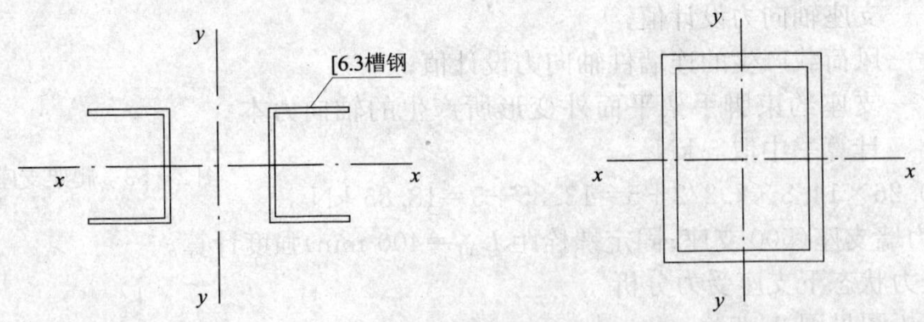

图2－56　500剪力墙支座连接杆截面图

[6.3 槽钢截面特性为：$A=16.89\ \text{cm}^2$；$I_x=102.5\ \text{cm}^4$；$W_x=32.53\ \text{cm}^3$。

60×80×4 方钢截面特性：$A=60\times80-52\times72=1\,056\ \text{mm}^2$；$I_x=1/12\times(60\times80^3-52\times72^3)=942\,592\ \text{mm}^4$；$i_x=\sqrt{\dfrac{I_x}{A}}=\sqrt{\dfrac{942\,562}{1\,056}}=29.88\ \text{mm}$；$I_y=1/12\times(80\times60^3-72\times52^3)=596\,352\ \text{mm}^4$；$i_y=\sqrt{\dfrac{I_y}{A}}=\sqrt{\dfrac{596\,352}{1\,056}}=23.76\ \text{mm}$

④强度计算

a. 考虑 AC 杆最不利状态（拉杆）

$$\sum C=0$$

计算长度：$L_x=500$ mm。

$$\lambda=\frac{L_x}{i_x}=\frac{500}{29.88}=16.73<[v]=150$$

查表得：$\varphi_{\min}=0.992$。

$$\sigma=\frac{N}{\varphi A}=\frac{78.325\times10^3}{0.992\times1\,056}=74.77\ \text{N/mm}^2<0.95f=204\ \text{N/mm}^2$$

安全！

b. 考虑 BC 杆最不利状态（压杆）

$$\sigma=\frac{N}{\varphi A}=\frac{67.28\times1\,000}{1\,056}=63.71\ \text{N/mm}^2<0.95f=204\ \text{N/mm}^2$$

安全！

c. AB 杆最不利状态（压杆）

$$\sigma=\frac{N}{A}=\frac{47.58\times1\,000}{1\,056}=45.06\ \text{N/mm}^2<0.95f=204\ \text{N/mm}^2$$

(3)剪力墙支座（1 700 支座；固定螺栓距 $L_{AB}=600$ mm）强度计算

支座受力分析图见图 2－57。

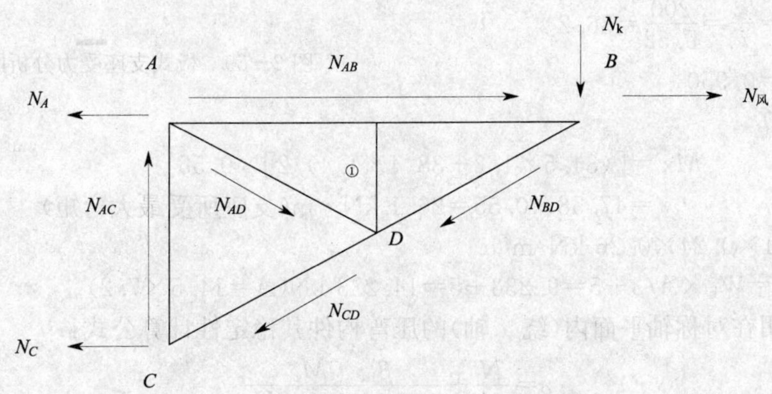

图 2－57　1700 剪力墙支座受力分析图

①相关参数

钢材弹性模量：$E=206\times10^3\ \text{N/mm}^2$。

强度设计值折减系数：按照薄壁型钢结构取 0.95。

挠度设计值：$L/150$ mm。

薄壁型钢抗弯设计值 Q235：205 N/mm²。

支座连接杆采用2根[6.3槽钢:截面见图2－58。

[6.3槽钢截面特性:$A=16.89\ \text{cm}^2$;$I_x=102.5\ \text{cm}^4$;$W_x=32.53\ \text{cm}^3$;$i_x=2.45\ \text{cm}$。

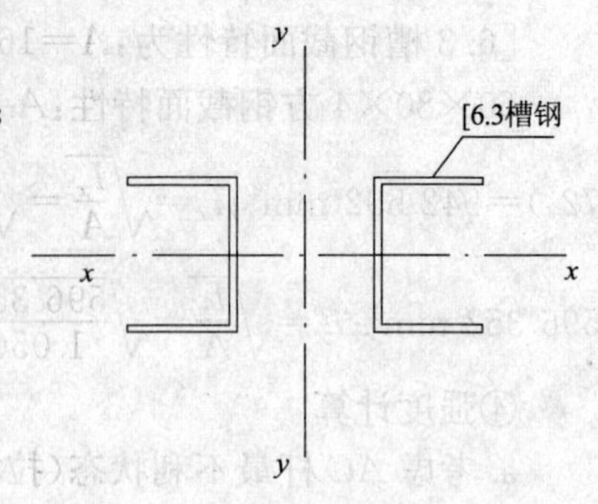

图2－58　1700剪力墙支座连接杆截面图

②考虑最不利状态

$\sum C=0$:

$$N_A=\frac{N_k\times L_{AB}+N_{风}\times L_{AC}}{L_{AC}}=109.3\ \text{kN/mm}^2$$

$\sum A=0$:

$$N_C=\frac{N_k\times L_{AB}}{L_{AC}}=82.26\ \text{kN/mm}^2$$

计算长度:$L_y=1\ 700$ mm。

$$\lambda=\frac{L_y}{i_y}=\frac{1\ 700}{24.5}=69.38<[v]=150$$

查表得:$\varphi_{\min}=0.739$。

$$\sigma=\frac{N}{\varphi A}=\frac{143.67\times10^3}{0.739\times1\ 056}=184.1\ \text{N/mm}^2<0.95f=204\ \text{N/mm}^2$$

安全。

(4)板式支座强度计算

受力分析见图2－59。

①所用材料及各参数

材料:[14a×2

$A=37.02\ \text{cm}^2$

$I=1\ 127.4\ \text{cm}^4$

$i=5.52\ \text{cm}$

$W=161.0\ \text{cm}^3$

$$\lambda=\frac{l_{0x}}{i}=\frac{200}{5.52}=36.2$$

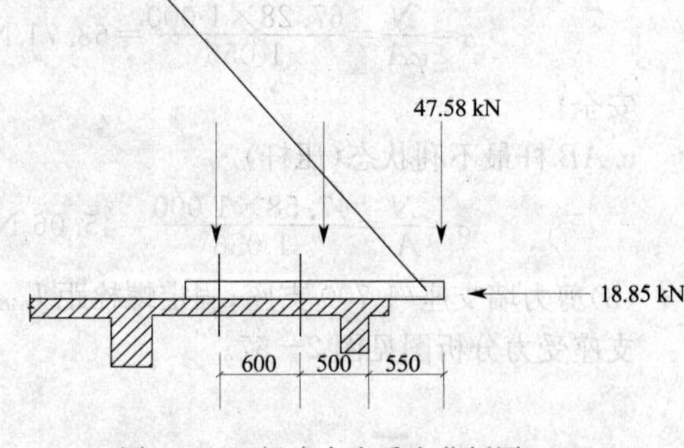

图2－59　板式支座受力分析图(mm)

查表得:$\varphi=0.950$。

②强度计算

$$Mx=[(34.5\times1.2+38.4\times1.4)/2]\times0.55$$
$$=47.58\times0.55=26.1\ \text{kN}\cdot\text{m}(\text{支座所受最大弯矩})$$

$\therefore W_k=1.1\times0.24\times0.26\ \text{kN/m}^2$

风荷载 $N_k=W_k\times A/3+5=9.233+5=14.233$ kN($A=14.5\times7.2$)。

按弯矩作用在对称轴平面内(绕 x 轴)的压弯构件其稳定性计算公式:

$$\sigma=\frac{N}{\varphi A}+\frac{\beta_{mx}\cdot M_x}{W_x\cdot(1-\frac{0.8N}{N_{ex}})}$$

式中　β_{mx}取1.0。

$$N_{ex}=\frac{3.14^2\times E\times A}{1.165\lambda^2}=\frac{3.14^2\times206\times10^3\times37.02}{1.165\times36.2^2}=5.74\times10^4$$

$$\therefore\sigma=\frac{14.233\times10^3}{0.950\times37.02\times10^2}+\frac{1\times26.1\times10^6}{161.0\times10^3\times(1-\frac{0.8\times14.233\times10^3}{5.74\times10^4})}=4.047+202.3=$$

206 N/mm^2＜215 N/mm^2

该型支座能满足安全使用的要求。

13. 穿墙螺栓强度验算

(1)材料(Q235)

T38×4

A＝9.21 cm^2

(2)强度验算

穿墙螺栓可能承受的最大水平拉力 N_1 及垂直剪切力 N_2 作用如下：

$$N_1 = 109.3\ \text{kN}$$

$$N_2 = 47.58\ \text{kN}$$

所以

$$\sqrt{\left(\frac{N}{N_t^b}\right)^2 + \left(\frac{N_v}{N_t^v}\right)^2} = 0.76 < 1$$

所以穿墙螺栓能满足安全使用要求！

第三章　“三宝、四口”及安全防护措施

第一节　概　　述

“三宝”指安全帽、安全带、安全网；“四口”指楼梯口、电梯井口、预留洞口、通道口。洞口作业是指孔与洞口旁的高处作业，包括施工现场及通道旁深度在 2 m 及 2 m 以上的桩孔、人孔、沟槽与管道、孔洞等边沿上的作业。此外，按照《建筑施工检查标准》，把尚未安装栏杆的阳台周边，无外架防护的层面周边，框架工程楼层周边，上下跑道及斜道的两侧边，卸料平台的侧边等临边防护措施也归入“三宝、四口”管理。

安全生产要求在建筑施工过程中，必须针对工地易发生事故的部位，采用可靠的防护措施，以及作为防护的补充措施，要求按不同作业条件正确佩戴和使用个人防护用品。可以说，“三宝”、“四口”防护是建设工程施工过程中最基本、最简单的，但也是往往最容易被人们所忽略的。施工操作时不戴安全帽、高处作业时不戴安全带、脚手架外围防护不及时挂设安全网；楼梯口、电梯井口、预留洞口、通道口等不及时设置安全防护，这样危险随时可能发生，造成的后果不堪设想。在建筑工地的施工现场，被落物砸伤、高处坠落等安全事故时有发生，造成了巨大的经济损失与人员伤亡。所以正确对待安全问题，首先应该从最基本、最简单的“三宝”、“四口”防护做起。“安全第一、预防为主”是安全生产管理的方针。正确佩戴安全帽、安全带、正确及时使用安全网，及时设置楼梯口、电梯井口、预留洞口、通道口等危险部位的安全防护措施，我们才可以提前消除隐患，保证安全，真正做到安全第一、预防为主。

安全帽作为一个施工人员最基本的防护用品与形象，应该正确、认真地对待与重视。及时为施工人员配备合格的安全帽，教育施工人员正确佩戴和使用是安全帽管理的主要内容。在高处作业时，如果正确佩戴好安全带，不仅会使操作人员的心理感到安稳而放心地进行施工操作，更重要的是万一施工不慎而发生不测，有安全带作为防护就不会发生意外。安全网的使用可以将施工操作层保护起来，可以预防许多潜在危险的发生，特别是近年来，密目网的使用还在很大程度上降低施工噪声和粉尘污染，给城市增添一道亮丽的风景线。

施工现场必须加强“四口”的防护，设置规范防护设施，正确设置明显的标志，并经常检查防护设施使用情况，确保安全生产。

第二节　“三宝、四口”安全技术要求

一、安全帽要求

进入施工现场作业区必须正确佩戴安全帽。

安全帽佩戴时应系好下颏带，随头形大小调节紧帽箍，保留帽衬于帽壳之间缓冲作用的空间。塑料衬垂直间距为 25～50 mm，棉织或化纤带垂直间距为 30～50 mm，并保证佩戴高度在 80～90 mm。

不准使用缺衬、缺带及破损的安全帽。

施工现场安全帽宜分色佩戴。

施工现场使用的安全帽必须有产品检验合格证(GB 28 11—89 11.1),每顶安全帽应有的四项永久性标志为:制造厂名称、商标、型号,制造年、月,生产合格证和检验证,生产许可证编号(GB 2811—89 12.1)。

安全帽使用期从制造完成之日起计算,对按规定已到期的安全帽,企业要进行抽查测试,合格后方可继续使用,以后每年抽检1次,抽检不合格则该批安全帽即报废。

二、安全带要求

1.施工现场悬空及攀登作业无可靠防护措施时,均应系安全带。(攀登作业:借助登高用具或登高设施,在攀登条件下进行的高处作业。悬空作业:在周边临空状态下进行的高处作业。)

2.安全带应高挂低用,不准将绳打结使用,不准将钩直接挂在安全绳上,应挂在连接环使用。

3.施工现场使用的安全带带体上应缝有永久字样的商标、合格证和检验证,合格证上应注明:产品名称、生产年月、拉力试验、冲击重量、制造厂名、检验员姓名等,金属配件上应打上制造厂代号。

4.安全带使用期为3～5年,发现异常应提前报废。安全带使用2年后,按批量购入情况,抽检1次。抽检合格并必须更换安全绳后,才能继续使用。

5.使用频繁的绳要经常做外观检查,发现异常时应立即更换新绳。

三、安全网要求

1.工程施工过程中,必须对建筑物进行全封闭。

2.脚手架外侧必须用密目式安全网封闭,密目网宜放在杆件的里侧,脚手架横向应设置水平兜网。当采用升降脚手架或悬挑脚手架施工时,除对脚手架使用密目网封闭外,还应对暴露出的建筑物门窗等孔洞及框架柱之间的临边,按临边防护的标准进行封闭。

3.施工现场使用的密目式安全网购入时应按GB 16909—1997标准要求,分进货批量到国家认可的检验部门,对耐冲击性能和耐贯穿性能进行抽检。

4.每张安全网应具有产品名称、产品标记、商标、制造厂名、厂址、制造批号、生产日期、工业产品生产许可证编号等永久性标志,并应在现场留存批量检验合格报告备查。

5.板与墙的洞口,必须设置牢固的盖板、防护栏杆、安全网或其他防坠落的防护设施。

四、洞口防护要求

1.洞口作业时,洞口、坑井防护设施应定型化、工具化。

2.楼板、屋面和平台等面上短边尺寸小于25 cm但大于2.5 cm的孔口,必须用坚实的盖板盖没。盖板应能防止挪动移位。

3.楼板面等处边长为25～50 cm的洞口、安装预制构件时的洞口以及缺件临时形成的洞口,可用竹、木等作盖板,盖住洞口。盖板须能保持四周搁置均衡,并有固定其位置的措施。

4.边长为50～150 cm的洞口,必须设置以扣件扣接钢管而成的网格,并在其上满铺竹笆或脚手板。也可采用贯穿于混凝土板内的钢筋构成防护网,钢筋网格间距不得大于20 cm。

5. 边长在 150 cm 以上的洞口，四周设防护栏杆，洞口下张设安全平网。

6. 垃圾井道和烟道，应随楼层的砌筑或安装而消除洞口，或参照预留洞口作防护。管道井施工时，除按上办理外，还应加设明显的标志。如有临时性拆移，需经施工负责人核准，工作完毕后必须恢复防护设施。

7. 位于车辆行驶道旁的洞口、深沟与管道坑、槽，所加盖板应能承受不小于当地额定卡车后轮有效承载力 2 倍的荷载。

8. 墙面等处的竖向洞口，凡落地的洞口应加装开关式、工具式或固定式的防护门，门栅网格的间距不应大于 15 cm，也可采用防护栏杆，下设挡脚板。

9. 下边沿至楼板或底面低于 80 cm 的窗台等竖向洞口，如侧边落差大于 2 m 时，应加设 1.2 m 高的临时护栏。

10. 对邻近的人与物有坠落危险性的其他竖向的孔、洞口，均应予以盖没或加以防护，并有固定其位置的措施。

五、电梯井口防护要求

1. 电梯井口必须设定型化、工具化的防护门。

2. 电梯井内应每隔 2 层并最多隔 10 m 设一道安全网。

六、楼梯口、通道口及防护棚设置要求

1. 结构施工自二层起，凡人员进出的楼梯口、通道口（包括井架、施工用电梯的进出通道口），均应搭设安全防护棚。

2. 高度超过 24 m 的层次上的交叉作业，应设双层防护棚。

3. 施工人员流动密集的通道以及搅拌机、钢筋加工、木工加工场地等均应搭设防护棚。防护棚长度根据建筑物坠落半径而定，两侧设防护栏杆并封闭。顶部材料可采用 5 cm 厚木板或相当于 5 cm 厚木板强度的其他材料。防护棚上部不应堆物，若因场地狭小，防护棚兼作物料堆放架使用时，必须经设计计算，按设计图纸验收后方可使用。各类防护棚应有单独的支撑体系，固定可靠安全，且不得悬挑在外架上。

4. 防护棚搭设与拆除时，应设警戒区，并应派专人监护。严禁上下同时拆除。

七、临边防护要求

1. 基坑周边，尚未安装栏杆或栏板的阳台、料台与挑平台周边，雨篷与挑檐边，无外脚手的屋面与楼层周边及水箱与水塔周边等处，都必须设置防护栏杆。

2. 头层墙高度超过 3.2 m 的二层楼面周边，以及无外脚手的高度超过 3.2 m 的楼层周边，必须在外围架设安全平网一道。

3. 分层施工的楼梯口和梯段边，必须安装临时护栏。顶层楼梯口应随工程结构进度安装正式防护栏杆。

4. 井架与施工用电梯和脚手架等与建筑物通道的两侧边，必须设防护栏杆。地面通道上部应装设安全防护棚。双笼井架通道中间，应予分隔封闭。

5. 各种垂直运输接料平台，除两侧设防护栏杆外，平台口还应设置安全门或活动防护栏杆。（《高处作业安全规范》第 3.1.1 第 5 款，强制性条文）

八、防护栏杆设置要求

1. 防护栏杆应由上、下 2 道横杆及栏杆柱组成，上杆离地高度为 1.0～1.2 m，下杆离地高度为 0.5～0.6 m。坡度大于 1∶2.2 的层面，防护栏杆应高 1.5 m，并加挂密目式安全网。除经设计计算外，横杆长度大于 2 m 时，必须加设栏杆柱。

2. 当在基坑四周固定时，可采用钢管并打入地面 50～70 cm 深。钢管离边口的距离，不应小于 50 cm。当基坑周边采用板桩时，钢管可打在板桩外侧。

3. 当在混凝土楼面、屋面或墙面固定时，可用预埋件与钢管或钢筋焊牢。采用竹、木栏杆时，可在预埋件上焊接 30 cm 长的∟ 50×5 角钢，其上下各钻一孔，然后用 10 mm 螺栓与竹、木杆件拴牢。

4. 当在砖或砌块等砌体上固定时，可预先砌入规格相适应的扁钢作预埋铁的混凝土块，然后用上项方法固定。

5. 栏杆柱的固定及其与横向杆的连接，其整体构造应使防护栏杆在上杆任何处，能经受任何方向的 1 000 N 外力。当栏杆所处位置有发生人群拥挤、车辆冲击或物件碰撞等可能时，应加大横杆截面或加密柱距。

6. 防护栏杆必须自上而下用安全立网封闭，或在栏杆下边设置严密固定的高度不低于18 cm 的挡脚板。挡脚板上如有孔眼，不应大于 25 mm。板下边距离底面的空隙不应大于 10 mm。

7. 卸料平台两侧的栏杆，必须自上而下加挂密目式安全网。

8. 当临边的外侧面临街道时，除防护栏杆外，敞口立面必须采取满挂密目式安全网或其他可靠措施作全封闭处理。

九、悬空作业安全措施

(一) 钢筋绑扎时的悬空作业

1. 绑扎钢筋和安装钢筋骨架时，必须搭设脚手架和马道。

2. 绑扎圈梁、挑梁、挑檐、外墙和边柱等钢筋时，应搭设操作台架和张挂安全网。

3. 悬空大梁钢筋的绑扎，必须在满铺脚手板的支架或操作平台上操作。

4. 绑扎立柱和墙体钢筋时，不得站在钢筋骨架上或攀登骨架上下。3 m 以内的柱钢筋。可在地面或楼面上绑扎，整体竖立。绑扎 3 m 以上的柱钢筋，必须搭设操作平台。

(二) 混凝土浇筑时的悬空作业

1. 浇筑离地 2 m 以上框架、过梁、雨篷和小平台时，应设操作平台，不得直接站在模板或支撑件上操作。

2. 浇筑拱形结构，应自两边拱脚对称地相向进行。浇筑储仓，下口应先行封闭，并搭设脚手架以防人员坠落。

3. 特殊情况下如无可靠的安全设施，必须系好安全带并扣好保险钩，或架设安全网。

(三) 悬空进行门窗作业

1. 安装门、窗，涂油漆及安装玻璃时，严禁操作人员站在樘子、阳台栏板上操作。门、窗临时固定，封填材料未达到强度，以及电焊时，严禁手拉门、窗进行攀登。

2. 在高处外墙安装门、窗，无外脚手时，应张挂安全网。无安全网时，操作人员应系好安全带，其保险钩应挂在操作人员上方的可靠物件上。

3. 进行各项窗口作业时，操作人员的重心应位于室内，不得在窗台上站立，必要时应系好安全带进行操作。

（四）构件吊装和管道安装时的悬空作业

1. 钢结构的吊装，构件应尽可能在地面组装，并应搭设进行临时固定、电焊、高强螺栓连接等工序的高处安全设施，随构件同时上吊就位。拆卸时的安全措施，亦应一并考虑和落实。高空吊装预应力钢筋混凝土层架、桁架等大型构件前，也应搭设悬空作业中所需的安全设施。

2. 悬空安装大模板、吊装第一块预制构件、吊装单独的大中型预制构件时，必须站在操作平台上操作。吊装中的大模板和预制构件以及石棉水泥板等屋面板上，严禁站人和行走。

3. 安装管道时必须有已完结构或操作平台为立足点，严禁在安装中的管道上站立和行走。

（五）模板支撑和拆卸时的悬空作业

1. 支模应按规定的作业程序进行，模板未固定前不得进行下一道工序。严禁在连接件和支撑件上攀登上下，并严禁在上下同一垂直面上装、拆模板。结构复杂的模板，装、拆应严格按照专项施工方案进行。

2. 支设高度在 3 m 以上的柱模板，四周应设斜撑，并应设立操作平台。低于 3 m 的可使用马凳操作。

3. 支设悬挑形式的模板时，应有稳固的立足点。支设临空构筑物模板时，应搭设支架或脚手架。模板上有预留洞时，应在安装后将洞盖没。混凝土板上拆模后形成的临边或洞口，应按本规范有关章节进行防护。

4. 拆模高处作业，应配置登高用具或搭设支架。

十、其他高处作业安全措施

1. 钢管桩、钻孔桩等桩孔上口，杯形、条形基础上口，未填土的坑槽，以及人孔、天窗、地板门等处，均应按洞口防护设置稳固的盖件。

2. 施工现场通道附近的各类洞口与坑槽等处，除设置防护设施与安全标志外，夜间还应设红灯示警。

3. 雨天和雪天进行高处作业时，必须采取可靠的防滑、防寒和防冻措施。凡水、冰、霜、雪均应及时清除。

4. 悬空作业处应有牢靠的立足处，并必须视具体情况，配置防护栏网、栏杆或其他安全设施。

5. 作业人员应从规定的通道上下，不得在阳台之间等非规定通道进行攀登，也不得任意利用吊车臂架等施工设备进行攀登。上下梯子时，必须面向梯子，且不得手持器物。

6. 攀登作业使用的移动式梯子，均应按现行的国家标准验收其质量。梯脚底部应坚实，不得垫高使用。梯子的上端应有固定措施。立梯工作角度以 75°±5°为宜，踏板上下间距以 30 cm为宜，不得有缺档。梯子如需接长使用，必须有可靠的连接措施，且接头不得超过 1 处。连接后梯梁的强度，不应低于单梯梯梁的强度。

7. 攀登作业使用的固定式直爬梯应用金属材料制成。梯宽不应大于 50 cm，支撑应采用不小于∟ 70×6 的角钢，埋设与焊接均必须牢固。梯子顶端的踏棍应与攀登的顶面齐平，并加设 1～1.5 m 高的扶手。

8. 使用直爬梯进行攀登作业时，攀登高度以 5 m 为宜。超过 2 m 时，宜加设护笼，超过 8 m时，必须设置梯间平台。

9. 支拆模、粉刷、砌墙等各工种进行上下立体交叉作业时，不得在同一垂直方向上操作。下层作业的位置，必须处于依上层高度确定的可能坠落范围半径之外。不符合以上条件时，应设置硬质安全防护。

10. 钢模板部件拆除后，临时堆放处离楼层边沿不应小于 1 m，堆放高度不得超过 1 m。楼层边口、通道口、脚手架边缘等处，严禁堆放任何拆下物件。

11. 由于上方施工可能坠落物件或处于起重机把杆回转范围之内的通道，在其受影响的范围内，必须搭设顶部能防止穿透的双层防护廓。

第三节 “三宝、四口”专项防护方案编制实例

某工程“三宝、四口”安全防护施工安全专项方案

一、编制依据

本方案主要是依据下列文件和资料进行编制的：

1.《建筑施工高处作业安全技术规范》。

2.《建筑施工安全检查标准》。

3. 工程施工图纸及其施工组织设计。

二、工程概况

1. 周围环境、占地面积。

2. 建筑面积。

3. 建筑层数：地下 2 层，(局部有夹层)，地上 22 层。

4. 建筑高度：地下二～地上五层层高为 4.80 m，四五层之间设备层层高 2.20 m，六～二十一层层高 3.60 m，二十二层层高 3.90 m，机房层层高 5.0 m，建筑物总高度 92.5 m 。

5. 结构形式：框架-筒体结构。

三、“三宝”

(一) 安全帽

1. 凡进入施工现场人员，必须正确佩戴安全帽，必须系紧下颚系带，防止安全帽坠落失去防护作用，作业时不得将安全帽脱下，搁置一边，或当坐垫使用。

2. 要正确使用安全帽，戴时要系好帽带，调整好帽衬间距(一般约 2～2.5 cm)，缺衬托带的安全帽不准使用。安全帽要经常检查，如发现有异常损伤、裂痕等应立即停止使用，进行回收。开工前对准备使用的安全帽按国家标准规定检查试验，凡不符合要求的坚决报废。

3. 安全帽购买：安全帽必须符合《安全帽》(GB 2811)国家标准。检查是否有产品检验合格证书，严禁购买和使用不合格产品。

(二) 安全带

1. 安全带应符合《安全带》(GB 6095)国家标准，购买时要有产品检验合格证书和出厂日期，严禁购买不合格产品。

2. 使用时要高挂低用，防止摆动碰撞，绳子不能打结，钩子要挂在连接环上。架子工使用的安全带绳长限定在 1.5～2 m。安全带上的各种部件，不得任意拆掉和随意更改。发现异常要立即更换，使用 3 m 以上的长绳要加缓冲器。单腰式安全带冲击试验荷载不超过 9.0 kN。

3. 凡超过 2 m 以上高处作业，无防护时，必须系好安全带。安全带使用 2 年后按批量抽检，悬挂安全带做冲击荷载试验，以 80 kg 重做自由落体试验，以无破断为合格。对抽检过的样带必须更换安全绳后才能继续使用。

(三) 安全网

1. 平网：安装平面平行于地面，主要用来承接人和物坠落。

2. 立网：安装平面垂直于地面，主要用来阻止人和物坠落。

3. 安全网应符合《安全网》(GB 5725)和《密目式安全网》(GB 16909)国家标准，购买时要有产品检验合格证书和出厂日期，严禁购买不合格产品。

4. 在脚手架内侧满挂密目安全网防止人和物坠落，密目安全网安装时每个环扣都必须用符合规定的纤维绳或 12～14 号的铅丝绑在脚手管上，绑扎要牢固，绑扎点的距离不大于 0.5 m，上下两网之间的拼接要严密，并随着结构上升而上升。

5. 在标一层楼板与脚手架之间架设平网，往上每隔 2 层架设一道平网来承接人和物坠落。平网安装时系结点应沿网边均匀分布，每个系点用一上独立的绳连接，系绳要连接牢固而又容易解开，受力后不能散脱，绳子要绑在钢管上。

四、洞口防护

1. 本工程的楼梯口、通道口、预留洞口必须按规范要求进行防护，楼梯扶手在没有及时安装前必须沿楼梯设 1～1.2 m 高的护身栏杆，保证上下行人安全。预留洞口防护见图 3－1 楼板预留洞口防护图。后浇带防护作法见图 3－2 各层顶板后浇带防护图。

2. 施工中的通道口必须搭设防护棚、棚的宽度应大于预留出入口。棚的长度应根据建筑物的高度设置，建筑物的高度在 20 m 以下时，长度不少于 3 m，建筑物的高度在 20 m 以上时，长度不少于 5 m，棚顶应用不少于 5 cm 厚的木板铺满。施工图见图 3－3 护头棚搭设简图。

3. 暂不通行的楼梯口、通道口均应临时封闭，封闭时要牢固严密，以免发生安全事故。

4. 通道口及楼梯口要有醒目的示警标志，夜间应有红灯示警。

5. 电梯井口设置不低于 1.2 m 高的自闭式防护门，用 $\phi 12$ 的钢筋，按照水平间距 15 cm，竖向间距 20 cm 焊制而成，并在防护门上刷红油漆、挂牌。电梯井筒内两层设置安全网一道，网上及平台上均不得存有杂物。施工图见图 3－4 电梯井筒防护图。电梯井内不准做垂直运输通道或垃圾通道。

五、临边防护

1. 对尚未安装栏板的阳台边，屋面无女儿墙周边，上料平台的两侧边，楼梯，竖向洞口等都必须按照规范要求设置 1～1.2 m 高的护栏，并应挂好安全网。施工图见图 3－5 临边防护栏杆立面图。

2. 在本工程靠近街道、人行道处搭设防护棚，棚顶用不小于 5 cm 的木板满铺，棚长度与宽度以保证行人安全为准。施工图见图 3－3 护头棚搭设简图。

3. 在基础施工时期，重点做好基坑周边的围挡和防护，采用 1.2 m 高的防护栏，设置水平栏杆 2 道，并挂好密目网。同时采用钢管搭设进出基坑内的通道。

六、搅拌机棚的防护

在砌筑填充墙体和装修阶段时期，对搅拌机棚用脚手管搭设，宽 5 m、长 6 m、高 4 m，周边

1.2 m以下砌24砖墙，1.2 m以上用石棉瓦围护，顶盖满铺5 cm厚木板，木板上满铺石棉瓦及油毡用以防雨，地面用10 cm厚混凝土硬化，做到地面平整不积水。

七、安全管理

除注意"三宝"、"四口"及临边安全防护外，还要注意现场大型设备、临时用电的安全防护。对突发的情况(如大风突至、火灾等)均由现场的安全领导小组组织实施，必要时向主管上级汇报。

安全生产责任制度是建筑企业最基本的安全管理制度，建立并严格落实安全生产责任制，做到责任到人，是搞好安全生产的最有效的措施之一。安全生产责任制要将项目各级管理人员，各职能机构及其工作人员和各岗位生产工人在安全生产方面应做的工作及应负的责任加以明确规定。项目经理部的管理人员和专职安全员，要根据自身的工作的特点和职责分工，严格执行定期安全检查制度并经常进行不定期的、随机的检查，对于发现的问题和事故隐患，要按照"定人、定时间、定措施"的原则进行及时整改，并进行复查，消、防事故隐患，杜绝职工伤亡事故的发生。

(一) 安全管理及安全保证体系

1. 建立各项安全生产管理制度，制定各级管理人员的安全责任制，逐级签订落实"安全责任状"，责任状应有指标、保证措施及奖罚办法，严格按责任制的生产管理程序，严格按规章制度管好安全生产，除上级有关安全管理制度外，项目部另行建立完善的安全检查制度、值日制度、防火制度、安全奖罚制度及班前活动制度等，以健全项目部安全生产系统管理。

2. 成立工程项目经理为组长的安全领导小组，负责本工地日常安全生产。专职安全员负责检查、督促安全措施的执行及隐患整改措施的落实，并按《单位工程安全生产管理目标》做好各项管理工作。

3. 对新进场的工人及其他人员应及时做好工地一级和班组一级的安全生产教育，没有经过"三级安全教育"的人员，项目部一律不予安排工作，项目部严格按照省、市劳动局有关劳务管理的规定招工，严禁私招乱雇和使用童工，并要求每个人持"上岗证"才能上岗工作。

4. 做好未遂事故的分析与存档工作，发生工伤事故，应立即报告上级安全部门，认真做好事故现场保护工作和事故调查分析报告，同时严格按照"三不放过"(即事故原因不查明不放过，事故责任者和群众未受教育不放过，事故后没有采取必要的防护措施不放过)的原则做好事故的善后处理工作。

(二) 安全教育

1. 三级教育

(1)公司级安全教育：新进场的劳务工首先由公司进行安全生产方针、政策、法规等教育，同时进行书面考试。

(2)工地级安全教育：经过公司一级教育的劳务工到工地后，由工地项目经理、施工员、安全员进行第二级安全教育，主要为工程概况及安全生产管理制度的教育，并在三级教育花名册上签字。

(3)班组级安全教育：经过一、二级的教育后的劳务工，最后由班组长进行进入工地的第三级教育，同时作为班前安全活动内容进行记录。

2. 特殊工种教育

对电气、起重、焊接、机械和登高作业等特殊工种，用脱产和半脱产以及办训练班等方式进行专门训练，并且经过严格理论和实践考试合格后，发给安全操作许可证方准作业，采用新工艺、新技术、新设备、新产品之前也要按新的安全操作规程对参加操作的岗位工人和有关人员进行专门教育，并经考试合格后方可独立操作。

八、安全技术措施

1. 进入施工现场每个人都必须戴好安全帽，严禁穿“三鞋”（拖鞋、硬底鞋、高跟鞋）高处作业人员必须按规定带好安全带。

2. 工程主体结构施工中，首层设一道安全平网，平网上再覆盖一层密目网以防高处杂物下落。

3. 各预留洞口采用留孔不留洞的方式即采用楼板网状钢筋一次性绑扎，模板分格预留洞口浇捣混凝土的方法，从而使预留洞口成为钢筋网状联结的洞口，钢筋网上再牢固绑扎竹笆，木板等硬物严密遮盖、固定。使危险杂物难以下落。

4. 为防止高处建筑物体打击事故的发生，施工通道进出口，井架上料口均应设置双层防护棚，双层间隔为 600 mm，上覆 50 mm 厚木板防止物体打击。安全通道的设备应与防护棚相连接，安全通道的两侧设置钢管栏杆且满挂密目式安全网，安全通道应有明显的绿色安全标志。

5. 主体结构楼层临边可以砌砖的，砌砖 1.2 m 高作为防护，不能砌砖的，临边采取设钢管临时护栏，高度为 1.2 m，且用密目式安全网全封闭的方法。

6. 遇有 6 级以上强风、浓雾等恶劣气候，不得进行露天攀登与悬空高处作业。大风暴雨后，应对高处作业安全设施逐一加以检查，发现松动、变形、损坏或脱落等现象，应立即修理完善。

7. 搭设临边防护栏杆时，防护栏杆应由上、下 2 道横杆及栏杆柱组成，上杆离地高度1.0～1.2 m，下杆离地高度为 0.5～0.6 m，横杆长度大于 2 m 时，必须加设栏杆柱。防护栏杆必须自上而下用安全立网封闭，卸料平台两侧的栏杆也必须满挂安全立网或满扎竹笆。

8. 模板支撑和拆卸时的悬空作业，必须遵守如下规定：

支模应按规定的作业程序进行，模板未固定前不得进行下一道工序，严禁在连接件和支撑件上攀登上下，严禁在上下同一垂直面上装、拆模板。结构复杂的模板，装拆应严格按照施工组织设计的措施进行。

支设高度在 3 m 以上的柱模板，四周应设斜撑，并应设立操作平台。低于 3 m 的可使用马凳操作。

支设悬挑形式的模板时，应有稳固的立足点。支设临空构筑物模板时，应搭设支架或脚手架。拆模高处作业，应配置登高用具或搭设支架。

9. 钢筋绑扎时的悬空作业应遵守以下规定：

钢筋绑扎和安装钢筋骨架时必须搭设脚手架和马道。

绑扎梁、挑梁、挑檐、外墙和边柱等钢筋时，应搭设操作台（架）和张挂安全网。

绑扎立柱钢筋时，不得站在钢筋骨架上或攀登骨架上下。3 m 以内的柱钢筋，可在地面或楼面上绑扎，整体竖立。绑扎 3 m 以上的柱钢筋，必须搭设操作平台。

10. 悬空及高处作业特殊情况下如无可靠的安全设施，必须系好安全带并扣好保险钩或架设安全网。

11. 支拆模、粉刷、砌墙等各工种进行上下立体交叉作业时，不得在同一垂直方向上操作。下层作业的位置，必须处于依上层高度确定的可能坠落范围半径之外。不符合以上条件时，应设置安全防护层。

12. 模板、脚手架等拆除时，下方不得有其他操作人员，钢模板部件拆除后，临时堆放处离楼层边沿不应小于 1 m，堆放高度不得超过 1 m。楼层边口、通道口、脚手架边缘等处，严禁堆放任何拆下物件。

13. 因作业必需，临时拆除或变动安全防护设施时，必须经施工员同意，并采取相应的可靠措施，作业后立即恢复。

14. 防护棚搭设与拆除时，应设警戒区，并应派专人监护，严禁上下同时拆除。

15. 施工现场所有可能坠落的物件，应一律先行撤除或加以固定。高处作业中所用物料均应堆放平稳，不妨碍通行和装卸。工具应随手放入工具袋，作业中的走道、通道板和登高用具应随时清扫干净，拆卸下的物件及余料和废料均应及时清理运走，不得任意乱置或向下丢弃，传递物件禁止抛掷。

16. 大风来临前应对脚手架、主体建筑各层安全网等设施进行检查，防止松动物体从多层吹落，造成物体打击。

九、各类防护措施简图

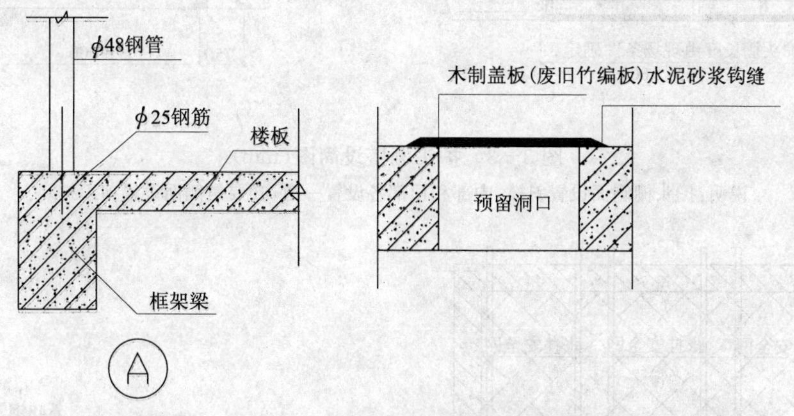

图 3－1 楼板预留洞口防护图

说明：1. 楼板上边长为 25～50 cm 的洞口中，用盖板防护；

2. 边长在 0.5～1.5 m 及 1.5 m 以上的洞口，四周设置；

3. 栏杆上刷红白漆。

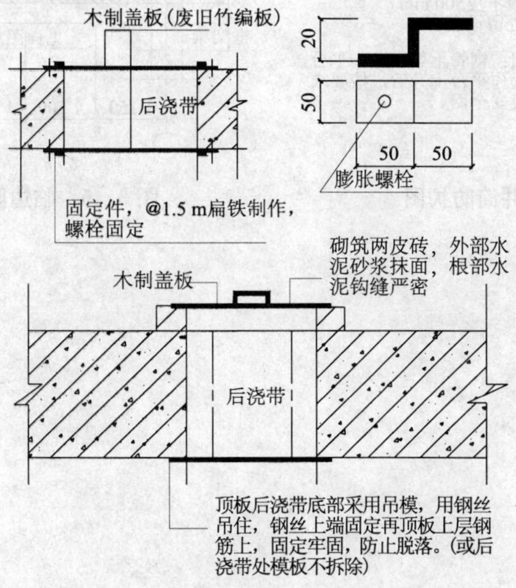

图 3－2 各层顶板后浇带防护图(mm)

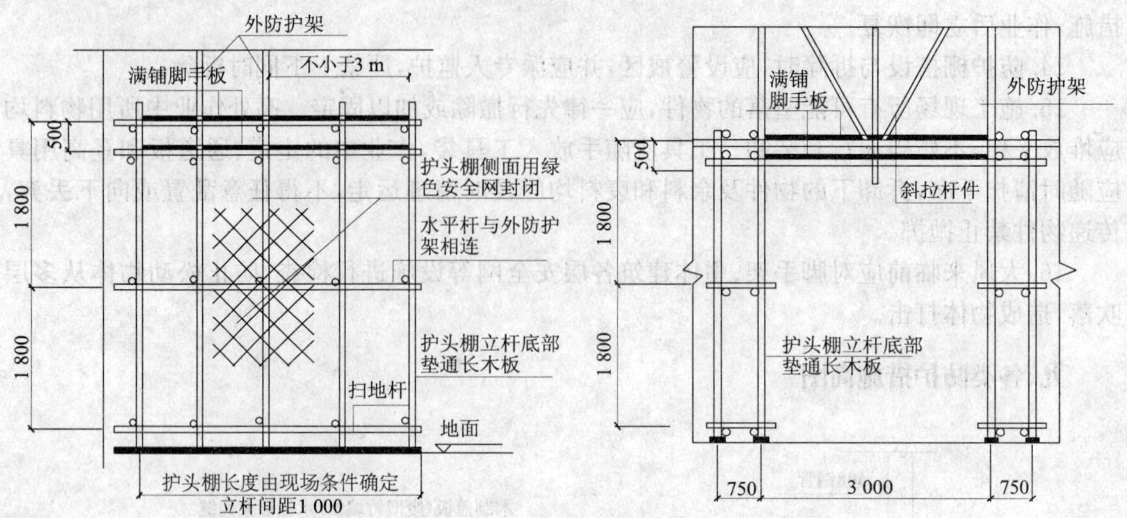

图 3—3　护头棚搭设简图(mm)

说明:护头棚侧面设置斜撑,中部和顶部各设置一道,必要是侧面设置剪刀撑。

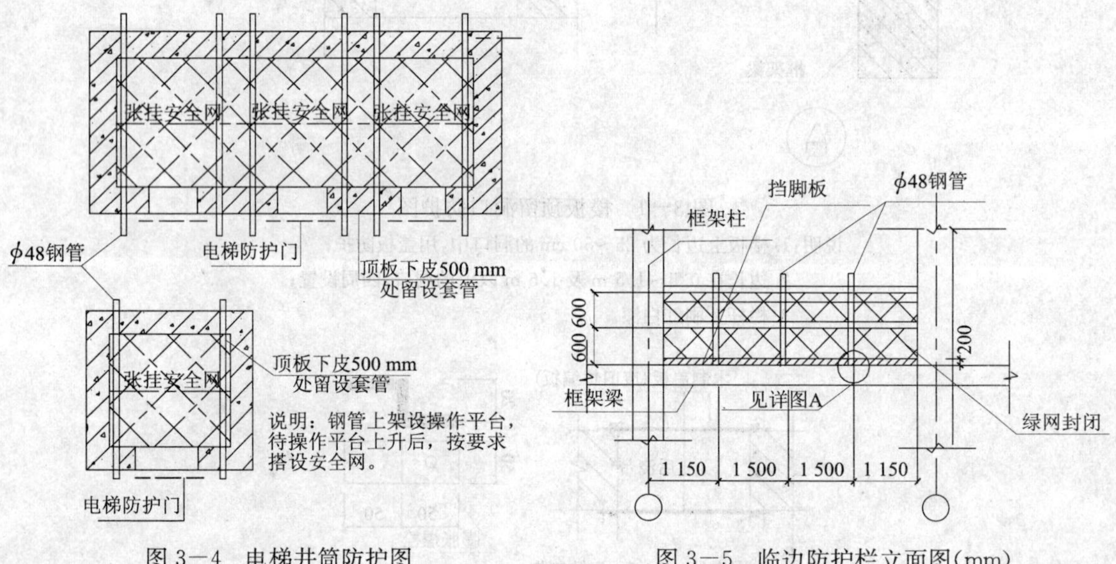

图 3—4　电梯井筒防护图

图 3—5　临边防护栏立面图(mm)

第四章　基坑支护与降水工程

第一节　概　　述

随着市场经济的健康发展，城市建筑施工正向着大型化、高层化、现代化和快速化的方向前进，大规模、超深度的基坑工程已层出不穷，基坑坍塌事故的数量也在不断递增，1999 年以后基坑坍塌已成为继高处坠落、触电、物体打击和机械伤害之后的又一事故高发类型，被列入建筑业的“五大伤害”之一。在建筑施工中，由于设计、施工和不可预见因素的影响，基坑事故不断发生，给国家、企业、受害人和社会都造成了巨大的损失。有关专家曾对全国基坑工程事故进行了细致的调查分析，统计出事故发生的原因，因设计不当引发的事故约占 45%；因施工不当引发的事故约占 33%，因地下水处理不当引发的事故占 22%。这项调查结果说明，基坑施工安全是一项综合性工程，应从设计、施工和水文地质等方面入手，优化工程设计，精心组织施工，统筹兼顾，合理处理好各组成部分的关系，重点防治施工涌水、边坡坍塌等突发事件，确保基坑的施工安全。

对基坑安全的技术管理，主要包括地下水治理、土石方施工边坡稳定性控制、桩基础安全技术措施和边坡支护措施等。

在基础施工过程中，为了能顺利进行土方开挖和地下室结构施工，必须防止管涌、流沙、坑底隆起及与抽降地下水有关的坑外地层过度变形，做好地下水的控制。控制地下水的方法有：降低地下水位、隔离地下水两类，或两者综合均应用。降低地下水的方法有：集水明排及降水井。降水井又包括有电渗井点、轻型井点、喷射井点、管井、渗井等。隔离地下水的方法有：地下连续墙、连续排列的排桩墙、截水帷幕、坑底水平封底截水等做法，大体可分为竖向截水（悬挂式和落地式）及水平封底截水两大类。对于弱透水层中的浅基础，当基坑环境简单、含水层较薄、降水深度较小时，可考虑采用集水明排的方法。集水明排是在基坑内设置排水沟和集水井，用抽水设备将基坑中的水从集水井排出，达到降水、排水的目的。该方法操作简单，即使在使用其他截、降水方法时，也将集水明排列入方案中，将坑内的地表水或雨水通过排水沟中排出。在基坑边缘自然地面，也常将排水沟与挡水墙配合设置，采用集水明排的办法，避免地面地表水或雨水流入基坑。对于其他情况，宜采用降水井降水、隔水措施截水或截水、降水综合措施，保证基础施工的顺利进行。井点降水是对基坑内的地下水或基坑底板以下的承压水进行排水或减压。截水是用隔水措施形成一定强度和抗渗性能的截水墙或底板，防止地下水流入基坑。这两种方式都是基础施工的重要组成部分。

土方工程是人类改造自然、建设社会的一种技术措施，在整体工程建设中，工程量和投资均占有较大比重。就土方工程本身而言，种类繁多。按其工程类型分，有挖方、填方及半挖半填等。按其施工方法分：有人力施工、机械施工、爆破施工等。对于工程数量大的大中型建设工程亦可采取综合的施工方法。土方工程施工的特点是：工程量大，受外界干扰较多。例如：在高挖方中常遇到边坡稳定问题；在深挖方中常遇到地下水的困惑；气候因素往往使工期紧张。还有土质的差异、地形的陡缓都给施工带来诸多不利条件。应按实际情况，决定施工方法。

桩基础是一种常见的软弱土地基处理方式，它能有效地把上部结构荷载传递到深层的坚硬地层上，以解决浅基础的地基承载力不足和变形较大的地基问题，具有承载力高、沉降量小而均匀、沉降速率缓慢等特点。桩基础施工按照施工方法可分为预制桩和灌注桩两种。预制桩常见的施工方法有锤击法和静压法等，其中静压法具有施工噪音小、对周边建筑物或边坡影响小等特点，从施工安全系数和环境保护角度要优于锤击法。灌注桩施工方法较多，其中人工挖孔桩施工，由于施工人员需进入桩孔进行操作，施工危险程度较高，须严格控制施工措施。

一般基坑和管沟槽施工中，当基坑土层土质较好，深度又在 5 m 以内，坡率放坡是最经济和最简单的施工方式，放坡坡度应认真计算，并在施工过程中严格控制。当施工现场基坑土层土质不好或现场场地限制，不能放坡时，就必须采取其他边坡支护措施。一般有悬臂桩、水平支撑、支护桩加水平支撑、钢筋混凝土桩加环形支护结构、土钉支护、锚杆支护等多种形式，用以增加边坡稳定性，确保基坑内施工人员以及基坑周边建筑物、构筑物的安全。开挖深度超过 5 m(含 5 m)的基坑、槽的土方开挖工程，按照建设部《危险性较大工程安全专项施工方案编制及专家论证审查办法》(建质〔2004〕213 号)文件要求，建筑施工企业应当组织专家组进行论证审查，专家组组成人员应不少于 5 人，对已编制的安全专项施工方案进行论证审查。安全专项施工方案专家组必须提出书面论证审查报告，施工企业应根据论证审查报告进行完善，施工企业技术负责人、总监理工程师签字后，方可实施。专家组书面论证审查报告应作为安全专项施工方案的附件，在实施过程中，施工企业应严格按照安全专项方案组织施工。

第二节　基坑支护与降水工程专项施工方案

基础施工作业面低于现场地面以下，受现场土质情况、地下水控制等多种因素影响，如不对基坑边坡进行认真设计，容易造成生产安全事故。特别是较大规模的地下基础施工和深窄基坑(槽)、管沟(槽)施工中，不仅对坑底施工人员安全有直接影响，处理不好极易发生群死群伤事故，同时，还将直接威胁周边建筑物、构筑物、地下管线的安全。为此，用一份编制科学、有针对性的专项施工方案来指导支护与降水施工，真正把现场编制的施工方案作为施工基本依据，确保施工方案各项措施的有效落实，是避免此类事故发生的有效途径。为此，本节重点介绍基坑支护与降水工程专项施工方案应包括的主要内容，切实增强专项方案的全面性、针对性和操作性，确保施工安全。基坑支护与降水工程专项施工方案主要内容应包括工程概况、编制依据、施工组织、地下水控制设计、土石方施工、基坑支护设计、安全技术措施等方面。

一、工程概况

工程概况应简洁明了，把与本方案有关的内容说明清楚。应重点说明施工区域内水文地质条件，并根据工程概况，说明本方案的总体思路，对选用的降水、截水措施和基坑边坡支护形式进行明确，必要时还应进行选型比较，在保证安全的前提下，尽量选用经济合理的施工方法。主要内容包括：

(一)工程基本情况

阐明工程位置和工程性质、工程规模、重要设计参数、建筑面积、高度、基本结构形式、建筑物形状、尺寸、层数、高度、地下室设置、基础形式、持力层名称、工期等。

(二)水文地质情况

开挖深度、地层岩性特征等，应全面准确地摘录岩土层特性及岩土工程设计所需的 c、φ、γ

值，以及地下水层、地下水流向、地下水位变化幅度、渗透系数等。

（三）周边环境情况

周边建（构）筑物分布、地下管线状况及工程地下结构设计等，重点调查基坑降水支护施工或基坑开挖对周边环境、建（构）筑物及地下管线、结构的影响，这些资料是降水支护施工的重要依据，也是制定基坑监测对象的重要依据。

（四）降水措施的选用形式

（五）基坑支护措施的选用形式

可根据场地内不同地质条件及周边环境情况，选用多种基坑支护形式相结合的支护措施，提出设计总体方案，并说明设计原则。

二、编制依据

应包括工程地质勘察报告、工程施工平面图和基础施工图等相关施工图纸、各类专业技术标准规程以及辅助的检查、施工、验收有关标准规范、操作规程等。使用或参考的编制依据与国家通用标准不一致时，应重点说明，并不低于国家现行的标准。专业标准规程主要内容包括：

《建筑与市政降水工程技术规范》(JGJ/T 111—98)。

《建筑基坑支护技术规程》(JGJ 120—99)。

《建筑桩基技术规范》(JGJ 94—94)。

《建筑边坡工程技术规范》(GB 50330—2002)。

《管井工程施工技术规范》(JGJ/T 100—98)。

《建筑地基基础工程施工质量验收规范》(GB 50202—2002)。

《建筑地基基础设计规范》(GB 50007—2002)。

《混凝土结构设计规范》(GBJ 50010—2002)。

《工程测量规范》(GB 50026—93)。

《建筑变形测量规程》(JGJ/T 8—1997)。

《土层锚杆设计与施工规程》(CEC 22—90)。

《建筑地基处理技术规范》(JGJ 79—2002 J 220—2002)。

《建筑桩基检测技术规范》(JGJ 106—2003 J 256—2003)。

《建筑工程施工质量验收统一标准》(GB 50300—2001)。

《混凝土结构工程施工质量验收规范》(GB 50204—2002)。

《锚杆喷射混凝土支护技术规范》(GB 50086—2001)。

《基坑土钉墙支护技术规范》(CECS 96:97)。

《钢筋焊接及验收规范》(JGJ 18—96)。

《钢筋焊接接头试验方法》(JGJ 27—86)。

三、施工组织机构及劳动力计划

施工组织在保证安全的基础上，应能够满足施工进度要求，并明确组织机构和相关责任人职责。主要内容包括：

1. 组织领导机构及职责。

2. 施工的劳动力准备情况，如采用分包队伍，施工队伍应取得专项资质。

3. 相关作业负责人和特种作业人员须经培训合格，持证上岗等。

4. 设立专职安全员。

5. 劳动力计划。

四、地下水控制设计

（一）地下水控制措施选择

根据工程地质条件、水文地质条件和环境条件，结合工程采用的开挖与维护方式等，进行综合分析，确定工程地下水控制措施选用的类型。

（二）地下水控制措施的设计计算

地下水控制计算和验算应包括：抗渗透稳定性验算；基坑底突涌稳定性验算；根据支护结构设计要求进行地下水位控制计算。

地下水控制形式多种多样，下面重点介绍 2 种常见形式设计计算应包括的内容：

1. 止水帷幕设计

计算止水帷幕入土深度，验算抗渗透稳定性，确定止水帷幕各项指标。

2. 井点降水设计

合理选择计算模型和计算参数，计算中井出水量、井深（包括观测井）、基坑涌水量，确定管井数量和潜水泵选用类型，应进行降深计算及地面沉降计算，调整井点布置，分析论证降水时对周边环境的影响。

3. 回灌井设计（如必需时）。

4. 坡顶、坑内排水系统设计。

（三）地下水控制施工、监测、维护及质量保证措施

主要包括施工设备计划、施工工艺和流程说明、施工质量要求、质量保证措施、地下水控制的监测和维护、安全技术措施和操作规程以及突发事件应急处置措施等。

五、土石方施工

（一）施工准备工作

基坑或基槽开挖工程中，土体不稳定不仅会造成土石方开挖过程中出现坍塌事故，而且会严重影响到后续的基础施工安全，因此，对基坑边坡土体稳定性验证极为重要。基坑边坡在土体自重、坡顶上各种荷载和地下水的作用下，可能发生滑坡与塌陷等事故，计算土体稳定性就必须验证土体抗滑力与滑动力的比值。根据土体种类与性质，可以求出土体的滑动面，进一步求出该滑动面所产生的理论抗滑力矩与滑动力矩的比值，即：稳定安全系数，以确定土方开挖形式、开挖深度和放坡坡度。

（二）机械配备

挖土机、运输卡车等土方机械配备情况，要充分考虑有的城市在夜间不准挖土，白天不准运土的规定，合理调配施工机械。挖土机分为反铲挖土机、正铲挖土机、拉铲挖土机、铲运机等，同时，铲斗容量可达到 0.3、0.5、0.7、1.0 m^3。应根据施工实际情况、土方运量、施工工期、工作效率及各机械特点合理配置。挖土时，可用推土机配合，进行土方装载运输。

（三）土方调配

尽量做到场内挖填土方量平衡和运距最短的原则，降低土方施工成本。应充分考虑近期和后期施工情况、边坡支护施工作业要求、施工现场场地条件、分区开挖与全场土量协调以及

地下工程施工方便，合理调配土方。由于人工开挖土方成本高、时间长，所以，土方开挖应尽量采用大型施工机械。在基坑周边、工程桩边、降水井边应采用人工开挖配合，防止机械挖土扰动土层和破坏工程桩。

（四）回填土技术要求

为了确保回填土地基强度和稳定性，避免建筑物不均匀沉降，必须选择符合设计要求的合格土料和填筑方法。含水量大的黏土、含过多有机质的土、土中含水溶性盐等均不能作为回填土，否则会导致土层产生不均匀沉降。

回填土应分层夯实，每层厚度应根据压实机具和土的分类按照施工方案、设计要求和有关规定确定。夯实方法包括：碾压、夯实、振动压实。应尽量采用大型机械碾压方法，边角部位可采用人工夯实方法。回填土压实后，其密实度应进行检验，以检验其是否符合设计压实系数或容重要求。

六、基坑支护设计

（一）基坑支护措施选择

根据工程地质条件、水文地质条件和环境条件，结合工程采用的开挖与维护方式等，进行综合分析，确定工程基坑支护措施选用的类型。

（二）基坑支护措施的设计计算

1. 总体要求

基坑支护应按下列规定进行计算和验算：

（1）基坑支护结构均应进行承载能力极限状态的计算，计算内容应包括：

根据基坑支护形式及其受力特点进行土体稳定性计算。

基坑支护结构的受压、受弯、受剪承载力计算。

当有锚杆或支撑时，应对其进行承载力计算和稳定性验算。

（2）对于安全等级为一级及对支护结构变形有限定的二级建筑基坑侧壁，尚应对基坑周边环境及支护结构变形进行验算。

（3）自然放坡时应进行边坡稳定性计算，提出边坡浅层局部塌滑时的应对方案与措施。

（4）坡面及支护桩间土的防冲刷、坍塌的处理方案与措施。

2. 几种常见支护形式的设计计算

（1）悬臂桩设计

设计悬臂桩嵌入土深度，验算下列内容：

主动土压力计算。

被动土压力计算。

嵌固深度验算。

抗渗稳定性验算。

支护结构稳定性验算。

冠梁稳定性验算。

冠梁配筋验算。

（2）基坑槽水平支撑设计

设计所用支撑材质、挡土板厚度、挡土板截面宽度、背楞截面宽度、背楞截面高度、背楞间距、横撑杆截面宽度、横撑杆截面高度及竖直方向横撑杆根数，验算下列内容：

主动土压力强度计算。

挡土板弯矩和剪力计算。

背楞弯矩和剪力计算。

横撑杆抗压强度计算。

(3)土钉墙支护设计

设计土钉长度、倾角、直径、垂直水平间距、设置方法、布置形式、面层设计、面层厚度、混凝土强度、坡顶硬化范围、坡底伸入基底的深度以及抗拔承载力，明确土钉承载力试验要求，并验算下列内容。

土钉稳定性验算。

土钉墙整体稳定性验算。

(4)支护桩加锚杆(桩锚)支护设计

设计支护桩直径、间距、混凝土选用、配筋形式和锚杆深度、长度、倾角、直径、垂直水平间距、设置方法、布置形式、自由段长度、锚固段长度以及有无冠梁、冠梁宽度和高度、锚杆抗拔承载力和试验要求等，验算下列内容：

各工况土压力、位移、弯矩、剪力。

支护桩稳定性验算。

支护桩配筋验算。

锚杆稳定性验算。

冠梁稳定性验算。

冠梁配筋验算。

七、基坑支护施工、监测、维护及质量保证措施

主要包括施工机械使用计划、施工工艺和流程说明、施工质量要求和质量保证措施、安全技术措施和操作规程以及突发事件应急处置措施等。

八、安全技术措施

应重点针对基坑支护与降水施工后，对基坑内进行的其他施工作业，明确安全文明施工各项技术措施和安全注意事项。主要内容包括：

1. 作业人员安全技术措施和操作人员安全操作规程和防护用品配备措施。
2. 作业人员施工前对边坡维护和危险情况的安全教育和技术交底措施。
3. 高处作业人员操作规程和防护用品配备措施。
4. 基坑周边安全防护栏杆及上下基坑的通道搭设要求等，其他安全注意事项。
5. 重大危险源识别与监控措施。
6. 坑边临时荷载限制要求。
7. 文明施工防尘降噪、环境保护、卫生健康有关措施等。

九、基坑监测

主要包括监测方案的编制，沉降变形监控值及变形限值的确定，对周边现有的建(构)筑物、管线。地下结构的监测要求和监测点的确定，信息化施工要求等。

十、专项应急预案

对边坡日常维护情况进行危险源识别，分析可能发生的事故类型，确定日常监控重点、边坡变形临界值、边坡变形过大时报告处置程序，确定现场应急处置预案。

十一、附　图

主要应附施工总平面图、降水井及排水管道布置图、典型剖面图、监测点布置图、各种施工详图、重点构造、节点作法详图等。

第三节　基坑支护与降水工程安全技术要求

一、地下水控制安全技术要求

(一)总体要求

1. 由于基础工程具有很强的地域性，目前国内计算公式较多，许多书籍也有介绍，但计算方法与结果均不相同，且与实际有较大差别，需要理论与经验相结合，既要保证基坑安全，也要保证周围环境的安全与环保，切忌自扫门前雪。设计者应根据当地基坑降水实际经验，灵活选用计算公式，使计算结果接近于实际。

2. 根据工程实践经验，长期井点降水时，降水曲面坡度为降水影响半径的 1/10，如井点主管埋深为 S(指地下水位以下)，则最大的影响半径可达 10 S。若施工周边建筑物、管线、道路路面位于影响半径范围内，必须采取防护措施，预防地下水位下降带来的危害。

3. 在降水方案设计中，要从岩土工程勘察报告或水文地质报告中查取含水层的水文地质参数和工程地质参数，包括渗透系数、储水系数、影响半径、越流因素及压缩模量、孔隙比等，水文地质参数数值宜采用抽水试验确定。

4. 基坑地下水的控制设计前，应仔细调查临近地下管线、人防设施等因素造成的渗漏情况及地表水源的补给情况，有条件的现场可在影响基础降水范围内采取施工场地硬化措施，以降低减少地表水补给造成的影响。

5. 目前一些井点降水理论尚未成熟，采用井点降水公式求得的基坑涌水量有时与实际相差较大，需要施工技术人员根据自身实际经验和对当地水文地质情况的把握，以及详细查阅相关资料和选用适宜当地地层的降水方式及计算方法，并强化日常检查、验收和监测，方可确保基础施工的降水安全。

(二)降水井点布置基本原则

1. 井点系统的平面布置应根据基坑的平面形状、大小、要求降水深度、地下水流向和含水层渗透系数等来确定。

2. 一般情况下，基坑宽度小于 10 m，且降水深度不超过 5 m 时，用单排井点布置在地下水的上游；当基坑宽度大于 10 m，土质较差、渗漏系数较大时，可沿基坑两侧各布置一排井点；当基坑面积较大时，采用环形或多边形封闭布置。

3. 封闭形井点的转角处在每边不小于 5 m 的范围内加密主管 1/3 至 1/2。

4. 点管距基坑壁不宜小于 1.5 m，井点主管的滤管应埋至抽吸深度以下 0.5～1 m 处，以免进气。

5. 为了充分利用泵的抽吸能力，水泵轴心应与总管保持齐平。

(三)井点系统使用注意事项

1. 井点立管埋设完并与卧管及抽水设备接通后，必须先进行试抽水，在无漏水、漏气、淤塞等现象后，才能正常投入使用。

2. 使用射流泵时，应安装真空表，并经常观测，做好记录，以保证井点系统的真空度，一般应不低于 60 kPa。当真空度不够时，应及时检查管路或井点管是否漏气、离心泵叶轮有无障碍等，并及时处理。

3. 井点应保证连续抽水，并应准备双电源。如抽不上水或水一直较混，或出现清后又变混等情况，应立即检查处理。如井点管淤塞过多，严重影响降水效果，应逐个用高压水反冲洗井点管或拔出重新埋设。

4. 在地下室施工完毕，通过抗浮稳定验算，符合要求并进行回填后，方可拆除井点系统，所有孔洞均须用砂或土填塞。

(四)控制井点降水对周边环境危害的预防措施

1. 应优先采用挡水作用的支护结构，如深层搅拌桩、钢板桩、混凝土灌注桩或地下连续墙等，并尽可能把降水井点立管埋设在支护墙的内侧(基坑一侧)，井点立管的深度应浅于支护墙的深度。

2. 合理确定井点立管的深度，控制降水曲线。当基坑附近没有建筑、管线、道路时，坑中井点水位应降至基坑底面以下 1 m 为宜；当邻近有建筑、管线时，井点主管埋深可适当提高，其深度以保证基坑不出现流沙为宜。

3. 适当控制抽水量或离心泵的真空度。在开挖基坑时，井点降水用最大的抽水量或真空度运行；在垫层、桩承台、地下室底板完成后，可适当调减抽水量或调小真空度，使基坑外的降水曲面尽可能控制在较小的范围内，但要在坑内、外设置水位观测井，及时控制水位。

4. 当地面沉降分析认为抽水可能引起建筑物、管线、路面等可能产生大沉降或不均匀沉降时，或实际抽水已经造成上述后果时，应在降水井管与建筑物、管线、路面间设置回灌井点，持续用水回灌，补充该处的地下水，使降水井点的影响半径不超过回灌井点的范围，防止回灌井点外侧建筑物地下水的流失，使地下水保持基本不变。

5. 回灌水宜采用清水，以免阻塞井点，回灌水量和压力大小，均须通过计算，并通过对观测井的观测加以调整，既要保持起隔水屏幕的作用，又要防止回灌水外溢而影响基坑内正常作业。

6. 回灌井点的滤管部分，应从地下水位以上 0.5 m 处开始直至井管底部。也可采用与降水井点管相同的构造，但须保证成孔和灌砂的质量。

7. 回灌与降水井点之间应保持一定距离，一般应不少于 6 m，防止降水、回灌两进“相通”，启动和停止应同步。回灌井点的埋设深度应根据透水层深度来决定，保证基坑的施工安全和回灌效果。

8. 在降、灌水区域附近设置一定数量的沉降观测点及水位观测井，定时观测、记录，及时调整降、灌水量，以保持水幕作用。

(五)常用的隔渗、截水措施

应充分利用基坑支护技术，采取有效的隔渗、截水措施。常用的有以下几种：

1. 采用地下连续墙、连续排列的排桩墙挡水。

2. 采用分离式排桩墙，在桩间采取旋喷或深层搅拌等措施，与桩共同形成隔水帷幕。

3.在桩后单独设隔渗墙。

4.高压喷射注浆等方法形成封底隔渗。

(六)地下水控制措施

1.基坑工程的设计施工必须充分考虑对地下水进行治理,采取排水、降水措施,防止地下水渗入基坑。

2.基坑施工除降低地下水水位外,基坑内尚应设置明沟和集水井,以排除暴雨和其他突然而来的明水倒灌,基坑边坡视需要可覆盖塑料布,应防止大雨对土坡的侵蚀。

3.膨胀土场地应在基坑边缘采取抹水泥地面等防水措施,封闭坡顶及坡面,防止各种水流(渗)入坑壁。不得向基坑边缘倾倒各种废水并应防止水管泄露冲走桩间土。

4.软土基坑、高水位地区应做截水帷幕,应防止单纯降水造成基土流失。

5.截水结构的设计,必须根据地质、水文资料及开挖深度等条件进行,截水结构必须满足隔渗质量,且支护结构必须满足变形要求。

6.在降水井点与重要建筑物之间宜设置回灌井(或回灌沟),在基坑降水的同时,应沿建筑物地下回灌,保持原地下水位,或采取减缓降水速度,控制地面沉降。

二、土石方施工安全技术措施

1.开挖深度较大时,应按照边坡计算,制定分层开挖方案,每开挖下层时,要等待上层边坡支护措施完成后方可进行,确保边坡稳定性。

2.土方开挖要探明地下管网,防止发生意外事故。

3.在距基坑边 0.6 m 周围用 ϕ48 钢管设置 2 道护身栏杆,立杆间距 4 m,高出自然地坪 1.2 m,埋深 0.8 m。在距基坑边 0.5 m 砌 120 砖墙 30 cm 高,中有 240×240 砖柱间距 6 m。基坑上口边 1 m 范围内不许堆土、堆料和停放机具。在锚喷支护上口 5 m 范围内不许重车停留或根据支护设计要求执行。各施工人员严禁翻跃护身栏杆。基坑施工期间设警示牌,夜间加设红色灯标志。

4.基坑外施工人员不得向基坑内乱扔杂物,向基坑下传递工具时要接稳后再松手。

5.坑下人员休息要远离基坑边及放坡处,以防不慎。

6.施工机械一切服从指挥,人员尽量远离施工机械,如有必要,先通知操作人员,待回应后方可接近。

7.挖掘机、起重机、打桩机等重要作业区域,应设立警告标志及采取现场安全措施。

8.在隧道、沉井基础施工中,应采取措施,使有害物限制在规定的限度内。

9.在施工中遇下列情况之一时应立即停工,待符合作业安全条件时,方可继续施工:

(1)填挖区土体不稳定,有发生坍塌危险时。

(2)气候突变,发生暴雨、水位暴涨或山洪暴发时。

(3)在爆破警戒区内发出爆破信号时。

(4)地面涌水冒泥,出现陷车或因雨发生坡道打滑时。

(5)工作面净空不足以保证安全作业时。

(6)施工标志、防护设施损毁失效时。

10.配合机械作业的清底、平地、修坡等人员,应在机械回转半径以外工作。当必须在回转半径以内工作时,应停止机械回转并制动好后,方可作业。

11.在行驶或作业中,除驾驶室外,挖掘装载机任何地方均严禁乘坐或站立人员。

12. 推土机行驶前，严禁有人站在履带或刀片的支架上，机械四周应无障碍物，确认安全后，方可开动。作业中，严禁任何人上下机械，传递补物件，以及在铲斗内、拖把或机架上坐立。非作业行驶时，铲斗必须用锁紧链条挂牢在运输行驶位置上，机上任何部位均不得载人或装载易燃、易爆物品。

13. 装载机转向架未锁闭时，严禁站在前后车架之间进行检修保养。

14. 夯实机作业时，应一人扶夯，一人传递电缆线，且必须戴绝缘手套和穿绝缘鞋。递线人员应跟随夯机后或两侧调顺电缆线，电缆线不得扭结或缠绕，且不得张拉过紧，应保持有 3～4 m的余量。

15. 电动冲击夯应装有漏电保护装置，操作人员必须戴绝缘手套，穿绝缘鞋。作业时，电缆线不应拉得过紧，应经常检查线头安装，不得松动及引起漏电。严禁冒雨作业。

16. 如需爆破作业，严禁在废炮眼上钻孔和骑马式操作，钻孔时，钻杆与钻孔中心线应保持一致。在装完炸药的炮眼 5 m 以内，严禁钻孔。

17. 施工车辆在坡道上停放时，下坡停放应挂上倒挡，上坡停放应挂上一挡，并应使用三角木楔等塞紧轮胎。

18. 运输卡车不得人货混装。因工作需要搭人时，人不得在货物之间或货物与前车厢板间隙内。严禁攀爬或坐卧在货物上面。运载易燃、有毒、强腐蚀等危险品时，其装载、包装、遮盖必须符合有关的安全规定，并应备有性能良好、有效期内的灭火器。途中停放应避开火源、火种、居民区、建筑群等，炎热季节应选择阴凉处停放。装卸时严禁火种。除必要的行车人员外，不得搭乘其他人员。严禁混装备用燃油。

19. 自卸汽车配合挖装机械装料时，就位后拉紧手制动器，在铲斗需越过驾驶室时，驾驶室内严禁有人。卸料后，应及时使车厢复位，方可起步，不得在倾斜情况下行驶。严禁在车厢内载人。严禁料斗内载人。料斗不得在卸料工况下行驶或进行平地作业。

20. 环境保护措施：

(1)土方由合格的运输单位施工，并签订运输合同，在合同中明确公司的环境要求。在现场出入口专人清扫车轮，拍实车上土或严密遮盖，运载工程土方最高点不超过车辆槽帮上沿 50 cm，边缘不高于车辆槽帮上沿 10 cm，装载建筑渣土或其他散装材料不超过槽帮上沿，禁止沿途遗洒。

(2)用于工程预留的回填土，为防止扬尘，采取覆盖并喷洒抑尘的方法。

(3)对施工道路采取混凝土硬化处理，出入口处硬化路面不小于出口宽度，在出口处设置冲洗车轮的装置，并设专人负责。

(4)水泥和其他易飞扬的细颗粒散体材料，安排在库内存放或严密遮盖。

(5)严格控制作业时间，晚上 22 时至次日早 6 时不得作业。

(6)噪声值监测执行《建筑施工场界噪声测量方法》(GB 12524)，土石方施工阶段昼间不超过 75 dB，夜间不超过 55 dB，并且经常测试(6:00～22:00 为昼间，22:00～6:00为夜间)。

(7)做好施工现场环境保护的监督检查工作，每月初、月中和月末对环境各项工作进行一次检查，对存在的问题及时采取纠正和预防措施，并做好文字记录和存档工作。

三、桩基础施工安全措施

(一)锤击法施工安全措施

1. 打桩机作业区内应无高压线路。作业区应有明显标志或围栏，非工作人员不得进入。

桩锤在施打过程中，操作人员必须在距离桩锤中心 5 m 以外监视。

2. 严禁吊桩、吊锤、回转或行走等动作同时进行。打桩机在吊有桩和锤的情况下，操作人员不得离开岗位。

3. 悬挂振动桩锤的起重机，其吊钩上必须有防松脱的保护装置。振动桩锤悬挂钢架的耳环上应加装保险钢丝绳。

4. 压桩时，非工作人员应离机 10 m 以外。起重机的起重臂下，严禁站人。

5. 夯锤下落后，在吊钩尚未降至夯锤吊环附近前，操作人员不得提前下坑挂钩。从坑中提锤时，严禁挂钩人员站在锤上随锤提升。

6. 打桩机作业区域，应设立警告标志及采取现场安全措施。

(二)人工挖孔桩施工安全技术措施

1. 遇有流沙情况

人工挖孔在开挖时，如遇细砂，粉砂层地质时，再加上地下水的作用，极易形成流沙，严重时会发生井漏，造成事故，因此要采取有效可靠的措施。

(1)流沙情况较轻时

有效的方法是缩短这一循环的开挖深度，将正常的 1 m 左右一段，缩短为 0.5 m，以减少挖层孔壁的暴露时间，及时进行护壁混凝土灌注。当孔壁塌落，有泥沙流入而不能形成桩孔时，可用编织袋土逐渐堆堵，形成桩孔的外壁，并控制保证内壁满足设计要求。

(2)流沙情况较严重时

常用的办法是下钢套筒，钢套筒与护壁用的钢膜板相似，以孔外径为直径，可分成 4～6 段圆弧，再加上适当的肋条，相互用螺栓或钢筋环扣连接，在开挖 0.5 m 左右，即可分片将套筒装入，深入孔底不少于 0.2 m，插入上部混凝土护壁外侧不小于 0.5 m，装后即支模浇筑护壁混凝土，若放入套筒后流沙仍上涌，可采取突出挖出后即用混凝土封闭孔底的方法，待混凝土凝结后，将孔心部位的混凝土清凿以形成桩孔。也可用此种方法，应用到已完成的混凝土护壁的最下段钻大，使孔位倾斜至下层护壁以外，打入浆管，压力浇筑水泥浆，使下部土壤硬些，提高周围及底部土壤的不透水性，以解决流沙现象。

2. 淤泥质土层

在遇到淤泥质土层等软弱土层时，一般可用木方、木板模板等支挡，并要缩短这一段的开挖深度，并及时浇筑混凝土护壁，这次支挡的木方可板要沿周边打入底部不少于 0.2 m 深，上部嵌入上段已浇好的混凝土护壁后面，可斜向放置，双排布置互相反向交叉，能达到很好的支挡效果。

3. 合理安排施工顺序

合理安排人工挖孔桩的施工顺序，对减少施工难度起到重要作用，在施工方案中要认真统筹，根据实际情况合理安排。

在可能的条件下，先施工比较浅的桩孔，后施工深一些的桩孔。因为一般桩孔愈深，难度相对愈大，较浅的桩孔施工后，对上部土层的稳定起到加固作用，也减少了深孔施工时的压力。在含水层或有动水压力的土层中施工，应先施工外围(或迎水部位)的桩孔，这部分桩孔混凝土护壁完成后，可保留少量桩孔先不浇筑桩身混凝土，而作为排水井，以方便其他孔位的施工。保证了桩孔的施工速度和成孔质量。

4. 安全施工要求

(1)施工前，应认真勘察所处地段状况、桩孔离周边建(构)筑物的距离、挖桩施工时降低地下水位是否对建(构)筑物产生不利影响等，确保施工安全。

(2)多孔同时开挖施工时，应采取间隔开挖的方法。相邻的桩不能同时挖孔，必须待相邻桩孔浇灌完混凝土之后才能开挖，以保证土壁稳定。

(3)桩孔下挖过程中，必须按照挖一节土(每挖深 50～80 cm)时，做一节护壁或安放一次工具式钢筋防护笼。桩孔垂直度和直径尺寸应每挖一节检查一次，发现偏差及时纠正，以免误差积累过大，造成倾斜或塌方。

(4)挖孔桩，孔口应设水平活动安全盖板。当吊桶提升到离地面高 1.8 m 左右(超过人高)时推活动盖板关闭孔口，手推车推至盖板上，卸土后再开盖板下吊桶吊土，以防土块和工具掉入孔内伤人。最上一节混凝土护壁在井口处高出地面 25 cm(厚度与护壁相同)，以防地面水流入井孔内或脚踢杂物入孔内。孔井口边 1 m 范围内不得有任何杂物，堆土应在孔井口边 1 m 以外。

(5)桩底扩孔应间隔削土，留一部分土作支撑，待浇灌混凝土前再挖，此时宜加钢支架支护，浇灌混凝土前再拆除。

(6)挖孔桩施工一般不得在孔内放炮破石，若遇特殊情况，非在孔内放炮不可时，需制定专项安全技术措施，并报请主管部门审批，经批准后方可实施。

(7)挖孔、成桩必须严格按图施工，若发现问题需要变更，应及时与设计负责人联系，孔桩护壁后在无可靠的安全技术措施条件下，严禁破石修孔。挖孔、扩孔完成后，应及时组织验收并浇灌混凝土，特别是孔壁为砂土、松散填土、软土等不良土壤时不得隔夜浇灌混凝土，以免塌孔。护壁混凝土拆模，须经现场技术负责人批准。

(8)正在开挖的井孔，每天上班前应随时注意检查卷扬机、支腿、钢丝绳、挂钩(保险钩)、提桶超高限位装置等，应对井壁、混凝土护壁的状况进行检查，发现问题及时采取措施。

(9)挖孔人员上下孔井，必须使用安全爬梯；井下需要工具，应该用提升设备递送，禁止向井内抛掷。井孔上、下应有可靠的通话联络，如对讲机等。

(10)挖孔桩作业人员下班休息时，必须盖好孔口，或用高于 80 cm 的护身栏将井口封闭围挡。

(11)夜间一般禁止挖孔作业，如遇特殊情况需夜间挖孔作业时，必须经现场负责人同意，并有安全员在场。

(12)井下操作人员连续工作时间，不宜超过 4 h，应及时轮换。

(13)现场施上人员必须佩带安全帽、安全带，安全带接绳由孔上人员负责随作业而长，井下有人操作时，井上配合作业人员必须坚守岗位，不得擅离职守。

(14)孔底如需抽水时，必须在全部井下作业人员上地面后进行。

(15)井孔内一律采用 12 V 安全电压和防水带罩灯照明，井上现场可用 24 V 低压照明。现场用电均须安装漏电保护装置。

(16)挖井至 4 m 以下时，下井之前，应用气体检测仪对井内空气进行抽样检测并做好记录，发现有害气体含量超过允许值，应用鼓风机向孔底通风(必要时送氧气)，然后方能下井作业。在医院或其他有毒物质存放区施工，应先检查有毒物质对人体的伤害程度，再确定是否采用人工挖孔的施工方法。

(17)人工挖孔桩应由具有相应资质的专业队伍施工。明确项目技术负责人和专职安全员。挖孔桩工程的现场负责人，必须熟练掌握人工挖孔的施工方法、法规、操作规程、安全生产技术知识。

(18)按施工方案中制订的安全技术措施，以及有关的安全技术规范、规程的要求，开工前由项目经理部向全体管理人员和操作人员进行安全技术交底，并做好书面的交底工作。

(19)参加挖孔作业的工人应是 18～35 岁男性青年，事先必须进行身体检查，凡患有精神病、高血压、心脏病、癫痫病、聋哑及其他不宜井下作业的人等不能参与施工。

(20)现场设专人对井下施工严格监控，做好挖孔桩施工记录，并负责对安全施工实施跟踪监督，做好监督记录。

四、浅基坑开挖安全技术要求

浅基坑开挖有条基开挖及柱基开挖两种情况，条基埋深一般仅 1～3 m，通常采用直立坑壁，人工开挖。柱基基础面积虽大，埋深可达 7 m，但容易支护。多数柱基埋深 2～3 m，高大厂房柱基宽不过 3～4 m，长不过 5～6 m 皆属空间问题，深度大时，采用放坡法。土质边坡的坡比一般为 1：0.5～1：1.2，含水量接近塑限的土，其坡比约在 1：0.5。放坡可采用阶梯放坡或斜坡。

设备基础情况较复杂，有的面积大，埋深可达 10 m；有的与柱基相近，其中较困难的问题在于室内施工，当设备基础距离较近时，必须考虑柱基的安全及下沉，安全距离不小于 $2\Delta H$，ΔH 为两基础埋深的高差。同时坡顶离原有基础外缘距离不小于 1～2 m，按深度大小确定，也不得将弃土压在原有基础上。由于施工场地紧张，放坡条件难以保证，就必须采用板桩支护，或地下连续墙及排桩支护。地基土较好时，采用在原基础外做搅拌桩，可缩短两者间的距离；新老基础下的桩按竖向荷载设计，不具有抗滑能力，边坡一旦失稳，桩群将同时滑动折断，软黏土区均出现类似事故。

基坑开挖不仅要考虑边坡的稳定，还要确保基坑(槽)底土层不被扰动。浮土必须清除，验基坑(槽)的目的在于补充勘测的不足。当发现异常情况，例如填土、洞穴或土的性状不符合勘测提供的情况等必须在解决后才能进行基础施工。

影响基坑施工因素很多，对浅基础来说，重要问题是防止基坑曝晒或泡水，春季施工时，土融化后强度衰减会导致坑壁滑坍。雨季施工坑内外都要及时排水，泡水的软泥要清除彻底。基础出地面后立即回填夯实，以保证基础在水平方向的稳定性。

五、大面积深基坑支护安全技术要求

高层建筑基础比较复杂，按其功能要求分为箱基、筏基两大类。箱基主要解决承载力不足问题。住宅建筑多采用箱基，埋深约为 5 m。商业建筑地下部分因供停车或营业需要，一般采用框架-柱-厚筏结构。地下 2 层，埋深 10 m 左右，由于用地紧张，常常用规划地将各栋建筑的地下部分连成一片，形成大底盘，出现了大面积深基坑支护技术问题，其特点如下：

(一)由于场地狭窄，放坡法使用条件受到限制，目前主要的支护方法为钢板桩、柱列式钢筋混凝土桩、地下连续墙等。对方形或圆形基坑采用拱圈。为提高支护能力，增设单层和多层土层锚杆，或设水平支撑。基坑开挖要实行位移监测，确保场外建筑物、道路及管道设施等的安全。

(二)利用深层搅拌法(或注浆法)加固基坑四周土体，使其成为具有低强度的防水帷幕，或直接用作护坡；或与钢筋混凝土柱列桩连用，组成防水支挡结构代替造价较高的连续墙；在软土地区可用来加固被动区土体，增加支护结构的稳定性，杜绝流沙管涌，为施工现场干作业创造条件。

(三)逆作法施工技术日益被重视。市内施工，场地狭窄，不仅没有可能放坡，甚至施工场地亦受限制，加之施工支挡可用地下室永久结构代替，各层楼板可作施工之用，并可缩短工期、节约造价。由于这些优点，20 世纪 70 年代已开始实行逆作法施工。逆作法的施工与正常基坑施工相反，先施工上层地下室，再施工下层地下室，最后浇筑底板。原有连续墙或柱列式钢筋混凝桩可作为地下室的临时外墙。施工时按柱网排列，先做钢骨临时支柱，在地面上做最上层楼面结构。浇筑过程中预留车道、出土口，便于挖出第一层楼面下的土方。挖完土方后，继续做第二层楼面，并浇筑钢筋混凝土柱。原有钢骨(型钢或钢管)留在柱内，便于柱、梁、板的连接。按此顺序施工，至浇完底版为止。

六、基坑支护设计原则

(一)基坑支护结构极限状态

1.承载能力极限状态：对应于支护结构达到最大承载能力或土体失稳、过大变形导致支护结构或基坑周边环境破坏；

2.正常使用极限状态：对应于支护结构的变形已妨碍地下结构施工或影响基坑周边环境的正常使用功能。

(二)基坑侧壁安全等级及重要性系数(见表4—1)。

表4—1　基坑侧壁安全等级及重要性系数

安全等级	破坏后果	γ_0
一级	支护结构破坏、土体失稳或过大变形对基坑周边环境及地下结构施工影响很严重	1.10
二级	支护结构破坏、土体失稳或过大变形对基坑周边环境及地下结构施工影响一般	1.00
三级	支护结构破坏、土体失稳或过大变形对基坑周边环境及地下结构施工影响不严重	0.90

注：有特殊要求的建筑基坑侧壁安全等级可根据具体情况另行确定。

(三)变形控制

支护结构设计应考虑其结构水平变形、地下水的变化对周边环境的水平变形与竖向变形的影响，对于安全等级为一级和对周边环境变形有限定要求的二级建筑基坑侧壁，应根据周边环境的重要性、对变形的适应能力及土的性质等因素确定支护结构的水平变形限值。

七、方案制订前的勘察要求

(一)总体要求

在主体建筑地基的初步勘察阶段，应根据岩土工程条件，搜集工程地质和水文地质资料，并进行工程地质调查，必要时可进行少量的补充勘察和室内试验，提出基坑支护的建议方案。

(二)对需要支护工程的勘察要求

1.勘察范围应根据开挖深度及场地的岩土工程条件确定，并宜在开挖边界外按开挖深度的1～2倍范围内布置勘探点，当开挖边界外无法布置勘探点时，应通过调查取得相应资料。对于软土，勘察范围尚宜扩大。

2.基坑周边勘探点的深度应根据基坑支护结构设计要求确定，不宜小于1倍开挖深度，软土地区应穿越软土层。

3.勘探点间距应视地层条件而定，可在15～30 m内选择，地层变化较大时，应增加勘探点，查明分布规律。

(三)场地水文地质勘察要求

1.查明开挖范围及邻近场地地下水含水层和隔水层的层位、埋深和分布情况，查明各含水层(包括上层滞水、潜水、承压水)的补给条件和水力联系。

2.测量场地各含水层的渗透系数和渗透影响半径。

3.分析施工过程中水位变化对支护结构和基坑周边环境的影响，提出应采取的措施。

(四)基坑周边环境勘查内容

1. 查明影响范围内建(构)筑物的结构类型、层数、基础类型、埋深、基础荷载大小及上部结构现状。

2. 查明基坑周边的各类地下设施，包括上、下水、电缆、煤气、污水、雨水、热力等管线或管道的分布和性状。

3. 查明场地周围和邻近地区地表水汇流、排泄情况，地下水管渗漏情况以及对基坑开挖的影响程度。

4. 查明基坑四周道路的距离及车辆载重情况。

(五)勘察资料应能够解决的问题

1. 分析场地的地层结构和岩土的物理力学性质，提出岩土工程设计所需的参数。

2. 地下水的控制方法及计算参数。

3. 施工中应进行的现场监测项目。

4. 基坑开挖过程中应注意的问题及其防治措施。

八、支护结构选型

支护结构可根据基坑周边环境、开挖深度、工程地质与水文地质、施工作业设备和施工季节等条件，按表 4—2 选用排桩、地下连续墙、水泥土墙、逆作拱墙、土钉墙、原状土放坡或采用上述形式的组合。支护结构选型应考虑结构的空间效应和受力特点，采用有利支护结构材料受力性状的形式。软土场地可采用深层搅拌、注浆、间隔或全部加固等方法对局部或整个基坑底土进行加固，或采用降水措施提高基坑内侧被动抗力。

表 4—2　支护结构选型表

结构类型	适用条件
排桩或地下连续墙	1. 适于基坑侧壁安全等级一、二、三级 2. 悬臂式结构在软土场地中不宜大于 5 m 3. 当地下水位高于基坑底面时，宜采用降水、排桩加截水帷幕或地下连续墙
水泥土墙	1. 基坑侧壁安全等级宜为二、三级 2. 水泥土桩施工范围内地基土承载力不宜大于 150 kPa 3. 基坑深度不宜大于 6 m
土钉墙	1. 基坑侧壁安全等级宜为二、三级的非软土场地 2. 基坑深度不宜大于 12 m 3. 当地下水位高于基坑底面时，应采取降水或截水措施
逆作拱墙	1. 基坑侧壁安全等级宜为二、三级 2. 淤泥和淤泥质土场地不宜采用 3. 拱墙轴线的矢跨比不宜小于 1/8 4. 基坑深度不宜大于 12 m 5. 地下水位高于基坑底面时，应采取降水或截水措施
放坡	1. 基坑侧壁安全等级宜为三级 2. 施工场地应满足放坡条件 3. 可独立或与上述其他结构结合使用 4. 当地下水位高于坡脚时，应采取降水措施

九、排桩、地下连续墙安全技术要求

排桩是指以某种桩型列式布置组成的基坑支护结构。地下连续墙是指用机械施工方法成槽，下设钢筋笼，并浇灌混凝土形成的地下墙体。主要安全技术要求有：

1. 悬臂式排桩结构桩径不宜小于 600 mm，桩间距应根据排桩弯矩及桩间土稳定条件确定。

2. 排桩顶部应设钢筋混凝土冠梁连接，冠梁宽度（水平方向）不宜小于桩径，冠梁高度（竖直方向）不宜小于 400 mm。排桩与桩顶冠梁的混凝土强度等级宜大于 C20；当冠梁作为连系梁时可按构造配筋。

3. 基坑开挖后，排桩的桩间土防护可采用钢丝网混凝土护面、砖砌等处理方法，当桩间渗水时，应在护面设泄水孔。当基坑面在实际地下水位以上且土质较好，暴露时间较短时，可不对桩间土进行防护处理。

4. 悬臂式现浇钢筋混凝土地下连续墙厚度不宜小于 600 mm，地下连续墙顶部应设置钢筋混凝土冠梁，冠梁宽度不宜小于地下连续墙厚度，高度不宜小于 400 mm。

5. 水下灌注混凝土地下连续墙混凝土强度等级宜大于 C20，地下连续墙作为地下室外墙时还应满足抗渗要求。

6. 地下连续墙的受力钢筋应采用Ⅰ级或Ⅱ级或Ⅲ级钢筋，直径不宜小于 20 mm。构造钢筋宜采用Ⅰ级钢筋，直径不宜小于 16 mm。净保护层不宜小于 70 mm，构造筋间距宜为 200～300 mm。

7. 地下连续墙墙段之间的连接接头形式，在墙段间对整体刚度或防渗有特殊要求时，应采用刚性、半刚性连接接头。

8. 地下连续墙与地下室结构的钢筋连接可采用在地下连续墙内预埋钢筋、接驳器、钢板等，预埋钢筋宜采用Ⅰ级钢筋，连接钢筋直径大于 20 mm 时，宜采用接驳器连接。

十、土层锚杆施工安全技术要求

土层锚杆是指由设置于钻孔内、端部深入稳定土层中的钢筋或钢绞线与孔内注浆体组成的受拉杆体。

（一）锚杆长度规定

1. 锚杆自由段长度不宜小于 5 m 并应超过潜在滑裂面 1.5 m。

2. 土层锚杆锚固段长度不宜小于 4 m。

3. 锚杆杆体下料长度应为锚杆自由段、锚固段及外露长度之和，外露长度须满足台座、腰梁尺寸及张拉作业要求。

（二）锚杆布置规定

1. 锚杆上下排垂直间距不宜小于 2.0 m，水平间距不宜小于 1.5 m。

2. 锚杆锚固体上覆土层厚度不宜小于 4.0 m。

3. 锚杆倾角宜为 15°～25°，且不应大于 45°。

（三）其他要求

1. 沿锚杆轴线方向每隔 1.5～2.0 m 宜设置一个定位支架。

2. 锚杆锚固体宜采用水泥浆或水泥砂浆，其强度等级不宜低于 M10。

十一、钢筋混凝土支撑安全技术要求

钢筋混凝土支撑是指由钢筋混凝土构件组成的用以支撑基坑侧壁的结构体系。主要安全技术要求包括：

钢筋混凝土支撑构件的混凝土强度等级不应低于C20。

钢筋混凝土支撑体系在同一平面内应整体浇筑，基坑平面转角处的腰梁连接点应按刚节点设计。

十二、钢结构支撑安全技术要求

钢结构支撑是指由钢结构组成的用以支撑基坑侧壁的结构体系。主要安全技术要求包括：

钢结构支撑构件的连接可采用焊接或高强螺栓连接。

腰梁连接节点宜设置在支撑点的附近，且不应超过支撑间距的1/3。

钢腰梁与排桩、地下连续墙之间宜采用不低于C20细石混凝土填充；钢腰梁与钢支撑的连接节点应设加劲板。

十三、水泥土墙安全技术要求

水泥土墙是指由水泥土桩相互搭接形成的格栅状、壁状的重力式结构。主要安全技术要求包括：

水泥土墙采用格栅布置时，水泥土的置换率对于淤泥不宜小于0.8，淤泥质土不宜小于0.7，一般黏性土及砂土不宜小于0.6；格栅长宽比不宜大于2。

水泥土桩与桩之间的搭接宽度应根据挡土及截水要求确定，考虑截水作用时，桩的有效搭接宽度不宜小于150 mm；当不考虑截水作用时，搭接宽度不宜小于100 mm。

当变形不能满足要求时，宜采用基坑内侧土体加固或水泥土墙插筋加混凝土面板及加大嵌固深度等措施。

十四、土钉墙安全技术要求

土钉墙是指采用土钉加固的基坑侧壁土体与护面等组成的支护结构。主要安全技术要求包括：

土钉墙设计及构造应符合下列规定。

土钉墙墙面坡度不宜大于1∶0.1。

土钉必须和面层有效连接，应设置承压板或加强钢筋等构造措施，承压板或加强钢筋应与土钉螺栓连接或钢筋焊接连接。

土钉的长度宜为开挖深度的0.5～1.2倍，间距宜为1～2 m，与水平面夹角宜为5°～20°。

土钉钢筋宜采用Ⅱ、Ⅲ级钢筋，钢筋直径宜为16～32 mm，钻孔直径宜为70～120 mm。

注浆材料宜采用水泥浆或水泥砂浆，其强度等级不宜低于M10。

喷射混凝土面层宜配置钢筋网，钢筋直径宜为6～10 mm，间距宜为150～300 mm；喷射混凝土强度等级不宜低于C20，面层厚度不宜小于80 mm。

坡面上下段钢筋网搭接长度应大于300 mm。

当地下水位高于基坑底面时，应采取降水或截水措施；土钉墙墙顶应采用砂浆或混凝土护面，坡顶和坡脚应设排水措施，坡面上可根据具体情况设置泄水孔。

十五、一般基坑和管沟(槽)施工安全技术措施

(一)警示牌设置

在沟槽开挖施工阶段，必须在相应位置设立警示牌，且应设立在醒目位置，在绿化带堆土情况下应将警示牌设立在土堆后红线范围外，防止发生外来人员进入施工现场攀爬土堆，引发安全事故。

(二)防护栏设置

在基坑四周开挖线外 1 m 处设置防护栏杆围护，防护栏必须将整个沟槽防护起来，栏杆张挂安全标志，见图 4—1。

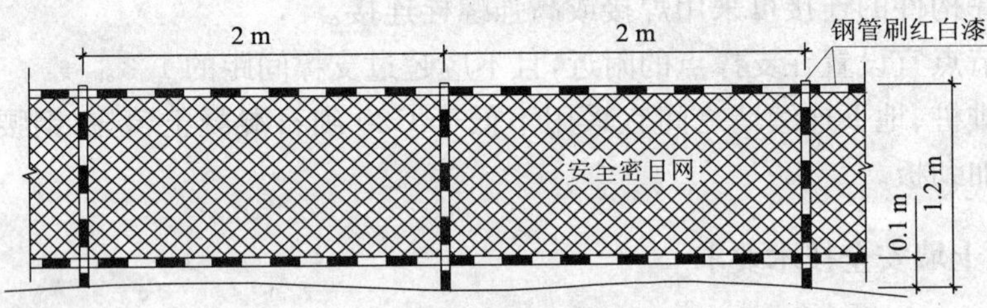

图 4—1　基坑施工安全防护栏杆

(三)堆土要求

沟槽开挖时坑边堆土不能过高、过陡，且距基坑边距不能小于 1.0～2.0 m。示意图见图4—2。

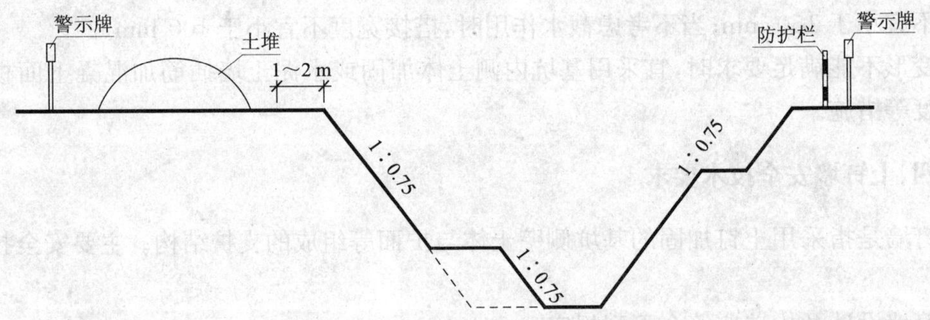

图 4—2　基坑防护及堆土要求示意图

(四)槽底施工安全措施

机械开挖沟槽，槽底预留 200 mm 用人工进行捡底。人工捡底、下管、移管的时候，人员横向间距不小于 2.0 m，纵向间距不小于 3 m，沟底作业人员要有稳定、安全的立足点，夜间施工时设置足够的照明灯具。工人上下基坑必须走通道，不得攀登放坡坡道上下沟槽，下沟槽的施工人员必须配带安全帽，并要进行相关技术交底。现场安全员及相关技术人员必须巡视现场不得擅自离开工作岗位。

第四节　基坑支护与降水工程施工设计计算书及安全专项方案编制实例

一、降水工程专项施工方案

(一)工程概况

1.工程基本情况

工程名称：

层数:地面以上均为24层,地下1层,基底埋深均为6.0 m。

建筑面积:南北长均54 m,东西宽16 m,拟采用框剪结构,箱型基础,建筑总面积约64 141 m^2。

2.场地位置及地形地貌

场地地形较平坦,旧有建筑已拆除,经人工整平,地形略有起伏,地面标高在2.53～3.05 m之间,相对地面高差为0.52 m。场地地貌属戴河冲洪积平原。场区东西两侧原有建筑物距拟建建筑仅约12～20 m,处于降水漏斗陡降段。

3.场区工程地质条件

(1)岩土分布特征

在勘察深度范围内,第四系松散地层总厚约26.5～28.5 m,主要堆积物为杂填土、中粗砂、粗砂和园砾。下伏太古界混合花岗岩强风化层(Ar2)及中等风化层(Ar3)。按成因及性质可划分6层,各岩土层特征分述如下:

①杂填土

杂色,稍湿,松散-稍密状态,主要由黏性土,砂土混建筑垃圾组成。层厚0.3～1.8 m。

②中粗砂

褐-黄褐色,局部灰褐色,主要成分长石、石英。稍湿-饱和,松散-稍密状态,颗粒不均匀,局部夹薄层(0.2～0.4 m)灰色粉质黏土。该层全场分布,层顶标高0.73～2.51 m,层厚3.0～5.3 m。

③粗砂

黄褐色,饱和,颗粒不均匀,稍密-中密状态,主要成分长石,石英,含少量小砾石。该层全场分布,层顶标高－1.62～2.89 m,层厚4.4～7.8 m。

④砾砂

黄褐色,饱和,密实状态,颗粒分选性差,砾石含量约占20%～30%,直径0.2%～2 cm;卵石含量约占10%～15%,直径3～5 cm。部分地段卵、砾石含量超过50%,属圆砾。卵、砾石的磨圆度较差,呈亚圆型及次棱角状,充填物为中粗砂,并混少量黏粒,局部(主要在地面下17～19 m之间)夹薄层(＜0.4 m)黏性土及中粗砂透镜体。全场分布,层顶标高－6.96～－9.78 m,层厚14.1～17.8 m。

⑤强风化混合花岗岩

黄褐色,粗粒结构,块状构造,主要矿物成分为长石、石英、少量云母。原岩结构大部分已破坏。岩芯手可捻碎呈砂状或碎块状,回转钻进取不出完整岩芯。属软岩,岩体基本质量等级为Ⅴ类。全场分布，顶面埋深 26.5～28.5 m，层顶标高－23.779～25.62 m，层厚 11.3～21.9 m。

(2)场区水文地质条件

本区属温暖带板湿润季风大陆性气候。多年平均降水量 689.5 mm，其中 7、8 两月占总量的 57%。年平均气温 10.1 ℃，夏季最高平均气温 33.6 ℃，冬季多东、东北风，其他季节多西及西南风，最大风速 19 m/s(东风)。

地下稳定水位距自然地面 2.1～2.6 m，地下水位标高 0.04～0.70 m。本场地地下水主要赋存于第②层中粗砂、③层粗砂、④层砾砂中，按埋藏条件属孔隙潜水。地下水主要来源于大气降水及侧向渗流。排泄方式主要以蒸发及侧向渗流为主。水位变化幅度与大气降水的关系密切，一般水位年变化幅度约 1.0 m。

根据本场地钻孔取水样水质分析报告，地下水化学类型为 Cl^- $Na^+ + Mg^{2+}$ 型水，pH＝7.03～7.11，属中性水，根据《岩土工程勘察规范》(GB 50021－2001)第 12.2 节规定评价，本场地地下水对混凝土结构无腐蚀性，在干湿交替环境下，对钢筋混凝土中钢筋有中等腐蚀性；对钢结构具有中等腐蚀性。

建筑场地内第四系覆盖层厚度为 26.5～28.5 m，地下水位距自然地面 2.1～2.6 m。地下室开挖深度约 6.0 m。估算基坑用水量可按综合渗透系数 K＝22.0 m/d 考虑。

(二)设计依据

1.甲方提供

岩土工程勘察报告。

拟建场区作总平面图。

甲方提供的有关本工程技术图纸。

2.规范规程类

《建筑基坑支护技术规程》(JGJ 120－99)。

《建筑基坑支护技术规范》(YB 9258－97)。

《建筑边坡工程技术规范》(GB 50330－2002)。

《建筑地基基础工程施工质量验收规范》(GB 50202－2002)。

《建筑与市政降水工程技术规范》(JGJ/T 111－98)。

《管井工程施工技术规范》(JGJ/T 100－98)。

《建筑地基处理技术规范》(JGJ 79－91)。

(三)设计方案综述

根据具体情况和类似工程的施工经验，经过反复对方案进行论证和优化，为保证基坑周围的建筑物不因基坑开挖而发生过大的位移和变形、控制地面裂隙发展深度，初步考虑两种帷幕，即在建筑物的东西两侧增设半封闭式深层搅拌法帷幕和切槽注浆法帷幕，加长水流的流径通道，达到阻水目的。降水采用管井降水方式。

(四)止水帷幕设计

1.深层搅拌法

拟建场区东西两侧设置水泥喷浆搅拌桩做止水帷幕，桩径为 500 mm，桩距为 350 mm，重叠 150 mm 咬合，桩顶标高为 0.00 m。(具体做法见图 4－4)。桩长设计计算如下：

根据公式 $t=\dfrac{Kh'\gamma^{w}}{2\gamma}$ 计算排桩入土深度。

其中，$K=2$，$h'=6-2.4=3.6$ m，$\gamma^w=10$ kN/m³，$\gamma'=19.5-10=9.5$ kN/m³。

则 t=3.8 m，取 4 m，即排桩入土深度为 4 m 时不会发生管涌现象。由于基础开挖深度为 6 m，则排桩长度为 6+4=10 m，取 12 m。

2. 切槽注浆法

(1)帷幕施工前，沿轴线先挖宽 250 mm，深 300 mm 深槽。

(2)振动沉管机按给定的孔位就位。

(3)校正振动沉管机立柱与切槽钻具垂直度。

(4)按设计配比和注入量将浆液配备好。

沉管切槽注浆的水泥浆液的水灰比为 0.7～1.1，采用水玻璃为促进剂，掺量为水泥的3%～5%。

(5)将切槽注浆钻具对准孔位开始注浆，当浆液从注浆孔喷出后，开动振动器将钻具沉至预定孔深，切槽注浆钻具，为准孔位下钻。

(6)沉管过程应密切注意钻具是否发生偏斜情况，如发生偏斜，应立即进行调整，以保证幕墙的连续性。

(7)打开底部注浆阀保证注浆半分钟，缓缓提升钻具，同时注浆，每个槽孔的水泥浆设计注入量为 0.8～1.0 m³。根据进浆量，冒浆量和注浆压力，调节提升速度。当钻具提出孔口时，停止注浆，同时应注意在两孔切槽的搭接部分，进行复插注浆，以保证幕墙的连续性。

(8)灌浆顺序采用跳打法如：1、3、2、5、4、7、6 的顺序进行。

(五)降水工程设计

根据勘察报告，本区地下水主要为第四系砾砂中的孔隙水，根据地层特点及场地的限制，降水采用管井抽排方案，配合观测，同时对建筑物进行实时观测保证证周围建筑物的安全，基坑挖至基底后，如还有明水，可采用明排进行辅助降水。

1. 基本数据

管井设计，由于东西两侧止水帷幕深度定为 12 m，所以东西两侧的管井深度也定为12 m，其他管井深度定为 15 m。本场区平均渗透系数 K 取 22 m/d，稳定水位至设计基坑底的深度 H 取 10.6 m，影响半径 R 取 150 m，引用基坑半径 r_0 取 30.7 m，管井过滤器半径 r_s 选取 0.175 m，过滤器进水部分长度取 2 m。由于本场区地质条件比较均匀，所以取单栋建筑的降水计算，其他两栋按此计算。

2. 基坑涌水量计算

根据公式 $Q=\dfrac{1.36KH^2}{[\lg(R+r_0)-\lg r_0]}$，计算得 Q=4 140 m³/d

3. 管井数量的确定

$$q=120\pi_s l^3\sqrt{K}，计算得：q=370\ \text{m}^3/\text{d}$$

管井数 $n=1.1\times Q/q$=13 眼，取 14 眼，间距 15 m 布置。(具体作法见图 4—3)

4. 潜水泵的选择

一般选择水泵的排水量为基坑涌水量的 1.5～2.0 倍，为保证 1 井 1 泵，本降水方案采用 JBQ-10 型水泵，流量为 32.5 m³/h，日排水量为 780 m³，能够满足要求。

5. 明排水方案

为保证排水通畅，在管井外围设置排水沟，宽 500 mm，深 600 mm，每隔 20 m，增设沉淀池 1 000 mm×1 000 mm，深度为 800 mm。

(六)分项工程施工主要技术措施

1. 水泥浆深层搅拌止水帷幕施工技术措施

(1)搅拌桩施工现场应平整,必须清除地上和地下的障碍物。

(2)专业人员放线,定桩位并做好标记,防止后期施工时破坏。

(3)机具设备就位后,必须平正、稳固,确保不发生倾斜、移动。

(4)搅拌头翼片的枚数、宽度、与搅拌轴的垂直夹角、搅拌头的回转数、提升速度应相互匹配,以确保加固深度范围内土体的任何一点均能经过 20 次以上的搅拌。

(5)施工中应保持搅拌桩机底盘的水平和导向架的竖直,搅拌桩的垂直偏差不得大于 1%;桩位得偏差不得大于 50 mm;钻头偏差应不超过 3%;成桩直径和桩长不得小于设计值。

(6)深层搅拌桩成桩工艺采用"二次喷浆、三次搅拌"工艺。

(7)深层搅拌桩施工时提升速度控制在 0.6～1.2 m/min。

(8)施工时应及时做好成桩记录,成桩记录应反映真实施工状况。

2. 降水及回灌井施工技术措施

(1)钻孔成井

放线定点:根据甲方给定得基坑开挖边线,用仪器及钢尺进行放线定井孔点位,甲方或监理代表认可后,方可进行施工。

钻机就位:钻机安装要求平稳牢固,钻机顶部起吊轮钢丝绳与井孔中心应沿垂成直线,偏差不许大于 5 cm。

泥浆护壁:开钻前应准备一定量得红黏土,配置泥浆。根据场地地层条件采用钻进过程自造浆护壁方法施工。

钻孔:经专业工程师与甲方或监理代表现场检查合格后,方可开钻,开孔时应低锤扶正轻击,施工中应保持井孔内应有水头压浆高度,严防孔井壁坍塌。

井孔钻进达到设计深度以后,需报请专业工程师检查,合格签字后,方可进行清孔下井管及虑管。

下井管及虑管时应检查接管部位有无缺损裂纹,严禁"带伤"井管下入井孔,下管时严禁歪斜出现缝隙,防止泥沙进入井孔内。

砾料应保证规格质量,含泥粉得砾料必须过筛后再用,填砾料时应沿井壁与井管间缓慢投入,严禁车装充填,一面冲撞井管产生歪斜及中间堵塞,产生填砾不实导致后期涌泥涌砂。

成井后应进行洗井,采用移动式空压机或水泵洗井至水清砂净以后,方可下入水泵进行抽水运转。

(2)降水的电泵安装及排水

降水设备按一井一泵的原则,下置潜水电泵排水,每个降水疏干管井按设计要求下置抽水量为 10～25 m^3/h,扬程 15～20 m 的潜水电泵,排水拟直接排入基坑周边的排污管道再排至场外。

各项工序完成后,先进行试抽运转排水,在此期间要全面检查降水设备,排水管路、电器安装设备(闸箱、开关、线路)等有无不达标的地方,如有应立即排除,待质量达标以后,即可进行连续降水,并定时观测水位、流量的动态变化,也应观察了解周边建筑物的安全状况,所测及所了解的情况应及时汇总研究,发现问题及时解决调整,做到掌握管井疏干降水全过程动态,保质保量安全地完成基坑降水疏干工作。

(3)回灌井安装及运行管理

沿原有建筑四周布设回灌井及管道,回灌井深度 6 m,在适当位置架设一个回灌水箱(4～5个回灌井共用 1 个水箱),水箱高度最少应高出地面 1 m,使管道内的水产生一定的压力，在每口回灌井处设置一个阀门，以便根据基坑周边水位调整回灌流量。

回灌保护区内应设地下水位观测井，连续记录地下水位的变化，通过调节回灌流量使底细水尽可能包伙此原始的天然地下水位位置。

由于回灌水时会有 $Fe(OH)_2$ 沉淀物、活动性的锈蚀及不溶解的物质积聚在注水管内，可导致回灌井和管道堵塞，可在贮水箱进出口处设置滤网，减轻被堵塞的现象，在回灌施工中应注意保持回水的清洁。

定期对回灌井进行洗井处理，以免井壁堵塞影响回灌效果。

混凝土护坡施工技术措施：基坑边坡为 1∶1 放坡，在坡面垂直楔入直径 10 mm，长 40 cm 的插筋，纵横间距 1 m，上铺 20 号铁丝网，在表面喷射 40 mm 厚的 C15 细石混凝土直到坡顶和坡脚。

（七）施工组织

1. 主要施工机具配备（见表 4—3、4—4）

表 4—3　主要施工机具配备表 1

序号	仪器设备名称	规格型号	单位	数量	备注
1	经纬仪	TDJ2	套	2	
2	水准仪	DS24	套	2	
3	水平尺		套	2	
4	泥浆比重计		套	6	
5	试模	150×150×150	组	20	

表 4—4　主要施工机具配备表 2

序号	仪器设备名称	规格型号	额定功率(kW)	数量	备注
1	混凝土泵	HBT-40	75	1	
2	深层搅拌桩机	SP-5A	45	1	
3	泥浆泵	3PHL	15	2	
4	潜水泵	JBQ-10	2.2	42	
5	汽车吊	25T			
6	装载机	ZL-201			
7	电焊机		3	2	
8	钢筋切断机			1	
9	钢筋弯曲机			1	
10	空压机		30	1	

2. 人员配备（见表 4—5）

表 4—5　人员配备表

序号	岗位	人数	序号	岗位	人数	
1	管理人员	5	3	深层搅拌桩	15	
2	变形观测	2	4	降水井	10	

3. 施工现场组织机构（略）

4. 施工进度计划(略)

5. 管理要求

选派有经验的优秀管理人员组成项目管理队伍,各级主管领导及业务骨干坚守岗位,精心组织,目标管理,加强现场调度指挥,只能部门超前运作,高效服务,发挥保障作用。

6. 技术保障

技术负责人熟悉和审查施工图纸,合同签订厚由项目班子成员和业主、设计、监理工程师共同进行图纸会审,审查图纸各部尺寸有无错误,对照现场施工条件审查各工序之间衔接是否合理,并明确设计意图和质量要求。复核甲方提供的水准基点后做好桩位的定位放线;进行砂石料试验、混凝土配合比、主材复试;做好技术交底,据现场实际情况进一步完善施工组织设计,报验有关资料、申请开工报告等。在施工过程中及时了解施工动态,价情现场技术指导与监督,杜绝发生技术性错误。

7. 物资、能源、人力组织准备

根据设计图纸详细计算统计各种材料规格、数量,并按施工进度计划制定翔实的材料采供计划,检查供水、供电及人力组织是否满足进度计划要求。

8. 设备准备

按照施工组织设计,检查、准备各种机械和用具,准备易损易坏件备品,保证进场施工设备的完好率,为严格按进度计划完成创造条件。

9. 进度检查及调整

根据现场条件,结合施工组织设计和工程工期的要求,制定各项工序的工效目标和进度保证措施,关键工序要每日检查,一旦与预计目标不一致,应立即检查原因及纠正。

10. 降水体系施工控制点布置(见表 4—6)

表 4—6 降水体系施工控制点布置

施工阶段	检查项目	检查手段	检查部门	报验部门
钻机对位	桩位点撒白灰,钉桩,钻机停靠稳固,钻杆对位准确、垂直	经纬仪 水平尺	测量组	监理
钻机成孔	泥浆比重	比重计	质检组	
钻机终孔	终孔深度,沉渣,换浆后泥浆比重	水准仪 测绳 比重计	质检组	监理
吊放水泥滤管	水泥管连接准确,竹劈绑扎牢固,砂层应按设计要求缠纱网,滤管居中不偏斜		工程部 质检组	
填滤料	滤料符合设计要求,沿滤管周边均匀投放		工程部 质检组	
洗井	空压机反吹洗井至出水清澈无砂沉淀,补充滤料至水位以上,上部填黏土封口		工程部 质检组	监理
砖砌井口	方正牢固,符合要求		工程部	
联网抽水	沿基抗周边布设排水管,排水管及电缆按规定架高,四角设沉淀池		工程部 安全组	监理

11. 成井

(1)反循环钻机成孔,钻机定位前应在井口拉设十字控制点。

(2)机具设备就位后，必须平正、稳固，确保在施工中不发生倾斜、移动。

(3)成孔开始前，钻机应进行对中，并保证钻杆垂直。

(4)如无法确定地下管线情况，应通知甲方确认，如下部或邻近确有管线，应人工开孔超过管线深度，并埋设护筒。

(5)钻机成孔，应随时检查泥浆比重及钻杆垂直度。

(6)钻机就位后，开钻前应用水平尺检查平台水平。

(7)孔深 14.0～16.0 m，孔深误差不超过 0.2 m。

(8)按设计长度下管，管口露出地面 0.5 m，每两根管绑一道扶正器。

12. 洗井

空压机反吹洗井，井内沉渣不大于 0.20 m。

13. 联网抽水

砖砌井口，高出地面 50 cm，并作井口遮盖。

水泵扬程大于 20 m。开泵半小时后，应取样测试含砂量，当含砂量大于 0.5‰时，应及时采取措施减少水中含砂量。

水泵下置深度为设计井深以上 2 m。

(八)基坑变形观测

在施工过程中，必须掌握基坑周围土体的实际位移情况，以监控基坑的工作状态，必要时对设计方案或施工过程和方法进行修正。

在工程开始前，制定观测计划，定期进行观测，作好正式记录。对周围建筑物由建设单位组织有关部门进行鉴定、记录，以免降水后发生不必要的纠纷。由于基坑较深，基坑边坡土质较差，邻近市政电力管线和已有建筑物，土体变形及基坑稳定性监测尤为重要，监测方案应独立制定实施，科学、认真、实事求是的执行，以保证基坑支护的万无一失。

1. 常规巡检

制订观测计划，对建筑物及市政设施进行控制点标定、照相，按期定时定人进行巡检，填写正式记录。

2. 光学仪器观测方法

视周围场地现有构筑物、地下管线对变形的敏感程度或甲方要求，由设计确定变形影响范围、观测精度、变形界限值等监测参数。

采用视准线法，测量时用小角度经纬仪测出各测点横向位移，其目的是量测到支护结构和基坑顶端的位移量。选用 J2 型经纬仪进行观测，观测时使每段观测点与两端工作基点布成一条准直线，将仪器设于一端工作基点上，后视另一工作基点，确定各观测点相对于准直线的垂直偏移量。

具体观测参数、记录表格、及应急措施纳入施工交底或施工记录。

3. 变形观测具体实施方案

(1)距基坑外 40 m 处埋设固定基准点 3 个(高程及坐标控制)，以打入地下 1.5 m 深，直径大于 F28 的钢筋，同时用混凝土将其保护好，每次观测前进行相互校核，确定未被移动后才施测，对面的固定点以远处的不动点为基准，用水准仪进行测量；基坑坡肩 1.0 m 范围内处埋设观测点，观测点的制作用钢尺点焊于基坑上口内侧，如发现被破坏，及时修复，并重新进行基准读数，埋设间距 20～30 m；邻近建筑物角点及外墙中间点设沉降观测点。位移变形观测在各工作基点及各观测点布设完成后，对工作基点进行校核，误差不大于 2 mm。

(2)土方开挖时，监测周期为 1 次/2 日，当相邻 2 次位移量大于 3 mm 或总变形量达 10 mm时，应缩短观测周期至 1 天/次，同时及时分析位移原因，并向有关部门报告；当相邻 2 次位移量较小时，可将观测周期延长至 7 天/次，直至变形速率为零或接近零时，经主任工程师同意停止观测。

(3)观测包括水平位移及沉降观测。位移或沉降发展较快时，加密观测次数；观测时，各观测点必须至少测 1 回，以保证观测精度。观测工作必须指派专人负责观测，同时严格按观测周期进行观测，以便于变形分析。

(4)观测时间应选在每次土方开挖过程前后。必要时绘制变形曲线，每次观测结果必须真实可靠地记录在观测表格内，并及时整理，以便服务于施工安全，在工程竣工时，将上述资料列入竣工资料中。

4. 数据处理及信息反馈

(1)及时整理观测数据，每 3～7 天提供一次统计报表。

(2)遇特殊情况及时加密跟踪观测，并随时通报有关部门。当观测值超常发展或不收敛(超过预警界限值)时，应立即实施补救方案。

(3)定期向有关部门报告监测进展情况。

(4)技术成果包括沉降-时间曲线，变形-时间曲线。

5. 补救措施

(1)当观测值超常发展或不收敛(超过预警界限值)时，应立即停止挖土施工，对出现问题处立即进行回填。

(2)对出现的问题，立即并上报公司技术负责人，及时研究补救方案，补救方案经技术负责人和监理单位总监签字后，方可进行补救。

(3)提前于合作单位协商准备一台 120 kW 备用柴油发电机，停电后 6 h 内运至现场作为临时电源。

(九)安全文明施工现场管理

1. 安全防护

(1)各种施工、操作人员必须持证上岗，各种作业人员应佩戴相应的安全防护用具和劳保用品。严禁操作人员违章作业，管理人员违章指挥。

(2)施工中所用机械、电气设备必须达到国家安全防护标准，自制设备、设施通过安全检验及性能检验合格后方可使用。

(3)加强施工的监控测量，及时反馈量测信息，依照量测结果情况，及时调整支护，确保施工安全及地面建筑物安全。

(4)基坑开挖时，沿基坑四周 4 m 范围内地面堆载不许超过 15 kPa，以免引起边坡位移过大。

(5)施工开始前，安全负责人负责成立工地安全小组，负责工地的安全检查与监督工作，安全小组成员如发现事故隐患时，有权立即令其停工，待采取适当的改正措施后方可复工。

(6)安全组长由项目经理兼任，各分项负责人应为安全组成员。

(7)安全组成员每天下班后应开一次碰头会，研究解决施工中发现的安全问题，并做到随时发现问题随时处理。重大问题应提请安全委员会解决，认真接受所属劳动安全部门及甲方的安全检查，并协同甲方共同做好现场的安全工作。

(8)现场入口处立牌明字：未经允许严禁进入工地参观、逗留。

(9)现场施工人员按规定戴好安全帽，工作期间不得饮酒、赌博，严格遵守工地的各项规章制度。

(10)夜间作业区域与开挖作业区域分开，避免交叉作业。

(11)各工种的施工作业，必须遵照相应的工种作业安全规定执行。

2. 临时用电

(1)所用施工人员应掌握安全用电的基本知识和所用设备性能，用电人员各自保护好设备的负荷线，地线和开关，发现问题及时找电工解决，严禁非专业电气操作人员乱动电器设备。

(2)电缆、高压胶管等要架空设置，钻机行走时，一定要有人提起电缆高压胶管同行。不能架起的绝缘电缆和高压胶管通过道路时，要挖宽 10 cm，深 30 cm 地沟进行埋设，以免机械车辆压坏，发生事故。

(3)配电系统分级配电，配电箱、开关箱外观完整、牢固、防雨防尘、外涂安全色、统一编号。其安装形式必须符合有关规定，箱内电器可靠、完好，选型、定值符合规定，并标明用途。

(4)所有电器设备及其金属外壳或构架均应按规定设置可靠的接零及接地保护。

(5)施工现场所有用电设备，必须按规定设置漏电保护装置，要定期检查，发现问题及时处理解决。

(6)现场内各用电设施，尤其是电焊、电动工具，其装设使用应符合规范要求，维修保管专人负责。

(7)基槽和施工场地内，照明须用安全电压。

3. 机械安全

(1)现场使用的地泵由机械维修工负责，并经常对机械的关键部位进行检查，预防机械故障及机械伤害的发生。

(2)对于现场用电的设备等要搭设防雨棚，或用塑料布覆盖。

(3)潜水泵放入水中或提出水面时，应先切断电源，严禁接拽电缆或出水管。

4. 消防保卫

(1)施工前对民工进行安全交底并制订治安消防协议。

(2)现场要配备灭火器等消防器材。

(3)严格执行用火制度，冬季来临，禁止在现场点火、烤火，工人回宿舍严禁在床上抽烟、喝酒、打牌和赌博。

(4)现场及生活区不得乱拉线、接用电热器具。

(5)现场及生活区的管理由×××负责。

5. 现场管理

(1)必须严格按施工组织设计施工部署，由施工副经理检查并落实施工情况，若遇施组与实际施工矛盾，及时出调整方案，报甲方及监理部门审批后落实。

(2)施工区域及职责严格划分，设立责任区，立标志牌分片包干到人。

(3)场地内应有施工平面图，安全生产管理制度、消防保卫管理制度、场容卫生环境制度、管理职责等，内容详细、字迹工整。

(4)施工场地和道路平整畅通，现场配备4～5台潜水泵，如坑壁有渗水要随时排走，现场内土方、零散碎料、垃圾要及时清理。所有物料及设备摆放整齐。

(5)施工现场应有施工日志和施工管理各方面专业资料，由技术负责人负责。

6.料具管理

(1)本工程用料，材料管理、进料、现场收发材料由材料员负责。

(2)材料进场后储存位置应与施工平面图相符，码放整齐并适当遮盖，围挡划分界限，并做好标志。

(3)根据现场具体情况，搭设材料库，进行分项管理。

7.环境保护

(1)环境不符合品分类

一般不符合品：指施工现场出现的产品或生产过程未超过影响环境的限值，对施工环境未造成严重损害的产品或产品的施工过程。

严重不符合品：指施工现场出现的不合格品超过影响环境的限值，已对施工环境或周围环境造成损害的产品或施工过程。

(2)环境不符合的控制

一般不符合控制：发现不合格项后，由发现人向影响环境的施工班组或施工单位下达书面整改通知写明环境不符合品出现的部位及限期整改时间。班组或施工单位接到整改通知后立即安排进行，整改完毕后进行自检。班组或施工单位整改完毕后在整改通知单上填写处理情况和自检情况，通知验证。

严重不符合控制：发现严重不合格项后，上报项目负责人，并填写整改通知写明环境不符合品出现的部位及限期整改时间。对已造成的环境污染及时处理，将污染范围控制在最小范围之内。对不能处理的问题及时上报上级单位或当地环保部门，采取措施避免环境污染的蔓延。

(3)环境不符合的纠正

项目出现环境不符合情况后，立即按照整改要求进行整改。规定的整改纠正时间到期后，应立即组织进行验证，看纠正后的效果。若采取纠正措施未达到预期效果，应立即修改或制定新的纠正措施。

(4)环境不符合的预防

在工程开工之前，明确环境管理目标，制定相应的预防措施。施工过程中认真进行环境的监测工作，一旦发现异常，立即采取措施。对群众提出的环境投诉，认真进行记录，并采取措施整改。在夜间及高考期间，尽量安排噪音低的施工过程，降低环境污染的可能性。

(5)环卫卫生

①现场划分责任区，各施工小队分别派人负责清扫，建立值日制度。

②现场内不得随地大小便、吐痰及乱扔脏物。

③保证现场内排水设施及现场污水畅通。

④现场食堂按规定检疫，食堂工作人员应有体检合格证。

⑤现场洒水，避免浮土飞扬。

⑥场地平整，现有绿化保护。

(6)环境优化

营造良好的建设与施工环境时保证工程顺利进行，按期完工的必要条件。我们会主动与建设、设计、监理单位通力合作，认真听从监督与指导，坦诚求实，友好协商。积极做好与当地政府相关部门及群众的关系，营造良好的社会环境，与友邻单位密切配合，协调运作。

（十）施工图

1. 降水平面图见图 4－3。

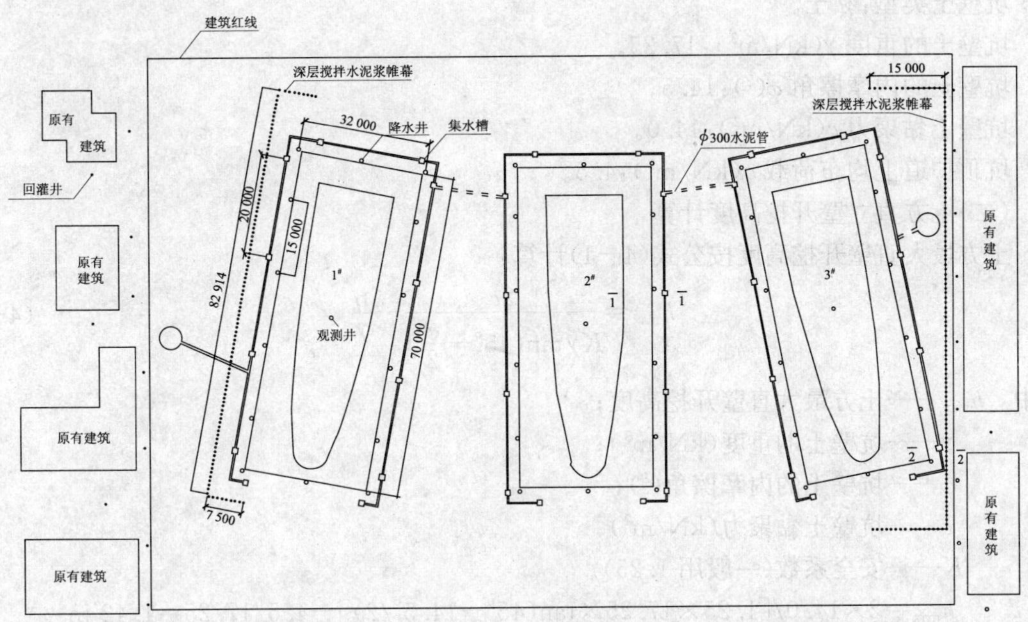

图 4－3　南戴河倚海 45°降水平面布置图（mm）

2. 降水剖面图见图 4－4。

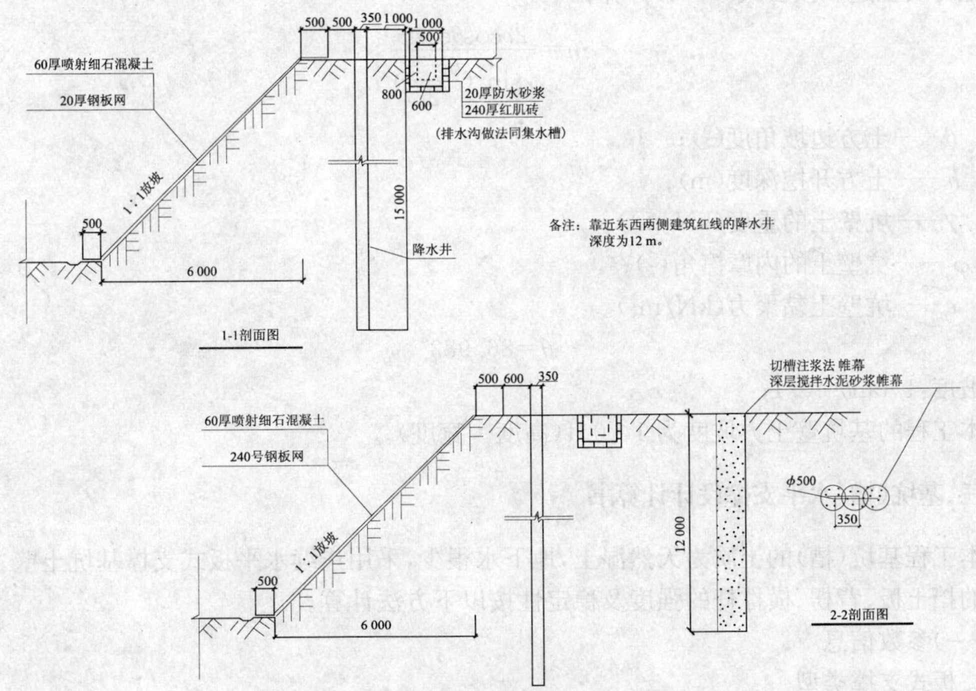

图 4－4　降水剖面图（mm）

二、边坡稳定性计算书

(一)参数信息

坑壁土类型:黏土。

坑壁土的重度 $\gamma(\mathrm{kN/m^3})$:17.25。

坑壁土的内摩擦角 $\varphi(°)$:14.5。

坑壁土黏聚力 $c(\mathrm{kN/m^2})$:14.0。

坑顶护道上均布荷载 $q(\mathrm{kN/m^2})$:4.5。

(二)土方直立壁开挖高度计算

土方最大直壁开挖高度按公式(4-1)计算:

$$h_{\max}=\frac{2c}{K\gamma\tan(45°-\frac{\varphi}{2})}-\frac{q}{\gamma} \tag{4-1}$$

式中　$h_{\max}$——土方最大直壁开挖高度;

γ——坑壁土的重度$(\mathrm{kN/m^3})$;

φ——坑壁土的内摩擦角(°);

c——坑壁土黏聚力$(\mathrm{kN/m^2})$;

K——安全系数(一般用 1.25)。

$h_{\max}=2\times14.0/[1.25\times17.25\times\tan(45°-14.5°/2)]-4.5/17.25=1.42\ \mathrm{m}$

本工程的基坑土方立直壁最大开挖高度为 1.42 m。

(三)挖方安全边坡计算

挖方安全边坡按公式(4-2)计算:

$$h=\frac{2c\cos\theta\cos\varphi}{\gamma\sin^2(\frac{\theta-\varphi}{2})} \tag{4-2}$$

式中　θ——土方边坡角度(°);

h——土方开挖深度(m);

γ——坑壁土的重度$(\mathrm{kN/m^3})$;

φ——坑壁土的内摩擦角(°);

c——坑壁土黏聚力$(\mathrm{kN/m^2})$。

$$\theta=86.983°$$

坡度:$1/\tan\theta=0.1$;

本工程的基坑壁土方坡度为 1∶0.1(高度∶宽度)。

三、基坑(槽)水平支撑设计计算书

本工程基坑(槽)的土质为天然湿土,地下水很少,采用连续水平板式支撑基坑土壁。板式支撑的挡土板、背楞、横撑杆的强度及稳定性按以下方法计算。

(一)参数信息

1. 板式支撑类型

板式水平支撑。示意图见图 4-5。

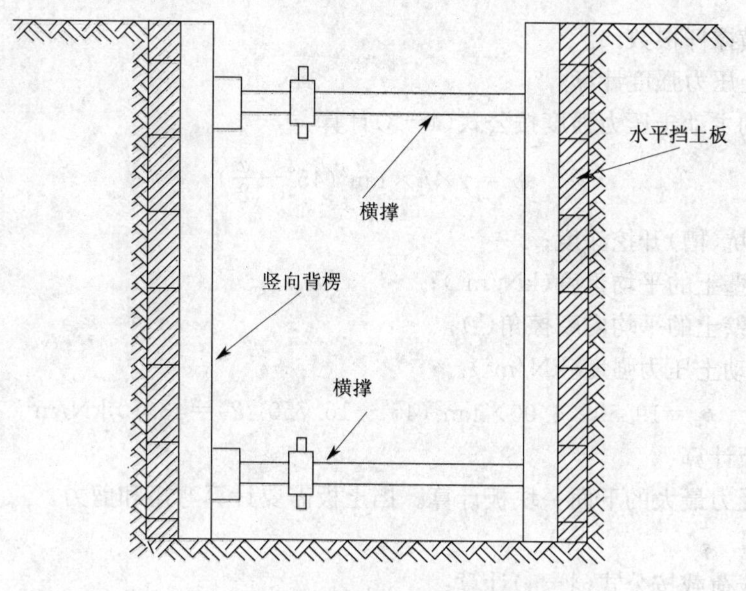

图 4—5　水平挡土板管沟支撑

2. 土参数

土参数见表 4—7。

表 4—7　土层参数表

序号	土名称	土厚度(m)	加上坑壁土的重度 γ(kN/m³)	坑壁土的内摩擦角 φ(°)
1	填土	1.00	18.00	10.00
2	填土	3.00	20.00	19.00

坑壁土的平均重度 γ(kN/m^3):19.500。

坑壁土的平均内摩擦角 φ(°):16.750。

基坑开挖深度 h(m):4.00。

基坑开挖宽度 l(m):4.00。

3. 支撑材料参数

木材的种类:东北落叶松。

木材的抗弯强度设计值 f_m(N/mm^2):17.00。

木材的抗压强度设计值 f_c(N/mm^2):15.00。

木材的抗剪强度设计值[f_v](N/mm^2):1.60。

木材的弹性模量 E(N/mm^2):10 000。

挡土板厚度 b(mm):20。

挡土板截面宽度 b_1(mm):100。

背楞截面宽度 b_2(mm):50。

背楞截面高度 h_1(mm):100。

背楞间距 l_1(mm):250。

横撑杆截面宽度 b_3(mm):80。

横撑杆截面高度 h_2(mm):120。

竖直方向横撑杆根数:6。

(二)主动土压力强度计算

深度 h 处的主动土压力强度按公式(4—3)计算:

$$p_a=\gamma\times h\times\tan^2(45°-\frac{\varphi}{2}) \tag{4—3}$$

式中　h——基坑(槽)开挖深度;

γ——坑壁土的平均重度(kN/m³);

φ——坑壁土的平均内摩擦角(°);

p_a——主动土压力强度(kN/m²)。

$$p_a=19.50\times4.00\times\tan^2(45°-16.750°/2)=43.10\ \text{kN/m}^2$$

(三)挡土板计算

挡土板按受力最大的下面一块板计算。挡土板需要计算弯矩和剪力。

1.荷载计算

挡土板的线荷载按公式(4—4)计算:

$$q=p_a\times b_1 \tag{4—4}$$

式中　q——挡土板的线荷载(kN/m);

b_1——挡土板的截面宽度(mm)。

$$q=43.100\times0.100=4.310\ \text{kN/m}$$

2.挡土板最大弯矩计算

按照简支梁计算,计算公式见式(4—5):

$$M_{max}=\frac{ql^2}{8} \tag{4—5}$$

式中　q——挡土板的线荷载(kN/m);

l_1——挡土板背楞间距(m)。

$$M_{max}=4.310\times0.250^2/8=0.034\ \text{kN}\cdot\text{m}$$

3.挡土板最大受弯应力计算

$$\sigma=\frac{M}{W} \tag{4—6}$$

式中　M——挡土板的最大弯矩(kN·m);

W——挡土板的截面抵抗矩(mm³);

$$W=100\times20^2/6=6\ 667(\text{mm}^3)$$

$$\sigma=0.034\times10^6/6\ 667=5.051\ \text{N/mm}^2$$

挡土板的受弯应力计算值:$\sigma=5.051$ N/mm² 小于方木抗弯强度设计值 17.000 N/mm²,满足要求!

4.剪力及抗剪强度计算

最大剪力公式:

$$V_{max}=\frac{ql_1}{2}$$

$$V_{max}=4.310\times0.250/2=0.539\ \text{kN}$$

抗剪强度公式:

$$f_v=\frac{3V}{2b_1\mathrm{h}}\leqslant[f_v] \tag{4-7}$$

式中 f_v——挡土板的抗剪强度(N/mm²)；

$[f_v]$——挡土板的抗剪强度设计值(N/mm²)；

h——挡土板厚度(mm)；

b_1——挡土板截面宽度(mm)。

$f_v=3\times538.744/(2\times100.000\times20.000)=0.404\ \mathrm{N/mm^2}$

挡土板的受剪应力计算值：$f_v=0.404\ \mathrm{N/mm^2}$，小于方木抗剪强度设计值 1.600 N/mm²，满足要求！

(四)背楞计算

剪力图、弯矩图和变形图分别见图 4－6、图 4－7、图 4－8。

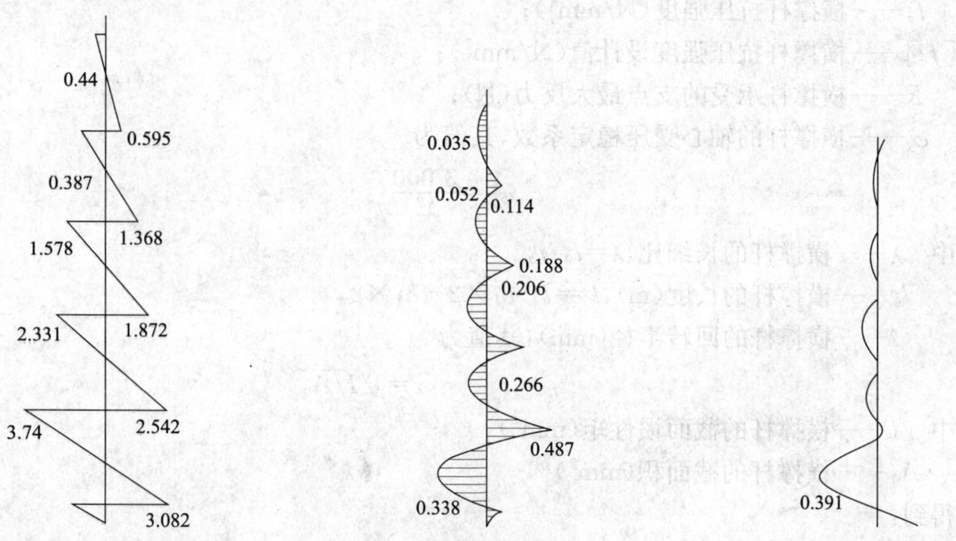

图 4－6 背楞剪力图(kN)　　图 4－7 背楞弯矩图(kN·m)　　图 4－8 背楞变形图(m)

背楞为承受三角形荷载的多跨连续梁，按以下计算：

最大弯矩 $M_{max}=0.475\ \mathrm{kN\cdot m}$。

最大剪力 $V_{max}=3.823\ \mathrm{kN}$。

最大受弯应力按计算公式(4－8)计算：

$$\sigma=\frac{M}{W} \tag{4-8}$$

式中 M——背楞的最大弯矩(kN·m)；

W——背楞的截面抵抗矩(mm³)；

$$W=50\times100^2/6=83\ 333.33(\mathrm{mm^3})$$

$$\sigma=0.475\times10^6/83\ 333.33=5.698\ \mathrm{N/mm^2}$$

背楞的受弯应力计算值：$\sigma=5.698\ \mathrm{N/\ mm^2}$，其小于方木抗弯强度设计值 17.000 N/mm²，满足要求！

最大受剪应力按计算公式(4－9)计算：

$$f_v=\frac{3V_{max}}{2b_2h_1}\leqslant[f_v] \tag{4-9}$$

式中　V_{max}——背楞的最大剪力(kN)；

b_2——背楞的截面宽度(mm)；

h_1——背楞的截面高度(mm)；

$[f_v]$——背楞材料的抗剪强度(N/mm²)。

最大剪力 $f_v=3\times3.82/(2\times50\times100)=1.147\ \text{N/mm}^2$

背楞的受剪应力计算值：$f_v=1.147\ \text{N/mm}^2$，其小于方木抗剪强度设计值 $1.600\ \text{N/mm}^2$，满足要求！

(五)横撑杆计算

横撑杆为承受支座反力的中心受压杆件，可按公式(4－10)验算其稳定性。

$$f_c=\frac{R}{A_0\times\varphi_y}\leqslant[f_c] \tag{4-10}$$

式中　f_c——横撑杆抗压强度(N/mm²)；

$[f_c]$——横撑杆抗压强度设计值(N/mm²)；

R——横撑杆承受的支点最大反力(N)；

φ_y——横撑杆的轴心受压稳定系数，其值为

$$\varphi_y=\frac{3\ 000}{\lambda^2}$$

其中　λ——横撑杆的长细比，$\lambda=l_0/i$，

l_0——横撑杆的长度(m)，$l_0=l-b_1\times2-h_1\times2$，

i——横撑杆的回转半径(mm)，其值为

$$i=\sqrt{I/A_0}$$

其中　I——横撑杆的截面惯性矩(mm⁴)，

A_0——横撑杆的截面积(mm²)。

得到：

$A_0=9\ 600\ \text{mm}^2$；

$I=11\ 520\ 000\ \text{mm}^4$；

$i=(11\ 520\ 000/9\ 600)^{1/2}=34.641\ \text{mm}$；

$l_0=4\ 000-100\times2-20\times2=3\ 760\ \text{mm}$；

$\lambda=3\ 760/34.641=108.542$；

$\varphi=0.255$；

$f_c=6\ 938/(9\ 600\times0.255)=2.838\ \text{N/mm}^2$。

横撑杆的抗压强度计算值：$f_c=2.838\ \text{N/mm}^2$，其小于方木抗压强度设计值 $15.000\ \text{N/mm}^2$，满足要求！

第五节　深基坑施工专项方案与专家论证审查

深基坑施工安全专项施工方案由建筑施工企业专业工程技术人员编制，施工企业技术负责人审查签字后，提交监理单位审查；监理单位由专业监理工程师初审，总监理工程师审批签字后，提交由工程施工安全监督部门认可的专家论证会论证，然后，专家论证会提出意见和建议，施工单位再对安全专项方案修改完善，经专家论证会同意方可实施。由于深基坑施工危险

性较大,安全专项方案应重点突出分部分项工程特点、安全技术和特殊质量的要求,重视质量技术与安全技术的统一,制定安全可靠、切实可行的施工方案,有效指导施工,确保安全生产。安全专项方案应主要包括的内容有:

编制依据,分部分项工程概况。

影响质量、安全的危险源分析及相关措施。

设计计算书和设计施工图等设计文件。

施工准备和部署,质量检测和相关观测预警措施。

安全专项工程安全检查和评价方法,评价方法可依据《施工企业安全生产评价标准》(JGJ/T 77)进行。

应急预案。

现场平面图等。

专家论证会书面审查报告的内容为建议性的,审查报告是安全专项方案组织施工前的必备程序,是工程验收的必备条件。审查报告形式见表4—8。

表4—8　危险性较大工程安全专项施工方案论证审查报告

工程名称				
施工方案提交单位				
专项方案名称	基坑降水与护坡施工组织设计			
论证审查意见	专家组经过现场踏勘,论证审查文本文件,结论意见如下: 一、本基坑降水与护坡施工组织设计经修改、补充、完善后实施。 二、××××××××。 ……………………………。 ××××年××月××日			
签字	主任委员		副主任委员	
	委员			

由于需要专家论证的危险性较大工程施工,不仅易造成群死群伤事故的发生,同时,还具有工程施工复杂、各种突发情况较多、方案设计难度高、涉及标准规范多等特点,需要针对工程实际情况,进行综合分析,方可编制出安全可靠、切实可行的施工方案。为此,本节重点以经过专家论证后的施工安全专项方案实例,来指导深基坑施工安全专项方案的编制工作。

一、深基坑施工专项方案

(一)工程概况

1. 基本情况

(1)工程名称。

(2)规划总用地面积:34 847.45 m^2。

(3)工程地点。

(4)结构形式:框架剪力墙结构。

(5)建设单位。

(6)设计单位。

2.工程简况

根据业主提供的设计图纸之中设计说明,建筑物特征见表4—9所示。

表4—9 项目规划建筑物特征一览表

楼号	地下层数	地上层数	建筑高度(m)	结构体系	拟采用基础形式
1	1	4	16.80	框架	筏板
2	1	2	9.30	框架	筏板
3	1	29	89.30	剪力墙,底商、地下车库为部分框支	筏板
4	1	30	88.50	剪力墙,地下车库为部分框支	筏板
5	1	25	74.00	剪力墙,地下车库为部分框支	筏板
6	1	27/30	78.80/88.50	剪力墙,地下车库为部分框支	筏板
7	1	30	90.80	剪力墙,底商、地下车库为部分框支	筏板
8	1	2	9.30	框架	筏板
9	1	23	67.70	剪力墙,底商、地下车库为部分框支	筏板
10	1	2	9.30	剪力墙,底商、地下车库为部分框支	筏板
11	1	23	67.70	剪力墙,底商、地下车库为部分框支	筏板
12	1	2	10.00	框架	筏板
幼儿园	1	3/4	等定	框架	筏板
纯地下车库	1	顶板有道路和绿化覆土		框架	筏板

3.设计简况

根据工程技术组与2006年7月19日提交的《项目基坑支护及降水招标文件》及2006年7月7日提交的设计图纸。本工程设计±0.00为绝对标高3.40 m,室内外高差0.30～0.60 m,施工场地整平标高按+2.40 m(绝对标高),地面堆载按20 kPa考虑。主体筏板底标高−7.90 m,裙房及车库筏板底标高−8.20 m,集水坑最深部位标高−10.0 m。拟采用大面积整体施工,即主体与裙房、车库基坑一起开挖。其各部位基坑开挖深度见表4—10所示。

表4—10 拟建建筑各部位基坑开挖深度一览表

建筑物名称	低板设计标高(m)	基坑深度(从现地表算起)/整平面算起(m)	备注
主体结构	−7.90	7.50/6.90	底板厚度0.9 m
裙房	−8.20	7.80/7.20	底板厚度0.4 m
车库	−8.20	7.80/7.20	底板厚度0.4 m
集水坑(最深处)	−10.00	9.60/9.00	共34个集水坑

4.周围建筑环境

根据业主提供的拟建场地电子版《总平面布置图》及经过现场踏勘,本工程拟建场地比较狭窄，其周围建筑环境见图 4－9 所示。

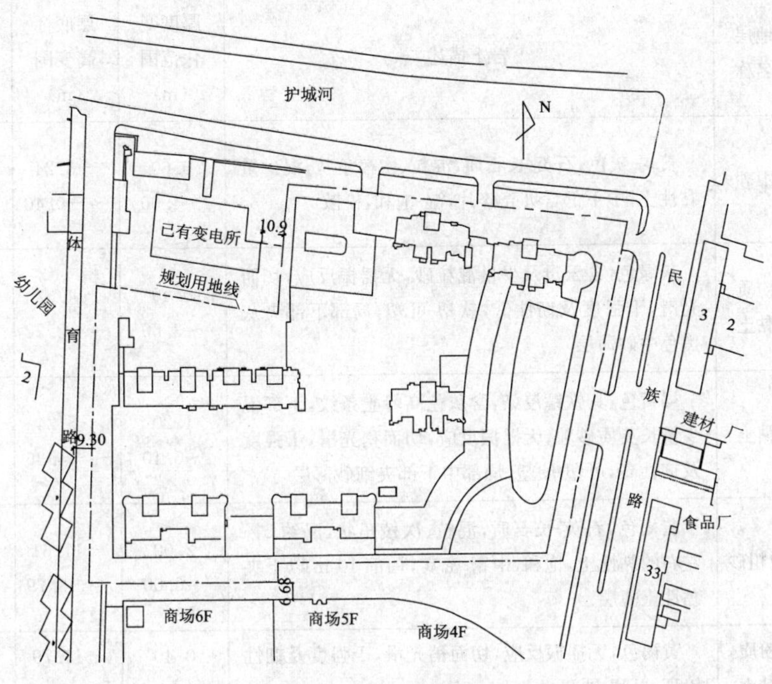

图 4－9 周围建筑环境平面图

5. 场地工程地质条件

根据勘察单位提交的勘察报告，本场地工程地质条件及水文地质条件摘录如下：

(1)场地位置及地形地貌

场地为旧建筑物拆迁地段，东部和北部存在大量的旧基础，基础埋深约为 2.5～3.5 m 左右，另据调查了解，拟建场地西侧存在地下管线（本施工组织设计前又对周围地下管线进行了详细调查）。现场场地开阔，地形比较平坦，勘察期间的地面绝对标高介于 2.45～3.83 m 之间，最大高差为 1.38 m，场地地貌单元属滨海沉积平原。

(2)地层岩性特征

勘探深度范围内，地层沉积韵律较清晰，自上而下依次为：新近堆积的人工杂填土（Q_4^{ml}）、第四系全新统海陆交互相沉积（Q_4^{mc}）的中砂和粉质黏土层（局部相变为黏土）、第四系上更新统冲洪积成因（Q_3^{al+pl}）的黏土、中粗砂和粗砾砂（局部夹黏性土层）及圆砾层，下伏太古界（Ar）强风化混合花岗岩。上述各岩土层的岩性特征及分布情况详见表 4－11 所示。

表 4－11 地层岩性特征一览表

地质年代成因	地层编号	地层名称	岩土描述	厚度变化范围（m）	层底标高变围（m）	分布情况
Q_4^{ml}	①	杂填土	杂色，主要由混粒砂、黏性土、碎砖块和混凝土块组成，局部存在旧基础，据了解，堆填时间超过 10 年，属新近堆积土，稍湿-湿，松散-稍密	1.20～3.90	－0.88～1.30	分布全场地

续上表

地质年代成因	地层编号	地层名称	岩土描述	厚度变化范围（m）	层底标高变围（m）	分布情况
Q_4^{mc}	②	中砂	黄褐-灰色，石英-长石质，混粒、次棱角状，混少量黏性土，中下部含贝壳碎片，湿-饱和，松散	0.60～4.00	−3.24～−0.40	分布较旁边，仅8、9和57号钻孔缺失
	③	粉质黏土	灰绿色，含云母及少量混粒砂，无摇振反应，切面光滑，干强度及韧性低，软塑-可塑，局部下部夹灰黑色中砂薄层	0.40～3.60	−4.32～−2.22	分布全场地
Q_3^{al+pl}	④	黏土	褐黄色，具铁锰浸染，含灰色高岭土条纹，下部混少量长英质砂粒，无摇振反应，切面稍光滑，干强度及韧性高，可塑-硬塑，局部中下部夹细砂薄层	1.20～5.10	−8.24～−4.36	分布全场地
	⑤	中粗砂	黄褐色，石英-长石质，混粒、次棱角状，混约5%左右的黏性土，饱和，中密-密实，局部10 m以下夹黏性土薄层	2.00～6.00	−11.61～−8.79	分布全场地
	$⑤_1$	粉质黏土	黄褐色，无摇振反应，切面稍光滑，干强度及韧性较高，可塑-硬塑	0.40～3.00	−11.79～−6.58	分布不连续，仅分布于局部地段
	⑥	粗砾砂	黄褐色，石英-长石质，混粒、次棱角状，含约10%左右的卵石，卵石一般粒径30～60 mm，最大可见粒径约80 mm，饱和，中密-密实，局部夹黏性土薄层	3.80～6.70	−16.65～−14.82	分布全场地
	⑦	圆砾	棕黄色-灰褐色，亚圆形，砾石成分以中等风化的花岗岩为主，含少量卵石，一般粒径2～10 mm，最大可见粒径160 mm，充填物为中粗砂混少量黏性土，骨架颗粒质量超过总质量的60%，饱和，中密-密实	1.80～6.00	−21.38～−17.77	分布全场地
Ar	⑧	强风化混合花岗岩	棕黄色-黄白色，主要由石英、长石等矿物成分组成，云母已风化成次生矿物，原岩结构大部分破坏，风化裂隙很发育，遇水易软化，岩芯扰动呈碎屑或碎块状，含石英伟晶岩脉，岩体破碎，属软岩，岩体质量等级属Ⅴ类，干钻不易钻进，金刚石方可钻进	最大揭露厚度18.30 m	未揭穿	分布全场地

(3)水文地质条件

在勘探深度范围内，所有钻孔均揭露到地下水，地下水分为两层，第一含水层为第四系孔隙潜水，主要赋存于第②层中砂层中，第二含水层为第四系孔隙潜水，微具承压性，主要赋存于⑤、⑥、⑦层的砂、砾石层中。第③、④层黏土层为相对隔水层，第⑧层强风化混合花岗岩为相对不透水层。

场地地下水初见水位埋深介于1.80～4.00 m之间（绝对标高介于−0.98～0.97之间），根据对三个水井的稳定水位测量，混合稳定水位埋深介于2.87～3.77 m之间（绝对标高介于

－0.66～0.07 m之间)，上述各数据均自勘察时的自然地面算起。

地下水来源主要为大气降水入渗和侧向径流补给，总体上以地下径流方式由北向南排泄，最终汇入渤海。为了提供基坑降水、边坡设计及施工时的水文地质参数，本次勘察在现场进行了一组抽水试验，抽水井采用两个观测井的潜水完整井，经过计算，本场地砂层的综合渗透系数为 K＝20.6 m/d，渗透影响半径 R 约为 350 m，详见"抽水试验综合成果图表"。

根据从水井中所采取地下水试样的水质分析结果可知，本场地地下水化学类型属 $HCO_3 \cdot SO_4$－Ca·Na·Mg型水，根据《岩土工程勘察规范》(GB 50021－2001)中第12.2.1～12.2.5条关于地下水对建筑材料的腐蚀性评价之规定，场地地下水对建筑材料的腐蚀性评价结果见表4－12。

表4－12　地下水对建筑材料的腐蚀性评价结果表

场地环境类型		Ⅱ类
地下水对混凝土的腐蚀等级		无腐蚀
地下水对钢筋混凝土结构中钢筋的腐蚀等级	长期浸水	无腐蚀
	干湿交替	无腐蚀
地下水对钢结构或钢管道的腐蚀等级		弱腐蚀

根据所收集到的本地区水文气象资料可知，本区地下水位年变化幅度约在1.0 m左右，经过综合分析，对于地下建筑物的抗浮设防水位埋深可按1.60 m(相应水位绝对标高为1.40 m，自勘察时的平均自然地面标高起算)设防。

(二)设计依据

《建筑与市政降水工程技术规范》(JGJ/T 111－98)。

《建筑基坑支护技术规程》(JGJ 120－99)。

《建筑桩基技术规范》(JGJ 94－94)。

《建筑边坡工程技术规范》(GB 50330－2002)。

《管井工程施工技术规范》(JGJ/T 100－98)。

《建筑地基基础工程施工质量验收规范》(GB 50202－2002)。

《建筑地基基础设计规范》(GB 50007－2002)。

《施工现场临时用电技术规范》(JGJ 46－2005)。

《混凝土结构设计规范》(GBJ 50010－2002)。

《工程测量规范》(GB 50026－93)。

《建筑变形测量规程》(JGJ/T 8－1997)。

《土层锚杆设计与施工规程》(CEC 22－90)。

《建筑地基处理技术规范》(JGJ 79－2002　J 220－2002)。

《建筑桩基检测技术规范》(JGJ 106－2003　J 256－2003)。

《建筑机械使用安全技术规程》(JGJ 33－2001)。

《建设工程施工安全技术操作规程》(统一书号:15112.11679)。

本工程勘察报告、业主提供的总平面图、地下车库总平面及基坑支护及降水招标文件。

(三)设计方案综述

根据国家的技术经济政策(安全适用、技术先进、经济合理、确保质量、保护环境)，依据本场地工程地质条件、拟建场地周围建筑环境，本工程的具体特点、基坑侧壁安全等级(勘察报告中提供为二级)及项目基坑支护及降水招标文件等综合考虑，按照《建筑基坑支护技术规程》(JGJ 120—99)第 3. 3. 1 条，经过安全、经济、工效等的比较及与业主协商沟通，本工程基坑降水与支护结构选型最终确定为：

1. 对于无条件放坡开挖的东西两侧基坑侧壁采用排桩支护结构，为了控制桩顶位移量及减少桩的配筋量，拟采用一道单层普通锚杆。基坑开挖后，排桩之间的桩间土采用钢丝网混凝土护面、砖砌等方法，当桩间渗水时，在护面设置泄水孔。

2. 对于有条件放坡开挖的南北两侧基坑侧壁采用天然放坡开挖，拟采用两级放坡。

3. 基坑降水采用内外配合降水，即外截内抽。考虑基坑外侧降水很难将第一含水层地下水彻底疏干，会存在一定量的残余水。故基坑内设置降水井主要目的疏干这些残余水，以利于土方开挖及结构施工，以及缩短初期降水至设计标高的时间。待降水一定时间后，外侧降水井已截住地下水后，基坑内侧残余水彻底疏干后，其设置的基坑内降水井作为观测井使用。基坑外(维护结构外)降水目的为截住第一含水层地下水向基坑内侧的渗流，降低第二含水层地下水的承压性，以防止基坑底突涌破坏。

各岩土层平均厚度统计表、坑底余留土层厚度与基坑底板的对应关系见表 4—13、表 4—14。

表 4—13　各岩土层平均厚度统计表

岩土层编号	岩土层名称	平均厚度(m)	累计深度(m)	备　注
①	杂填土	2.70	2.70	各岩土层平均厚度按业主提供的勘察资料(剖面图中数据)统计结果，由于第⑤层对本工程验算影响甚小，故与第④层按一层考虑。根据地表平均绝对标高、场地整平标高，将①层杂填土挖除
②	中砂	2.35	5.05	
③	粉质黏土	1.04	6.09	
④	黏土	2.91	9.00	
⑤	中粗砂	4.50	13.50	
⑥	粗砾砂	5.20	18.70	
⑦	圆砾	4.33	23.03	

表 4—14　坑底余留土层厚度与基坑底板的对应关系

建筑物名称	基坑开挖深度(m)	坑底位于土层编号	基坑开挖后第④层黏土余留厚度(相对隔水层厚度)(m)	基坑底抗渗流稳定性验算所需最小余留相对隔水层的厚度(m)
主体结构	6.90	④	1.50	
裙　房	7.20	④	1.20	
车　库	7.20	④	1.20	
集水坑(最深处)	9.00	⑤	穿透	

(四)降水工程设计

根据本场地工程地质条件、水文地质条件和环境条件并结合本工程可能采用的开挖与维护方式等综合分析。决定对本工程地下水控制采用管井降水施工方案。

1. 降水井深度

降水井深度采用《建筑与市政降水工程技术规范》(JGJ/T 111—98)之中 6. 3. 2 式进行

计算：

$$H_w = H_{W1} + H_{W2} + H_{W3} + H_{W4} + H_{W5} + H_{W6} \qquad (4-11)$$

式中　H_W——降水井深度(m)；

H_{W1}——基坑深度(m)，$H_{W1}=9.00$ m(取最深部位)；

H_{W2}——降水水位距离基坑底要求的深度(m)，$H_{W2}=0.50$ m；

H_{W3}——ir_0；i 为水力坡度，在降水井分布范围内宜为 1/10～1/15，r_0 降水井分布范围的等效半径或降水井排间距的 1/2(m)；本设计取 $i=1/10$，取 $r_0=\sqrt{\dfrac{A}{\pi}}=\sqrt{\dfrac{30\ 525.53}{3.14}}=98.59$ m，则 $H_{W3}=ir_0=1/10\times98.59$ m$=9.86$ m。

H_{W4}——降水期间的地下水水位变幅(m)，取 $H_{W4}=0.50$ m；

H_{W5}——降水井过滤器工作长度(m)，取 $H_{W5}=0.50$ m；

H_{W6}——沉砂管长度(m)，取 $H_{W6}=3.00$ m。

$$H_W=9.00+0.50+9.86+0.50+0.50+3.00=23.36(\text{m})$$

最后取 $H_W=23.0$ m。

2. 降水井出水能力计算

采用《建筑与市政降水工程技术规范》(JGJ/T 111－98)之中 6.4.5－1 式进行计算：

$$q=\frac{ld}{\alpha}\times24 \qquad (4-12)$$

式中　q——单井出水量(m^3/d)；

d——过滤器外径(mm)，d=380 mm；

l——过滤器淹没段长度(m)，取 $l=2.00$ m；

α——与含水层渗透系数有关的经验系数(渗透系数 $K=20.6$ m/d，含水层平均厚度 17.28 m)取 $\alpha=70$。

$$q=\frac{ld}{\alpha}\times24=260.57(\text{m}^3/\text{d})$$

3. 基坑出水量计算

勘察报告中显示本场地有两层地下水，第一含水层为潜水，第二含水层为承压水，但根据秦皇岛区域水文地质资料显示，两层地下水是连通的。且勘察报告中未进行分层抽水试验，只进行了混合抽水试验。故本设计按潜水完整井进行估算基坑出水量。其计算参数取值为：$K=20.6$ m/d，$H=21.23$ m，降深 $S=8.30$ m(初始稳定水位埋深 1.20 m，基坑最大开挖深度处，降水后水位位于基坑低部至少 0.50 m)，影响半径 $R=2S\sqrt{HK}=347.15$ m，基坑等效半径 $r_0=\sqrt{\dfrac{A}{\pi}}=98.59$ m。

$$Q=1.366K\frac{(2H-S)S}{\lg(R+r_0)-\lg r_0}=12\ 176.09\ \text{m}^3/\text{d}$$

4. 降水井数量计算

根据《建筑基坑支护技术规程》(JGJ 120－99)第 8.3.3 条降水井数量 n 计算公式：

$$n=1.1Q/q$$

式中　n——降水井数量(眼)；

Q——基坑总涌水量(m^3/d)；

q——单井涌水量(m^3/d)。

$$n=1.1\times 121\ 776.09\div 260.57=51.40(\text{眼})$$

根据基坑具体形状及考虑基坑西侧临近护城河的河水侧向补给情况，其西侧降水井进行了加密。实际取基坑外围降水井数量为 53 眼。此外，为了观测基坑中心处降水效果及指导土方开挖，在基坑内布置 2 眼观测井。考虑到本工程拟建建筑物准备采用桩基础方案，故为了确保坑内降水井及观测井在桩基施工过程中不被破坏，其坑内降水井及观测井均布置在拟建建筑物的外侧。本设计未考虑地下室坡道处降水，由于其最后施工，可根据实际情况最后再补打几眼降水井。其降水井平面布置情况见图 4－10。

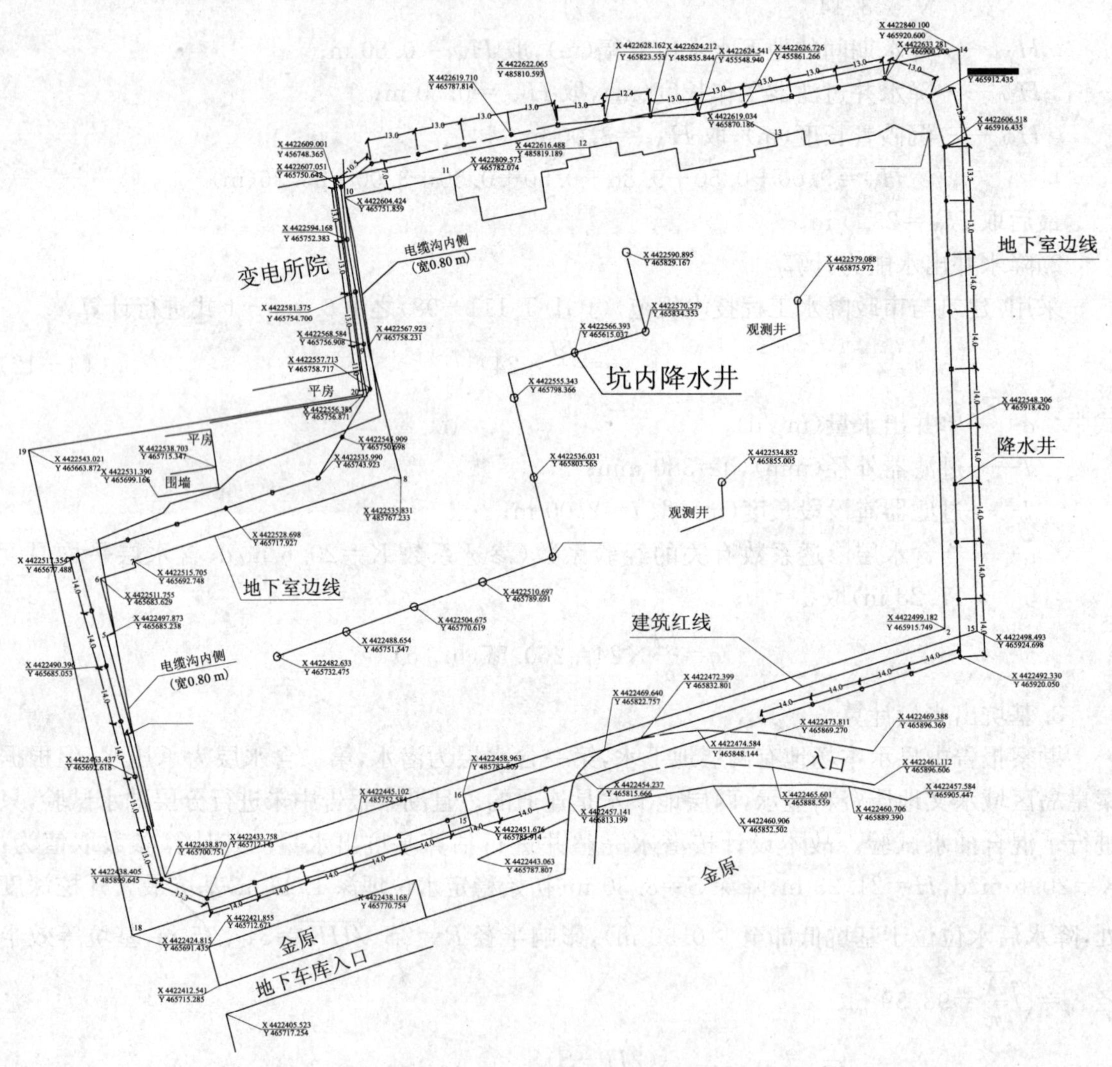

图 4－10　基坑降水井点布置图

(五)降水效果及影响范围

1. 基坑中心点水位降深

基坑中心点水位降深采用《建筑基坑支护技术规程》(JGJ 120－99)中(8.3.7－1)计算公

式进行估算：

$$S=H-\sqrt{H^2-\frac{Q}{1.366k}\left[\lg R_0-\frac{1}{n}\lg(r_1,r_2\cdots\cdots r_n)\right]} \tag{4-13}$$

式中 S——水位降深(m)；

H——潜水含水层厚度(m)；

Q——基坑总涌水量(m^3/d)；

R_0——基坑等效半径与降水井影响半径之和(m)；

n——降水井眼数；

$r_1,r_1\cdots\cdots,r_n$——各井距基坑中心或各井中心处的距离(m)。

采用《理正降水沉降分析软件》(LZJSFX)(V5.1)进行估算，基坑内外水位降深估算结果见各点降深图(图 4－11)及降深等值线(图 4－12)。

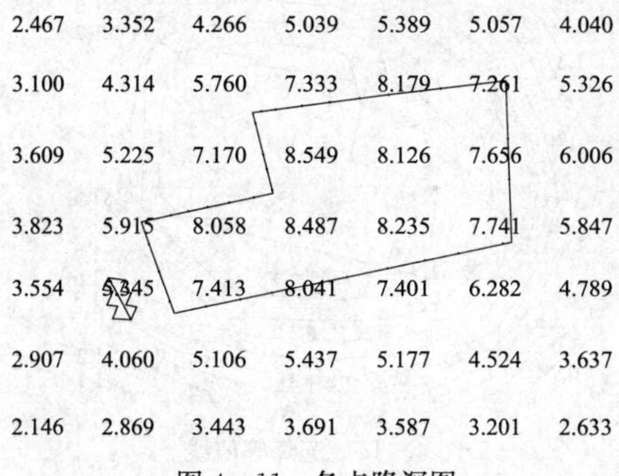

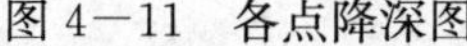
图 4－11 各点降深图

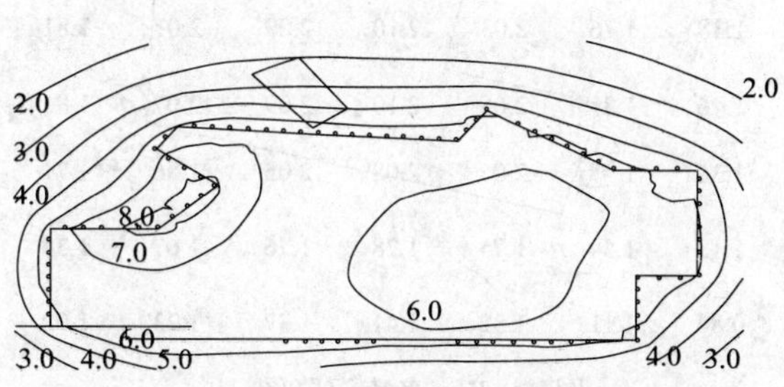

图 4－12 降深等值线

由各点降深图及降深等值线可以看出，降水井数量 53 眼时，能满足本工程基坑降水疏干要求。但根据本工程拟采用的降水方案，考虑基坑外侧降水很难将第一含水层地下水彻底疏干，会存在一定量的残余水。故在基坑内布置 10 眼降水井，见图 4－10 所示，井深设计12.0 m。初期作为降水井使用，后期可作为观测井使用。

2.抽水引起的地面沉降

抽水引起的地面沉降采用《岩土工程勘察规范》(GB 50021－94)附录七之中的地面沉降计算公式：

$$S_\infty=\frac{\Delta p\times H}{E} \tag{4-14}$$

式中 S_∞——最终沉降量(cm)；

Δp——水位变化施加于土层上的平均荷载(MPa)；

H——计算土层的厚度(cm)；

E——砂土的弹性模量，压缩时为 E_s，回弹时为 E_c(MPa)。

抽水引起的地面沉降按最不利情况(即验算距降水场地最近的西侧 6 层楼进行验算，如该楼经验算不存在问题，则其相对它较远的建筑物更不存在问题)的计算结果，其分析计算参数见下表。抽水引起的地面沉降见表 4－15、各点沉降图(图 4－13)及沉降等值线(图4－14)。

表 4—15　抽水引起的地面沉降分析计算参数表

岩土层编号	土层名称	层厚(m)	压缩模量或变形模量 $E_S(E_0)$(MPa)	备　注
②	中砂	2.35	5	层厚为统计的平均值
③	粉质黏土	1.04	4	
④	黏土	2.91	9	
⑤	中粗砂	4.50	20	
⑥	粗砾砂	5.20	30	
⑦	圆砾	4.33	50	

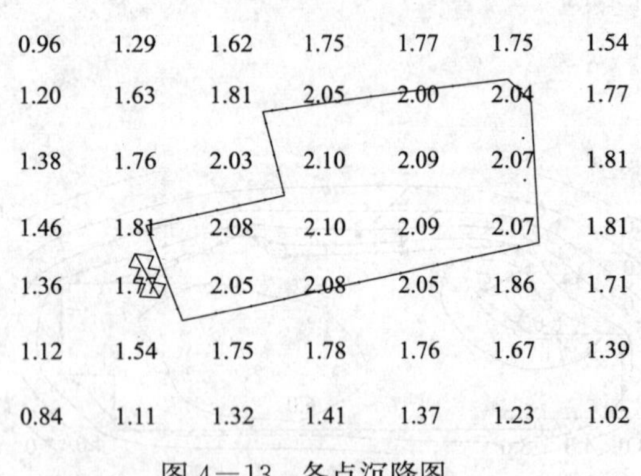

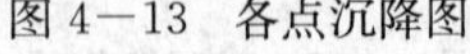
图 4—13　各点沉降图

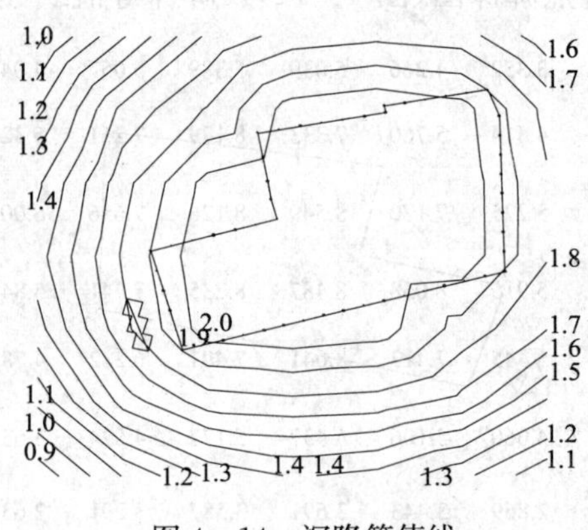

图 4—14　沉降等值线

观察剖面降深沉降图见图 4—15。

由地表各点沉降图、沉降等值线、及观察剖面降深沉降图可以看出：即使在最不利情况下，抽水引起的地面沉降不会对周围环境引起危害。况且该场地附近经过至少 3 次大降深的抽降地下水，其间周围建筑物未因抽降地下水而发生沉降开裂等事故的报道，现在该场地附近地基土由于前期抽水而引起的地表沉降早已完成。故本工程地下水控制采用管井降水施工方案可行。当施工过程中遇到降水设计与现场情况不符时，应进行现场调查分析，预测可能出现的问题，并提出修改降水设计方案。在设计人员同意下由施工人员实施。其详细计算结果如下：

3. 建筑物各角点降深与沉降估算结果

建筑物角点 1：降深＝6.353(m)，沉降＝1.746(cm)。

建筑物角点 2：降深＝6.003(m)，沉降＝1.687(cm)。

建筑物角点 3：降深＝6.251(m)，沉降＝1.727(cm)。

建筑物角点 4：降深＝5.841(m)，沉降＝1.686(cm)。

建筑物角点 5：降深＝6.084(m)，沉降＝1.687(cm)。

建筑物角点 6：降深＝5.606(m)，沉降＝1.681(cm)。

建筑物角点 7：降深＝5.281(m)，沉降＝1.652(cm)。

建筑物角点 8：降深＝5.664(m)，沉降＝1.683(cm)。

建筑物角点 9：降深＝5.444(m)，沉降＝1.660(cm)。

建筑物角点 10:降深＝5.798(m),沉降＝1.686(cm)。

建筑物角点 11:降深＝5.559(m),沉降＝1.680(cm)。

建筑物角点 12:降深＝5.872(m),沉降＝1.687(cm)。

建筑物各角点:最小降深＝5.281(m),最大降深＝6.353(m)。

建筑物各角点:最小沉降＝1.7(cm),最大沉降＝1.7(cm)。

建筑各角点之间最大倾斜率＝0.063‰,满足规范要求。

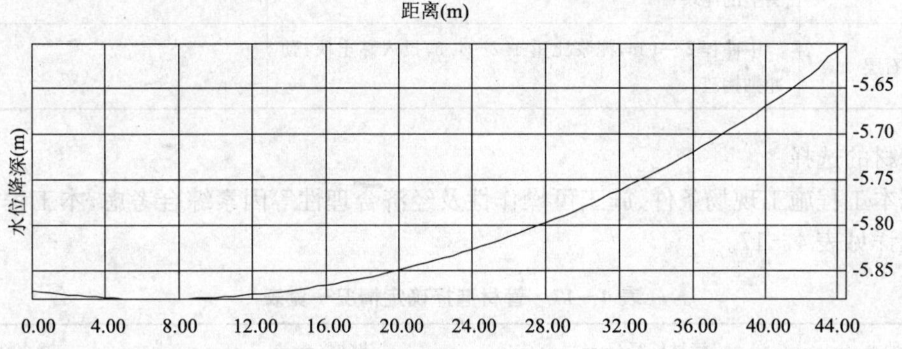

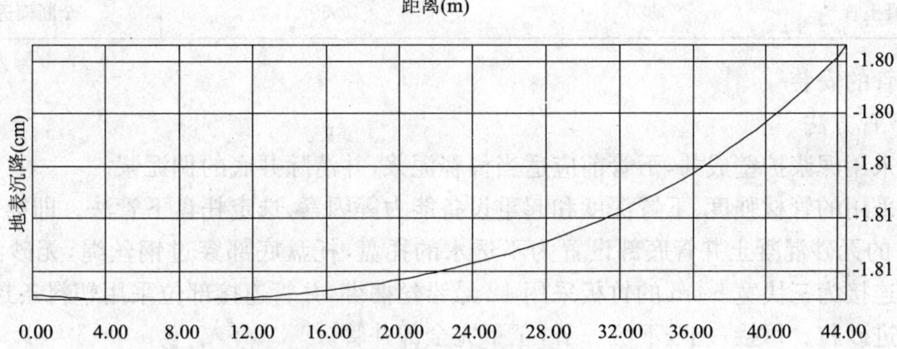

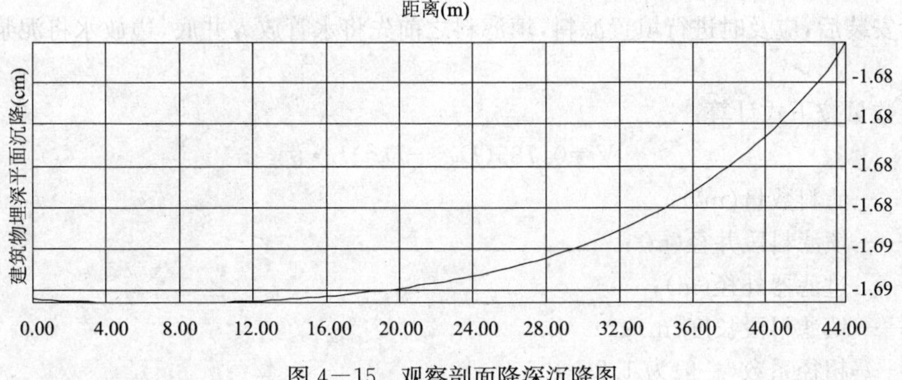

图 4－15　观察剖面降深沉降图

(六)降水井系统施工

1.成孔设备的选择

根据本场地工程地质条件、设计井深要求等情况,决定采用 CZ-15 型冲击水文钻机成孔,成孔直径 ϕ500 mm。泥浆护壁,泥浆的制备选用高塑性黏土。其冲击成孔操作要点见

表4－16。

表 4－16　冲击成孔操作要点

项　目	操作要点	备　注
在护筒刃脚以下 2 m 以内	小冲程 1 m 左右，泥浆比重 1.2～1.5，软弱层投入黏土块夹小片石	土层不好时提高泥浆比重或加黏土块
黏性土层	中、小冲程 1～2 m，泵入清水或稀泥浆，经常清除钻头上的泥块	防粘钻可投入碎砖石
砂卵石层	中冲程 2～3 m，泥浆比重 1.2～1.5，投入黏土块，勤冲勤掏渣	

2. 管材的选择

根据本工程施工现场条件、施工可操作性及经济合理性等因素综合考虑，本工程管材选择确定情况详见表 4－17。

表 4－17　管材选择确定情况一览表

管材种类	管材外径(mm)	壁厚(mm)	透水性
无砂混凝土管	380	50	全断面透水

3. 井管的安装

(1)下管方法

由于采用泥浆护壁成井，下管前应适当稀释泥浆，并清除井底的稠泥浆。

根据采用的管材强度、下置深度和起重设备能力等因素，选定托盘下管法。即第一节外径 ϕ380 mm 的无砂混凝土井管底部设置为不透水的托盘，托盘底部穿过钢丝绳，无砂混凝土井管之间的连接为三块宽 5 cm 的竹板采用 12 号铅丝捆绑，井管连接部位采用塑料条封闭，以免该部位涌进砂粒。每接一节，下沉一节，至下完全部井管。

(2)填置滤料

井管安装后，应及时进行填置滤料，填滤料之前先将水管放入井底，边放水将泥浆返出，边下滤料；

滤料数量按下式计算：

$$V=0.785(D_K{}^2-D_g{}^2)L\cdot\alpha \tag{4－15}$$

式中　V——滤料数量(m^3)；

D_K——填滤料段井径(m)；

D_g——过滤器外径(m)；

L——填滤料段长度(m)；

α——超径系数，一般为 1.2～1.5。

滤料中不应含土和杂物。

填滤料时应沿井管四周均匀连续填入，随填随测，当发现填入数量及深度与计算有较大出入时，应及时找出原因并排除。

成井后及时抽水洗井，对出水量小的井及时采取相应补救措施。其降水井结构见图4－16。

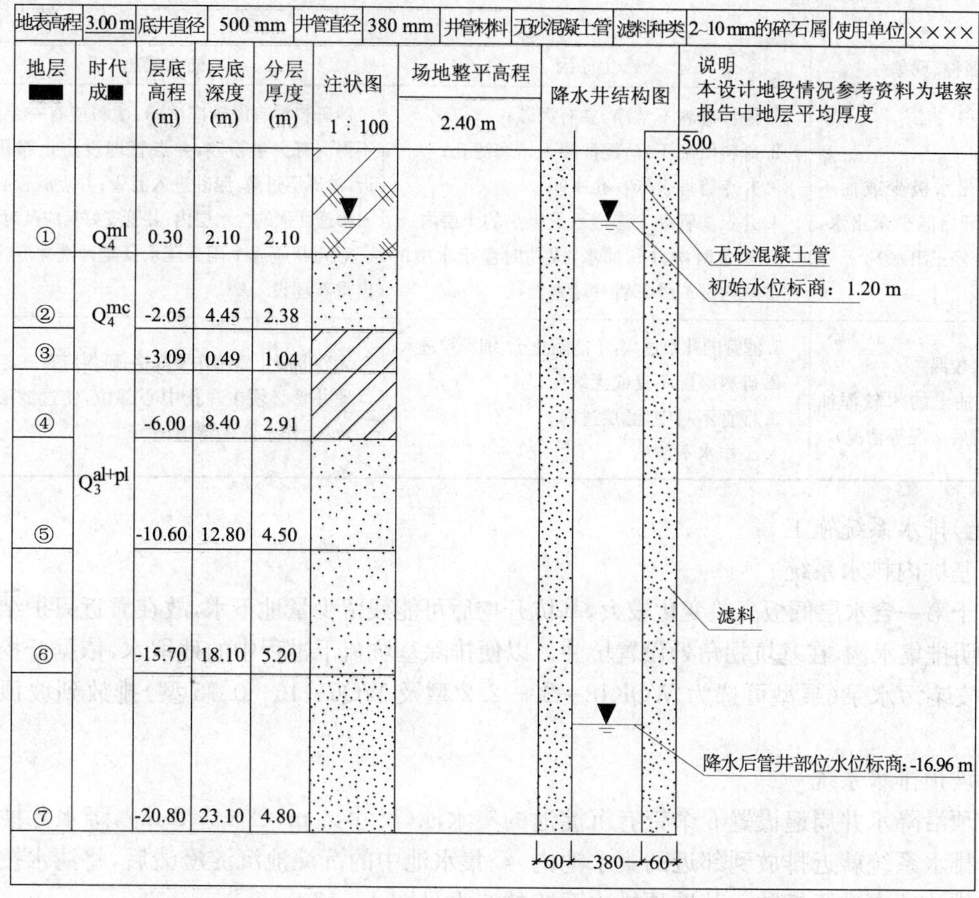

图 4－16　降水井结构图

4. 事故的预防和处理措施

对于本工程采用的泥浆护壁冲击成孔降水井施工可能出现的质量通病及防治措施见表4－18。

表 4－18　基坑井点降水施工质量通病及防治措施

名称、现象	产生原因	防治措施
塌孔（在成孔过程中或成孔后孔口或孔下部孔壁塌落）	1. 井口未设护筒； 2. 泥浆密度不够； 3. 成孔后停留时间太久，未立即安装井点管	冲孔、钻孔应在井口设护筒；泥浆不能过稀，应有一定密度；成孔后应尽快埋设井点。 上部塌孔严重，可在孔口下设置一定深度护筒进行护壁；孔底个别处塌孔严重，可增加泥浆的密度护壁
出水不畅 （井点出水不多，效果差或开始出水较多，后期逐渐衰退）	1. 井点沉放前未清孔，滤管被泥沙堵塞； 2. 滤料没有级配，不清洁； 3. 洗井时间停歇太长，护壁泥皮老化未被破坏影响井壁渗水； 4. 管井井点底部未设沉砂管或预留一段沉砂井； 5. 遇流沙或淤泥质黏土缩颈影响填砂质量； 6. 冲孔工艺不当	井孔在沉放井点前应进行一次清孔；沙砾料应符合设计要求，有一定级配； 井点安装好后，应立即洗井，将井孔泥皮破坏，泥渣去净；井点下端应做一段 3 m 长沉砂管，防止沉砂堵塞下部滤管，以克服后期降水衰退；采用套管冲枪冲孔，提高管井质量

续上表

名称、现象	产生原因	防治措施
死井 (井点出水极少或抽不出水,或开始能少量出水,以后完全停止出水)	1. 灌沙砾料不洁净,夹有泥砂; 2. 砾料级配不好,泥沙渗入堵塞滤孔; 3. 井点管埋设未在孔中间; 4. 井点滤管埋入渗透系数极小的土层内; 5. 未及时洗井和抽水,成孔时浮于水中的泥沙从内部或外部管井堵塞滤孔	沙砾料混有泥砂应洗净;滤料应有一定级配,不得混有大量粉砂;井点管埋设防止靠孔壁过近,沙砾层过薄,泥砂进入滤管;井点滤管必须埋入渗透性强的含水层内;井管安好后应及时洗井; 对死井应逐个用高压水反复冲洗井点管或拔出重新埋设
抽出水较混 (井点抽出的水较浑浊或出现清后又混等情况)	1. 滤管的孔眼过大,不能阻止土、细颗粒进入; 2. 砾料级配不良或无级配; 3. 埋管不对中,滤层过薄; 4. 工作水不清洁	无砂混凝土管制作要规格;砾料应有一定级配; 埋井管必须在井孔中心部位,使过滤层厚度一致;工作水应保持清洁

(七)排水系统施工

1. 基坑内排水系统

由于第一含水层低板高差变化较大,基坑开挖后可能残留少量地下水,故在靠近只护结构根部设置明排集水沟,在基坑拐角处设置坑井。以便排除基坑疏干过程中的残留水,依据开挖后水量大小安装污水泵(泵型可选为 WQK18—20—2.2 型及 WQ6—16—0.75 型)排放到坡顶集水池内。

2. 坡顶排水系统

坡顶沿降水井周遍设置 6 个带有沉淀池的集水池(尺寸:4 m×2 m×2 m),降水井抽水及基坑内排水系统就近排放到邻近的集水池内,经集水池中的沉淀池沉淀澄清后,将清水按业主指定的排放地点进行排放。其坡顶排水系统的布设见图 4—17。

图 4—17 坡顶排水系统布设简图

（八）降水施工监测与维护

（九）沉降观测

虽经地表沉降分析计算，本工程降水疏干对临近的已有建筑物影响甚微，但本着"安全第一"的原则，还应对其进行沉降观测，以防万一出现安全隐患，以便及时发现问题及时解决。尤其是基坑西南部文化里居民住宅等临近建筑物，必要时设置一些回灌井。其沉降观测具体位置待与现场监理工程师共同商榷后再定。

1. 降水监测与维护

（1）降水监测

降水检验前统测一次自然水位。

抽水开始后，在水位未达到设计降水深度以前，每天观测 3 次水位、水量。

当水位已达到设计降水深度，且趋于稳定时，每天观测 1 次。

雨季时，观测次数每天 2～3 次。

水位、水量观测精度要求与降水工程勘察的抽水试验相同。

根据水位、水量监测记录应及时整理，绘制水量 Q 与时间 t 和水位降深值 S 与时间 t 过程曲线图，分析水位水量下降趋势，预测设计降水深度要求所需时间。

根据水位、水量观测记录，查明降水过程中的不正常状况及产生的原因，及时提出调整补充措施，确保达到降水深度。

（2）降水维护

降水期间应对抽水设备和运行状况进行维护检查，每天检查不少于 3 次，并应观测记录水泵的工作压力、电流、电压、出水情况，发现问题及时处理，使抽水设备始终处在正常运行状态。

抽水设备应进行定期保养，降水期间不得随意停抽。

注意保护井口，防止杂物掉入井内，经常检查排水管、沟，防止渗漏，冬季降水，应采取防冻措施。

在更换水泵时，应测量井深，掌握水泵安装的合理深度，防止埋泵。

当发生停电时，应及时更新电源，保持正常降水。

（十）基坑支护及天然放坡开挖稳定性分析计算

1. 分析计算执行的规范、规程、资料及采用的配套软件

《建筑基坑支护技术规程》（JGJ 120－99）。

《建筑基坑工程支护技术规范》（YB 9258－97）。

《建筑边坡工程技术规范》（GB 50330－2002）。

《项目岩土工程勘察报告》（施工图设计阶段）。

业主提供的《项目基坑支护及降水招标文件》。

《理正深基坑支护结构设计软件》（F－SPW）（V5.3）。

2. 分析计算参数的确定

根据勘察公司提交的《项目岩土工程勘察报告》（施工图设计阶段），其基坑支护设计计算参数见表 4－19。

表 4－19　基坑支护设计计算参数表

岩土层编号	岩土名称	重力密度 r （kN/m^3）	内摩擦角 φ （°）	黏聚力 c （kPa）
①	杂填土	18.0	25	3.0
②	中砂	18.5	28	3.0

续上表

岩土层编号	岩土名称	重力密度 r (kN/m^3)	内摩擦角 φ (°)	黏聚力 c (kPa)
③	粉质黏土	19.4	3.0	20.0
④	黏土	19.8	5.04	2.0
⑤	中粗砂	19.5	32.0	0.0
⑥	粗砾砂	20.0	35.0	0.0
⑦	圆砾	21.0	38.0	0.0
⑧	强风化混合花岗岩	23.0	38.0	100.0

3.分析计算结果

(1)基坑东西两侧分析

计算剖面的选取:分析计算采用勘察资料之中 1—1′、2—2′、6—6′、14—14′、24—24′、40—40′。剖面,其对应各岩土层厚度采用剖面内钻孔资料平均值,见表 4—20。

①单层锚杆桩支护结构的优化设计

一道锚杆护坡桩设计分两种情况,即自由端和固定端支护。

自由端支撑的插入深度一般小于固定端支撑,它适用于基坑底面以下有黏性土层或中等强度的地层。

固定端支撑适用于基坑底面以下土层为强度较高的地层和桩前、后水位差较小的情况,当超载较大或锚杆标高特别低时,不宜用此法。

表 4—20　各岩土层厚度统计平均值(场地整平后)

岩土层编号	参照地质剖面	岩土名称	平均层厚(m)
①	剖面	杂填土	2.10
②		中　砂	2.35
③		粉质黏土	1.04
④		黏　土	2.91
⑤		中粗砂	4.50
⑥		粗砾砂	5.20
⑦		圆　砾	4.33

采用固定端式,桩入土深度较深,但最大弯矩和锚固力较自由端小,对桩身设计和锚杆设计有利,且整体稳定性好。因此本工程采用固定端式。

②设计计算步骤

根据 $\sigma_a=\sigma_b$ 确定土压力强度零点 O;

主、被动土压力和水压力对 O 取矩,可求出所需锚固力;

不断下调桩长,当满足 $M_p+M_b+M_{pw}-M_a-M_{aw}\geqslant 0$(式中:$M_b$ 为锚杆产生的弯矩;M_a、M_p 分别为主、被动土压力产生的弯矩;M_{aw}、M_{pw} 分别为主、被动水压力产生的弯矩)时可求出桩入土深度,此深度乘以桩长安全系数作为设计入土深度。

锚点位置优选就是选择锚点距桩顶距离,优选的目标是使桩最大弯矩 M_{max} 最小,即 $M_{max}=M_{min}$。这样可减少桩配筋量,降低造价。

随锚点位置降低,锚点处弯矩 M_b 增大,桩最大弯矩 M_{max} 减小,在某一位置有 $M_b=M_{max}$,若继续降低,出现 $M_b>M_{max}$。因此,优选条件就是根据 $M_b=M_{max}$,确定锚点距桩顶距离。

③锚杆桩优化设计理论

锚杆钢筋截面积为

$$A_b=\frac{K_bR_DS}{\sigma_b\cos\alpha} \tag{4-16}$$

式中 K_b——锚杆钢筋面积安全系数；

R_D——锚固力；

S——桩间距；

σ_b——锚杆抗拉强度；

α——锚杆与水平线的夹角。

锚杆自由段长度为

$$L_f=(H+A-B)\times\frac{\cos(45°+\frac{\varphi}{2})}{\sin(135°-\alpha-\frac{\varphi}{2})} \tag{4-17}$$

式中 A——$A=\frac{2}{3}d$(固定端式)，$A=d$(自由端式)；

d——桩入土深度；

H——基坑深度；

B——锚杆距桩顶距离。

锚杆锚固段长度为

$$L_m=\frac{K_mR_D}{\pi D_rq_s\cos\alpha} \tag{4-18}$$

式中 K_m——锚杆锚固长度安全系数；

D_r——锚固体直径；

q_s——土与锚固体间黏结强度；

α——一般为15°～35°。

④优化设计模型

优化目标是使总体造价为最小，即目标函数为

$$F=(A_gC_g+C_h\pi\gamma^2)LL_t/S+A_bC_{gl}(L_f+L_m)L_T/S=\min \tag{4-19}$$

约束条件：

$$KSM_{max}\leqslant[\frac{9}{16}\pi r^3R_w+2A_gR_g(r-t)]\frac{\sin\varphi_b}{\pi}$$

$$\varphi_b\leqslant0.3\pi$$

$$\varphi_b=\pi A_gC_g/(A_hR_w+2A_gC_g)$$

$$0.3\leqslant r\leqslant0.6$$

$$0.9\leqslant s\leqslant2.4$$

$$0.003\leqslant A_g\leqslant0.02$$

$$0.006\leqslant A_g/\pi r^2\leqslant0.025$$

$$15°\leqslant\alpha\leqslant35°$$

式中 K——桩配筋安全系数；

r——桩半径；

A_g——桩配筋面积；

$A_h=0.75\pi r^2$；

R_w——混凝土的弯曲抗压强度；

R_g——钢筋的弯曲抗拉压强度；

C_h、C_g 和 C_{gl}——分别为混凝土、钢筋和锚杆的每立方米造价；

L——桩长；

L_r——基坑周长；

t——混凝土保护层厚。

优化变量是桩半径 r、桩距 S 和 α 值。优化解法采用随机优化选点—拉格朗日松弛变量—复形耦合新算法，该算法具有稳定性好，收敛快的特点。

整体解算步骤为：

先优选，锚点位置，确定 B 值；

计算 M_{max}、R_D 和桩入土深度 d；

利用优化方法求解 r、S 和 α 值。

(2)基坑西侧支护结构优化设计

经反复演算，本工程在给定荷载情况下（地面堆载按 20 kPa 考虑，距桩顶水平距离按 2.00 m，宽度按 4.0 m 考虑）优化设计结果见表 4－21。

表 4－21　优化设计结果表

项目		数值	备　注
排桩直径(mm)		800	
排桩间距(mm)		1 300	
锚杆水平间距(mm)		2 600	
桩嵌固深度(m)		4.80	
锚点距桩顶距离(m)		3.00	
锚杆与水平面夹角(°)		25	
锚杆	锚固体直径(mm)	150	
	锚杆长(m)	15(自由段 5.0 m，锚固段 10.0 m)	

支护结构分析计算简图见图 4－18。

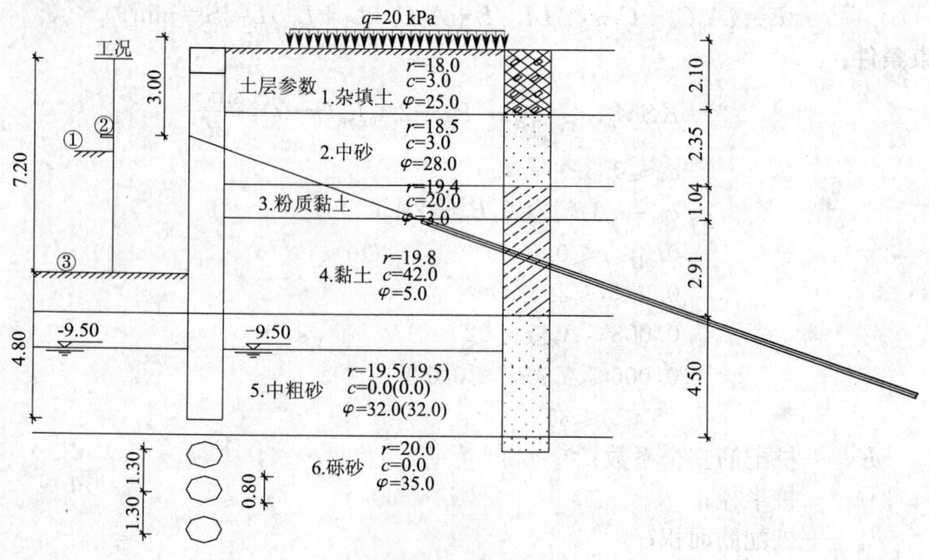

图 4－18　支护结构分析计算简图(m)

①支护结构分析计算基本信息

根据《建筑基坑支护技术规程》(JGJ 120—99),该侧支护结构分析计算基本信息确定情况见表4—22。

表4—22　支护结构分析计算基本信息一览表

内力计算方法	增量法	内力计算方法	增量法
规范与规程	《建筑基坑支护技术规程》(JGJ 120—99)	桩间距(m)	1.30
基坑等级	二级	混凝土强度等级	C25
基坑侧壁重要性系数 γ_0	1.00	有无冠梁	有
基坑深度 H(m)	7.20	冠梁宽度(m)	0.80
嵌固深度(m)	4.80	冠梁高度(m)	0.60
桩顶标高(m)	0.00(自然地表)	超载个数	1
桩直径(m)	0.80		

②超载信息

根据业主提供的《项目基坑支护及降水招标文件》,支护顶附加竖向荷载值按20.0 kPa考虑,其超载信息详细情况见表4—23。

表4—23　超载信息详细情况一览表

超载序号	类型	超载值(kPa,kN/m)	作用深度(m)	作用宽度(m)	距坑边距(m)
1		20.00	0.00	4.00	2.00

③土层及水位信息

土层及水位信息见表4—24。

表4—24　土层及水位信息详细情况一览表

土层数	7	坑内加固土	否
内侧降水最终深度(m)	9.50	外侧水位深度(m)	9.50
内侧水位是否随开挖过程变化	否		
弹性法计算方法	m法		

④土层参数

土层参数见表4—25、表4—26。

表4—25　该侧土层参数详细情况一览表

层号	土类名称	层厚(m)	重度(kN/m³)	浮重度(kN/m³)	黏聚力(kPa)	内摩擦角(°)
1	杂填土	2.10	18.0	——	3.00	25.00
2	中砂	2.35	18.5	——	3.00	28.00
3	黏性土	1.04	19.4	——	20.00	3.00
4	黏性土	2.91	19.8	——	42.00	5.00
5	粗砂	4.50	19.5	9.5	0.00	32.00
6	砾砂	4.20	20.0	10.0	——	——
7	圆砾	4.33	21.0	11.0	——	——

表 4—26　该侧土层参数详细情况一览表(续)

层号	与锚固体摩擦阻力	黏聚力水下(kPa)	内摩擦角水下(°)	水土	计算 m 值(MN/m^4)	抗剪强度(kPa)
1	16.0	——	——	——	10.30	——
2	25.0	——	——	——	13.18	——
3	50.0	——	——	——	1.88	——
4	58.3	——	——	——	4.20	——
5	130.0	0.00	32.00	分算	17.28	——
6	170.0	0.00	35.00	分算	21.00	——

⑤支锚信息

支锚信息见表 4—27。

表 4—27　支锚信息详细情况一览表

支锚道数					1			
支锚道号	支锚类型	水平间距(m)	竖向间距(m)	入射角(°)	总长(m)	锚固段长度(m)	自由段长度(m)	锚固体直径(mm)
1	锚杆	2.60	3.00	25.0	15.00	10.00	5.00	150

⑥土压力模型

根据《建筑基坑支护技术规程》(JGJ 120—99)，土压力计算采用的土压力模型如下(本工程该侧计算采用的土压力模型为弹性法土压力模型)。

弹性法土压力模型见图 4—19。

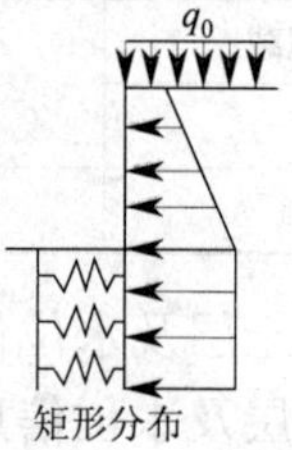

图 4—19　弹性法土压力模型

⑦设计结果

各工况土压力、位移、弯矩、剪力计算结果见图 4—20、图 4—21、图 4—22。

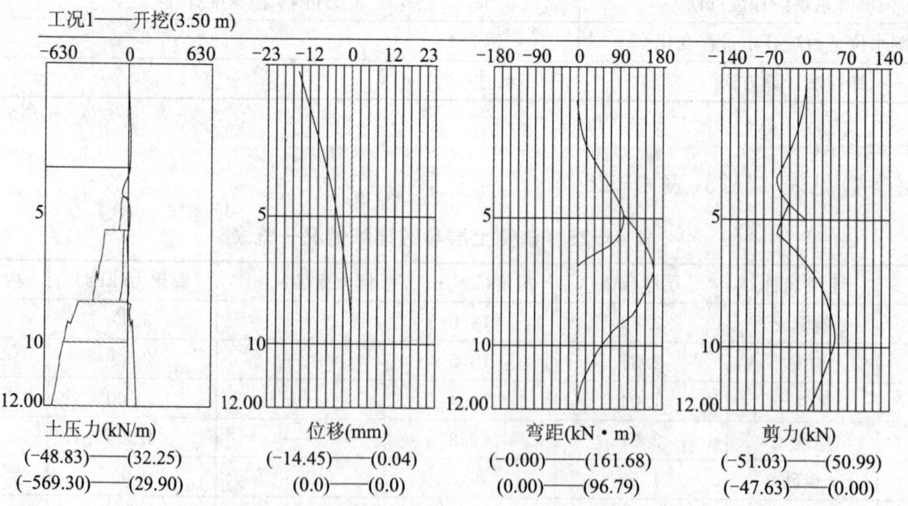

图 4—20　工况 1 土压力、位移、弯矩、剪力图

⑧内力位移包络图

内力位移包络图见图 4－23。

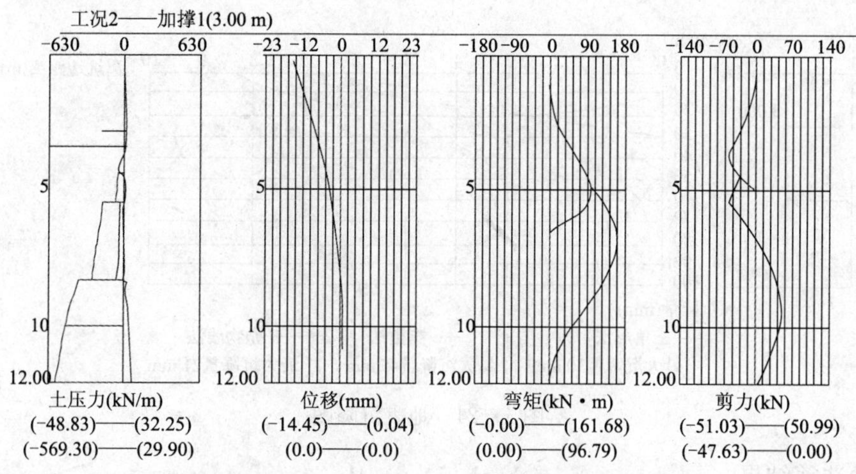

图 4－21　工况 2 土压力、位移、弯矩、剪力图

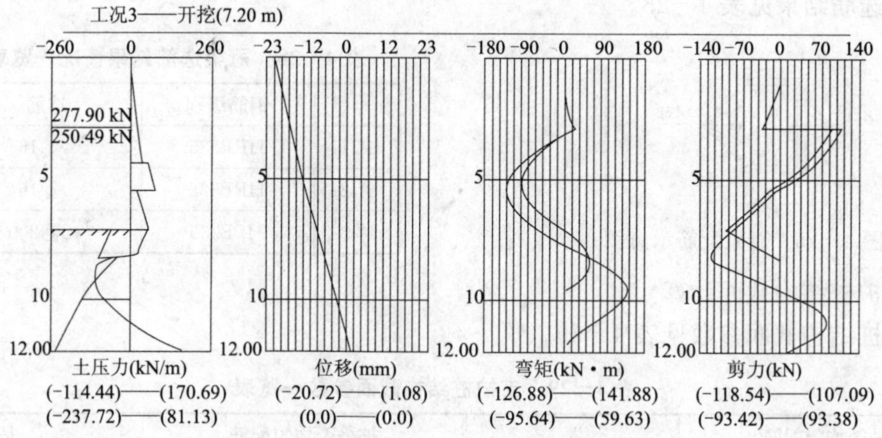

图 4－22　工况 3 土压力、位移、弯矩、剪力图

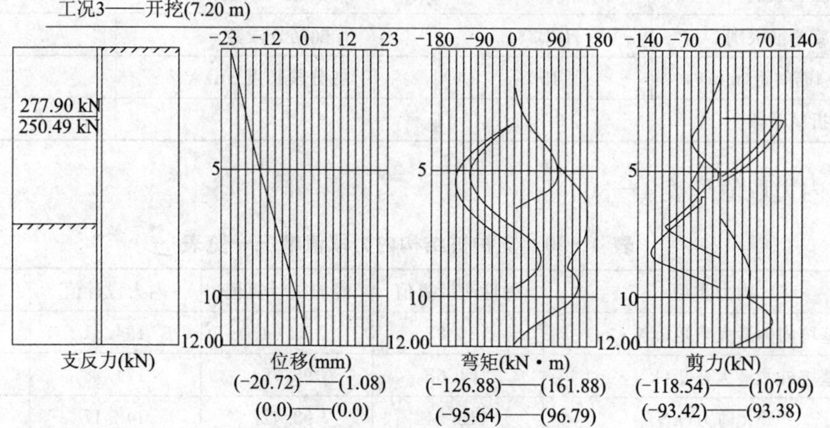

图 4－23　内力位移包络图

⑨地表沉降图

地表沉降图见图 4－24。

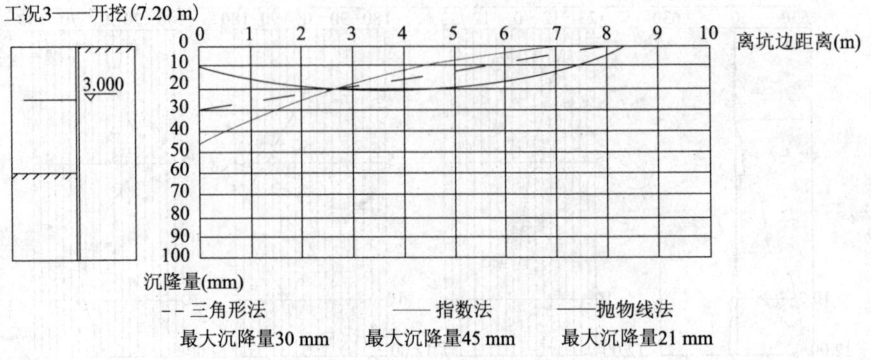

图 4－24　地表沉降图

⑩冠梁选筋结果

冠梁配筋示意图见图 4－25。

冠梁选筋结果见表 4－28。

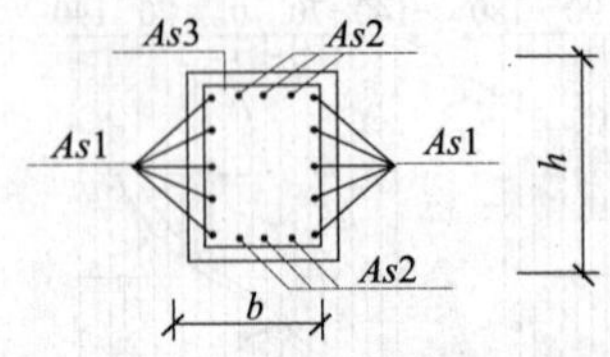

图 4－25　冠梁配筋示意图

表 4－28　冠梁选筋结果情况一览表

	钢筋级别	选筋
As1	HRB335	4 Φ 16
As2	HRB335	2 Φ 16
As3	HPB235	ϕ8@200

⑪支护桩结构截面计算

支护桩结构截面参数见表 4－29。

表 4－29　支护桩结构截面参数一览表

桩是否均匀配筋	是	桩是否均匀配筋	是
混凝土保护层厚度(mm)	50	剪力折减系数	1.00
桩的纵筋级别	HRB335	荷载分项系数	1.25
桩的螺旋箍筋级别	HPB235	配筋分段数	一段
桩的螺旋箍筋间距(mm)	150	各分段长度(m)	12.0
弯矩折减系数	0.85		

支护桩内力取值见表 4－30。

表 4－30　支护桩结构内力取值情况一览表

段号	内力类型	弹性法计算值	经典法计算值	内力设计值	内力实用值
	基坑内侧最大弯矩(kN·m)	126.88	95.64	134.81	134.81
	基坑外侧最大弯矩(kN·m)	161.68	96.79	171.78	171.78
	最大剪力(kN)	118.54	93.42	148.17	148.17

支护桩配筋见表4—31。

表4—31　支护桩配筋情况一览表

段号	选筋类型	级别	钢筋实配值	实配[计算]面积（mm^2 或 mm^2/m）
	纵筋	HRB335	8⌀22	3 041[3016]
	箍筋	HPB235	ϕ10@150	1 047[—1 022]
	加强箍筋	HRB335	⌀14@2 000	154

⑫锚杆计算

锚杆参数见表4—32。

表4—32　锚杆参数取值情况一览表

锚杆钢筋级别	HRB335	锚杆钢筋级别	HRB335
锚杆材料弹性模量（$\times10^5$ MPa）	2.00	土与锚固体黏结强度分项系数	1.30
注浆体弹性模量（$\times10^4$ MPa）	3.00	锚杆荷载分项系数	1.25

锚杆内力见表4—33。

表4—33　锚杆内力计算结果计算一览表

支锚道号	锚杆最大内力弹性法（kN）	锚杆最大内力经典法（kN）	锚杆内力设计值（kN）	锚杆内力实用值（kN）
1	277.90	250.49	347.37	347.37

锚杆锚固段及配筋见表4—34。

表4—34　锚杆锚固段及配筋计算结果一览表

支锚道号	支锚类型	钢筋	自由段长度	锚固段长度	实配[计算]面积（mm^2）	锚杆刚度（MN/m）
1	锚杆	2⌀32	5.00	10.00	1 608[1 159]	41.72

锚杆也可采用钢绞线替代钢筋，采用等强度代换，其代换计算结果见表4—35。

表4—35　等强度代换计算结果表

项次	7ϕ5钢绞线	钢筋	项次	7ϕ5钢绞线	钢筋
直径（mm）	15.24	32.00	单根抗拉（kN）	339.12	269.29
截面积（mm^2）	182.32	803.84	两根抗拉（kN）	678.24	538.58
抗拉强度标准值（MPa）	1860	335			

通过以上对比可见，两根7ϕ5钢绞线可以承受的拉力值要大于两根⌀32钢筋所能承受的拉力值。根据等强度代换的原理，完全可以用两根7ϕ5钢绞线代替两根⌀32钢筋。

⑬整体稳定验算

整体稳定验算简图见图4—26。

a.整体稳定验算结果

计算方法：瑞典条分法。

应力状态：总应力法。

条分法中的土条宽度：1.00 m。

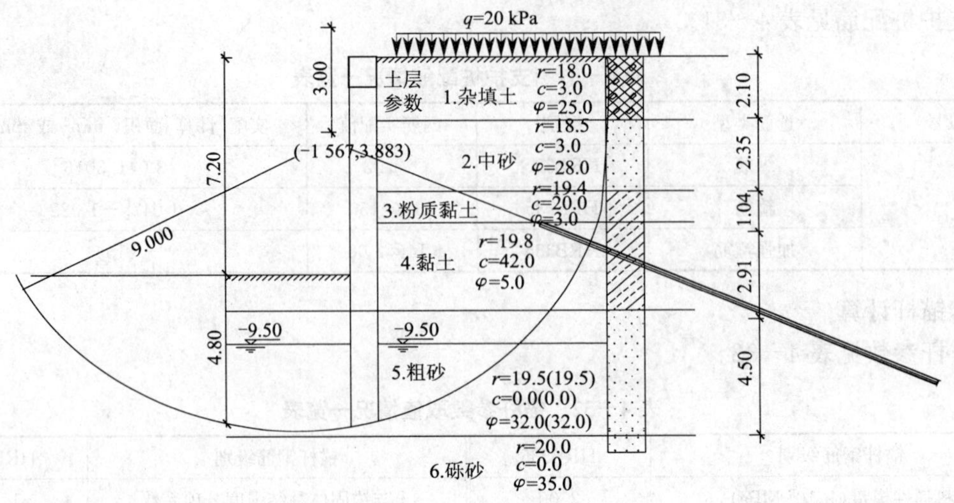

图 4－26　整体稳定验算简图(m)

b. 滑裂面数据

整体稳定安全系数 $K_s=2.104$。

圆弧半径 $R=9.000$ m。

圆心坐标 $X=-1.567$ m。

圆心坐标 $Y=3.883$ m。

c. 抗倾覆稳定验算

$$K_S=\frac{M_p}{M_a} \tag{4-20}$$

式中　K_s——抗倾覆安全系数；

M_p——被动土压力及支点力对桩底的弯矩，支点力为锚杆锚固力和抗拉力的较小值；

M_a——主动土压力对桩底的弯矩。

注意：锚固力计算依据锚杆实际锚固长度计算。

$K_S=\frac{1\,439.767+1\,086.538}{1\,722.204}=1.466>1.200$，满足规范要求。

(3)基坑东侧支护结构优化设计

经演算，本工程在给定荷载情况下(地面堆载按 20 kPa 考虑，距桩顶水平距离按 2.00 m，宽度按 4.0 m 考虑)优化设计结果见表 4－36。

表 4－36　优化设计结果表

排桩直径(mm)		600	备注
排桩间距(mm)		1 200	
锚杆水平间距(mm)		2 400	
桩嵌固深度(m)		4.80	
锚点距桩顶距离(m)		3.00	
锚杆与水平面夹角(°)		25	
锚杆	锚固体直径(mm)	150	
	锚杆长(m)	16(自由段 5.0 m，锚固段 11.0 m)	

支护结构分析计算简图见图 4－27。

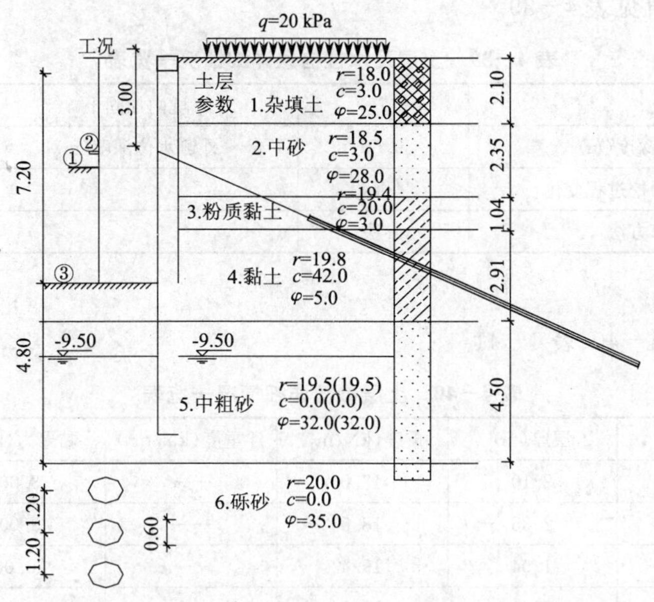

图 4－27　支护结构分析计算简图(m)

①支护结构分析计算基本信息

根据《建筑基坑支护技术规程》(JGJ 120－99)，该侧支护结构分析计算基本信息确定情况见表 4－37。

表 4－37　支护结构分析计算基本信息一览表

内力计算方法	增量法	内力计算方法	增量法
规范与规程	《建筑基坑支护技术规程》(JGJ 120－99)	桩间距(m)	1.20
基坑等级	二级	混凝土强度等级	C25
基坑侧壁重要性系数 γ_0	1.00	有无冠梁	有
基坑深度 H(m)	7.20	冠梁宽度(m)	0.60
嵌固深度(m)	4.80	冠梁高度(m)	0.50
桩顶标高(m)	0.00(自然地表)	超载个数	1
桩直径(m)	0.60		

②超载信息

根据业主提供的《基坑支护及降水招标文件》，支护顶附加竖向荷载值按 20.0 kPa 考虑，其超载信息详细情况见表 4－38。

表 4－38　超载信息详细情况一览表

超载序号	类型	超载值(kPa,kN/m)	作用深度(m)	作用宽度(m)	距坑边距(m)
1		20.00	0.00	4.00	2.00

③土层及水位信息

土层及水位信息见表 4－39。

表 4－39　土层及水位信息详细情况一览表

土层数	7	坑内加固土	否
内侧降水最终深度(m)	9.50	外侧水位深度(m)	9.50
内侧水位是否随开挖过程变化	否		
弹性法计算方法	m 法		

④土层参数

土层参数见表 4－40、表 4－41。

表 4－40　土层参数详细情况一览表

层号	土类名称	层厚(m)	重度(kN/m^3)	浮重度(kN/m^3)	黏聚力(kPa)	内摩擦角(°)
1	杂填土	2.10	18.0	——	3.00	25.00
2	中砂	2.35	18.5	——	3.00	28.00
3	黏性土	1.04	19.4	——	20.00	3.00
4	黏性土	2.91	19.8	——	42.00	5.00
5	粗砂	4.50	19.5	9.5	0.00	32.00
6	砾砂	4.20	20.0	10.0	——	——
7	圆砾	4.33	21.0	11.0	——	——

表 4－41　土层参数详细情况一览表(续)

层号	与锚固体摩擦阻力	黏聚力水下(kPa)	内摩擦角水下(°)	水土	计算 m 值(MN/m^4)	抗剪强度(kPa)
1	16.0	——	——	——	10.30	——
2	25.0	——	——	——	13.18	——
3	50.0	——	——	——	1.88	——
4	58.3	——	——	——	4.20	——
5	130.0	0.00	32.00	分算	17.28	——
6	170.0	0.00	35.00	分算	21.00	——
7	250.0	0.00	38.00	分算	25.08	——

⑤支锚信息

支锚信息见表 4－42。

表 4－42　支锚信息详细情况一览表

支锚道数					1			
支锚道号	支锚类型	水平间距(m)	竖向间距(m)	入射角(°)	总长(m)	锚固段长度(m)	自由段长度(m)	锚固体直径(mm)
1	锚杆	2.60	3.00	25.0	15.00	10.00	5.00	150

⑥土压力模型

根据《建筑基坑支护技术规程》(JGJ 120—99)，土压力计算采用的土压力模型如下(本工程该侧计算采用的土压力模型为弹性法土压力模型)。

弹性法土压力模型见图 4—28。

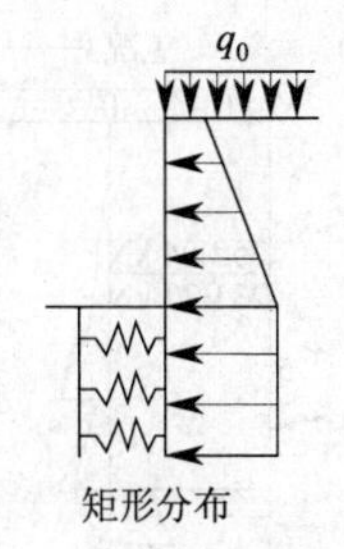

图 4—28　弹性法土压力模型

⑦设计结果

各工况土压力、位移、弯矩、剪力计算结果见图 4—29、图 4—30、图 4—31。

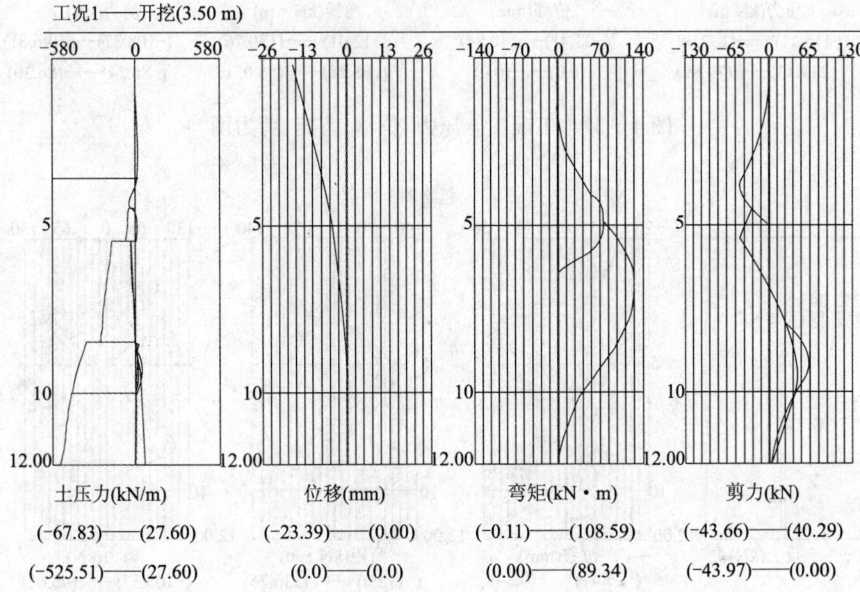

图 4—29　工况 1 土压力、位移、弯矩、剪力图

⑧内力位移包络图

内力位移包络图见图 4—32。

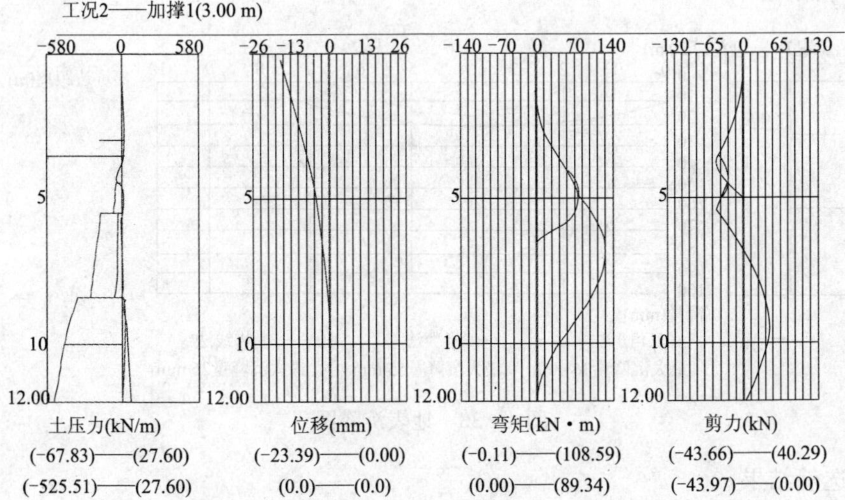

图 4—30　工况 2 土压力、位移、弯矩、剪力图

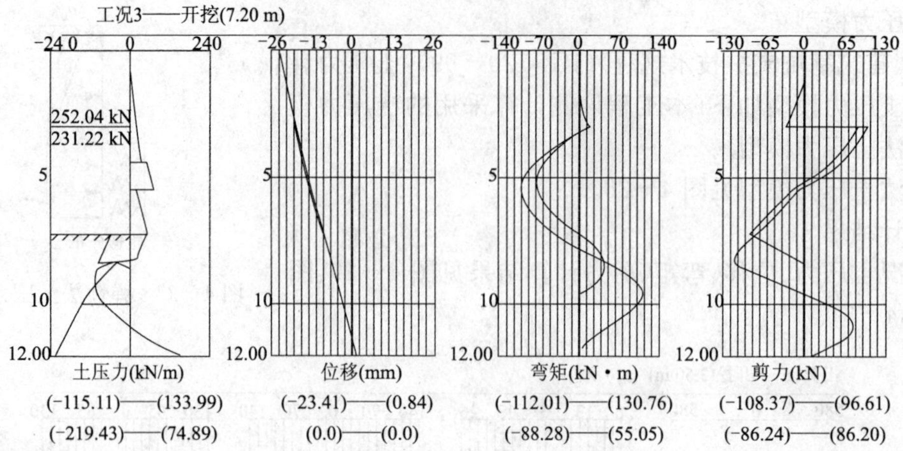

图 4－31　工况 1 土压力、位移、弯矩、剪力图

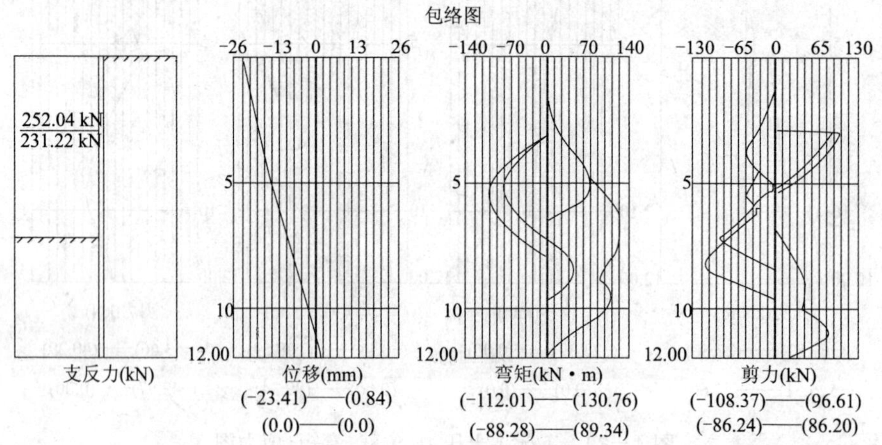

图 4－32　内力位移包络图

⑨地表沉降图

地表沉降图见图 4－33。

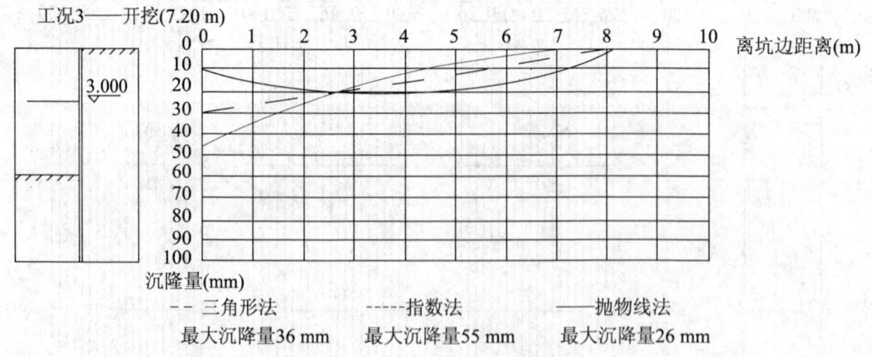

图 4－33　地表沉降图

⑩冠梁选筋结果

冠梁配筋示意图见图 4－34。

冠梁选筋结果见表 4—43。

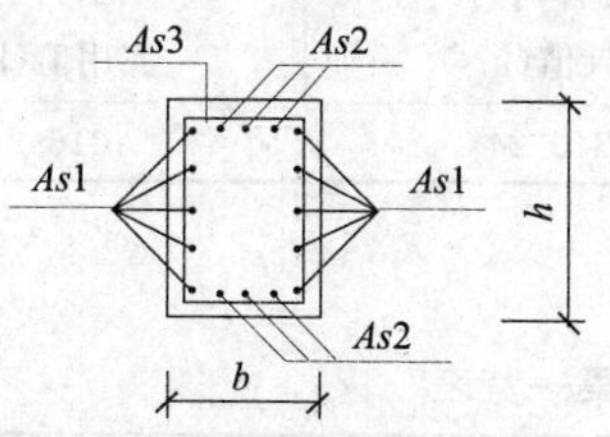

图 4—34　冠梁配筋示意图

表 4—43　冠梁选筋结果情况一览表

	钢筋级别	选筋
As1	HRB335	4 Φ 16
As2	HRB335	2 Φ 16
As3	HPB235	ϕ8@200

⑪支护桩结构截面计算

支护桩结构截面参数见表 4—44。

表 4—44　支护桩结构截面参数一览表

桩是否均匀配筋	是	弯矩折减系数	0.85
混凝土保护层厚度(mm)	50	剪力折减系数	1.00
桩的纵筋级别	HRB335	荷载分项系数	1.25
桩的螺旋箍筋级别	HPB235	配筋分段数	一段
桩的螺旋箍筋间距(mm)	150	各分段长度(m)	12.0

支护桩内力取值见表 4—45。

表 4—45　支护桩结构内力取值情况一览表

段号	内力类型	弹性法计算值	经典法计算值	内力设计值	内力实用值
	基坑内侧最大弯矩(kN·m)	113.10	88.28	120.17	120.17
	基坑外侧最大弯矩(kN·m)	128.58	89.34	136.61	136.61
	最大剪力(kN)	108.07	86.24	135.08	135.08

支护桩配筋见表 4—46。

表 4—46　支护桩配筋情况一览表

段号	选筋类型	级别	钢筋实配值	实配[计算]面积(mm^2 或 mm^2/m)
	纵筋	HRB335	8 Φ 22	3 041[1 970]
	箍筋	HPB235	ϕ10@150	1047[−766]
	加强箍筋	HRB335	Φ 14@2 000	154

⑫锚杆计算

锚杆参数见表 4—47。

表 4—47　锚杆参数取值情况一览表

锚杆钢筋级别	HRB335	锚杆钢筋级别	HRB335
锚杆材料弹性模量(×10^5 MPa)	2.00	土与锚固体黏结强度分项系数	1.30
注浆体弹性模量(×10^4 MPa)	3.00	锚杆荷载分项系数	1.25

锚杆内力见表 4—48。

表 4－48　锚杆内力计算结果计算一览表

支锚道号	锚杆最大内力 弹性法(kN)	锚杆最大内力 经典法(kN)	锚杆内力 设计值(kN)	锚杆内力 实用值(kN)
1	252.99	231.22	316.24	316.24

锚杆锚固段及配筋计算见表 4－49。

表 4－49　锚杆锚固段及配筋计算结果一览表

支锚道号	支锚类型	钢筋	自由段长度	锚固段长度	实配[计算]面积(mm^2)	锚杆刚度(MN/m)
1	锚杆	2 ⌀ 32	5.00	11.00	1 232[1163]	32.52

锚杆也可采用用钢绞线替代钢筋，采用等强度代换，其代换计算结果见表 4－50。

表 4－50　等强度代换计算结果表

项次	7ϕ5 钢绞线	钢筋	项次	7ϕ5 钢绞线	钢筋
直径(mm)	15.24	32.00	单根抗拉(kN)	339.12	269.29
截面积(mm^2)	182.32	803.84	两根抗拉(kN)	678.24	538.58
抗拉强度标准值(MPa)	1 860	335			

通过以上对比可见，两根 7ϕ5 钢绞线可以承受的拉力值要大于两根⌀ 32 钢筋所能承受的拉力值。根据等强度代换的原理，完全可以用两根 7ϕ5 钢绞线代替两根⌀ 32 钢筋。

⑬整体稳定验算：

整体稳定验算简图见图 4－35。

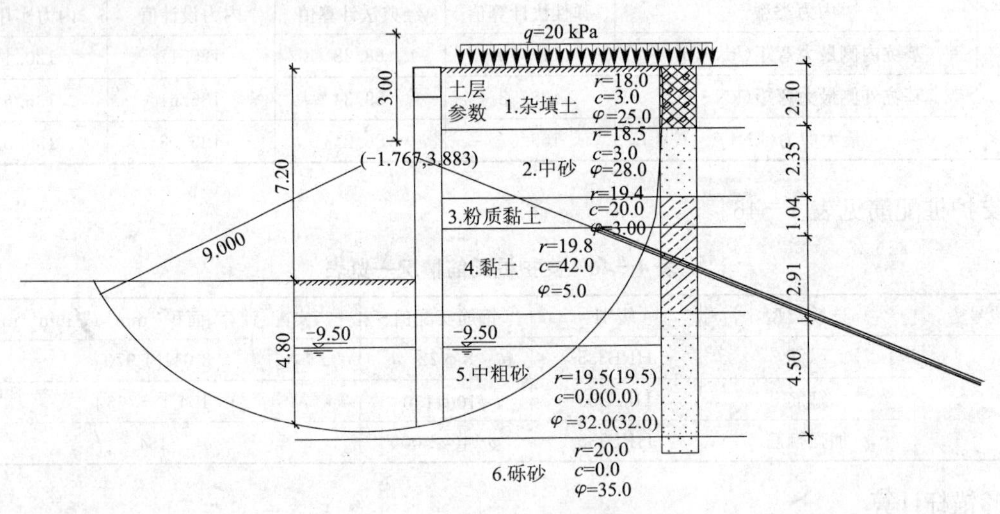

图 4－35　整体稳定验算简图(m)

a. 整体稳定验算结果

计算方法：瑞典条分法。

应力状态：总应力法。

条分法中的土条宽度：1.00 m。

b. 滑裂面数据

整体稳定安全系数 K_s＝2.097。

圆弧半径 R=9.000 m。

圆心坐标 X=−1.767 m。

圆心坐标 Y=3.883 m。

c. 抗倾覆稳定验算

$$K_s=\frac{M_p}{M_a} \tag{4-21}$$

式中　K_s——抗倾覆安全系数；

M_p——被动土压力及支点力对桩底的弯矩，支点力为锚杆锚固力和抗拉力的较小值；

M_a——主动土压力对桩底的弯矩。

注意：锚固力计算依据锚杆实际锚固长度计算。

$K_s=\frac{1\,439.767+1\,385.288}{1\,722.204}=1.640>1.200$，满足规范要求。

(4)基坑南北两侧天然放坡开挖设计

根据拟采用两级放坡开挖方案，即在可能出现局部渗水的②层中砂与③层粉质黏土交接部位设置 1.0 m 的平台，以减缓由于残余水的存在而产生的下淤现象。其坡度系数上部按 m=0.80 考虑，下部按 m=1.0 考虑。分析验算结果如下：

根据《建筑基坑支护技术规程》(JGJ 120—99)，该侧支护结构分析计算基本信息确定情况见表 4—51。

表 4—51　支护结构分析计算基本信息一览表

内力计算方法	增量法	基坑侧壁重要性系数 γ_0	1.00
规范与规程	《建筑基坑支护技术规程》(JGJ 120—99)	基坑深度 H(m)	7.20
基坑等级	二级	超载个数	1

分析计算简图见图 4—36。

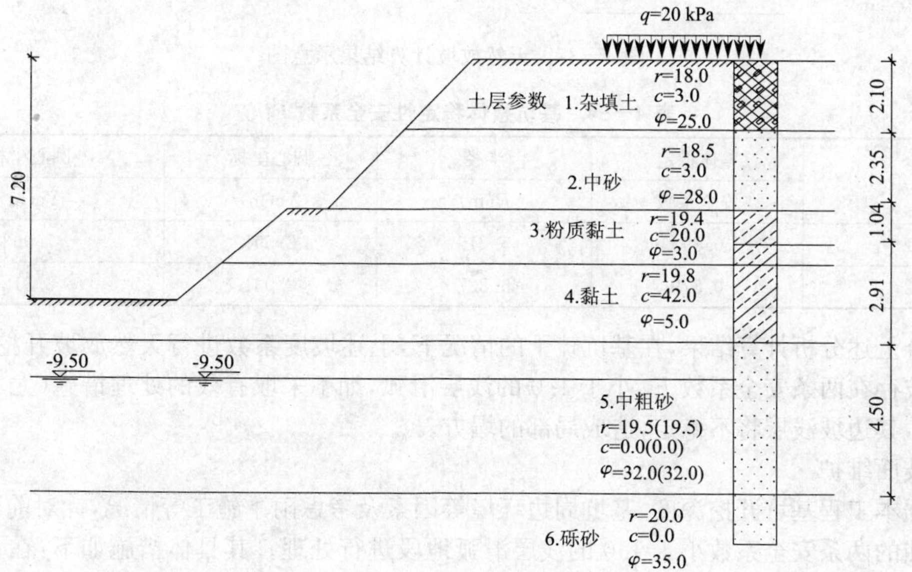

图 4—36　分析计算简图(m)

①放坡信息

放坡信息见表 4—52。

表 4—52　放坡信息详细情况一览表

坡号	台宽(m)	坡高(m)	坡度系数
1	1.000	4.450	0.800
2	0.000	2.750	1.000

②超载信息

超载信息见表 4—53。

表 4—53　超载信息详细情况一览表

超载序号	类型	超载值(kPa,kN/m)	作用深度(m)	作用宽度(m)	距坑边距(m)
1		20.00	0.00	4.00	11.00

③计算原理及结果

当采用上述坡度系数进行天然放坡开挖时,采用瑞典条分法进行验算,分析计算软件为《理正深基坑支护结构设计软件》(F—SPW)(V5.30),经过验算,其基坑整体稳定性安全系数 F_S 值(两条滑弧的稳定安全系数)见表 4—54。

天然放坡计算结果示意图见图 4—37。

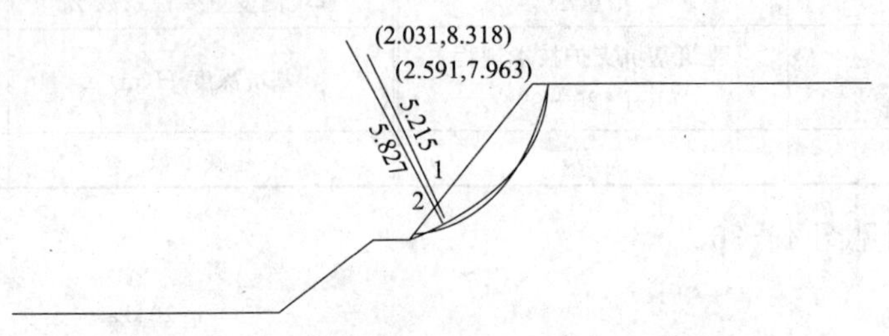

图 4—37　天然放坡计算结果示意图

表 4—54　基坑整体稳定性安全系数 F_S 值

滑弧编号	整体稳定安全系数	半径 R(m)	圆心坐标 Xc(m)	圆心坐标 Yc(m)
1	0.893	5.215	2.591	7.963
2	0.879	5.827	2.031	8.318

综合上述分析计算结果,在基坑疏干的情况下,上述坡度系数进行天然放坡开挖时,台阶上部边坡存在两条安全系数 F_S 小于 1.0 的浅层滑弧,如不采取有效的处理措施(尤其在雨季施工时),其边坡浅层将不稳定,造成局部的塌方。

④坡面维护

根据本工程基坑开挖深度、基坑周边环境等因素及考虑雨季施工等情况,针对前面验算结果中存在的两条安全系数小于 1.0 的浅层滑弧地段进行处理。其具体措施如下:在上部台阶采用砂袋沿基坑壁堆砌至 1.50 m 高,内侧楔入木桩支挡(深度 1.20 m)。该措施的目的为:通过反向压坡处理,来增加通过上部台阶底部的滑弧的抵抗阻力,使其稳定。在基坑侧壁挂钢丝网后，然后再采用 M10 的素混凝土砂浆进行抹面，该措施的目的为：避免雨季施工时，雨水冲刷坑壁，造成局部的塌方。此外，本工程局部地段第③层粉质黏土隔水层顶部会存在残留水，将造成该层堆淤现象的发生，采用素混凝土砂浆进行抹面，也可消除该现象的发生。

（十一）支护结构施工

1. 支护桩施工

设计桩数、桩径、桩型等情况见表 4－55。

表 4－55　设计桩数、桩径、桩型等参数一览表

<table>
<tr><th>位置</th><th>桩数(根)</th><th>桩径(mm)</th><th>桩长(m)</th><th>沉渣厚度(mm)</th></tr>
<tr><td>基坑东侧</td><td>103</td><td>600</td><td>12.0</td><td>≤200</td></tr>
<tr><td>基坑西侧</td><td>160</td><td>800</td><td>12.0</td><td>≤200</td></tr>
<tr><td rowspan="3">变电所平房</td><td>8</td><td rowspan="3"></td><td>10.0</td><td rowspan="3">≤</td></tr>
<tr><td>7</td><td>8.0</td></tr>
<tr><td>5</td><td>6.0</td></tr>
</table>

(1)施工工艺流程

场地平整，桩位放线，开挖浆池、浆沟，护筒埋设、钻机就位，就位校正，成孔，清渣换浆，终孔验收，下钢筋笼和灌浆导管，灌注水下混凝土、成桩养护。

(2)施工机具的选择

根据本场地的工程地质条件以及《建筑桩基技术规范》(JGJ 94－94)的有关规定，本工程在成孔工艺、钻孔机具和钻进方法的选择上综合考虑了设计桩型、钻孔深度、土层情况、泥浆排放及处理等条件，最终确定以冲击成孔为主的成孔工艺。其成孔工艺、钻孔机具和钻进方法见表 4－56。

表 4－56　成孔工艺、钻孔机具和钻进方法选择表

成孔工艺	钻孔机具	钻进方法
冲击成孔	CZ—22 型	泥浆护壁冲击钻进

(3)清孔方法和设备的选用

根据成孔深度、地层情况及《建筑桩基技术规范》(JGJ 94－94)的有关规定，本工程清孔方法采用抽渣筒设备进行排渣。

(4)技术保证措施

成孔过程中，必须按有关规范之中的有关规定进行填写泥浆护壁成孔灌注桩施工记录，当在钻进过程中出现孔斜或塌孔事故时，尚应注明原因及处理措施。

每一根桩的孔位、孔径、孔深、垂直度和孔底沉渣或虚土，应及时检查。其成孔质量的容许偏差值应符合表 4－57 规定。

表 4－57　灌注桩成孔质量容许偏差表

灌注桩的类别和检查方法	桩位定位容许误差(mm)	桩径容许偏差(mm)	垂直度容许偏差(%)	孔底沉渣(或虚土)容许厚度(mm)	孔深容许偏差(mm)
钻孔灌注桩	50	≤－50	0.5	200	不小于设计桩长
检查方法	测距仪、钢尺	钢尺	J_2 经纬仪	平底锥	钻具测量，钢尺校检

排桩宜采取隔桩施工，并在灌注混凝土 24 h 后进行邻桩成孔施工。

(5)泥浆配置标准

泥浆配置应选用高塑性黏性土,其泥浆护壁和排渣时,泥浆比重及调制应符合下列规定:

在黏性土层中钻进时,一般应注入清水,采用原土造浆护壁;排渣时,泥浆比重宜控制在1.00～1.25;

在砂土中钻进时,泥浆比重宜控制在1.2～1.5;

现场应采用比重计进行随时抽检。

(6)护筒的制作与埋设

护筒制作材料为钢护筒(4～8 mm 钢板制作),其内径应大于钻头直径200 mm;护筒埋设根据地下水情况,采用挖埋式,其埋设方法应符合下列规定:

护筒的中心线与桩位中心埋设偏差不宜大于50 mm;

埋设深度,黏性土层中不宜小于1.00 m;筒顶面宜高出地面或填筑面0.2～0.3 m;孔内泥浆面宜保持高出地下水位1.0 m;

埋设护筒的坑径应比护筒外径大400 mm,正确就位后,四周及低部应用黏土回填密实,埋设应稳固。

(7)钢筋笼制作

钢筋笼制作应严格按设计图纸的要求制作,容许偏差见表4—58。

表4—58　钢筋笼制作允许偏差一览表

项　目	允许偏差(mm)	项　目	允许偏差(mm)
主　筋　间　距	±10	钢　筋　笼　直　径	±10
箍筋间距或螺旋筋螺距	±20	钢　筋　笼　长　度	±50

钢筋笼的制作要求:该钻孔灌注桩钢筋笼准备制作成单节笼;钢筋连接采用电弧焊(单面焊10 d,双面焊5 d);焊条为结50X型;主筋在钢筋笼制作平台上要摆放平直,钢筋搭接接头在同一平面不得超过50%;加劲筋设在主筋的内侧,每隔2.0 m增设一道,按钢筋笼直径推算加劲筋的外径,圆闭合处搭接焊,加劲筋与主筋垂直,主筋等分加劲筋;笼体的箍筋为螺旋缠绕;定位钢筋每隔2.0 m沿圆周等间距焊接4根;钢筋笼主筋保护层允许偏差为±20 mm。

吊放钢筋笼:钢筋笼吊放过程中不应发生变形,并应采取加固措施;吊放前应进行垂直校正;吊放时应对准孔位轻放、慢放,严禁高起猛落,强行下放,防止倾斜、弯折或碰撞孔壁;钢筋笼就位后,顶面和底面标高误差不应大于50 mm;混凝土灌注时,不应出现上拱或下落现象。

(8)混凝土制备与灌注

其混凝土制备与灌注具体技术措施如下:混凝土的强度等级不应低于设计要求的C25;混凝土的制备应严格按照经过试验确定的配合比进行配置,混凝土用料必须过磅。粗骨料的最大粒径不宜大于40 mm,并不得大于钢筋最小净距的1/3,细骨料选用干净的中、粗砂。混凝土所用材料必须有质量合格证;混凝土的坍落度为18～22 cm;桩顶混凝土灌注标高应超过桩顶设计标高0.50 m;混凝土灌注的充盈系数不得小于1.0;开导管方法采用球胆,球胆预先塞在混凝土漏斗下口,当浇注混凝土后,从导管下口压出漂浮在泥浆表面;整个浇灌过程中,混凝土导管应埋入混凝土中2～4 m,最小埋深不得小于1.5 m,否则会把混凝土上升面附近的浮浆卷入混凝土内;亦不大于6.0 m,埋入太深,将会影响混凝土充分地流动。导管随浇灌随提升,避免提升过快造成混凝土脱空现象,或提升过晚而造成埋管拔不出;开导管时,下料斗内须初存混凝土量要经计算确定,以保证完全排出导管内泥浆,并使导管口埋深不小于0.8 m的流态混凝土中,防止泥浆卷入混凝土内;混凝土浇注要一气呵成,不得中断,以保证混凝土的均匀性。间歇时间一般控制在 15 min，任何情况下不得超过 30 min；混凝土浇灌过程中，要随时用探锤测量混凝土面实际标高（至少三处，取平均值）计算混凝土上升高度，导管下口与混凝土相对位置，统计混凝土浇灌量，及时做好记录；灌注过程中，设专人按有关规范做好施工记录。

（9）事故的预防和处理措施

事故的预防和处理措施见表 4－59。

表 4－59　泥浆护壁冲击成孔灌注桩事故预防及处理措施

名称、现象	产生原因	防治措施
坍孔（在成孔过程中或成孔后孔壁坍塌）	1. 提升、下落冲锤、掏渣筒和放钢筋骨架时碰撞孔壁； 2. 护筒周围未用黏土填封紧密而漏水，或护筒埋置太浅； 3. 未及时向孔内加泥浆，孔内泥浆面低于孔外水位，或孔内出现承压水降低了静水压力，或泥浆密度不够； 4. 在流沙、软淤泥、破碎地层、松散砂层中钻进，进尺太快	提升下落冲锤，掏渣筒和下放钢筋骨架时保持垂直上下；护筒周围用黏土填封紧密；钻进中及时填新鲜泥浆，使其高于孔外水位；遇流沙、松散土层时，适当加大泥浆密度，不要使进尺过快。轻度坍孔，加大泥浆密度和提高水位；严重坍孔，用黏土投入，待孔壁稳定后采用慢速钻进
钻孔偏移（倾斜）（成孔后不直，出现较大的垂直偏差）	1. 桩架不稳，导架不垂直； 2. 钻机成孔时，遇较大孤石或探头石，或基岩倾斜未处理，或在粒径悬殊的砂、卵石中钻进，钻头所受阻力不匀	安装钻机时，要对桩机进行水平和垂直校正，遇软硬土层应控制进尺，慢速钻进； 偏斜过大时，填入黏土重新钻进，如有探头石，用冲孔机采用低锤密击，把石块打碎；倾斜基岩时，投入块石，使表面略平，用锤密打
掉脚桩（成孔后，桩身下部局部没有混凝土或夹有泥土）	1. 清孔后泥浆密度过小，孔壁坍塌或孔底涌进泥浆或未立即灌混凝土； 2. 清渣未净，残留石碴过厚； 3. 吊放钢筋笼、导管等物碰撞孔壁，使泥土坍落孔底	做好清孔工作，达到要求立即灌注混凝土；注意泥浆密度和使孔内水位经常保持高于孔外水位 0.50 m 以上，施工中注意保护孔壁，不让重物碰撞，造成孔壁坍塌
断桩（水下灌注混凝土，桩截面上存在泥夹层，造成断桩现象，严重影响承载力）	1. 因首批混凝土多次浇灌不成功，再灌其上出现一层泥夹层而造成断桩； 2. 孔壁塌方将导管卡住，强力拔管时，使泥水混入混凝土内； 3. 导管接头不良，泥水进入管内； 4. 施工时突然下雨，泥浆冲入桩孔	力争首批混凝土浇灌一次成功；钻孔选用较大密度和黏度、胶体率好的泥浆护壁；控制进尺速度，保持孔壁稳定；导管接头应用方丝扣连接，并设橡皮圈密封严密；孔口护筒不使埋置太浅；下钢筋笼骨架过程中，不使碰撞孔壁；施工时突然下雨，要争取一次性灌注完毕； 灌注桩严重塌方或导管无法拔出形成断桩，可在一侧补桩；深度不大可挖出，对断桩处作适当处理后，支模重新浇筑混凝土

2. 锚杆施工

（1）锚杆材料与强度等级

锚杆锚固体采用水泥浆，其强度等级为 M15。其锚杆钢筋规格及理论用量见表 4－60。

表 4－60　锚杆钢筋规格及理论用量一览表

位置	钢筋直径(mm)	锚杆根数(根)	钢筋总长度(m)	钢筋总质量(kg)
基坑西侧	32	80	2 400	15 144.00
基坑东侧	32	51	1 632	10 297.92
合　计				25 441.92

(2)锚杆施工要求

锚杆钻孔水平方向孔距在垂直方向误差不大于 100 mm，偏斜度不应大于 3%，如干成孔比较困难，采用泥浆护壁成孔，但注浆时应将泥皮全部或部分破坏，以免影响其侧阻力的发挥。

注浆管宜与锚杆杆体绑扎在一起，一次注浆管距孔底为 100～200 mm，二次注浆管的出浆孔应进行可灌密封处理。

浆体应按设计配制，一次灌浆选用水灰比 0.45～0.50 的水泥浆，二次高压注浆使用水灰比 0.45～0.55 的水泥浆。

二次高压注浆压力控制在 2.5～5.0 MPa 之间，注浆时间根据一次注浆锚固体强度达到 5 MPa后进行。

锚杆的张拉与锁定应符合以下规定：锚固段强度大于 15 MPa 并达到设计强度等级的 75%后方可进行张拉；锚杆张拉顺序应考虑对邻近锚杆的影响；锚杆张拉至设计荷载 0.9～1.0倍后，再按设计要求锁定；锚杆张拉控制应力不应超过锚杆杆体强度标准值的 0.75 倍。

(3)质量允许偏差

质量允许偏差见表 4－61。

表 4－61 锚杆允许偏差项目和检查方法表

项次	项目		允许偏差(mm)	检查方法
1	孔位	水平方向	≦50	测斜仪和尺量
2		垂直方向	≦100	
3		偏斜度	≦3%	
4	孔 深		＋100～＋200	
5	孔 径		±10	

(4)钢绞线预应力锚杆施工

如采用前述等强度代换的钢绞线预应力锚杆，则施工工艺及加工方法如下：

①施工场地整平后，锚杆钻机进场，调整角度，对准孔位中心开始钻进，钻至设计深度后，抽出钻杆，移机至下一个孔位。

②采用 7ϕ5(1 860 MPa)钢绞线，杆体中间插入塑料管。钢绞线拉杆每 2.0 mm 间距设置一个固定支架；实际截取钢绞线长度为：自由段＋锚固段＋张拉段(0.8～1.2 m)。

③注浆时应采用胶泥或纺织带封住孔口，水泥浆水灰比为 0.5，二次补浆间隔时间为 2～4 h。第一次注浆后将塑料管拔出 6～8 m，二次补浆后可将塑料管全部拔出，冲洗干净后重复使用。

④锚杆注浆强度达到设计强度的 75%(约7 d)后方可张拉，应首先进行试拉，根据试拉结果调整或确定锁定值。

⑤锚杆张拉和施加应力要求：锚固段水泥浆强度为 15 MPa，并达到设计强度等级的 75%后方可进行张拉。锚杆锁定荷载可取 220 kN。锚杆张拉时可拉至 240 kN 再锁定。锚杆张拉控制应力不应超过锚杆体强度标准值的 0.75 倍；检验方法，观察和检查施工记录。

(5)锚杆施工图

①锚杆施工剖面图(图 4－38)

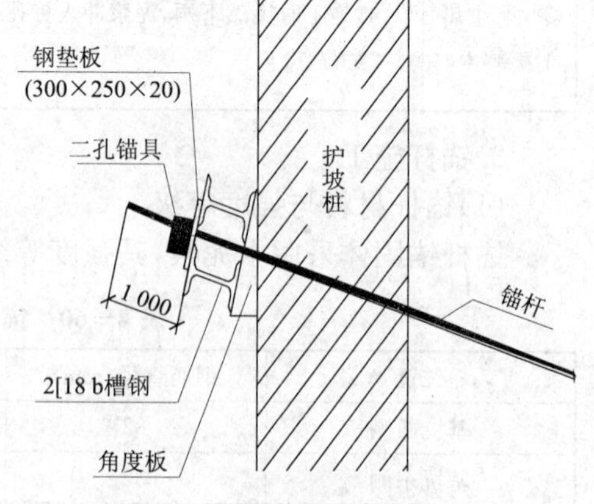

图 4－38 锚杆施工剖面图

②钢绞线加工图(图 4－39)

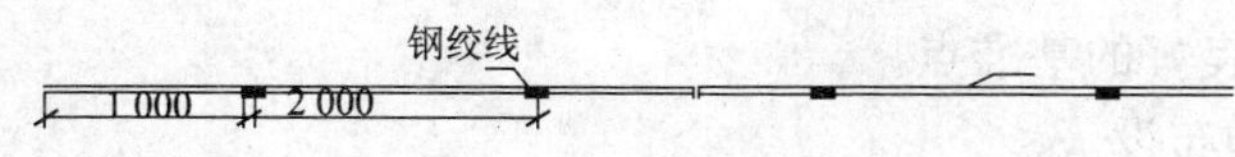

图 4－39　钢绞线加工图(mm)

③钢垫板加工图(图 4－40)

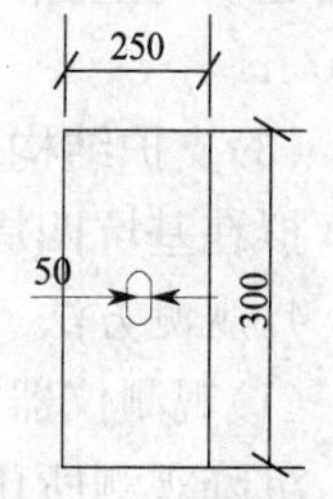

图 4－40　钢垫板(垫板厚度 20 mm)加工图(mm)

3. 腰梁施工

腰梁采用轻型槽钢，型号：18b，尺寸(号数 18，高×腿宽×腰厚＝180 mm×70 mm×5.10 mm)，理论质量 16.30 kg/m。约 660 m，理论用量 10 495.8kg。锚杆与钢腰梁连接采用高强螺旋连接，连接点设置承压板与台座(高强螺旋、承压板与台座具体做法待施工时根据尺寸定做)。

4. 冠梁施工

冠梁施工前，应将支护桩桩顶浮浆凿除清理干净，桩顶以上出露的钢筋长度应满足有关规范要求。混凝土强度等级为 C25，其他事项按照有关规范要求执行。其冠梁钢筋规格及理论用量见表 4－62，混凝土理论用量见表 4－63。

表 4－62　冠梁钢筋规格及理论用量一览表

位置	钢筋直径(mm)	钢筋总长度(m)	钢筋总质量(kg)
基坑东、西侧	16	1 998.00	3 156.840
	8	4 311.07	1 702.873
合　计			4 859.713

表 4－63　冠梁混凝土理论用量一览表

位置	每延米混凝土量(m^3)	总计(m^3)
基坑西侧	0.48	100.224
基坑东侧	0.30	37.260
合　计		137.484

(十二)基坑工程现场监测

1. 监测目的

在基坑开挖及地下工程施工过程中，对基坑岩土性状、支护结构变位和周围环境条件变化，进行各种观测及分析工作，并将观测结果及时反馈，以指导设计与施工。

2. 监测内容

(1)基坑支护结构侧向位移。

(2)基坑周围建筑物的不均匀沉降。

(3)自然环境(雨水、气温、风力等)。

(4)地下水位的变化。

(5)周围各种地下管线(如果有地下管线的情况下)。

3. 测点布置

(1)基准点的布设

观测基准点，应设在基坑工程影响范围以外，一般距基坑周边应不少于 $5H$(H 为基坑开挖深度)，也不宜少于 30～50 m，且数量不应少于 2 点。根据现场条件，初步拟在离场区 40 m 处埋设 3 个互相通视良好的基准点。

(2)沉降观测点的布设

根据周围建筑物的实际情况，拟在与基坑周边距离不超过 $3H$(H 为基坑开挖深度)范围内的建筑物上各布设 6 个观测点，作为永久性标志。这些标志埋设在承重墙上，一般高于地面 0.30 m。

(3)支护结构位移观测点的布设

拟在基坑四周支护结构冠梁顶面每隔 15～20 m 布设一个观测点。

4. 观测方法

(1)观测仪器的选用

沉降观测所用仪器使用 DS1 型自动安平精密水准仪、因瓦合金标尺，按光学测微法观测，二级沉降观测。支护结构位移观测采用 DJ2 型经纬仪，二级位移观测。

(2)执行的规范和规程

《工程测量规范》(GB 50026－93)。

《建筑变形测量规程》(JGJ/T 8－97)。

(3)观测精度

根据本工程沉降观测与变形观测等级，其观测精度见表 4－64～表 4－66。

表 4－64　水准观测的限差(mm)

等级	基辅分划(黑红面)读数之差	基辅分(黑红面)所测高度之差	往返较差及附和或环线闭合差	单程双测站所测高差较差	检测已测测段高度之差
二级	0.5	0.7	$\leqslant 1.0\sqrt{n}$	$\leqslant 0.7\sqrt{n}$	$\leqslant 1.5\sqrt{n}$

注：表中 n 为测站数

表 4－65　水准观测的视线长度、前后视距差和视线高度(m)

等级	视线长度	前后视距差	前后视距累积差	视线高度
二级	≤50	≤2.0	≤3.0	≥0.2

表 4－66　方向观测法限差(″)

仪器类别	两次照准目标读数差	半测回归零差	一测回内 2C 互差	同一方向值各测回互差
DJ2	6	8	13	8

注：当照准方向的垂直角超过±3°时，该方向的 2C 互差可按同一观测时间段内相邻测回进行比较，其差值仍按表中规定。

(4)监测项目报警值

表 4－67　基坑变形的监控值(cm)

基坑类别	维护结构墙顶位移监控值	维护结构墙体最大位移监控值	地面最大沉降监控值
二级基坑	6	8	6

(5)监测结果处理要求和检测结果反馈制度

现场监测的准备工作应在基坑开挖前完成,从基坑开挖直至土方回填完毕均应做观测工作。主要监测项目的监测时间间隔应作出规定。如发现变位速率较大、支护结构开裂等情况,应进一步加强观测,缩短监测时间间隔,并及时向监理、设计和施工人员报告监测结果。其观测频度见表4－68。

表4－68　现场监测时间间隔

基坑工程安全等级	基坑开挖深度施工阶段		5～10 m
二级	开挖面深度	≤5 m	3 d
		5.0～7.20 m	2 d
	开挖时间	≤7 d	2 d
		7～15 d	3 d
		15～30 d	7 d
		＞30 d	10 d

观测数据应及时分析整理,沉降、位移等观测项目尚应绘制随时间变化的关系曲线,对变形的发展趋势作出评价。当观测数据达到报值时必须立即通报有关单位和人员。

监测记录和监测报告应采用监测记录表格,并应由监测、记录、校核人员签字。

在监测工作完成后,由监测人员提交完整的基坑工程现场监测报告。

该项工作应由业主指定第三方有相应资质的测量队伍承担,并按照本节要求提出详细的变形观测方案。

(十三)施工部署

1.施工组织机构

为实现本工程施工的优质、高速、安全、文明、低耗的目标而奋斗,本工程采用项目法施工管理体制。

施工管理体制的设置原则:

(1)形成有一定权威性的统一指挥,协调各方面的关系,确保工程按要求顺利完成。

(2)根据本工程规模、技术复杂程度等因素建立管理组织。

(3)采用项目管理体制的同时,经济合同手段辅助以部分行政手段,明确各方面责、权、利。

2.项目法施工

在本工程施工中实施项目法施工的管理模式,组建本工程的项目经理部,对工程施工全过程的进度、质量、安全、成本及文明施工等负全责。项目经理部要以工程项目管理为核心,以优质、高速、安全、文明为主轴,加强动态、科学管理,优化生产要素,精心施工,在创质量优良的同时,力争提前完成施工任务。

本工程拟实行项目法施工管理,委派我公司实践经验丰富和管理水平高的同志担任项目部主要负责人,选聘技术、管理水平高的技术人员、管理人员、专业工长组建项目部。

项目管理层由项目经理、项目副经理、技术负责人、安全主管、质量主管、材料主管、保卫主管、机械主管和后勤主管等成员组成,在建设单位、监理单位和公司的指导下,负责对本工程的工期、质量、安全、成本等实施计划、组织、协调、控制和决策,对各生产施工要素实施全过程的动态管理。

项目经理部对工程项目进行计划管理。计划管理主要体现在工程项目综合进度计划和经济计划。

进度计划包括:施工总进度计划,分部分项工程进度计划,施工进度控制计划,设备供应进度计划,竣工验收计划。

经济计划包括:劳动力需用量及工资计划,材料计划,构件及加工半成品需用量计划,施工机具需用量计划,工程项目降低成本措施及降低成本计划,资金使用计划,利润计划等。

作业层人员的配备:施工人员均挑选有丰富施工经验和劳动技能的正式工和合同工,分工种组成作业班组,挑选技术过硬、思想素质好的正式职工带班。

为保证项目部管理层指令畅通有效,工作安排采用"施工任务书"的形式。要求签发人和执行人签字,项目经理层作为执行的监督者。施工任务书的工作内容完成后由签发人封闭并签字,如未能封闭必须找出原因并对执行人进行处罚。

项目经理部组织机构工程部:由各分项工程工长组成,直接管理和指挥班组施工生产。

设备部:现场机械设备的维护、保养、运行记录。

质量安全部:质量检查、安全检查、文明施工、生活卫生检查。

资料室:资料整理,材料送检。

水电部:水电施工现场指挥。

材料部:材料采购、装卸、保管、发放。

后勤组:现场保卫、食堂管理。

项目管理组织机构略。

3. 施工程序

根据本工程施工具体特点,其施工程序安排如下:

钻孔灌注桩施工,冠梁施工、降水井施工、基坑降水,开挖第一步土方(挖深 3.5 m),施工锚杆,基坑降水,开挖基坑到设计标高桩间土维护、天然放坡维护,维持降水。其中坡顶排水系统可在冠梁施工的同时形成(每道工序衔接时应达到规定的养护时间)。

4. 施工保障措施

(1)施工房屋设施

结合施工现场具体情况,统筹安排,合理布置,厉行节约。布置适应生产需求,不占用正式工程位置,避开取土、弃土场地,尽量靠近已有交通线路,或即将新建的正式或临时交通线路。现场布置紧凑,充分利用空地。利用施工现场或附近已有的建筑物,包括拟拆除可暂时使用利用的建筑物。必须修建的临时建筑,以经济适用为原则合理选择类型,以便重复利用。

(2)生产性设施

生产性设施主要包括现场加工、现场作业棚、停放场地等。结合本工程现场实际情况,设置在拟建场地的中部(基坑开挖之前,该项工作已完成),其布置情况以不影响下道工序施工为原则。

(3)物资储存设施

结合本工程现场实际情况,设置在拟建建筑物的北侧,建筑面积为 20 m^2,主要储存备用潜水泵及一些小型维修设备、电缆等。

(4)生活办公用房屋设施

结合本工程现场实际情况,初期在拟建建筑物的北侧,搭设临时帐篷用于维护结构施工人员使用,面积约为 300 m^2。维护结构施工完毕即拆除。长期办公用房屋设施就近解决。

(5)施工供水设施

用水量计算,本工程用水主要为前期维护结构施工(钻孔灌注桩、高压喷射注浆、锚杆)用水、降水井施工用水及生活用水。用水量预计 100 m^3/d。供水水源及配水管网布置,依据业主提供的现场水源情况，配水管网布置的原则是在保证不间断供水的情况下，管道铺设越短越好，同时还应考虑在施工期间各段管网具有移动的可能性。沿基坑周边布置为环型管网。供水管径选择：根据本工程用水量情况，主供水管径确定为 $\phi50$，在主供水管口接出带有接水开关的 4～5 个变径 $\phi15$ 的供水管，以便现场多台钻机同时供水。

(6)施工供电设施

建筑工地临时供电，包括动力用电和照明用电两种，在计算用电量时，从下列各点考虑：全工地所使用的机械动力设备，其他电气工具及照明用电的数量。施工总进度计划中施工高峰阶段同时用电的机械设备最高数量。各种机械设备在工作中需用的情况。按上述各点考虑，本工程临时供电设备主要为前期维护结构施工(钻孔灌注桩、锚杆)用电、降水井施工用电、降水用电、照明及生活用电。各种设备用电情况为：钻孔灌注桩成孔钻机 10 台，50 kW/台；锚杆钻机两台，50 kW/台；降水井成孔钻机采用钻孔灌注桩成孔钻机(在维护结构钻孔灌注桩施工完毕后施工)，50 kW/台；降水用电，潜水泵 63 台，2.2 kW/台；照明及生活用电 120 kW·h/d。

(十四)安全生产与文明施工

1. 工程安全目标、保证体系

本工程的安全目标：无人身死亡事故，无重大火灾事故，无设备重大损坏事故。

本工程的安全管理的方针和原则：贯彻安全第一，预防为主的安全生产方针；遵循安全管理制度化，人员行为规范化，安全设施标准化，物料堆放定置化的原则。

建立安全的管理机构，成立以项目经理为组长、各部门负责人为主要成员的安全领导小组，各级专职安全员为小组成员，形成安全领导管理网络。

建立安全领导责任制：实行“管生产必须管安全”的安全管理负责制。各级安全员跟班监督检察，发现安全隐患及时消除安全隐患的工序或部位要暂停施工并及时向上级报告，等隐患消除后才能复工。

建立职工安全教育培训制度，强化职工安全意识。坚持“安全第一，预防为主”的方针，认真执行《劳动法》和《安全法》，结合工程实际情况对职工进行经常性的及有针对性的安全施工知识教育及安全法规教育，增强职工的安全意识，提高自我安全防护水平，做到“三不伤害”，即“不伤害他人，不伤害自己，不被他人伤害”。

落实安全措施，实行安全目标管理，并将安全目标分解到各个部门，落实到人。

制定有针对性的安全措施，现场施工人员必须按规定戴好安全帽，工作期间不得饮酒、赌博，严格遵守工地的各项规章制度。

严格执行施工机械的安全技术操作规程，施工机械设专人管理，持证上岗，非持证上岗人员严禁动用任何机械设备。

加强对电源及火源的管理。施工用电采用三项五线制，设专职电工，持证上岗，动用明火必须经审批，由专人负责。

定期检查安全设施，考核安全措施的执行情况，实行安全奖励制度。

对施工现场实行标准化管理，做到安全作业过程标准化、安全防护措施标准化。

2. 主要施工工序安全生产措施

(1)施工前，应清除施工操作范围内的高空和地下障碍物，平整场地，压实机械行驶道路。

(2)根据设备情况、地质条件和孔内情况变化认真控制泥浆密度、孔内水头高度、护筒埋设深度、钻机垂直度、钻进和提钻速度等，以防塌孔，造成机具塌陷。

(3)已成的钻孔尚未灌注混凝土前，应用盖板封严，以免掉土或发生人身安全事故。

(4)所有成孔设备电路要架空设置,不得使用不防水的电线或绝缘层有损伤的电线。电闸箱和电动机要有接地装置,加盖防雨罩;电路接头要安全可靠,开关要有保险装置。

(5)恶劣气候条件下,应停止作业,且应切断操纵箱上的总开关,并将离电源最近的配电盘上的开关切断。

(6)凡患有高血压及视力不清等病症的人员,不得进行机上作业。

(7)混凝土灌注时,装、拆导管人员必须戴安全帽,并注意防止扳手、螺丝等掉入钻孔内;拆卸导管时,其上空不得进行其他作业,导管提升后继续浇筑混凝土前,必须检查其是否垫稳或挂牢。

(8)施工现场内一切电源、电路的安装和拆除,应由持证电工专管,电器必须严格接地、接零和使用漏电保护器;电器安装后经验收合格才准接通电源使用;多机作业用电必须分闸,严禁一闸多机和一闸多用;施工现场电线、电缆必须按规定架空,严禁拖地和乱拉、乱搭。

(9)机具的运转情况,机架有无松动或移位应经常检查,防止桩孔发生移动或倾斜。

(10)孔口附近严禁堆放重物,并必须加盖,附近地面应随时查看有无开裂现象,防止护筒或机架发生倾斜或下沉。

(11)在软硬变化较大的岩土层钻进时,应注意穿透旧基础或大块孤石等障碍物,并应慎重操作,以防钻具卡断,造成人身或机具事故。

(12)根据钻孔穿越地层变化情况,应随时检查和调整泥浆比重和性能。

3. 文明施工

(1)成立文明施工及环境保护领导小组,分工负责,落实到人;建立环境保护及文明施工奖罚制度。

(2)噪音污染一直是桩基施工的难题,我们尽量将噪音较小的工序安排在夜间进行,最大限度地减少对附近居民的影响。

(3)对于永久性道路及绿化带的占用,提前与有关单位协商解决,同时要自觉加以维护,不得随意损坏,经常维护清理,保护环境,减少施工污染。

(4)施工现场主要入口设置警卫室和标示牌,大门横幅书写单位名称,竖幅书写体现企业精神、经营宗旨、管理目标、奋斗方向等内容。

(5)现场要用彩钢板进行围护外至路面,不准堆放机械材料、杂物等,围护外 5 m 要保持清洁,设专人负责打扫。

(6)场区内路面平整,不积水,有排水设施。

(7)施工机具及材料的存放按规定地点有序堆放,做好标志牌,严禁乱放,模板分型号、规格码放整齐;沙石料按指定地点攒放堆放,并用彩条部覆盖;施工机械机容整洁、有编号、外表清洁,无油垢,无严重脱漆生锈。

(8)现场仓库要清洁、材料摆放整齐有序,账目齐全、清楚。出入库手续完善。

(9)施工现场办公室高度不低于 2.8 m,通风、采光、水泥地面、墙面抹灰刷白。文明施工及环境保护领导小组、责任区划分、消防制度、明火管理制度、文明施工奖罚制度等制成标牌挂在墙上。

(10)宿舍高度不低于 2.8 m,通风、采光、水泥地面、墙面抹灰刷白,禁止睡通铺。宿舍内有职工文明宿舍管理制度,有采暖设施。宿舍用电符合安全用电规范要求。搞好生活区卫生,生活垃圾按指定地点堆放,保证环境整洁。

(11)食堂内外保持清洁,地面无积水,有防蝇防鼠措施。炊事员持健康证合格证岗。

(12)施工现场设水冲厕所,有专人管理,防止蚊蝇孳生。

(13)施工现场有消防制度、消防领导小组,消防设施齐全,要有管理制度。

(14)施工现场要做到料尽场地清,掉落的混凝土块等杂物,及时清理并运到指定地点。

(15)加强文明施工教育,强化现场每个施工人员的文明施工。

(16)施工现场有醒目安全标志,道路要平整无明显积水。

(17)各工序作业按规定进行,有章有序,杜绝野蛮施工。

(18)严格执行"三清""六好"标准,即:下工活底清、工完场地清、料具底数清;现场管理好、工程质量好、安全生产好、完成进度好、生活管理好、宣传教育好。

(十五)施工组织

1. 人员组织

项 目 经 理:1 人。

项目副经理:1 人。

技术负责人:2 人。

技　术　员:4 人。

安　全　员:3 人(基坑有一名安全员专职负责)。

工　　　人:30 人(包括电工 2 人)。

2. 设备组织

成孔钻机 10 台,锚杆钻机 2 台。

管井潜水泵 63 台(型号 QY15×25－2.2),备用泵 20 台。

配电系统一套。

DS2 水准仪 1 台、DS1 水准仪 1 台,DJ2 经纬仪 1 台。

水位计一套。

钢筋加工制作电焊机 4 台、弯曲机 2 台。

3. 进度计划

前期准备　　2 d。

施工放线　　1 d。

支护结构施工　　30 d(包括钻孔灌注桩施工及冠梁施工)。

疏干系统施工　　14 d(成井的同时形成周边排水系统)。

锚杆施工　　18 d。

锚杆养护　　4 d。

检测　　2 d。

降水时间暂按 240 d 计算,超出部分按现场签证为准,其施工进度计划考虑交叉作业情况下制定的,具体施工时可根据现场实际情况由基坑某处采取逆向(两个方向)施工或采取分段施工(考虑衔接分段不应过长),土方施工队伍施工必须与支护结构施工队伍密切配合,坡顶 2.0 m 范围内严禁超载,如土方开挖过程正值冬季,则坡面与桩间护面维护施工应采取冬季施工措施。

(十六)应急问题的处理措施及应急救援预案

1. 基坑开挖过程中基坑侧向变形超过限定值时

在基坑开挖过程中基坑侧向变形超过限定值时,立即停止开挖,分析变形原因,并采取有效措施,基坑停止变形后,报有关部门审批备案方可复工。

2. 基坑出现局部漏水时

基坑侧壁出现局部渗透水属正常现象,在发生渗水部位采用泻水孔疏导至基坑内排水系统。

3.土方开挖过程中若基坑变形突然加大时

土方开挖过程中,若基坑变形突然加大,应立即停止开挖,并及时回填,以保证基坑的稳定,分析变形原因并采取有效措施后,方可复工。

4.基坑底部局部积水时

开挖过程中基坑底部局部存水,可以采用明渠集中,用潜水泵抽到地面排水系统。

基坑开挖过程中,有专人对基坑及周边建筑物进行全天 24 h 不间断观测,发生任何异常变化,立即上报项目经理,并在 4 h 内递交有关异常问题的书面详细报告,包括时间、部位、细节描述、产生原因等。

应备有应急措施的材料及设备,如砂袋、钢管、水泥、混凝土搅拌机具及施工机具等。当出现局部的涌水、涌砂时,应马上楔入钢管,再堆砌砂袋。必须确保井点降水正常工作,如业主不能提供 2 套电源,则现场应备有发电机(型号 GF-150),当因故停电其连续时间不应超过 0.5 h。

5.应急救援预案(略)

(十七)资料整理

严格按照《建筑地基基础工程施工质量验收规范》(GB 50202－2002)及 2002 年 8 月 1 日实施的河北省工程建设标准《建筑工程技术资料管理规程》(DB 13(J)35－2002)有关章节进行整理,采用其配套的《河北省建筑工程技术资料实用表式软件》进行有关资料的上报工作。

二、深基坑施工降水及基坑支护专项方案

(一)编制依据

1.相关技术资料(表 4－69)

表 4－69　相关技术资料

名　称	编　号	日　期
本工程岩土工程勘察报告	××××××	××××年××月××日
地下平面图		××××年××月××日

2.相关法律法规(表 4－70)

表 4－70　相关法律法规

序号	名　称	类　别
1	《中华人民共和国建筑法》	法律
2	《中华人民共和国环境保护法》	
3	《中华人民共和国大气污染防治法》	
4	《中华人民共和国环境噪声污染防治法》	
5	《中华人民共和国水法》	
6	《中华人民共和国水污染防治法》	
7	《中华人民共和国消防法》	
8	《建设工程质量管理条例》	法规
9	《建设工程安全管理条例》	
10	《建筑施工场界噪声限值》	

3.相关规范、标准(表 4－71)

表 4—71

类别	名　称	编　号
国家	《建筑工程施工质量验收统一标准》	GB 50300—2001
	《建筑地基基础工程施工质量验收规范》	GB 50202—2002
	《建筑地基基础设计规范》	GB 50007—2002
	《混凝土结构工程施工质量验收规范》	GB 50204—2002
	《工程测量规范》	GB 50026—93
	《锚杆喷射混凝土支护技术规范》	GB 50086—2001
	《建筑边坡工程技术规范》	GB 50330—2002
行业	《建筑地基处理技术规范》	JGJ 79—2002
	《建筑基坑支护技术规程》	JGJ 120—99
	《建筑机械使用安全技术规程》	JGJ 33—2001
	《钢筋焊接接头试验方法》	JGJ 27—86
	《钢筋焊接及验收规程》	JGJ 18—96
	《施工现场临时用电安全技术规范》	JGJ 46—2005
	《建筑变形测量规程》	JGJ/T 8—97
	《基坑土钉墙支护技术规程》	CECS 96：97
	《土层锚杆设计与施工规范》	CECS 22：90
地方	《建筑工程施工测量规程》	DBJ 01—21—95
	《建筑安装工程资料管理规程》	DBJ 01—51—2003
	《建筑安装分项工程施工工艺规程》	DBJ 01—26—2003

4. 管理标准(表 4—72)

表 4—72　管 理 标 准

序号	名　称
1	GB/T 19000—ISO 9000 质量管理系列标准
2	GB/T 24000—ISO 14000 环境管理系列标准
3	GB/T 28000—OHSAS 18000 职业安全卫生管理系列标准

5. 企业内部文件(表 4—73)

表 4—73　企业内部文件

序号	名　称
1	公司《质量/环境/职业健康与安全保证手册》
2	公司《质量/环境/职业健康与安全体系程序文件》
3	公司《项目管理手册》

(二)工程概况及特点

1. 工程基本情况分析

该建筑群是集住宅、汽车库等功能设施于一体的综合性建筑。经过对开挖线以外 18 m 范围内现场实际调查,未发现正在使用的管线。

该工程自然地面标高约－1.6 m,基底大面积标高为－7.9 m,局部为－8.6 m。场地南侧距围墙 8.0 m,围墙与基坑之间准备搭设临建,围墙外侧就是交通主干道。

场地南侧距临建不足 3.0 m,场地狭小。基坑边坡支护结构的设计必须充分考虑到此点,尽可能的少占用场地。

地质条件复杂,本工程场地下约 2.0～3.0 m 的回填土,下部为黏性土,土体的力学指标较低,并且滞水层比较严重,必须确保边坡安全的前提下,采取先进的施工工艺、性能良好的专用设备和完善的技术保证措施,才能保证顺利成桩、成锚,进而保证施工工期。

施工现场地处城市中心区,交通主干道旁,施工时必须确保文明施工、减少噪音及确保周围人、车辆的安全。

本工程占地面积大,约 5.3 万 m^2,基坑降水有一定的难度。

2.场地气象及工程地质条件

(1)气象特征

冬季寒冷,夏季凉爽,风速较大,10 月下旬至 4 月上旬的气温在 10°以下,秋冬季盛行偏西风,冬季降水量少,最大冻土深度 0.85 m。

(2)地层岩性

勘探深度范围内,场地地层结构较简单,表层为杂填土(Q_4^{ml}),其下为第四系全新统冲洪积(Q_4^{al+pl})的细砂、粉质黏土、中粗砂,第四系上更新统冲洪积(Q_3^{al+pl})的圆砾,底部为太古界(Ar)强风化混合花岗岩和中风化混合花岗岩。各层岩性特征及分布情况详见表 4－74。

表 4－74 各层岩性特征及分布情况

地层类别	地层编号	地层名称	岩土描述	厚度变化范围(m)	底层标高变化范围	分布情况
Q_4^{ml}	①	杂填土	杂色,主要为建筑垃圾,松散、稍湿	0.7～4.5	－0.38～3.37	全场
Q_4^{al+pl}	②	细砂	黄褐色,长石石英质,混粒结构,松散-稍密,饱和,局部中粗砂、粉砂	0.4～4.9	－2.52～2.51	普遍
	$②_1^4$	粉质黏土	灰黑色,干强度和韧性中等,流塑-软塑	0.4～1.9	0.33～2.38	局部
	③	粉质黏土	灰黑色,干强度和韧性中等,流塑-软塑,局部粉土	0.5～4.4	－2.83～1.91	普遍
	$③_1$	中粗砂	黄褐色,长石石英质,混粒结构,松散-稍密,饱和	0.8～1.9	－4.31～－0.56	局部
	④	粉质黏土	灰绿色,干强度和韧性中等,软塑-可塑	0.4～4.0	－4.83～－0.09	普遍
	$④_1$	中粗砂	黄褐色,长石石英质,混粒结构,局部粉细砂,松散-稍密,饱和	0.5～7.5	－6.20～－0.98	局部
	⑤	粉质黏土	黄褐色,干强度和韧性中等,可塑,局部黏土	0.4～4.4	－8.00～－2.55	普遍
	⑥	中粗砂	黄褐色,长石石英质,混粒结构,局部粉细砂,中密-密实,饱和	0.6～7.4	－12.23～－5.36	全场

续上表

地层类别	地层编号	地层名称	岩土描述	厚度变化范围(m)	底层标高变化范围	分布情况
Q_3^{al+pl}	⑦	圆砾	黄褐色，母岩花岗岩，一般粒径 2～20 mm，最大 80 mm，中砂填充，含 30%卵石，中密，饱和	4.3～13.2	−20.85～−15.3	全场
Ar	⑧	强风化混合花岗岩	黄褐色，母岩长石、石英等，中粗粒结构，节理发育，岩体质量Ⅴ级	1.5～14.7	−30.50～−19.89	全场
	⑨	中风化混合花岗岩	肉红色，母岩长石、石英等，中粗粒结构，节理不发育，岩体质量Ⅳ级	最大揭穿15.3	未揭穿	全场

(3)地下水情况

本场地地下水类型属第四系孔隙潜水，主要赋存砂土层中，底部风化层为隔水层。地下水稳定水位埋深 1.1～3.9 m，稳定水位绝对标高 0.44～2.79 m。

地下水位年变化幅度 1.0 m 左右，本场地砂层综合渗透系数为 $K=15$ m/d。场地环境类型为Ⅱ类，地下水对混凝土无腐蚀性，在干湿交替下对钢筋有弱腐蚀性。

(三)基坑工程设计方案

1. 设计原则及指导思想

本工程位于市区，场地不具备自然放坡的条件，为了确保边坡的安全与稳定，因此需对边坡进行支护。基坑支护设计与施工质量的好坏是整个工程能否顺利进行的关键，稍有不慎就可能影响后期工程的施工，同时会影响周围建筑物的安全，因此本工程的基坑支护必须引起高度的重视。本工程基坑深度约−7.9 m，边坡支护结构的设计我们首先考虑到了较为经济的土钉墙支护，但是南侧由于距临建，道路太近，活荷载较大，又无放大坡的条件，因此土钉长度长达 22.0 m 才能满足整体稳定的要求。22.0 m 长的土钉在软塑至流塑状的粉质黏土内是成不了孔的，即使能成孔其费用也太高。根据公司在各种深基坑支护工程设计的经验，本着安全可靠、技术先进、经济合理的原则，经过认真计算和多方案比较，同时借鉴本工程附近基坑实例，根据场地环境条件，分别选用自然放坡挂网喷锚、土钉墙、桩锚支护三种方案。

根据拟建工程基坑深度及周边环境特点，制定本工程护坡方案的设计原则如下：

(1)由于本工程地理位置特殊，因此必须确保基坑边坡的安全与稳定；

(2)护坡施工必须加快施工进度，以确保工程总工期满足业主提出的工期要求；

(3)由于地层条件复杂，设计方案要尽可能降低施工难度；

(4)工程地处秦皇岛市中心地带，社会影响大，必须营造干净、整洁的施工环境，树立企业品牌；

(5)现场场地小，要尽可能减少对施工场地的占用，以利于后续工程施工的顺利进行；

(6)在满足上述条件的前提下，实现经济效益的最大化。

2. 设计方案选择

根据公司在各种深基坑支护工程设计的经验，本着安全可靠、技术先进、经济合理的原则，经过认真计算和多方案比较，同时借鉴本工程附近基坑工程实例，为降低工程造价，基坑边坡特选用自然放坡挂网喷锚、土钉墙支护与桩锚支护三种方案。

桩锚支护结构可利用桩及预应力锚杆变形小的特点有效控制基坑边坡支护结构的水平位移。

土钉墙支护目前已广泛应用于高层建筑深基坑的支护结构，该技术具有工程造价低，施工无噪音；喷锚支护、基坑开挖逐步分层分段实施，不单独占用工期施工速度快；施工设备简单等诸多优点。

根据本工程的结构基础底板标高，周围环境情况，分 3 个剖面进行设计，护坡桩外皮距结构外边线为 0.80 m。设计方案如下：

(1)桩锚支护

护坡桩：护坡桩直径 600 mm，水平间距 1 400 mm，桩长 9.0 m，嵌固长度 4.2 m，桩顶标高 −3.1 m。混凝土强度等级为 C25，桩身主筋为(基坑侧)[3 ϕ 22(通长)＋2 ϕ 22(L＝6.0 m，自笼顶下 1.0 m 起配置)]＋(土体侧)4 ϕ 18(通长)。螺旋筋 ϕ6.5@200，加强筋为 ϕ 14@2000。桩身混凝土为 C25。

土层锚杆：锚杆设置一层，二桩一锚@2800，直径 150 mm。杆体用水泥浆充填，强度为 M20。锚杆标高为 −3.3 m，倾角 20°，轴向拉力为 390 kN，张拉锁定值为 290 kN。锚固体位于细砂和粉质黏土层内，L＝6.0 m＋15.0 m＝21.0 m，配 3 束 7ϕ5(1860)钢绞线。固定在桩顶连梁(帽梁)上。

护坡桩帽梁：帽梁截面为 700(宽)×600(高)，混凝土 C25，配筋为 3 ϕ 20(基坑侧)＋3 ϕ 20(土体侧)＋2 ϕ 14(帽梁上下架立筋)，主筋通长配置，箍筋 ϕ6.5@200。

桩间挂网喷锚：在支护桩两侧沿支护桩高度每 1.5 m 打入 ϕ 14 钢筋，两个之间焊接 1 ϕ 14 钢筋，钢筋压在 2 mm 厚的钢丝网上，钢丝网上喷射 4～5 cm 厚的混凝土。

桩顶挡土墙：桩顶挡土墙为砖混结构，墙高 1.3 m，构造柱断面为 0.37 m×0.37 m，水平间距 4.2 m。构造柱内配主筋为 3 ϕ 22(土体侧)＋2 ϕ 18，箍筋 ϕ6@200。构造柱之间用二四砖墙充填。

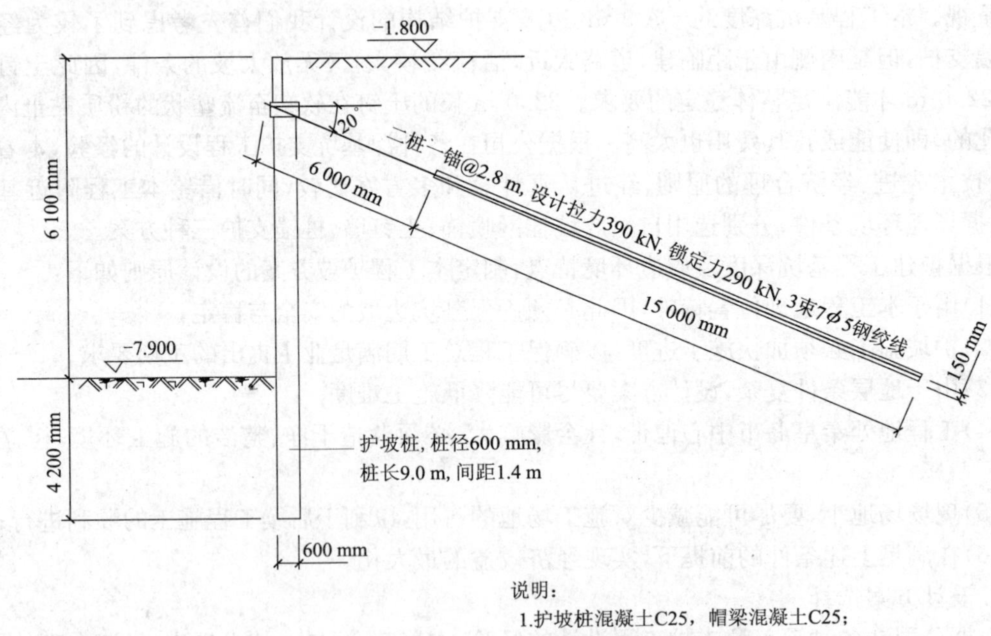

图 4−41 护坡桩剖面设计图

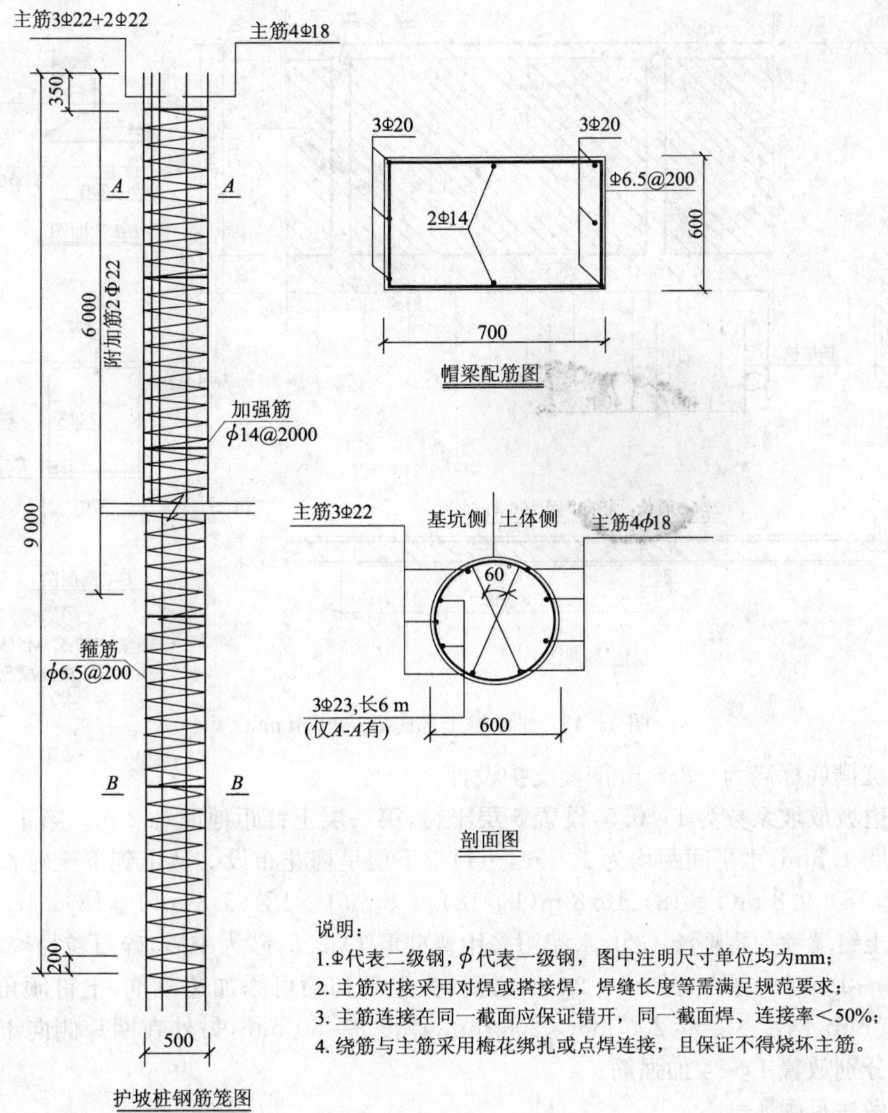

图 4－42　护坡桩钢筋笼配筋图(mm)

(2)土钉墙支护

a. 基坑槽底标高为－7.90 m 剖面支护设计

基坑边坡放坡系数为 1∶0.5,设置 4 层土钉,第一层土钉距地面 1.2 m。第 1～4 层土钉层距土钉墙 1.5 m,水平间距均为 1.5 m,土钉上下层呈梅花布设。从上到下土钉长度依次为 5.8 m(1 ϕ 18)、8.8 m(1 ϕ 18)、8.8 m(1 ϕ 18)、5.8 m(1 ϕ 18)。

以上土钉墙喷射混凝土 C20,水泥用采用普硅 P.O32.5,砂为中砂,碎石粒径＜20 mm,水灰比 0.45～0.5,灰∶砂∶石＝1∶2∶2,必要时,上部初喷可添加速凝剂,土钉倾角 5°～10°,孔径 ϕ120 mm,网片 ϕ6.5@200 mm×200 mm,厚度 δ＝80 mm,另外在网片土钉层位置水平位置分别放置 1 ϕ 14 加强筋。

详细做法见图 4－44。

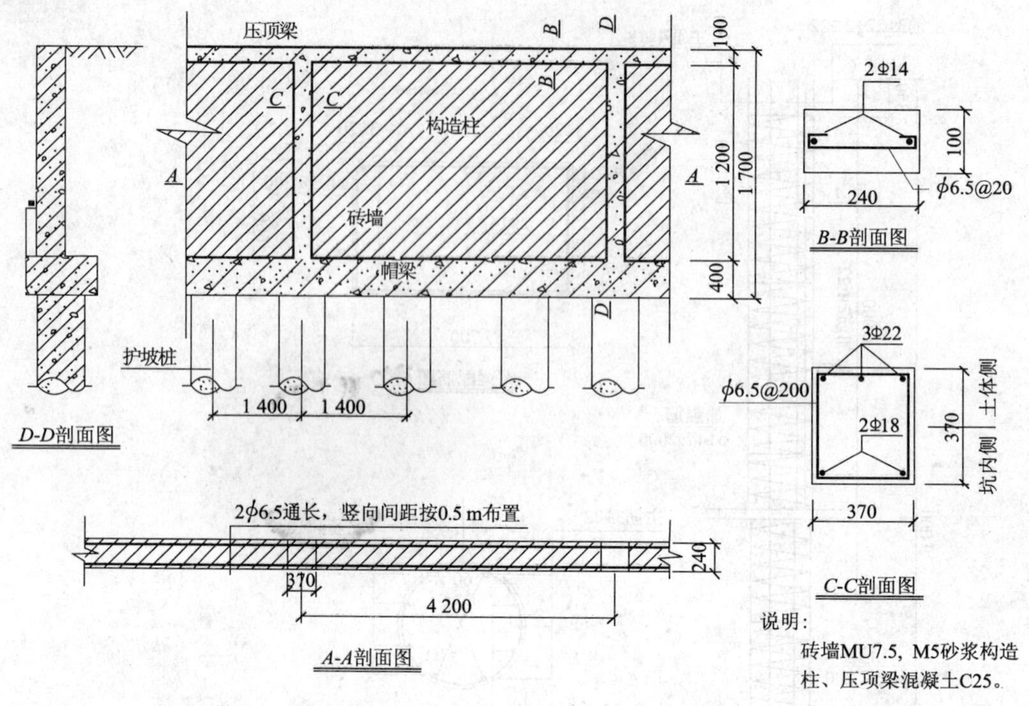

图 4－43 护坡桩上部砖混结构图(mm)

b. 基坑槽底标高为－8.6 m 剖面支护设计

基坑边坡放坡系数为 1∶0.5，设置 5 层土钉，第一层土钉距地面 1.2 m。第 1～4 层土钉层距土钉墙 1.5 m，水平间距均为 1.5 m，土钉上下层呈梅花布设。从上到下土钉长度依次为 5.8 m(1 ⌀ 18)、9.8 m(1 ⌀ 18)、10.8 m(1 ⌀ 18)、8.8 m(1 ⌀ 18)、5.8 m(1 ⌀ 18)。

以上土钉墙喷射混凝土 C20，水泥用采用普硅 P. O32.5，砂为中砂，碎石粒径＜20 mm，水灰比 0.45～0.5，灰∶砂∶石＝1∶2∶2，必要时，上部初喷可添加速凝剂，土钉倾角 5°～10°，孔径 ϕ120 mm，网片 ϕ6.5@200 mm×200 mm，厚度 δ＝80 mm，另外在网片侧向土钉层位置水平位置分别放置 1 ⌀ 14 加强筋。

详细做法见图 4－45。

(3)挂网喷锚支护

基坑边坡放坡系数为 1∶0.9，设置 3 层钢筋钉，第一层土钉距地面 1.5 m。第 1～3 层土钉层距土钉墙 2.0 m，水平间距均为 2.0 m，钢筋钉上下层呈梅花布设，钢筋钉长度均为 1.0 m(1 ⌀ 18)。

以上土钉墙喷射混凝土 C20，水泥用采用普硅 P. O32.5，砂为中砂，碎石粒径＜20 mm，水灰比 0.45～0.5，灰∶砂∶石＝1∶2∶2，必要时，上部初喷可添加速凝剂，丁字型钢筋钉与各钢丝网相连，厚度 δ＝30～50 mm。

详细做法见图 4－46。

(4)基坑地下水控制(降水)设计方案

本工程水位埋深 1.1～3.9 m，主要含水层为砂层，冲集形成年代早，早已固结，因此降水不会引起周边建筑及管线的不均匀沉降；本工程砂层的渗透性好，渗透系数高，影响半径大，江水漏斗曲线平缓，几乎接近直线，即使降水会引起周边建筑微小沉降，也是均匀沉降，不会影响周围建筑及其他设施的安全使用。综上所述，本工程的基坑采用管井降水的方案，能够保证降水效果，保证周围周围环境的安全。达到安全可靠、经济合理的目的。

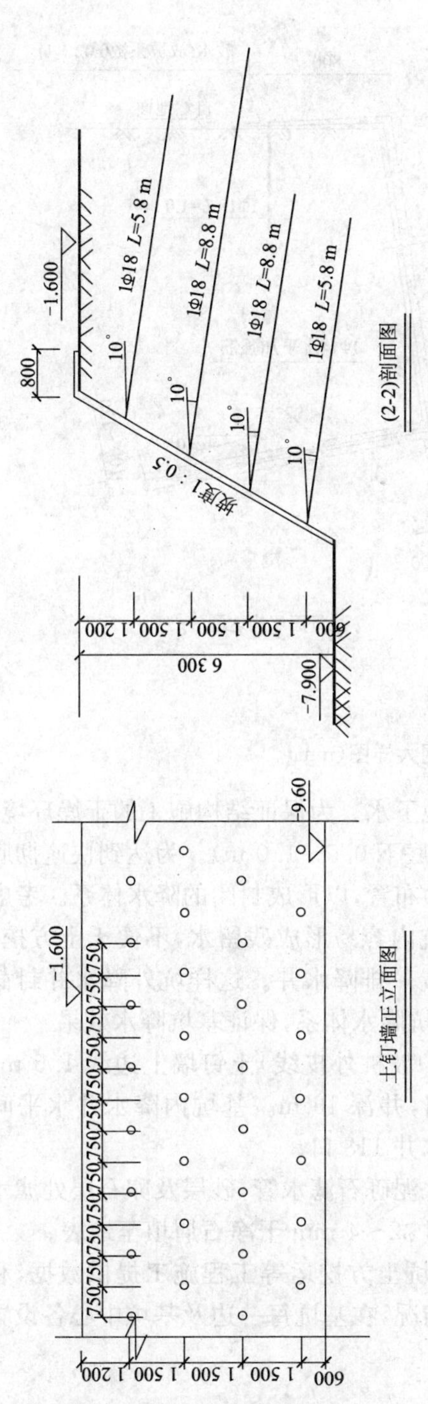

图 4－44　土钉墙详图(mm)

说明：

1. 土钉直径 120 mm，侧向间距 1.5 m，锚杆钢筋 1 Φ 18；
2. 墙体喷射厚度 80～100 mm，混凝土 C20，墙体网片钢筋采用 ϕ6.5@200 网片绑扎，水平加强筋 1 Φ 14，间距 1.5 m。

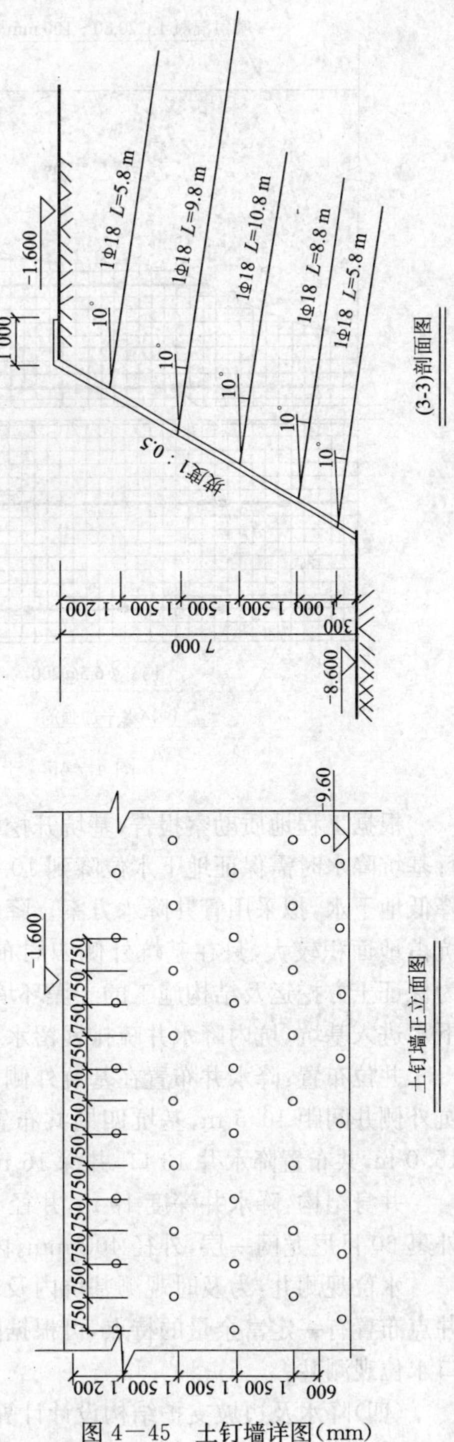

图 4－45　土钉墙详图(mm)

说明：

1. 土钉直径 120 mm，侧向间距 1.5 m，锚杆钢筋 1 Φ 18；
2. 墙体喷射厚度 80～100 mm，混凝土 C20，墙体网片钢筋采用 ϕ6.5@200 网片绑扎，水平加强筋 1 Φ 14，间距 1.5 m。

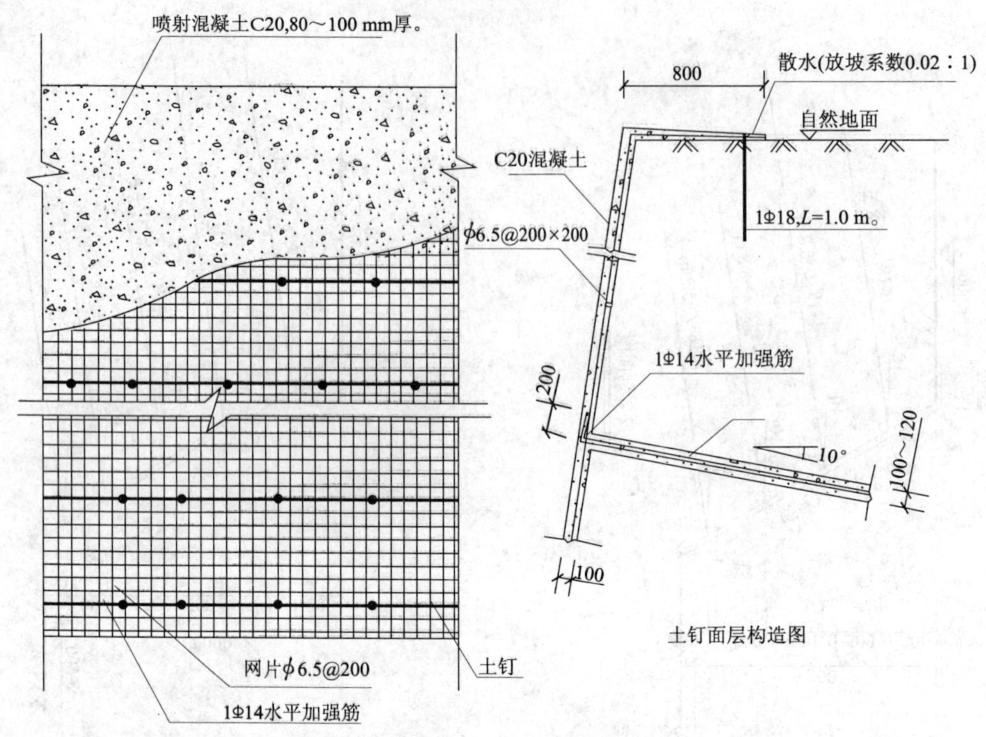

图 4—46　土钉墙面层及钢筋网大样图(mm)

根据工程地质勘察报告,基坑开挖深度内有 1 层地下水。为保证结构施工的干燥环境,进行基坑降水时需保证地下水位降到 10.5 m 深(降至槽底下 0.5～1.0 m)。为达到快速彻底地降低地下水,拟采用管井降水方案。降水井沿基坑周边布置,以形成封闭的降水体系。考虑基坑占地面积较大,只在基坑外侧四周布置降水井,基坑内容易形成残留水,不便于土方挖运。为保证土方挖运及结构施工的干燥环境,在基坑内布置一排降水井。这样坑外降水井封截地下水进入基坑,坑内降水井疏排残留水,形成完备的基坑降水体系,保证基坑降水效果。

井位布置:降水井布置在基坑外侧,井位中心距(护坡桩外皮线)土钉墙上边线 1.5 m,基坑外侧井间距 10.5 m,基坑四周共布置降水井 105 口,井深 16 m。基坑内降水井水平间距 15.0 m,共布置降水井 13 口,井深 16 m,累计布置降水井 118 口。

井身结构:降水井深度 19 m,井径 600 mm,下入水泥砾石滤水管,砂层及卵石层处滤水管外裹 60 目尼龙网一层,外径 400 mm,内径 300 mm,用 $\phi 2$～4 mm 干净石屑填至地表。

水位观测井:为及时观测基坑内及四周水位,给基坑土方挖运等工程施工提供数据,利用井点布置有一定富余量的特点,可根据降水井出水量情况,在基坑每一边及基坑中心各设置一口水位观测井。

(四)降水及边坡支护结构设计计算

1.本工程的设计计算基本条件(表 4—75)

表 4—75　设计计算的基本条件

内力计算方法	m 法	内力计算方法	m 法
规范与规程	《建筑基坑支护技术规程》(JGJ 120—99)	基坑等级	二级

续上表

内力计算方法	m 法	内力计算方法	m 法
基坑侧壁重要性系数 γ_0	1.0	桩径\强度	600 mm\ C25
混凝土保护层厚度(mm)	50	桩的纵筋级别	HRB335
桩的螺旋箍筋级别	HPB235	桩的螺旋箍筋间距(mm)	200
弯矩折减系数	0.80	弯矩荷载分项系数	1.25
土与锚固体黏结强度分项系数	1.300	锚杆荷载分项系数	1.250
整体稳定系数(瑞典条分法)	>1.3	抗倾覆稳定性验算	>1.2
抗隆起验算	>1.1	护坡桩顶变形	≤30 mm
护坡桩最大变形	≤50 mm		

2. 降水方案设计计算书

据甲方提供的《岩土工程勘察报告》(详勘阶段)描述：地下混合稳定水位埋深为 1.10～3.90 m，主要含水层为砂层。按埋藏条件地下水类型可属第四系孔隙潜水，具浅承压性，含水层综合渗透系数 k=15 m/d，按经验值 k=20 m/d 计算。

(1)井位布置

降水井布置在基坑外侧，井位中心距(护坡桩外皮线)土钉墙上边线 1.0 m，基坑外侧井间距 8.0～13.0 m，基坑四周共布置降水井 103 口，井深 15 m。基坑内降水井水平间距 15.0～30.0 m，共布置降水井 15 口，井深 15 m，个别降水井要布置在集水坑附近，累计布置降水井 118 口。

(2)井身结构

降水井深度 15 m，井径 600 mm，下入水泥砾石滤水管，砂层及卵石层处滤水管外裹 60 目尼龙网 1 层，外径 400 mm，内径 300 mm，用 ϕ2～4 mm 干净石屑填至地表。

(3)水位观测井

为及时观测基坑内及四周水位，给基坑土方挖运等工程施工提供数据，利用井点布置有一定富余量的特点，可根据降水井出水量情况，在基坑中心各设置 3 口水位观测井。

(4)计算

a. 原始参数

本工程地下勘探深度内共有 1 层地下水，埋深及标高见表 4－76。

表 4－76　原始参数

层　号	地下水类型	水位埋深(m)	水位标高(m)	观测时间
1	潜水	1.1～3.9	0.44～2.97	××××年××月

b. 计算参数

基坑面积：约为 58 000 m^2。

基坑周长：L=2×(75+340)+280=1 110 m。

降水深度：S=7.3－1.1=6.3 m(集水坑处 7.4 m)。

含水层厚度：H=17.5－1.1=16.4 m。

渗透系数：潜水在圆砾、中砂、粉质黏土的综合渗透系数为 K=20.00 m/d。

影响半径：$R=1.95S\sqrt{KH}$=222.49 m。

基坑假想半径：$r_0=\sqrt{A/\pi}$=135.91 m。

c. 基坑涌水量(均质含水层承压水非完整井模型)

$$Q=2.73K\times\frac{MS}{\lg(1+\frac{R}{r_0})+\frac{M-l}{l}\lg(1+0.2\frac{M}{r_0})}=7\ 469.71\ m^3/d$$

M 为承压含水层厚度，$M=H-S=16.4-6.3=10.1$ m。

考虑到第 3 层粉质黏土渗透系数远低于砂层的渗透系数，实际出水量估计要比计算小一些。

d. 单井涌水量。

$$q_1=120\pi rL\sqrt[3]{K}=204.23\ m^3/d \tag{4-22}$$

式中　r——滤管半径(m)，本工程取 0.20 m；

L——滤管长度(m)，本工程取 1.0 m；

K——渗透系数(m/d)，$K=20.00$ m/d。

单井出水量值为理论计算最大值，由于群井干扰作用，加之土层不均匀性的影响，实际出水量比理论计算值要小，根据实际施工经验应考虑折减。另外考虑本工程重要性及降水期，综合折减系数取 0.50，设计出水量约为 102.12 m^3/d。

e. 降水井数量

$n=1.1Q/q=80.46$ 口井。其中 1.1 为增井系数。按现场实际情况，沿基坑周边按 8.0～13.0 m 间距进行布井，井数为 103 眼。

f. 井点间距

基坑外侧井点间距为 8.0～13.0 m，西侧及西南侧井点间距为 8.0～9.0 m，其他井点间距为 10.0～13.0 m。共布井 103 口。基坑内沿(2—L)轴线在(2—9)与(2—61)轴之间及住宅楼、集水坑附近布置降水井水平间距为 15.0～30.0 m，可布置 15 口降水井。整个基坑累计布置 118 口降水井。

g. 降水井埋设深度计算

本工程考虑基坑内布设降水井，埋置深度的确定是保证使地下水位下降到基坑底面(一般基坑中部最不利位置)0.5～1.0 m，埋置深度由式(4—23)确定：

$$H=h_1+h_2+\Delta h+IL_1+L+T=15.0\ m \tag{4-23}$$

式中　H——井点管埋置深度(m)；

h_1——基坑深度，本工程为 6.3 m；

h_2——井点外露高度，本工程取 0.50 m；

Δh——降水后地下水位至基坑底的安全距离(m)，本工程取 0.50 m；

I——水力坡度，取 1/20(粉质黏土为隔水层，降水主要以圆砾、中砂层中水的水平渗流为主)；

L_1——井点管中心线至基坑中心的水平距离(m)，本工程取 140 m；

L——过滤器工作部分长度(m)，本工程取 0.5(m)；

T——沉砂管长度，本工程取 1.0 m。

h. 单井过滤器进水长度计算

按《建筑基坑支护技术规程》第 8.3.6 条验算得：单井过滤器进水长度＝8.548(m)。

i. 水泵的选择

根据以上计算单井涌水量可达 202.23 m^3/d，这说明降水井是有很大潜力的，如槽底标高降低，水位增高，可安装出水量 5.0～10.0 m^3/h 潜水泵抽水。

在目前情况下单井出水量坑外降水井按 102.0 m^3/d 即可满足设计要求，井内安装扬程大于 20 m，出水量 5.0～10.0 m³/h 的潜水电泵即可。

j. 降水效果及影响范围

采用《理正降水沉降分析软件》(LZJSFX)(V5.1)进行估算，基坑内外水位降深估算见图 4－47降深等值线。

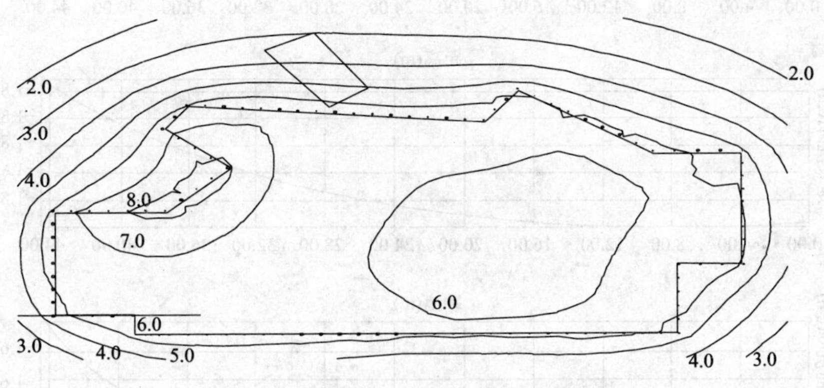

图 4－47　降深等值线(m)

由各点降深可以看出，降水井数量 118 眼，观测井 3 眼，能满足本工程基坑降水疏干要求。

k. 抽水后引起的地面沉降

抽水引起的地面沉降按最不利情况(即验算距降水场地最近的东侧建筑)的计算结果，其分析计算结果见图 4－48 沉降等值线。

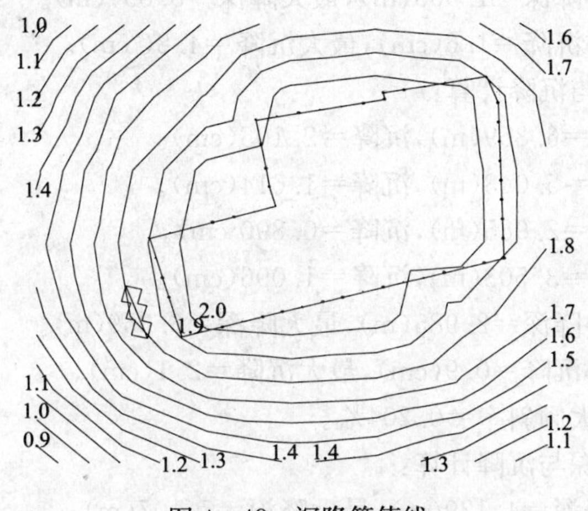

图 4－48　沉降等值线

由地表及建筑各点沉降等值线及剖面降深沉降图可以看出：即使在最不利情况下，抽水引起的地面沉降不会对周围环境引起危害。故本工程地下水控制采用管井降水施工方案可行。当施工过程中遇到降水设计与现场情况不符时，应进行现场调查分析，预测可能出现的问题，并提出修改降水设计方案，在设计人员同意下由施工人员实施。其详细计算结果如下。

各点降深与地表沉降计算：

降深按《基坑工程手册》计算。

按用户指定的井数(106)、井位、各井抽水量，计算得：

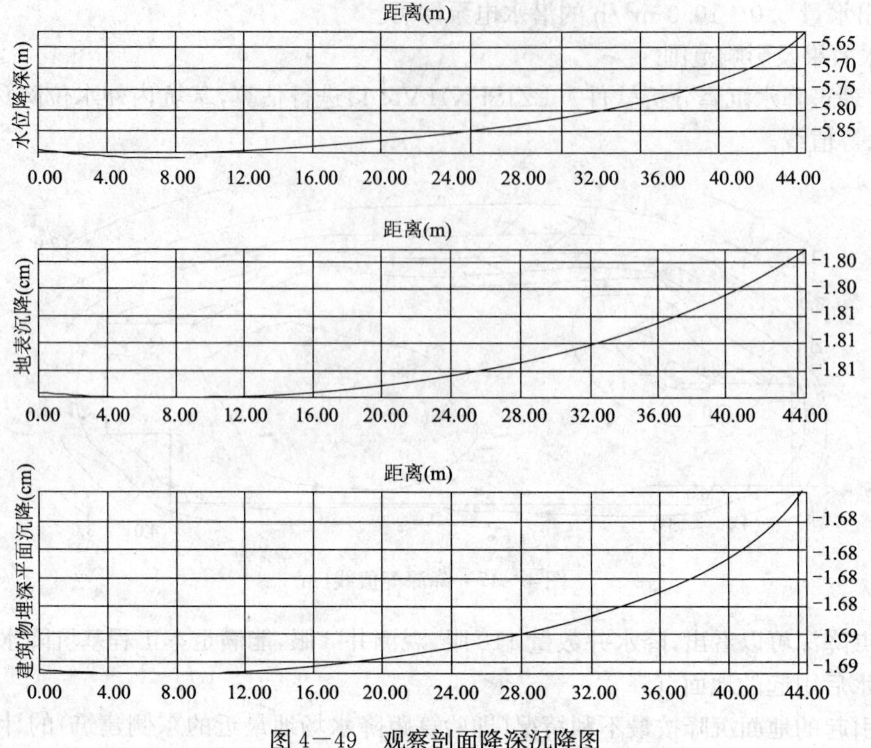

图 4－49 观察剖面降深沉降图

在指定范围内：最小降深＝1.003(m)，最大降深＝8.894(m)。

在指定范围内：最小沉降＝1.6(cm)，最大沉降＝4.8(cm)。

建筑物各角点降深与沉降计算：

建筑物角点 1：降深＝6.359(m)，沉降＝2.105(cm)。

建筑物角点 2：降深＝5.043(m)，沉降＝1.614(cm)。

建筑物角点 3：降深＝2.985(m)，沉降＝0.890 cm)。

建筑物角点 4：降深＝3.503(m)，沉降＝1.096(cm)。

建筑物各角点：最小降深＝2.985(m)，最大降深＝6.359(m)。

建筑物各角点：最小沉降＝0.9(cm)，最大沉降＝2.1(cm)。

建筑各角点之间最大倾斜率＝0.204‰。

观察剖面上各点降深与沉降计算：

观察剖面上：最小降深＝4.129(m)，最大降深＝7.107(m)。

观察剖面上，地表：最小沉降＝2.9(cm)，最大沉降＝4.1(cm)。

观察剖面上，建筑物埋深平面：最小沉降＝1.3(cm)，最大沉降＝2.3(cm)。

(5)基坑内外排水系统和防灌系统

基坑开挖后，坡脚会有不同程度的渗水，地下水二维网状分布，视具体情况在坡脚处设置明排集水沟集坑排水，以便排除边坡残余水。

坡顶设 0.30 m 高的截水围堰，以防水地表水流入基坑；降水井抽出的地下水，难免夹带泥砂，需经沉淀池沉淀后排入排放管网。本工程设沉淀池 7 个。沉淀池之间采用钢管或 PVC 管连接至排放管网，过路地段应采用钢管连接排放，以防止排水管道不畅导致降水困难。

3. 基坑边坡桩锚支护计算书

(1)工程概况

基坑开挖深度为 6.1 m，采用 ϕ600@1 400 灌注桩围护结构，桩长为 9.0 m，桩顶标高为 −3.1 m。计算时考虑地面超载 15 kPa。

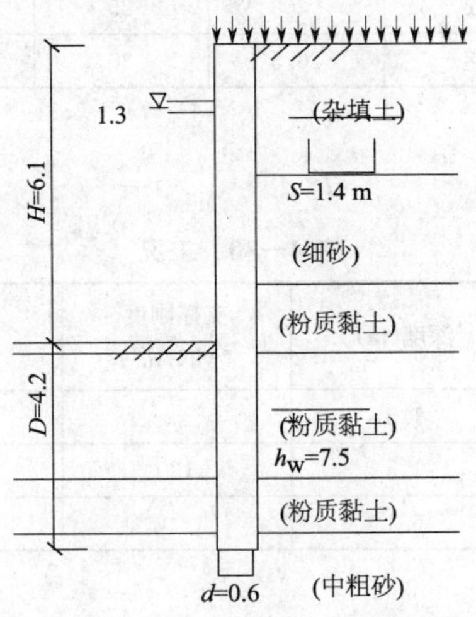

图 4−50　灌注桩计算简图

共设 1 道支撑，见表 4−77。

表　4−77

中心标高(m)	刚度(MN/m²)	预加轴力(kN/m)
−2.9	120	50

(2)地质条件

场地地质条件和计算参数见表 4−78。地下水位标高为 −9.1 m。

表 4−78　场地地质条件和计算参数

土层	层底标高(m)	层厚(m)	重度(kN/m³)	φ(°)	C(kPa)	M(kN/m⁴)	k_{max}(kN/m³)
杂填土	−4.3	2.7	18	10	5	1 000	
细砂	−6.5	2.2	19	20	0	6 000	
粉质黏土	−7.9	1.4	19	7.5	18	2 175	
粉质黏土	−10.5	2.6	19.5	6.5	16	1 795	
粉质黏土	−11.6	1.1	19.5	8	18	2 480	
中粗砂	−13.6	2	20	25	0	10 000	
圆砾	−21.6	8	20.5	30	0	15 000	

坑内进行加固，加固土层的计算参数见表 4−79。

表 4—79 加固土层的计算参数

土层	层底标高(m)	层厚(m)	重度(kN/m³)	φ(°)	C(kPa)	M(kN/m⁴)	k_{max}(kN/m³)
粉质黏土	—4.2	2.6	19.5	6.5	16	1 795	
粉质黏土	—5.3	1.1	19.5	8	18	2 480	
中粗砂	—7.3	2	20	25	0	10 000	
圆砾	—15.3	8	20.5	30	0	15 000	

(3)工况

工况见表 4—80。

表 4—80 工况

工况编号	工况类型	深度(m)	支撑刚度(MN/m²)	支撑编号	预加轴力(kN/m)
1	开挖	1.5			
2	加撑	1.3	120	1	50
3	开挖	6.1			

工况简图见图 4—51。

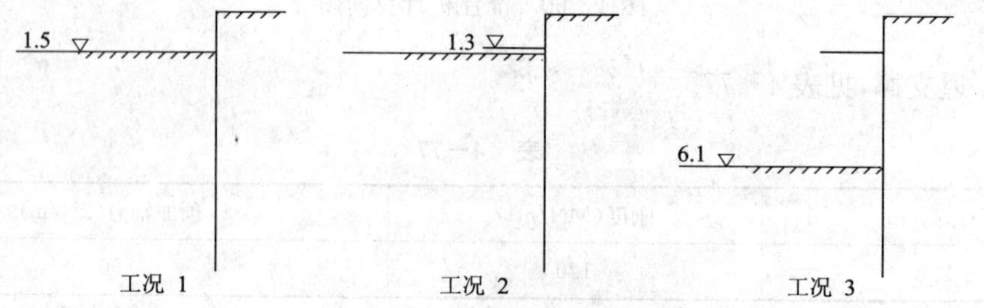

图 4—51 工况简图

(4)计算

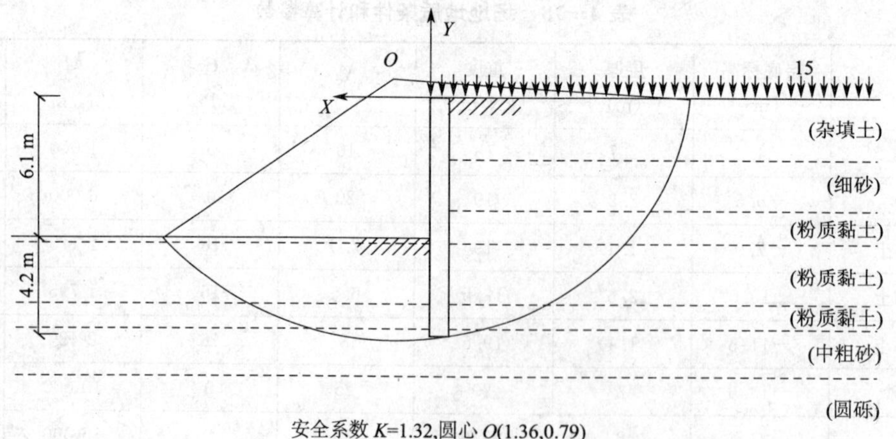

图 4—52 整体稳定验算

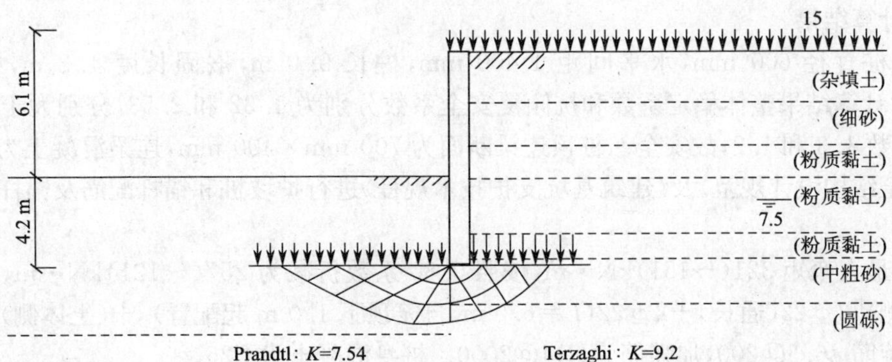

图 4－53　墙底抗隆起验算

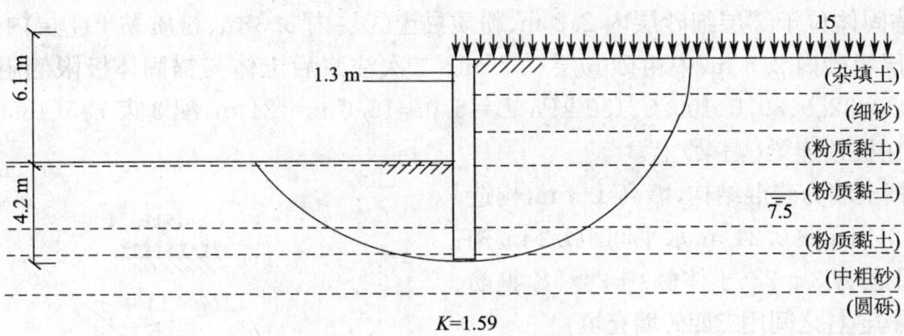

图 4－54　坑底抗隆起验算

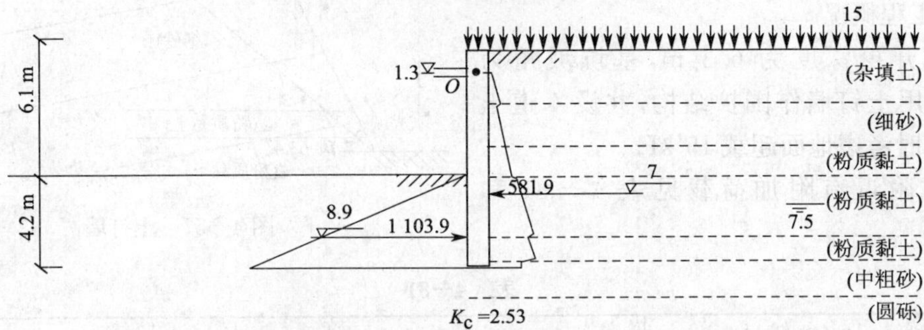

图 4－55　抗倾覆验算(水土合算)

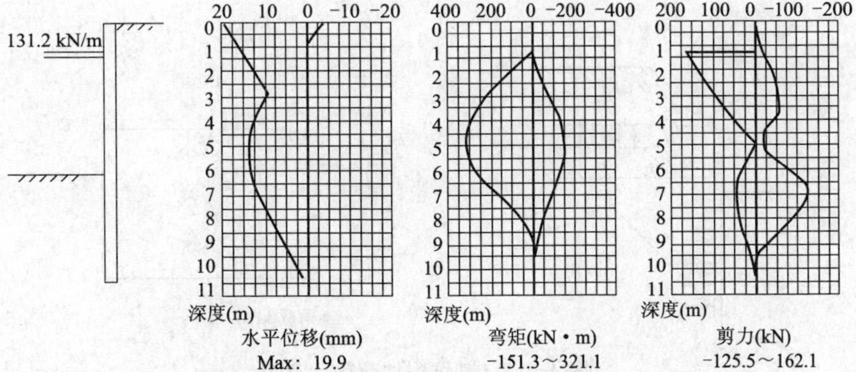

图 4－56　包络图(水土分算,矩形荷载)

(5)计算结果

护坡桩直径 600 mm，水平间距 1 400 mm，桩长 9.0 m，嵌固长度 4.2 m，桩顶标高 −1.8 m。计算结果整体稳定系数和抗倾覆安全系数分别为 1.32 和 2.53，分别大于规范规定的安全系数 1.3 和 1.2，故安全。桩顶连梁断面为 700 mm×400 mm，连梁混凝土为 C25。根据《混凝土结构设计规范》及《建筑基坑支护技术规程》进行护坡桩和锚杆配筋及锚杆长度计算如下：

桩身最大弯矩 321(−151)kN·m，按照 0.80 系数折减为 257(−121)kN·m，桩身主筋为(基坑侧)[3 Φ 22(通长)+2 Φ 22(L=6.0 m，自笼顶下 1.0 m 起配置)]+(土体侧)4 Φ 18(通长)。螺旋筋 ϕ6.5@200，加强筋为Φ 14@2000。桩身混凝土为 C25。

锚杆设置一层，二桩一锚@2800，直径 150 mm。杆体用水泥浆充填，强度为 M20。锚杆标高为−3.2 m，倾角 20°，设计水平拉力为 367 kN，轴向拉力为 390 kN，张拉锁定值为 290 kN。锚固体位于②层细砂层内 2.3 m、粉质黏土③层内 3.3 m、粉质黏土④层内 6.1 m、粉质黏土⑤层粗砂内 2.6 m、中粗砂⑥层 0.7 m。二次注浆后土体与锚固体极限侧阻力标准值分别取 40.0、32.0、80.0、100.0、150 kPa，L=6.0+15.0 m=21 m，配 3 束 7ϕ5(1860)钢绞线。锚杆固定在桩顶连梁(帽梁)上。

桩顶挡土墙为砖混结构，墙高 1.3 m，构造柱断面为 0.24 m×0.24 m，水平间距4.2 m。构造柱内配主筋为 3 Φ 22(土体侧)+2 Φ 18，箍筋 ϕ8@200。构造柱之间用二四砖墙充填。

4.基坑边坡土钉墙计算书

(1)工程概况

基坑开挖深度为 6.3 m，基坑坡角为 63.4°，采用土钉墙作围护结构，共设 4 道土钉。计算时考虑地面超载 15 kPa。

基坑附近有附加荷载见表 4−81 和图4−58。

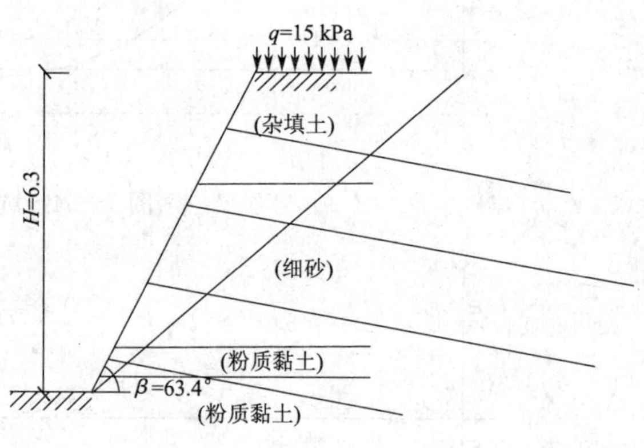

图 4−57 土钉墙

表 4−81

编号	P(kPa 或 kN/m)	a(m)	b(m)	c(m)
1	15	3	3	0

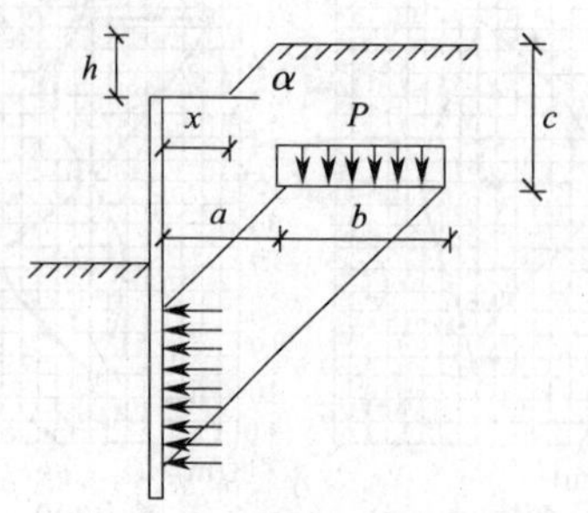

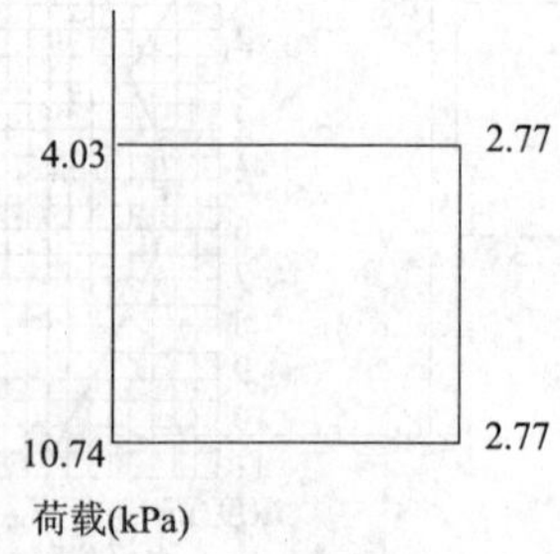

图 4−58 基坑附加荷载示意图

(2)地质条件

场地地质条件和计算参数见表4－82。地下水位标高为－9.1 m。

表4－82　场地地质条件和计算参数

土层	层底标高(m)	层厚(m)	重度(kN/m^3)	φ(°)	c(kPa)
杂填土	－3.8	2.2	18	10	5
细砂	－7	3.2	19	20	0
粉质黏土	－7.6	0.6	19.5	6.5	16
粉质黏土	－10.9	3.3	19.5	8	18
中粗砂	－13.1	2.2	20	25	0
圆砾	－21.1	8	20.5	30	0

(3)工况(表4－83)

表4－83　工况

工况编号	工况类型	深度(m)	倾角(°)	水平间距(m)	Q(kPa)	直径(mm)	长度(m)	钢筋直径(mm)	钢筋根数
1	开挖	1.7							
2	加钉	1.2	10	1.5	30	100	6.8	18	1
3	开挖	3.2							
4	加钉	2.7	10	1.5	44	100	8.8	18	1
5	开挖	4.7							
6	加钉	4.2	10	1.5	44	100	8.8	18	1
7	开挖	6.3							
8	加钉	5.7	10	1.5	60	100	5.8	18	1

(4)计算

最后一工况土钉受力和承载力及基坑稳定性。

表4－84　上钉受力计算表

土钉编号	深度(m)	长度(m)	倾角(°)	直径(mm)	q(kPa)	水平间距	T_{jk}(kN)	T_{uj}(kN)	T_{uj}/T_{jk}	T_g(kN)
1	1.2	6.8	10	100	30	1.5	14	24	1.76	79
2	2.7	8.8	10	100	44	1.5	25	80	3.2	79
3	4.2	8.8	10	100	44	1.5	41	90	2.16	79
4	5.7	5.8	10	100	60	1.5	54	87	1.63	79

q—钉土黏结强度；T_{jk}—土钉所受荷载；T_{uj}—土钉承载力；T_g—土钉材料抗拉强度。

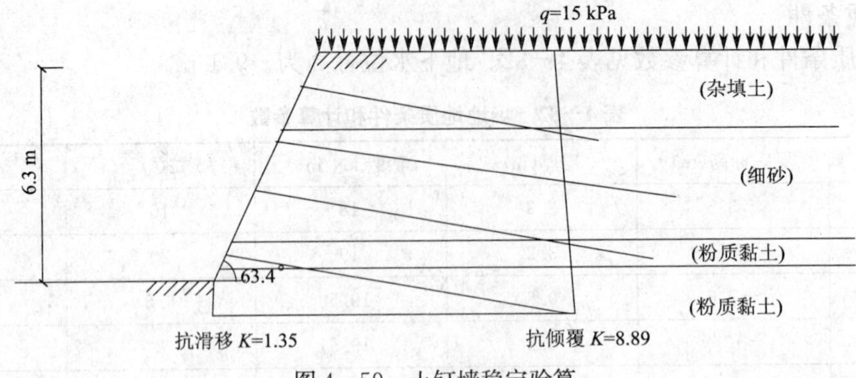

图 4－59　土钉墙稳定验算

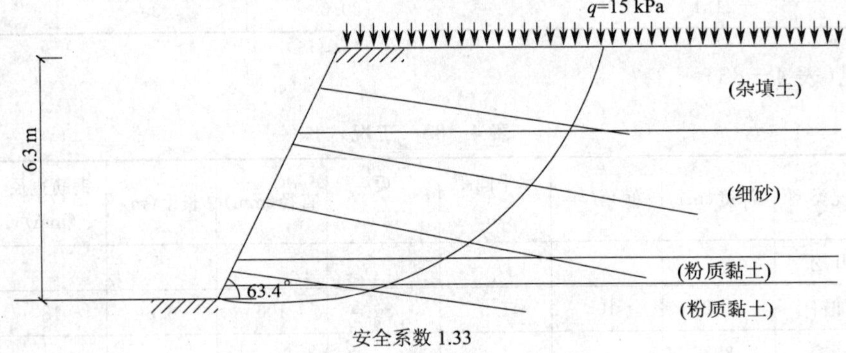

图 4－60　土钉墙整体稳定验算

5. 基坑边坡自然放坡计算书

基坑开挖深度为 6.3 m，基坑坡角为 48.01°，自然放坡，计算时考虑地面超载 15 kPa。计算见图 4－61。

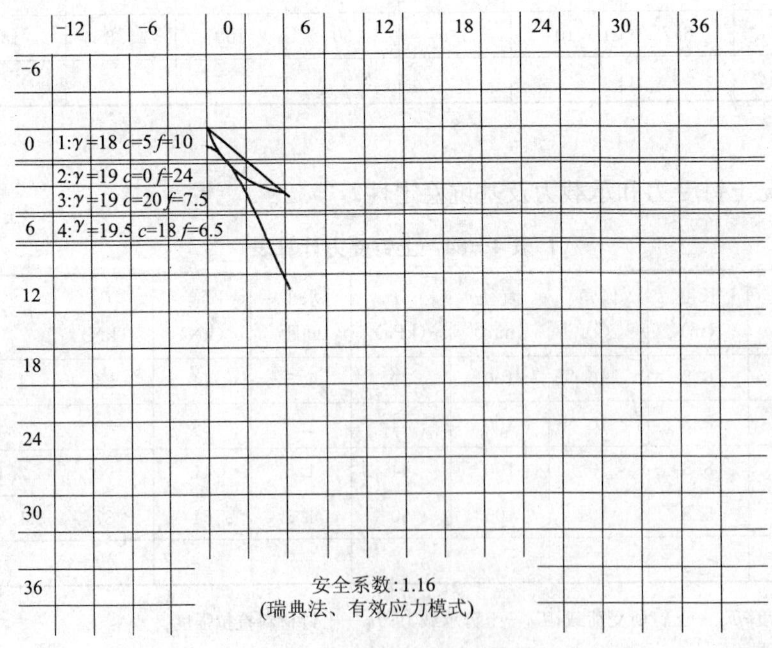

图 4－61　自然放坡计算图

按照自然放坡,放坡系数为1∶0.9,安全系数1.16,大于规范要求,故边坡安全。

(五)施工部署

1.主要管理人员及部门职责

(1)项目经理

①全面主持项目机构的日常工作。

②项目实施过程的全职组织者和指挥者,对项目的工期、质量、安全、环保、服务负全责。

③组织编制项目质量保证计划、各类施工技术方案、安全文明施工组织管理方案并督促落实工作。

④领导组织编制项目执行机构的劳资分配制度和其他管理制度。

⑤组织编制项目实施的各类进度计划、预算、报表。

⑥领导组织项目实施中的各类供货商的选择。

⑦负责处理项目实施中的重大紧急事件,并及时向上级汇报。

⑧具体负责项目质量、工期、安全目标的管理监督工作。

⑨负责与业主、监理、设计等的协调和沟通的组织领导工作,负责并组织执行地方政府和执法部门有关市容、城管、环保、治安等方面的法规,协调公共关系。

⑩负责组织协调生产资源和技术服务的支持工作。

(2)项目副经理

①协助项目经理工作,具体负责施工生产的技术、质量、安全、进度的组织控制和管理以及协助项目经理分管计划协调、安全文明、质量保证、行政、保安等部门的工作。

②具体负责项目质量保证计划、各类施工技术方案和安全文明施工组织管理方案的编制和落实工作。

③负责总体和阶段进度计划的编制、分解、协调和落实工作。

④负责项目质量目标、进度目标、安全文明施工目标、环保措施的组织、管理和落实工作。

⑤负责组织施工机械设备、材料、劳动力的进场及协调工作,组织落实各项施工准备工作。

⑥负责与业主、监理等的现场协调和沟通的组织领导工作。

⑦协助项目总工程师进行新材料、新技术、新工艺在本工程的推广应用和技术总结工作。

⑧具体负责工程的技术数据整理、阶段交验和完工交验工作的组织领导工作。

(3)总工程师

①协助项目经理管理和领导技术质量部的工作。

②组织相关人员参与就施工方案、技术、质量等方面问题的会议、讨论或磋商。

③主持施工组织设计和重大技术方案的编制并负责审核、把关。

④参与项目质量策划并督促技术方案和施工组织设计主要内容的落实工作,组织有关材料的试验和分项工程的检查验收工作。

⑤协助和组织创优工作。

⑥竣工图、竣工资料、技术总结等工作的指导和把关。

⑦负责组织对工人和劳务队伍的岗前培训工作并审查培训效果。

(4)工程部

①编制施工进度计划,并组织检查落实。

②组织协调劳动力的配备。

③负责机械设备的配备及管理。

④协助技术质量部编制环保、减少扰民的方案措施，并负责落实。

⑤落实各项质量技术措施，保证各工序的质量符合要求。

⑥落实各项安全措施，保证施工安全。

⑦落实卸土场及交通路线，负责现场交通管理及指挥工作。

(5)经营部

①协助项目经理工作。在招投标阶段，主要协助项目经理实施投标经济文件准备、项目合同、经营事务。

②具体负责项目预算成本的编制和成本控制工作。

③参与项目质量保证计划的编制工作，编制开支预算和资金计划。

④具体负责工程结算的工作。

⑤具体负责项目合同管理、造价确定的日常工作。

⑥负责准备竣工决算报告。

⑦其他与商务方面的工作。

(6)物资部

①协助项目经理工作。具体负责项目物资设备的采购和供应工作，为招投标经济文件准备提供基础物资价格数据。

②具体负责项目物资采购计划、进场计划和统计工作。

③具体负责本项目物资采购招标档的编制工作和供货商的选择工作。

④负责编制项目物资领用管理制度和日常管理工作。

⑤参与项目质量保证计划的编制工作。

⑥负责物资进出库管理和仓储管理。

⑦负责监督检查所有进场物资的质量，协助技术质量部做好技术资料的收集整理工作。

⑧具体负责竣工时库存物资的善后处理。

⑨及时准确地为施工生产部门提供呈报业主和监理工程师审批的各类材料。

(7)技术部

①协助项目总工程师工作，负责项目施工的技术质量准备。

②参与编制项目质量保证计划、安全文明施工组织管理方案。

③具体负责各项技术方案的编制工作。

④负责技术资料收集整理工作，项目阶段交验和竣工交验。

⑤负责管理项目质量小组的工作，实施项目过程中质量的质检工作。

⑥负责管理落实质量记录的整理存盘工作，负责竣工资料的编制工作。

⑦负责编制项目质量保证计划并负责监督实施、程控、日常管理。

⑧负责项目全员质量保证体系和质量方针的培训教育工作。

⑨负责质量目标的分解落实，编制质量奖惩责任制度。

⑩负责质量事故的预防和整改处理工作。

(8)综合办公室

①负责现场文书档案工作。

②负责后勤保障和管理。

③负责现场宣传标识的制作。

④具体负责施工现场以及与本工程实施有关的加工、驻地等场所的保安措施的制定、保安人员的配备和管理以及监督落实工作。

⑤负责现场人员、车辆出入管理工作。

⑥负责防火、防盗、交通安全、联防等工作。

⑦负责协调解决施工现场周边扰民及民扰问题。

⑧负责与交通、城管、市容、环卫等政府相关部门沟通联系，保证施工能够顺利进行。

⑨组织环保作业队对现场及周围环境的清洁、保护工作。

2. 施工安排

本工程基坑开挖阶段，包括护坡桩、土钉墙、预应力锚杆及降水井施工。

(1)施工总体设想

由于工程工期紧，工程量大，施工工序较多，且降水、护坡及土方各分项之间相互影响，互为条件，因此必须分区分层进行施工，方可实现在确保基坑安全的前提下加快施工进度的总体目标。总体设想如下：

进场后进行降水井施工，打井与护坡桩施工同时进行，并在土钉墙施工之前具备降水条件。

现场施工平面上总体划分为两个施工区域，即基坑四周 8～15 m 宽为一个区简称为边缘区，中心部位为一个区简称为中心区。土方开挖与边坡支护采用流水作业，以尽量保证土方开挖作业的连续作业。

(2)边坡支护

土钉喷锚随土方挖运进行，每 6 d 做 1 步，滞后土方 3 d 完成。

护坡桩安排 1 台钻机施工，每天施工 12～18 根桩，15 d 时间完成。坡道下的桩先安排施工，以便及早形成永久坡道。永久坡道收坡后，在坡道口处采用堆放草袋的办法，逐层回填至地面，形成封闭完整的基坑。

锚杆也是制约工期的关键工序之一，护坡桩开工 3 d 后马上插入施工。安排 1 台钻机成孔，每天施工 12～15 组锚杆。

锚杆完工后，可以进行冠梁施工，锚杆在注浆 1 周后且帽梁灌注完混凝土 3 d 后，开始张拉，为土方挖运及后续工序的开工提供工作面。

土钉墙与挂网喷锚随土方挖运进行，安排 2 组人员施工，紧密与土方施工相互协调、配合。

(3)降水工程

降水井最先开始施工，2～4 台钻机施工，每天成井 8～12 口井，到第 12 天时所有降水井施工完毕。

根据降水要求和地下水、地层分布及组成的特点，本工程拟采用冲击钻机成井，保证成井质量。

基坑边降水井施工在自然地面进行。成井并及时洗井后，立即组织地面排水管安装，将排水管与市政排水系连接，形成完整的降排水系统，迅速抽排地下水，以保证土方挖运等后续工序的施工。

对于基坑底边可能留存的外渗滞水或大气降水，采用明排水沟方式进行明排水施工。

在地下水较多的边坡处，设置一定数量的泄水管，达到减压作用，保证基坑的安全。

为了解地下水的排降、控制情况，利用基坑周边富余的降水井作为水位观测孔。

3. 主要工序施工方案

(1)降水

打井采用 CZ-20 冲击钻，均为带水作业，自造泥浆护壁。打井遇地下障碍物无法成孔时，可将障碍物挖除再打井。洗井采用空压机气举法，要将井底泥砂吹净洗透洗出清水。

基坑降水工艺流程：放线定井位、埋设钢护筒→挖泥浆沟→井机就位→成孔→下井管填滤料→封井→洗井→泵抽水。

防止因基坑降水引起周围地面沉降的措施：①保证降水井质量，井管接头要接牢，无砂混凝土井管接缝缠塑料布，浸水部分外缠 40 目尼龙网。滤料符合设计要求，使管井抽水含砂量控制在 5/10 000。②采用分期、分批降水，即边打井边洗井边抽水，以使水位缓缓平稳下降，因剧烈水位下降将拉动土颗粒增加沉降量。③保持连续抽水，防止水位忽起忽落，因水位反复起落每次都会产生固结沉降，次数愈多，叠加沉降愈大。④在现场周边及主要建筑物设置沉降观测点，水位观测孔，定期对其进行沉降和水位观测，发现异常立即采取措施处理。

施工进度及机械人员配备：降水井打井配备冲击钻 3 台，平均每天打井 8～12 口，降水井约 118 口，约 12 d 打完。

质量安全要求：①开工前对全体职工进行技术、质量、安全交底，建立现场质量安全保障体系，做到分工明确，责任到人。确保施工质量和安全。②打井前要摸清地下障碍情况，以保证施工安全。③保证成井质量，井孔直径、井深不得偏小。管井降水井，抽排水含砂量不得大于 5/10 000。④滤料要符合要求，含泥(屑)量不大于 5%。⑤现场用供电系统，非电工不得操作，电工每天对供电设施进行检查。⑥施工机械不得碰轧降水井及供电、排水系统。⑦护坡桩、锚杆施工要保护降水井安全，锚杆施工要躲避降水井，防止将其击穿(降水井要做好标识)。⑧遵守值班制度，夜间值班人员不得睡觉，防止煤气中毒及触电事故。⑨遵守现场安全、保卫、消防、场容、环保等规章制度和规定，做到安全生产文明施工。

降水维护：①降水期间应对抽水设备和运行状况进行维护检查，每天不应少于 3 次，并应观测记录水泵的工作压力、真空泵、电动机、水泵温度，电流、电压、出水等情况，发现问题及时处理，使抽水设备始终处在正常运行状态。②抽水设备应进行定期保养，降水期间不得随意停抽。③注意保护井口，防止杂物掉入井内，经常检查排水管、沟，防止渗漏，冬季降水，应采取防冻措施。④在更换水泵时，应测量井深，掌握水泵安装的合理深度，防止埋泵。⑤发现基坑出水、涌砂，应立即查明原因，组织处理。

降水井使用后的处理及基坑内观测井的封井措施：对于基坑外围的降水井按设计要求停止抽水降水后，利用现场现有的砂土回填处理。对于基坑内的观测井，在做基底面防水前，各观测井放置泵管抽水，直至观测水位保持在基坑底面以下 0.5～1.0 m 处。用直径 600 m 的井盖盖好，埋设管线，保持井内抽水降水状况，至按设计要求停止降水为止。

(2)护坡桩

本工程场地下多为软土及砂卵石层，护坡桩钻进、成孔的施工难度较大。是否能够保证工期，选择合理先进的施工工艺施工护坡桩非常关键。根据现场的实际情况及其地质条件，决定采用“钻孔泵压混凝土后插笼法”进行本工程护坡桩施工。此工艺具有以下优点：①在复杂水文地质条件下能顺利成孔成桩，即在不降水的条件下也能施工护坡桩，本工程可节约近 15 d 的工期，且施工速度快，②根本排除了泥浆污染和泥浆处理问题，做到绿色施工，降低护壁费用。③钢筋笼插入混凝土中有一定振捣密实作用,钢筋笼的钢筋与混凝土的握裹力能够充分保证,没有泥浆遗留减低握裹力的可能。

"钻孔泵压混凝土后插笼法"施工工艺如图 4－62 所示。

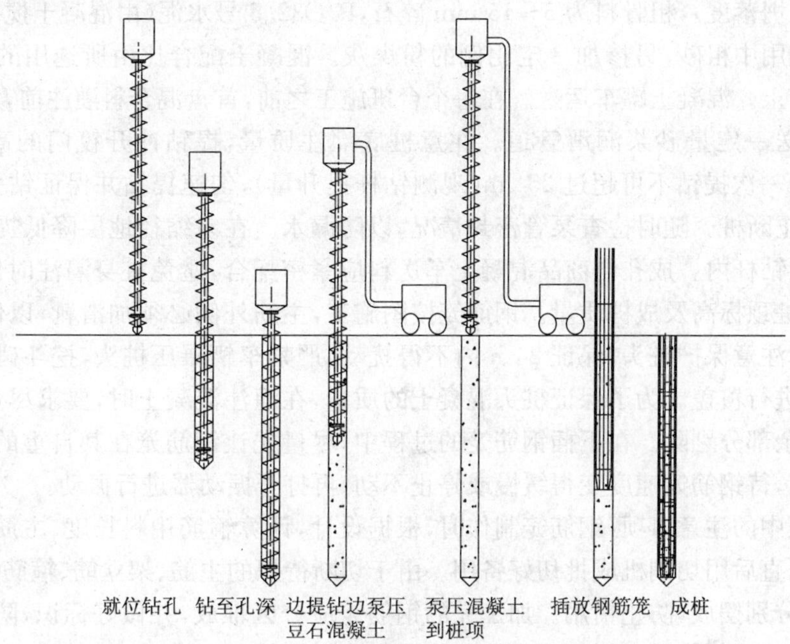

图 4－62　"钻孔泵压混凝土后插笼法"施工工艺

制作钢筋笼→向钢筋笼套穿钢管→钢管与振动装置快速连接就位→钻孔→清土→提钻→压混凝土→沉放钢筋笼→成桩→拆下钢管→准备下一循环作业。

极少数钢筋笼不到位→快速安装夹笼器于振动装置→夹笼器与力筋连接→振拔钢筋笼→待混凝土初凝后在原桩位重复成桩工艺。

施工方法:①按施工图测放桩位。②现场制造钢筋笼。③桩机就位,调整钻杆与地面的垂直度,垂直度偏差不大于 1%;钻头对准桩位,启动钻机入钻,观察钻机电机电流表,根据电流大小控制下钻进尺,钻到预定深度。④在成孔钻进的同时,通知搅拌站按照配合比要求将足够量的混凝土及时送到钻机施工作业面浇灌。⑤在地面将振笼钢管穿入钢筋笼,并与钢筋笼振动设备快速连接。⑥钻进到设计深度后,略提钻杆 20～50 cm。以便混凝土料将活门冲开。一边泵送混合料一边提钻。⑦混合料的灌注高度应高于设计桩顶标高 50 cm。多余的部分后期凿掉,保证桩顶的强度满足设计要求。钻杆拔出孔口前,先关混凝土泵,注意保证钻杆内存料量,满足桩顶高度。⑧钻杆拔出孔口前,先将孔口浮土清理,然后插入钢筋笼。⑨钢筋笼到位后,拔出钢管,与振动装置解体,放置地面。⑩提振动管时应先静拔 2.0 m 左右以后再进行振动,以避免钢筋笼被带出或下沉。遇到个别钢筋笼因多种因素造成沉放不到要求标高时,可以采用快速连接机构,用振动装置及时与钢筋笼上端连接,把钢筋笼拔出桩孔。待混凝土初凝后终凝前,重新在原桩位成桩(对于本工程所用的水泥特性而言,原位重新成桩应在成桩后5～8 h 内进行)。

施工技术要求:钻机就位时,必须平整稳固,经专人用线锤或经纬仪检查钻杆的垂直偏差,钻杆垂直度采用双向 90°控制,同时检查桩位偏差情况,确保施工中不发生任何倾斜移动,符合要求后方可开钻。桩位采用钢筋桩定位，初步定位后，再进行复核；在正式施打前再由每台桩机复测一次，准确无误后再施工。钻进过程中应根据地层变化及时调整钻进速度，一次达到设计深度，确保桩长和桩径。混合料强度应满足设计要求(C25)，塌落度 200～240 cm(混凝土出导管口时的坍落度)，粗骨料为 5～15 mm 碎石，P. O32.5 号水泥(由混凝土搅拌站配比单决定)，细骨料采用中粗砂，另掺加一定比例的粉煤灰。混凝土配合比由所选用的搅拌站提供。采用商品混凝土。混凝土罐车运送。在每个台班施工之前，首盘混合料灌注前，应先用清水清洗管道，再泵送一定量砂浆润滑管道。注意桩底灌注质量，提钻冲开筏门的高度不得超过 50 cm。每泵压一次提钻不可超过 25 cm(观测钻杆提升量)，匀速提钻并保证钻头尖始终埋在混合料内，防止断桩。随时检查泵管密封情况，以防漏水。在易缩径地层降低提钻速度，保证混合料保持在钻杆内。成孔与商品混凝土车送料应紧密配合，避免桩身灌注时停顿。成桩完毕后，应检查桩顶标高及成桩质量。钢筋笼按图施工，主筋外侧必须加滑靴，以保证桩钢筋保护层。成桩后注意保护桩头，保证 24 h 内不得扰动，严禁车辆碾压桩头，挖斗碰撞；若天气寒冷，采用泥土进行覆盖。为了保证桩头混凝土的质量，在灌注混凝土时，要求尽量一直灌到成桩工作面，多余部分剔除。在下插钢筋笼的过程中，尽量先让钢筋笼在其自重的作用下插入，减少振动时间，待钢筋笼速度变得缓慢或停止不动，再打开振动器进行振动。

施工过程中的注意事项：钢筋笼制作时，根据设计，计算箍筋用料长度、主筋分布段长度，将所需钢筋调直后用切割机成批切好备用。由于切断待焊的主筋、架立筋、箍筋的规格尺寸不尽相同，注意分别摆放，防止错用。加工完的钢筋笼应分区堆放，并做好标识，防止错误使用。钢筋笼应在加工区制作好后再运至成桩工作面。将支撑架按 2.0～3.0 m 的间距摆放在同一水平面上对准中心线，然后将配好定长的主筋平直摆放在焊接支撑架上。将主筋搁在架立筋外侧，并保持相互垂直，先进行点焊固定，再进行统一焊接。将箍筋绕于主筋外侧，用火烧丝绑扎。将制作好的钢筋笼稳固放置在平整的地面上，防止变形。架立筋与主筋点焊牢固，在钢筋笼吊点处应加强，避免出现吊放时开焊。箍筋与主筋在每个交点处均应绑扎牢固。钢筋在使用前，要抽样检验钢筋的机械性能，合格后方可使用。钢筋笼制作及混凝土的灌注等均应执行《混凝土结构工程施工质量验收规范》(GB 50204－2002)及《建筑桩基技术规范》(JGJ 94－94)的规定。

(3)土层锚杆

施工工艺流程：

钻机就位→校正孔位调整角度→钻孔至设计孔深→压注水泥浆→插放钢绞线→第一次养护→二次注浆→第二次养护→预应力张拉→锁定。

主要施工方法：

杆体制作：按照设计要求制作锚杆体，保证杆体长度。隔离架(定位支架)间距 1.5～2.0 m设置一个。注浆管与锚杆体应用火烧丝绑扎牢靠。非锚固段应用塑料套管包裹，与锚固体联接处用火烧丝绑牢。

钻孔：锚杆机就位前应先检查钻杆端部的标高、锚杆的间距是否符合设计要求。就位后必须调正钻杆，符合设计的水平倾角，并保证钻杆的水平投影垂直于坑壁，经检查无误后方可钻进。钻进时应根据工程地质情况，控制钻进速度，防止蹩钻。遇到障碍物或异常情况应及时停钻，待情况清楚后再钻进或采取相应措施。钻至设计深度后，空钻慢慢出土，以减少拔钻杆时的阻力，然后拔出钻杆。

钢绞线束运输及孔内安放：插筋前应检查锚筋，包括长度、自由段部分的处理、注浆管是否有漏浆等。杆体在运输过程中不得扭曲、碰撞，严格保护杆体不受损伤。插筋时应抬起后部使之与孔成一个角度徐徐插进，防止碰坏孔壁。钢筋插入孔时应留出锚筋外露部分的长度以满足张拉要求。插入钻孔内的杆体应达到设计要求深度，若插入时杆体不能到达要求深度，则应拔出杆体查明原因并处理后再行插入。

灌浆：选用优质灌浆管，灌浆管出口应位于离杆体底端 200 mm 处。浆液搅拌必须严格按配合比进行，不得随意更改。应注意不得使用过期或受潮水泥。浆液由孔底开始浇注并向外返出，边注浆边向外提钻，直至浆液溢出孔口后停止注浆。浆液必须在初凝前连续不断一次注完。第一次注浆完毕后，过半小时再补浆一次，如渗浆严重可补浆二三次。

二次注浆：用直径 25 mm 的塑料管做二次注浆管，二次注浆管端部距孔底不大于 1.0 m。将制作好的注浆管绑扎在钢绞线束上，随同钢绞线束一同放入孔内，补完浆后，可以抽出注浆管。锚杆成孔第一次注补浆后，养护约 3 h，原锚杆浆体强度达到约 5 MPa 时，进行第二次注浆。二次注浆浆液参数同一次注浆浆液。浆液冲破覆盖物形成正常的浆流后，注浆压力稳定在 0.3～0.5 MPa 约 2～3 min 后，停止注浆。

土层锚杆试验：锚杆施工前做一根试验锚杆，以此试验数据来调整锚杆设计与施工；施工后做验收性锚杆不低于总数的 5%，且不少于 3 根。锚杆张拉应在浆液达到 75%设计强度后进行张拉。加载宜按锁定荷载的 10%、20%、30%、40%、50%、60%、70%依次进行。

(4)桩间挂网喷锚

挂网喷锚支护具有无噪音，不单独占用工期等诸多优点，具体按如下方法施工。

坑边修坡：在挖土过程中及时进行侧壁的修补，保证坡度满足施工要求，同时此项工艺直接关系到面层喷射混凝土的质量和材料耗用量，因此要严格按要求施工。

钢板网片施工：在修好的坡面上及时铺设钢板网，并用短钢筋固定在坡面上。

喷射混凝土施工：面层碎石混凝土用混凝土喷射机施喷，压缩空气机施喷气压 2～5 kg/cm^2，靠底边 300 mm 高度的开挖面可先不喷，利于下一步开挖面上的钢筋设置与搭接。

(5)土钉墙

施工工艺流程：边坡开挖、人工修坡→放线定孔位→钻机(人工洛阳铲)成孔→插入土钉主筋→堵孔注浆→绑扎、固定第一层钢筋网→喷射混凝土→养护→循环下层土钉墙施工。

主要施工方法：

修坡：基坑开挖用反铲式挖土机。预留 10～20 cm 厚人工修坡，开挖深度在土钉孔位下 50 cm，预留成孔工作面宽度 8～10 m，确保边坡的立面和壁面的平整度。当遇有上层滞水及残留层间潜水影响时，要在坡面上每隔 1.5 m 插放一个导流管，疏导上层滞水对坡面的作用。

编扎钢筋网：钢筋保护层厚度不宜小于 20 mm。修坡后按顺序编扎钢筋网，钢筋接头宜用焊接，由于编网是随开挖分层进行的，因此，上下层的竖向钢筋搭接长度应大于 300 mm，以保证钢筋网的整体性，有利于力的传递。钢筋网与土坡面间采用 30 mm 厚的水泥垫块，水平竖向间距均为 1.0 m，呈正方形分布。

造孔：本工程主要采用人工洛阳铲成孔，成孔直径 100 mm，局部采用机械辅助成孔。

土钉制作与安放：为了土钉定位于孔的中心位置，需沿长度每隔 1.5～2.0 m 焊上定位支架，定位支架的高度要确保使钢筋能够居中。

注浆：注浆质量是保证土钉抗拔力的关键。在施工中必须认真按照设计要求，严格控制配料比，并根据施工需要采取措施确保浆液的流动性和提高强度，使土钉早日进入工作状态。注浆方式采用底部注浆，即将注浆管插入孔底(距孔底 200 mm)，浆液从孔底开始向孔口灌填。当浆液从底部充满至孔口时，还需进行多次补浆，一般不少于 2 次，保证浆液注满孔内。向孔内注入浆体的充盈系数必须大于 1.0。浆体应搅拌均匀并立即使用，开始注浆前、中途停顿或作业完毕后需用水冲洗管路。

土钉端部焊接：土钉均采用土钉端部与加强筋相互焊接的形式。各钢筋的位置由里向外是钢筋网，水平加强筋，土钉端头锁定筋。

喷射混凝土：喷射混凝土强度等级采用 C20，其初定配比为：水泥：砂：碎石：水＝1：2：2：0.5，碎石的最大粒径不超过 12 mm，喷射混凝土机的工作压力为 0.3～0.4 MPa。作业面的喷射顺序应是自下而上，从开挖层底部开始向上喷射，这样可防止喷射混凝土由于自重悬吊于上层土钉，增加上一层土钉荷载，尤其是当上层土钉注浆和喷射混凝土尚未达到一定强度时，更要尽量避免。

土钉墙施工应急措施：当土钉墙施工时遇有渗水严重，出现流沙时应采取如下措施：一是在正常工序施工前，先沿开挖面垂直击入钢管或注浆加固土体。二是在护坡面渗水的地方及时插放泄水导管，其外端伸出支护面层，必要时将导水管直接排水至槽内排水沟内，间距可视渗水情况而定，用以减轻水压力对边坡的影响。当监测点的水平位移变化较大时，根据情况，可以在适当位置补打预应力土钉、坡顶卸载或在坡底堆土等措施。

(6)连梁施工

连梁截面均为 700 mm×600 mm。

将护坡桩主筋剔出，与连梁主筋焊接牢固，以保证支护结构的整体性。

护坡桩主筋伸入到连梁中长度不小于 40 cm。

连梁随护坡桩进度施工。

4. 施工检验

本工程所有进入施工现场的原材料必须进行检验，凡是未经检验和检验不合格的原材料一律不得使用，检验合格的原材料必须报项目总工批准后方可使用；桩身、帽梁混凝土和喷射混凝土施工前，必须有混凝土配合比；材料成品检验必须按要求进行，具体计划要求如下：

(1)每一批进场的钢筋，各种型号的钢筋必须进行一组原材检验，且代表数量不得超过 60 t。钢筋为热轧带肋钢筋Φ 22、Φ 20、Φ 18、Φ 14，热轧盘元 ϕ6.5。

(2)水泥每 200 t 必须进行一组原材检验，水泥品种强度等级 P.O32.5。

(3)砂石料每 600 t 进行一组原材检验，中砂和 5～10 mm 碎石。

(4)每一批进场的钢绞线，必须进行一组原材检验，且代表数量不得超过 60 t，强度等级 1 860 MPa，7×ϕ5 钢绞线。

(5)配置 C20 喷射混凝土配合比。

(6)热轧带肋钢筋接头每 300 个接头为一批，进行一组抗拔检验。

(7)不同强度等级混凝土试块每天每 100 m^3 必须制作一组试块，标准养护 28 d 后做抗压试验。

5. 施工准备工作

(1)施工人员、技术准备

施工前，项目部准备护坡桩、土钉墙施工工作计划，该计划主要反映开工前、施工中必须做的有关工作，内容如下：

施工前根据地质勘察报告对各施工部位地段进行详细的了解。

会同工程技术人员熟悉工程图纸，并和有关方进行图纸会审。

施工前，应从总包处接收轴线基准点、高程测量控制点，并进行复核确认。轴线的定位点及水准点，应设置在施工场区附近不受施工影响，并在施工现场布设测量控制网。

开工前应在项目部召开技术交底会，将技术要求及时传达到相关部门及施工队。

根据有关施工标准、验收规范要求，按技术管理资料、质量保证资料及验收评定资料三类资料编制各种专用表格。

(2)施工场地准备

临时道路、临时供水、供电等管线的敷设；临时设施的搭设；现场照明设备的安装；材料堆放和储放；消防保安设施的设置等。

为确保护坡桩施工顺利进行，进场前应作好充分准备。对施工场地作出必要的规划，临时用水，焊制钢筋笼、照明等施工用电，为确保履带式钻机设备移位时的安全，移位时应根据地耐力实际情况，采取相应措施。

6.施工现场总平面布置

根据本工程地处位置，施工过程中需考虑如下的几点进行施工平面布置：

施工布置首先要满足本工程地下部分的施工要求，使工序能形成大流水作业，且各工序间尽量少相互影响，同时又要保证它们之间紧密结合，保证整个工程施工的连续性和施工工效。

施工过程中，需要总包单位设置封闭围挡。既要注意施工形象，同时施工时要注意不影响正常生活、工作。

7.施工组织及进度安排

根据本工程的实际情况及具体要求，应在场地具备开工条件后立即组织机械设备、材料进场，确保在计划工期内完成全部工程的施工，为后期结构施工创造条件。可计划工期 60 d 完成(含土方)。

具体组织施工顺序首先组织降水井施工，护坡桩钢筋笼成型后立即进行基坑南侧护坡桩施工，桩施工过程中进行锚杆、帽梁施工，锚杆张拉完成后，土方清挖到预定标高，挂网随即进行。

8.保证施工进度计划的措施

应把该工程作为重点工程，在技术、人员、机具、资金上重点保证，并根据工程需要，随时增足施工力量。

组织强有力的项目管理班子，强化项目管理，实行项目法施工、项目经理负责制。项目经理对施工全过程统一组织、协调和负责，确保进度计划实施。

加快施工准备工作，搞好临设、物资、机具进场、定位放线、技术交底与复核、方案编制等各项准备工作，为保证工程按时开工创造条件。

采用分段流水作业和 24 h 作业的方法进行施工，以缩短工期。

利用进度控制表，强调生产调度的作用，组织协调各工种之间的交叉作业，保证各工序和各工种的工作始终处于受控状态。

充分发挥技术、装备优势，提高机械化施工程度，减轻劳动强度，提高功效，缩短工期。

采用先进合理的施工工艺和施工技术，发挥技术优势，利用科学的施工手段，提高劳动生产率，加快施工速度。

加强同总包单位的协调协作,高效协调各工序的生产关系,确保施工的顺利进行。

建立和执行例会、报表和行政管理制度,促进、监督和保证工期目标的实现。

按照总进度要求,确定工序控制点,分解工程施工过程,通过调整与优化,使得目标实现。

(六)基坑监测方案

为确保整个工程的安全,为结构施工创造条件,从土方开挖开始的施工过程中要严格监测基坑周边的变形,及时反馈及分析,及时采取相应的抢险措施,使基坑不发生意外破坏和变形,确保工程顺利施工。现特在此过程中增设基坑支护监测措施,具体如下:

1. 监测内容

边坡支护系统变形(水平)监测。

周围建筑、地面沉降监测。

2. 工程监测与信息施工

(1)基坑边坡变形观测

基坑开挖后,基坑边坡变形以水平位移或倾斜为主要观测内容,以变形量为参考依据,分析护坡的安全度。

监测仪器:电子经纬仪。

监测方法:测角法。

基准点布置:根据现场实际情况进行基准点及方向点的布置。

基坑边坡位移监测点布置:沿基坑周边布置观测点,布点原则是在通长的基坑边间隔不大于 30.0 m 设置一个观测点,在变形最大、受力最大及局部地质条件最为不利的地段设置观测点。

周围建筑沉降观测监测点布置:沿靠基坑边坡墙体上布点,每 20～30 m(或转角处)布置 1 个观测点,每面墙体至少布置 2 个观测点。

测量基本要求:在基坑开挖之前设置好观测点,并在基坑开挖前应测得初始值,且不应少于 2 次;监测时间间隔可根据施工进程确定,在基坑开挖期间,可 1 d 测 2 次,早晚各 1 次;以后可根据不同的变形趋势,每隔 1～5 d 观测 1 次;变形观测必须根据规定观测测量记录备案,并且对其测量数据进行分析,当变形超过相应槽深的 2‰时,需立即采取相应的补救措施(如在适当位置增添预应力锚杆、坡顶卸载或在坡底堆土等),同时加强基坑的变形观测;测量仪器要使用精密光学仪器,并有检测合格证;满足国家二等水准测量精度要求;在正式开挖前,要核对基准点并对其进行保护;对雨天以及各种可能危及支护安全的水害来源(如周围生活排水、上下水道、化粪池渗漏水等)进行仔细观察,并加强观测(每天至少测 2 次,早晚各 1 次,根据当时的实际情况,必要时可以每隔 1～2 h 观测一次,并对数据认真整理分析);在施工开挖过程中,如发现变位速率较大、支护结构开裂等情况,应进一步加强观测,缩短检测时间间隔,并及时向监理、设计和施工人员报告检测结果。

(2)沉降监测

根据《建筑与市政降水工程技术规范》(JGJ/T 111—98)的有关规定进行监测。

监测内容:邻近地面;基坑西北角住宅楼。

观测仪器:精密水准仪+因瓦水准尺。

观测精度:二等水准测量(测量允许偏差为±1 mm)。

基准点布置:变形区以外,按规程中测量控制点标志埋设。

观测点布置:按规范(GB 50026—93)有关规定,点位具有代表性。

观测周期：降水开始后，在水位未达到设计降水深度以前，对观测点应每天观测1次，达到降水深度以后可每2～5 d观测1次，直至结束后15 d内，应继续观测3次，查明回弹量。

对观测记录及时计算、整理，为施工提供分析依据。

(3)信息反馈及实施细则

a. 信息反馈

基坑监测由专职的具有中级职称的测量人员负责，监测数据、资料要及时整理分析，并做出观测结果过程曲线，及时反馈给项目总工程师负责，发现异常现象要及时汇报。当测试值大于设计要求和规范要求时，要立即组织有关人员分析原因、研究对策，必要时采取果断措施，以防发生意外。这种"现场监测—信息反馈—方案修正—监测验证"的基坑动态的信息化施工方法，可及时发现施工中的问题，从而及时改进施工技术措施或调整设计，以取得良好的工程效果和保持周边环境的效果；通过资料总结和分析，可以为今后改进设计、施工提供实测的数据。

基坑施工期间，项目工程师应根据实际制订相应的监测制度、巡检制度、监测责任制、信息化监测技术等制度，确保监测工作顺利、如实地开展。

b. 实施细则

各项施工内容的观测均设专人系统观测；观察水准点及观察井等监察系统，在本工程工期内进行测量及工作记录，并定期提交记录予业主审阅；在工程进行期间对邻近道路及建筑物等进行沉降观测，并执行一切所需的支护补救及修复措施以确保场地安全；及时填写观测记录及观测数据，整理归档，认真分析，确保记录和数据的原始性和真实性。

(4)边坡变形预警值

支护结构顶允许最大变形30 mm，基坑周边建筑物的最大沉降值为3 mm。

(七)劳动力计划及主要设备材料的用量计划

1. 劳动力计划

(1)降水井施工

表4—85　降水井施工劳动力计划

工　种	人　数	备　注
机组人员	30	机械操作、成孔
电焊工	4	钢管井施工
洗井人员	6	

(2)土钉墙施工

表4—86　土钉墙施工劳动力计划

工　种	人　数	备　注
机组人员	12	各种机械
电焊工	10	焊接拉杆等
钢筋工	20	钢筋网片、锚筋加工及安放
喷射工	6～8	
杂工	30	修坡、配合施工

(3)护坡桩施工

表 4—87　护坡桩施工劳动力计划

工　种	人　数	备　注
机组人员	20	机械操作、成孔
电焊工	16	钢筋笼制作
测工	4	桩位及锚位放线

(4)预应力锚杆施工

表 4—88　预应力锚杆施工劳动力计划

工　种	人　数	备　注
机组人员	16	机械操作、成孔
加工人员	6	锚筋加工及安放
杂工	4	配合施工

2. 主要设备计划

(1)降水井施工

表 4—89　降水井施工主要设备计划

名　称	型　号	数　量	备　注
冲击钻	CZ—20	2～4 台	降水井施工
潜水泵	10～15 t/h	200 台	降水井抽水
空压机		1～2 台	洗井

(2)土钉墙施工

表 4—90　土钉墙施工主要设备计划

名　称	型　号	数　量	备　注
电焊机	28 kW	6 台	焊锚筋和钢筋网
钢筋弯曲机		1 台	弯曲钢筋
搅拌机	3 kW	3 台	土钉注浆
挤压泵	2 kW	2 台	土钉注浆
砂轮机	0.5 kW	2 台	切断钢筋
空压机		2 台	喷射混凝土
喷射机	5.5 kW	3 台	喷射混凝土

(3)护坡桩、预应力锚杆施工

表 4—91　护坡桩、预应力锚杆施工主要设备计划

名　称	型　号	数　量	备　注
长螺旋钻机		1～2 台	护坡桩
电焊机	交流电焊机	1 台	钢筋笼、钢腰梁加工
锚杆钻机	SM—400	3 台	锚杆施工
注浆泵	BW—250	3 台	锚杆注浆

续上表

名　称	型　号	数　量	备　注
搅拌机		2台	锚杆
空压机	9～12 m^3	1台	桩间土处理
喷射机	5.5 kW	1台	喷射混凝土
张拉机		1台	锚杆张拉

(八)质量保证体系

1.质量管理目标

工程质量合格，确保整体工程安全。

2.建立健全的质量保证体系

建立工程质量管理小组。项目经理任组长，项目技术负责人任副组长，由技术、质量、工程、材料等人员为组员，组织质量管理工作，处理重大工程质量事故。项目配置专职质检员，组织班组自检，开展全面的质量管理工作，按质量保证体系运作。

3.质量保证措施

(1)建立正常的质检制度和图纸会审、技术交底制度。所有施工管理人员要熟悉图纸，审查图纸，在施工前进行图纸会审，了解设计意图，消除设计错误；施工前进行技术交底，内容包括图纸交底、施工方案交底、设计变更、会审交底和各工种的技术交底。

(2)坚持三检制度和执行隐蔽工程检查制度。班组自检、互检和交接检与专职检查相结合，充分尊重质检员的意见；凡隐蔽工程施工时必须进行验收合格签字后才能进行下道工序的施工。

(3)工程施工中的每一道工序，均执行质量交底和技术交底制度，并作好记录。

(4)及时、准确作好各项施工原始记录，以便发现问题，及时解决。

(5)原材料按施工规范要求进行复检，所有材料必须有出厂合格证。不合格材料不允许进场和使用。

(6)做好混凝土试块、钢筋试样的试验工作，每天不少于1组试块，更换水泥品种时要及时加做1组试块。

(7)认真、及时地做好各工序的施工记录和施工日志，并及时汇总。

(8)按照监督上道工序，保证本道工序，服务下道工序的要求，建立严格的质量检验系统，实施工序跟踪检查，切实做到在施的每一项工程始终处于受控状态。

(9)贯彻质量责任制，与施工管理人员、作业人员签定质量奖罚制度。

4.护坡桩施工质量控制

(1)成桩质量标准

桩体倾斜偏差不超过1%，用线锤和经纬仪测量钻杆；桩径偏差不超过20 mm，桩径不允许出现负偏差。

(2)工程质量保证措施

施工过程严格执行施工过程控制程序，确保施工质量。

现场每种桩型的钢筋笼应及时做好备用。

现场成立质量监控小组，严格按照国家有关规范，规程要求施工，实行全面质量管理。

执行三级质量管理制度，即施工个人自检、下道工序上检、质量员把关；对钢筋、混凝土等材料进场后及时按照施工规范要求进行质量检验。

施工前由施工、技术负责人结合图纸进行详细的技术交底。

施工期间由现场技术人员及质检人员抽查成孔深度和桩长，并做好记录，可采用尺量钻杆的方法。

分派专职人员进行试验工作，作好各种试验数据和整理，发现问题及时解决。

为了保证混合料搅拌质量及成桩质量，试块预留如下：按《建筑地基基础工程施工质量验收规范》有关规定及时制作试块。每个浇筑台班制作两组试块，一组为同条件养护，另一组为标准养护 28 d；并保证每浇筑 100 m^3 混凝土制作一组试块。

(3)成桩质量检查

成桩质量检查主要包括成孔、泵压灌注混凝土、钢筋笼制作及振插安放等三个工序过程的质量检查。

对原材料质量与计量、混凝土配合比、坍落度、混凝土强度等级等进行检查。

钢筋笼制作应对钢筋规格、焊条规格、品种、焊口规格、焊缝外观和质量、主筋和箍筋的制作偏差等进行检查。

在使用振动锤之前，必须对其进行检查。

(4)钢筋笼质量检验标准

表 4—92 钢筋笼质量检验标准

项 次	项 目	允许偏差(mm)	检测方法
1	主筋间距	±10	尺量
2	箍筋间距	±20	尺量
3	钢筋笼直径	±10	尺量
4	钢筋笼长度	±100	尺量
5	钢筋笼保护层	±20	尺量

(5)护坡桩质量检验标准

表 4—93 护坡桩质量检验标准

项 次	项 目	允许偏差(mm)	检测方法
1	桩孔位	±50	尺量
2	孔深	+300	尺量
3	孔径	≯50	尺量
4	垂直度	≯0.5%	尺量
5			尺量

5. 锚杆施工质量控制

(1)质量保证措施

锚杆所用原材料，钢绞线、水泥等均应有出厂合格证明，并按规范要求复验合格后方可使用。

锚杆水平方向孔距误差不应大于 100 mm，垂直方向孔距误差不应大于 50 mm。倾角允许偏差 1°～3°。

水泥浆体的强度不小于 20 N/mm^2，水灰比 0.5。

杆体组装时，应控制承载体和隔离架的间距，钢绞线应平直通顺。组装好的杆体放在指定存放场，下杆体前应检查注浆管的通气性能。

水泥浆随用随搅，搅拌均匀，浆液初凝前必须用完。

张拉设备使用前必须检验合格后方可使用。

灌浆后，浆体强度未达到设计要求前，预应力筋不得受扰动。

灌浆料达到设计强度时，方可切除外露的钢绞线，切口位置至外锚具的距离不应小于 100 mm。

(2)锚杆质量检验标准

表 4—94　锚杆质量检验标准

项　次	项　目	允许偏差	检测方法
1	孔位	±100 mm	尺量
2	倾斜角度	±3°	量角仪
3	长度	±300 mm	尺量

6. 土钉墙施工质量控制要求

(1)土钉成孔采用的机具应适合土层的特点，满足成孔要求。

(2)修坡时专人进行测量，确保不吃槽。喷射混凝土时，由专人检查钢筋网长及标志杆的安装。

(3)成孔前，应根据设计要求定出孔位并作出标记和编号。孔距的允许偏差为±100 mm，成孔的倾角偏差为±5%，孔径允许偏差±5 mm，孔深允许偏差±50 mm。当成孔过程中遇有障碍物需调整孔位时，不得损害支护原定的安全程度，由现场技术负责人决定。

(4)成孔过程中取出的土体特征应按土钉编号逐一加以记录并及时与初步设计时所认定的加以对比，发现有较大偏差时应及时修改土钉的设计参数。

(5)钢筋、水泥进场要有材质单、出厂合格证，并做复验，如果锚筋采取搭接焊，每批应按规范要求，做焊头抗拉强度试验。

(6)锚筋与中心支架点焊牢固，中心支架间距 1.5～2.0 m 一个(详见土钉构造详图)。土钉钢筋的长度＝设计长度(mm)＋200 mm。

(7)插入钢筋时，由专人检查，若插入深度不足，则继续取土成孔，插入钢筋时要将注浆管绑在距孔底 200 mm 处。

(8)水泥浆体的强度应大于 15 N/mm^2，水灰比不宜超过 0.5，并宜加入适量的速凝剂以促进早凝和控制泌水。注浆时要严格按配比搅浆，并随成孔随注浆，注浆渗漏较多时，要进行二次、三次补浆直到注满。

(9)锚筋制作长度误差不得大于 20 mm，锚筋长度不够时，采取双面搭接焊，搭接长度不小于 100 mm。

(10)水泥浆体的强度试验：每层做 3 组试块。

(11)喷射混凝土粗骨料最大粒径不应大于 12 mm，并应通过外加剂来调节所需早强时间。

(12)钢筋网片可用插入土中的钢筋固定，在混凝土喷射下应不出现振动。

(13)当继续进行下部喷射混凝土作业时，应仔细清除施工缝结合面上的浮浆层。

(14)钢筋网在横向的搭接长度不应少于一个网格边长。如为搭接焊则焊长不小于网筋直径的 10 倍。

(15)喷射混凝土强度：每层做一组 28 d 标养试块。

(16)不得碰撞土钉头外露部分，坡面 3.0 m 以内不得任意堆放材料。

(17)为了方便施工及边坡的稳定，如果在施工过程中出现阳角现象，则将阳角部位做成圆弧或“八”字形。

(九)施工安全文明施工保证措施

1. 安全管理目标

杜绝重伤事故，轻伤事故率低于 2‰，争创省级文明工地。

2. 安全管理体系

建立健全安全保证体系：项目经理为组长，项目专职安全员为副组长，分包队伍安全员、项目工程、质量、技术等均为组员，各负其责，保证安全体系正常运转，发挥作用。

3. 工作制度

(1)在每天的生产例会上，总结当天安全生产、文明施工和消防工作的情况，布置第二天的工作。

(2)项目经理部根据施工情况，开展日常的安全生产、文明施工和消防检查工作。

4. 管理规定

进入施工现场的人员必须戴好安全帽，并且要系好安全帽的下颌带。

进入施工现场内的人员，不准光脚、穿拖鞋、穿高跟鞋。

施工现场一切安全防护设施，不准擅自拆改或做他用。

非本工种职工严禁乱摸、乱动各种机械、电器设备。

进入现场禁止打闹，严禁酒后作业，防止发生意外事故。

未经培训的人员，严禁进入现场操作，特殊工种作业人员必须持证上岗。

工种下班前要拉闸断电，清理杂物，做到活完脚下清。

施工现场要严格执行分片包干和个人岗位责任制，做到整个现场清洁、整齐、文明施工。

施工现场道路和场地必须平整、坚实，并有排水措施，道路要畅通，不得尘土飞扬。

各种材料及构配件按要求分规格码放整齐，合理保管，方便使用。

工人操作地点和周围必须清洁整齐，活完料净脚下清。施工垃圾和洒漏的混凝土要及时清理。

现场成品要有工程成品保护措施，不得有碰撞、损坏现象。

建筑物内外，禁止随地大小便，经常保持清洁卫生。

清理施工垃圾要搭设封闭式垃圾通道或用容器吊运。

存放水泥要严密遮盖，现场砂石料堆放整齐。

使用锅炉茶炉应有消烟除尘装置。

强噪声作业，必须严格控制作业时间，一般夜间作业不超过 22 时，对人为的施工噪声应有降噪措施和管理制度。

现场使用空压机等应设置于设备工棚内隔声间或用吸音材料封闭。

施工现场整洁卫生，无积水，车辆不带泥砂出现场，不随地乱扔、乱倒废弃物。

办公室、更衣室室内整洁、保持卫生；生活区周围环境清洁卫生；生活垃圾定点集中、及时清理。

职工炊水卫生，施工现场应保证开水供应。

5.材料管理

(1)施工现场内各种料具应分规格码放整齐、牢固，做到一头齐、一条线。砌块码放高度不得超过1.8 m，砂、石和其他散料应成堆，界限清楚，不得混杂。

(2)合理制定用料计划，按计划进料。合理安排材料进场，随用随进，不得在场外堆放施工材料，各种材料不得长期占用场地，各种废料必须及时处理。

(3)施工现场内的各种材料，依据材料性能妥善保管，采取必要的防雨、防潮、防晒、防火、防损坏等措施，贵重物品、易燃、易爆和有毒物品应及时入库，专库专管，加设明显标志，并建立严格的领、退料手续。

(4)砂、石和其他散料应随用随清，不留料底。水泥库内外散落灰必须及时清用、水泥袋认真打包、回收。施工现场剩余料具和容器要及时回收，堆放整齐，并及时清退。

(5)运输道路和作业面落地灰要及时清用。砂浆、混凝土倒运时，应用容器或铺垫板。浇筑混凝土时，应采取防撒落措施。工人操作要做到活完料净脚下清。

(6)节约用水、用电，消灭长流水和长明灯。

(7)施工现场内的施工垃圾，应及时分捡，有使用价值的应回收、利用，废料应及时清运出场。

6.安全管理措施

在安全管理过程中，及时按要求形成各种安全管理资料，坚决杜绝后补、做假等现象出现。一旦出现安全隐患，必须坚持"三不放过"的原则，分析原因、分清责任，避免再次出现类似问题。为保证工程施工顺利进行，可采用如下措施以确保工程施工安全。

(1)施工前，首先进行施工技术交底和安全教育，每天坚持作好班前交底、班中交底、班后讲评"三工"教育，确保工程质量和安全生产。

(2)工地上所使用的设备和工具每天上班前要进行检查，发现有问题的设备和工具不得使用，应立即将其修理好，留作备用。

(3)施工用电要符合安全用电的规定，配电实行三相五线制，使用标准配电器，三级配电二级漏电保护，手持电动工具必须有漏电保护器，做到一机一闸一保护。

(4)必须遵守现场用电的有关规定，非机电人员不得动用机电设备，各种用电设备必须有相应的安全保护措施，机电设备必须为合格产品，现场必须有值班电工，场内移动电线一律使用胶片电缆，并经常检查电路线，发现破损立即更换，机电设备金属外壳必须接地，并要有防雨、防潮设施。

(5)设专职机械检修人员，对施工机械定期进行安全检查，保证机械安放稳定，防止倾倒，对刹车、卷扬及钢丝绳等易损部件应进行检查、发现问题，及时更换，防患于未然，高空检修时必须系安全带。

(6)非施工人员不准进入施工现场，保安人员应认真履行岗位职责，施工人员进入现场必须配戴安全帽，施工作业人员要讲文明礼貌。

(7)工程所用钢筋全部在现场加工，钢筋加工前由工长对加工机械的安全操作规程及注意事项进行交底，并由机械技师对所有机械性能进行检查，合格后方可使用。

(8)多人合运钢筋，起落、转停动作要一致，人工传送不得在同一垂直线上，钢筋堆放要分散、稳当、防止倾倒和塌落。

(9)绑扎好的钢筋笼，禁止在骨架上攀登和行走。

(10)钢筋笼起吊必须捆牢固，吊钩下方不得站人，吊运绑扎钢筋工作架子必须系好钢丝绳，在无任何牵连的情况下进行吊运，到位后待工作架放稳，搭好支撑方能放下钢丝绳。

(11)基坑边 2 m 以内不得堆土，堆料和停放机具。2 m 以外堆料荷载不得超过 5 kN/m^2。

(12)操作时要随时观测上方土壤的变动情况，如发现有裂纹或部分塌落应及时放坡或加固。

(13)基坑边 1 m 处设置 1.5 m 高防护栏杆，并悬挂危险标志，夜间施工挂红色标志灯，任何人不得在基坑边和陡坡下休息。

(14)夜间施工要必须有足够的照明，否则不准施工。

7. 机械操作安全要求

(1)钻孔时应对准桩位，先使钻杆向下，钻头接触地面，再使钻杆转动，不得晃动钻杆。

(2)钻机发出限位报警信号时，应停钻，将钻杆稍稍提升，解除报警信号后，继续下钻。

(3)钻孔时如遇卡钻，应立即切断电源，停止下钻，未查明原因前，不得强行启动。

(4)螺旋钻孔也必须向孔位较远处甩土，不得在孔位上甩土。

(5)钻孔时，如遇机架摇晃、移动、偏斜或钻斗内发生有节奏的响声时，应立即停钻。经处理后方可继续施钻。

(6)钻机作业中，电缆应有专人负责收放，如遇停电，应将各控制器放置零位，切断电源，将钻头接触地面。

(7)成孔后，必须将孔口加盖保护。

(8)钻孔时，严禁用手清除螺旋片的泥土，发现紧固螺栓松动时，应即停机重新紧固后方可继续作业。

8. 专业责任管理

(1)施工人员进入现场后，首先由劳动部门登记注册，进行三级安全教育，即公司安全教育、项目安全教育、班组安全教育，根据进场教育考试情况，未经教育考试合格的人员，不准参加施工生产。

(2)施工现场设 1 名专职安全员。

(3)专职安全员必须经安全培训合格，由总包专职安全员统一组织管理。

(4)电工、电焊工、钻机司机，必须持特种作业操作证方准上岗。

(5)严禁违章用工，不准使用 18 岁以下童工、残疾人等不符合条件的外包工，一经发现必须立即清退。

(6)进入施工现场的施工人员保持稳定，需要调整人员时，要提前提出调换计划，经项目经理同意后，方可调、换，重新入场的人员按规定进行三级教育和注册登记，否则不得参加施工生产，未经同意，擅自增加或调换人员，一旦发生伤亡事故要追究项目负责人的责任。

(7)每周一上午班前应有 1 h 综合安全交底教育，分项工程应有安全技术交底，交底有交底人、被交底人的签字。

(8)项目管理人员要对全体施工人员进行遵章守纪的法制教育，做好施工前的安全交底，无论是工长或工人均不得违章指挥和违章作业，并服从总包安全部门人员的管理。

(9)项目经理部有权按照规章制度对违章、冒险作业人员进行处罚，停工整顿，直至解除合同。

(10)施工人员必须遵守和执行“建设部关于加强建筑企业安全生产的暂行规定”和执行现行的一切安全生产的法规和制度，信守安全生产责任协议，认真落实本规定的要求。

9. 地下管线及其他地上设施的安全及加固措施

(1)施工前,配合总包,与电信、市政、供水、供电等城管部分取得联系,详尽了解地下和地上管线和建筑情况,根据实际情况,制定加固方案,报业主、监理、当地城管部门批准后实施。如不能避开地下建筑或障碍而影响桩位,应配合总包,申请修改设计。

(2)在工程开工前,总包应按合同要求进行地下管线交底,并办理有关手续。施工人员必须熟悉地下管网及周围建筑物的详细情况。

(3)在工程开工过程中密切注意周围管网的安全,遇到不明地下障碍物,立即停止施工,在探明清楚后方可继续施工。

(4)土钉墙未施工完成前严禁坑边 3 m 范围堆载。

(5)在护坡桩施工过程中,发现事先不知道的地下防空洞,立即停工,应会同总包实地了解情况,如果防空洞是废除的,可对防空洞处进行开挖,清除障碍,回填好土,碾压密实,不准超挖,然后进行护坡桩施工。

(6)如施工时出现原有设施被破坏,立即停止施工,关闭相关闸阀,组织相关人员进行抢修,将损失降到最小。

(十)应急预案

1. 应急管理组织机构

建立以项目经理部领导班子为首、公司总部领导班子为辅、总部各部门支持配合、施工现场相关人员为组员的施工应急响应小组。在事故发生第一时间内启动应急机制,保证做到:统一指挥、职责明确、信息畅通、反应迅速、处置果断,把事故损失降低到最低。

2. 重大事故、事件应急措施

(1)基坑降水施工应急措施

若边坡土层中渗水较大,则在坡壁上设置若干排水孔,孔内放置排水花管;排水管的做法为:用洛阳铲在滞水层的部位掏孔,孔深不少于 70 cm,孔径为 80 mm,向下倾斜 3°～5°角,填充滤料,用 2 寸的白塑料管制作成花管,孔洞直径 10 mm,间距 5 cm,外包裹水泥袋或砂网放入孔内,孔口用混凝土封死。

若存在局部的集水坑的水降不到位,则在该部位采取挖单井进行抽水,深度以降到设计水位为准,采用钢套桶,先施工垫层后再把水泵提出浇筑底板混凝土。

若发现因降水引起的地面沉降,要求首先停止该部位的降水井,恢复观察,可在间距 6.0 m以外施工回灌井,之后再恢复基坑的降水作业。

预防停电措施:为预防临时停电,施工现场备用 3 台 75 kW 发电机,停电后,立即开动发电机发电供水泵降水用电。

(2)边坡危险应急措施

对基坑开挖过程中出现局部坍塌的处理:在施工过程中,可能由于个别地段水量过大,边坡开挖后,土体不能自稳,还来不及进行支护,土体已坍塌。其处理方法是:在塌方处的口部,向下打入竖向钢筋(或钢管),然后向塌方处填碎砖和土,填满之后,用加强筋将竖向钢筋(或钢管)焊接成一整体,并与附近锚杆头进行焊接,编好钢筋网后,喷射混凝土。同时在坍塌部分的合适位置设置排水孔,并预留一注浆孔,待面层达一定强度后进行压力注浆。对坍塌部分进行充实,增强其承载能力。

本工程基坑支护结构足以保证基坑边坡和周围环境的安全,但鉴于本工程所处位置及周边环境的复杂性和重要性,特制定如下应急抢险预案。

现场成立应急抢险领导小组:项目经理任组长,技术负责人和副经理任副组长,安全员、技术员、工长和民工负责人任组员。土方开挖期间每天现场必须有至少 1 名副组长以上的领导值班。

做好应急抢险物资机具设备及人员准备;就近落实直径 400 mm 钢管的货源,2 个小时之内能够到达现场,以便及时支撑位移较大处的支护结构。购置 200 条草袋或编制袋,准备向位移较大支护结构处堆放草袋。现场不能少于 1～2 台挖土机,5～10 辆自卸车,必要时将位移较大处支护结构外侧的土挖除一定深度,以减少土压力。现场每天不能少于 20 人的劳动力值班,以便随时投入应急抢险工作。

加强观测密度,为应急抢险提供报警参数。鉴于本工程的重要性,水平位移控制在规范要求的 0.2%以下,土钉墙和护坡桩水平位移预警值分别为 40 mm 和 30 mm。当支护结构的水平位移达到 20 mm 时,及时向技术负责人、集团技术部或总工汇报,一并分析查找原因,制定减少位移的措施,并迅速组织实施。当支护结构的水平位移达到 25 mm 时,及时向技术负责人、集团技术部或总工、监理工程师汇报,一并分析查找原因,制定应急抢险方案,随时准备抢险。当支护结构的水平位移达到 30 mm 时,及时向技术负责人、集团技术部或总工、监理工程师及业主汇报,共同制定应急抢险方案,现场进入应急抢险状态,一旦发出抢险命令,迅速投入抢险。

(3)坑壁渗(漏)水应急措施

对于微弱的渗漏点,如土钉墙、桩间挂网部位,可采用堵漏材料进行堵漏。如渗漏较大,可在渗漏处设置导水管,把土层中的水经导水管导向坑内,在经过坑底周边排水沟排除积水。

(4)地下市政管线或电缆断裂应急措施

在开挖前结合管线图,人工挖探槽,摸清周围,特别是开挖边线 3 m 内的管线,针对基坑周围存在电缆、管线等市政设施的情况,设置沉降、位移观测点,每天观测 1 次,并作观测记录。如发现问题,应及时与有关部门联系,汇报情况,以便及时处理。

(5)火灾、爆炸事故应急措施

根据《重大危险源辨识》(GB 18218－2000)的标准,本工程火灾、爆炸重大危险源通常有 2 个,一个是施工作业区,一个是临建仓库区。其中化学危险品的搬运、储存数量超过临界量是危险源普查的重点。因此,工程开工后要对重大危险源应登记、建档、定期检测、监控,并培训施工人员掌握工地储存的化学危险品的特性、防范方法。

a. 火灾、爆炸事故应急流程应遵循的原则

紧急事故发生后,发现人应立即报警。同时启动本预案,相关责任人要以处置重大紧急情况为压倒一切的首要任务,绝不能以任何理由推诿拖延。各部门之间、各单位之间必须服从指挥、协调配合,共同做好工作。因工作不到位或玩忽职守造成严重后果的,要追究有关人员的责任。

项目在接到报警后,应立即组织自救队伍,按事先制定的应急方案立即进行自救;若事态情况严重,难以控制和处理,应立即在自救的同时向专业救援队伍求救,并密切配合救援队伍。

疏通事发现场道路,保证救援工作顺利进行;疏散人群至安全地带。

在急救过程中,遇有威胁人身安全情况时,应首先确保人身安全,迅速组织脱离危险区域或场所后,再采取急救措施。

截断电源、可燃气体(液体)的输送,防止事态扩大。

安全员为紧急事务联络员,负责紧急事物的联络工作。

紧急事故处理结束后,安全员应填写记录,并召集相关人员研究防止事故再次发生的

对策。

b. 火灾、爆炸事故的应急措施

对施工人员进行防火安全教育，目的是帮助施工人员学习防火、灭火、避难、危险品转移等各种安全疏散知识和应对方法，提高施工人员对火灾、爆炸发生时的心理承受能力和应变力。一旦发生突发事件，施工人员不仅可以沉稳地自救，还可以冷静地配合外界消防员做好灭火工作，把火灾事故损失降低到最低水平。

早期警告。事件发生时，在安全地带的施工人员可通过手机向现场施工人员传递火灾发生信息和位置。

(6)其他因素的应急措施

a. 重大交通事故应急流程及措施

事件发生后，迅速拨打急救电话，并通知交警。

项目部接到报警后，立即组织自救队伍，迅速将伤者送往附近医院。并派人保护现场。

协助交警疏通事发现场道路，保证救援工作顺利进行，疏散人群至安全地带。

做好事后人员的安抚、善后工作。

b. 恶劣天气应急流程及措施

冬季大雪等是本工程严密注视的恶劣天气，工程开工后，应安排专门人员随时收集未来7天内天气状况的信息，一旦得到国家气象中心预警预报，应急机制小组立即启动。

调整施工进度和强度。

做好成品保护和材料设备保护。

做好人员安全保护，必要时调整工人劳动强度和工作时间。

启动专项资金投入各项保护费用。

3. 现场应急处置程序

(1)一旦发生坍塌、滑坡事故，首先应由疏散组进行疏散，清点人员，确定有无人员失踪、受伤。了解事发前该区域施工人员情况，作业人数，如有施工人员失踪或被埋，立即组织有效的挖掘工作。

(2)抢救挖掘人员应分班组，合理按照工作面安排人力，及时换班，保障抢救挖掘人员体力，保证在最短时间内将被埋人员抢救出来。

(3)如有人员失踪、受伤应立即报警，并有车辆引导员做好救助车辆引导。

(4)划定危险区域，安排测量人员进行坡面位移变形观测，并安排有经验的技术人员做好监控工作，如坡面不能稳定，及时采取措施处理。

(5)必要时合理组织卸掉坡顶堆载，坡面组织有效支撑，防止坡面破坏扩大。

(6)在专业医疗人员到达前由救助组对受伤人员进行简单救助。首先，争分夺秒抢救压埋者，使头部先露出，保证呼吸畅通。其次，抢救出来压埋者之后，对呼吸停止者立即做人工呼吸，然后进行正规心肺复苏急救措施。再次，伤口止血使用止血带。切忌对压伤进行热敷或按摩。

第五章　模板工程专项施工方案

第一节　概　述

模板是混凝土构件成型的基础条件，钢筋混凝土结构的位置、规格以及质量是否符合要求是与模板的制作安装质量有直接关系。模板工程不但直接决定着钢筋混凝土结构的质量，同时还直接影响着浇筑作业施工的安全。

模板的种类按其型式可以分为：整体式模板、定型模板、工具式模板、钢模板、翻转模板、滑动模板、胎模等；按材料不同又可分为：木模板、钢模板、钢木模板、铝合金模板、塑料模板、玻璃模板等，一些城市使用了大量的组合式定型钢模板及钢木模板。

在施工前，应按照混凝土的施工工艺制定相应的施工方案。高大模板工程是依据国务院《建设工程安全生产管理条例》、建设部《危险性较大工程安全专项施工方案编制及专家论证审查办法》确定的七大危险性较大建设工程之一。

施工单位应当组织安全生产专家对安全专项施工方案及其安全验算结果进行论证审查，再根据专家论证审查报告对安全专项施工方案进行完善，并经施工单位技术负责人、工程监理单位总监理工程师签字后，方可实施。

第二节　模板工程专项施工方案编制

一、模板施工方案内容

模板工程施工前，应按照工程结构、现场作业条件及混凝土的浇筑工艺制定相应的模板施工方案，主要包括以下内容：

（一）编制依据

1. 工程施工图。

2. 现行国家施工验收规范、技术标准、操作规程及地方规定。

3. 本工程施工组织设计。

（二）工程概况

主要是工程地理位置、周边环境、建筑规模、结构形式、工程用途、主要建筑和结构特点、模板工程的施工难点等。

（三）模板的选型及设计

1. 根据基础、主体的不同结构形式，选择适用的模板形式。

2. 绘制模板设计施工图、支撑系统布置图、细部构造大样图。

3. 按模板荷载组合效应，对模板和支撑系统进行验算。

（四）制定模板工程安装及拆除的程序和方案

区分不同部位的梁、板、柱、墙，制定其模板的安装和拆除顺序、质量验收标准。

（五）混凝土的浇捣方法及作业人员的安全措施

（六）季节性施工措施及其管理

包括暑期、雨季、冬季施工措施以及恶劣气候下施工措施等。

（七）按照现场作业条件编写模板工程施工所需要的各类脚手架、作业平台、临边防护、洞口防护及施工用电的安全要求

二、模板工程方案的编写步骤

（一）进行现场踏勘，熟悉现场及周边地理环境，对模板的水平和垂直运输了然于胸。

（二）熟悉施工图纸。

由施工现场技术负责人组织技术人员认真学习图纸，核对具体尺寸，做到心中有数。

（三）熟悉本单位工程施工组织设计。

对施工部署有较为详细的了解，包括模板的堆放、运输，施工流水的划分，工期要求等。

（四）方案比选

根据结构特点确定多个模板选择方案，然后按着技术、经济、安全、工期、现场条件、市场供应条件等指标对方案进行优选，得出最佳模板方案。

（五）方案编制

由现场技术负责人组织有关的技术人员进行方案编制，并附必要的计算和简图。

第三节　模板工程设计要求

一、现浇混凝土结构模板设计

（一）模板设计内容及原则

1. 设计的主要内容

模板设计的内容，主要包括选型、选材、配板、荷载计算、结构设计和绘制模板施工图等。各项设计的内容和详尽程度，可根据工程的具体情况和施工条件确定。

2. 设计的主要原则

（1）实用性

主要应保证混凝土结构的质量，具体要求是：

①接缝严密，不漏浆；

②保证构件的形状尺寸和相互位置的正确；

③模板的构造简单，支拆方便。

（2）安全性

保证在施工过程中，不变形，不破坏，不倒塌。

（3）经济性

针对工程结构的具体情况，因地制宜，就地取材，在确保工期、质量的前提下，减少一次性投入，增加模板周转，减少支拆用工，实现文明施工。

二、模板结构设计的基本内容

（一）荷载及荷载组合

1. 荷载

计算模板及其支架的荷载，分为荷载标准值和荷载设计值，后者应以荷载标准值乘以相应的荷载分项系数。

(1)荷载标准值

①模板及支架自重标准值——应根据设计图纸确定。对肋形楼板及无梁楼板的自重标准值，见表5—1。

表5—1　模板及支架自重标准值(kN/m^3)

模板构件的名称	木模板	组合钢模板	钢框胶合板模板
平板的模板及小楞	0.30	0.50	0.40
楼板模板(其中包括梁的模板)	0.50	0.75	0.60
楼板模板及其支架(楼层高度为4 m以下)	0.75	1.1	0.95

②新浇混凝土自重标准值——普通混凝土可采用24 kN/m^3；对其他混凝土，可根据实际重力密度确定。

③钢筋自重标准值——按设计图纸图纸计算确定，一般可按每立方米混凝土含量计算：

楼板：1.1 kN/m^3；

框架梁：1.5 kN/m^3。

④施工人员及设备荷载标准值

计算模板及直接支承模板的小楞时，对均布荷载取2.5 kN/m^2，另应以集中荷载2.5 kN再行验算，比较两者所得的弯矩值，按其中较大者采用。

计算直接支承小楞结构构件时，均布活荷载取1.5 kN/m^2。

计算支架立柱及其他支承结构构件时，均布活荷载取1.5 kN/m^2。

需要说明的是，对大型浇筑设备如上料平台、混凝土输送泵等，按实际情况计算；混凝土堆集料高度超过100 mm以上者，按实际高度计算；模板单块宽度小于150 mm时，集中荷载可分布在相邻的两块板上。

⑤振捣混凝土时产生的荷载标准值

对侧立模可采用4.0 kN/m^2(作用范围在新浇混凝土侧压力的有效压头高度内)。

对水平面模板可采用2.0 kN/m^2。

⑥新浇筑混凝土对模板侧面的压力标准值：采用内部振捣器时，可按式(5—1a、b)两式计算，并取其较小值：

$$F=0.22\gamma_c t_0 \beta_1 \beta_2 v^{1/2} \tag{5—1a}$$

$$F=H\gamma_c \tag{5—1b}$$

式中　F——新浇混凝土对模板的最大侧压力(kN/m^2)；

γ_c——混凝土重力密度(kN/m^3)；

t_0——新浇混凝土的初凝时间(h)，可按实际测定。当缺乏试验资料时，可以采用$t_0=200/(T+15)$计算(T为混凝土的温度)；

v——混凝土的浇筑速度(m/h)；

H——混凝土侧压力计算位置处至新浇混凝土顶面的总高度(m)；

β_1——外加剂影响修正系数，不掺外加剂时取1.0，掺具有缓凝作用的外加剂时取1.2；

β_2——混凝土坍落度影响修正系数，当坍落度小于 30 mm 时取 0.85；50～90 mm 时，取 1.0；110～150 mm 时，取 1.15。

⑦倾倒混凝土时产生的荷载标准值——倾倒混凝土时对垂直面模板产生的水平荷载标准值可按表 5－2 采用。

表 5－2　倾倒混凝土时产生的水平荷载标准值(kN/m²)

向模板内供料方法	水平荷载
溜槽、串桶或导管	2
容积小于 0.2 m^3 的运输器具	2
容积为 0.2～0.8 m^3 的运输器具	4
容积为 0.8 m^3 的运输器具	6

注：作用范围在有效压头高度以内。

除上述七项荷载外，当水平模板支撑结构的上部继续浇筑混凝土时，还应考虑由上部传下来的荷载。

(2)荷载设计值

计算模板及其支架的荷载设计值，应为荷载标准值乘以相应的荷载分项系数，见表 5－3。

表 5－3　模板及支架荷载分项系数

<table>
<tr><th>项次</th><th>荷载类别</th><th>γ_i</th></tr>
<tr><td>1</td><td>模板及支架自重</td><td rowspan="3">1.2</td></tr>
<tr><td>2</td><td>新浇筑混凝土自重</td></tr>
<tr><td>3</td><td>钢筋自重</td></tr>
<tr><td>4</td><td>施工人员及施工设备荷载</td><td rowspan="2">1.4</td></tr>
<tr><td>5</td><td>振捣混凝土时产生的荷载</td></tr>
<tr><td>6</td><td>新浇混凝土对模板侧面的压力</td><td>1.2</td></tr>
<tr><td>7</td><td>倾倒混凝土时产生荷载</td><td>1.4</td></tr>
</table>

(3)荷载折减(调整)系数

模板工程属临时工程。由于我国目前还没有临时性工程的设计规范，所以只能按正式结构设计规范执行。由于新的设计规范以概率理论为基础的极限状态设计法代替了容许应力设计法，又考虑到原规范以对容许应力值作了提高，因此对原《混凝土结构工程施工及验收规范》(GB 50204－92)进行了套改。

①对钢模板及其支架的设计，其荷载设计值可以乘以 0.85 系数，予以折减，但其截面塑性发展系数取 1.0。

②采用冷弯薄壁型钢材，由于原规范对钢材容许应力值不予提高，因此荷载设计值也不予折减，系数为 1.0。

③对木模板及其支架的设计，当木材含水率小于 25%时，其荷载设计值可以乘以 0.9 系数予以折减。

④在风荷载的作用下，验算模板及其支架的稳定性时，其基本风压值可乘以 0.8 系数予以

折减。

2. 荷载组合

(1)荷载类别及编号，见表 5—4。

表 5—4　荷载类别及编号

名　称	类　别	编　号
模板及支架自重	恒载	①
新浇混凝土自重	恒载	②
钢筋自重	恒载	③
施工人员及设备荷载	活载	④
振捣混凝土时产生的荷载	活载	⑤
新浇筑混凝土对模板侧面的压力	恒载	⑥
倾倒混凝土时产生的荷载	活载	⑦

(2)荷载组合，见表 5—5。

表 5—5　荷载组合

项　次	荷载组合	
	计算承载能力	验算刚度
平板及薄壳的模板及支架	①+②+③+④	①+②+③
梁和拱模板的底板及支架	①+②+③+④	①+②+③
梁拱柱(边长≤300 mm)、墙(厚≤100 mm)的侧面模板	⑤+⑥	⑥
大体积结构、柱(边长>300 mm)、墙(厚>100 mm)的侧面模板	⑥+⑦	⑥

(二)模板结构的挠度要求

模板结构除必须保持足够的承载力外，还应保证有一定的刚度。因此，应验算模板及其支架的挠度，其最大变形值不得超过下列允许值：

1. 对结构表面外露(不做装修)的模板，为模板构件计算跨度的 1/400。

2. 对结构表面隐蔽(做装修)的模板，为模板构件计算跨度的 1/250。

3. 支架的压缩变形值或弹性挠度，为相应的结构计算跨度的 1/1 000。当梁板跨度≥4 m 时，模板应按设计要求起拱；如无设计要求，起拱高度宜为净跨度的 1/1 000～3/1 000，钢模板取小值 1/1 000～2/1 000。

4. 根据《钢框胶合板模板技术规程》(JGJ 96—95)规定：

(1)模板面板各跨的挠度计算值不宜大于面板相应跨度的 1/300，且不宜大于 1 mm。

(2)钢楞各跨的挠度计算值，不宜大于钢楞相应跨度的 1/1 000，且不宜大于 1 mm。

5. 根据《组合钢模板技术规范》(GB 50214—2001)规定：

(1)当验算模板及支架在自重和风荷载作用下的抗倾覆稳定性时，其抗倾倒系数不小于 1.15。

(2)模板结构允许挠度按表 5—6 执行。

表 5—6　模板结构允许挠度

名　称	允许挠度(mm)	名　称	允许挠度(mm)
钢模板的面板	1.5	单块钢模板	1.5
钢楞	$L/500$	柱箍	$B/500$
桁架	$L/1\ 000$	支承系统累计	4.0

注：L—计算跨度，B—柱宽。

(三)设计计算

1. 模板结构构件的最大弯矩、剪力和挠度

模板结构构件的面板(木、钢、胶合板)大小楞(木、钢)等，均属于受弯构件，可按简支梁或连续梁计算。当模板构件的跨度超过三跨时，可按三跨连续梁计算。常用的简支梁和连续梁在不同荷载条件下和支撑条件下的弯矩、剪力和挠度公式可查《建筑施工手册》有关章节。在应用时，按常例构件的惯性矩沿跨长作为恒定不变；支座是刚性的，不发生沉陷；受荷跨的荷载情况都相同，并同时产生作用。

2. 模板结构构件承载能力的验算

木模、组合钢模、钢框胶合板、柱箍、钢管支撑、格构式柱支撑等的构件承载能力验算，主要是各种模板结构的强度、刚度、稳定性验算。

公式参见《建筑施工手册》中有关章节内容。

3. 地基或楼板等承载力验算

三、支撑系统的构造要求

1. 立杆底部应垫实木板，并在纵横方向设置扫地杆。

2. 立杆底部支撑结构必须能够承受上层荷载。当楼板强度不足时，下层的立柱不得提前拆除，同时应保持上层立柱与下层立柱在一条直线上。

3. 立杆高度在 2 m 以下时，必须设置一道大横杆，保持立柱的整体稳定性；当立杆高度大于 2 m 时，应设置多道大横杆，大横杆步距为 1.8 m。

4. 满堂红模板支柱的大横杆应纵横两方面设置，同时每隔 4 根立杆设置一组剪刀撑，由底部至顶部连续设置。

5. 立杆的间距由计算确定。当使用钢管扣件材料时，间距一般不大于 1 m，立杆的接头应错开不在同一步距内，竖向接头间距大于 0.5 m。

6. 为保持支模系统的稳定，应在支架的两端和中间部分与工程结构进行连接。

第四节　模板工程安全技术

模板的安装与拆除是模板工程施工的一个重要环节，必须符合下列规定，安装与拆除模板工程必须有模板的安装与拆除专项施工方案；安装与拆除模板工程前，需对操作人员进行有针对性的安全技术交底；安装完成后要对模板工程进行验收，验收合格后方可进行混凝土浇筑；拆模前要提出拆模申请，达到拆模条件并经审批后，方可进行拆模作业。

一、一般要求

(一)模板的安装

1. 安装模板时人员必须站在操作平台或脚手架上作业，禁止站在模板、支撑、脚手杆上、钢

筋骨架上作业和在梁底模上行走。

2. 安装模板必须按照施工设计要求进行，模板设计时应考虑安装、拆除、安放钢筋及浇筑混凝土的作业方面与安全。

3. 模板及其支架安装时必须设置防倾覆的临时固定设施。

4. 整体式钢筋混凝土梁，当跨度等于大于 4 m 时，安装应起拱，当无设计要求时，可按照跨度的 1/1 000～3/1 000 起拱。

5. 单片柱模吊装时，应采用卡环和柱模连接，严禁用钢筋钩代替，防止脱钩。待模板立稳并支撑后，方可摘钩。

6. 安装墙模板时，应从内、外角开始，向相互垂直的两个方向拼装。同一道墙（梁）的两侧模板采用分层支模时，必须待下层模板采取可靠措施固定后，方可进行上一层模板安装。

7. 大模板组装或拆除时，应按施工荷载规定严格控制模板上的堆料及设备，当采用人工小车运输时，不准直接在模板或钢筋上行驶，应用脚手管等材料搭设小车运输道，将荷载传给工程结构。

（二）模板的拆除与存放

1. 模板及其支架的拆除时混凝土的强度必须达到设计要求，当设计无要求时应符合下列规定。

（1）非承重侧模的拆除，应在混凝土强度达到 2.5 N/mm^2，并保证棱角不受损坏的情况下进行。

（2）承重模板的拆除时间，应按施工方案的规定。一般跨度在 2 m 以下时，可在混凝土强度不低于 50％时进行；跨度在 2～8 m，应在混凝土强度达到 75％以上时进行；跨度大于 8 m 和悬臂结构的支撑模板，应在混凝土强度达到 100％时方可拆除。

2. 施工中，必须经技术负责人根据现场同条件试块、回弹资料等对混凝土的强度确认，签字批准后方可拆除。

3. 模板拆除顺序应按方案规定的顺序进行。当无规定时，应按照先支的后拆和先拆非承重模板后拆承重模板的顺序。

4. 拆除较大跨度梁下支柱时，应确认上部施工荷载不需要传递的情况下方可拆除下部支柱。

5. 当立柱大横杆超过 2 道以上时，应先拆除 2 道以上大横杆，最下一道大横杆与立柱同时拆除，以保持立柱的稳定。

6. 钢模拆除应逐块进行，不得采用成片撬落方法，防止砸坏脚手架和将操作者砸伤。

7. 拆除模板作业必须认真进行，不得留有零星和悬空模板，防止模板突然坠落伤人。

8. 模板拆除作业严禁在上下同一垂直面进行。

9. 大面积拆除作业或高处拆除作业时，应在作业范围设置围圈，并有专人监护。

10. 拆除模板、支撑、连接件严禁抛掷，应采取措施用槽滑下或用绳系下。

11. 拆除的模板、支撑等应分规格码放整齐，定型钢模板应清整后分类码放，严禁用钢模板垫道或临时做脚手板。

二、定型组合钢模板

定型组合钢模板是由多种规格的标准定型钢模板与连接件、支承件组合而成的模板体系。

这种模板体系通用性强，可灵活组装，装拆方便，强度高，刚度大，尺寸精度高，接缝严密，表面光洁，组装快，可组合拼装成大块，实现机械化施工；周转次数多(50 次以上)，节约木材，可以降低施工成本，但一次性投资较高。

(一)模板的支设方案

根据工程结构的形式和特点及现场施工条件进行模板配板设计，确定模板的平面布置、纵横钢楞规格、排列尺寸和穿墙螺栓的位置，柱箍形式及间距，梁板的组装形式、支撑系统形式、间距和布置。验算钢楞和支撑系统的强度、刚度和稳定性。绘制全套模板设计图(包括模板平面布置图、立面图、组装图、节点大样图、零件加工图、材料表等)。根据流水段的划分，确定模板的配置数量。

(二)安全技术要求

1.在组合钢模板上架设的电线和使用的电动工具，应采用 36 V 的低压电源。

2.登高作业时，连接件必须放在箱盒或工具袋中，严禁放在模板或脚手板上，扳手等各类工具必须系挂在身上或放置于工具袋内，不得掉落。

3.钢模板用于高层建筑施工时，应有防雷措施。

4.组合钢模板装拆时，上下应有人接应，钢模板应随装拆随转运，不得放在脚手板上，严禁抛掷踩撞，若中途停歇，必须把活动部件固定牢靠。

5.悬空作业应有牢靠的立足作业面，支拆 3.5 m 以上高度的模板时，应搭设脚手架工作平台，高度不足的可以用移动式高凳，不准站在拉杆、支撑杆上操作，也不准在梁底模上行走操作。

6.装拆过程中，除操作人员外，模板下面不得站人，高处作业时，操作人员应挂上安全带。

7.安装墙、柱模板时，应随时支撑固定，防止倾覆。

8.安装预组装成片模板时，应边就位边校正和安设连接件，并加设临时支撑，使其稳固。

9.水平拉杆避免钉在脚手架或脚手板等不稳定的部件上，以防松动、失稳。

10.预组装模板拆除时，宜整体拆除，应先挂好吊索，然后拆除支撑及拼接两片模的配件，待模板离开结构表面后再起吊，吊钩不得脱钩。拆模时不得使模板材料自由落下。

11.拆除承重模板时，为避免突然整块塌落，必要时应先设立临时支撑，然后进行拆卸。正在施工浇筑的楼板，不得拆除其下一层楼板的支撑。

12.模板的预留孔洞、电梯井口等处，应加盖或设置防护栏杆，必要时应在洞口设置安全网。

13.拆除模板作业比较危险，为防止落物伤人，应设置警戒线，并设专门监护人员。

14.模板上的堆料和施工设备应合理分散堆放，不应造成荷载的过多集中。

三、大模板

大模板是采用定型化设计与工业化加工制作而成的一种工具式模板，单块面积较大，可达一面墙的面积，因而称之为大模板。大模板是大型模板和大块模板的简称。大模板主要应用于高层建筑剪力墙结构及筒体结构的墙体、大截面柱以及工业建筑大块墙体的施工。

大模板主要特点是：模板采用起重机械整体装拆吊运，施工速度快，效率高；浇筑的混凝土表面平整光滑，综合技术经济效益较好。

(一)大模板施工组织设计

根据工程施工图及现场条件合理划分流水段，进行配板设计计算，绘制模板组装平面图，逐一编号，注明吊装顺序。

(二)安全技术要求

1. 大模板的堆放场地必须坚实平整。

2. 吊装大模板必须采用自锁卡环，防止脱钩。

3. 大模板吊至存放地点时，应一次放稳，保持自稳角 70°～75°。在高空停放过夜时，应将相邻两块大模板拉结。遇有 6 级以上大风，应停止作业，并将大模板与建筑物固定。

4. 起吊大模板之前，应将吊装机械调整适当，吊装时稳起稳落、就位准确，严禁大幅度摆动。

5. 大模板操作平台的上人梯道、栏杆等防护设施应完好无损，保证安全作业。

6. 安装外墙外侧大模板时，必须确保三角挂架及平台板安装牢固。大模板安装后，立即上紧穿墙螺栓。安装三角挂架及外侧模板的操作人员必须系好安全带。

7. 沿建筑物外围满挂安全网，并随施工逐层上移，在第五层设置永久安全网一道。然后逐层安设上移。第十层设置第二道永久性安全网。

8. 大模板安装就位后，要采取防止触电的保护措施，将大模板串联，并同避雷网接通，防止漏电伤人。

9. 拆模后应认真检查所有连接件是否已全部拆除，在确保模板与墙体已完全脱离后方准起吊。

10. 在楼层或地面临时堆放的大模板，应面对面放置，中间留出人行通道，便于清理模板及刷隔离剂。

11. 走廊挑梁、阳台梁下面应设支柱；拆除墙壁模板时，支柱不拆(应保持 3 层)。

12. 吊装大模板时，应注意防止碰撞已浇筑的墙体。

四、筒子模板

筒子模板简称筒模，是在大模板的基础上发展起来的一种工具式模板，筒模四面墙体模板组合成空间整体模板，其形状有Ⅱ形、四边形及多边形等。

筒模的特点：模板整体性好，支拆模方便，模板整间吊装与拆除可减少模板吊次；模板自重较大，堆放占用施工场地大，拆模时需落地放置，不易在楼层上周转使用。

(一)模板专项施工方案

根据工程特点及现场施工条件，确定模板布置形式、模板组装形式(就位组装或预制拼装)，验算模板与支撑系统的强度、刚度及稳定性，绘制配板图。确定模板的合理配置数量。

(二)安全技术要求

1. 筒模可以用拖车整体运输，也可拆散运输。拆散的平模用拖车水平叠放运输时，垫木必须上下对齐，绑扎牢固。拖车运输时，车厢上严禁坐人。

2. 结构施工中，必须按规定支搭安全防护网。井筒内的安全网用穿墙螺栓固定。

3. 支模平台的支托与井筒墙壁体连接的穿墙螺栓必须上紧，并经认真检查连接可靠之后，再吊入筒模。

4.安装筒模之前应将支模平台清理干净。

5.每层井筒墙体上部高约150 mm部分，作为上一层筒模支模的导墙，用作导墙部分的墙壁面应清洁整平。支模时，筒模模板底部应贴紧导墙面，防止出现错台及漏浆现象。

6.常温情况下，墙体混凝土强度达到1.2 N/mm^2 方可拆除模板。

7.拆模时禁止在墙上撬动模板或用大锤砸。经检查各种连接件已全部拆除完再起吊筒模。模板拆下后应及时清理干净。

五、飞　　模

飞模是一种大型工具或模板，因其外形如桌，故又称桌模或台模。因为此种模具可以借助于起重机械从已浇筑完的混凝土楼板下“飞”出，转移至上层重复使用而得名。飞模主要应用于大开间、大进深的现浇混凝土楼板，尤其是无柱帽板柱结构的楼盖施工。

飞模特点是：模板一次组装、重复使用，模板支拆工艺得到简化，可以加快施工进度；减少临时堆放模板场地的设置，节约施工用地。

（一）模板专项施工方案

根据工程结构形式、特点及现场材料和机具供应等条件进行模板配板设计，确定使用模板材料，模板组装形式，钢楞、支撑系统规格和间距、支撑方法；绘制模板设计配板图，包括模板平面分块图、模板组装图、节点大样图、零件加工图等。

（二）安全技术要求

1.组装好的飞模，在使用前最好进行一次试压试吊，以检验各部件有无隐患。

2.飞模就位后，外侧设护身栏（栏杆高度不小于1.2 m），其外侧须加设安全网。

3.施工上料前，所有支撑应支设好。严格控制施工荷载，使其不得超过施工设计规定的限值。浇筑楼板混凝土时，一次上料不可过多，要分散开。

4.脱模后飞模向外推时，必须挂好安全绳，绳的一端应可靠地固定在建筑物上。飞模外推时，安全绳要慢放。

5.飞模向上一层转移时，上下层均需设指挥人员，应统一指挥、信号明确。吊装工人应持证上岗，挂钩操作时应系好安全带。吊装飞模的吊绳应使用卡环连接。所有飞模的附件均应事先固定好。

6.上下信号应分工明确。如下面的信号工可负责飞模推出、控制滚动轮、挂安全绳和挂钩等；上面的信号工可以负责平衡吊具的调整，指挥飞模就位和摘钩等工作。

7.飞模采用地滚轮推出时，前面的滚轮应高于后面的滚轮10～20 mm，防止飞模向外滑移。严禁外侧吊点未挂钩前将飞模向外侧倾斜。

8.挂钩工人在飞模上操作时，必须系好安全带，并挂在上层的预埋铁环上。

9.拆飞模时，操作人员应站在飞模后面或旁边，不准站在飞模上。飞模进入时，操作人员不能站在飞模下方。

10.5级以上大风等恶劣天气，禁止吊装飞模。

11.施工至一定阶段后，应检查飞模各部件的完好情况，对所有紧固件进行一次紧固。

12.吊运飞模时应轻起轻放，避免碰撞，防止飞模变形。

13.拆下的飞模应及时清理、修整，涂刷隔离剂，保持板面清洁。

14.楼板预留的各种管线、孔洞、预埋件，应注意保护，不得随意拆改或损坏。

六、玻璃钢圆柱模板

玻璃钢圆柱模以不饱和聚酯树脂为黏结材料，低碱玻璃纤维平纹布作增强材料，并加入引发剂、促凝剂、耐磨材料，经过拌制，在胎具上贴涂成型的用于现浇混凝土圆柱的工具式模板。

玻璃钢圆柱模板的特点：制作工艺简单，易于成型，安拆方便，比采用钢模板或木模板省工、省料，施工效率高，劳动强度低，经济技术交果比较显著；重量轻、强度高，韧性好，耐磨性能好；尤其适用于小曲率的圆柱模板，成型的混凝土圆柱表面光滑平整。

(一)模板专项施工方案

根据工程结构形式、特点及现场材料和机具供应等条件进行模板配板设计，确定使用的模板材料，模板组装形式，钢楞、支撑系统规格和间距、支撑方法；绘制模板设计配板图，包括模板平面分块图、模板组装图、节点大样图、零件加工图等。

(二)安全技术要求

1. 脚手架应搭设牢固。

2. 拆除柱帽模板时，模板下边不准站人。拆下的柱箍、连接件等应往下传递，注意防止乱扔伤人。

3. 拆下柱帽模板，利用临时搭设的钢管滑道滑落地面，禁止自高处向下抛掷。

4. 圆柱模板宜竖向放置，水平放置时只准单层排放，禁止叠层码放。

5. 模板接口处的凸缘易受碰损坏，要倍加爱护，不得摔碰。

第五节　高大模板工程专项施工方案及专家论证

一、高大模板工程的概念及有关规定

高大模板工程是依据国务院《建设工程安全生产管理条例》、建设部《危险性较大工程安全专项施工方案编制及专家论证审查办法》，确定的七大危险性较大建设工程之一，具体包括：

1. 水平混凝土构件模板支撑系统高度超过 8 m 的工程。

2. 跨度在 18 m 以上，施工总荷载大于 10 kN/m 的工程。

3. 跨度在 18 m 以上，集中线荷载大于 15 kN/m 的模板支撑系统工程。

高大模板工程施工难度大，技术要求高，一旦发生事故，多为群死群伤事故，给社会给企业将造成严重影响，为此，《建设工程安全生产管理条例》及《河北省危险性较大建设工程安全专项施工方案编制及专家论证审查办法》规定：

高大模板施工前，施工单位必须制定安全专项施工方案并附有关安全验算结果。

施工单位应当组织安全生产专家对安全专项施工方案及其安全验算结果，进行论证审查，并将专家论证审查报告作为安全专项施工方案的附件。

施工单位应当根据专家论证审查报告对安全专项施工方案进行完善，并经施工单位技术负责人、工程监理单位总监理工程师签字后，方可实施。

施工单位必须严格按照安全专项施工方案组织施工，并由专职安全生产管理人员进行现场监督。

工程监理单位应当依法审查安全专项施工方案是否符合工程建设强制性标准，并对施工单位是否按照安全专项施工方案组织施工的情况采取旁站形式实施重点监控，发现施工单位

不按照安全专项施工方案组织施工或者存在安全事故隐患的，应当要求施工单位立即整改；情况严重的，应当要求施工单位暂时停止施工，并及时报告建设单位。

建设工程安全监督机构在办理建设工程安全备案手续时，应当查验施工单位提供的经专家论证审查的安全专项施工方案以及论证审查报告。

二、安全专项施工方案主要内容

（一）工程概况

工程总体概况简要说明，模板工程涉及结构的层高、跨度、构件的尺寸等详细情况的叙述。

（二）施工准备

1. 配模设计图或者方案。

2. 需用三大工具的具体尺寸、规格、数量。

3. 基层的承载力情况。

（三）支、拆脚手架以及模板的具体安全技术措施

（四）附件

架体以及模板的承载力及其变形验算、支撑体系图等。

第六节　模板工程施工方案编制实例

一、墙体大模板施工方案

（一）编制依据

1.《河茵北里工程施工组织设计》。

2.《河茵北里工程施工图》。

3.《建筑施工计算手册》，中国建筑工业出版社。

4.《建筑地基基础工程施工质量验收规范》(GB 50202—2002)。

5.《混凝土结构工程施工质量验收规范》(GB 50204—2002)。

6.《高层建筑混凝土结构技术规程》(JGJ 3—2002)。

7.《建筑工程质量验收统一标准》(GB 50300—2001)。

8.《建筑施工安全检查评分标准》(JGJ 59—99)。

（二）工程概况

1. 工程基本概况（表 5—7）

表 5—7　工程基本概况

序号	项　目	内　容
1	工程名称	×××住宅小区
2	建设单位	×××政府
3	设计单位	××新纪元建筑工程设计有限公司
4	建设地点	×××高新技术开发区
5	工程概况	×××小区建设项目共计 32 栋住宅楼，其中 18 层住宅楼 4 栋，11 层住宅楼 13 栋，9 层住宅楼 2 栋，8 层住宅楼 3 栋，6 层住宅楼 10 栋，公共服务设施配套公建有幼儿园、小学、会所、商店、自行车存车处、地下汽车库、垃圾转运站、热力站、变电室等

续上表

<table>
<tr><th>序号</th><th>项　目</th><th colspan="4">内　容</th></tr>
<tr><td>6</td><td>结构形式</td><td colspan="4">住宅楼为钢筋混凝土剪力墙结构，配套公建幼儿园、小学、会所、地下汽车库、垃圾转运站、热力站、变电所等为钢筋混凝土框架结构</td></tr>
<tr><td rowspan="3">7</td><td rowspan="3">建筑面积</td><td rowspan="2">总建筑面积</td><td rowspan="2">31.097 8 万 m^2</td><td>地上建筑面积</td><td>25.818 6 万 m^2</td></tr>
<tr><td>地下建筑面积</td><td>5.279 2 万 m^2</td></tr>
<tr><td>公共建筑面积</td><td colspan="3">6.737 2 万 m^2</td></tr>
</table>

2. 工程难点

(1)管理方面难点

模板的安装，管理有序，严禁用重物捶击模板。

模板的清理，拆模后的模板必须马上清理，严禁模板带灰浆安装。

模板拆除，必须与安装顺序相反，拆除必须有序。

模板的保护，必须搭设专用架子堆放模板，通用板和散装板必须分开，严禁模板相互碰撞损坏板面，配好的模板严禁随意切割、开洞。

(2)技术方面难点

梁、柱模板接头的接缝紧密。

(三)施工组织机构

1. 项目部组织机构

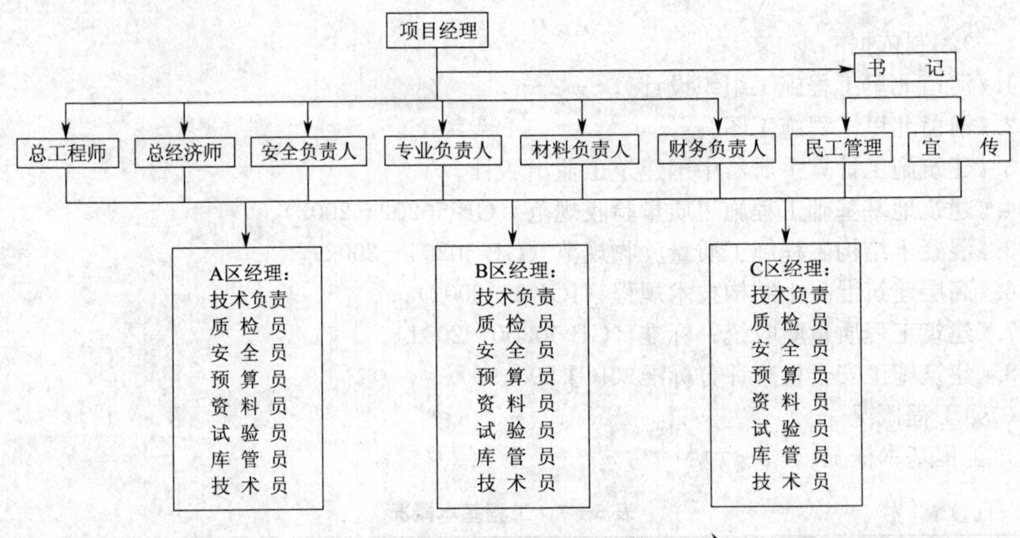

图 5—1　项目部组织机构

2. 管理人员职责和权限(表 5—8)

表 5—8　管理人员职责和权限

序号	姓名	职　务	职　责
1		项目经理	负责项目的全面管理工作
2		项目总工程师	全面负责项目技术管理、质量管理
3		专业副经理	负责电气专业施工管理

续上表

序号	姓名	职　务	职　责
4		专业副经理	负责水暖专业施工管理
5		项目副经理兼A区经理	负责A区施工进度、施工质量过程控制和安全文明施工管理，负责A区基础设施管理
6		项目副经理兼B区经理	负责B区施工进度、施工质量过程控制和安全文明施工管理，负责B区基础设施管理
7		项目副经理兼C区经理	负责C区施工进度、施工质量过程控制和安全文明施工管理，负责C区基础设施管理
8		安全负责人	负责施工现场安全防护及监督、场容卫生、环境保护及保卫消防工作及相关内业资料
9		质检员	负责质量检查和验评工作

(四)施工准备

1.技术准备

熟悉审查图纸，将图纸中出现的问题尽早解决，充分准备图纸会审和设计交底。

将整个工程的各个构件的截面特征、数量、分布层数进行统计对比，分析选用模板体系的优缺点。

学习规范、规程、标准和相关质量要求等，为方案的编制和工程的施工做好充分准备。

搜集各种模板体系的资料，根据工程确定的质量标准，选择恰当的模板体系。

2.机具准备(表5—9)

表5—9

序号	机械设备名称	规格	数量	功率	进场日期
1	圆盘锯	MJ105型	6	5.5kW	由地下周转到地上
2	压刨		6	5.5 kW	由地下周转到地上
3	平刨	MB513型	6		由地下周转到地上
4	台钻		6	0.55 kW	由地下周转到地上
5	空压机	1～1.5气压	12	7.5 kW	由地下周转到地上

3.材料准备

地下部分采用钢制大模板，大模板按照标准层配置，不符合模数处，利用12 mm竹胶板配合施工，标准层剪力墙采用钢大模板。

(五)大模板施工

1.模板配置及流水段的划分

各住宅楼划分为4个流水段，配置2个流水段，向另2个流水段模板流水施工，模板不能流水或不够用时增配新模板，流水方向为：1—3、2—4；该工程模板均按标准层配置，往地下室流水使用，模板不能流水时不增配新模板，地上部分墙体变截面处增配新角模。伸缩缝处配置双面板，后浇墙体模板背楞焊螺母，地下室沉降缝处增配加长螺栓。模板配置不考虑顶板标高不一致的地方。为保证施工方便局部节点设计成异形角模。

本工程内模板高度均为2 730 mm，外模板高度为2 780 mm。

根据各楼塔吊位置和最大吊重量各楼电梯井处配置筒模或者配置组拼模板。该筒模由 4 块面板与 4 块角模及跟进平台共同组成，筒模搁在平台上，上口与外板齐。操作时只需转动中心调节机构便能实现整个筒模的支模与脱模。

2. 大模板的设计原则

大模板设计要按照图纸和技术要求，在保证施工安全和混凝土质量的前提下，首先要满足刚度、强度要求，确保大模板在堆放、组装、拆模时的方便和自身稳定，以增加其周转使用次数。同时要采用合理的结构，恰当的选材，尽量做到一次性投资少，并做到模板拼缝严密，规格尺寸准确，适用性、通用性强，多标准，少异形，多通用，多周转，能满足不同开间进深尺寸的要求。还要力求结构构造简单，制作、拆装灵活，模板组合方便等特点，最大限度的满足施工中的实际要求，达到适用、经济、合理、安全。

3. 大模板的结构形式

(1)(86)系列整体全钢大模板

整体式全钢大模板具有刚度大、拼缝少、板面平整度好等特点。根据工程结构形式及开间进深尺寸确定模板规格，为突出大模板施工整体性的特点，在塔吊起吊重量允许的条件下，模板尽量加工成大块，一般一面墙为 1～2 块。

(2)(86)系列组拼全钢大模板

组拼式全钢大模板，标准板为模数板，即按 300 mm 模数设计，每块成型大模板一般由2～3 块标准板组拼而成。标准板最小宽度为 600 mm，最大宽度为 3 000 mm。其特点是组拼灵活，通用性强，重复使用率高，能适用不同开间进深的建筑结构。

以上两种结构形式的全钢大模板，均为 86 系列模板，面板采用 6 mm 钢板，竖肋采用 8# 槽钢，间距为 300 mm，边框均为 8# 槽钢，模板的横背楞采用双向 10# 槽钢焊接而成，穿墙螺栓从两根槽钢的空档穿过。不同的是，整体全钢大模板横背楞与竖肋焊成整体；组拼全钢大模板横背楞也为通长背楞与标准板竖肋用专用连接器连接成整体。模板组拼后每条拼缝均用丙烯酸酯建筑密封胶密封，组拼后的大模板平整度好，刚度、强度均能满足施工要求。无论是整体大模板还是组拼式大模板，模板均采用“子母”式搭接，模板组装后拼缝严密，混凝土表面质量高，不漏浆。

(3)角模

阴角模和阳角模全部采用钢制角模，并与相邻墙模板成企口搭接，阴角模与墙模板面板之间留 2 mm 间隙，以便于支拆模。角模边框上设有连接孔，便于与模板连接，以保证拼装后的整体性和混凝土结构的成型质量。阳角模与大模板用螺栓连接后，再用两对主角背楞加固。

(4)楼梯间模板

楼梯间模板采用外墙模板配置形式，利用导墙控制浇筑顶板或用圈梁板二次支模，可调支撑支模板底部防止墙体结构出现错台，保证混凝土结构质量。踏步模板采用调节定型梯段模板，调整地脚丝杠来满足角度要求。

(5)电梯井筒模

电梯井筒模可采用大模板(内侧为外墙模板)和阴角膜组拼。使用时，转动中心调解机构达到同步收支。

(6)门窗洞口模板

采用可拆装式角模固定洞口模板(角部配置钢抱角，其余面用竹胶板)拆装方便，确保洞口阴角部位方正顺直。

4. 大模板制作及质量标准

模板制作要保证规格尺寸准确，棱角平主光洁，面层平整，拼缝严密。为确保墙体混凝土施工质量，即大模板表面平整度能达到清水混凝土的质量要求。对大模板选料和加工制作及组装质量进行监控，其具体措施如下：

(1)严格执行原材料进场检验制度，原材料是影响大模板刚度、强度指标的重要因素，特别是$\delta=6$ mm 钢板，8#槽钢、10#槽钢等主材都要有材质证明并符合国家标准要求，以确保大模板使用的安全可靠。

(2)加工制作

①型钢下料后要全部调直，冲孔后再次调直。型钢下料采用冲剪或无齿锯锯切。

②面板用剪板机剪切后，其面板拼接缝两边用铣边机铣平，以确保接缝处平整严密。模板的成型组焊是保证板面平整度的重要环节，因此要在高强度平台上进行胎具化组对，定位后检验各部分尺寸，合格后采用反变形焊接，节点部位满焊。

③严格执行加工过程中的三检制度，为保证模板的平整度和阴阳角模的直线度，所有模板产品全部经过专用液压调平工作台逐件调平、调直，产品的检验率 100%，产品出厂合格率为 100%。

④模板质量允许偏差和检查方法(表 5－10)

表 5－10　模板质量允许偏差(mm)

序号	名　称	允许偏差(mm)	检查方法
1	模板高度	±2	钢卷尺
2	模板宽度	±2	钢卷尺
3	对角线	≤3	钢卷尺
4	板面平整度	2	2 m 靠尺、塞尺
5	相邻板面拼缝高低差	≤0.5	2 m 靠尺、塞尺
6	边框平直度	2	3 m 靠尺、塞尺
7	模板翘曲度	L/1 000	在平台上对角拉线
8	相邻板面拼缝间隙	≤0.8	塞尺
9	连接孔中心距	±1	钢尺
10	油漆	无漏涂无流淌	目测

5. 大模板施工工艺

(1)施工准备

①因大模板检验需要检验平台，因此大模板出厂前，工地应派技术人员来厂验收，合格后方可出厂。大模板及配件进入现场后，应按设计方案有关规范及设计图纸要求的质量标准进行二次验收，并按规格、品种编号、分类，码放整齐，以备现场安装取用。模板及配件码放场地应平整坚实，并应有排水设施。为节省施工现场空间，工地应配置大模板支撑架，以存放闲置的大模板。

②大模板与模板附件连接均为螺栓连接，要按施工需要准备好螺栓、平垫、弹垫并确保连接可靠。

(2)模板安装工艺流程

清理楼面→抄平纹线→弹模板就位线→做砂浆找平层→绑扎钢筋→及流水段施工缝处的

止浆钢板网→安装预埋管线及套管→固定门窗模板→安放角模→安装内模(从右向左)→安装穿墙螺栓→安装外模(从右向左)→锁→紧穿墙螺栓(调整模板垂直度)→检查验收→浇筑墙体混凝土→拆模→清理模板刷脱模剂→支顶板模板→绑扎顶板钢筋浇筑本段顶板混凝土→进入下一施工段循环。

①清理楼面,在每栋房层的四大角和流水段分段处,应设置标准轴线控制桩。用经纬仪引测出各楼层的控制轴线,并用钢尺放出墙位线和模板的边线。采用筒模时,还应放出十字线。当模板竖向支架安装在土层地基时,基土必须坚实,并铺设垫板,雨期施工应有排水和防基土沉陷措施,冬期施工有防基土冻胀或融陷措施。底部支撑在下层楼板顶面时,应铺设垫板。

②根据图纸要求弹出墙的边线、500 mm 控制线和模板位置线,对于外墙标出墙体轴线,使外模板安装误差在相邻轴线区间内消除,防止产生累计误差。

③墙体钢筋绑扎后,在设有穿墙孔位置边缘和安装阴阳角模的钢筋网边上,竖向加焊 3 条与墙体同等厚度的定位钢筋。

④模板安装应拼缝严密、平整、不漏浆、不错台、不胀模、不跑模、不变形。堵缝所用胶条、泡沫塑料不得突出板模表面,严防浇入混凝土。

⑤组装内墙模板时,以墙的边线和模板位置线调整模板,控制墙体尺寸,用三角木靠尺和线坠调整模板垂直度;在模板及阴角模下部用水泥砂浆封堵,找平砂浆应视模板边框宽度而定,砂浆不允许伸入墙身体里侧,大模板底边用 1∶3 水泥砂浆封堵,避免墙体出现烂根现象。

⑥在内墙模板安装就位准确稳固后,进行外墙模板安装。外墙模板与内墙模板、大角处相邻的两块外墙板应互相拉结固定。为保证外墙板安装标高准确和荷载传递均匀,可在安装外墙模板前预先抹好找平层,就位时浇水泥素浆;也可预先抹找平点,安装外墙模板后及时捻塞干硬砂浆,做到捻塞密实。安装外墙模板应以墙的外边线为准,做到墙面平顺,墙身垂主,缝隙一致,企口缝不得错位,防止挤严平腔。墙模板的标高必须准确,防止披水高于挡水台。

⑦模板安装前,施工缝处已硬化混凝土表面层的水泥薄膜、松散混凝土及其砂浆软弱层,应剔凿、冲洗清理干净。受污染的外露钢筋应清刷干净;外墙带有 60 mm 厚挤塑聚苯板,首先将外侧模板合上,然后将墙体根部的聚苯板清理干净后,然后再合内侧模板。

⑧模板安装前,钢模板内、外灰浆(含模板零部件)必须铲除清刷干净,并涂刷脱模剂。对影响结构或妨碍装修工程施工的脱模剂,不宜采用。采用柴油、机油(不准刷黑色黏稠废机油),要涂刷均匀,不准汪油和淌油,不得在模板就位后涂刷脱模板剂,严禁脱模剂玷污钢筋及混凝土接茬处。

⑨模板安装应依据施工方案确保模板的位置线、轴线、标高、垂主度、结构构件尺寸、门窗、孔洞位置等符合设计要求。跨度等于或大于 4 m 的梁板模板应按设计要求起拱,当设计无要求时,起拱高度宜为跨度的 1/1 000 至 3/1 000。起拱要求顺直,不得有折线。

⑩多层、高层结构工程,应采取分层分段支模方法,上、下层支架的立柱应对准。层高大于 5 m 时,宜采用多层支架支模或桁架支模,上下层支架间应铺设垫板,上下层支架的立柱应垂直在同一中心线上,拉杆、支撑应牢固稳定,垫板应平整。

⑪安装非自重平衡的阳台板时,必须搭设临时支撑,至少连续搭设 3 层。楼梯休息平台板安装的标高、位置应准确,并以楼梯段样板进行校核。休息平台及楼梯横梁在安装前应将墙上的预留孔洞清理干净,并用水泥砂浆或细石混凝土按设计标高找平。楼梯段安装后,应及时与休息平台、横梁、楼层平台预埋件焊接牢固。

⑫模板安装允许偏差和检查方法见表 5－11。

表 5－11　横板安装允许偏差和检查方法

项次	项目		允许偏差(mm) 国家规范标准	检查方法
1	柱、墙、梁轴线位移		5	尺量
2	底模上表面标高		±5	水准仪或拉线尺量
3	截面模内尺寸	基础	±10	尺量
		柱、墙、梁	+4 −5	
4	层高垂直度	层高不大于 5 m	6	经纬仪或吊线、尺量
		层高大于 5 m	8	
5	相邻两板表面高低差		2	尺量
6	表面平整度		5	靠尺、塞尺
7	阴阳角	方正	—	方尺、塞尺
		顺直	—	
8	预埋铁件中心线位移		3	拉线、尺量
9	预埋管、螺栓	中心线位移	3	拉线、尺量
		螺栓外露长度	+10 0	
10	预留孔洞	中心线位移	+10	拉线、尺量
		尺寸	+10 0	
11	门窗洞口	中心线位移	—	拉线、尺量
		宽、高	—	
		对角线	—	
12	插筋	中心线位移	5	尺量
		外露长度	+10 0	

(3)模板拆除工艺流程

①模板拆除时,结构混凝土强度应符合规范要求或设计要求。侧模以混凝土强度能保证其表面及棱角不因拆模而受损坏,预埋件或外露钢筋插筋不因拆模板碰挠而松动。在常温下,模板拆模保证墙体混凝土强度不小于 0.98 MPa,墙面混凝土强度达到 3.92 MPa 时方可进行顶板施工。

②底模及其支架拆除,当设计无要求时,混凝土强度应符合表 5－12 规定。

表 5－12　底模拆除时的混凝土强度要求

结构类型	结构跨度(m)	达到设计的混凝土立方体抗压强度标准值的百分率(%)
板	≤2	≥50
	>2、≤8	≥75
	>8	≥100
梁、拱、壳	≤8	≥75
	>8	≥100
悬臂构件	—	≥100

③结构拆除底模支架应依据施工技术方案对其结构上部施工荷载及堆放料具进行严格控制或经验算在结构底部增设临时支撑。悬挑结构均应加临时支撑。

④模板拆除时遵循先支后拆，后支先拆的原则，应先拆除连接附件，再旋转底脚丝杠，使模板向后倾斜，与墙体脱离。在任何情况下，不得在墙上口晃动、撬动或用大锤砸模板。

⑤大模板及阴阳角模在每次起吊前，必须严格检查吊环是否焊牢或连接牢固。检查是否有开焊或裂纹。严禁使用有安全隐患的吊环。

⑥起吊大模板前，应将与墙体相连的穿墙螺栓等附件全部取出，使大模板完全脱离墙体，经检查无误后方准起吊，提升模板时速度应平和缓慢。

⑦模板的制作、安装和拆除，均应建立自检、互检和专业检查的制度。拆下的模板及附件应及时维修保养，清理干净刷油或脱模剂，并分类整齐堆放。

(六)大模板施工图

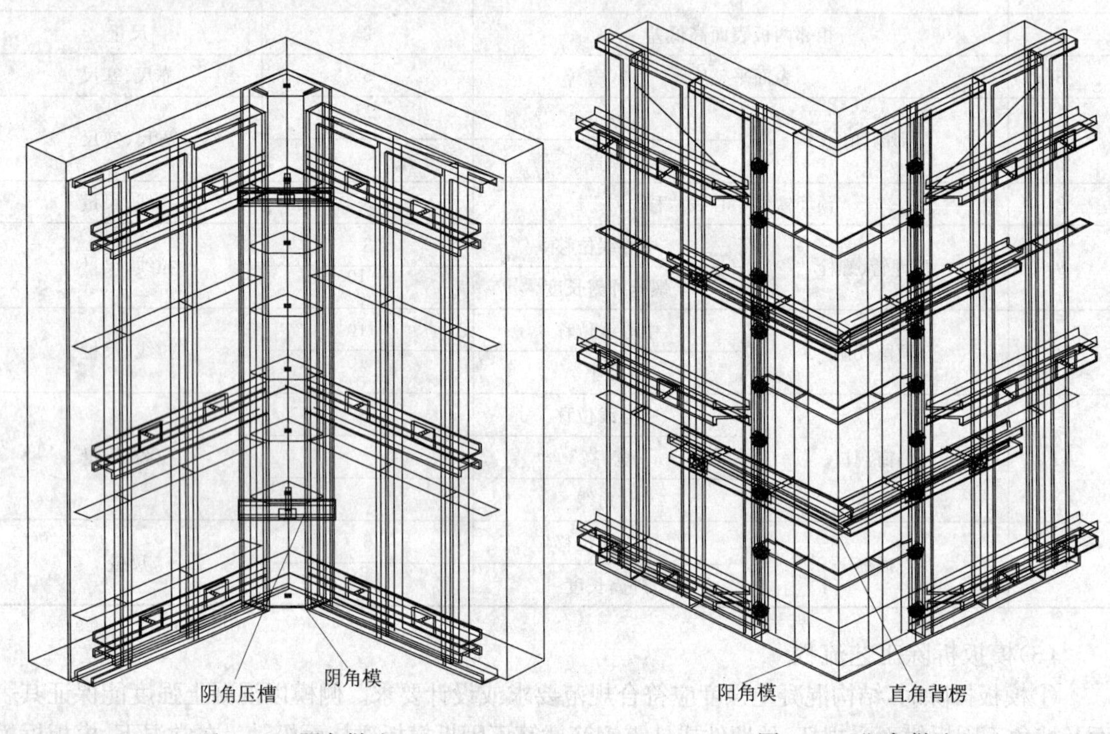

图 5－2　阴角做法　　　图 5－3　阳角做法

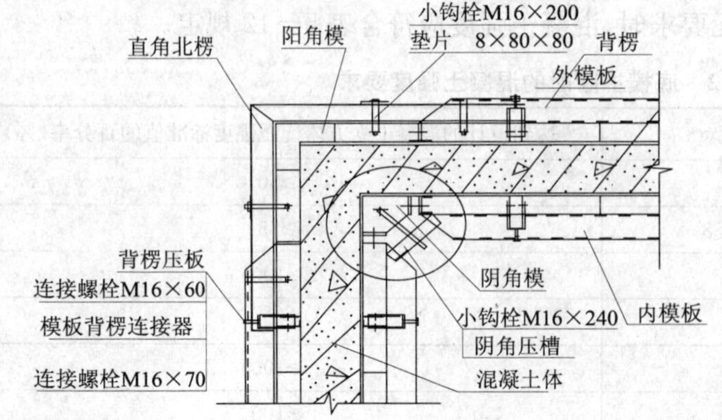

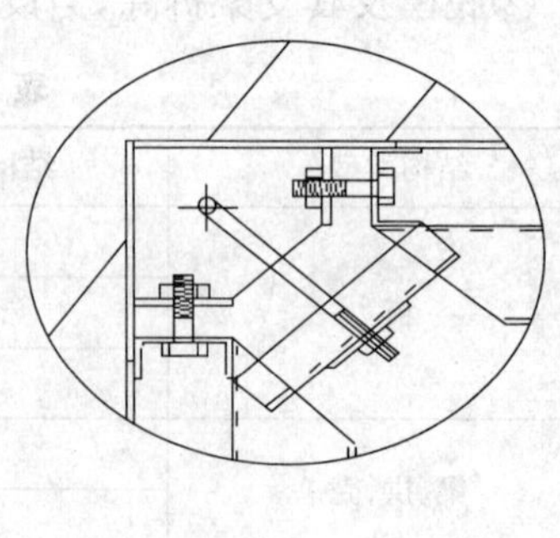

图 5－4　阴角压槽做法

说明：模板与阴角模搭接时，利用标准件固定角模和模板的垂直度，再用两道阴角压槽在两模板之间 45°斜拉固定，预防施工过程浇筑混凝土振动时所受到的侧压力使角模错台。

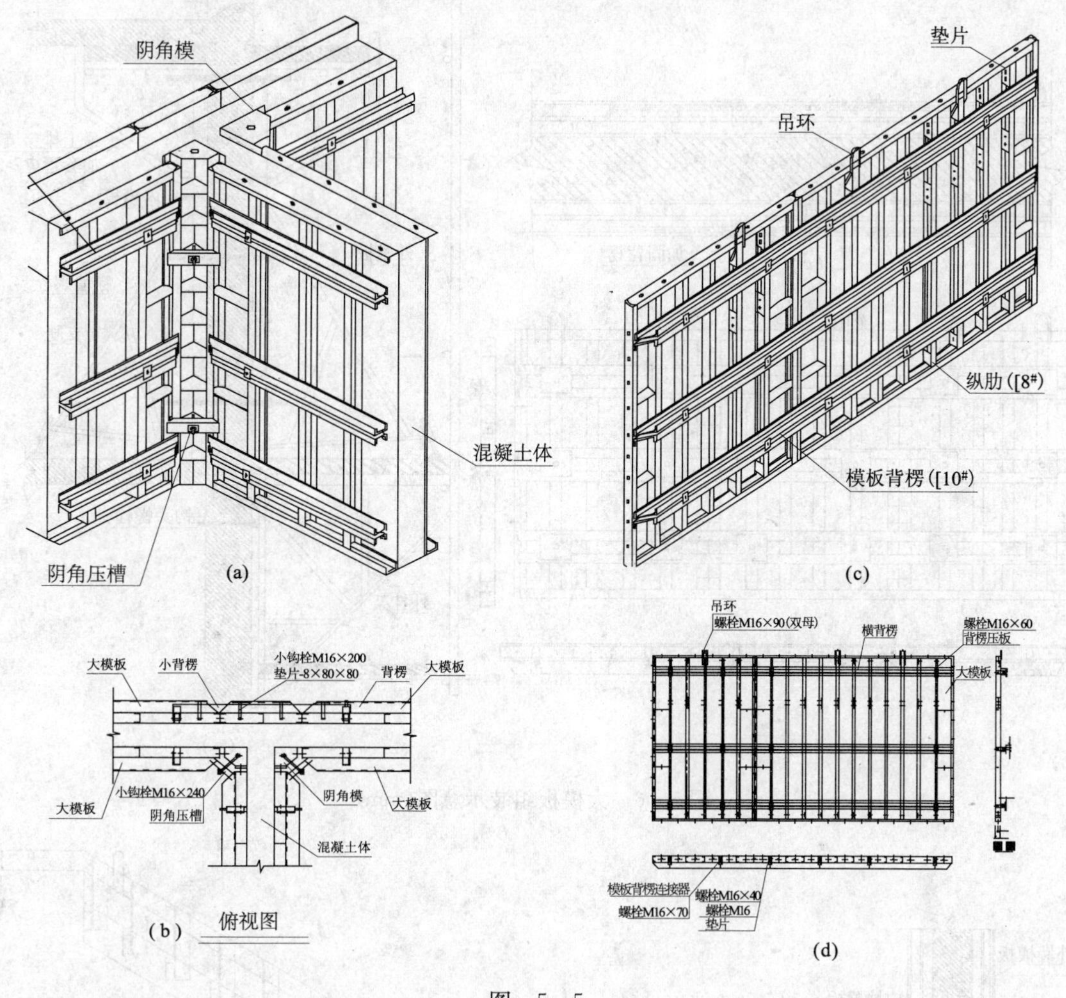

图　5—5

干母口搭接
22
大模板
100
86
80
80
垫片8×80×80
模板背楞
小背楞([8#)
大模板

模板连接时：
先将两块模板用标准件连接，然后用小背楞通过小勾拴把小背楞和模板连接在一起。其作用是保证组拼模板的平整度。
模板拆模时：
将小背楞上小钩栓用螺母松开，摘下小钩栓和小背楞，松开模板边框孔上的标准件。即完成拆模。

模板背楞([10#)

(a)

堵板
大模板
大模板
混凝土体

(b)

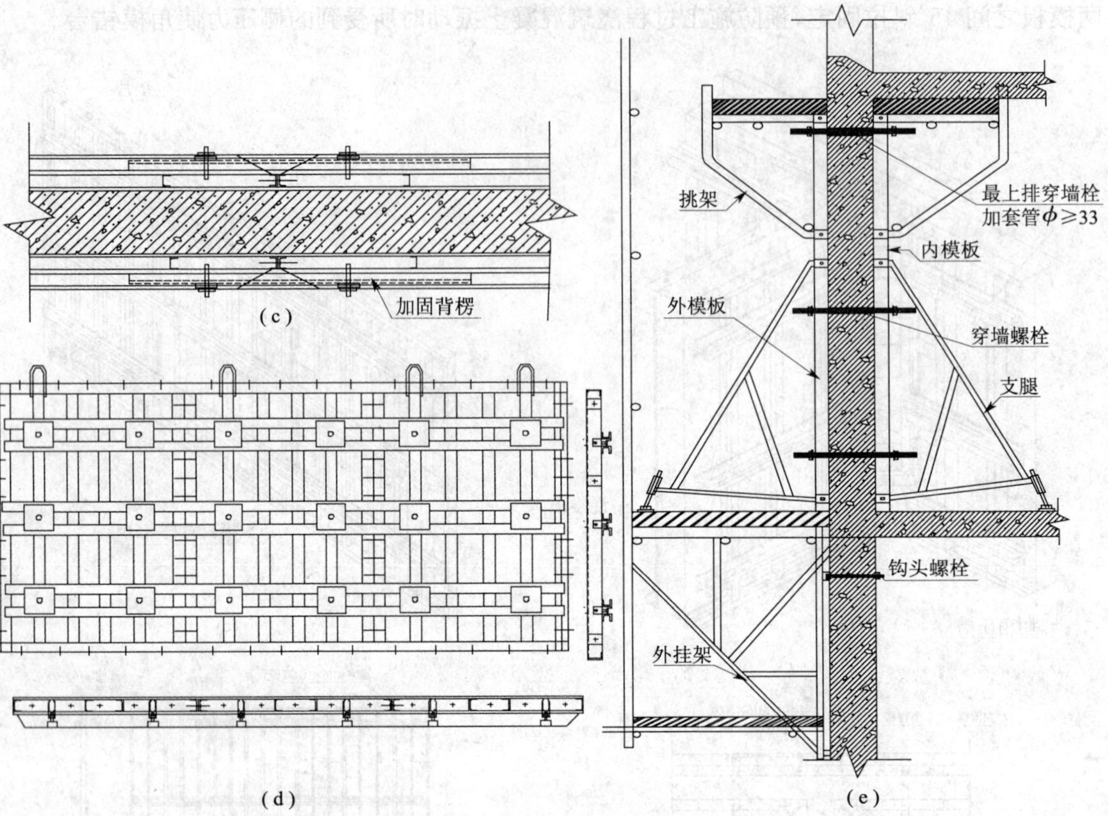

加固背楞
(c)
(d)
挑架
最上排穿墙栓
加套管$\phi \geqslant 33$
内模板
外模板
穿墙螺栓
支腿
钩头螺栓
外挂架
(e)

图 5－6　大模板组装示意图(mm)

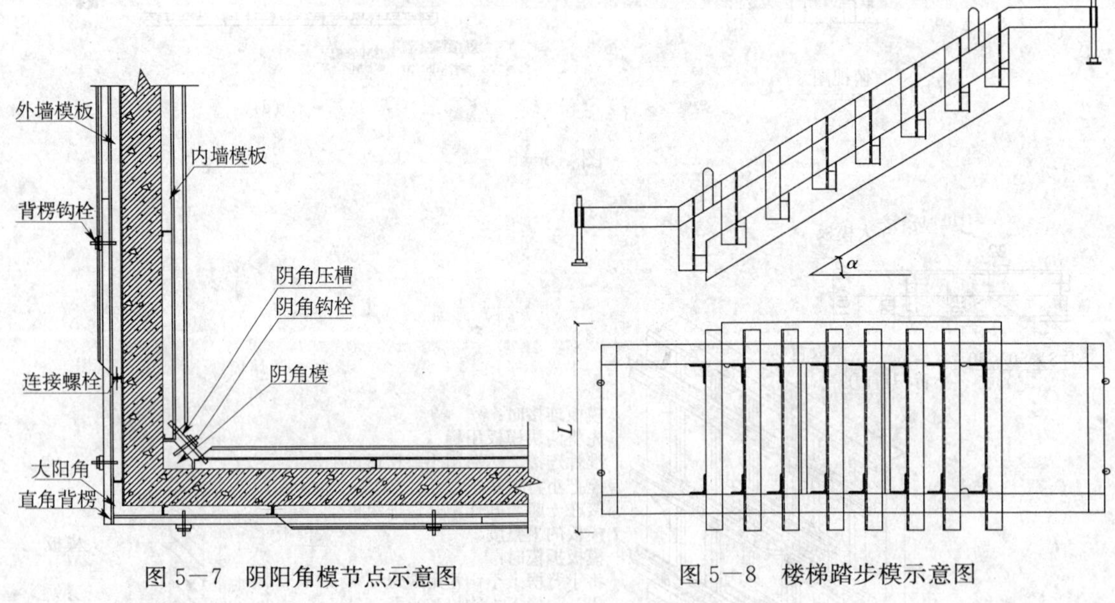

外墙模板
内墙模板
背楞钩栓
阴角压槽
阴角钩栓
阴角模
连接螺栓
大阳角
直角背楞

图 5－7　阴阳角模节点示意图

α
L

图 5－8　楼梯踏步模示意图

(七)质量要求

1. 一般规定

(1)模板及其支架应根据结构形式、荷载大小、地基土类别、施工设备和材料供应等条件进行设计。模板及其支架应具有足够的承载力、刚度和稳定性，能可靠地承受浇筑混凝土的重量、侧压力以及施工荷载。

(2)在浇筑混凝土之前,应对模板工程进行验收。模板安装和浇筑混凝土时,应对模板及其支架进行观察和维护。发生异常情况时,应按施工技术方案及时进行处理。

(3)模板及其支架拆除的顺序及安全措施应按施工技术方案执行。

2.模板安装

(1)安装现浇结构的上层模板及其支架时,下层楼板应具有承受上层荷载的承载能力,或加设支架;上、下层支架的立柱应对准,并铺设垫板。

检查数量:全数检查。

检验方法:对照模板设计文件和施工技术方案观察。

(2)在涂刷模板隔离剂时,不得玷污钢筋和混凝土接槎处。

检查数量:全数检查。

检验方法:观察。

(3)模板安装应满足下列要求:

①模板的接缝不应漏浆;在浇筑混凝土前,木模板应浇水湿润,但模板内不应有积水;

②模板与混凝土的接触面应清理干净并涂刷隔离剂,但不得采用影响结构性能或妨碍装饰工程施工的隔离剂。

③浇筑混凝土前,模板内的杂物应清理干净。

(4)用作模板的地坪、胎模等应平整光洁,不得产生影响构件质量的下沉、裂缝、起砂或起鼓。

检查数量:全数检查。

检验方法:观察。

(5)固定在模板上的预埋件、预留孔和预留洞均不得遗漏,且应安装牢固,其偏差应符合表5—13的规定。

检查数量:在同一检验批内,对梁、柱应抽查构件数量的10%,且不少于3件;对墙和板应按有代表性的自然间抽产10%,且不少于3间;对大空间结构,墙可按相邻轴线间高度5 m左右划分检查面,板可按纵横轴线划分检查面,抽查10%,且均不少于3面。

(6)现浇结构模板安装的偏差应符合表5—14的规定。

检查数量:在同一检验批内,对梁、柱应抽查构件数量的10%,且不少于3件;对墙和板应按有代表性的自然间抽产10%,且不少于3间;对大空间结构,墙可按相邻轴线间高度5 m左右划分检查面,板可按纵横轴线划分检查面,抽查10%,且均不少于3面。

表5—13　预埋件和预留孔洞的允许偏差

项　目		允许偏差(mm)
预埋钢板中心线位移		3
预埋管预留孔中心线位移		3
插　筋	中心线位置	5
	外露长度	+10 0
预埋螺栓	中心线位置	2
	外露长度	+10 0
预留洞	中心线位置	10
	外露长度	+10 0

注:检查中心线位置时,应沿纵、横两个方向量测,并取其中的较大值。

表 5－14　现浇结构模板安装的允许偏差及检验方法

项　目		允许偏差(mm)	检验方法
轴线位移		5	钢尺检查
底模上表面标高		±5	水准仪或拉线、钢尺检查
截面内部尺寸	基础	±10	钢尺检查
	柱、墙、梁	+4 −5	钢尺检查
层高垂直度	不大于 5 m	6	经纬仪或吊线、钢尺检查
	不大于 5 m	8	经纬仪或吊线、钢尺检查
相邻两板表面高低差		2	钢尺检查
表面平整度		5	2 m 靠尺和塞尺检查

3. 模板拆除

(1)底模及其支架拆除时的混凝土强度应符合设计要求；当设计无具体要求时，混凝土强度应符合表 5－15 的规定。

检查数量：全数检查。

检验方法：检查同条件养护试件强度试验报告。

表 5－15　底模拆除时的混凝土强度

构件类型	构件跨度(m)	达到设计的混凝土强度标准值的百分率(%)
板	≤2	≥50
	>2,≤8	≥75
	>8	≥100
梁、拱、壳	≤8	≥75
	>8	≥100
悬臂构件	—	≥100

(2)后浇带模板的拆除和支顶应按施工技术方案执行。

检查数量：全数检查。

检验方法：观察。

(3)侧模拆除时的混凝土强度应能保证其棱角不受损伤。

检查数量：全数检查。

检验方法：观察。

(4)模板拆除时，不应对楼层形成冲击荷载。拆除的模板和支架宜分散堆放并及时清运。

检查数量：全数检查。

检验方法：观察。

(5)大模板拆除时间：首先松动螺栓，防止螺栓拿不出来，冬季时间控制在 10 个小时左右，夏季时间控制在 7 个小时左右。

4. 应注意的质量问题

(1)胀模、断面尺寸不准：防治的方法是，根据柱高和断面尺寸设计核算柱箍自身的截面尺寸和间距，以保证柱模的强度、刚度足以抵抗混凝土的侧压力。施工应认真按设计要求作业。

(2)柱身扭向：防治的方法是，支模前先校正柱筋，使其首先不扭向。安装斜撑(或拉锚)，吊线找垂直时，相邻两片柱模从上端每面吊两点，使线坠到地面，线坠所示两点到柱位置线距离均相等，即使柱模不扭向。

(3)轴线位移，一排柱不在同一直线上：防治的方法是，成排的柱子，支模前要在地面上弹出柱轴线及轴边通线，然后分别弹出每根柱的另一方向轴线，再确定柱的另两条边线。支模时，先立两端柱模，校正垂直与位置无误后，柱模顶拉通线，再支中间各柱模板。柱距不大时，通排支设水平拉杆及剪刀撑，柱距较大时，每柱分别四面支撑，保证每柱垂直和位置正确。

(八)成品保护

1. 模板要有存放场地，场地要平整夯实。模板平放时，要有木方垫架。立放时，要搭设分类模板架，模板触地处要垫木方，以此保证模板不扭曲不变形。不可乱堆乱放模板。搬运过程中，要轻拿轻放，严禁乱丢乱扔乱摔。

2. 现场加工的木方要贮存在防雨、防晒，远离火源的棚内。防止模板受损变形。

3. 工作面已安装完毕的墙、柱模板，不准在吊运其他模板时碰撞，防止模板变形或产生垂直偏差。

4. 拆除模板时，不得用大锤、撬棍硬砸猛撬，以免混凝土的外形和内部受到损伤。拆除的模板，如发现模板不平时或肋边损坏变形，应及时修理。

5. 拆除模板时严禁做自由落体运动，以防伤人、摔坏模板及压坏预埋管线。

6. 拆下的模板应及时清理干净，并修理调整，并按指定位置放好。

(九)安全措施

1. 堆放大模板时应面对面放置，平放高度不能超过 14 层，且堆放扬地应平整坚实。长期存放模板，要将模板连接成整体。

2. 大模板在施工现场支设和存放时，若使用支腿，首先要在大模板底部加垫 100×100 的木方，然后用调节丝杠调整大模板放置的角度，应满足地区条件要求的自稳角，大模板与地面的夹角$\leqslant 74°$，即大模板存放的自稳角 $\alpha \geqslant 16°$，以保证大模板存放的稳定性。

3. 大模板在施工楼层停放时，必须有可靠的安全措施，不得沿外墙周边放置。没有支撑或自稳角不足的大模板要存放在专用的堆放架上，或者平卧堆放，不得靠在其他模板或构件上，严防下脚滑移倾倒。

4. 作业前应做好安全交底和安全教育工作，大模板吊环、外挂架挂点及其钩栓为重点防护部位。吊装前应严格检查吊装绳索、卡具及每块模板上的吊环是否完整有效，严禁吊装有隐患吊环的模板，外挂架应严格检查挂点部位是否开焊，钩头螺栓是否有开裂现象，应检查各杆件间的焊点及连接螺栓有无开焊或松动。严禁有隐患的外挂架上墙。吊装时应设专人指挥，统一信号，密切配合。指挥、拆除和挂钩人员必须站在安全可靠的地方方可操作，严禁人员随大模板起吊。

5. 安装及拆卸外挂架、外模板的操作人员必须挂好安全带。

6. 拆模起吊前，应检查穿墙螺栓是否拆净，在确认无遗漏，并在模板与墙体完全脱离后，方准起吊。

7. 模板起吊前，应将吊车的位置调整适当，做到稳起稳落，就位准确。禁止用人力搬支模板和一次起吊两块或两块以上大模板,起吊时,吊钩应与模板在同一平面,不得斜吊,严防大模板大幅度摆动或碰撞相邻模板或墙体。

8. 当风力为5级,仅允许吊装1～2层楼板、模板,风力超过5级时应停止吊装模板、楼板等。

9. 施工过程中,应随时检查大模板连接螺栓有无松动,整体稳定有无问题,若发现问题应及时处理好。

10. 施工过程中,严禁在模板上任意打孔、开洞,更不得用电气焊烧板面。

11. 施工中所有架子的搭设及使用,必须经过安全员检查,验收合格后方可使用。结构施工中,必须支搭安全网和防护网,防护网要随墙逐层上升并高出作业面1 m以上。安全网可固定在二层,五层等各设一道,挑出3～6 m。安全网和防护网要支搭牢固,拼接严密,连成整体,网孔张开,并经常清除网内杂物。

12. 混凝土灌注入模,不得集中倾倒冲击模板或钢筋骨架。应按浇筑程序分层均匀布料。柱墙板灌筑高度大于2 m时,应采用吊筒溜管下料,出料管口至浇筑层的倾落自由高度不应大于1.5 m。混凝土应分层浇灌振捣,采用插入式振捣,混凝土分层灌注厚度可在40 cm左右。当采用轻骨料混凝土时,每层浇灌厚度不宜大于30 cm,并应采取措施防止骨料上浮。混凝土下料点应分散布置,门窗洞口两侧应同时均匀浇灌。浇灌混凝土应连续进行,每层的间隔时间不应超过2 h,或根据水泥的初凝时间确定。为确保新浇灌混凝土与下层混凝土接合良好,在浇灌混凝土前宜浇灌一层厚度10～50 mm厚与混凝土内砂浆成分相同的砂浆。

13. 消防措施

(1)方木及木材堆放区必须设在距消火栓较近的地方。木模及木材除按规定码放整齐外,垛与垛之间必须设90 cm以上宽度的消防通道,并备有足够的消防器材,设专职人员负责现场消防安全作业。木料、竹胶板堆放区及木工棚严禁吸烟及明火作业。当必须明火作业时,必须有消防员开具的用火证,有专人看护。木料堆放场地应远离易燃物品,且道路畅通,提高自救能力。

(2)安排专人负责消防及场容的管理工作,对消防器材要定期检查。

(3)施工现场严禁吸烟,违者罚款。

14. 进入施工现场的作业人员必须戴安全帽,作业高度超过2 m时,作业人员必须系安全带。

15. 夜间施工时,应有足够的照明设施照明用的灯具应有防护罩,电线应有一定的保护措施,防止模板将电线砸破漏电。施工时作业人员要穿防滑鞋。

16. 大模板在运输及传递过程中要放稳接牢,防止倒塌或掉落伤人。

17. 模板的支设必须按工序进行,模板没有固定前,不得进行下道工序施工。模板及其支撑系统在安装过程中必须设置临时固定设施,而且要牢固可靠,严防倾覆。

18. 用钢管和扣件搭设双排立杆支架支撑梁底模时,扣件应拧紧,横杆步距按设计规定,严禁随意增大。

19. 平面模板安装就位时,要在支架搭设牢固,板下横楞与支架连接牢固后进行。模板支撑要牢固,顶撑要垂直,底端平整坚实,并加垫木。U型卡要按设计规定安装,以增强整体性,确保模板结构安全,以防整体倒塌。

20. 现场所使用的用电设施如电锯、电焊机要设专人管理，严禁私自使用，以防发生事故。

21. 作业人员不可挤在一起，每人应有足够的工作面。

22. 不准站在模板上操作和在梁底模上行走，更不允许利用拉杆、支撑攀登上下。

23. 拆除模板应经施工技术人员同意。操作时应按顺序分段进行，严禁猛撬、硬砸或大面积撬落或拉倒。工完前，不得留下松动的和悬挂的模板。拆下的模板应及时运送到指定地点集中堆放，防止钉子扎脚。

24. 支设 4 m 以上的立柱模板，四周必须顶牢。操作时要搭设工作台，不足 4 m 的，可使用马登操作。

25. 模板吊装时，信号工与起重机应密切配合，严禁在吊运物品下站人。

26. 严禁高空向下抛物，施工时工具和材料均要传递，严禁投掷。

27. 在模板拆装区域周围，应设置围栏，并挂明显的标志牌，设专人看管，禁止非工作人员入内。

28. 使用的手持电动工具，电钻、电锯、电刨必须有良好的接地保护，按操作规程施工。

29. 模板安装就位后，要有防止触电的保护措施。要设专人将模板串联起来，并同避雷网接通，防止漏电伤人。

(十)大模板结构计算书

已知墙体大模板的尺寸(见图 5－9)，高度 H＝2 730 mm，宽度 L＝3 500 mm，面板 δ＝6 mm，竖肋与边框均为[8# 槽钢，竖肋间距为 350 mm。横背楞(主梁)为双向[10# 槽钢，按穿墙螺栓孔位置，每块大模板为 3 根，并与竖肋焊接(整体式全钢大模板)或连接固定(组拼式全钢大模板)成整体。每两根竖肋间用 2 根 60×6 扁钢加劲板加固。现计算模板的强度与刚度。

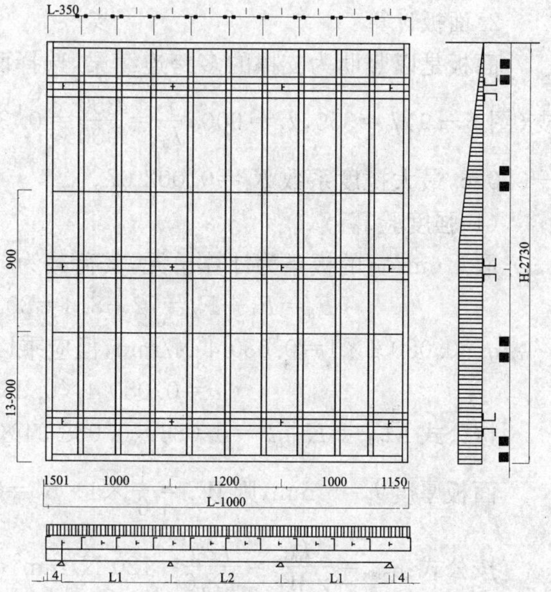

图 5－9　墙体大模板尺寸(mm)

1. 荷载

(1)新浇混凝土对模板侧压力标准值。

采用内部振捣器时，新浇混凝土作用于模板的最大侧压力可按(5－2a、b)两式计算，并取两式中的较小值。

$$F=0.22\gamma_C t_0\beta_1\cdot\beta_2 v^{\frac{1}{2}} \qquad (5-2a)$$

$$F=\gamma_C H \qquad (5-2b)$$

式中　F——新浇混凝土对模板的最大侧压力，kN/m^2；

γ_C——混凝土的重力密度，普通钢筋混凝土采用 24 kN/m^3；

H——混凝土侧压力计算位置处至新浇混凝土顶面的总高度(m)，取 H＝2.73 m；

t_0——新浇混凝土的初凝时间(h)，采用 $t_0=\frac{200}{t+15}$计算，(T 为混凝土的温度，常温下取 $T=20°$，t_0＝5.71)；

β_1——外加剂影响修正系数，掺外加剂时取 $\beta_1=1.2$；

β_2——混凝土坍落度修正系数，取 $\beta_2=1.15$（用泵送混凝土）；

v——混凝土浇筑速度，取 2 m/h。

$$F=\gamma_C H=24\times2.73=65.5\ \text{kN/m}^2$$

所以，$F=0.22\times24\times5.71\times1.2\times1.15\times2^{\frac{1}{2}}=58.84\ \text{kN/m}^2$。

侧压力标准值：$F=58.84\ \text{kN/m}^2$，取最大侧压力标准值 $F=60\ \text{kN/m}^2$。

图 5－10 中，有效压头高度 $h=\dfrac{F}{\gamma_C}$。

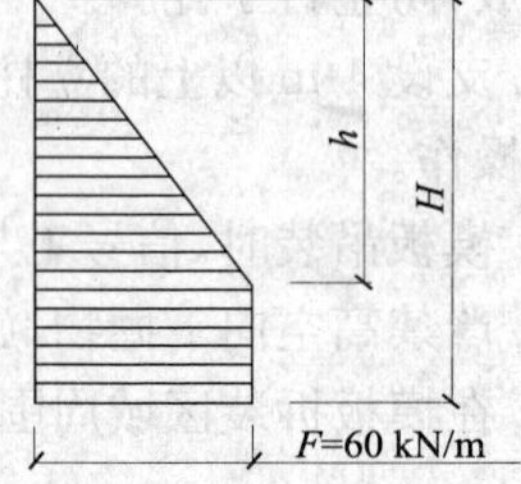

图 5－10　侧压力标准值分布图

(2)新浇混凝土侧压力设计值：

$$F_1=F\times1.2=60\times1.2=72\ \text{kN/m}^2$$

(3)倾倒混凝土时荷载标准值 6 kN/m²，其设计值为：

$$F_2=6\times1.4=8.4\ \text{kN/m}^2$$

所以，$F_3=F_1+F_2=72+8.4=80.4\ \text{kN/m}^2$。

2.面板计算：

面板是以竖肋为支撑的多跨连续梁，选择面板小方格最不利情况计算即三面固定一面简支（图 5－9）$l=350$，$l_3=900$，$\dfrac{l}{l_3}=\dfrac{350}{900}=0.389$，取 0.4，查表换算得最大弯矩系数 $K_m=-0.086$，最大挠度系数 $K_f=0.00267$。

(1)强度验算：

取 1 mm 宽的板条为计算单元，其荷载为：

$$F_3=F_1+F_2=72+8.4=80.4\ \text{kN/m}^2=0.0804\ \text{N/mm}^2$$

$q=0.0804\times1=0.0804$ N/mm，但应乘以 0.85 荷载调整系数，故

$$q=0.0804\times0.85=0.06834\ \text{N/mm}$$

按公式 $M_{max}=K_m ql^2=0.086\times0.06834\times350^2=720\ \text{N}\cdot\text{mm}$。

面板厚度 $h=6$ mm，则 $W_x=\dfrac{1}{6}\times1\times6^2=6\ \text{mm}^3$。

按公式：$\sigma_{max}=\dfrac{M_{max}}{\gamma_x W_x}=\dfrac{720}{1\times6}=120\ \text{N/mm}^2<f=215\ \text{N/mm}^2$，式中取 $\gamma_x=1$。

强度满足要求。

(2)挠度验算：

按公式：

$$v_{max}=K_f\cdot\frac{Fl^4}{B_0}\leqslant[v]=\frac{l}{500}\tag{5-3}$$

式中　F——新浇混凝土侧压力标准值，$F=60\ \text{kN/m}^2$；

l——计算面板的竖肋间距，$=350$ mm；

K_f——挠度计算系数，$K_f=0.00267$；

v_{max}——板的计算最大挠度；

B_0——板的刚度，$B_0=\dfrac{Eh^3}{12(1-\mu^2)}$。

其中　E——钢板的弹性模量，取 $E=2.06\times10^5\ \text{N/mm}^2$，

h——计算钢板的厚度，

μ——钢板的泊松系数，$\mu=0.3$。

则
$$B_0=\frac{Eh^3}{12(1-\mu^2)}=\frac{2.06\times10^5\times6^3}{12\times(1-0.3^2)}=40.75\times10^5\ \text{N}\cdot\text{mm}$$

$$v_{\max}=K_f\cdot\frac{Fl^4}{B_0}=0.002\,67\times\frac{0.06\times350^4}{40.75\times10^5}=0.59\ \text{mm}$$

$$[v]=\frac{l}{500}=\frac{350}{500}=0.7\ \text{mm}>v_{\max}=0.59\ \text{mm}$$

挠度满足要求。

3.竖肋计算：

竖肋是支承在横向主梁（横背楞）上的连续梁。竖肋采用[8#槽钢，间距 $l=350$ mm。图5－9中给出横背楞的间距为：300，1 050，1 200，180。从力矩图中看出受力最大部位在 $h_1=$ 1 050 mm，以这一段作为验算竖肋强度的主要部位。

(1)荷载：

$$F_3=F_1+F_2=72+8.4=80.4\ \text{kN/m}^2=0.080\,4\ \text{N/mm}^2$$

竖肋间距 $l=350$ mm

$$q=0.080\,4\times350=28.14\ \text{N/mm}$$

(2)强度验算：

$$\sigma_{\max}=\frac{M_{\max}}{\gamma_x W_x}\leqslant f \tag{5-4}$$

$$M_{\max}=K_m ql^2$$

式中　K_m——弯矩影响系数，最不利情况下取 $K_m=0.125$；

l——竖肋受力最大部位的主梁间距 $l=h_1=1\,050$ mm；

γ_x——截面塑性发展系数，取 $\gamma_x=1$；

W_x——竖肋截面抵抗矩（8#槽钢），$W_x=25.3\times10^3\ \text{mm}^3$。

则 $\sigma_{\max}=\frac{K_m ql^2}{\gamma_x W_x}=\frac{0.125\times28.14\times1\,050^2}{1\times25.5\times10^3}=153.28\ \text{N/mm}^2<f=215\ \text{N/mm}$

强度满足要求。

(3)挠度验算：

①悬臂部分：

$$v_{\max}=\frac{ql^4}{8EI}<[v]=\frac{l}{500} \tag{5-5a}$$

式中　F——新浇混凝土侧压力标准值，$F=60\ \text{kN/m}^2=0.06\ \text{N/mm}^2$。

$$q=0.06\times1\times350=21\ \text{N/mm}$$

$$l=h_3=300\ \text{mm（悬臂长度）}$$

$$I_x=101\times10^4\ \text{mm}^4\text{（8\#槽钢）}$$

$$v_{\max}=\frac{ql^4}{8EI_x}=\frac{21\times300^4}{8\times2.06\times10^5\times101\times10^4}=0.102\ \text{mm}$$

$$[v]=\frac{l}{500}=\frac{300}{500}=0.6\ \text{mm}>v_{\max}=0.102$$

②跨中部分：

$$v_{\max}=\frac{ql^4}{384EI}(5-24\lambda^2) \tag{5-5b}$$

式中　$\lambda=\frac{h_3}{h_2}=\frac{300}{1\ 200}=0.25$ λ——悬臂长度与跨中最大跨长度之比。

$$l=h_2=1\ 200\ \text{mm}$$

$$v_{\max}=\frac{(21\times 1\ 200^4)}{384\times 2.06\times 101\times 10^9}(5-24\times 0.25^2)=1.908$$

$$[v]=\frac{l}{500}=\frac{1\ 200}{500}=2.4\ \text{mm}>1.908\ \text{mm}$$

挠度满足要求。

4.横背楞计算：

横背楞是以穿墙螺栓为支座的三不等跨连续梁，采用双向[10#槽钢制作，单块大模板上布置3根，本计算大模板穿墙螺栓横向位置为150,1 000,1 200,1 000,150(图5—9)。

(1)荷载

①新浇混凝土侧压力设计值(静荷载)

$F=72\ \text{kN/m}^2=0.072\ \text{N/mm}^2$

$q_1=0.072\times 1=0.072$ N/mm，但要乘以调整系数0.85，$h_2=1\ 200$

则 $q_1=0.072\times 0.85\times 1\ 200=73.44$ N/mm

②倾倒混凝土时荷载标准值(活荷载)

$F_2=8.4\ \text{kN/m}^2=0.008\ 4\ \text{N/mm}^2$

$q_2=0.008\ 4\times 1\times 0.85\times 1\ 200=8.568$ N/mm

③$n=\frac{l_2}{l_1}=\frac{1\ 200}{1\ 000}=1.2$

(2)强度验算

求跨中最大弯矩：

①$M_{1\max}=K_m q l^2$　　(5—6a)

K_m——按三不等跨 n 值查表得静载 $K_m=0.072$，活载 $K_m=0.104$。

$$l_2=l=1\ 200$$

则 $M_{1\max}=(0.072\times 73.44+0.104\times 8.568)\times 1\ 200^2=8\ 897\ 403$ N·mm

②$M_{2\max}=K_m q l_2$

静载 $K_m=0.058$，活载 $K_m=0.103$　　(5—6b)

则 $M_{2\max}=(0.058\times 73.44+0.103\times 8.568)\times 1\ 200^2=7\ 404\ 515$ N·mm

$$\sigma_{\max}=\frac{M_{1\max}}{\gamma_x W_x}=\frac{8\ 897\ 403}{79.4\times 10^3}=112.06\ \text{N/mm}^2<f=215\ \text{N/mm}^2$$

强度满足要求。

(3)挠度验算

①荷载：$q=Fl=0.06\times 1\ 200=72$ N/mm

②悬臂部分：

$$v_{\max}=\frac{ql^4}{8EI}\qquad(5-7a)$$

式中　l——横背楞悬臂长度，$l=150$ mm；

E——钢板的弹性模量，取 $E=2.06\times 10^5\ \text{N/mm}^2$；

I——双[10#槽钢，$I=198.3\ \text{cm}^4\times 2=396.6\ \text{cm}^4$。

则
$$v_{max}=\frac{72\times150^4}{8\times2.06\times10^5\times396.6\times10^4}=0.0056\ \text{mm}$$

$$[v]=\frac{l}{500}=\frac{150}{500}=0.3\ \text{mm}>v_{max}=0.0056\ \text{mm}$$

挠度满足要求。

③跨中部分：

$$v_{max}=K_f\cdot\frac{ql^4}{100EI}\tag{5-7b}$$

式中　K_f——挠度系数，查表换算 $K_f=0.745$。

$$l=1\ 200$$
$$q=0.06\times1\ 200=72\ \text{N/mm}$$

则 $v_{max}=0.745\times\frac{72\times1\ 200^4}{100\times2.06\times10.5\times396.6\times10^4}=1.36\ \text{mm}$

$$[v]=\frac{l}{500}=\frac{1\ 200}{500}=2.4\ \text{mm}>v_{max}=1.36\ \text{mm}$$

挠度满足要求。

5.穿墙螺栓及吊环计算

(1)穿墙螺栓(用 45# 钢制作)

根据《建筑工程模板施工手册》，其计算公式为：

$$N\leqslant A_nf\tag{5-8}$$

式中　N——穿墙螺栓所承受拉力的设计值，一般按混凝土的侧压力，取 $N=80.4\ \text{kN/m}^2$；

A_n——穿墙螺栓净截面面积，我们采用 T32×6 梯形螺纹，取 $A_n=490.87\ \text{mm}^3$；

f——穿墙螺栓是用 45# 钢制作，取 $f=215\ \text{N/mm}^2$。

按图 5－9，穿墙螺栓纵向受力最大部位间距为 1 050 mm，横向最大间距为 1 200 mm。

$$N=1.2\times1.05\times80.4=101.304\ \text{kN}=101\ 304\ \text{N}$$
$$A_nf=490.87\times215=105\ 537\ \text{N}>101\ 304\ \text{N}$$

所以，满足要求。

(2)吊环计算

根据《混凝土结构设计规范》(GBT 10－89)，吊环应采用Ⅰ级钢筋制作，其计算拉应力，不应大于 50 N/mm²，其吊环截面面积计算公式为

$$A_n=\frac{P_x}{2\times50}=\frac{P_x}{100}(\text{mm})$$

式中　A_n——吊环净截面面积(mm²)；

P_x——吊装时吊环所承受的大模板自重荷载设计值，并乘以 1.3。

①按整体式大模板最大块的尺寸为 6 m×2.73 m，其自重为 979 N/m²。

$$P=6\times2.73\times979=16\ 036.02\ \text{N}$$
$$P_x=P\times1.3=20\ 846.83\ \text{N}$$
$$A_n=\frac{P_x}{100}=\frac{20\ 846.83}{100}=208.5\ \text{mm}^2$$

因吊环是用 ϕ20 圆钢焊在 $\delta=8$ mm 钢板上，在钢板上钻 ϕ17.5 孔，用 M16×90 螺栓与大模板固定，因此用 M16 螺栓净截面面积 $A_n=156.7\ \text{mm}^2$ 进行验算，一块模板 2 个吊环。

$$2A_n = 156.7 \times 2 = 314.4\ \text{mm}^2 > 208.5\ \text{mm}^2$$

所以，吊环满足要求。

②按组拼式大模板最大板块尺寸为 7.5 m×2.73 m

$$P = 7.5 \times 2.73 \times 979 = 20\ 045.03\ \text{N}$$

$$P_x = P \times 1.3 = 26\ 058.53\ \text{N}$$

$$A_n = \frac{26\ 058.53}{100} = 260.59\ \text{mm}^2 < 313.4\ \text{mm}^2$$

因此，组拼式大模板宽度在 7.5 m 以内时，2 个吊环是可以的，但为了确保安全组拼宽度在 6 m 以上时，要用 4 个吊环吊装。

通过以上计算，整个大模板在强度和稳定性方面全部满足要求。

二、框剪结构住宅楼模板施工方案

(一)编制依据

1. 合同(表 5—16)

表 5—16　合　同

序号	类别	名　称	合同号	签订日期
1	工程合同	某住宅小区工程施工合同		

2. 施工组织设计(表 5—17)

表 5—17　施工组织设计

施工组织设计	编制单位	编制日期
某住宅小区工程施工组织设计	技术组	2005 年 3 月

3. 施工图

某住宅小区某楼结构施工图、建筑施工图。

4. 主要标准(表 5—18)

表 5—18　主 要 标 准

类别	名　称	编　号
国家	《建筑施工质量验收统一标准》	GB 50300—2001
行业	《建筑施工安全检查标准》	JGJ 59—99

5. 主要法规(表 5—19)

表 5—19　主 要 法 规

类别	名　称	编　号
国家	《建筑工程质量管理条例》	国务院令(第 279 号)
	《建筑工程安全生产管理条例》	
	《关于建筑业进一步推广使用 10 项新技术的通知》	建〔1998〕200 号
	《工程建设标准强制性条文》	2002 版

6. 主要规范、规程(表5—20)

表5—20　主要规范规程

序　号	名　称	编　号
1	《建筑施工现场用电安全规范》	GB 50194—93
2	《混凝土结构工程施工及验收规范》	GB 50204—2002
3	《建筑工程施工质量验收统一标准》	GB 50300—2001
4	《建筑结构荷载规范》	GB 50009—2001
5	《建筑工程大模板技术规范》	JGJ 74—2003
6	《建筑机械使用安全技术规范》	JGJ 33—2001
7	《施工现场临时用电安全技术规范》	JGJ 46—2005
8	《钢筋混凝土高层建筑结构设计与施工规程》	JGJ 3—91
9	《建筑安装分项工程施工工艺规程》	

7. 主要图集(表5—21)

表5—21　主要图集

序　号	名　称	编　号
1	《建筑物抗震构造详图》	03G329—1
2	《建筑构造通用图集》	98J系列

8. 其他

国家现行的施工及验收规范、规程、标准、定额、建筑安装工程质量验收规范，强制性标准条文；国家和地方的有关法律、法规；各级建筑工法、工艺标准；公司的《质量、环境、职业健康安全管理手册》;《质量、环境、职业健康安全管理体系程序文件》及各类管理文件和有关管理规定。

(二)工程概况

1. 总体概况(表5—22)

表5—22　总体概况

1	工程名称	某住宅小区某楼	5	监理公司	某某工程监理有限责任公司
2	工程地址	某某市某某大街	6	质量监督	某某市质量监督站
3	建设单位	某某市房地产开发有限公司	7	施工单位	某某建筑工程有限公司
4	设计单位	某某设计事务所有限公司			

2. 结构工程概况(表5—23)

表 5－23 结构工程概况

序 号	项 目	内 容	
1	结构形式	地下部分	地上部分
		筏型基础	框架-剪力墙结构
2	抗震等级	剪力墙二级框架三级	
3	抗震设防裂度	7 度	
4	混凝土强度	C15～C40	
5	墙体厚度	剪力墙(mm)	350、300
		填充墙(mm)	240、200、120、100、150
6	底板厚度	1 200 mm	

(三)施工准备及部署

1. 技术准备

有项目技术部门组织施工、质量、班组认真学习图纸、了解各类标注尺寸，理解设计意图，对照规范及技术规程，对各部分构件的细部尺寸进行核实，结合设计交底、图纸会审及变更洽商，根据施工图纸中结构尺寸情况，对结构模板进行分类，按分类情况分别进行模板设计工作。

2. 机具准备

由于本工程面积大，层数多，根据工程工期、工作量、平面尺寸和施工需要，结合公司库存能力以及由其他工程处进行平衡调配，对不足部分可新添置或租赁，具体计划见表 5－24。

表 5－24 机具准备

机具名称	数量	单位
电锯、刨	1	台
电焊机	4	台
电钻	4	台

3. 劳动力准备

为使本工程顺利进行，根据工艺流程及关键线路设定，及时协调各生产要素，科学合理组织劳动力，使工序衔接紧密，节奏明快，操作人员的劳动强度均衡。

4. 模板选择

(1)框架柱模板：独立柱采用竹胶合板柱模板，柱模板每面加工成一片，柱模采用 12 mm 厚竹胶板，龙骨用 50 mm×100 mm 的木方，间距不大于 250 mm，边角龙骨用 50 mm×100 mm的木方作成企口，卡住柱两侧模板，以免漏浆，柱箍用 8# 槽钢制成。与墙体相连的框架柱配制异形钢模板与墙体一道拼装形成整体。

(2)墙体、柱模板：地下部分造型复杂；层高、板厚变化较大；加之楼梯的变化不一，造成墙体配模困难。考虑到施工现场狭小，地下部分墙体采用大钢模成本较高、不经济，故地下室墙体采用小钢模板散拼散拆；地上部分采用小钢模板拼装成定型大模板。

(3)梁顶板模板：梁顶板模板采用 12 mm 厚竹胶板，50 mm×100 mm 木方次龙骨，钢管主龙骨，扣件式钢管脚手架支撑体系。梁板模板至少配置 2 层用量。

(4)楼梯模板：由于层高变化，楼梯采用 12 mm 厚竹胶板、钢管、50 mm×100 mm 木方纵横肋拼装，扣件式钢管脚手架支撑体系。

(5)门窗洞口模板：采用 50 mm×100 mm 木方外贴 12 mm 厚竹胶板拼装定型洞口模板。

(6)剪力墙模板操作架：剪力墙采用满堂扣件式钢管脚手架或设计与大模板配套模板操作平台，电梯井利用墙体留洞搭设定型脚手平台架。

5. 材料准备

(1)对模板材质、龙骨材质尺寸、支撑型号、对拉螺栓等技术要求

①钢模板的要求：采用 30 系列小钢模板，配备一定数量的 100、150 的补缺模板。

②木龙骨干燥、截面尺寸、平整度等要求：主龙骨采用似 ϕ48 mm 钢管，次龙骨采用烘干木料，截面尺寸 50 mm×100 mm，要求材料平直，上下两面刨光，不带表皮。

③对螺栓的技术要求：止水螺栓，直径为 ϕ12 mm，中间焊止水钢板，止水钢板规格为 75 mm×75 mm×5 mm。套丝长度 70 mm，配双螺母、垫片。具体螺栓长度按墙厚配置见加工图。普通螺栓无止水钢板，其余技术要求与止水螺栓同。

④对支撑系统材料的技术要求：支撑系统采用 48 mm×3.5 mm 钢管，其质量应符合现行国家标准，即 Q235-A 级钢的规定。钢管表面应平直光滑，不应有裂缝、结疤、分层、错位、硬弯、毛刺、压痕和深的划道。

(2)模板、支撑、龙骨、隔离剂的要求

模板、支撑、龙骨的需要数量根据实际情况需要提前提出计划并组织进场，隔离剂采用专用隔离剂(水性和油性)。对于钢模板，使用外购专用油性脱模剂。脱模剂的选择必须根据所用模板而定。钢模用油性脱模剂，木模采用水性脱模剂，禁止使用废机油。脱模剂的涂刷应均匀，不漏涂。涂刷时，伴随用棉丝擦掉浮油，防止出现流坠现象，经雨雪后应重新涂刷一遍，所有的脱模剂均不得污染钢筋。

(四)主要施工方法及措施

1. 流水段划分

为满足工期要求，采取分段流水施工方法。根据工程量的大小，按墙体施工缝设置在受力较小处，如门洞口连梁跨中 1/3 处，顶板施工缝设置于跨中 1/3 处的原则进行划分，整个单位工程均划分为两个施工流水段。按照施工段的划分进行劳动力调整，劳动实行专业化组织，按每个区域划分为 2 个作业班组(水平、竖向)，各班组内含不同工种。使各专业化作业班组从事性质相同的工作，提高操作的熟练程度和劳动生产率。

2. 基础模板

(1)砖胎模

基础底板采用砖砌 240 mm 墙作为周边模板，在基础底板垫层浇筑完成后，进行砖模砌筑，砌筑砖模时考虑防水卷材的厚度和砖模内侧找平层、保护层抹灰厚度，底板混凝土外侧加 30 mm。

(2)集水井模板

①集水井采用组合小钢模体系，背楞采用 ϕ48 mm×3.5 mm 双根钢管，背楞和钢模间采用钩头螺栓连接。根据集水井内净空截面尺寸，现场拼装成四片大模，配置高度为坑深加 300 mm，角部用阴角模，接处粘贴海绵条；阴角模与组合钢模板间过连接件连接。集水井模板配板及支撑见图 5－11。

②集水井筒模底用竹胶板封死，底板竹胶板用电钻钻 ϕ16 mm 孔 4 个，用于浇筑混凝土时排气。

③为保证模板的垂直度和平整度，安装前在坑侧竖向主筋上捆绑钢筋保护层垫块，限制坑模侧向移位，在模板上口四边用钢管固定模板内、外边作定位用，钢管与底板上层钢筋的附加筋点焊连接。

④为了保证浇筑混凝土时集水井模板不上浮，封底前必须用 4 根 ϕ16 mm 的螺杆或8#铁丝，下部与坑底层钢筋焊(绑)牢，上部穿过排气孔与底模、侧模固定牢固，混凝土浇筑时必须专人护模，混凝土必须分层浇筑并保持一定的间隔时间。

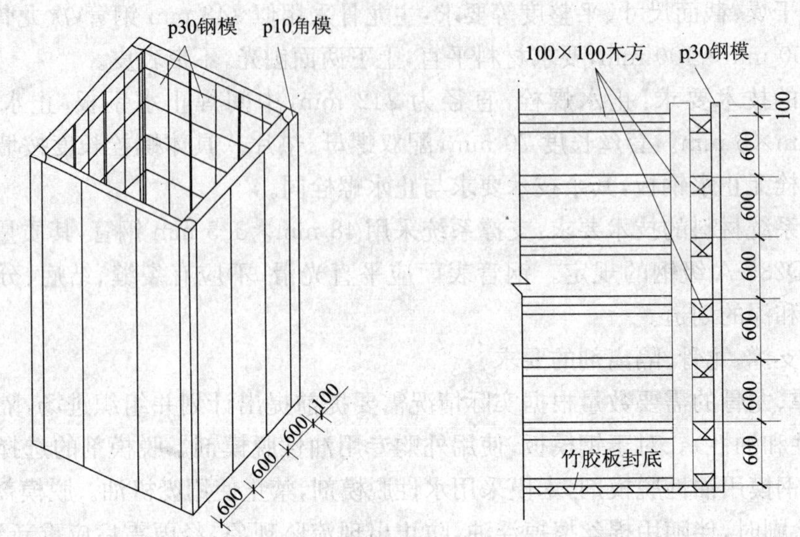

图 5－11　集水井模板配板及支撑图(mm)

(3)后浇带模板

①基础底板后浇带模板采用竹胶合板模板，用 50 mm×100 mm 木方作支撑，并将两侧上、下部位用钢筋进行限位。后浇带模板见图 5－12。

②后浇带的保护，基础底板及首层楼面在后浇带两侧用砖砌筑 120 mm 高档水坎，并用水泥砂浆抹光，再用 50 mm 厚的混凝土预制板覆盖，以确保雨水不得进入基坑。这样做减少了日后对后浇带处垃圾清理的难度，后浇带的保护见图 5－13。

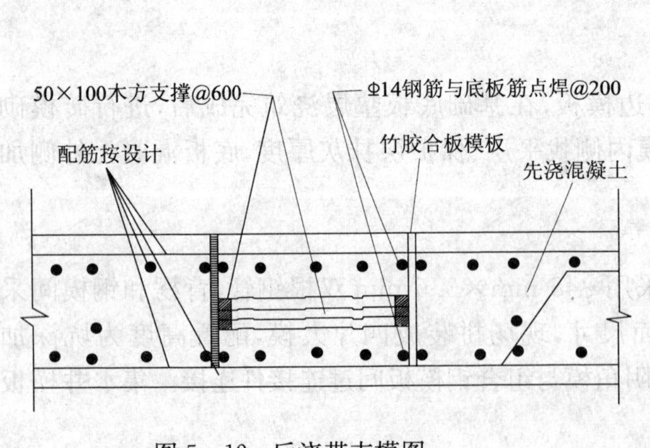

图 5－12　后浇带支模图

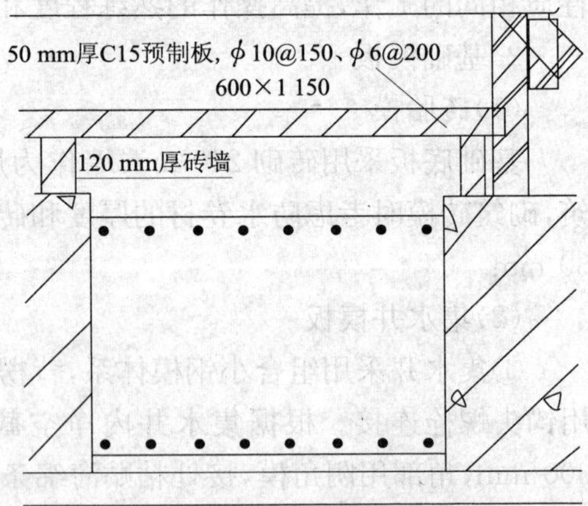

图 5－13　后浇带的保护示意图

(4)导墙模板

外墙随底板浇筑 300 mm 高导墙，300 mm 高导墙模板采用小钢模模板，横向、竖向背楞为 2ϕ48×3.5 mm 钢管，ϕ12 mm 止水螺杆加固，间距 600 mm，外侧上下与围护设一道 50 mm×100 mm 木支撑，内侧与钢筋地锚设一道斜撑。

3. 墙柱模板

(1)工艺流程

抄平放线→钢筋绑扎→钢筋隐检焊限位→找平贴海绵条→组拼钢模板→安外侧模板(穿螺杆)→安内侧模板→固定校正→模板验收。

(2)模板配置

①基础墙柱模板采用小钢模，根据标准层的模板配制成定型模板。300 mm 宽的小钢模与 100 mm 宽的小钢模组拼，如小钢模板的拼装模数不够，采用木条补充。木条为 50 mm 厚木方，三面刨光。根据楼层净高及小钢模板的模数确定配模高度，基础底板上部与导墙搭接 100 mm，竖龙骨、横龙骨均采用 ϕ48 mm 双钢管加固，最下一道水平背楞距模板底面 150 mm，以上间距 600 mm。墙模高度按图纸尺寸配制到楼板底面向上 50 mm 处，框架梁处设置梁窝，用双层钢丝网隔灰。

②有抗渗要求的内墙及外墙用 ϕ12 mm 整体式穿墙螺栓，间距 600 mm×600 mm，中间加焊 75 mm×75 mm×5 mm 止水环，双面焊缝满焊。内墙用 ϕ12 mm 整体式穿墙螺栓，中间加 PVC 套管，间距 600 mm×600 mm。外墙穿墙螺栓两端加木垫片，拆除模板后凿除垫片，割除穿墙螺杆后用膨胀砂浆将墙面抹平。穿墙螺杆见图 5－14。

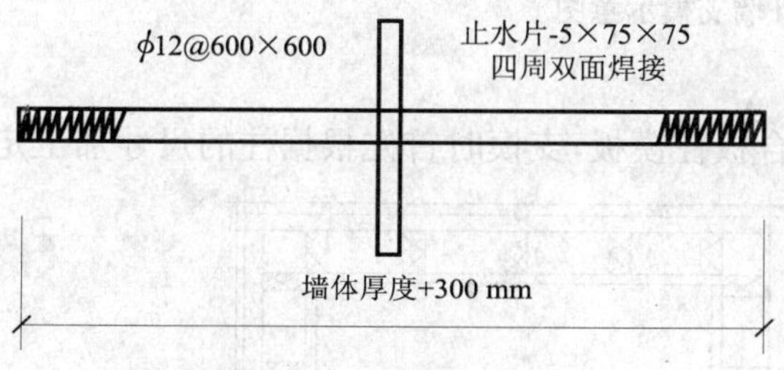

图 5－14　穿墙螺杆示意图

(3)模板安装

①小钢模组拼时，模板与模板之间加海绵条防止漏浆，并应从墙角开始，向互相垂直的两个方向组拼，这样可以减少临时支撑设置。要随时注意拆换支撑或增加支撑，以保证墙模处于稳定状态。

②在组装模板时，要使两侧穿墙孔的模板对称放置，以便穿墙螺栓与墙模保持垂直。

③安装墙模板前，检查墙体中心线、边线和模板安装线是否准确，无误后方可安装墙模板。模板支设前要与钢筋工程做好交接，钢筋应做好隐蔽验收，并填好交接检验记录。

④浇筑底、顶板混凝土时首先要保证混凝土板密实平整，尤其对柱、墙体周围板面浇筑混凝土时用 2 mm 刮杠将其找平，以保证混凝土墙高度一致，墙体标高偏差控制在±5 mm 范围内。安装模板的根部需垫抹砂浆 1.0～1.5 cm 或粘贴海绵条，防止墙体发生烂根、露筋、蜂窝麻面现象，必须找专人仔细补漏，杜绝漏浆。

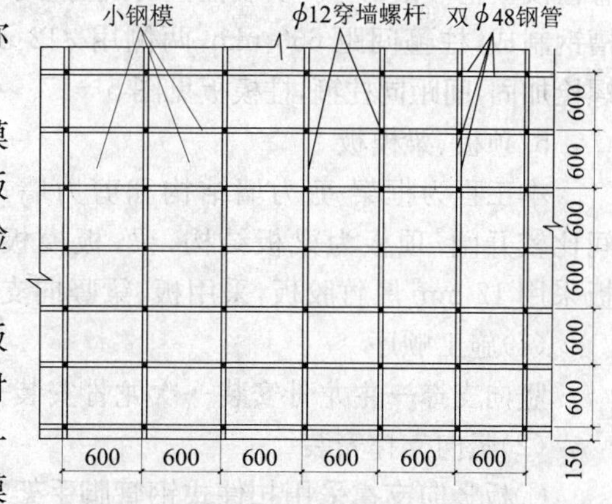

图 5－15　墙体小模板拼装示意图(mm)

⑤先按位置线安装门洞模板，墙体位置线必须准确，一侧模板就位准确后，穿墙螺栓应按要求全部上好。

⑥清扫墙内杂物，再安装另一侧模板，拧紧穿墙螺栓，以防墙体超厚。

⑦模板校正，采用拉撑相结合的方法，在浇筑板混凝土时必须设置 Φ 25的钢筋地锚，墙的宽度尺寸偏差控制在±3 mm 范围内。每层模板立面垂直度偏差控制在 3 mm 范围内。

⑧组装的模板必须符合图纸和施工要求，各种连接件、支承件、加固配件必须安装牢固无

松动现象。模板拼缝要严密，固定要牢固，防止出现松动而造成胀模。基础内外墙支模见图5－16，墙体模板上中下设三道斜支撑，间距 1 200 mm。

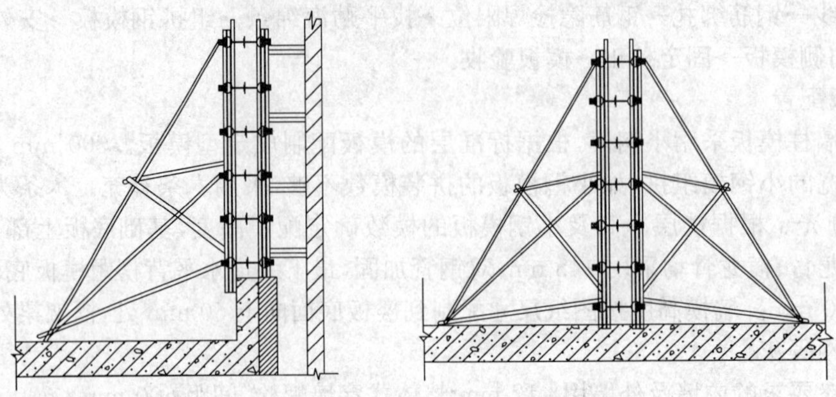

图 5－16　基础内外墙支模示意图

4. 框架柱模板

本工程为框架-剪力墙结构，独立柱采用竹胶合板柱模板，支模时首先根据柱的尺寸加工定型柱子模板。柱模板每面加工成一片，柱模采用 12 mm 厚竹胶板，龙骨用50 mm×100 mm 的木方，间距不大于 250 mm，边角龙骨用 50 mm×100 mm 的木方作成企口，卡住柱两侧模板，以免漏浆。柱模板安装时，先安装柱两个侧边模板再安装另外两侧模板，安装时注意柱模板企口相吻合。安装柱箍时，柱箍用 8# 槽钢制成，柱箍间距 660 mm，两侧用 ϕ12 mm 螺栓加固，间距同柱箍，柱模板见图 5－17。

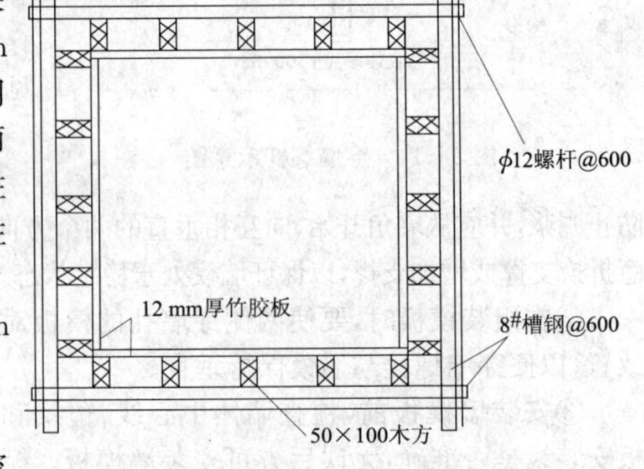

图 5－17　柱模板支设示意图

5. 顶板、梁模板

本工程为框架-剪力墙结构和剪力墙，空间比较开阔，顶板为梁板结构，梁、板模板面板采用 12 mm 厚竹胶板，采用板、梁竖向支撑分开的支撑体系。

(1)施工顺序

竖向支撑→主龙骨安装→次龙骨安装→标高校核→梁、顶板安装→验收。

(2)竖向支撑安装

①板竖向支撑采用扣件式钢管脚手架支撑体系，根据各房间的大小和下一层支撑数量、位置进行安排，确保上下层立杆对齐。立杆安装时从边跨的一侧开始安装第一排钢支撑，支撑距墙边 250 mm，临时固定后再安装第二排支撑，依次逐排安装。支撑立杆间距为 900 mm，横杆间距不大于 1 500 mm。最后按标高线安装钢管主龙骨和 50～100 mm 木方次龙骨，间距 250 mm，板支模大样见图 5－18。

②梁竖向支撑安装：主要梁宽为 300～500 mm，为确保梁下支撑牢固，特在梁下采用双排扣件式钢管脚手架支撑，立杆间距取 900 mm。梁主龙骨采用钢管，间距 900 mm。梁支模大样见图 5－19。

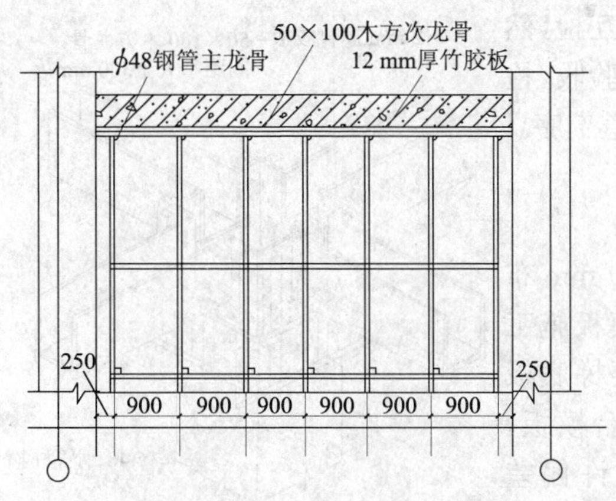

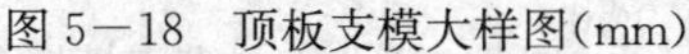

图5—18 顶板支模大样图(mm)

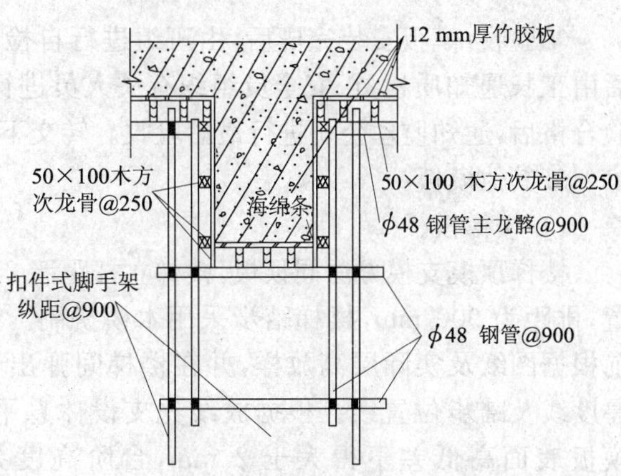

图5—19 梁支模大样图(mm)

(3)龙骨安装

龙骨安装前，根据支撑体系的间距进行布置，做到龙骨到边，并应尽量减少断料。主龙骨采用 ϕ48 mm 的钢管，间距 900 mm，用扣件与立杆扣牢。次龙骨采用 50 mm×100 mm 木方，中心间距 250 mm，安装次龙骨时在四周混凝土墙与次龙骨之间粘贴 5 mm×10 mm 的海绵条，次龙骨贴墙要紧密防止漏浆。所用木方应两面刨平，尺寸统一，每道次龙骨竖放于主龙骨上，确保铺模板后的平整、稳定。龙骨搭接长度应为 400～600 mm。

(4)标高校核

次龙骨安好后，校正标高、找平，以保证模板平整。标高校核时根据＋500 mm 线，弹出距底板 200 mm 线，以便进行标高校核。

(5)顶板模板安装

顶板模板采用 1 220 mm×2 440 mm×12 mm 竹胶板模板，根据各房间的尺寸确定拼装方法，由房间的一角开始拼装。竹胶板接缝处采用硬拼缝挤严，防止漏浆。不足整板处裁割补足。竹胶板用锯切割后，锯口要求及时刷胶封严，以保证使用次数。模板长边平行次龙骨布置，用寸钉@300 mm 沿四周与木龙骨钉牢，防止因竹胶板翘曲造成板面不平。顶板模板与墙、柱交接处理见图 5—20。

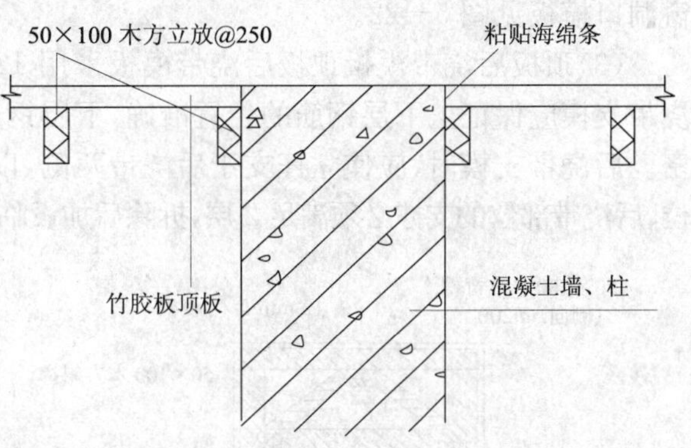

图5—20 顶板模板与墙、柱交接处理图(mm)

(6)模板起拱

梁、板跨度不小于 4 m 时，模板应起拱。由于本工程梁、顶板采用竹胶板支模，起拱高度为全跨长度的 2‰，起拱线要顺直，不得有折线，起拱高度要准确。

(7)柱头模板配模注意事项

本工程梁柱节点比较复杂，柱头模板配模时需注意以下几点：

①柱头模板必须有下返模板和抱箍，下返板与柱面间黏白海绵条防止漏浆。

②柱头下返板应上顶到梁板混凝土面的下皮，以改善梁板、柱梁交线的表观效果。

③梁侧模应尽量包住梁底模，梁底支撑、龙骨、梁侧夹杠必须安装牢固有效。梁、柱节点模板见图 5—21。

④验收:模板安装完毕后,由班组进行自检、互检,然后由工长通知质检员、安全员组织有关人员进行验收,检验合格后,通知监理公司进行最后验收。转交下道工序。

6. 其他模板

(1)楼梯模板

楼梯顶模支模方法同顶板,楼梯立杆距墙 250 mm 布置,排距为 900 mm,楼梯踏步采用木模拼制。模板施工前根据图纸及实际层高放样,并在楼梯间弹出楼梯底板厚度线及踏步位置线。根据放线先支设休息平台模板,模板表面高低差不得大于 2 mm,台阶高度允许偏差 ±2 mm,但不得有任何三阶连续同方向偏差。梯板支撑及底模在强度达到 75%后拆除,并应考虑上部施工荷载,在施工工作面下至少应保留 2 层不拆模,拆吊帮时要保证楼梯踏步棱角完好,减少因混凝土强度低对棱角的损坏。

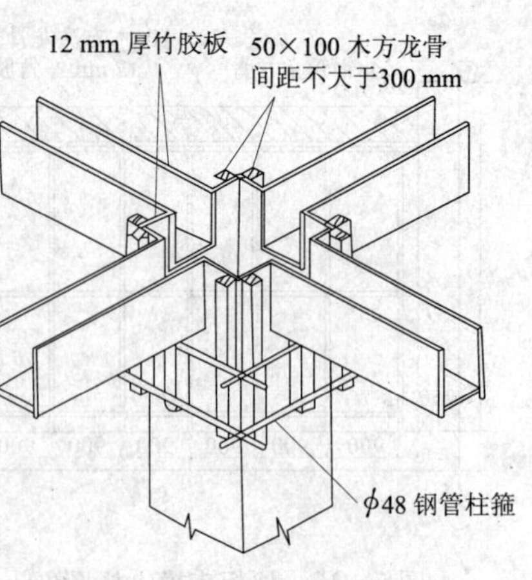

图 5－21 梁、柱节点模板图

(2)门窗洞口模板

门窗洞口模板采用 12 mm 厚竹胶板拼装,安装时采用钢筋顶棍定位,顶棍沿洞口高度方向由上至下间距 500 mm 设置。焊顶棍时在水平筋上附加 U 形套,U 形套采用绑丝与洞口边暗柱钢筋绑扎牢固,顶棍焊接在 U 形套上,以保证洞口位置准确。洞口模板侧面要粘贴海绵条,以保证与大模板之间连接严密。门窗洞口水平横撑间距不得大于 400 mm,龙骨间距为 200 mm。当洞口较宽,连梁较高时增设竖向支撑,撑杆采用 ϕ48 mm 脚手管加可调支座。门窗洞口模板见图 5－22。

(3)顶板后浇带模板顶板后浇带模板采用 12 mm 厚竹胶板和细木条,用海绵条夹紧。后浇带支模应保证上下层钢筋的位置准确,下层钢筋保护层采用细木条进行控制,板缝间拼接严密。后浇带支模时,应使立杆支于后浇带两侧,以保证拆模时不影响后浇带处的模板。悬挑部位、后浇带部位的支撑必须满足 2 层,拆除后加设临时支撑。后浇带处模板见图 5－23。

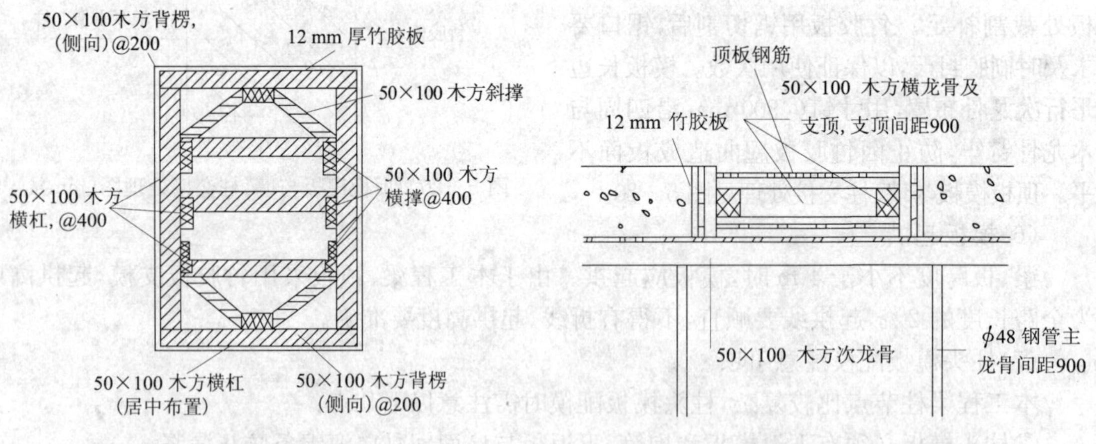

图 5－22 门窗洞口模板图(mm)

图 5－23 顶板后浇带处模板图(mm)

(4)施工缝的留置

柱:梁底板向上 20 mm(凿毛后)。墙:留置在板底向上 10 mm(凿毛后)。梁板施工缝留置在跨中 1/3 范围内。楼梯:1/2 平台处采用留筋后浇的方法,楼梯梁采用预留梁窝的方法。

同楼层结构板面标高处施工缝留在楼梯平台板长边的跨中，短边距楼梯梁内侧 400 mm。施工后浇带的位置符合设计要求。墙柱水平施工缝，梁板垂直施工缝。顶板流水段、楼梯平台施工缝处的模板采用竹胶板作企口拼齐，板缝穿钢筋处竹胶板锯豁口，应保证上下层钢筋的位置准确和保护层厚度正确，板缝间拼接严密不跑浆。梁窝处绑钢丝网，截面尺寸各小于楼梯梁截面尺寸 10 mm，位置必须准确。地下室外墙根据流水段的划分留置垂直。

施工缝处防水施工时采用 500 mm 宽防水附加层。1#、5#楼之间的变形缝空隙较小，无法支模，采用容重不小于 15 kg 的聚苯板填塞后支模浇筑混凝土。

(5)阳台梁板模板

阳台梁板与室内顶板一起浇筑，阳台梁板采用 12 mm 厚竹胶板，支撑采用 ϕ48 mm 钢管支撑。主楞为 ϕ48 mm 钢管，间距 900 mm；次楞为 50 mm×100 mm 松木方子，间距 250 mm。阳台板靠墙根部位采用 50 mm×100 mm 木方紧贴外墙面。距离外墙 250 mm 开始安装第一排钢支撑，临时固定后再安装第二排钢支撑，钢支撑沿主龙骨方向的最大间距为 800 mm。沿次龙骨方向的最大间距为 900 mm。钢支撑下垫 50 mm×100 mm×400 mm 木方。阳台梁板模板支设见图 5－24。

(6)女儿墙模板

女儿墙模板采用 12 mm 厚竹胶板，根据女儿墙结构实际尺寸事先配置整体模板。整体模板横楞采用 50 mm×100 mm 木方，钉在竹胶板上。横楞沿女儿墙高度每 300 mm 设一道，竖龙骨用 ϕ48 mm 双架管加固间距 600 mm，女儿墙内外模板采用 ϕ12 mm 的穿墙螺杆拉结，穿墙螺杆梅花形布置间距 600 mm。女儿墙模板见图 5－25。

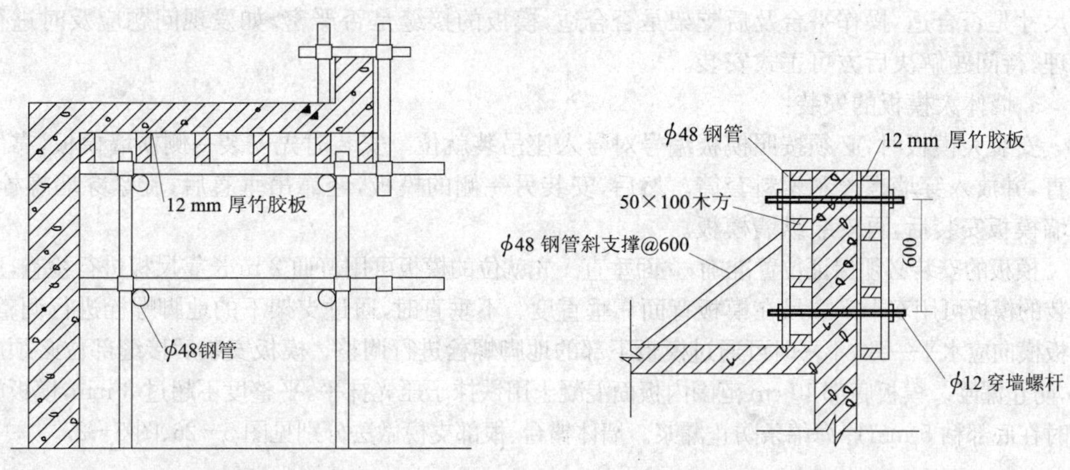

图 5－24　阳台梁板模板支设示意图　　图 5－25　女儿墙模板支设示意图(mm)

7.模板的制作与加工

(1)对模板加工的要求

主要技术参数及质量标准：

加工制作模板所用的各种钢材和焊条以及模板的几何尺寸必须符合设计要求。各部位焊接牢固，焊缝尺寸符合要求，不得有偏焊、夹渣、咬肉、开焊等缺陷。毛刺、焊渣要清理干净。竹胶合板模板在裁切时，应直顺，尺寸准确，裁切后模板的小侧边用漆封边；龙骨要刨平。

(2)对模板加工的管理与验收的具体要求

木模板及方木进厂后，检查模板厚度、密实度、表面平整度、光洁度、方木的尺寸、质量。现场加工的定型模板在组装完后必须检查其拼缝、龙骨间距后方可用于用于施工。模板的支撑用钢管及扣件不得有锈蚀、弯曲及螺丝脱扣现象。

8. 模板的安装

(1)模板安装的一般要求

模板安装前，必须核查轴线和模板定位线的尺寸，确保墙、柱模板定位准确，梁、板标高定位准确。同时，对相关工种的上一道质量进行检查，如发现钢筋位移或下层混凝土表面的松软层未剔凿者，应预先处理好后再支模板。

模板安装要遵守施工规范和工艺标准，确保模板与轴线位置、标高、垂直准确，支撑牢固稳定和结构构件尺寸准确，不跑模、不胀模、拼缝严密、不漏浆、不错台，门窗口洞口模板位置准确，不位移、不变形。施工缝、后浇带留茬齐整。墙、柱、梁、梁柱接头注意留清扫口，模板拼缝要封闭。

(2)±0.00 以下模板的安装

外墙模板安装顺序：安装门窗口模板→清扫墙内杂物→检查机电预留、预埋位置→侧墙模吊装就位→穿止水螺栓→另一侧墙模吊装就位→安装阴角模→固定斜撑→调整模板位置→紧固穿墙螺栓→与相邻模板连接。

地下室内墙、柱、梁、顶板模板的安装顺序及技术要点与主体模板施工基本相同，模板的安装顺序及技术要点见±0.00 以上模板安装的相应内容。

(3)±0.00 以上模板安装

墙体模板安装顺序：安装门窗口模板→清扫墙内杂物→检查机电预留、预埋位置→两侧墙模吊装就位→安装阴角模→固定斜撑→调整模板位置→穿、紧固穿墙螺栓→与相邻模板连接。

模板的试组装：在正式安装大模板前，应根据模板的编号进行试验性安装，以检查模板的各尺寸是否合适，操作平台及后支架是否合适，模板的接缝是否严密，如发现问题应及时进行修理，待问题解决后方可正式安装。

a. 墙体大模板的安装：

安装大模板时，必须按照模板编号对号入座吊装就位。安装时先安装一侧横墙模板，靠吊垂直，并放入穿墙螺栓和塑料套筒。然后，安装另一侧的模板，经靠吊垂直后，旋紧穿墙螺栓。横墙模板安装后，再安装纵墙模板。

模板的安装必须保证位置准确，立面垂直。先就位的模板可用普通 2 m 长靠尺板进行检查，后安装的模板可用双十字靠尺在模板背面靠垂直度。不垂直时，通过支架下的地脚螺栓进行调整。模板横向应水平一致，不平时可通过模板下部的地脚螺栓进行调整。模板安装后接缝部位必须严密，防止漏浆。模板底部 10 cm 范围内板面混凝土用铁抹子压光抹平，平整度不超过 3 mm，模板施工时在底部粘 5 mm 厚海绵条防止漏浆。墙体错台、根部支模做法分别见图 5—26、图 5—27。

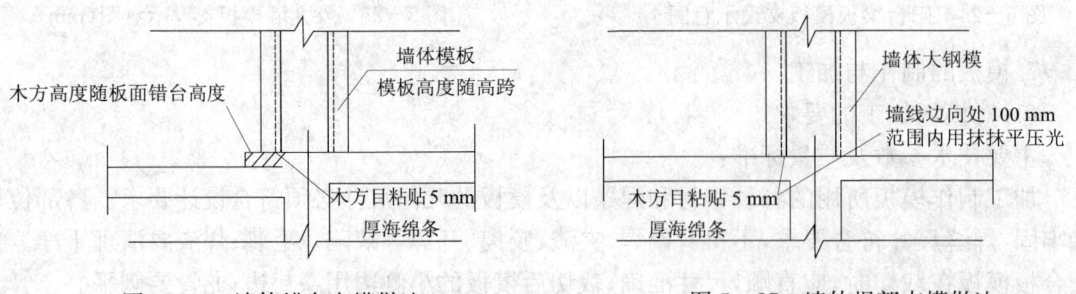

图 5—26　墙体错台支模做法　　　　图 5—27　墙体根部支模做法

楼梯间、电梯间模板水平接茬处，必须控制模板的垂直，各层的模板垂直允许偏差控制在 1 mm 以内，板下口垫的 50 mm×100 mm 方木，上表面及靠墙一面应刨光，测量放线的精度要高。

b. 柱模板的安装顺序及技术要点：

工艺流程：弹柱位置线→安装柱模→安装柱箍→安装斜撑→预检。

将预制成企口式片模的模柱拼装，配合可调式柱箍进行柱子支模；按照放线位置，柱四边均有预埋钢筋坏，从四面用拉杆和顶撑加固模板以防止位移。

通排柱先安装两个边柱，经校正、固定，拉通线校正中间各柱。柱模竖向采用线坠吊，校正模板垂直度。安装 8# 槽钢成品柱箍，间距 500 mm，斜撑为 ϕ48 mm 钢管和可调 U 形托，柱模每边设 2 根拉杆，上下 3 道，固定于事先预埋在两颗柱中间的钢筋锚环内穿 100 mm×100 mm 的木方处。钢筋锚环采用 ϕ14 mm 钢筋制作，打顶板混凝土时，在距柱边（净距）220 mm 处预埋 ϕ25 mm 钢筋头外露 200 mm，每边 3 根，用于柱底加固模板，再用千斤顶校正柱垂直用，柱模内杂物清理干净，办理柱模预检。

c. 梁、顶板模板安装顺序及技术要点：

主要施工工艺流程：搭设满堂脚手架安→装主龙骨安装次龙骨→铺板模→校正标高→预检。

(a)具体施工方法：

从边跨一侧开始安装，先安第一排支柱，临时固定后再安第二排支柱，同时安装好横杆两道，依次逐排安装，调整支柱标高。安装主次龙骨并找平。

铺装竹胶板，从一侧开始，模板交接处硬拼拼缝，靠墙处贴海绵条与板面相平。铺装完毕后，对模板进行校正，方法为拉线找直、吊线找正。内墙与板交接处在顶板模板上贴 5 mm 厚海绵条。

梁侧模和底模均采用竹胶板，用 50 mm×100 mm 木方为纵向龙骨，竖向短龙骨用 ϕ48 mm钢管，间距 900 mm，且加 ϕ48 mm 钢管斜支撑，在梁侧模板与板模板交接处的拼接采用板模压梁模的方式。立柱采用 ϕ48 mm 钢管，横托龙骨采用 ϕ48 mm 钢管，横托龙骨下设 1 排支柱，纵向间距（沿梁方向）为 900 mm。

(b)梁、柱接头处模板支设：

梁柱接头模板采用四块由竹胶板制作带梁豁的柱模组合而成。梁豁模板制作时，紧靠梁豁周边的模板背后加 50 mm×100 mn 木方，木方必须双面刨子。在木方与竹胶板组成的平面上加一块 50 mm 宽竹胶板，竹胶板一边必须与梁豁多层板内侧对齐，且与背楞木方固定牢固。梁豁以下的柱模长度不小于 100 mm。

梁的底模和侧模与梁豁相接时，要与梁豁周边贴上的 50 mm 宽竹胶板靠紧平接，且与梁豁周边双面刨光的木方牢固固定，然后加固梁底模和梁侧模。

(c)梁、板模板起拱：

起拱高度为全跨长的 2‰，起拱应从周圈（板边不起拱）向板跨中逐渐增大，起拱后模板表面应是平滑曲线，起拱线要顺直，不得有折线。不允许出现模板面因起拱而错台。

d. 楼梯模板支设：

楼梯处剪力墙模板为大模板，此处的墙体随其他混凝土墙体一起支模和浇筑混凝土，待拆除此墙的模板后，再支设楼梯板模板。楼梯模板支设前，先根据层高放大样，支平台梁模板，安装楼梯底板模板，再安放定型踏步模板。在放线的时候必须考虑楼梯装修面的余量，并应认真核对踏步的数量。

e. 门窗洞模板施工：

门窗洞口采用12 mm厚竹胶板和50 mm×100 mm木方，在洞口四周的墙筋上增设附加筋。在附加筋上点焊钢支撑，用钢支撑顶住洞口模板，并且洞口模板设置斜撑，以防止洞口模板的偏移。

9.模板的拆除

(1)侧模拆除的要求

墙体模板拆除时，必须保证棱角不因模板拆除而损坏。拆模顺序为：先拆纵墙模板，后拆横墙模板和门洞模板。每一块大模板的拆模顺序为：先将连接件如上口卡子、穿墙螺栓等拆除，放入工具箱中，再松动加固钢管，使模板与墙面逐渐脱离。脱模困难时，可在模板底部用撬棍撬动，不得在上口撬动、晃动和用大锤砸模板。墙体模板模由于自重大，故在吊出时，挂钩要挂牢，起吊要平稳，不准晃动，防止碰坏墙体。

角模的拆除：角模的两侧都是混凝土墙面，吸附力较大，加之施工中模板封闭可能不严，或者角模移位，被混凝土握裹，因此拆模比较困难。可先将模板外表的混凝土剔除，然后用撬棍从下部撬动，将角模脱出。千万不可因拆模困难用大锤砸角模，造成模板变形，给以后的支模、拆模造成更大困难。

(2)底模拆除的要求

拆除门窗洞口模板时，一定要将门洞模板离开墙面后再行拿出，并要防止将门洞过梁部分混凝土震裂。跨度大于1 000 mm的门窗洞口，拆模后要立即加设支撑，支撑采用钢管加可调托，可调托上放50 mm×100 mm木方顶牢。支撑间距为洞口大于1.0 m且小于1.5 m时支1根，大于1.5 m时支2根。

顶板模板的拆除：

拆模时间以混凝土同条件养护试块抗压强度为依据，故顶板混凝土应多做一组同条件养护试块。模板拆除时先拆除梁模板，再拆除板模板。模板拆除时，每跨支撑及模板拆除后及时运走码好。拆模时不要用力过猛，拆下来的材料要及时运走，拆模后及时将工作面清理干净。拆除楼板处的混凝土后浇带支顶，应在后浇带混凝土浇筑达到设计强度100%后方可进行。顶板、梁折模强度见表5—25。所有模板拆除前需由木工工长根据同条件混凝土试块强度值填写拆模申请，由项目部技术负责人批准后再进行拆除。

表5—25　顶板、梁拆模强度

构件类型	构件跨度(m)	达到设计的混凝土立方体抗压强度标准值的百分率(%)
板	≤2	≥50
	>2,≤8	≥75
	>8	≥100
梁、拱、壳	≤8	≥75
	>8	≥100
悬臂构件		≥100

(3)当施工荷载所产生的效应比使用荷载更为不利时所采取的措施

连续支顶二层，上下立杆对正，立杆下铺垫板。拆模前同条件混凝土试块强度符合要求，由木工负责人填写拆模申请，经技术部门批准后，才可拆模。

顶板限制堆载，且不得集中堆载，在吊钢筋、模板时必须轻放，避免冲击荷载对顶板混凝土质量产生的影响，混凝土浇筑完毕不得急于上料。

(4)后浇带处支撑方法、技术要求及拆除时间

后浇带支撑方法见《后浇带支撑方案》。顶板模板拆除时不得拆除后浇带支撑及模板，后浇带浇筑完后，混凝土强度达到100%以后，方可按顶板拆模要求进行。

10. 模板的维护与修理

(1)模板使用过程的注意事项

起吊模板不得与任何物体发生碰撞。要有相对固定的人经常检查各种螺栓、各种构配件是否牢固；检查无误后方可施工。混凝土浇筑速度对模板侧压力影响很大，浇筑速度不应超过2 m/h。模板上端挑架操作平台上荷载不得超过250 kg/m。控制混凝土分层。无支腿模板集中靠放在专用架子上时，板与板之间要放垫木，尺寸不小于80 mm，避免背楞或螺栓碰损下层的模板板面。

(2)竹胶合板的维修

竹模板裁切时，应用专门的切割机具裁割竹模板，防止毛边、飞边、破茬。竹模板裁口处要涂刷封边漆保护，以防裁口处再生毛边或膨胀松散变形，影响拼缝质量和减少模板周转次数。

(3)大钢模板的维修与保养

①日常保养要点。大模板进场前应先将场地平整夯实(或硬化)，堆放时下边要垫通长100 mm×100 mm木方，以防变形。大模板进场后，应清除表面锈蚀，背面、支架等处应刷好防锈漆。穿墙螺栓等物件应上好机油，暂时不用的零配件应入库保存，常用零配件和工具应放在工具箱内保存。凡是与混凝土接触的部位，都应刷好脱模剂。脱模后应将板面灰渣清理干净，涂刷脱模剂后待用。在使用过程中及堆放时应避免碰撞，防止模板倾覆。

拆模有困难时，不得用大锤砸或强力晃动，可在模板下部用撬棍撬动。支模时，缝隙要严密，防止灰浆握紧角模，造成脱模困难。脱模时拆下的零件要随手放入工具箱中，螺杆螺母要经常擦油润滑，防止锈蚀。

②大模板的维修。大模板的翘曲、模面凹凸不平、焊缝开裂等现象，是大模板在使用中经常出现的问题，可以参照下述方法进行维修。

板面凹凸不平的修整；板面凹凸不平的部位多发生在穿墙螺栓周围，其原因是穿墙螺栓的塑料套筒偏长，模板受力后板面压力过大，从而造成凹陷；或者塑料套筒偏短，被穿墙螺栓的螺母挤压，造成板面外凸。另一板面不平现象多发生在龙骨中间，主要原因是板面刚度不够，受力后发生变形。修理方法：将大模板放倒，板面向上，用磨石机将板面的砂浆和脱模剂打磨干净。板面凸出部位可用大锤砸平或用气焊烘烤后砸平。穿墙螺栓孔处的凹陷，可在板面和纵向龙骨间放上花篮丝杠，拧紧螺母，把板面顶回原来的位置，整平后，在螺栓孔两侧加焊一道扁钢或角钢，以加强板面的刚度。对于因板面刚度差而出现的不平，应更换面。

焊缝开裂常发生在板面与横向龙骨和周边之间。板面拼缝处发生开焊时，应将缝隙内砂浆清理干净，然后用气焊边烤边砸，将面板整平后再满补焊缝，然后用砂轮磨平。周边开焊时，将砂浆灰渣清理干净，然后用卡子将板面与边框卡紧，进行补焊。

11. 模板施工技术控制措施

(1)模板拼缝控制措施

①墙体大模拼接部位将连接螺栓拧紧牢固。

②独立柱钢模板采用硬拼方法，用高强螺栓将两面模板拧紧牢固。

③顶板及梁模板为现场拼装，采用硬拼的方法施工，模板提前由木工工长按跨度作好配板

图，按图进行现场下料，拼装下料必须准确，并尽量减少窄条、碎块出现。

(2)标高控制措施

顶板、梁模板施工前在竖向结构插筋上放设标高控制线，每跨间拉对角线检查板面高度。

(3)垂直度控制措施

竖向结构施工时，独立柱每面吊不少于 2 个线坠进行控制，墙体每跨不少于 3 个点进行控制，随立模板随检查，并及时调整，墙体应双面进行检查。

(4)阴阳角控制措施

独立柱对角拉线控制阴阳角的方正，墙体角部使用定型角模，施工前先检查角模的方正。

(5)其他措施

模板在施工前应做好各项技术交底，对于施工操作人员要进行岗前培训。建立拆模申请制度。具备拆模条件后填写拆模申请单，由技术负责人签认后方可拆模。模板脱模剂一律采用水性及油性脱模剂，不得使用废机油，且必须把模板上的水泥浆等杂物清理干净后涂刷脱模剂。

(五)季节性施工措施

本工程结构施工将经历一个冬施和一个雨施，冬雨季施工模板工程应做到以下几点要求。

1. 冬期施工措施

(1)工地上的竹模板、钢模板，应垫上木方，码放整齐。遇到下雪时，应用苫布、编织布遮盖。大模板外侧应用聚苯板保温。

(2)支模时，应将模板上的冰雪和泥土清除干净，方可使用。

(3)支墙体柱：在支模完成后，必须将模板内杂物、冰雪清扫干净，模板不准浇水。

(4)冬期施工，拆除模板应进行申请，经过主任工程师批准后方可进行模板拆除。

(5)冬季施工模板刷油性脱模剂。

2. 雨期施工措施

(1)大模板：大模板存放硬化面应有一定的强度，地面要平整，并且要有一定的坡度，要做好排水措施，大模板的支撑要牢固，采用钢管架分区搭设存放，雨后应及时检查场地情况，严禁停放区积水，并且防止模板受积水浸泡而变形。雨后要及时检查大模板的稳定性，水剂脱模剂应在入模前涂刷，防止受到雨水冲刷，被雨水冲刷掉的脱模剂要重新涂刷。

(2)现场堆放的木方、木板、脚手板、竹胶板、扣件、钢管等要堆放整齐，下面架空要达到 200 mm 以上，雨天应用塑料布覆盖防雨。

(3)木工用机械和配电箱均应搭设防雨棚和防雨罩，并有接零、接地保护，雨后应及时检查其漏电装置是否灵敏、有效以及线路绝缘情况是否良好，由现场电工做好检查记录，并上报项目部。

(4)加强防汛成员的防汛知识的培训工作，明确各人责任，使其做到能应付各种特殊防汛任务。

(六)模板安装质量要求

1. 模板及其支架的要求

模板及其支架应具有足够的承载能力、刚度和稳定性，能可靠地承受浇筑混凝土的重量、侧压力以及施工荷载。

2. 满足结构的截面尺寸，棱角平直光洁、面层平整、拼缝严密不漏浆。应确保梁柱节点、主次梁节点、板墙与顶板交角和楼梯、集水井、坡道、高低板等模板尺寸准确，棱角顺直，拼缝平整构造合理、装拆方便。

3. 安装现浇结构的上层模板及其支架时，下层楼板应具有承受上层荷载能力，或加设临时支架，上下层支架立柱应对准，拉杆、支撑应牢固稳定。

4. 模板接茬不出现错台、漏浆、拼缝严密不变形。

5. 全部螺栓要穿齐、拧紧，确保模板稳固。防止角模入墙过深或连接不牢固。要保证模板有足够的强度、刚度，支撑体系牢固、可靠。

6. 施工缝留置位置正确、封堵严密。

7. 由于本工程的质量目标为市优质工程，故应在结构施工中严格要求，工程模板的支设标准应达到表5—26要求。

表5—26　允许偏差一览表

<table>
<tr><th colspan="2">项　　目</th><th>允许偏差(mm)</th><th>检验方法</th></tr>
<tr><td colspan="2">轴线位置</td><td>5</td><td>钢尺检查</td></tr>
<tr><td colspan="2">底模上表面标高</td><td>±5</td><td>水准仪或拉线、钢尺检查</td></tr>
<tr><td rowspan="2">截面模内尺寸</td><td>基础</td><td>±10</td><td>钢尺检查</td></tr>
<tr><td>柱、墙、梁</td><td>+4
−5</td><td>钢尺检查</td></tr>
<tr><td rowspan="2">层高垂直度</td><td>不大于5 m</td><td>6</td><td>经纬仪或吊线、钢尺检查</td></tr>
<tr><td>大于5 m</td><td>8</td><td>经纬仪或吊线、钢尺检查</td></tr>
<tr><td colspan="2">相邻两板表面高度差</td><td>2</td><td>钢尺检查</td></tr>
<tr><td colspan="2">表面平整度</td><td>5</td><td>2 m靠尺和塞尺检查</td></tr>
</table>

（七）主要管理措施

1. 质量保证措施

(1)员工岗前培训

为达到优质工程的质量标准，工程项目所有管理人员及模板工程操作人员在开工前应经过业务知识技能培训，以提高全员素质。培训的内容包括：组织员工进行优质工程的参观学习，听取创优质工程的知识讲座。加强对新规范、新标准的学习，特别注重本工种的相关要求和质量标准，明确项目质量目标。

(2)技术交底

坚持以技术进步来保证工程质量的原则，施工前根据本工种的特点进行针对性的技术交底工作，对特殊工序要将特殊过程或关键工序作为质量控制点，必须做好各级技术交底及交底记录。将交底内容悬挂在操作面上，让操作工人随时可以对照，项目质量员随时进行抽查，便于管理人员了解质量动态。

(3)样板引路

施工操作注重工序的优化、工艺的改进和工序的标准操作，每个分项工程在大面积操作之前做出示范样板，统一操作要求，明确质量目标。本工程在施工段地下三层墙、柱梁板进行木工模样板项的施工，由项目部技术负责人组织质量员、木工工长和技术工人按照施工标准和要求进行墙柱支模、梁顶板的支模施工，经监理、施工单位验收符合标准要求后，组织全体木工进行参观学习后，方可进行大面积的施工。

(4)交接检验

在接收上道工序的墙柱钢筋和顶板混凝土时，要办好交接手续，做好交接检验记录、隐检及评定记录，相关内容要填写完备、正确。由相关班组长会同质检员进行检查签字认可。

(5)施工控制

施工期间施工人员随时进行自检、互检，由班组长监督执行。报工长验收前填好自检、互检记录。工长和质检员随时到作业层进行检查，对存在的质量问题责令整改，并进行记录，将其作为验收的重点检查点。不合格的分项、分部工程必须返工至合格，并执行质量否决权制度，对不合格工序流入下一道工序造成的损失应追究相关者责任。

(6)自检互检

报工长验收前填好自检互检记录。经工长进行检查合格后，通知质检员验收，验收时进行全面的检查并对施工发现的质量点进行重点检查。做好评定及预检记录，然后通知监理验收。在混凝土浇筑拆模后，质量员会同木工工长及时对混凝土的质量进行验收，以此验证模板的质量对结构质量的反映结果，最后对验收状态进行标示。

2. 质量通病预防措施

(1)加强对全体施工人员质量意识的教育和争创优质工程的宣传工作。确定模板分项工程的必控工序为：大模板加工制作验收、加固、校正，竹胶板模的阴阳角节点、梁柱节点处理、丁字墙节点连接，楼梯支模防错台，后浇带支撑，梁板起拱等。

(2)做到班组操作前有交底，操作中有检查，完工后有总结。好坏有差距，真正做到奖优罚劣。

(3)分项模板工程施工前，必须办好与班前工序的交接手续。签认齐全，否则不准施工，严格执行三检制。

(4)模板组装前要清扫墙体内的杂物，模板组装后，要仔细校正模板的垂直度并将其加固固定，最后进行二次验线。小模板之间的拼缝要严密。有关质量标准及允许偏差应严格按照工艺规程执行。

(5)模板整体稳定性及不跑模措施：

①保证支撑及龙骨严格按照设计尺寸安装施工。

②紧固件应达到一定的紧固要求，对拉螺栓、支撑、龙骨与接触面接触密实，不得出现虚设、浮搁或松动现象。

③模板自身应具有足够的强度、刚度，模板应拼装平整，板缝控制在规范允许的范围内。

④楼梯间、电梯井等墙模采用模板下挂的方法防止接槎错台。

⑤浇筑墙柱时，应分层浇筑，每层厚度不大于 0.50 m，以避免混凝土一次下料过多造成冲击力、侧压力过大而跑模。

⑥支模前认真清理墙体钢筋下的杂物及模板面上的杂物。

⑦认真振捣密实，操作人员应将振捣的插点均匀排列。局部振捣有困难时、可采用人工捣固配合，防止卡棒造成模板压力过大，避免漏振现象发生。

⑧支模用的钢筋顶棍(防锈处理、墙厚减去 2 mm)应由专用模具加工，长度严格控制，无齿锯截断，磨去飞边。

⑨浇筑混凝土时安排专人看模板，发现问题时应及时汇报与处理。

(6)防漏浆措施：

①在顶板混凝土浇筑后，用 2 m 长大杠将楼面刮平，尤其是墙体两侧，柱子四周一定要平整。

②支模前在弹好的模板位置线外侧 5 mm 处粘贴 1 cm 厚、3 m 宽通长海绵条，防止模板

与地面接缝处缝隙漏浆。

③顶板与墙体交接处应在顶板四周靠墙侧粘贴海绵条，以防止漏浆。

④墙体接高处须在混凝土面上弹线，剔除浮浆、切割、黏海绵条以确保接缝整齐不漏浆。

3. 成品保护措施

(1)管理者合理安排工序，上、下工序之间做好交接工作和相应记录，下道工序应避免破坏和污染上道工序的工作。按照质量计划要求，做好成品保护工作。

(2)吊装模板时要轻提轻放，吊运钢筋等材料时不得碰撞已安装好的模板，以防模板变形，影响混凝土的外观质量。

(3)已安装好的模板要保持板面整洁。模板穿墙螺栓应从螺栓孔中穿过，而不得随意开洞。模板安装完毕，未打混凝土前对上口截面进行覆盖，避免杂物落进模板内。浇筑混凝土时安排专人看模板。

(4)结构墙体施工时，不可对墙体定位钢筋中的支模顶棍的主筋进行焊接，顶棍两端必须刷防锈漆。模板与墙柱粘连时禁用塔吊吊拉模板，避免混凝土表面出现裂纹。

(5)拆模时不得用大锤硬砸、撬棍硬撬或吊车直接拽拉，以防损伤混凝土表面和棱角。模板拆除后发现有脱焊、变形等情况时，应及时通知模板厂家整形和修补。拆下的零配件用袋子收好以便周转使用。模板拆除后及时进行清理、保养和整修，铲净附着在模板上的砂浆，保养好各式螺栓。板面清理后满涂油质隔离剂。柱子拆模后用竹胶板对阳角进行保护。

(6)模板面板不得作为操作台或堆料使用，以防面板平整度发生偏差，支撑丧失稳定。在模板板面进行钢筋焊接工作时，须用石棉板或薄钢板隔离以保护模板。若大模板在作业面上刷脱模剂时，作业面上应有防护措施。

(7)对大模板定期进行维护检修，周转 3 次进行一次全面检修，施工中发现问题及时解决，以保证大模板配套设施齐全，使用中安全可靠。

(8)配件入库保存时，应分类存放，小件要点数装箱入袋，大件要整数成垛。

4. 安全技术措施

(1)针对模板工程的特点，项目部编制专项安全施工交底。应当做到安全组织措施到位，安全技术交底到位，安全例行检查到位，安全宣传教育到位。

(2)模板拆模强度应符合本方案要求，不得提前拆模。

(3)生产部门组织混凝土墙体及其他构筑物施工过程中，操作台支架平台承受的活荷载不得大于 1.0 kN/m^2。

(4)模板工程施工应按工序进行，模板设置未经安全员检查合格前，不得进行下道工序。模板工程所有承重部件须经安全员检查，合格后方可进入施工。

(5)当风力超过 5 级时，应停止模板吊装作业。

(6)模板的码放，模板及部件堆存按施工总平面图分区标志堆放。堆存场地应坚实平整，且周边设排水沟，并远离高压电线。堆存场地严禁人坐或逗留，长期码放的模板须将各块模板固定成整体，以增强稳定性。

(7)在楼层上放置大模板应有安全措施。必须采取可靠的防倾倒措施，防止模板碰撞造成坠落。不得在外墙周边放置模板，要垂直于外墙存放，大模板应分散存放，以减轻楼板的集中载荷。在高空作业或遇到大风天气时，应将大模板与建筑物固定。大模板堆存或安装就位后，应采取防触电保护措施。将大模板串联，同避雷网连接，以防止雷击或漏电伤人。

(8)模板吊运的安全注意事项

①吊运作业要建立统一的指挥信号,并设专人指挥。吊运前应检查吊装用绳索、卡具及每块模板上的吊环是否完整、安全、可靠。

②吊运作业前,应将吊装机械调整适当。当大模板及其他大件就位或落地时,应当稳起稳落,严禁大幅度摆动,以防止摇晃碰人或碰坏墙体。

③起吊模板时,待起吊高度超过障碍物后,方可转臂行车。

④吊运模板时,指挥拆除和挂钩人员必须站在安全可靠的地方,方可操作。

⑤墙模分片组装时,每片安装 2 个吊环,吊环材料为Φ16 钢筋(未冷拉过的原材),安装吊环时需在木方上打眼,吊环所在木方与多层板需采用 3 寸大钉钉牢@200 mm,以增加整体牢固性。每次吊装时,要事先检查吊环是否可靠并确认其下方无其他作业人员时方可作业。

5. 文明施工措施

(1)模板存放场地设专人管理,文明施工,做到各种型号模板单独码放,排列整齐。木工棚及高噪音设备实行封闭式隔音处理。

(2)竹胶板、大模板、木板、木方、扣件式钢管脚手架、附件等支模用的各种材料及工具应按品种、规格码放整齐,并设专人保管。

(3)木工在支模操作地点,应做到工完料清、场地清。

(4)合理使用材料,严禁长料短用,优料劣用,节约使用木料、竹胶板模板等。

(5)木工电锯棚应设专人负责,每天下班前清扫干净,锯末、刨花送到指定地方堆放。

(6)模板场地、木料场地、木工操作场地等划片分区域,设专人管理,文明施工。

6. 消防措施

(1)把消防工作纳入项目管理的正常工作日程,做好消防教育,提高全员消防意识,做到防患于未然。

(2)木工电锯、电刨机械房、木工操作棚、木材堆放场地,必须设专人负责防火,挂牌明示防火责任,明确防火责任人。施工现场不允许吸烟。

(3)在木工机械房、木工操作棚及木材堆放场地附近,每 25 m^2 必须设置消防器材。木工棚内不准明火作业,不允许吸烟。同时防止电气火灾。

(4)加强对施工现场电气焊的管理,操作人员必须持证上岗,严格按规程进行操作。不具备明火作业条件的不签发动火证,无动火证的不准明火作业。

(5)安全员、木工工长应经常对场地及材料堆放处进行防火预检,发现隐患及时排除。

7. 环境保护措施

噪音的控制:模板的拆除和修理时,禁止使用大锤敲打模板以降低噪音。

模板面涂刷水性绿色环保脱模剂,严禁使用废机油,防止污染土地。装脱模剂的塑料桶设置在专用仓库内。

模板拆除后,要清除模板上的黏结物如混凝土、砂浆等。现场要及时清理收集废弃物,并将其堆放在固定场地,待够一车后集中运到指定的垃圾集中堆放场。

梁板模板内锯末、灰尘等不得用高压机吹,必须用大型吸尘器吸,然后将垃圾装袋送入垃圾场分类处理。

(八)模板计算

计算方法参照《简明施工计算手册》(第二版)相关内容,组合钢模墙模内外楞间距为600～1 000 mm可不进行计算,本工程为 600 mm×700 mm 故验算略。

1. 对拉螺杆计算

基础墙体采用小钢模拼装，最高拼装简支墙板按 5 cm 计，墙厚 350 mm，混凝土重力密度 24 kN/m³，坍落度 180～200 mm，浇筑速度 2 m/h，混凝土入模温度 T 为 25 ℃（按 5 月份施工温度计算），采用插入式振捣器捣实。对拉螺栓 ϕ16 mm，间距 600 mm。

(1)混凝土侧压力标准值：按(5－9a、b)两式计算，取其较小值。

$$F_1=0.22\gamma_c t_0\beta_1\beta_2\gamma v^{1/2} \tag{5-9a}$$

$$F_2=\gamma_c H \tag{5-9b}$$

式中 F_1——新浇筑混凝土对模板的最大侧压力(kN/m²)；

γ_c——混凝土的重力密度(kN/m³)，$\gamma_c=24$ kN/m³；

t_0——新浇混凝土的初凝时间(h)可按实测确定，缺乏实验资料时，可采用 $t_0=200/(T+15)$ 计算(T 为混凝土的温度，℃)，
$t_0=200/(T+15)=200/(25+15)=5$ h；

β_1——外加剂影响修正系数，不掺外加剂时取1.0，掺具有缓凝作用的外加剂时取1.2，取 $\beta_1=1.2$；

β_2——混凝土坍落度影响修正系数，当坍落度小于 30 mm 时，取 0.85，50～90 mm 时，取 1.0，110～115 mm 时，取 1.15，取 $\beta_2=1.15$；

v——混凝土的浇筑速度(m/h)v=2 m/h；

H——混凝土侧压力计算位置处至新浇筑混凝土顶面的总高度(m)，H=5 m。

$$\begin{aligned}F_1&=0.22\gamma_c t_0\beta_1\beta_2 v^{1/2}\\&=0.22\times24\times5\times1.2\times1.15\times2^{1/2}\\&=51.53\ \text{kN/m}^2\end{aligned}$$

$$F_2=\gamma_c H=24\times5=120\ \text{kN/m}^2$$

取较小值 $F_1=51.53$ kN/m²

(2)混凝土侧压力设计值：

$$\begin{aligned}F_3&=F_1\times\text{分项系数}\times\text{折减系数}\\&=51.53\times1.2\times0.85=52.56\ \text{kN/m}^2\end{aligned}$$

(3)新浇混凝土对模板的水平力：

$$F_4=4\times1.4\times0.85=4.76\ \text{kN/m}^2$$

(4)荷载组合：

$$F=52.56+4.76=57.32\ \text{kN/m}^2$$

(5)对拉螺杆 $P=F\times A$

$$A=0.6\times0.6=0.36\ \text{m}^2$$

$$P=F\times A=57.32\times0.36=20.6\ \text{kN}<[N]=24.5\ \text{kN}$$

螺杆间距和拉力满足要求。

2. 模板内外楞计算

外楞的作用主要是加强各部件的连接及模板的整体刚度。外楞不是一种受力构件，按支撑内楞需要设置，可不进行设计。

已知内楞为：ϕ48 mm×3.5 mm，钢管 A=489 mm²

$$I=121\ 900\ \text{mm}^4,W=5\ 080\ \text{mm}^3,E=210\ 000\ \text{N/mm}^2$$

内楞间距 600 mm，外楞间距 600 mm

$$q_1=57.32\times0.6=34.39\ \text{kN/m}^2$$

$$q_2=51.53\times0.6=30.92\ \text{kN/m}^2$$

$$[f]=205\ \text{N/mm}^2\quad[\omega]=L/400=1.5\ \text{mm}$$

内楞计算简图见图 5－28(按三跨连续梁计算)：

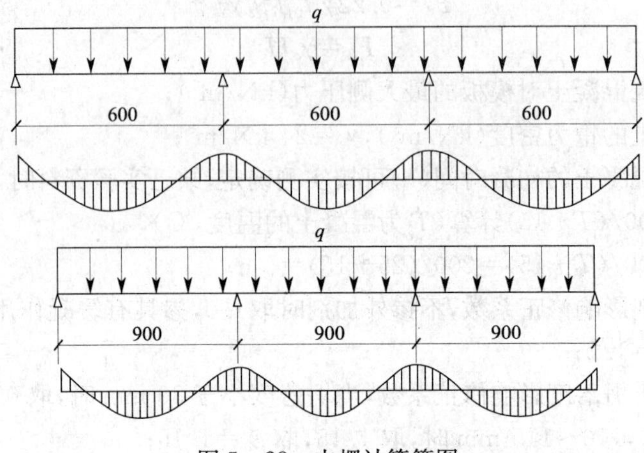

图 5－28　内楞计算简图

(1)强度验算：

$$M=1/10q_1L^2=1/10\times34.39\times0.36=1.24\ \text{kN}\cdot\text{m}$$

$$\delta=M/W=1.24\times1\times10^6/2\times5\ 080$$
$$=122.05\ \text{N/mm}^2<205\ \text{N/mm}^2$$

(2)刚度验算：

$$\omega=0.677\times q_2L^4/(100EI)$$
$$=0.677\times30.92\times600^4/(100\times2.1\times10^5\times2\times12.9\times10^4)$$
$$=1.06<1.50$$

结论：内楞强度刚度满足要求。

3.顶板模板支撑、龙骨验算

顶板模板面层采用 12 mm 厚竹胶板，50 mm×100 mm 木方水平次龙骨，木方中心距 250 mm，钢管主龙骨，间距 900 mm。本方案顶板模板验算中包含顶板模板支撑立杆验算，顶板模板次龙骨验算，顶板模板主龙骨验算。

模板及支架自重取 0.3 kN/m³。

新浇混凝土自重标准值取 24 kN/m³。

楼板中钢筋自重标准值取 1.1 kN/m³。

施工人员及设备荷载取 2.5 kN/m²。

顶板混凝土计算厚度取 150 mm，每平方米承受荷载为：

$$q_1=1.2\times(0.3\times0.15+24\times0.15+1.1\times0.15)+1.4\times42.5=8.07\ \text{kN/mm}^2$$

(1)支撑架立杆计算：

顶板支撑架立杆采用 ϕ48 mm×3.5 mm 钢管，截面面积 $A=489\ \text{mm}^2$，截面回转半径 $i=15.8$ mm，支撑计算长度按步距取 $L=1\ 500$ mm，抗压强度设计值 $f=215\ \text{N/mm}^2$。

每根立杆承受的荷载 $N=8.07\times0.9\times0.9=6.54$ kN。

①立杆长细比：

$A=1\ 500/15.8=94.9<[\lambda]=200$，满足要求。

②立杆稳定性：

钢管取3号钢b类，按照钢结构设计规范取 $\varphi=0.627$。

$$\delta=N/(\varphi A)=6.54\times10^3/(0.627\times489)=21.33<[\delta]=215\ \text{N/mm}^2$$

所以立杆验算符合要求。

(2)次龙骨验算：

次龙骨间距250 mm，按三跨连续梁计算。

$$q_2=b\times q_1=0.25\times8.07=2.02\ \text{kN/m}$$

$$M_{大}=K_m q_2 L^2=0.1\times2.02\times0.99=0.164\ \text{kN}\cdot\text{m}=1.64\times10^5\ \text{N}\cdot\text{mm}$$

$$W_{5\times10}=\frac{1}{6}bh^2=\frac{1}{6}\times50\times100^2=8.33\times10^4\ \text{mm}^3$$

$$\delta=M/W=1.64\times10^5/(8.38\times10^4)=1.96\ \text{N/mm}^2<[f_m]=13\ \text{N/mm}^2$$

$$\omega=K_w q_2 L^4/(100EI)$$
$$=0.677\times2.02\times1.24\times10^{12}/(100\times8\ 000\times4.17\times10^6)$$
$$=1.26\ \text{mm}<[\omega]=2.25\ \text{mm}$$

所以次龙骨强度、挠度验算合格。

(3)主龙骨验算：

板厚取150 mm，立杆间距900 mm×900 mm，次龙骨间距250 mm，按三跨连续梁计算：

$$q_3=aq_1=0.9\times8.07=7.26\ \text{kN/m}$$

$$M_{大}=K_m qL^2=0.1\times7.26\times0.9^2=0.59\ \text{kN}\cdot\text{m}$$

$$W_{\phi48}=1/32(d^3-d_1{}^4/d)=5.08\times10\ \text{mm}^3$$

$$\delta=M/W=1.61\times10^6/(5.08\times10^5)$$
$$=3.17\ \text{N/mm}^2<[f_m]=13\ \text{N/mm}^2$$

$$\omega=K_w q_3 L^4/(100EI)$$
$$=0.677\times0.94\times10^{12}/(100\times2.1\times10^5\times12.19\times10^6)$$
$$=1.26\ \text{mm}<[\omega]=2.25\ \text{mm}$$

所以主龙骨强度、挠度验算合格。

4.模板自稳角计算：

计算简图见图5－29。

大模板自重：

$$G=1.2\ \text{kN/m}^2$$

基本风压：

$$W=0.25\ \text{kN/m}^2$$

基本风压调整系数取0.8。

稳定安全系数：$K=1.5$，则

$\sin\alpha=[-G+(G^2-5.76W^2)^{1/2}]/(2.4W)=-0.267\ 949$

$\alpha=15.5°$

在大模板实际支设时，α 角大于15.5°时，模板将是稳定的。

大模板存放支架见图5－30，当存放角度为60°～75°时模板对称放置是安全的。

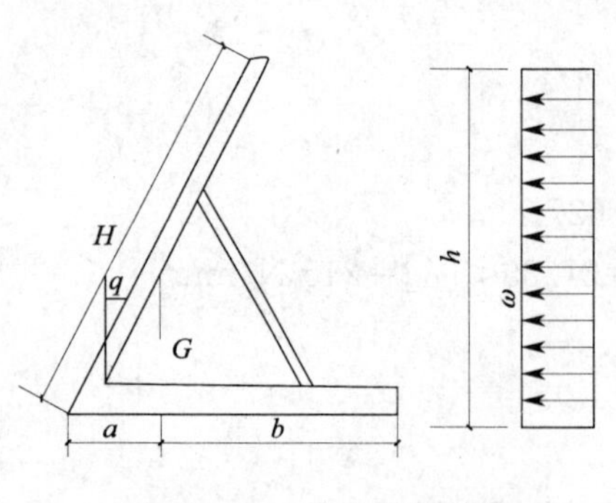

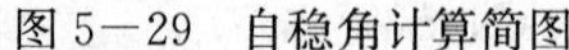

图 5－29　自稳角计算简图

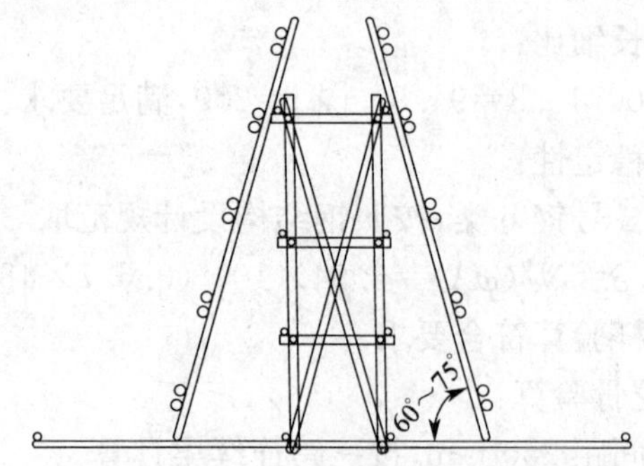

图 5－30　大模板存放支架示意图

三、预应力梁施工方案

（一）编制依据

1. 国家某训练基地多功能训练馆工程预应力施工图纸

2. 有关预应力施工的规范、标准

(1)《混凝土结构工程施工及验收规范》(GB 50204－2002)。

(2)《混凝土结构设计规范》(GB 50010－2002)。

(3)《预应力筋用锚具、夹具和连接器应用技术规程》(JGJ 85－2002)。

(4)《预应力混凝土用钢绞线》(GB/T 5224－2003)。

（二）工程概况及技术特点

1. 工程概况

国家某某训练基地多功能训练馆工程位于某市中国足球学校内，采用现浇钢筋混凝土框架结构体系，共 2 层。在一层游泳池部分的顶部结构形式为预应力井字梁结构，预应力梁的混凝土强度等级为 C40。本工程由北京国贸设计院负责设计，建设单位为国家某某训练基地，总包单位为某某建设工程有限公司，监理单位为某某华建项目管理有限公司。

本工程中，预应力井字梁位于一层游泳池部分的顶部，梁截面尺寸均为 500 mm×1 400 mm，其中长度为 24 m 梁共计 11 根，长度为 36 m 梁共计 2 根。考虑到结构的重要性，梁中采用有黏结预应力技术以满足结构受力及抗裂要求。梁中预应力筋的配置情况为 1×7、2×6、4×6、4×7 几种，预应力筋均呈二次抛物线布置。所有预应力筋的张拉方式均为单端张拉。预应力筋采用 1860 级高强低松弛钢绞线 $\phi^{s}15.2$，抗拉强度标准值 $f_{ptk}=1\ 860\ N/mm^2$，直径 15.2 mm，张拉控制应力系数为 0.70，设计张拉控制应力为 $\sigma_{con}=0.70$，$f_{ptk}=1\ 302\ MPa$，单根张拉力为 188 kN(考虑 3%的超张拉)。预应力张拉端锚具采用 B&S 系列 7 孔、9 孔夹片群锚，固定端为挤压锚具，其性能均符合国家Ⅰ类锚具要求；波纹管采用配套的金属波纹管。锚具及截面布置见图 5－37。

2. 本工程技术特点

(1)采用有黏结预应力技术

本工程井字梁位于一层顶板，梁截面尺寸均为 500 mm×1 400 mm，施工中应保证梁中预应力筋的矢高、间距，定位准确。按照施工图纸中预应力筋矢高的要求，用定位筋固定。为保证预应力钢筋的矢高准确、曲线顺滑，要求梁中预应力筋每隔 1.0～1.5 m 左右设置一根定位筋。预应力筋的位置宜保持顺直，并须保持张拉作用线与承压板垂直(绑扎时应保持预应力筋与锚具轴线重合)。节点组装件安装牢固,不得留有间隙,张拉端的承压板需有可靠固定,严防振捣混凝土时移动。

由于采用有黏结预应力技术,在梁柱节点钢筋比较密,在施工中存在下列问题:

①需采取措施给波纹管留出通道;

②张拉端节点需采用外露式做法(见图 5—38)。这是本工程的施工难点之一。

(2)预应力筋的张拉方式

梁中预应力筋均采用一端张拉一端锚固。张拉端及锚固端做法见图 5—37。图中的各类构配件及相互关系仅为示意,所用的各类构配件采用 B&S 锚固体系的成套设备,均有固定的型号和规格,不得从图上直接量取。固定端由挤压锚具、承压板、螺旋筋组成,所用挤压锚的型号为 B&SZp15—1。张拉端由夹片群锚、喇叭口、螺旋筋等组成。

(3)预应力筋的张拉时间

预应力混凝土构件中的预应力筋应等混凝土强度达到 100%设计强度后方允许张拉,且张拉灌浆结束 48 h 后方可拆除梁下支撑。为保证张拉时的混凝土质量能够达到设计要求,建议在每个部位浇筑混凝土时多留出一组混凝土试块,进行同条件养护,根据天气情况和经验,待这组试块达到强度要求后,尽快出混凝土强度报告,我们会及时配合进行预应力筋的张拉工作,尽量减少等待时间,加快模板和支撑体系的周转,加快施工进度。

(4)预应力筋张拉端的封堵处理方法

在预应力筋张拉完成经监理验收合格后,应尽快用机械方法切断外露的预应力筋,剩余 30～50 mm,并及时对张拉端头进行防腐防锈处理。2 天内用与梁同标号的微膨胀混凝土进行封锚。张拉端为外露式时的具体做法和尺寸见图 5—38。封堵孔洞要求填密实,要求使用钢钎振捣,防止孔内有蜂窝,表面不得露筋。

(5)其他

施工中应优先保证预应力筋的位置。当预应力筋与普通钢筋、水电管线发生位置冲突时,应避让预应力筋。当螺旋筋放置困难时,可用钢筋网片代替;预应力梁节点安装时,梁、柱普通钢筋应避让预应力筋。若出现矛盾,需要双方工程技术人员仔细研究协商后方可施工;预应力梁在施工完成后,不得在梁上进行钻孔和射钉等行为,确保预应力筋不受损坏。各专业吊管支架固定于梁上时,须配合各专业相关图纸,提前在梁上预埋构件;有黏结预应力梁,梁底支撑一直保持到整道梁张拉灌浆完毕 48 h 后方可拆除;预应力用波纹管应严防孔壁破裂。

(三)施工准备

本工程工期紧、工程质量要求严,作为该项工程的预应力分项施工单位,要求能够及时配合设计单位进行预应力细部设计,并制定出简便、可行的施工方案,确保施工的工期和质量要求。

预应力的施工成为本工程结构施工的一个重要组成部分,需要有确定的施工组织保障措施来确保预应力施工的质量和保证总体施工进度不受预应力施工的影响,这一保障措施在本方案后续部分中详尽体现出来。

在预应力施工前需要针对每种张拉端节点情况进行施工翻样图设计。同时,细致地做好预应力施工前期的准备工作,可使预应力在施工过程中不过多的占用工期。

1. 技术准备

(1)根据设计图纸、相关国家规范、规程的要求编制有黏结预应力施工方案。

(2)准备预应力材料进场前的检验和试验资料。

(3)向监理报送有关施工资料。

(4)同现场配合工种进行交接和技术交底。

(5)组织预应力分项施工人员熟悉图纸,熟悉现场情况,向作业人员进行技术和安全交底。

2. 劳动组织及劳动力计划

根据本工程的具体情况,预应力工程的劳动组织应充分考虑预应力施工的特点,即:存在各工种之间交叉作业,铺放时间限制严格,预应力筋张拉可能受工效约束等,根据综合考虑安排劳动力。

(1)预应力劳动力需用量计划(表5—27)

表5—27 预应力劳动力需用量计划

工 种	预应力铺放	预应力张拉
人 数	8～10人	6～8人

(2)预应力施工人员配置

为满足施工质量和进度要求,预应力分项施工项目部将由项目经理、技术负责人、项目工程师、施工工长、质检员、安全员及材料员组成。工程师都具有多年的预应力施工经验;施工工长也具有5年以上的预应力施工经验,参与过首都机场、东方广场、现代城等项目的施工组织工作;施工作业人员全部经过严格的岗位培训,60%以上的工人至少从事预应力施工工作3年以上。

(3)劳动组织

①铺预应力筋人员:4人/班,2～3班。

②每套张拉设备配备3人。其中,2人安装千斤顶,1人操作油泵。

③灌浆设备配备4人。其中,1人搅拌水泥浆,1人操作设备,2人进行灌浆。

④现场预备1套备用机具,如果设备出现故障,立即更换,不耽误张拉工作。

⑤工长在现场负责人员设备组织调配,抓好质量进度与安全,协助工程师处理施工中出现的有关预应力技术问题。

⑥工程师在现场巡回检查,出现问题,及时处理,并要求预应力工程师能够做到随叫随到。

(4)进度计划

本工程工期紧,为确保预应力分项施工不影响施工进度,采用如下措施:

预应力筋、锚具及配件均按照图纸要求在北京市建筑工程研究院专业工厂内提前加工组装并运到工地现场。进度上与总体施工进度相一致,做到在材料运输上既不耽误工期又不致造成过多的积压占用场地。

预应力施工前进行预应力分项施工技术交底,全面考虑施工中可能出现的各种问题。

本工程有黏结预应力的施工进度控制服从土建的结构施工进度计划,做到在保证质量的前提下预应力筋的铺放不拖占工期,不耽误混凝土的正常浇筑。当混凝土强度达到设计要求(在同条件养护下混凝土达设计强度)且具备张拉条件后,立即张拉。

预应力筋的铺放绑扎,参照土建总体铺筋方案及流水段的划分,与同层的钢筋工程和水电消防管线工程可同步穿插进行,以便尽量少占工期。要保证预应力筋、锚具、承压板、螺旋筋等材料供应充足、及时。

在正常施工条件下,预应力梁中预应力筋的铺放时间为10个工作日,张拉及灌浆时间为3～4个工作日。预应力筋的张拉工作不会影响上部其他工种的施工。

(5)预应力工作范围

提出预应力成套技术的施工组织设计及翻样图纸实施方案。

提供预应力成套技术所需要的预应力筋、波纹管、锚具及相应配件，施工用机械设备工具。

负责将预应力筋及配件等材料机具设备运至施工现场。

负责波纹管、出气管的铺设及固定、预应力筋的铺放、张拉、灌浆和张拉后端头的切断。

协助进行预应力施工的质量监督和隐检验收。

提供预应力筋原材料的出厂证明及力学性能复试报告、锚具出厂合格证、张拉设备标定书和张拉记录等技术资料和施工资料。

3. 材料准备及节约措施

(1)原材准备

①预应力钢绞线：

a. 本工程预应力筋采用高强低松弛钢绞线 $\phi^{s}15.2$，钢绞线抗拉强度标准值 $f_{ptk}=1\,860\ \mathrm{N/mm^2}$。

b. 钢绞线进场时附有钢绞线产品生产厂家的合格证书，预应力单位复检合格证。进场检查合格后做取样复试，复试合格后方可使用。产品质量必须符合相应的国家标准。

②预应力锚具：

因为本工程预应力中采用高强低松弛钢绞线，对锚具的要求高。按照规范要求，锚具必须采用Ⅰ类锚具：锚具效率系数：$A=0.95$，试件破断时的总应变 2%。

a. 张拉端：7 孔、9 孔圆型夹片锚具、喇叭口、螺旋筋组成。

b. 固定端：采用单束挤压锚，由 Zp15－1 型挤压锚、锚板、螺旋筋组成。

以上所有材料均采用通过 ISO 9001 认证的产品。

(2)主要施工机械准备及需用量计划

表 5－28　设备需用量计划

编号	名称	规格	数量	备　注
1	张拉千斤顶	YC-200/YCN-25	各 2 套	须配套标定
2	组装挤压机	60 t	1 台	配套标定
3	砂轮锯	180 mm/220 V/750 W	2 个	配套锯片
4	配电箱	220 V	2 套	
5	配电箱	380 V	2 套	
6	工具箱		2 套	配扳手、螺丝刀等常用工具
7	钢卷尺	5 m	4 把	
8	电焊机	BX1-300	1 台	
9	灌浆设备		1 套	

(3)主要材料需用量计划

表 5－29　主要材料需用量计划

序　号	材料名称	单位	数量(大约)
1	有黏结预应力筋	吨	7.5
2	多孔夹片群锚	副	32
3	挤压锚	副	216
4	螺旋筋	个	248

(4)材料节约措施

各型号预应力筋严格按图纸定长下料,张拉端外露长度能够保证正常张拉即可。

张拉用锚具由专人负责发放,做到一孔一锚。

(四)预应力施工

1. 预应力筋的下料与组装

钢绞线经检验合格后,按照施工图纸规定进行下料。按施工图上结构尺寸和数量,考虑预应力筋的曲线长度、张拉设备及不同形式的组装要求,定长下料。预应力筋下料应用砂轮切割机切割,严禁使用电焊和气焊。对一端锚固、一端张拉的预应力筋要逐根进行组装,然后将各种类型的预应力筋按照图纸的不同规格进行编号堆放。

一端张拉的预应力筋锚固端挤压锚的挤压工艺:

(1)将挤压锚夹片套装在预应力筋端部,套入夹片后,预应力筋外露长度 20 mm 为宜。

(2)在装好挤压锚夹片外面穿入锚环。将锚环外清理干净,并涂抹二硫化铝润滑脂或石蜡。

(3)将装好的端头穿入挤压模内,开泵给油(油压不小于 32 MPa),完成挤压锚锚固端的组装。

(4)挤压锚锚固端组装件检查合格后,用专用组装设备紧楔机将挤压锚固端组装在挤压锚座上,并压实。

2. 材料运输

预应力筋及配件吊装过程中尽量避免碰撞挤压,运输时采用成盘运输,应轻装轻卸,严禁摔掷及锋利物品损坏预应力筋表面及配件。吊具采用吊装带。预应力筋、锚具、波纹管及配件运输到施工现场后,应按不同规格分类成捆,成盘,挂牌,整齐堆放在干燥平整的地方。锚夹具及配件应存放在室内干燥平整的地方,码放整齐,按规格分类,避免受潮和锈蚀。预应力筋露天堆放时,需覆盖雨布,下面应加设垫木,防止钢绞线锈蚀。切忌接触电气焊作业,避免损伤。

3. 预应力筋铺放

①铺筋前的准备工作

(1)准备端模

根据本工程的实际情况和设计要求,端模须采用木模。合端模前在预应力筋、波纹管穿出位置处打孔(需在预应力施工人员的指导下进行)。所以需事先准备好端模,尺寸要准确。预应力张拉端设在专门的张拉台座内,在合端模前须将预埋喇叭管固定,然后用海绵和聚苯材料将喇叭管和空隙处填实,防止浇筑混凝土时浆体流入喇叭管内,密封好后,用事先准备好的端模封堵梁端。

②架立筋制作

根据本施工图纸预应力筋曲线矢高的要求施工,定位架立筋采用 Φ12 钢筋绑扎于梁箍筋上,间距 1.0～1.5 m,其高度为波纹管中心线距梁底的高度减去波纹管半径,波纹管绑扎固定在架立筋上。

③做好波纹管的连接接头与密封处理

连接接头的管径应比波纹管管道直径大一号尺寸,接头管长不低于 30 cm,两端分别全部插入接头内,用胶带将接口密封好。

(2)铺放预应力筋

①在梁端部根据设计要求确定预应力体系选配,并按施工图纸要求定位预埋件,如带有灌浆孔的喇叭管、垫板及附件等。

②绑扎架立筋,其位置及高度见施工详图。将波纹管安装就位,要严格按照设计图纸要求铺放,波纹管、喇叭管定位要准确。

③将预应力筋穿入波纹管中。

④密封所有连接部位如喇叭管与波纹管处、张拉端预留安装群锚的部位及灌浆孔端头。

(3)铺设波纹管时要注意:

①铺设波纹管用 4～5 人沿大梁的一侧排开,从一端开始穿入波纹管,待管全部传入后,张拉端要插入已定位的喇叭管中,并用胶带、海绵将波纹管与喇叭管的连接处缠绕密封,固定端用胶带、海绵将波纹管与喇叭管的连接处缠绕密封,避免漏浆。

②铺放时应严格按设计图纸和本施工技术交底要求定位,保证尺寸和直线形状;喇叭管定位要准确;横向位置一定要沿中心线或对称于中心线,不准打 S 弯。

③在各种接头处要用胶带密封,不得漏浆。

④在铺放中和铺放后及浇筑混凝土过程中,严禁碰扁和损坏波纹管,严禁在波纹管上用气焊。

(4)预应力筋铺放顺序示意图(图5－31)

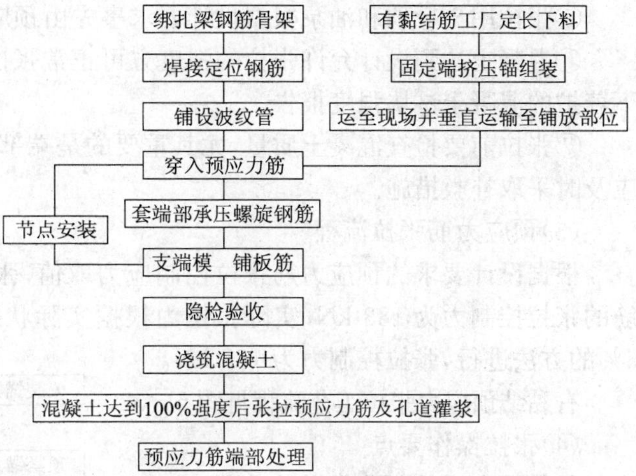

图 5－31 预应力筋铺放

4. 质量控制及持续改进措施

(1)由班组检查以下内容:

①预应力筋根数、位置是否正确;

②张拉端及锚固端的安装质量;

③洞口、管线与非预应力筋关系等是否正确;

④波纹管有无破损;

⑤节点安装是否正确、牢固。

(2)质量要求

预应力筋束形控制点的竖向位置偏差应符合表 5－30 的规定。

表 5－30 束形控制点的竖向位置允许偏差

截面高(厚)度(mm)	$h\leqslant300$	$300\leqslant h\leqslant1\,500$	$h>1\,500$
允许偏差(mm)	±5	±10	±15

(3)持续改进措施

在检查过程中发现问题马上整改,确保验收一次合格。

每段预应力筋铺放完毕后进行总结,确保本段出现的问题不出现在下一段。

5. 混凝土的浇筑及振捣

预应力筋铺放完成后,应由监理进行隐检验收,确认合格后,方可浇筑混凝土。土建单位浇筑混凝土,应认真振捣,保证混凝土的密实。尤其是张拉端和锚固端周围的混凝土严禁漏振,不得出现蜂窝或孔洞。振捣时,应严禁振捣棒直接碰撞波纹管、架立筋以及端部预埋部件。

当浇筑混凝土后初凝 1～2 d 后，应及时拆除梁端模，清理张拉端喇叭口的承压板。在预应力梁浇捣混凝土一段时间后（在混凝土初凝前），通过拉动预先放入波纹管内的预应力筋以保证孔道畅通不堵塞。浇筑混凝土时施工单位必须有专人负责看管。

6. 预应力筋张拉

(1)预应力筋张拉前标定张拉机具

张拉采用 YC-200 千斤顶。

张拉前根据设计和预应力工艺要求的实际张拉力对张拉机具进行标定。实际使用时，根据此标定值作出“张拉力-油压力”曲线，根据该曲线找到控制张拉力值相对应的油压表读值，并将其打在相应的泵顶标牌上，以方便操作和查验。

(2)预应力筋张拉前准备

①在张拉端要准备操作平台，平台可以单独搭设，也可以利用原有的脚手架，但无论用哪种其操作面宽度要求≥1 500 mm，距张拉端 50～100 cm 高，平台设计承载力不得小于800 kg，应有必要的安全防护措施，以便操作。

②张拉端清理干净。

③准备 380 V，15～20 A 电源箱 2 个。

④根据设计要求确定预应力筋控制张拉力值，计算出其理论伸长值。

⑤张拉用千斤顶和油泵根据设计要求事先由预应力专业施工分包单位负责标定好。

⑥混凝土达到设计允许张拉的强度方可正常张拉；张拉之前，施工单位还必须提供同条件下养护的混凝土试块强度报告。

⑦张拉前要检查混凝土质量，尤其重要的是端部混凝土，不得有孔洞等缺陷，如发现问题应及时采取补救措施。

(3)预应力筋张拉流程

根据设计要求的预应力筋张拉控制应力取值，张拉控制应力系数为 0.70，即单束预应力筋的张拉控制力为 183 kN，实际张拉力根据实际状况按照施工规范的方法采用一次超张拉 3%的方法进行，张拉控制力为 188 kN。

有黏结预应力张拉工艺流程见图 5—32。

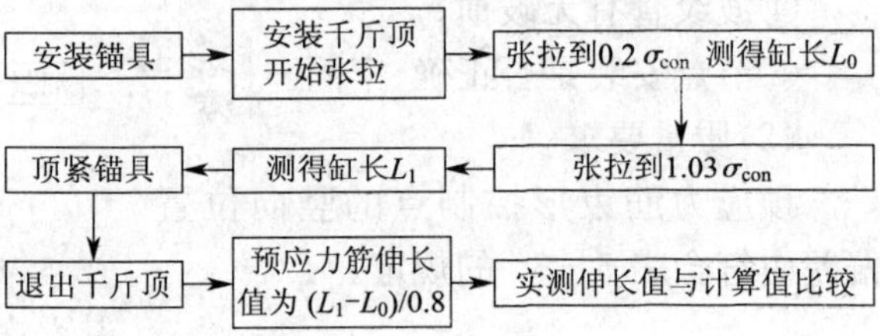

安装锚具 → 安装千斤顶开始张拉 → 张拉到0.2 σ_{con} 测得缸长L_0 → 张拉到1.03 σ_{con} → 测得缸长L_1 → 顶紧锚具 → 退出千斤顶 → 预应力筋伸长值为 $(L_1-L_0)/0.8$ → 实测伸长值与计算值比较

图 5—32

(4)张拉操作要点

①使用大千斤顶张拉前应先用 YCN-20 千斤顶将预应力筋逐根预紧。

②喇叭口、锚具、限位板、千斤顶和工具锚应严格在同一直线上。

③张拉：油泵启动供油正常后，开始加压，当压力达到 2.5 MPa 时，停止加压。调整千斤顶的位置，继续加压，直至达到设计要求的张拉力。当千斤顶行程满足不了所需伸长值时，中途可停止张拉，作临时锚固，倒回千斤顶行程，再进行第二次张拉。张拉时，要控制给油速度，给油时间不应低于 0.5 min。

④测量记录：应准确到 mm。

(5)预应力筋张拉测量记录

张拉完毕后，直接测量千斤顶油缸的行程即为预应力筋的伸长值，并用之与理论计算值校核。

(6)张拉质量控制方法和要求：

①采用张拉时张拉力按标定的数值进行，用伸长值进行校核，即张拉质量采用应力应变双控方法。根据有关规范张拉实际伸长值不应超过理论伸长值的±6%。

②认真检查张拉端清理情况，不能夹带杂物张拉。

③锚具要检验合格，使用前逐个进行检查，严禁使用锈蚀锚具。

④张拉严格按照操作规程进行，控制给油速度，给油时间不应低于 0.5 min。

⑤千斤顶安装位置应与预应力筋在同一轴线上，并与喇叭口、限位板保持垂直，否则，应采用变角器进行张拉。

⑥张拉中钢丝发生断裂，应报告工程师，由工程师视具体情况决定处理。

⑦实测伸长值与计算伸长值相差超过允许误差时，应停止张拉，报告工程师进行处理。

7. 道灌浆

灌浆孔的间距：按设计要求不宜大于 10 m；锚垫板上设有灌浆兼排气孔，曲线孔道在每一跨（两道预应力框架梁之间）的波峰位置设一排气孔，详见图 5－33。

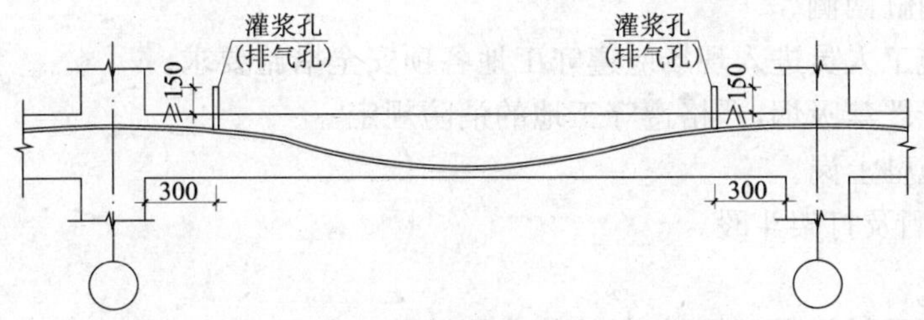

图 5－33　梁内有黏结波纹管示意图(mm)

待预应力筋张拉完毕后应该尽快灌浆。在张拉完成后 12 h 经监理验收合格后方进行该梁的灌浆工作。灌浆工作宜在张拉后的 48 h 内完成。

施工单位提供灌浆用水泥，并出具水泥强度报告单。孔道灌浆应保证孔道内水泥浆饱满、密实。《混凝土结构工程施工质量验收规范》(GB 50204－2002)中规定灌浆用水泥浆的抗压强度不应小于 30 N/mm^2，因而采用标号 P. O42.5 的普通硅酸盐水泥配制的水泥浆可以满足抗压强度要求。水灰比 0.40～0.45，满足《混凝土结构工程施工质量验收规范》中“灌浆用水泥的水灰比不应大于 0.45”的规定。灌浆用水泥在施工现场进行搅拌，搅拌最少 20 min 后可投入使用。

若连续 5 天日平均气温在＋5 ℃以下，需按照冬施要求采取一定的技术措施。

灌浆前孔道应湿润、洁净，灌浆应缓慢均匀地进行，不得中断，并应排气通顺。每工作班组应留置 2 组 70.7 mm 的立方体试件（一组备用），一组试件由 6 个试件组成，试件应标准养护 28 d，其强度要符合《建筑工程施工质量验收统一标准》的相关规定，即不得低于 30 MPa。在灌满孔道并封闭排气孔后，宜再继续加压 0.5～0.6 MPa，稳压 2 min，稍后再封闭灌浆孔。排气孔流出的灌浆料及时清理干净，保证结构混凝土面的光洁度。

8. 张拉后预应力筋张拉端处理

最后根据设计要求，由施工单位用同标号混凝土封堵。

对有黏结预应力筋，在预应力筋张拉完成经总包、监理验收合格后，于完成灌浆 12 h 后采用机械方法（砂轮锯）将外露预应力筋切断，且保留在锚具外的预应力筋长度剩余 30～50 mm，对锚具四周做防腐处理。

封锚所使用的混凝土强度在现行规范中没有具体要求，可使用与梁同标号的微膨胀混凝土封堵。

（五）安全文明施工

1. 安全管理及治安消防措施

(1)与安全生产管理体系挂钩，同时建立自身的安全保障体系，由项目负责人全面管理，每个班组设安全员1名，具体负责有黏结预应力施工的安全。

(2)在进行技术交底时，同时进行安全施工交底。

(3)张拉操作人员必须持证上岗。

(4)张拉作业时，在任何情况下严禁站在预应力筋端部正后方位置。操作人员严禁站在千斤顶后部。在张拉过程中，不得擅自离开岗位。

(5)油泵与千斤顶的操作者必须紧密配合，只有在千斤顶就位妥当后方可开动油泵。油泵操作人员必须精神集中，平稳给油回油，应密切注视油压表读数，张拉到位或回缸到底时需及时将控制手柄置于中位，以免回油压力瞬间迅速加大。

(6)张拉过程中，锚具和其他机具严防高空坠落伤人。油管接头处和张拉油缸端部严禁手触站人，应站在油缸两侧。

(7)预应力施工人员进入现场应遵守工地各项安全措施要求。

(8)施工现场严禁吸烟，严格遵守工地的消防规定。

(9)不准穿拖鞋上岗。

(10)不准喝酒及打架斗殴。

2. 环保措施

(1)施工时所需材料限额领料，保持作业面清洁。

(2)每日收工时将剩余材料返回库房。

(3)张拉完毕切断外露预应力筋并及时清理码放整齐。

(4)需夜间加班时应提前向总包单位申请，夜间施工严禁大声喧哗，以防噪声扰民。

3. 生活管理

(1)施工人员除晚上加班外不住现场。

(2)由工长负责带领工人到指定食堂解决伙食问题。

(3)每日上班由工长带领统一坐公交车提前到达现场。

（六）预应力施工安全管理

1. 安全管理的方针

安全第一，预防为主。

2. 安全生产目标

无重大工伤事故，杜绝死亡事故，轻伤频率控制在1‰以内。

3. 安全管理制度

(1)安全技术交底制

根据安全措施要求和现场实际情况，各级管理人员需亲自逐级进行书面交底。

(2)班前检查制

安全管理人员应对作业人员履行安全措施的情况进行逐一检查，合格后方可进行施工。

(3)周一安全活动制

项目经理每周一要组织全体工人进行安全教育，对上一周安全方面存在的问题进行总结，对本周的安全重点和注意事项做必要的交底，使广大工人能心中有数，从意识上时刻绷紧安全施工这根弦。

(4)定期检查与隐患整改制

项目部每周三要组织一次安全生产检查,对查出的安全隐患必须制定措施,定时间定人员落实整改,并做好安全隐患整改消项记录。

(5)危急情况停工制

一旦出现危及职工生命安全的险情,要立即停工,同时报告有关部门及时采取措施排除险情。

(6)持证上岗制

所有管理人员及张拉操作工人均需持证上岗。

(7)安全生产奖罚制与事故报告制

4.安全措施

(1)预应力梁支撑脚手架搭设及拆除安全措施

①脚手架的基础必须经过硬化处理满足承载力要求,做到不积水、不沉陷。

②搭设过程中划出工作标志区,禁止行人进入、统一指挥,上下呼应、动作协调,严禁在无人指挥下作业。

③开始搭设立杆时,应每隔 6 跨设置 1 根抛撑,直至连墙件安装稳定后,方可根据情况拆除。

④脚手架及时与结构拉结或采用临时支顶,以保证搭设过程安全,未完成脚手架在每日收工前,一定要确保架体稳定。

⑤脚手架必须配合施工进度搭设,一次搭设高度不得超过相邻连墙件以上 2 步。

⑥在搭设过程中应由安全员、架子班长等进行检查,验收和签证。每 2 步验收 1 次,达到设计、施工要求后挂合格牌 1 块。

⑦拆架时,应划分作业区,周围设绳绑围栏或竖立警戒标志,地面应设专人指挥,禁止非作业人员进入。

⑧拆除时要统一指挥,上下呼应,动作协调,当解开与另一人有关的扣件时,应先通知对方,以防坠落。

⑨在拆架时,不得中途换人,如必须换人时,应将拆除情况交待清楚后方可离开。

⑩每天拆架人员下班时,不得留下隐患部位。

⑪拆除脚手架时,严禁碰撞脚手架附近电源线,以防触电事故。

⑫所有杆件和扣件在拆除时应分离,不准在杆件上附着扣件或两杆连着送到地面。

(2)模板施工安全措施

①模板吊装时需专人指挥,不得违章作业。应经常对吊钩检查,防止出现意处。

②模板的堆放必须在现场指定位置放置,堆放时分类码放,并标明编号,大模板放置时要搭设专用架子以便清理、维修、涂刷脱模剂。

③模板堆放及加工区要做好防火准备,防火设施齐全。

④拆模时应按照先支的后拆、后支的先拆顺序;先拆非承重模板,后拆承重模板及支撑;拆除活动模板时,必须一次连续拆除完,方可停歇,严禁留下安全隐患。

⑤拆除的模板支撑等材料,必须边拆、边清、边运、边码垛,楼层高处拆下的材料,严禁向下抛掷。

⑥模板加工、堆放区及施工现场应严禁烟火。

(3)钢筋施工安全措施

①施工人员必须进行技术培训,并持证上岗操作。

②钢筋加工前应先调直再加工，切口端面宜于钢筋轴线垂直，端头弯曲、马蹄形严重的应切去。

③丝头加工时应用水溶性切削液，严禁用机油或不加切削液进行加工。

④为保证丝头加工长度必须使用挡铁进行限位，挡铁在使用时必须将钢筋紧贴住挡铁，撤下挡铁后将钢筋夹紧。

⑤设备必须有地线连接，设备电源必须有漏电保护装置，设备维修必须专职人员进行，不得私自进行维修。

⑥所有操作及相关设备必须符合相应安全规范、规程、标准。

(4)混凝土施工安全措施

①进入施工现场要正确系戴安全帽，高空作业正确系安全带。

②现场严禁吸烟。

③严禁上下抛掷物品。

④泵车后台及泵臂下严禁站人，按要求操作。

⑤振捣和拉线人员必须穿胶鞋戴绝缘手套，以防触电。

⑥在混凝土泵出口的水平管道上安装止逆阀，防止泵送突然中断而产生混凝土反向冲击。

⑦泵送系统受压力时，不得开启任何输送管道和液压管道。液压系统的安全阀不得任意调整，蓄能器只能充入氮气。

⑧作业后，必须将料斗内和管道内混凝土全部输出，然后对泵机、料斗、管道进行清洗。用压缩空气冲洗管道时，管道出口端10 m内不得站人，并用金属网篮等收集冲出的泡沫橡胶及砂石粒。

⑨混凝土振捣器使用安全要求

a. 作业前，检查电源线路无破损漏电，漏电保护装置灵活可靠，机具各部连接紧固，旋转方向正确。

b. 振捣器不得放在初凝的混凝土、楼板、脚手架、道路和干硬的地面上进行试振。如检修或作业间断时，切断电源。

c. 插入式振捣器软轴的弯曲半径不得小于50 cm，并不得多于2个弯；操作时振捣棒自然垂直地插入混凝土，不得用力硬插、斜推或使钢筋夹住棒头，也不得全部插入混凝土中。

d. 振捣器保持清洁，不得有混凝土黏结在电动机外壳上妨碍散热。发现温度过高时，停歇降温后方可使用。

e. 作业转移时，电动机的电源线保持有足够的长度和松度，严禁用电源线拖拉振捣器。

f. 电源线要悬空移动，注意避免电源线与地面和钢筋相摩擦及车辆的碾压。经常检查电源线的完好情况，发现破损立即进行处理。

g. 用绳拉平板振捣器时，拉绳干燥绝缘，移动或转向不得用脚踢电动机。

h. 振捣器与平板保持紧固，电源线必须固定在平板上，电器开关装在手把上。

i. 操作人员必须穿戴绝缘胶鞋和绝缘手套。

j. 作业后，必须切断电源，做好清洁、保养工作。振捣器要放在干燥处，并有防雨措施。

⑩混凝土泵送设备使用安全要求

a. 泵送设备放置离基坑边缘保持一定距离，在泵管动作范围内无障碍物，无高压线，放置泵送设备的地方必须具有足够的支撑力。

b. 水平泵送的管道敷设线路接近直线，少弯曲，管道及管道支撑必须牢固可靠，且能承受输送过程所产生的水平推力；管道接头处密封可靠。

c. 砂石粒径、水泥标号及配合比按原厂规定满足泵车可泵性的要求。

d. 泵车的停车制动和锁紧制动同时使用，水源供应正常和水箱储满清水，料斗内无杂物，各润滑点润滑正常。

e. 泵车设备的各部螺栓紧固，管道接头紧固密封，防护装置齐全可靠。

f. 各部位操纵开关、调整手柄、手轮、控制杆、旋塞等均在正确位置。液压系统正常无泄漏。

g. 准备好清洗管、清洗用品、接球器及有关装置。作业前，必须先用同配比的水泥砂浆润滑管道，无关人员必须离开管道。

h. 随时监视各种仪表和指示灯，发现不正常及时调整或处理。如出现输送管道堵塞时，进行逆向运转(反抽)使混凝土返回料斗，必要时拆管排除堵塞。

i. 泵送工作连续作业，必须暂停时每隔 5～10 min(冬季 3～5 min)泵送一次。若停止较长时间后泵送，先逆向运转一两个行程，然后顺向泵送。泵送时料斗保持一定量的混凝土，不得吸空。

(5)预应力施工安全措施

①现场应有专职的电工负责预应力施工用电。

②钢绞线发盘下料时应采取措施以防钢绞线弹开伤人。

③预应力筋穿束和张拉时应搭设牢固的操作平台，平台上应满铺脚手板，平台挑出张拉端应不小于 2 m。

④张拉时千斤顶两端严禁站人、闲杂人员不得围观、预应力施工人员应在千斤顶两侧操作、不得在端部来回穿越。

⑤穿束和张拉地点上、下垂直方向严禁其他工种同时施工。

⑥高空作业时防止高空坠落，必要时预应力梁两端可搭设安全网。

⑦孔道灌浆主要人员应戴防护镜，以防水泥浆喷出伤眼。

(七)施工验收和技术资料

1. 预应力专项工程施工及质量检查验收依据

(1)《混凝土结构工程施工及验收规范》(GB 50204－2002)。

(2)《预应力筋用锚具、夹具和连接器应用技术规程》(JGJ 85－2002)。

2. 预应力施工技术资料

(1)有黏结预应力专项工程施工方案。

(2)有黏结预应力专项工程施工技术、安全交底。

(3)有黏结预应力筋合格证、材质检验报告、复检报告。

(4)B&S 锚夹具合格证。

(5)有黏结筋锚具组装件检验报告。

(6)预应力分项工程质量检验评定表。

(7)预应力分项工程隐蔽验收记录。

(8)预应力筋张拉机具标定书。

(9)预应力筋张拉记录。

(10)其他资料。

(八)质量保证体系

1. 质量保证措施

(1)加强技术管理，认真贯彻国家规定、规范、操作规程及各项管理制度。

(2)建立完整的质量管理体系，项目管理部设置质量管理领导小组，由项目负责人和总工程师全权负责，选择精干、有丰富经验的专业质量检查员，对各工序进行质量检查监督和技术指导。

(3)严格执行质量目标管理，把质量与效益严密挂钩，实行优质优价，质量目标责任制。质检员认真行使质量否决权，使质量管理始终处于受控状态。

项目部每天要开好现场生产的质量碰头会，每周对工程进行全面检查，进行三分析活动，即：分析质量存在的问题，分析应采取的措施，查出问题及时整改。

(4)预应力张拉操作人员，必须经过培训，持证上岗。

(5)应严格执行“三检”和“一控”，对质量问题要“三不放过”。

“三检”：自检、互检、交接检。

“一控”：自控准确率、一次验收合格率。

(6)应加强施工全过程中的质量预控，密切配合建设、监理、总包三方人员的检查与验收，按时作好隐蔽工程记录。

(7)加强原材料的管理工作，严格执行各种材料的检验制度，对进场的材料和设备必须认真检验，并及时向总包单位和监理方提供材质证明、试验报告和设备报验单。

(8)优化施工方案，认真作好图纸会审和技术交底。每层、段都要有明确和详细的技术交底。施工中随时检查施工措施的执行情况，作好施工记录。按时进行施工质量检查掌握施工情况。

(9)加强成品保护工作，对有黏结预应力筋要采取保护措施，吊装时用专用吊绳。穿束时，如遇障碍，应进行调整后再穿，尽量避免有黏结预应力筋被破坏。

(10)认真做好工程技术资料，及时准确完整收集和整理好各种资料，如合格证、试验报告、质检报告、隐蔽验收记录等，及时办理各种签证手续，由资料员负责各种资料的收发由技术负责人负责资料的内涵管理、整理和保管等外延管理。

2. 质量管理程序(图 5－34)

3. 工序质量控制程序(图 5－35)

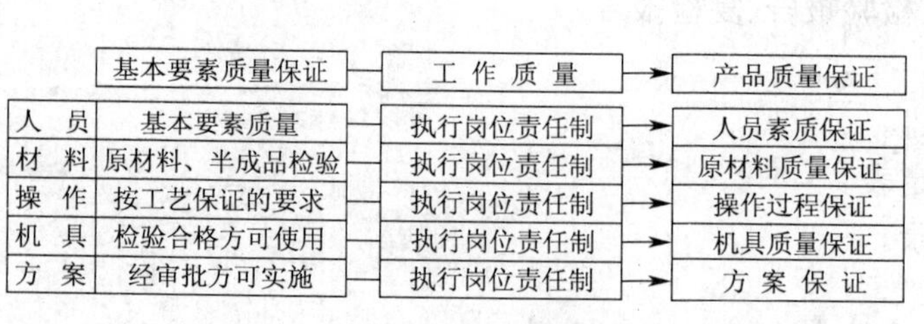

图 5－34 质量管程序

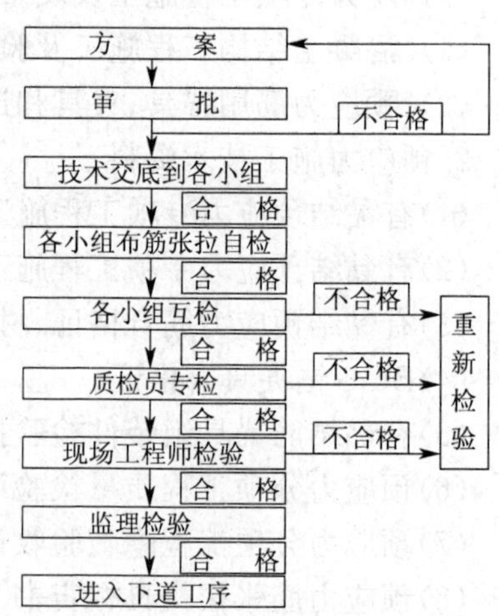

图 5－35 工序质量控制程序

4. 质量评定

按照中华人民共和国国家标准《混凝土结构工程施工及验收规范》(GB 50204－2002)的规定进行质量评定，工程质量必须符合上述标准的要求。

(九)工期保证体系

1. 工期保证体系构成

预应力施工工期由项目部全面负责协调各职能部门，组成工期保证体系。见图 5—36。

图 5—36　工期保证体系构成

2. 工程进度计划

预应力筋下料组装及配件均在加工厂提前完成，只是在现场铺筋时，按段多占用 1 个工作日。而其他工作能按土建结构施工整体部署及工期，穿插或平行进行预应力施工，即不占用土建结构施工日历天数。

3. 工期保证措施

(1)预应力筋生产加工

预应力筋、锚具及配件均按照设计图纸要求，在北京市建筑工程研究院预应力专业生产基地内，根据施工进度计划提前加工组装并运到施工现场。这样，与土建总体施工进度相一致，既不耽误工期又不会造成过多的积压，同时节省施工场地。

(2)预应力筋铺设

根据土建总体施工进度要求，预应力筋铺放按土建流水施工段划分，逐段铺设，并与同层的普通钢筋工程和水电工程同步穿插进行。为提高工效，做到一次成活，避免返工，保证施工质量，应严格按照工艺流程组织各道工序施工。在劳动力组织方面，可安排 2～3 个工作班，与土建施工作业时间同步，确保不因预应力方面原因影响施工的正常进行。

(3)预应力筋张拉

梁板混凝土浇筑完毕，墙、板侧模应及时先行拆除，将预应力筋张拉端提早清理出来。当具备张拉条件后，立即组织进行张拉。张拉预应力筋不占用施工总工期。

(4)计划管理保证

在工期的宏观控制下，预应力分项工程每段的施工进度计划同总进度，以确保工期。

(5)劳动力安排保证

根据工期要求适时调整劳动力，并保证作业人员按时进场，做到不窝工，不延误工期。

(6)物资设备保证

保证材料供应，确保各种机械设备的正常运转，不因材料机械耽误施工，有足够的各类机械以保证生产的需求。

(7)技术措施保证

根据施工单位确定的施工流水段，组织切合实际的交叉作业，编制可行而又高效的施工方案和技术措施，采用合理的工艺流程，及时作好针对性的技术交底，使施工人员深刻领会，做到熟能生巧。

(8)强化中控手段

强化自检、互检、专业检，发挥中控手段的作用，缩短工序时间，提高一次合格率，使施工进入良性循环。

(十)附图

附图见图 5—37、图 5—38。

(十一)模板安装

1. 梁、板模板

梁模板系统由主龙骨、次龙骨，支撑系统组成，面板用 12 mm 的多层板，内楞用 50 mm×100 mm 木方子，间距 300 mm，主龙骨用 $\phi48$ 的钢管间距 600 mm，采用钢管脚手架，立杆间距

600 mm×600 mm。顶板模板系统由主龙骨、次龙骨，支撑系统组成，面板用 12 mm 的多层板，内楞用 50 mm×100 mm 木方子，主龙骨用 ϕ48 钢管间距 600 mm，采用钢管脚手架，立杆间距 600 mm×600 mm。所有立杆下方加铺槽钢，所有支撑系统支撑在已浇筑好 100 mm 厚 C15 混凝土垫层上，垫层下方为 300 mm 厚的砂石垫层和碎石挤密桩基础，碎石桩承载力经检测完全满足设计要求承载力值为 150 kPa。

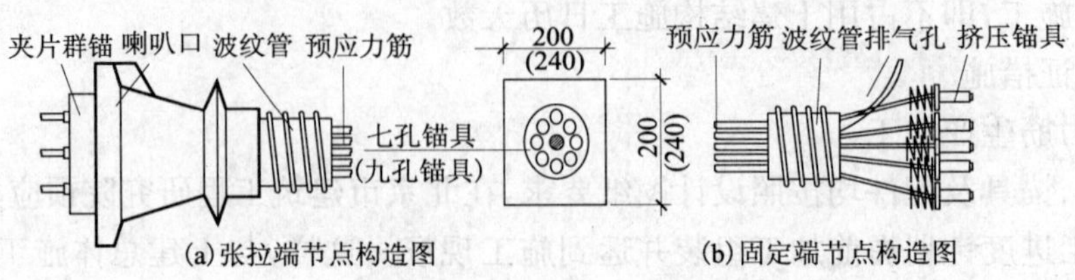

(a) 张拉端节点构造图　　(b) 固定端节点构造图

图 5－37　有黏结预应力梁张拉端、固定端节（mm）

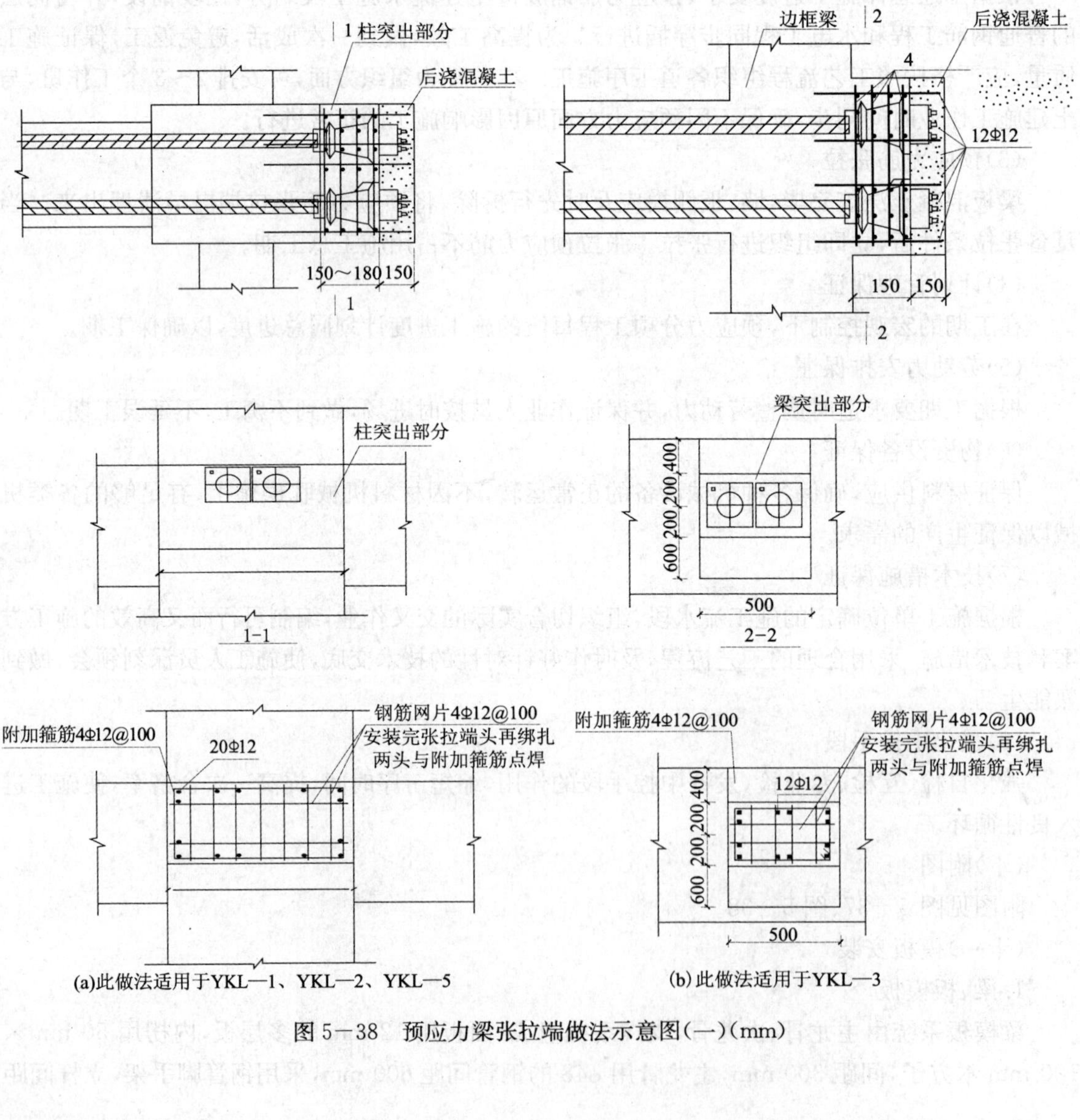

(a)此做法适用于YKL—1、YKL—2、YKL—5　　(b) 此做法适用于YKL—3

图 5－38　预应力梁张拉端做法示意图（一）（mm）

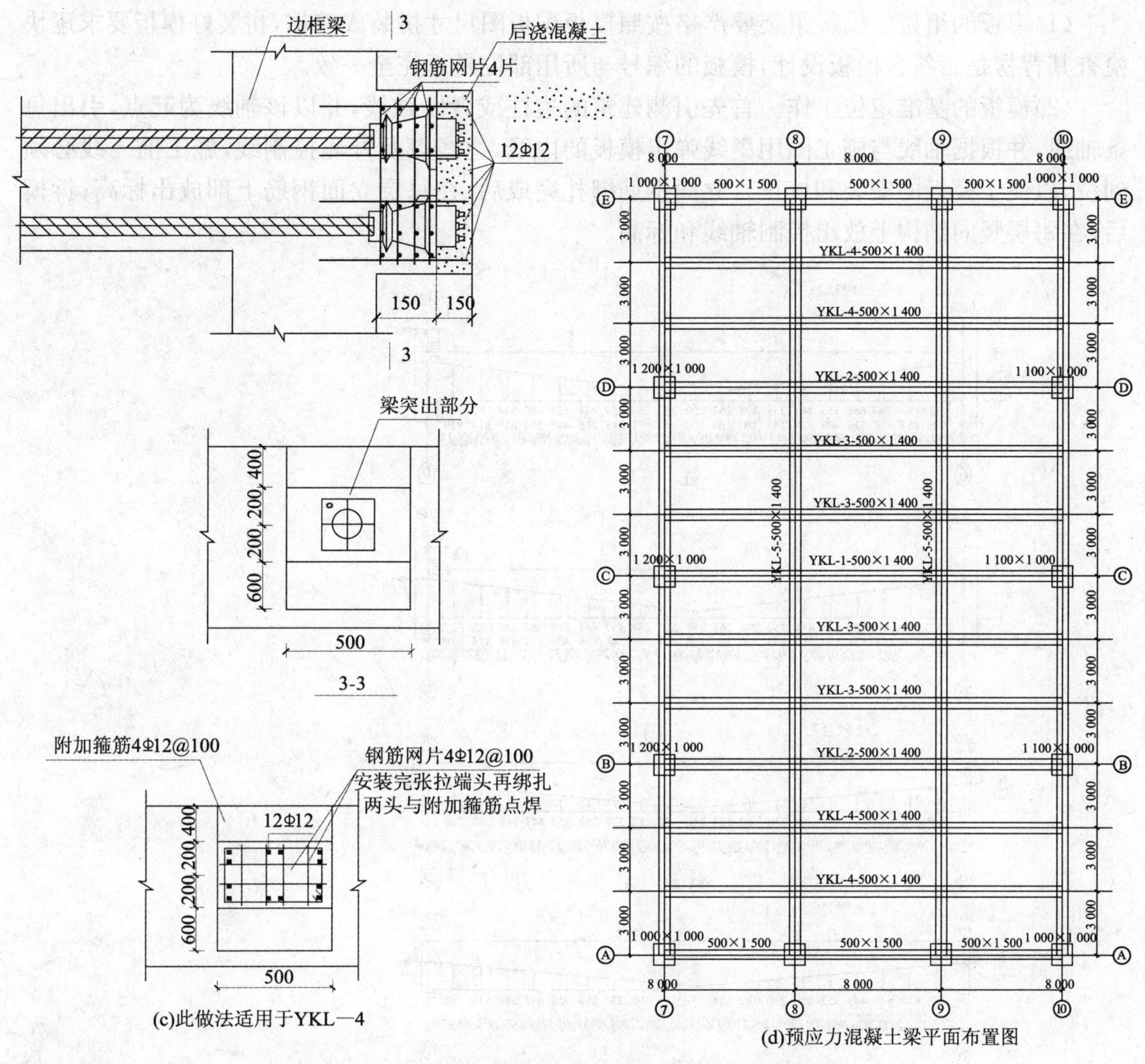

图 5—38　预应力梁张拉端做法示意图(二)(mm)

梁底模及侧模均采用 12 mm 厚多层板，梁宽大于 300 mm 时设 3 道 50 mm×100 mm 木方，间距不大于 300 mm，木方下设 ϕ48 的钢管做小横楞，间距 600 mm；侧模顺梁方向设 50 mm×100 mm 木方，间距不大于 300 mm；外侧设 ϕ48 钢管夹具，间距 600 mm；梁中间设四道 ϕ14 对拉螺栓，立杆支撑间距 600 mm。

2. 梁柱节点

框架结构梁柱接头如果处理不好，容易产生混凝土外观的蜂窝麻面以及梁柱的不规则形状，为了避免以上情况发生，对梁柱接头模板采取如下措施：

采用 4 块多层板配制的带梁豁的柱模板组合制成定型模板，面板采用 12 mm 多层板，背楞采用 50 mm×100 mm 木方，木方必须双面刨平。梁豁以下的柱模长度应不小于 300 mm 长，梁柱接头模板由专人制作，以确保梁柱接头模板的尺寸准确性。

在柱子浇筑混凝土时，混凝土的标高控制在梁底标高处，4 片带梁豁的柱模板四面抱柱支设；在梁豁下，用柱箍箍紧。

3. 模板安装前的准备工作

(1)模板的组拼。模板组装要严格按照模板配板图尺寸拼装成整体,拼装好模板要求逐块检查其背楞是否符合模板设计,模板的编号与所用部位是否完全一致。

(2)模板的基准定位工作。首先引测建筑的边柱或者墙轴线,并以该轴线为起点,引出每条轴线,并根据轴线与施工图用墨线弹出模板的内线,边线以及外侧控制线,施工前 4 线必须到位,以便于模板的安装和校正。立面钢筋绑扎完成后,在每层立面钢筋上部放出标高;拆模后,在每层竖向结构上放出控制轴线和标高。

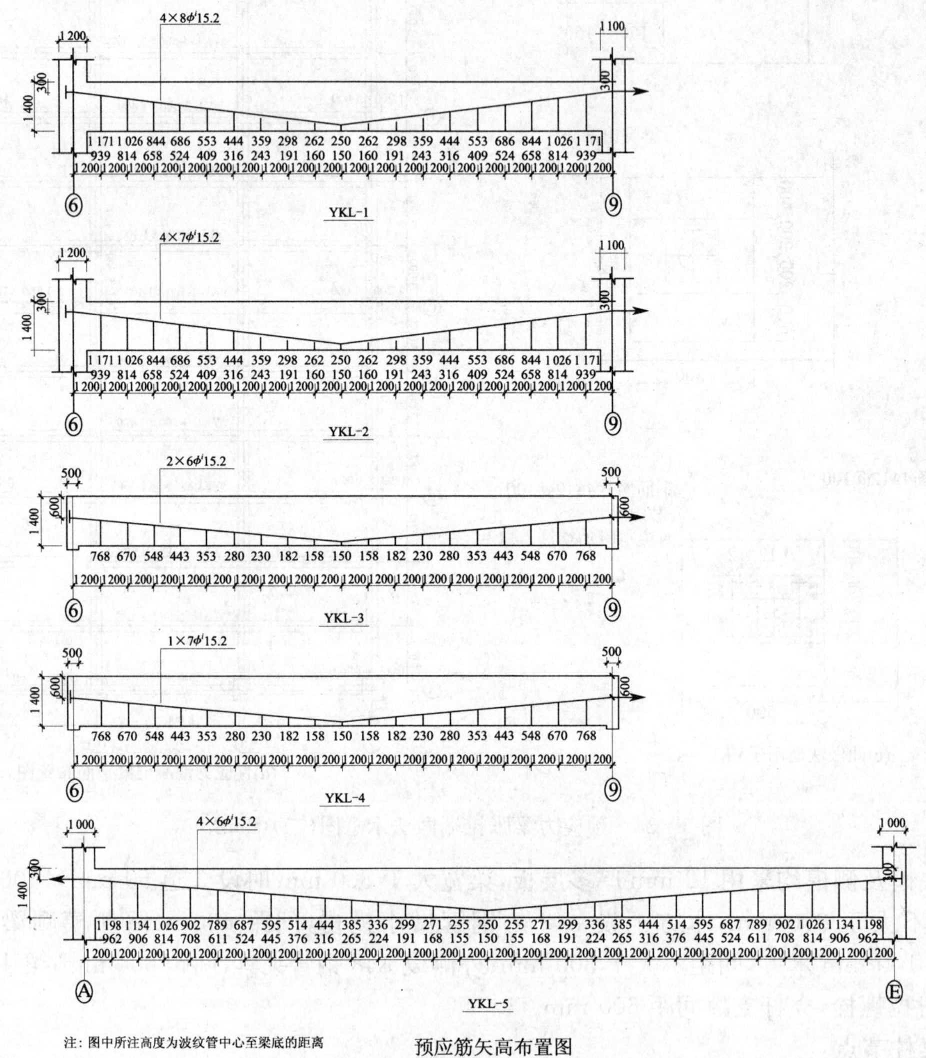

图 5-39　预应力筋矢高布置图(mm)

(3)标高测量。利用水准仪根据实际要求将建筑物水平标高直接引测到模板的安装位置。

(4)已经破损的面板不得投入使用。

(5)已经检查合格的拼装后模板块,应按照要求堆码放,重叠放置时要在层间放置垫木,模板与垫木上下齐平,底层模板离地保证 100 mm 以上距离。

4. 模板的支设

模板的支设,阴阳角处及接缝处为硬拼缝。

梁、板模支设工艺:弹出梁轴线及水平线并复核→搭设梁板支架→安装梁底模板(梁底起拱)→绑扎钢筋→安装梁侧模→安装另一侧梁模→安装对拉螺栓→复核梁模尺寸、位置→与相邻模板连固。

梁、板跨度≥4 m时，模板必须起拱，木模起拱高度为全跨长度的0.2%(在背楞上起拱)。

支设主、次梁的三排架，并将排架与满堂架形成整体拉结。

主次梁底的独立支撑也采用配设可调支撑，在主次梁相交，以及次梁之间相交处，梁底拼装成独立板，并将支撑的可调支撑朝上放置，以便于早拆后，所有相交梁底保留后续支撑。

5.模板拆除

模板的拆除实行作业令制度，混凝土强度达到拆模要求，由现场技术负责人下达拆模令，工长方可组织木工进行模板拆除作业。

模板拆除前，主管工长必须向作业进行书面的技术交底，交底内容包括拆模时间、拆模顺序、拆模要求、模板堆放位置等。

梁底模及顶板模板：依据同条件试块试压结果来判定是否可以拆模，拆模时同条件试块强度须达到：板跨度>8 m时同条件试块强度达到混凝土设计强度标准值100%。

6.技术质量保证措施

(1)材料质量标准

①多层板技术性能必须符合《混凝土模板用胶合板》(ZBB 70006—88)要求。

②木方必须符合质量标准要求。

(2)施工质量要求

①严格控制预拼模板精度，其组拼精度要求符合表5—31要求。

表　5—31

序号	项　目		允许偏差(mm)	检查方法
1	轴线位移	基础	5	尺量
		柱、墙、梁	3	
2	标高		±3	水准仪或拉线尺量
3	截面内部尺寸偏差	基础	±5	尺量
		柱、墙梁	±2	
4	每层高垂直度		3	直尺、尺量
5	相邻板的表面高低差		2	2 m靠尺、楔形塞尺
6	表面平整度		2	方尺楔形塞尺
7	阴阳角	方正	2	5 m线尺
		顺直	2	
8	预埋铁件、预埋管、螺栓	中心线位移	2	拉线，尺量
		螺栓中心线位移	2	
		螺栓外露长度	+10 0	
9	预留孔洞	中心线位移	5	拉线，尺量
		内孔洞尺寸	+5 0	
10	门窗洞口	中心线位移	3	拉线，尺量
		宽高	±5	
		对角线	6	

②质量控制

a. 每层主轴线和分部轴线放线后，规定负责测量记录人员及时记录平面尺寸测量数据，并要及时记录，目的是通过数据分析垂直度误差。并根据数据分析原因，将问题及时反馈到有关生产负责人，及时进行整改和纠正。

b. 所有竖向结构的阴、阳角均为硬拼缝，拼缝要牢固。

c. 模板的脱模剂要使用油性脱模剂，以防污染钢筋。

d. 浇筑混凝土前必须检查支撑是否可靠、扣件是否松动。浇筑混凝土时必须由模板支设班组设专人看模，随时检查支撑是否变形、松动，并组织及时恢复。

e. 混凝土吊斗不得冲击顶模，造成模板几何尺寸不准。

f. 支模前仔细检查脱模剂是否涂刷均匀。

g. 大模板应定期进行检查与维修，保证使用质量。

h. 对于跨度较大的梁、板，应按规范适当考虑起拱，以防"塌腰"等现象发生。起拱应符合下列规定：当梁板跨度≥4 m 时，模板应按设计要求起拱；如无设计要求时，起拱高度宜为全长跨度的 2/1 000。

7. 节约材料措施和成品保护

(1)不得在配好的模板上随意践踏、重物冲击；木背楞分类堆放，不得随意切断或锯割。不准在模板上任意拖拉钢筋。在支好的顶板上焊接钢筋(固定线盒)时，必须在模板上加垫铁皮或其他阻燃材料，以及在顶板上进行预埋管打弯走线时不得直接以模板为支点，须用木方作垫进行。

(2)根据图纸精心排板，每块板、每根梁尽量少拼缝。

(3)多余扣件和钉子要装入专用背包中，按要求回收，不得乱丢乱放。

(4)模板拆除扣件不得乱丢，边拆边进袋。

(5)拆除模板按标示吊运到模板堆放场地，由模板保养人员及时对模板进行清理、修正、刷脱模剂，标示不清的模板应重新标示；做到精心保养，以延长使用期限。

(6)模板上的脱模剂晾干后才可吊运。

8. 安全技术措施

模板支撑应按要求设置，模板没有固定前不得进行下道工序，禁止利用拉杆及支撑攀登上下。

拆除模板前应经施工技术人员同意。操作时应按顺序进行，严禁猛撬硬砸或大面积撬落，完工前，不得留下松动和悬挂的模板，拆下的模板应及时运送指定地点集中堆放，防止钉子扎脚。

凡进入现场必须戴好安全帽；施工现场堆放材料要考虑消防车进入；施工现场一切洞口、过道、出入口均应设置有效的防护；在清理安全网中杂物时，应在其下设置禁区，并设专人巡视；工地由专人管理暂设电气工程，验收合格后方可送电运行；对施工用电设备定期进行检查；施工现场和生产中使用的手持电动设备必须设置漏电保护装置；220 V/380 V 以上电源进入在施建筑物必须事先制订方案，并经主管部门批准；非电工严禁拆改电气设备，任何人不得强令电工违章作业。

(十二)模板支撑体系验算

梁长 36 m，截面尺寸 500 mm×1 400 mm，梁底离游泳池垫层地面高度为 6.75 m。

1. 底模验算

计算底模承受的荷载：梁的底模设计要考虑四部分荷载，模板自重，新浇混凝土的重量，钢筋重量及振捣混凝土产生的荷载，均乘以分项系数 1.2，梁底模及侧模均采用 12 mm 厚多层板，框架梁截面尺寸按 500 mm×1 400 mm。

(1)荷载计算

模板及支架自重 1.2×0.5×0.5=0.3 kN/m。

混凝土自重 1.2×24×0.5×1.4=20.16 kN/m。

钢筋自重 1.2×1.5×0.5×1.4=1.26 kN/m。

施工人员及设备荷载 1.4×2.5×0.5=1.75 kN/m。

振捣荷载 1.4×2×0.5=1.4 kN/m。

总荷载∑=24.87 kN/m。

(2)抗弯承载力验算

根据《混凝土结构工程施工及验收规范》的规定，设计荷载值要乘以 $V=0.90$ 的折减系数。

荷载设计值为 24.87×0.9=22.383 kN/m。

面荷载 $q=22.383/0.5\times1=44.766\ \text{kN/m}^2$。

$$M=0.07ql^2=0.07\times44.766\times100^2=3.13\times10^4\ \text{N}\cdot\text{mm}.$$

12 厚面板的净截面抵抗矩 $W_n=\dfrac{1}{6}bh^2=\dfrac{1}{6}\times1\times0.0122=2.4\times10^4\ \text{mm}^3$

抗弯承载力 $\sigma_m=M/W_n=3.13\times10^4/2.4\times10^4=1.30\ \text{N/mm}^2<[f]=13\ \text{N/mm}^2$。

满足要求。

(3)挠度验算

荷载不包括振捣混凝土荷载，则

$$q=(24.87-1.4)\times0.9/0.5\times1=42.25\ \text{kN/m}.$$

$$I=(\frac{1}{12})bh^3=(\frac{1}{12})\times100\times12^3=1.44\times10^5\ \text{mm}^4$$

$\omega=0.521ql^4/100EI=0.52\times42.2\times150^4/10\times500\times1.44\times10^5=0.15\ \text{mm}<[\omega]=3\ \text{mm}$

满足要求。

2.内楞计算(内楞采用 50 mm×100 mm 木方)

(1)抗弯承载力验算

每跨 0.6 m，净距 550 mm 计算。

$$M=0.08ql^2=0.08\times24.87\times600^2=7.16\times10^5\ \text{N}\cdot\text{mm}$$

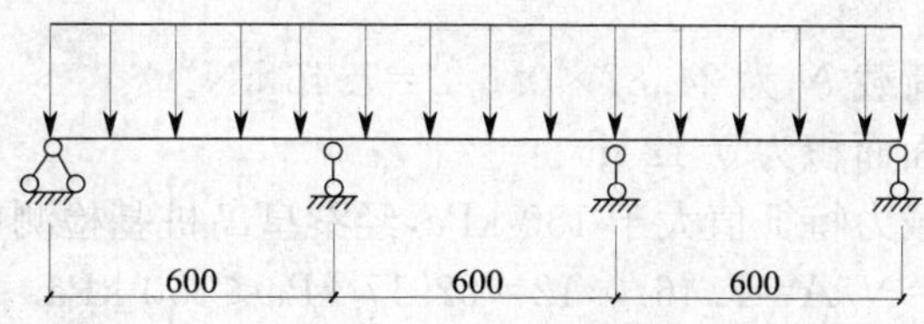

图 5-40　内楞计算

$$W=bh^2/6=1/6\times50\times100^2=8.3\times10^4\ \text{mm}^3$$

$$\sigma_m=M/W_n=7.16\times10^5/8.3\times10^4=8.63\ \text{N/mm}^2<[\sigma]=13\ \text{N/mm}^2$$

满足要求。

(2)挠度验算

荷载不包括振动荷载，故 $q=42.2\times0.5=21.13\ \text{kN/m}$

$$\omega=K_wql^4/100E_I$$

$$=0.96\times21.1\times600^4/10\times900\times417\times10^4$$

$$=0.71\ \text{mm}<[\omega]=L/400=600/400=1.5\ \text{mm}$$

满足要求。

3. 小横楞验算

$$q=22.383\times0.6/0.5=26.86\ \text{kN/m}$$

(1)抗弯强度验算：

$$M=\frac{1}{8}qc(2l-c)=\frac{1}{8}\times26.86\times500\times(2\times900-500)=2.18\times10^6\ \text{N}\cdot\text{mm}$$

$$W=bh^2/6=\frac{1}{6}\times50\times100^2=8.3\times10^4\ \text{mm}^3$$

$$\sigma_m=M/W_n=2.18\times10^6/8.3\times10^4=26.27\ \text{N/mm}^2<[\sigma]=205\ \text{N/mm}^2$$

(2)挠度验算：

梁作用在小楞上的荷载可简化为一个集中荷载，荷载不包括振捣荷载，则

$q=42.25\times0.6=25.35\ \text{kN/m}$

$\omega=qc(8l^3-4c^2l+c^3)/384EI$

$=25.35\times500\times(8\times900^3-4\times500^2\times900+500^3)/384\times2.06\times10^5\times215\ 600$

$=3.76\ \text{mm}$

$<[\omega]=L/200=900/200=4.5\ \text{mm}$

满足要求。

4. 立杆支撑验算

每根立杆所承受的荷载 N 为 $24.87\times0.6/2=7.46\ \text{kN}$

单根立杆的截面面积为 $489\ \text{mm}^2$。

(1)强度验算：$\sigma=N/A=7.46\times10^3/489=15.26\ \text{N/mm}^2<[\sigma]=205\ \text{N/mm}^2$

(2)稳定性验算：长细比 $\lambda=L/i$，其中 $i=15.8\ \text{mm}$，L 为大横杆步距，共设 3 道大横杆。

$$L=1.7\times1\ 200\ \text{mm}=2\ 040\ \text{mm}$$

$$\lambda=L/i=2\ 040/15.8=129.11$$

查《钢结构设计规范》附录得 φ 值为 0.4。

$$\sigma=N/(\varphi A)=7.46\times10^3/(0.4\times489)=91\ \text{N/mm}^2<[\sigma]=205\ \text{N/mm}^2$$

立杆步距满足要求。

5. 地基承载力验算

每根立杆所承受的荷载 N 为 $24.87\times0.6/2=7.46\ \text{kN}$。

通长槽钢垫块的截面面积为 $0.12\ \text{m}^2$。

碎石挤密桩地基承载力特征值大于 150 kPa，经秦皇岛桩基检测中心检测符合设计要求。

地基承载力验算：$\sigma=N/A=7.46/0.12=62.17\ \text{kPa}<150\ \text{kPa}$。

地基基础满足承载力要求。

综上所述，模板设计支撑体系满足要求。

第六章　施工用电

第一节　临时用电施工组织设计概述

临时用电施工组织设计是施工现场临时用电设置的指导性文件。临时用电施工组织设计的编制工作是临时用电管理工作的重要一环，临时用电施工组织设计编制是否合理，不仅关系到施工现场临时用电运行的可靠性及用电人员的安全性，而且直接或间接地影响建设工程的质量和进度。它是建设工程开工前必须做好的一项重要工作。由于建设规模的不同、施工现场条件的不同、提供电源情况的不同、施工机械设备配置的不同，在编制施工现场临时用电施工组织设计时，要根据具体项目编制出具体的、针对性强、实用性强的施工组织设计。

施工用电是指建筑施工单位在工程施工过程中，由于使用动力设备和照明设施等，进行的线路敷设和电气安装以及对电气设备及线路的使用、维护等工作，因为只在建筑施工过程中使用，建筑工期结束后便拆除，运行期限短暂，临时性强，又称临时用电。施工现场情况复杂多变，施工期间尤其是夜晚加班或抢工期时随时都有可能添加设备照明，现场用电的临时性给施工现场临时用电的安全管理带来了很大难度。为规范施工现场临时用电的安全管理工作，要首先规范施工现场临时用电施工组织设计的编制要求、格式、内容以及审核(批)程序，编制出切实可行的施工现场临时用电施工组织设计指导现场施工。

第二节　临时用电施工组织设计的编制

一、编制、审批人员资格

根据《施工现场临时用电安全技术规范》(JGJ 46－2005)要求：施工现场临时用电施工组织设计必须由电气工程技术人员(主管电气的技术负责人)编制。施工现场临时用电施工组织设计不得由非电气专业的安全员、资料员、电工以及非主管电气技术负责人编制。

二、施工条件

(一)施工图

施工前建设单位应提供全套施工图纸。施工单位要按建筑物的栋数、建筑面积、层数、结构类型来确定施工现场用电设备的数量，计算用电设备的安装容量，选用匹配的变电设备，合理布置施工现场临时用电系统。

(二)甲(甲方)供电源

1.公(共)用变电设备

如果用电设备较少，为了节约投资，可与甲方协商后共用一台(原有)变电设备。

2.专用变电设备

如果施工现场较大，用电量多，原有供电设备不能满足原用电和现场临时用电同时运作，计算出报装容量得到供电部门批准后，确定变电设备。

三、编制依据

施工现场临时用电施工组织设计的编制，依据《施工现场临时用电安全技术规范》(GJG 46—2005)、《建筑施工安全检查标准》(JGJ 59—99)以及相关国家和地方标准、规范。

四、工程概况

施工现场临时用电施工组织设计中的工程概况，必须将工程位置、建筑面积、结构形式、几何特征、工程工期等介绍清楚。

五、设计的具体内容

(一)现场勘探

1. 现场地形、地貌和在建工程位置，便于针对情况进行总体安排。

2. 外电线路是否满足安全距离，是否需要采取防护措施。

3. 确定电源形式：专用变压器供电，共用变压器供电还是自备发电机组供电及进线。

4. 上、下水等各种管线分布情况，避免与埋地电缆相互干扰。

5. 按施工现场总平面机械设备位置布置，确定电箱的位置、数量及线路的走向等。

实践证明现场勘探工作是否做得仔细，对临时用电施工组织设计有着重要的影响，它可以减少甚至避免施工现场临时用电施工的重复工作，节约人力、减少投资。

(二)施工现场临时用电布置

1. 现场或周边有无外电线路，确定应做如何防护。

2. 标明在施工现场专用的中性点直接接地的电力线路中，必须实行“TN—S”三相五线制供电系统。

3. 标明供电电源及进线方式，配电室位置，总、分、开关箱位置，数量及编号。

4. 根据施工现场具体情况，选择合适的供电方式和线路敷设方法。供电方式分为“树杆式”和“放射式”，线路敷设分为架空和地埋。

5. 确定临电系统的工作接地、重复接地、保护接地、防雷接地的位置、材料，埋设方法及接地电阻值。

(三)负荷计算

1. 负荷计算的目的

电力负荷是指通过电气设备或线路上的电流或功率。建筑施工现场的供电系统所需要的电能通常是经过降压变电所从电力系统中获得的。因此合理选择变压器，主要电气设备以及配电导线等是保证供电系统安全可靠的重要前提。电力负荷计算的主要目的就是为合理选择变电所的变压器容量、各种电气设备及配电导线提供科学依据。

2. 施工设备用电统计

施工现场用电量要根据现场规模的大小、用电机具数量来确定。统计用电量时要将用电设备的安装容量、台数、性质逐一注明。只有确定了安装容量才能进行负荷计算，核算确切的用电统计、准确地进行负荷计算。统计时可以用表格形式来表示施工现场用电量。见表6—1。

表 6－1　施工现场常用电气设备功率一览表

序号	设备名称	规格型号	安装功率(kW)	数量	合计功率	备注
1	塔式起重机	QTZ20	18			$J_c=25\%$
2	塔式起重机	QTZ315	22			$J_c=25\%$
3	塔式起重机	QTZ40	25.1			$J_c=25\%$
4	塔式起重机	QTZ60	42			$J_c=25\%$
5	塔式起重机	QTZ80	60			$J_c=25\%$
6	施工升降机	SCD200	25			
7	施工升降机	SCD200/200AJ	42			
8	卷扬机	JZR—41—8	11			
9	搅拌机	JC—250	7.5			
10	钢筋切断机	QJ40—1	5.5			
11	钢筋弯曲机		3			
12	圆盘电锯	MJ104	5.5			
13	蛙式夯机	HW—60	2.8			
14	振捣棒	HZ—30	1.1			
15	电焊机	BX—330	11			$J_c=100\%$
16	室内外照明		10			
总　计						

3. 计算负荷的确定

(1)计算负荷确定方法

建筑供电系统中各用电设备铭牌上都标有额定功率，但由于各用电设备的额定工作条件不同，有的可直接相加但有的在计算中就不能简单地把铭牌上的额定功率直接相加，必须首先把额定功率换算到统一规定的工作制下的功率后才能相加。用电设备按工作制可分为 3 种：

①长期连续工作制：指在规定环境温度下连续运行，设备任何部分的温度和温升均不超过允许值。此时 P_e 值为铭牌标有的额定容量。

②短时工作制：指运行时间短而停歇时间长，设备在工作时间内的温升不足以达到稳定温升，而间歇时间内足以使温升冷却到环境温度。此时 P_e 值为铭牌标有的额定值。

③反复短时工作制：指设备以断续方式反复进行工作，工作时间与间歇时间相互交替重复。此时 P_e 值为设备在某一暂载率下的铭牌统一换算到一个标准暂停率下的功率。

目前我国常采用计算负荷的方法有需要系数法和二项式法，对于建筑供电系统通常采用需要系数法进行计算。需要系数就是用电设备组在最大负荷时需要的有功功率与其设备容量的比值。另需要系数与用电设备的工作性质、设备效率和线路损耗等因素有关，它是一个综合系数，难准确计算，实用中其值参照表 6－2。

(2)负荷计算及公式

①各用电设备组的计算负荷

设备组的有功功率(kW)：$P_{js}=K_x\times\sum P_e$

设备组的无功功率(kW)：$Q_{js}=P_{js}\times\tan\varphi$

设备组的视在功率(kW)：$S_{js}=\sqrt{P_{js}{}^2+Q_{js}{}^2}$

式中　K_x——用电设备组的需用系数。

表 6-2 用电设备组的 K_x、$\cos\varphi$ 及 $\tan\varphi$

用电设备组名称		K_x	$\cos\varphi$	$\tan\varphi$
混凝土搅拌机及砂浆搅拌机	10 台以下	0.7	0.68	1.08
	10 台以上	0.6	0.65	1.17
破碎机、筛洗石机、泥浆泵空气压缩机、输送机	10 台以下	0.7	0.7	1.02
	10 台以上	0.65	0.65	1.17
提升机、起重机、掘土机	10 台以下	0.3	0.7	1.02
	10 台以上	0.2	0.65	1.17
电焊机	10 台以下	0.45	0.45	1.98
	10 台以上	0.35	0.4	2.29
照明	室内	0.8	1.0	——
	室外	1.0	1.0	——

②总的计算负荷有功功率的总和(kW)：$P_{jz}=K_x\times K_{zm}\sum P_{js}$

无功功率的总和(kvar)：$Q_{jz}=P_{jz}\times\tan\varphi$

视在功率的总和(kVA)：$S_{jz}=\sqrt{P_{js}{}^2+Q_{js}{}^2}$

式中 K_x——各用电设备组的最大负荷不同期系数，取 0.9；

K_{zm}——施工单项负荷估算系数，取 1.25。

(四)变压器的选择

1.变压器台数的选择

(1)当施工现场用电量不大于 $S_{js}<750$ kVA 时应优先选用单台变压器，因为它接线简单，运行维修经济，运行的可靠性也高。

(2)当施工现场大，用电量多，只有少量一、二级负荷时，尽量从临近取得低压备用电源或设自备发电机用来满足一、二级负荷供电。这个时候可选择 1 台变压器，其优点是投资少，接线简单、运行经济。

(3)当施工周期长，施工现场规模大(小区工程)，可考虑选用 2 台变压器。为使供电的可靠性进一步提高，接线时可将 2 台变压器的电源侧分别接在 2 个不同的电源上。

2.变压器容量的选择

(1)当施工现场只装有 1 台变压器时，其变压器容量 S_e 应满足全部用电设备总计算负荷 S_{js} 的需要，即 $S_e\geqslant S_{js}$。

(2)当施工现场只装有 2 台变压器时，其安装容量应满足以下几个条件：

①任一台变压器单独运行时，宜满足总计算负荷 70% 的需要，即 $S_e\approx 0.7S_{js}$。

②任一台变压器单独运行时，应满足全部一、二级负荷 S_{js}(Ⅰ+Ⅱ)的需要，即 $S_e\geqslant S_{js}$(Ⅰ+Ⅱ)。

③单台变压器的容量以 750 kVA 及以下为宜，不宜大于 1 000 kVA，以使变压器更能接近负荷中心，减少电能损耗。

④选择变压器的容量时，应适当考虑留有急口令 15%～25% 的余量；但同时可考虑变压器的正常过负荷能力。

3.变压器位置的选择

电源变压器的位置关系着供电的安全、可靠、节约电气材料等，一般应考虑以下因素：

(1)尽可能靠近高压线路,不得让高压线路穿过施工现场。

(2)尽量靠近负荷中心,兼顾到负荷中心的发展。

(3)当变压器低压为 380 V 时,其供电半径一般不大于 700 m。

(4)应选在变压器安装方便、运输也方便、地基符合相关规定并坚固的地方。

(五)导线截面的选择

为了保证供电线路安全、可靠、经济的运行,选择导线截面时必须满足下列条件:

1. 导线应能承受最低的机器强度的要求。其具体要求应符合《施工现场临时用电安全技术规范》(JGJ 46—2005)中的相关规定。

2. 按导线安全载流量选择导线截面;导线必须能够承受负载电流长期通过所引起的温升,不能因过热而损坏导线的绝缘。导线所容许长时间通过的最大电流称为该截面的安全载流量。其根据负载实际电流由安全载流量表查得。

3. 按导线容许电压降选择导线截面;当供电线路很长时,线路上的压降就比较大,导线上的电压降应不超过规定的容许电压降。

总之,导线截面的选择必须满足上面三个条件。选用时一般先按安全载流量进行计算,初选后再对其他两个条件进行核算,直至符合要求为止。

(六)漏电保护器及其他低压电气元件、类型、规格的选择

这里所说的低压电气设备是指电压在 500 V 以下的各种控制设备和保护设备。施工现场中常用的低压电气设备有漏电保护器、闸刀开关、熔断器、自动空气开关、磁力启动器、接触器及各种继电保护装置等。

1. 闸刀开关的选择

闸刀开关适用于不宜频繁操作的场合,可用于线路保护和电气设备保护,分为胶盖开关和铁壳开关。

(1)胶盖开关又称开启式负荷开关,有防护外壳,能装入熔丝,具有一定分断能力,可带负荷操作,熔丝做短路保护。胶盖闸刀开关的容量有 15、30、110 A(最大)。选用时要注意容量和电压级别。

(2)铁壳开关又称封闭式负荷开关,其由刀开关、隔弧罩、熔断器和密封的绝缘外壳组成。操作机构带有连锁装置,具有短路保护能力,有灭弧功能,适用于不宜频繁操作的场合。其中 HH_{10} 系列容量规格有 10、15、20、30、60、100 A 等。HH_{11} 系列容量规格有 100、200、300、400 A等。

2. 自动空气开关的选择

自动空气开关是建筑工程中常用的一种控制设备,它具有多种保护(短路、过载的失压保护),而且有带负荷负断能力。

(1)按额定电压选择自动空气开关

自动空气开关主要用在交流 380 V 和 220 V 的供电线路,施工现场在选用时,空气开关的额定电压要大于或等于线路的额定电压。

(2)按额定电流的选择

国产塑料壳式的自动空气开关额定电流为 6、10、30、50、100、600 A 等。国产框架式自动空气开关的额定电流为 200、400、600、1 000、1 500、2 500、4 000 A 等。选择时其自动空气开关的额定电流要大于或等于线路的计算电流或实际电流。

(3)按瞬时或短时过电流脱扣器的整定电流选择

①当负载是单台电动机时，其整定电流按式(6－1a)计算：

$$I_Z \geqslant KI_g \tag{6－1a}$$

式中 I_Z——瞬时或短时电流脱扣器的整定电流值；

K——可靠系数，动作时间小于 0.02 s 时，$K=1.7\sim2.0$，动作时间大于 0.02 s 时，$K=1.35$；

I_g——电动机的启动电流。

②当配电线路考虑电动机的启动电流时，按式(6－1b)计算整定值：

$$I_Z \geqslant KI_{g.zd} \tag{6－1b}$$

式中 I_Z——瞬时或短时电流脱扣器的整定电流值；

K——可靠系数，一般取 1.35；

$I_{g.zd}$——正常工作电流和可能出现的自启动电动机的启动电流之总和。

③当配电线路不考虑电动机的启动电流时，按式(6－1c)计算整定值：

$$I_Z \geqslant KI_{jf} \tag{6－1c}$$

式中 I_Z——自动空气开关的整定电流值；

K——可靠系数，一般取 1.35；

I_{jf}——配电线路的尖峰电流。

3. 漏电保护器的选择

(1)根据电气设备的供电方式选用漏电保护器。

①单相 220 V 电源供电的电气设备应选用二级二线或单级二线式漏电保护器。

②三相三线式 380 V 电源供电的电气设备，应选用三级漏电保护器。

③三相四线式 380 V 电源供电的电气设备，或单相设备与三相设备共用的电路，应选用三级、四级四线式漏电保护器。

(2)根据电气线路的正常泄漏电流，选择漏电保护器的额定漏电动作电流。

①选择漏电保护器的额定漏电动作电流值时，应充分考虑到被保护线路和设备可能发生的正常泄漏电流值，必要时可通过实际测量取得被保护线路和设备的泄漏电流值。

②选用的漏电保护器的额定漏电不动作电流，应不小于电气线路和设备的正常泄露电流最大值的 2 倍。

③根据电气设备的环境要求选用漏电保护器。

a. 漏电保护器的防护等级应与使用环境条件相适应。

b. 在高温或特低温环境中使用或对电源电压偏差较大的电气设备应优先选用电磁式漏电保护器。

c. 雷电活动频繁地区的电气设备应选用冲击电压不动作型漏电保护器。

d. 安装在易燃、易爆、潮湿或有腐蚀性气体等恶劣环境中的漏电保护器，应根据相关标准选用特殊防护条件的漏电保护器。

④根据特殊负荷和场所的特点选用漏电保护器。

a. 连接室外架空线路的电气设备应选用冲击电压不动作型漏电保护器。

b. 带有架空线路的总保护应选择中、低灵敏度及延时动作的漏电保护器。

c. 在金属物体上工作，操作手持式电动工具或行灯时应选用额定漏电动作电流为10 A、快速动作的漏电保护器。

d. 安装在潮湿场所的电气设备应选用额定漏电动作电流为 15～30 A、快速动作的漏电保护器。

e. 安装在游泳池、喷水池、水上游乐场、浴室的照明线路，应选用额定漏电动作电流为10 A、快速动作的漏电保护器。

⑤漏电保护器动作参数的选择。

a. 手持式电动工具、移动电器、应优先选用额定漏电动作电流不大于 30 mA 快速动作的漏电保护器。

b. 单台电机设备可选用额定漏电动作电流为 30 mA 及以上快速动作的漏电保护器。

c. 有多台设备的总保护应选用额定漏电动作电流为 100 mA 及以上快速动作的漏电保护器。

4. 电流互感器的选择

当被测电路中的电流太大时，常用电流互感器改变被测电量后再用仪表测量电流互感器的二次电流。二次电流一般为 5 A，一次额定电流有：15、20、50、100、150、200、300、400、500 A 等。选用时应注意：

(1)一次额定电流应大于被测电流，而且额定电压与被测电压等级相符合。

(2)测量仪表所耗功率不得大于互感器的额定容量，尤其是在二次侧有多个电表时，即各仪表额定电流之和应不大于互感器的额定电流。

(3)二次线圈严禁开路。

5. 有功电度表

有功电度表是施工现场中电能计量的一种电气设备。有三项四线电度表和单项电度表。施工现场中常用电流互感器与单项电度表配套使用。

(七)绘制施工现场临时供电施工图

临时供电施工图是施工组织设计的具体表现，也是临电设计的重要内容。进行计算后的导线截面及各种电气设备的选择都要体现在施工图中，施工人员依照施工图布置配电箱、开关箱，按图纸进行线路敷设。

1. 临时供电平面图设计

临时供电平面图的内容应包括：

(1)在建工程临建、在施、原有建筑物的位置。

(2)电源进线位置、方向及各种供电线路的导线敷设方式、截面、根数及线路走向。

(3)变压器、配电室、总配电箱、分配电箱及开关箱的位置，箱与箱之间的电气关系。

(4)施工现场照明及临建内的照明，室内灯具开关控制位置。

(5)工作接地、重复接地、保护接地、防雷接地的位置及接地装置的材料做法等。

2. 临时供电系统图

临时供电系统图是表示施工现场动力及照明供电的主要图纸，内容应包括：

(1)标明变压器高压侧的电压级别，导线截面，进线方式，高低压侧的继电保护及电能计量仪表型号、容量等。

(2)低压侧供电系统的形式是 TT 还是 TN－S。

(3)各种箱体的电气联系。

(4)配电线路的导线截面、型号、导线敷设方式及线路走向。

(5)各种电气开关型号、容量、熔体自动开关熔断器的整定、熔断值。

(6)标明各用电设备的名称、容量。

第三节　临时用电安全技术要求

一、电工及用电人员

1. 电工必须经过按国家现行标准考核合格后，持证上岗工作；其他用电人员必须通过相关安全教育培训和技术交底，考核合格后方可上岗工作。

2. 安装、巡检、维修或拆除临时用电设备和线路，必须由电工完成，并有人监护。电工等级应同工程的难易程度和技术复杂性相适应。

3. 电工人员必须正确使用电工器具，严禁徒手或使用可导电物进行挂接、虚接等违章作业。

4. 电工作业人员不得带电作业，当确需带电作业时，必须设监护人，严禁独立作业。

5. 施工现场临时用电施工，必须严格执行临时用电施工组织设计和安全操作规程。

二、施工现场对外电线路的安全距离与防护

（一）在建工程不得在高、低压线路下方施工；高低压线路下方，不得搭设作业棚，建设生活设施，或堆放构件、架具、材料及其他杂物等。

（二）当在外电架空线路的一侧施工时，在建工程（含脚手架）的外侧边缘与外电架空线路之间必须保持安全操作距离。其最小安全操作距离应符合表 6－3 所列数值。

表 6—3　在建工程（含脚手架具）的外侧边缘与外电架空线路的边缘之间的最小安全距离

外电线路电压(kV)	1以下	1～10	35～110	154～220	330～500
最小安全距离(m)	4	6	8	10	15

（三）当施工现场使用起重机、塔吊等大型吊装设备作业时，应满足：

1. 起重机严禁越过无防护设施的外电架空线路作业。

2. 在外电架空线路附近吊装时，起重机的任何部位或被吊物边缘在最大偏斜时与架空线路边线的最小安全距离应符合表 6－4 规定。

表 6—4　起重机与架空线路边线的最小安全距离

外电线路电压(kV)		＜1	10	35	110	220	330	500
安全距离	沿垂直方向(m)	1.5	3.0	4.0	5.0	6.0	7.0	8.5
	沿水平方向(m)	1.5	2.0	3.5	4.0	6.0	7.0	8.5

（四）当外电架空线路边缘与在建工程（脚手架具）、交叉道路、吊装作业的距离不能满足其规定之最小安全距离时，必须采取绝缘隔离防护措施，并应悬挂醒目的警告标志。

1. 架设防护设施时，必须经有关部门批准，采用线路暂时停电或其他可靠的安全技术措施，并应有电气工程技术人员和专职安全人员监护。

2. 防护设施与外电线路之间的安全距离不应小于表 6－5 所列数值。

表 6—5　防护设施于外电线路之间的最小安全距离

外电线路电压等级(kV)	≤10	35	110	220	330	500
最小安全距离(m)	1.7	2.0	2.5	4.0	5.0	6.0

3. 防护设施应坚固、稳定，且对外电线路的隔离防护应达到 IP30 级。（注：IP30 级指防护设施的最大缝隙，能防止 ϕ2.5 mm 固体异物穿出）

（五）施工现场的机动车道与外电架空线路交叉时，架空线路的最低点与路面的垂直距离应符合表 6—6 所列数值。

表 6—6　施工现场的机动车道与外电架空线路交叉时的最小垂直距离

外电线路电压(kV)	1 以下	1～10	35
最小安全距离(m)	6	7	7

三、施工现场临时用电的接地与接零保护系统

（一）《施工现场临时用电安全技术规范》规定：建筑施工现场临时用电工程专用的电源中性点直接接地的 220/380 V 三项四线制低压电力系统，必须采用 TN－S 接零保护系统。

（二）采用 TN 系统做保护接零时，工作零线（N 线）必须通过总漏电保护器，保护零线（PE 线）必须由电源进线零线直接重复接地处或总漏电保护器电源侧零线处，引出形成局部 TN－S接零保护系统。

（三）在施工现场专用变压器的供电的 TN－S 接零保护系统中，电气设备的金属外壳必须与保护零线连接。保护零线应由工作接地线、配电室（总配电箱）电源侧零线或总漏电保护器电源侧零线处引出。

（四）当施工现场与外电线路公用同一供电系统时，电气设备的接地、接零保护应与原系统保持一致。不得一部分设备做保护接零，另一部分设备做保护接地。

（五）保护零线的敷设必须自施工现场临电系统的首端至终端连续设置，不得有断开点。即总箱→分箱→开关箱→设备金属外壳。PE 线上严禁装设开关或熔断器，严禁通过工作电流。

（六）PE 线截面与相线截面的关系（见表 6—7），另电动机械的 PE 线截面要求应为不小于 2.5 mm^2 的绝缘多股铜线，手持式电动工具的 PE 线截面要求应为不小于 1.5 mm^2 的绝缘多股铜线。

表 6—7　PE 线截面与相线截面的关系

项线芯线截面 S(mm^2)	PE 线最小截面(mm^2)
$S \leqslant 16$	5
$16 < S \leqslant 35$	16
$S > 35$	$S/2$

（七）TN 系统中的保护零线除必须在配电室或总配电箱处做重复接地外，还必须在配电系统的中间处和末端处做重复接地。其每一处重复接地装置的接地电阻不应大于 10 Ω。

四、施工现场临时用电配电室及自备电源的安全要求

（一）配电室应靠近电源，并应设在灰尘少、潮气少、振动小、无腐蚀介质、无易燃易爆物及道路畅通的地方。室内应能自然通风，并应采取防止雨雪侵入和动物进入的措施。

（二）配电柜内应装设电源隔离开关及短路、过载、漏电保护电器。隔离开关分断时应有明显可见分断点。停电维修时，应挂接地线，并应悬挂"禁止合闸、有人工作"停电标志牌。

（三）配电室的照明分别设置正常照明和事故照明。当室内设有值班室或检修室时，其边缘距配电柜的水平距离不小于 1 m，并采取屏障隔离。

（四）配电室内的母线应涂刷有色油漆，以标志相序；以柜正面方向为基准，其涂色应符合

表 6—8 的规定。

表 6—8　配电室内母线涂色要求

相　别	颜　色	垂直排列	水平排列	引下排列
L_1(A)	黄	上	后	左
L_2(B)	绿	中	中	中
L_3(C)	红	下	前	右
N	淡蓝	—	—	—

(五)配电柜正面的操作通道宽度,单列布置或双列背对背布置不小于 1.5 m,双列面对面布置不小于 2 m。

(六)配电柜后面的维护通道宽度,单列布置或双列面对面布置不小于 0.8 m,双列背对背布置不小于 1.5 m,个别地点有建筑物结构凸出的地方,则此点通道宽度可减少 0.2 m。

(七)配电柜侧面的维护通道宽度不小于 1 m。

(八)配电柜应装设电度表,并应装设电流、电压表。电流表与计费电度表不得共用一组电流互感器。

(九)配电柜应配锁、编号、并标示明确,其周围不得堆放任何妨碍操作、维修的杂物。

(十)发电机组电源必须与外电线路电源连锁,严禁并列运行。

(十一)发电机组并列运行时,必须装设同期装置,并在机组同步运行后再向负载供电。

五、施工现场配电箱及电气元件设置的安全要求

(一)施工现场临时用电的配电系统应设置配电柜或总配电箱、分配电箱,开关箱,实行三级配电。并在配电系统的末级开关箱、分配电箱或总配电箱内分别加装漏电保护器,总体上形成两极保护。

(二)动力配电箱与照明配电箱应分别设置。如合置在同一配电箱内,动力和照明线路应分路设置。

(三)总配电箱应设在靠近电源的区域,分配电箱应设在用电设备或负荷相对集中的区域,分配电箱与开关箱的距离不得超过 30 m,开关箱与其控制的固定式用电设备的水平距离不宜超过 3 m。

(四)总配电箱、分配电箱及开关箱内电器元件的选择与配置必须符合《施工现场临时用电安全技术规范》(JGJ 46—2005)的相关要求。

(五)每台用电设备必须有各自专用的开关箱,严格执行"一机一闸一漏一箱"的规定,严禁用同一个开关箱直接控制 2 台及 2 台以上用电设备(含插座),即一闸或一箱多用现象。

(六)配电箱、开关箱应采用冷轧钢板或阻燃绝缘材料制作,其中开关箱箱体钢板厚度不得小于 1.2 mm,配电箱箱体的钢板厚度不得小于 1.5 mm,严禁使用木制电箱和金属外壳木制底板。

(七)配电箱、开关箱应装设端正、牢固。固定式配电箱、开关箱的中心点与地面的垂直距离应为 1.4～1.6 m。

(八)移动式配电箱、开关箱应装设在坚固、稳定的支架上。其中心点与地面的垂直距离宜为 0.8～1.6 m。

(九)配电箱、开关箱外形结构应能防雨、防尘。

(十)配电箱、开关箱的箱体尺寸应与箱内电器的数量和尺寸相适应,严禁将闸具固定在箱体的下、侧面。箱内电器安装板板面电器安装尺寸可按照表 6—9 确定。

表 6—9 配电箱内电器安装板板面电器安装尺寸

间距名称		最小净距(mm)
并列电器(含单极熔断器)间		30
电器进、出线瓷管(塑胶管)孔与电器边沿间	15 A	30
	20～30 A	50
	60 A 及以上	80
上、下排电器进出线瓷管(塑胶管)孔间		25
电器进、出线瓷管(塑胶管)孔至板边		40
电器至板边		40

(十一)电器装置的选择

1. 总配电箱的电器应具备电源隔离,正常接通与分断电路,以及短路、过载、漏电保护功能。电器设置应符合下列原则:

(1)当总路设置漏电保护器时,还应装设总隔离开关、分路隔离开关以及总断路器、分断路器或总熔断器、分熔断器。当所设漏电保护器是同时具备短路、过载、漏电保护功能的漏电断路器时,可不设总断路器或总熔断器。

(2)当各分路设置分路漏电保护器时,还应装设总隔离开关、分路隔离开关以及总断路器、分路断路器或总熔断器、分路熔断器。当分路所设漏电保护器是同时具备短路、过载、漏电保护功能的漏电断路器时,可不设分路断路器或分路熔断器。

(3)隔离开关应设置于电源进线端,应采用分断时具有可见分断点。如采用分断时具有可见断开点的断路器,可不另设隔离开关。

(4)总开关电器的额定值、动作整定值应与分路开关电器的额定值、动作整定值相适应。

2. 分箱应装设总隔离开关、分路可见分断点的断路器。其设置和选择应符合总箱设置时的要求。

六、施工现场临时用电配电线路的安全要求

(一)架空线路

1. 架空线路必须采用绝缘导线。严禁使用裸线,对于绝缘已老化、破损,接头包扎不符合规定的电缆不得使用。

2. 架空线路必须架设在专用电杆上,严禁架设在树木、脚手架及其他设施上。

(二)电缆线路

1. 电缆中必须包含全部工作芯线和用作保护零线或保护线的芯线。需要三相四线制配电的电缆线路必须采用五芯电缆。

2. 五芯电缆必须包含淡蓝、绿/黄二种颜色绝缘芯线。淡蓝色芯线必须用作 N 线;绿/黄二种颜色芯线必须用作 PE 线,严禁混用。

3. 电缆线路应采用埋地或架空敷设,严禁沿地面明设,并应避免机械损伤和介质腐蚀。埋地电缆路径应设方位标志。

4. 电缆埋地敷设宜选用铠装电缆;当选用无铠电缆时,应能防水、防腐。其埋地深度不应

小于 0.7 m,并应在电缆周围均匀铺设不小于 50 mm 厚的细沙,然后覆盖砖或混凝土板等硬质保护层。

5. 架空电缆应沿电杆、支架或墙壁敷设,并采用绝缘子固定,绑扎线必须采用绝缘线,固定点间距应保证电缆能承受自重所带来的荷载。

(三)室内配线

1. 室内配线应根据配线类型采用瓷瓶、穿管或钢索等敷设。

2. 潮湿场所或埋地非电缆配线必须穿管敷设,管口和管接头应密封;当采用金属管敷设时,金属管必须做等电位连接,且必须与 PE 线连接。

3. 架空进户线的室外端应采用绝缘子固定,过墙处穿管保护,距地面高度不得小于 2.5 m,并应采取防雨措施。

4. 室内配线所用导线或电缆的截面应根据用电设备或线路的计算负荷确定,但铜线截面不应小于 1.5 mm^2,铝线截面不应小于 2.5 mm^2。

七、施工现场临时用电照明设备的安全要求

(一)对于一般场所宜选用额定电压为 220 V 的照明器。对于以下特殊场所应使用安全特低电压照明器。

1. 隧道、人防工程、高温、有导电灰尘、比较潮湿或灯具离地面高度低于 2.5 m 等场所的照明,电源电压不应大于 36 V;

2. 潮湿和易触及带电体场所的照明,电源电压不得大于 24 V;

3. 特别潮湿场所、导电良好的地面、锅炉或金属容器内的照明,电源电压不得大于 12 V。

(二)照明灯具的金属外壳必须与 PE 线相连接,照明开关箱内必须装设隔离开关、短路与过载保护电器和漏电保护器。

(三)照明系统中,工作零线截面应按下列规定选择:

1. 单相二线及二相二线线路中,零线截面与相线截面相同;

2. 三相四线制线路中,当照明器为白炽灯时,零线截面不小于相线截面的 50%;当照明器为气体放电灯时,零线截面按最大负荷相的电流选择;

3. 在逐相切断的三相照明电路中,零线截面与最大负荷相相线截面相同。

(四)对夜间影响飞机或车辆通行的在建工程及机械设备,必须设置醒目的红色信号灯,其电源应设在施工现场总电源开关的前侧,并应设置外电线路停止供电时的应急自备电源。

(五)使用行灯时应满足下列要求:

1. 电源电压不大于 36 V;

2. 灯体与手柄应坚固、绝缘良好并耐热耐潮湿;

3. 灯头与灯体结合牢固,灯头无开关;

4. 灯泡外有金属保护网;

5. 金属网、反光罩、悬吊挂钩固定在灯具的绝缘部位上。

八、电动建筑机械和手持电动工具的安全要求

(一)电动建筑机械和手持电动工具的负荷线应按其计算负荷选用无接头的橡皮互套铜芯软电缆;电缆芯数应根据负荷及其控制电路的相数和线数确定。

(二)三相四线时,应选用五芯电缆;三相三线时,应选用四芯电缆;当三相用电设备中设置

有单相用电器具时，应选用五芯电缆；单相二线时，应选用三芯电缆。其中 PE 线必须采用黄/绿双色绝缘导线。

（三）每一台电动机械或手持电动工具的开关箱内，除应装设过载、短路、漏电保护器外，还应装设隔离开关或具有分断点的断路器。

（四）对于需要作正、反向运转的电动机械，其控制装置中的控制电器应采用接触器、继电器等自动控制电器，不得采用手动双向转换开关。

（五）塔式起重机、外用电梯、滑升模板的金属操作平台及需要设置避雷装置的物料提升机，除应作保护接零外，还应做重复接地。

（六）塔式起重机与外电线路必须保证可靠的安全距离。

（七）轨道式塔式起重机的电缆不得拖地行走；轨道两侧必须分别设置一组接地装置，轨道较长的应每隔不大于 30 m 加装一组接地装置。

（八）塔身高于 30 m 的塔式起重机，应在塔顶和臂架端部设置红色信号灯。

（九）外用电梯和物料提升机的上、下极限位置必须设置限位开关。

（十）夯土机械的负荷线应采用耐气候型橡皮互套铜芯电缆。电缆长度不应大于 50 m；电缆严禁缠绕、扭结和被夯土机械跨越。

（十一）夯土机械的操作扶手必须绝缘，操作者必须穿戴绝缘用品，且必须 2 人共同操作。

（十二）交流弧焊机变压器的一次侧电源线长度不应大于 5 m，电源进线侧必须设置防护罩；其二次线电缆长度不应大于 30 m，不得采用金属构件或结构钢筋代替二次线的地线。

（十三）焊接现场应通风、干燥、防雨，不得有易燃、易爆物品。严禁露天冒雨从事焊接作业。

（十四）水泵的负荷线必须采用防水橡皮互套铜芯软电缆，不得有接头和破损，并不得承受任何外力。

（十五）对混凝土搅拌机、钢筋机械、木工机械、盾构机械清理、检查、维修时，必须拉闸断电（可视），并关门上锁。

（十六）手持式电动工具的外壳、手柄、插头、开关、负荷线等必须完好无损；使用时，作业者必须按规定穿、戴绝缘防护用品。

（十七）手持式电动工具绝缘电阻限值见表 6—10。

表 6—10　手持式电动工具绝缘电阻限值

测量部位	绝缘电阻（MΩ）		
	Ⅰ类	Ⅱ类	Ⅲ类
带电零件与外壳之间	2	7	1

注：绝缘电阻用 500 兆欧表测量。

（十八）空气湿度小于 75% 的一般场所可选用Ⅰ类或Ⅱ类手持式电动工具，其金属外壳与 PE 线的连接点不得少于 2 处。

（十九）手持式电动工具的塑料外壳Ⅱ类工具和一般场所手持电动工具中的Ⅲ类工具可不连接 PE 线。

（二十）除塑料外壳Ⅱ类工具外，相关开关箱中漏电保护器的额定漏电动作电流不应大于 15 mA，额定漏电动作时间不应大于 0.1 s，其负荷线插头应具备专用的保护触头。

（二十一）在潮湿场所或金属构件上严禁使用Ⅰ类手持式电动工具，必须选用Ⅱ类或由安全隔离变压器供电的Ⅲ类手持式电动工具。

(二十二)狭窄场所必须选用由安全隔离变压器供电的Ⅲ类手持式电动工具,其开关箱和变压器应设置在场所外面,且必须可靠保护接零。

九、防　　雷

(一)施工现场内的起重机、井子架、龙门架等机械设备,以及钢脚手架和正在施工的在建工程等的金属结构,当在相邻建筑物、构筑物等设施的防雷装置接闪器的保护范围外时,应按表 6—11 规定安装防雷装置。

表 6—11　年平均雷暴日和机械设备安装防雷装置高度

地区年平均雷暴日(d)	机械设备高度(m)	地区年平均雷暴日(d)	机械设备高度(m)
≤15	≥50	≥40,<90	≥20
>15,<40	≥32	≥90 及雷害特别严重地区	≥12

注:地区年平均雷暴日(d)应按《规范》附录 A 执行。

(二)当最高机械设备上避雷针(接闪器)的保护范围能覆盖其他设备,且又最后退出现场,则其他设备可不设防雷装置。

(三)在土壤电阻率低于 200 Ω·m 区域的电杆可不另设防雷接地装置,但在配电室的架空进线或出线处应将绝缘子铁脚与配电室的接地装置相连接。

(四)机械设备或设施的防雷引下线可利用该设备或设施的金属结构体,但应保证电气连接。

(五)机械设备上的避雷针(接闪器)长度为 1～2 m。塔式起重机可不另设避雷针(接闪器)。

(六)安装避雷针(接闪器)的机械设备,所有固定的动力、控制、照明、信号和通讯线路,宜采用钢管敷设。钢管与该机械设备的金属结构体应做电气连接。

(七)施工现场内所有防雷装置的冲击接地电阻值不得大于 30 Ω。

(八)做防雷机械上的电气设备,所连接的 PE 线必须同时做重复接地,同一台机械电气设备的重复接地和机械的防雷接地可共用同一接地体,但接地电阻应满足重复接地电阻值的要求。

第四节　临时用电施工组织设计审批手续

一、施工现场临时用电施工组织设计必须由施工单位或项目部的电气工程技术人员编制,主管电气工程或项目技术负责人审核,施工单位技术负责人(总工程师)、总监理工程师审批。临时用电施工组织设计封面要注明工程名称、施工单位、编制人、审核人、审批人并加盖单位公章。

二、施工单位编制的施工组织设计必须符合《施工现场临时用电安全技术规范》(JGJ 46—2005)以及其他相关法律法规要求。

三、施工现场临时用电施工组织设计必须在开工前 15 天内报上级主管部门审核,批准后方可进行施工。施工过程中要严格执行审核后的施工组织设计,按图施工。当需要变更施工组织设计时，应补充相关图纸资料，其申报程序和初次申报时一样，待主管部门批准后，按照修改前后的临时用电施工组织设计对照施工。

第五节　临时用电施工组织设计实例

一、施工现场临时用电施工组织设计实例一

(一)编制依据

《施工现场临时用电安全技术规范》(JGJ 46－2005)。

《建设工程施工现场供电安全规范》(GB 50194－93)。

《建筑施工安全检查标准》(JGJ 59－99)。

(二)工程概况

本工程所在地为某市新建地区，本工程为一砖混住宅楼，层数为6层，分1#、2#两栋楼，每栋建筑面积为5 460 m^2，施工高度均为16.2 m，施工工期自2005年3月25日至2005年10月底。两栋主体同时施工，甲方已经提供出全套施工图纸，施工现场范围内无上、下水管道，无各种埋地线路，在场外道路侧有一条高压10 kV架空线路，甲方已向供电部门报批容量允许使用，各种手续齐全已具备开工条件。本工程由××集团工程设计研究院设计，×市××房地产有限公司负责开发，××工程建设有限公司承建。

(三)设计的内容和步骤

1.现场勘察及初步设计

(1)为减少投资费用且施工现场用电量不大，考虑选择一台125 kV·A变压器杆上架设；再由变压器处地埋电缆至施工现场总配电柜。本设计只负责变压器以下的线路、箱体及电气开关的选择。

(2)根据《施工现场临时用电安全技术规范》本供电系统采用TN－S(三相五线制)接零保护系统供电。

(3)整个供电系统实行“三级配电、两级保护”，根据施工现场用电设备布置情况，在设备或用电负荷较集中区域设一总配电柜，自总配电柜沿道路两侧地埋2个干线至分箱1、分箱2，再由分配电箱成“放射形”引至各自用电设备的开关箱。配电柜(箱)内电器开关的设置应符合《施工现场临时用电安全技术规范》的要求。

(4)按照《施工现场临时用电安全技术规范》(JGJ 46－2005)规定制定施工组织设计，接地电阻$R \leqslant 4\ \Omega$。

2.负荷计算

(1)施工设备用电统计

表6－12　施工现场机械设备功率一览表

序号	设备名称	规格型号	安装功率(kW)	数量	合计功率	备注
1	塔式起重机	QTZ40	21.2	2	42.4	$J_c=25\%$
2	卷扬机	JZR—41—8	11	2	22	
3	搅拌机	JZC—350	7.5	2	15	

续上表

序号	设备名称	规格型号	安装功率(kW)	数量	合计功率	备注
4	钢筋切断机	QJ40—1	5.5	2	11	
5	钢筋弯曲机		3	2	6	
6	圆盘电锯	MJ104	5.5	2	11	
7	蛙式夯机	HW—60	2.8	4	11.2	
8	振捣棒	HZ—30	1.1	6	6.6	
9	电焊机	BX—330	22	1	22	$J_c=100\%$
10	室内外照明		10		10	
总　计		157.2 kW				

(2)确定计算负荷

①塔式起重机组

查表 $K_x=0.3, \cos\varphi=0.7, \tan\varphi=1.02$

a. 先将 $J_c=40\%$ 统一换算到 $J_c=25\%$ 的额定容量

$$P_{e1}=2P_e\times\sqrt{J_c}=2\times21.2\times\sqrt{0.4}=54\ \text{kW}$$

b. 计算负荷

$$P_{js1}=K_x\times P_{e1}=16.2\ \text{kW}$$
$$Q_{js1}=P_{js1}\times\tan\varphi=16.5\ \text{kW}$$

②卷扬机组

查表 $K_x=0.3, \cos\varphi=0.7, \tan\varphi=1.02$

$$P_{js2}=K_x\times P_{e2}=66.6\ \text{kW}$$
$$Q_{js2}=P_{js2}\times\tan\varphi=6.732\ \text{kW}$$

③搅拌机组

查表 $K_x=0.7, \cos\varphi=0.68, \tan\varphi=1.08$

$$P_{js3}=K_x\times P_{e3}=10.5\ \text{kW}$$
$$Q_{js3}=P_{js3}\times\tan\varphi=11.34\ \text{kW}$$

④钢筋机械组

查表 $K_x=0.7, \cos\varphi=0.7, \tan\varphi=1.02$

$$P_{js4}=K_x\times P_{e4}=11.9\ \text{kW}$$
$$Q_{js4}=P_{js4}\times\tan\varphi=12.13\ \text{kW}$$

⑤木工机械组

查表 $K_x=0.7, \tan\varphi=0.88$

$$P_{js5}=K_x\times P_{e5}=7.7\ \text{kW}$$
$$Q_{js5}=P_{js5}\times\tan\varphi=6.78\ \text{kW}$$

⑥蛙式夯机

查表 $K_x=0.7, \tan\varphi=0.88$

$$P_{js6}=K_x\times P_{e6}=8.96\ \text{kW}$$
$$Q_{js6}=P_{js6}\times\tan\varphi=6.72\ \text{kW}$$

⑦振捣棒组

查表 $K_x=0.7, \cos\varphi=0.7, \tan\varphi=1.02$

$$P_{js7}=K_x \times P_{e7}=4.62\ \text{kW}$$

$$Q_{js7}=P_{js7} \times \tan\varphi=4.71\ \text{kW}$$

⑧电焊机组

查表 $K_x=0.45, \tan\varphi=1.98$

a. 先将 $J_c=50\%$ 统一换算到 $J_c=100\%$ 的额定容量

$$P_{e8}=P_8 \times \sqrt{J_c}=15.6\ \text{kW}$$

b. 计算负荷

$$P_{js8}=K_x \times P_{e8}=7.02\ \text{kW}$$

$$Q_{js8}=P_{js8} \times \tan\varphi=13.8\ \text{kW}$$

⑨总的计算负荷计算(干线同期系数取 $K_x=0.9$)

a. 总的有功功率：

$$P_{jZ}=K_x \times (P_{js1}+P_{js2}+\cdots\cdots+\text{P}_{js8})=65.93\ \text{kW}$$

b. 总的无功功率：

$$Q_{jZ}=K_x \times (Q_{js1}+Q_{js2}+\cdots\cdots+Q_{js8})=70.73\ \text{kW}$$

c. 总的视在功率：

$$S_{jZ}=\sqrt{P_{JZ}{}^2+Q_{JZ}{}^2}=96.8\ \text{kW}$$

d. 总的电流计算：

$$I_{jZ}=\frac{S_{JZ}}{\sqrt{3} \times U_e}=148.9\ \text{A}$$

3. 选择变压器

根据计算的总的视在功率，查相关资料选择 SL7 型三相电力变压器，其规格为 SL7－125/10，它的视作功率为 125 kVA＞96.8 kVA，能够满足使用要求，其高压侧为 10 kV，同施工现场的高压架空线路的电压级别一致。

4. 导线截面及各配电箱内电器元件的选择

(1)塔吊开关箱开－1、开－2

①开关箱至设备

a. 计算电流

查表 $K_x=1, \cos\varphi=0.7, \tan\varphi=1.02$

$$I_{js}=K_x \cdot \frac{P_e}{\sqrt{3} \times U_e \times \cos\varphi}=46\ \text{A}$$

b. 选择导线截面

查表知开－1、开－2 至塔吊的导线应选用 BX－4×25＋1×16G50 埋地敷设。

c. 开关箱内电器选择

DZ15L－60/3 漏电保护器 1 台。

DZ10－100/3 1 台，其脱扣整定电流值为 $I_r=50$ A。

②开关箱至分箱

a. 计算电流

查表 $K_x=1, \cos\varphi=0.7$

$$I_{js}=K_x \cdot \frac{P_e}{\sqrt{3}\times U_e\times \cos\varphi}=46\ \mathrm{A}$$

b. 选择导线截面

查表知开一1、开一2 至分箱的导线应分别选用 BX－3×10＋1×6G25 埋地敷设。

(2)卷扬机开关箱开一3、开一4

①开关箱至设备

a. 计算电流

查表 $K_x=1$，$\cos\varphi=0.7$

$$I_{js}=K_x \cdot \frac{P_e}{\sqrt{3}\times U_e\times \cos\varphi}=24\ \mathrm{A}$$

b. 选择导线截面

查表知开一3、开一4 至卷扬机的导线应选用 BX－3×25＋1×16G50 埋地敷设。

c. 开关箱内电器选择

DZ15L－60/3 漏电保护器 1 台，其漏电动作电流不大于 30 mA，额定漏电动作时间小于 0.1 s。

HH10－60A 1 台。

②开关箱至分箱

a. 计算电流

查表 $K_x=1$，$\cos\varphi=0.7$，$P_e=22$ kW

$$I_{js}=K_x \cdot \frac{P_e}{\sqrt{3}\times U_e\times \cos\varphi}=46.5\ \mathrm{A}$$

b. 选择导线截面

查表知开一3、开一4 至分箱的导线应选用 BX－4×4＋1×2.5G20 埋地敷设。

(3)搅拌机开关箱开一5、开一6

①开关箱至设备

a. 计算电流

查表 $K_x=1$，$\cos\varphi=0.7$

$$I_{js}=K_x \cdot \frac{P_e}{\sqrt{3}\times U_e\times \cos\varphi}=16.7\ \mathrm{A}$$

b. 选择导线截面

查表知开一5、开一6 至搅拌机的导线应选用 BX－3×1.5＋1×2.5G20 埋地敷设。

c. 开关箱内电器选择

DZ15L－60/3 漏电保护器 1 台，其漏电动作电流不大于 30 mA，额定漏电动作时间小于 0.1 s。

HH10－60A 1 台。

②开关箱至分箱

a. 计算电流

查表 $K_x=1$，$\cos\varphi=0.7$，$P_e=15$ kW

$$I_{js}=K_x \cdot \frac{P_e}{\sqrt{3}\times U_e\times \cos\varphi}=14.6\ \mathrm{A}$$

b. 选择导线截面

查表知开－5、开－6 至分箱的导线应选用 BX－4×10＋1×6G40 埋地敷设。

(4)钢筋切断机开关箱开－7、开－8

①开关箱至设备

a. 计算电流

查表 $K_x=1$，$\cos\varphi=0.7$

$$I_{js}=K_x\cdot\frac{P_e}{\sqrt{3}\times U_e\times\cos\varphi}=12\ \text{A}$$

b. 选择导线截面

查表知开－7、开－8 至切断机的导线应选用 BX－3×6＋1×4G20 埋地敷设。

c. 开关箱内电器选择

DZ15L－20/3 漏电保护器 1 台，其漏电动作电流不大于 30 mA，额定漏电动作时间小于 0.1 s。

HH10－32A 1 台。

②开关箱至分箱

a. 计算电流

查表 $K_x=0.8$，$\cos\varphi=0.7$，$P_e=11$ kW

$$I_{js}=K_x\cdot\frac{P_e}{\sqrt{3}\times U_e\times\cos\varphi}=16.7\ \text{A}$$

b. 选择导线截面

查表知开－7、开－8 至分箱的导线应选用 BX－3×10＋1×6G40 埋地敷设。

(5)钢筋弯曲机开关箱开－9、开－10

①开关箱至设备

a. 计算电流

查表 $K_x=1$，$\cos\varphi=0.7$

$$I_{js}=K_x\cdot\frac{P_e}{\sqrt{3}\times U_e\times\cos\varphi}=2.1\ \text{A}$$

b. 选择导线截面

查表知开－9、开－10 至切断机的导线应选用 BX－3×4＋1×2.5G20 埋地敷设。

c. 开关箱内电器选择

DZ15L－20/3 漏电保护器 1 台，其漏电动作电流不大于 30 mA，额定漏电动作时间小于 0.1 s。

HH10－32A 1 台。

②开关箱至分箱

a. 计算电流

查表 $K_x=0.8$，$\cos\varphi=0.7$，$P_e=6$ kW

$$I_{js}=K_x\cdot\frac{P_e}{\sqrt{3}\times U_e\times\cos\varphi}=13.2\ \text{A}$$

b. 选择导线截面

查表知开－9、开－10 至分箱的导线应选用 BX－3×6＋1×4G40 埋地敷设。

(6)圆盘电锯开关箱开－11、开－12

①开关箱至设备

a. 计算电流

查表 $K_x=1$，$\cos\varphi=0.7$

$$I_{js}=K_x\cdot\frac{P_e}{\sqrt{3}\times U_e\times\cos\varphi}=12\ \text{A}$$

b. 选择导线截面

查表知开－11、开－12 至圆盘电锯的导线应选用 BX－3×6＋1×4G20 埋地敷设。

c. 开关箱内电器选择

DZ15L－20/3 漏电保护器 1 台，其漏电动作电流不大于 30 mA，额定漏电动作时间小于 0.1 s。

HH10－32A 1 台。

②开关箱至分箱

a. 计算电流

查表 $K_x=0.8$，$\cos\varphi=0.7$，$P_e=11$ kW

$$I_{js}=K_x\cdot\frac{P_e}{\sqrt{3}\times U_e\times\cos\varphi}=16.7\ \text{A}$$

b. 选择导线截面

查表知开－11、开－12 至分箱的导线应选用 BX－3×10＋1×6G40 埋地敷设。

(7)电焊机开关箱开－13

①开关箱至设备

a. 计算电流

查表 $K_x=1$，$\cos\varphi=0.7$

$$I_{js}=K_x\cdot\frac{P_e}{\sqrt{3}\times U_e\times\cos\varphi}=24\ \text{A}$$

b. 选择导线截面

查表知开－13 至电焊机的导线应选用 BX－3×10＋1×6G25 埋地敷设。

c. 开关箱内电器选择

DZ15L－60/3 漏电保护器 1 台，其漏电动作电流不大于 30 mA，额定漏电动作时间小于 0.1 s。

HH10－60A 1 台。

②开关箱至分箱

a. 计算电流

查表 $K_x=0.8$，$\cos\varphi=0.7$

$$I_{js}=K_x\cdot\frac{P_e}{\sqrt{3}\times U_e\times\cos\varphi}=24\ \text{A}$$

b. 选择导线截面

查表知开 13 至分箱的导线应选用 BX－3×16＋1×10G40 埋地敷设。

(8)活动开关箱开－14、开－15

①开关箱至设备

a. 计算电流

查表 $K_x=1$，$\cos\varphi=0.7$，按六部振捣棒电机算 $P_e=6.6$ A

$$I_{js}=K_x\cdot\frac{P_e}{\sqrt{3}\times U_e\times\cos\varphi}=9.3\ \text{A}$$

b. 选择导线截面

查表知开－14、开－15 至设备的导线应选用 BX－3×6＋1×4G25 埋地敷设。

c. 开关箱内电器选择

DZ15L－30/3 漏电保护器 1 台，其漏电动作电流不大于 30 mA，额定漏电动作时间小于 0.1 s。

HH10－32A 1 台。

②开关箱至分箱

a. 计算电流

查表 $K_x=0.8$，$\cos\varphi=0.7$

$$I_{js}=K_x\cdot\frac{P_e}{\sqrt{3}\times U_e\times\cos\varphi}=9.3\ \text{A}$$

b. 选择导线截面

查表知开－14、开－15 至分箱的导线应选用 BX－3×10＋1×6G40 埋地敷设。

(9)分箱 1 至总箱

①按导线的安全载流量选择导线截面

$$P_e=21.2\times2+11\times2+7.5\times2=79.4\ \text{kW}$$

需要系数取 $K_x=0.6$，$\cos\varphi=0.7$

$$I_{js}=K_x\cdot\frac{P_e}{\sqrt{3}\times U_e\times\cos\varphi}=103\ \text{A}$$

查表：分箱 1 至总箱的导线应选用 BV－4×35＋1×25G70 埋地敷设。

②分箱 1 出线开关应选择 DZ10－150/3，其脱扣器的整定电流值为 $I_r=100$ A。

(10)分箱 2 至总箱

①按导线的安全载流量选择导线截面

$$P_E=5.5\times2+3\times2+5.5\times2+22+1.1\times6+11.2=67.8\ \text{kW}$$

需要系数取 $K_x=0.6$，$\cos\varphi=0.7$

$$I_{js}=K_x\cdot\frac{P_e}{\sqrt{3}\times U_e\times\cos\varphi}=90.4\ \text{A}$$

查表：分箱 1 至总箱的导线应选用 BVV－4×25＋1×16G50 埋地敷设。

②分箱 1 出线开关应选择 DZ10－100/3，其脱扣器的整定电流值为 $I_r=75$ A。

(11)总箱进线截面及进出线开关

①选择导向截面

由于总电流 $I_{jZ}=148.9$ A，查表可选用 BVV－4×75＋1×50 埋地敷设。

②选择总进线开关：DZ10－200/3，其脱扣器的整定电流值为 $I_r=150$ A。

③选择总漏电保护器：DZ15L－200/3，其漏电动作电流不大于 100 mA，额定漏电动作时间小于 0.1 s。

④选择分箱 1 出线开关：DZ10－150/3，其脱扣器的整定电流值为 I_r＝100 A。

⑤选择分箱 2 出线开关：DZ10－150/3，其脱扣器的整定电流值为 I_r＝75 A。

(12)选择照明线路的导线截面及照明箱内各种电气开关的选择

①若三相功率不平均分配，按最不利因素考虑，10 kW 功率全部安装在三相中某一相上则计算电流为 $I_{js}=P_e/U_e=45$ A，查表选择导线截面为：BX－2×6 mm^2，若考虑机械强度应为 BX－3×10 mm^2。

②选择总开关：DZ12－60/3，其脱扣器的整定电流值为 I_r＝40 A。

③选择三个出线单相开关，DZ12－60/1，其脱扣器的整定电流值为 I_r＝20 A。

④选择各单相的漏电保护器，DZ15L－20/1，其漏电动作电流不大于 30 mA，额定漏电动作时间小于 0.1 s。

(四)绘制临时供电施工图

1. 临时供电系统图

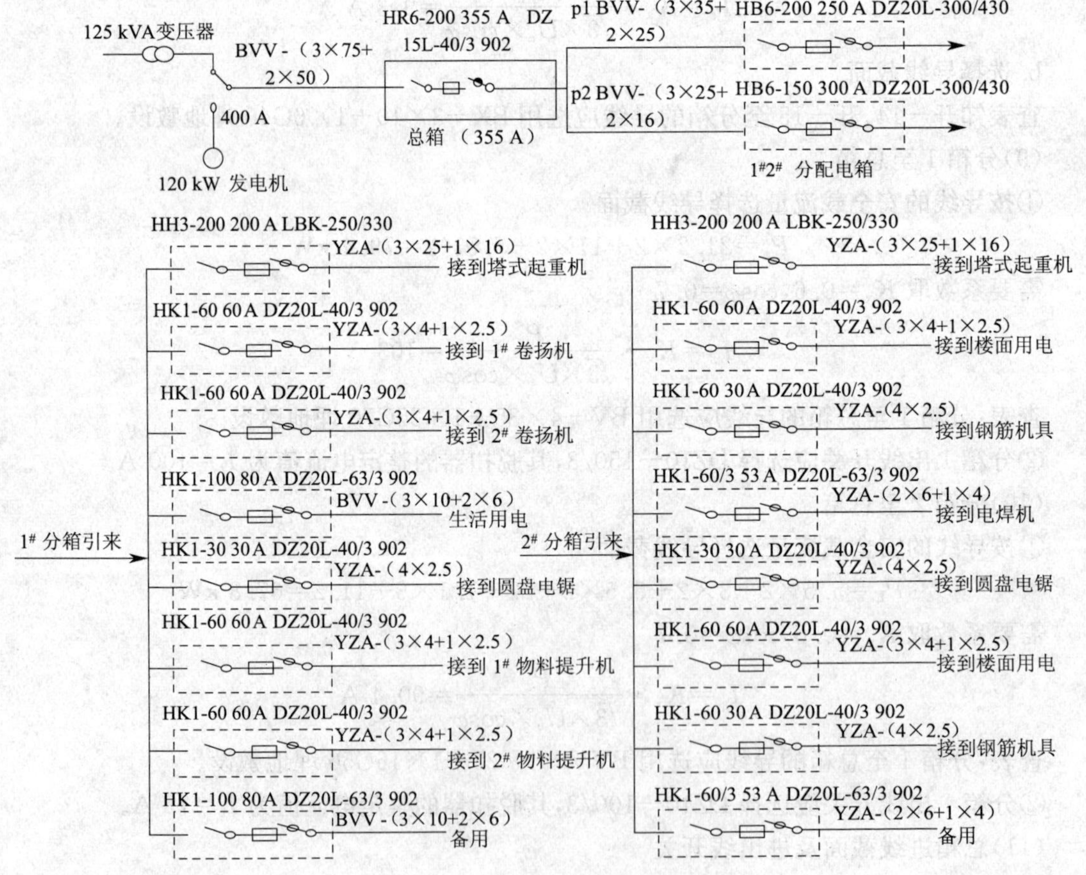

图 6－1 临时供电系统图

2. 施工现场临时用电平面图

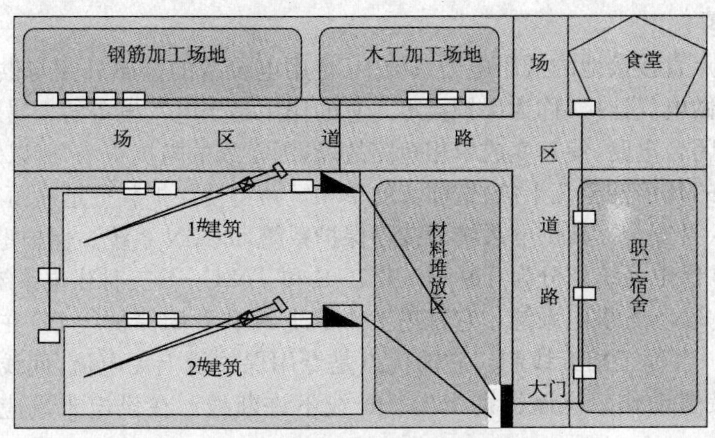

图 6—2　施工现场临时用电平面图

(五)安全用电技术措施

安全用电技术措施包括两个方向的内容:一是安全用电在技术上所采取的措施;二是为了保证安全用电和供电的可靠性在组织上所采取的各种措施,它包括各种制度的建立、组织管理等一系列内容。安全用电措施应包括下列内容:

1. 安全用电技术措施

(1)保护接地

保护接地是指将电气设备不带电的金属外壳与接地极之间做可靠的电气连接。它的作用是当电气设备的金属外壳带电时,如果人体触及此外壳时,由于人体的电阻远大于接地体电阻,则大部分电流经接地体流入大地,而流经人体的电流很小。这时只要适当控制接地电阻(一般不大于 4 Ω),就可减少触电事故发生。但是在 TT 供电系统中,这种保护方式的设备外壳电压对人体来说还是相当危险的。因此这种保护方式只适用于 TT 供电系统的施工现场,按规定保护接地电阻不大于 4 Ω。

①接地装置分类

接地装置,就是接地线和接地体的合称(总和),它包括接地线和接地体。

②接地装置的安全技术要求

a. 接地体或地下接地线,均不得采用铝导体制作。

b. 垂直接地体,宜采用角钢或圆钢,不宜采用螺纹钢材。

c. 接地线焊接搭接长度,必须符合表 6—13 中的技术要求。

d. 接地干线,通常要求其截面不得小于 100 mm^2;接地支线,通常要求其截面不得小于 48 mm^2。

e. 采用自然接地体时,可充分利用施工现场的主体金属结构或基础钢筋混凝土工程的基础结构,严禁利用易燃、易爆物的金属管道作为接地体。

表 6—13　接地体的技术要求及检查方法表

序号	项　目		技术要求	检查方法
1	搭接长度	扁钢	≥2 b	尺量
		圆钢	≥6 d(双面焊)	
		圆钢和扁钢	≥6 d(双面焊)	
2	扁钢搭接焊的棱边数		3	观察

注:b 为扁钢宽度,d 为圆钢直径。

(2)保护接零

在电源中性点直接接地的低压电力系统中，将用电设备的金属外壳与供电系统中的零线或专用零线直接做电气连接，称为保护接零。它的作用是当电气设备的金属外壳带电时，短路电流经零线而成闭合电路，使其变成单相短路故障，因零线的阻抗很小，所以短路电流很大，一般大于额定电流的几倍甚至几十倍，这样大的单相短路将使保护装置迅速而准确的动作，切断事故电源，保证人身安全。其供电系统为接零保护系统，即 TN 系统。保护零线是否与工作零线分开，可将 TN 供电系统划分为 TN－C、TN－S 和 TN-C－S 三种供电系统。

本工程采用 TN－S 供电系统。它是把工作零线 N 和专用保护线 PE 在供电电源处严格分开的供电系统，也称三相五线制。它的优点是专用保护线上无电流，此线专门承接故障电流，确保其保护装置动作。应该特别指出，PE 线不许断线。在供电末端应将 PE 线做重复接地。

不管采用保护接地还是保护接零，必须注意：在同一系统中不允许对一部分设备采取接地，对另一部分采取接零。因为在同一系统中，如果有的设备采取接地，有的设备采取接零，则当采取接地的设备发生碰壳时，零线电位将升高，而使所有接零的设备外壳都带上危险的电压。

(3)防雷措施

①在土壤电阻率低于 200 Ω·m 区域的电杆上可不另设防雷接地装置，但在配电室的架空进线或出线处应将绝缘子铁脚与配电室的接地装置相连接。

②施工现场内的起重机、井字架、龙门架等机械设备，以及钢脚手架和正在施工的在建工程等的金属结构，若在相邻建筑物、构筑物的防雷装置的保护范围以外，应按相关要求安装防雷装置。

③若最高机械设备上的避雷针(接闪器)其保护范围能覆盖其他设备，且最后退出现场，则其他设备可不设防雷装置。保护范围可按滚球法确定。

④各机械设备的防雷引下线，可利用该设备的金属结构体，但应保证电气连接。

⑤机械设备上的避雷针(接闪器)长度应为 1～2 m。塔式起重机可不另设避雷针(接闪器)。

⑥施工现场内所有防雷装置的冲击接地电阻不得大于 30 Ω。

⑦做防雷接地的电气设备，必须同时做重复接地；同一台电气设备的重复接地与防雷接地可使用同一个接地体，接地电阻应符合重复接地电阻值的要求。

⑧安装避雷针(接闪器)的机械设备，所有固定的动力、控制、照明、信号及通信线路宜采用钢管敷设。钢管与该机械设备的金属结构体应做电气连接。

(4)设置漏电保护器

①施工现场的总配电箱和开关箱应至少设置两级漏电保护器，而且两级漏电保护器的额定漏电动作电流和额定漏电动作时间应作合理配合，使之具有分级保护的功能。

②开关箱中必须设置漏电保护器，施工现场所有用电设备，除作保护接零外，必须在设备负荷线的首端处安装漏电保护器。

③漏电保护器应装设在配电箱电源隔离开关的负荷侧和开关箱电源隔离开关的负荷侧。

④漏电保护器的选择应符合《漏电动作保护器(剩余电流动作保护器)》(GB 6829－86)的要求，开关箱内的漏电保护器其额定漏电动作电流应不大于 30 mA，额定漏电动作时间应小于 0.1 s。

使用潮湿和有腐蚀介质场所的漏电保护器应采用防溅型产品。其额定漏电动作电流应不大于 15 mA,额定漏电动作时间应小于 0.1 s。

(5)安全电压

安全电压指不戴任何防护设备,接触时对人体各部位不造成任何损害的电压。《安全电压》(GB 3805—83)中规定,安全电压值的等级有 42、36、24、12、6 V5 种。同时还规定:当电气设备采用了超过 24 V 时,必须采取防直接接触带电体的保护措施。

对下列特殊场所应使用安全电压照明器。

①隧道、人防工程、有高温、导电灰尘或灯具离地面高度低于 2.4 m 等场所的照明,电源电压应不大于 36 V。

②在潮湿和易触及带电体场所的照明电源电压不得大于 24 V。

③在特别潮湿的场所,导电良好的地面、锅炉或金属容器内工作的照明电源电压不得大于 12 V。

(6)电气设备的设置应符合下列要求

①应设置室内总配电屏和室外分配电箱或设置室外总配电箱和分配电箱,实行分级配电。

②箱与照明配电箱宜分别设置,如合置在同一配电箱内,动力和照明线路应分路设置,照明线路接线宜接在动力开关的上侧。

③应由末级分配电箱配电。开关箱内应一机一闸,每台用电设备应有自己的开关箱,严禁用一个开关电器直接控制 2 台及以上的用电设备。

④设在靠近电源的地方,分配电箱应装设在用电设备或负荷相对集中的地区。分配电箱与开关箱的距离不得超过 30 m,开关箱与其控制的固定式用电设备的水平距离不宜超过 3 m。

⑤配电箱、开关箱应装设在干燥、通风及常温场所。不得装设在有严重损伤作用的瓦斯、烟气、蒸汽、液体及其他有害介质中。也不得装设在易受外来固体物撞击、强烈振动、液体侵溅及热源烘烤的场所。配电箱、开关箱周围应有足够 2 人同时工作的空间,其周围不得堆放任何有碍操作、维修的物品。

⑥配电箱、开关箱安装要端正、牢固,移动式的箱体应装设在坚固的支架上。固定式配电箱、开关箱的下皮与地面的垂直距离应大于 1.3 m,小于 1.5 m。移动式分配电箱、开关箱的下皮与地面的垂直距离为 0.6～1.5 m。配电箱、开关箱采用铁板或优质绝缘材料制作,铁板的厚度应大于 1.5 mm。

⑦配电箱、开关箱中导线的进线口和出线口应设在箱体下底面,严禁设在箱体的上顶面、侧面、后面或箱门处。

(7)电气设备的安装

①配电箱内的电器应首先安装在金属或非木质的绝缘电器安装板上,然后整体紧固在配电箱箱体内,金属板与配电箱体应作电气连接。

②配电箱、开关箱内的各种电器应按规定的位置紧固在安装板上,不得歪斜和松动。并且电器设备之间、设备与板四周的距离应符合有关工艺标准的要求。

③配电箱、开关箱内的工作零线应通过接线端子板连接,并应与保护零线接线端子板分设。

④配电箱、开关箱内的连接线应采用绝缘导线,导线的型号及截面应严格执行临电图纸的标示截面。各种仪表之间的连接线应使用截面不小于 2.5 mm^2 的绝缘铜芯导线。导线接头不得松动,不得有外露带电部分。

⑤各种箱体的金属构架、金属箱体,金属电器安装板以及箱内电器的正常不带电的金属底座、外壳等必须做保护接零,保护零线应经过接线端子板连接。

⑥配电箱后面的排线需排列整齐,绑扎成束,并用卡钉固定在盘板上,盘后引出及引入的导线应留出适当余度,以便检修。

⑦导线剥削处不应伤线芯过长,导线压头应牢固可靠,多股导线不应盘卷压接,应加装压线端子(有压线孔者除外)。如必须穿孔用顶丝压接时,多股线应涮锡后再压接,不得减少导线股数。

(8)电气设备的防护

①在建工程不得在高、低压线路下方施工,高低压线路下方不得搭设作业棚、建造生活设施,或堆放构件、架具、材料及其他杂物。

②施工时各种架具的外侧边缘与外电架空线路的边线之间必须保持安全操作距离。当外电线路的电压为 1 kV 以下时,其最小安全操作距离为 4 m;当外电架空线路的电压为 1~10 kV时,其最小安全操作距离为 6 m;当外电架空线路的电压为 35~110 kV,其最小安全操作距离为 8 m。上下脚手架的斜道严禁搭设在有外电线路的一侧。旋转臂架式起重机的任何部位或被吊物边缘与 10 kV 以下的架空线路边线最小水平距离不得小于 2 m。

③施工现场的机动车道与外电架空线路交叉时,架空线路的最低点与路面的最小垂直距离应符合以下要求:外电线路电压为 1 kV 以下时,最小垂直距离为 6 m;外电线路电压为 1~35 kV 时,最小垂直距离为 7 m。

④对于达不到最小安全距离时,施工现场必须采取保护措施,可以增设屏障、遮栏、围栏或保护网,并要悬挂醒目的警告标志牌。在架设防护设施时应有电气工程技术人员或专职安全人员负责监护。

⑤对于既不能达到最小安全距离,又无法搭设防护措施的施工现场,施工单位必须与有关部门协商,采取停电、迁移外电线或改变工程位置等措施,否则不得施工。

(9)电气设备的操作与维修人员必须符合以下要求:

①施工现场内临时用电的施工和维修必须由经过培训后取得上岗证书的专业电工完成,电工的等级应同工程的难易程度和技术复杂性相适应,初级电工不允许进行中、高级电工的作业。

②各类用电人员应做到:

a. 掌握安全用电基本知识和所用设备的性能。

b. 使用设备前必须按规定穿戴和配备好相应的劳动防护用品;并检查电气装置和保护设施是否完好。严禁设备带“病”运转。

c. 停用的设备必须拉闸断电,锁好开关箱。

d. 负责保护所用设备的负荷线、保护零线和开关箱。发现问题,及时报告解决。

e. 搬迁或移动用电设备,必须经电工切断电源并作妥善处理后进行。

(10)电气设备的使用与维护

①施工现场的所有配电箱、开关箱应每月进行一次检查和维修。检查、维修人员必须是专业电工。工作时必须穿戴好绝缘用品,必须使用电工绝缘工具。

②检查、维修配电箱、开关箱时,必须将其前一级相应的电源开关分闸断电,并悬挂停电标志牌,严禁带电作业。

③配电箱内盘面上应标明各回路的名称、用途、同时要做出分路标记。

④总、分配电箱门应配锁,配电箱和开关箱应指定专人负责。施工现场停止作业 1h 以上时,应将动力开关箱上锁。

⑤各种电气箱内不允许放置任何杂物,并应保持清洁。箱内不得挂接其他临时用电设备。

⑥熔断器的熔体更换时,严禁用不符合原规格的熔体代替。

(11)施工现场的配电线路

①现场的电缆线路

a. 电缆线路应采用穿管埋地或沿墙、电杆架空敷设,严禁沿地面明设。

b. 电缆在室外直接埋地敷设的深度应不小于 0.7 m,并应在电缆上下各均匀铺设不小于 50 mm 厚的细砂,然后覆盖砖等硬质保护层。

c. 橡皮电缆沿墙或电杆敷设时应用绝缘子固定,严禁使用金属裸线作绑扎。固定点间的距离应保证橡皮电缆能承受自重所带的荷重。橡皮电缆的最大弧垂距地不得小于 2.5 m。

d. 电缆的接头应牢固可靠,绝缘包扎后的接头不能降低原来的绝缘强度,并不得承受张力。

e. 在有高层建筑的施工现场,临时电缆必须采用埋地引入。电缆垂直敷设的位置应充分利用在建工程的竖井、垂直孔洞等,同时应靠近负荷中心,固定点每楼层不得小于一处。电缆水平敷设沿墙固定,最大弧垂距地不得小于 1.8 m。

②室内导线的敷设及照明装置

a. 室内配线必须采用绝缘铜线或绝缘铝线,采用瓷瓶、瓷夹或塑料夹敷设,距地面高度不得小于 2.5 m。

b. 进户线在室外处要用绝缘子固定,进户线过墙应穿套管,距地面应大于 2.5 m,室外要做防水弯头。

c. 室内配线所用导线截面应按图纸要求施工,但铝线截面最小不得小于 2.5 mm^2,铜线截面不得小于 1.5 mm^2。

d. 金属外壳的灯具外壳必须作保护接零,所用配件均应使用镀锌件。

e. 室外灯具距地面不得小于 3 m,室内灯具不得低于 2.4 m。插座接线时应符合规范要求。

2. 安全用电组织措施

(1)建立临时用电施工组织设计和安全用电技术措施的编制、审批制度,并建立相应的技术档案。

(2)建立技术交底制度。向专业电工、各类用电人员介绍临时用电施工组织设计和安全用电技术措施的总体意图、技术内容和注意事项,并应在技术交底文字资料上履行交底人和被交底人的签字手续,注明交底日期。

(3)建立安全检测制度。从临时用电工程开始,定期对临时用电工程进行检测,主要内容是:接地电阻值,电气设备绝缘电阻值,漏电保护器动作参数等,以监视临时用电工程是否安全可靠,并做好检测记录。

(4)建立电气维修制度。加强日常和定期维修工作,及时发现和消除隐患,并建立维修工作记录,记载维修时间、地点、设备、内容、技术措施、处理结果、维修人员、验收人员等。

(5)建立工程拆除制度。建筑工程竣工后,临时用电工程的拆除应有统一的组织和指挥,并须规定拆除时间、人员、程序、方法、注意事项和防护措施等。

(6)建立安全检查和评估制度。施工管理部门和企业要按照《建筑施工安全检查评分标准》(JGJ59—99)定期对现场用电安全情况进行检查评估。

(7)建立安全用电责任制,对临时用电工程各部位的操作、监护、维修分片、分块、分机落实到人,并辅以必要的奖惩。

建立安全教育和培训制度。定期对专业电工和各类用电人员进行用电安全教育和培训,凡上岗人员必须持有劳动部门核发的上岗证书,严禁无证上岗。

3.外电防护的安全技术要求

(1)安全距离

①当在外电架空线路的一侧施工时,在建工程(含脚手架具)的外侧边缘与外电架空线路的边线之间必须保持安全操作距。其最小安全操作距离应符合表6—14所列数值。

表6—14　在建工程(含脚手架具)的外侧边缘与外电架空线路的边线之间的最小安全距离

外电线路电压等级	1 kV以下	1～10 kV	35～110 kV	154～220 kV	330～550 kV
最小安全距离(m)	4	6	8	10	15

②施工现场的机动车道与外电架空线路交叉时,架空线路的最低点与路面的垂直距离应符合表6—15要求。

表6—15　施工现场的机动车道与外电架空线路交叉时的最小垂直距离

外电线路电压(kV)	1以下	1～10	35
最小垂直距离(m)	6	7	7

4.安全用电防火措施

(1)施工现场发生火灾的主要原因

①电气线路过负荷引起火灾。线路上的电气设备长时间超负荷使用,使用电流超过了导线的安全载流量。这时如果保护装置选择不合理,时间长了,线芯过热使绝缘层损坏燃烧,造成火灾。

②线路短路引起火灾。因导线安全部距不够,绝缘等级不够,所有老化、破损等或人为操作不慎等原因造成线路短路,强大的短路电流很快转换成热能,使导线严重发热,温度急剧升高,造成导线熔化,绝缘层燃烧,引起火灾。

③接触电阻过大引起火灾。导线接头连接不好,接线柱压接不实,开关触点接触不牢等造成接触电阻增大,随着时间增长引起局部氧化,氧化后增大了接触电阻。电流流过电阻时,会消耗电能产生热量,导致过热引起火灾。

④变压器、电动机等设备运行故障引起火灾。变压器长期过负荷运行或制造质量不良,造成线圈绝缘损坏,匝间短路,铁芯涡流加大引起过热,变压器绝缘油老化、击穿、发热等引起火灾或爆炸。

⑤电热设备、照灯具使用不当引起火灾。电炉等电热设备表面温度很高,如使用不当会引起火灾;大功率照明灯具等与易燃物距离过近引起火灾。

⑥电弧、电火花引起火灾。电焊机、点焊机使用时电气弧光、火花等会引燃周围物体,引起火灾。

施工现场由于电气引发的火灾原因绝不止以上几点,还有许多,这就要求用电人员和现场管理人员认真执行操作规程,加强检查,可以说火灾是可以预防的。

(2)预防电气火灾的措施

①针对电气火灾发生的原因,施工组织设计中要制定出有效的预防措施。

施工组织设计时要根据电气设备的用电量正确选择导线截面,从理论上杜绝线路过负荷使用,保护装置要认真选择,当线路上出现长期过负荷时,能在规定时间内动作保护线路。

②导线架空敷设时其安全间距必须满足规范要求,当配电线路采用熔断器作短路保护时,熔体额定电流一定要小于电缆或穿管绝缘导线允许载流量的 2.5 倍,或明敷绝缘导线允许载流量的 1.5 倍。经常教育用电人员正确执行安全操作规程,避免作业不当造成火灾。

③电气操作人员要认真执行规范,正确连接导线,接线柱要压牢、压实。各种开关触头要压接牢固。铜铝连接时要有过渡端子,多股导线要用端子或涮锡后再与设备安装,以防加大电阻引起火灾。

④配电室的耐火等级要大于三级,室内配置沙箱和绝缘灭火器。严格执行变压器的运行检修制度,按季度每年进行 4 次停电清扫和检查。

现场中的电动机严禁超载使用,电机周围无易燃物,发现问题及时解决,保证设备正常运转。

⑤施工现场内严禁使用电炉子。使用碘钨灯时,灯与易燃物间距要大于 30 cm,室内不准使用功率超过 100 W 的灯泡,严禁使用床头灯。

⑥使用焊机时要执行用火证制度,并有人监护,施焊周围不能存在易燃物体,并备齐防火设备。电焊机要放在通风良好的地方。

⑦施工现场的高大设备和有可能产生静电的电气设备要做好防雷接地和防静电接地,以免雷电及静电火花引起火灾。

⑧存放易燃气体、易燃物仓库内的照明装置一定要采用防爆型设备,导线敷设、灯具安装、导线与设备连接均应满足有关规范要求。

⑨配电箱、开关箱内严禁存放杂物及易燃物体,并派专人负责定期清扫。

⑩设有消防设施的施工现场,消防泵的电源要由总箱中引出专用回路供电,而且此回路不得设置漏电保护器,当电源发生接地故障时可以设单相接地报警装置。有条件的施工现场,此回路供电应由 2 个电源供电,供电线路应在末端可切换。

⑪施工现场应建立防火检查制度,强化电气防火领导体制,建立电气防火队伍。

⑫施工现场一旦发生电气火灾时,扑灭电气火灾应注意以下事项:

a. 迅速切断电源,以免事态扩大。切断电源时应戴绝缘手套,使用有绝缘柄的工具。当火场离开关较远需剪断电线时,火线和零线应分开错位剪断,以免在钳口处造成短路,并防止电源线掉在地上造成短路使人员触电。

b. 当电源线因其他原因不能及时切断时,一方面派人去供电端拉闸,另一方面灭火时,人体的各部位与带电体应保持一定充分距离,必须穿戴绝缘用品。

c. 扑灭电气火灾时要用绝缘性能好的灭火剂如干粉灭火机,二氧化碳灭火器,1211 灭火器或干燥沙子。严禁使用导电灭火剂进行扑救。

二、施工现场临时用电施工组织设计实例二

(一)编制依据

《施工现场临时用电安全技术规范》(JGJ 46—2005)。

《建设工程施工现场供电安全规范》(GB 50194—93)。

《建筑施工安全检查标准》(JGJ 59—99)。

(二)工程概况

本工程为××市德誉馨苑小区1#、2#楼,结构形式为一般剪力墙;建筑面积分别为:1#楼10 418.91 m²;占地面积537.63 m²;2#楼6 928.94 m²;占地面积357.26 m²;建筑层数:地上17层、地下1层,地上部分均为住宅,建筑高度48.6 m²。

本工程设计合理使用年限50年,工程等级二级,抗震设防烈度8度,结构形式为一般剪力墙;地上防火等级为二级,屋面防水等级为二级,地下防火等级为一级,地下防水等级为二级。本工程由×××集团工程设计研究院设计,由××市德誉房地产有限公司负责开发。由××市××工程建设有限公司承建。

(三)设计内容和步骤

1. 现场勘探及初步设计

(1)本工程所在施工现场范围内无各种埋地管线。

(2)现场采用380 V低压供电,设两配电总箱,内有计量设备,采用TN-S系统供电。

(3)根据施工现场用电设备布置情况,总线采用导线埋地敷设,干线采用导线埋地敷设,电机线采用电缆线空气明敷,布置位置及线路走向参见临时配电系统图及现场平面图,采用三级配电,两级防护。

(4)按照《施工现场临时用电安全技术规范》(JGJ 46—2005)规定制定施工组织设计,接地电阻$R \leqslant 4\ \Omega$。

2. 负荷计算

(1)施工设备用电统计(见表6—16)

(2)确定用电负荷

①塔式起重机组

$$K_x=0.3, \cos\varphi=0.7, \tan\varphi=1.02$$
$$P_{js}=K_x \times P_e=0.3\times 32=9.6\ \text{kW}$$

②塔吊照明组

$$K_x=0.5, \cos\varphi=0.9, \tan\varphi=0.48$$
$$P_{js}=K_x \times P_e=0.5\times 8=4\ \text{kW}$$

③钢筋调直机组

$$K_x=0.3, \cos\varphi=0.7, \tan\varphi=1.02$$
$$P_{js}=K_x \times P_e=0.3\times 2.8=0.84\ \text{kW}$$

表6—16 施工现场机械设备功率一览表

序号	设备名称	规格型号	安装功率(kW)	数量	合计功率	备注
1	塔式起重机	——	32	1	32	$J_c=25\%$
2	塔吊照明	JZR—41—8	2	4	8	
3	钢筋调直机	JZC—350	9.5	1	9.5	
4	钢筋切断机	QJ40—1	2.2	2	4.4	
5	钢筋弯曲机	——	1	2		2
6	电焊机	MJ104	11	5	55	
7	钢筋对焊机	HW—60	50	1	50	
8	钢筋室外加工照明	HZ—30	1	4	4	
9	双笼电梯	BX—330	22	2	44	$J_c=100\%$

续上表

序号	设备名称	规格型号	安装功率(kW)	数量	合计功率	备注
10	混凝土搅拌机	——	5.5	2	11	
11	混凝土搅拌站照明	——	2	1	2	
12	振捣棒	——	1.1	4	4.4	
13	平板振动器	——	2.5	2	5	
14	混凝土浇筑照明	——	1	2	2	
15	电渣压力焊	——	40	1	40	
16	电刨子	——	4	1	4	
17	圆盘锯	——	5	1	5	
18	砂轮锯	——	2	1	2	
19	木材加工锯木照明	——	2	1	2	
20	木材加工模板照明	——	2	1	2	
总　计		280.2 kW				

④钢筋切断机组

$$K_x=0.3,\cos\varphi=0.7,\tan\varphi=1.02$$
$$P_{js}=K_x\times P_e=0.3\times3=0.9\ \text{kW}$$

⑤钢筋弯曲机组

$$K_x=0.3,\cos\varphi=0.7,\tan\varphi=1.02$$
$$P_{js}=K_x\times P_e=0.3\times2=0.6\ \text{kW}$$

⑥电焊机组

$$K_x=0.3,\cos\varphi=0.45,\tan\varphi=1.98$$
$$P_{js}=K_x\times P_e=0.3\times22=6.6\ \text{kW}$$

⑦钢筋对焊机组

$$K_x=0.3,\cos\varphi=0.7,\tan\varphi=1.02$$
$$P_{js}=K_x\times P_e=0.3\times50=15\ \text{kW}$$

⑧钢筋室外加工照明组

$$K_x=0.5,\cos\varphi=0.9,\tan\varphi=0.48$$
$$P_{js}=K_x\times P_e=0.5\times4=2\ \text{kW}$$

⑨双笼电梯组

$$K_x=0.3,\cos\varphi=0.7,\tan\varphi=1.02$$
$$P_{js}=K_x\times P_e=0.3\times22=6.6\ \text{kW}$$

⑩混凝土搅拌机组

$$K_x=0.7,\cos\varphi=0.68,\tan\varphi=1.08$$
$$P_{js}=K_x\times P_e=0.7\times11=7.7\ \text{kW}$$

⑪混凝土搅拌站照明组

$$K_x=0.5,\cos\varphi=0.9,\tan\varphi=0.48$$
$$P_{js}=K_x\times P_e=0.5\times2=1\ \text{kW}$$

⑫振捣棒组

$K_x=0.3, \cos\varphi=0.7, \tan\varphi=1.02$

$P_{js}=K_x\times P_e=0.3\times 2.2=0.66$ kW

⑬平板振动器组

$K_x=0.3, \cos\varphi=0.7, \tan\varphi=1.02$

$P_{js}=K_x\times P_e=0.3\times 2.5=0.75$ kW

⑭电焊机组

$K_x=0.3, \cos\varphi=0.45, \tan\varphi=1.98$

$P_{js}=K_x\times P_e=0.3\times 11=3.3$ kW

⑮混凝土浇筑照明组

$K_x=0.5, \cos\varphi=0.9, \tan\varphi=0.48$

$P_{js}=K_x\times P_e=0.5\times 1=0.5$ kW

⑯电渣压力焊组

$K_x=0.5, \cos\varphi=0.7, \tan\varphi=1.02$

$P_{js}=K_x\times P_e=0.5\times 40=20$ kW

⑰电刨子组

$K_x=0.3, \cos\varphi=0.7, \tan\varphi=1.02$

$P_{js}=K_x\times P_e=0.3\times 4=1.2$ kW

⑱圆盘锯组

$K_x=0.3, \cos\varphi=0.7, \tan\varphi=1.02$

$P_{js}=K_x\times P_e=0.3\times 5=1.5$ kW

⑲砂轮锯组

$K_x=0.3, \cos\varphi=0.7, \tan\varphi=1.02$

$P_{js}=K_x\times P_e=0.3\times 2=0.6$ kW

⑳木材加工锯木照明组

$K_x=0.5, \cos\varphi=0.9, \tan\varphi=0.48$

$P_{js}=K_x\times P_e=0.5\times 2=1$ kW

㉑木材加工模板照明组

$K_x=0.5, \cos\varphi=0.9, \tan\varphi=0.48$

$P_{js}=K_x\times P_e=0.5\times 2=1$ kW

㉒振捣棒组

$K_x=0.3, \cos\varphi=0.7, \tan\varphi=1.02$

$P_{js}=K_x\times P_e=0.3\times 2.2=0.66$ kW

㉓平板振动器组

$K_x=0.3, \cos\varphi=0.7, \tan\varphi=1.02$

$P_{js}=K_x\times P_e=0.3\times 2.5=0.75$ kW

㉔电焊机组

$K_x=0.3, \cos\varphi=0.45, \tan\varphi=1.98$

$P_{js}=K_x\times P_e=0.3\times 22=6.6$ kW

㉕混凝土浇筑照明组

$K_x=0.5, \cos\varphi=0.9, \tan\varphi=0.48$

$$P_{js}=K_x\times P_e=0.5\times1=0.5\ \text{kW}$$

㉖双笼电梯组

$$K_x=0.3,\cos\varphi=0.7,\tan\varphi=1.02$$
$$P_{js}=K_x\times P_e=0.3\times22=6.6\ \text{kW}$$

㉗总的计算负荷计算

干线同期系数取 $K_x=1$,总的有功功率为:

$P_{js}=K_x\times\sum P_{js}$

$=1\times(9.6+4+0.84+0.9+0.6+6.6+15+2+6.6+7.7+1+0.66+0.75+3.3+0.5+20+1.2+1.5+0.6+1+1+0.66+0.75+6.6+0.5+6.6)$

$=100.46\ \text{kW}$

总的无功功率:

$Q_{js}=K_x\times\sum Q_{js}$

$=1\times(9.79+1.94+0.86+0.92+0.61+13.1+15.3+0.97+6.73+8.3+0.48+0.67+0.77+6.55+0.24+20.4+1.22+1.53+0.61+0.48+0.48+0.67+0.77+13.1+0.24+6.73)$

$=113.49\ \text{kVA}$

总的视在功率:

$$S_{js}=\frac{1}{2}(P_{js2}+Q_{js2})=(100.462+113.492)\times\frac{1}{2}=151.56\ \text{kVA}$$

总的计算电流计算:

$$I_{js}=S_{js}/(1.732\times U_e)=151.56/(1.732\times0.38)=230.29\ \text{A}$$

(3)选择变压器

根据计算的总的视在功率选择 SL7－200/10 型三相电力变压器,它的容量为 200 kVA＞151.56 kVA×1.2(增容系数)能够满足使用要求,其高压侧电压为 10 kV 同施工现场外的高压架空线路的电压级别一致。

(4)选择总箱的进线截面及进线开关

①选择导线截面:上面已经计算出总计算电流 $I_{js}=230.29$ A,查表得导线架空敷设,40 ℃时铜芯橡皮绝缘导线 BX－4×95＋1×50,其安全载流量为 272.75 A,能够满足使用要求。

按允许电压降:

$$S=K_x\times\sum(P_L)/C\Delta U=1\times2\ 802/(77\times5)=7.28\ \text{mm}^2$$

②选择总进线开关:DZ10－600/3,其脱扣器整定电流值为 $I_r=480$ A。

③选择总箱中漏电保护器:未选择。

(5)干 1 线路上导线截面及分配箱、开关箱内电气设备选择

在选择前应对照平面图和系统图先由用电设备至开关箱计算,再由开关箱至分配箱计算,选择导线及开关设备。分配箱至开关箱,开关箱至用电设备采用铜芯聚氯乙烯绝缘电缆线空气明敷。

①塔式起重机开关箱至塔式起重机导线截面及开关箱内电气设备选择

a.计算电流

$$K_x=0.3,\cos\varphi=0.7$$
$$I_{js}=K_x\times P_e/(1.732\times U_e\times\cos\varphi)$$
$$=0.3\times32/(1.732\times0.38\times0.7)$$
$$=20.84\ \text{A}$$

b. 选择导线

按允许电压降：

$$S=K_x\times\sum(P_L)/C\Delta U=0.3\times1\ 920/(77\times5)=16.37\ \mathrm{mm}^2$$

选择 VV4×10+1×6，空气明敷时其安全载流量为 41.9 A。室外架空铜芯电缆线按机械强度的最小截面为 10 mm²，满足要求。

c. 选择电器开关

选择开关箱内开关为 DZ15－40/3，其脱扣器整定电流值为 Ir＝32 A。

漏电保护器为 DZ15L－30/3。

②塔吊照明开关箱至塔吊照明导线截面及开关箱内电气设备选择

a. 计算电流

$K_x=0.5$，$\cos\varphi=0.9$

$$\begin{aligned}I_{js}&=K_x\times P_e/(1.732\times U_e\times\cos\varphi)\\&=0.5\times2/(1.732\times0.38\times0.9)\\&=1.69\ \mathrm{A}\end{aligned}$$

b. 选择导线

按允许电压降：

$$S=K_x\times\sum(P_L)/C\Delta U=0.5\times120/(77\times5)=16.37\ \mathrm{mm}^2$$

选择 VV4×10+1×6，空气明敷时其安全载流量为 41.9 A。室外架空铜芯电缆线按机械强度的最小截面为 10 mm²，满足要求。

c. 选择电器开关

选择开关箱内开关为 DZ5－20/3，其脱扣器整定电流值为 I_r＝16 A。

漏电保护器为 DZ15L－30/3。

③钢筋调直机开关箱至钢筋调直机导线截面及开关箱内电气设备选择

a. 计算电流

$K_x=0.3$，$\cos\varphi=0.7$

$$\begin{aligned}I_{js}&=K_x\times P_e/(1.732\times U_e\times\cos\varphi)\\&=0.3\times2.8/(1.732\times0.38\times0.7)\\&=1.82\ \mathrm{A}\end{aligned}$$

b. 选择导线

按允许电压降：

$$S=K_x\times\sum(P_L)/C\Delta U=0.3\times56/(77\times5)=16.37\ \mathrm{mm}^2$$

选择 VV4×10+1×6，架空明敷时其安全载流量为 41.9 A。室外架空铜芯电缆线按机械强度的最小截面为 10 mm²，满足要求。

c. 选择电器开关

选择开关箱内开关为 DZ5－20/3，其脱扣器整定电流值为 I_r＝16 A。

漏电保护器为 DZ15L－30/3。

④钢筋切断机开关箱至钢筋切断机导线截面及开关箱内电气设备选择

a. 计算电流

$K_x=0.3$，$\cos\varphi=0.7$

$$I_{js}=K_x\times P_e/(1.732\times U_e\times\cos\varphi)$$
$$=0.3\times1.5/(1.732\times0.38\times0.7)$$
$$=0.98\ \text{A}$$

b. 选择导线

按允许电压降：

$$S=K_x\times\sum(P_L)/C\Delta U=0.3\times15/(77\times5)=16.37\ \text{mm}^2$$

选择 VV4×10＋1×6，空气明敷时其安全载流量为 41.9 A。室外架空铜芯电缆线按机械强度的最小截面为 10 mm^2，满足要求。

c. 选择电器开关

选择开关箱内开关为 DZ5－20/3，其脱扣器整定电流值为 I_r＝16 A。

漏电保护器为 DZ15L－30/3。

⑤钢筋弯曲机开关箱至钢筋弯曲机导线截面及开关箱内电气设备选择

a. 计算电流

$K_x=0.3$，$\cos\varphi=0.7$

$$I_{js}=K_x\times P_e/(1.732\times U_e\times\cos\varphi)$$
$$=0.3\times1/(1.732\times0.38\times0.7)$$
$$=0.65\ \text{A}$$

b. 选择导线

按允许电压降：

$$S=K_x\times\sum(P_L)/C\Delta U=0.3\times15/(77\times5)=16.37\ \text{mm}^2$$

选择 VV4×10＋1×6，空气明敷时其安全载流量为 41.9 A。室外架空铜芯电缆线按机械强度的最小截面为 10 mm^2，满足要求。

c. 选择电器开关

选择开关箱内开关为 DZ5－20/3，其脱扣器整定电流值为 I_r＝16 A。

漏电保护器为 DZ15L－30/3。

⑥电焊机开关箱至电焊机导线截面及开关箱内电气设备选择

a. 计算电流

$K_x=0.3$，$\cos\varphi=0.45$

$$I_{js}=K_x\times P_e/(1.732\times U_e\times\cos\varphi)$$
$$=0.3\times11/(1.732\times0.38\times0.45)$$
$$=11.14\ \text{A}$$

b. 选择导线

按允许电压降：

$$S=K_x\times\sum(P_L)/C\Delta U=0.3\times165/(77\times5)=16.37\ \text{mm}^2$$

选择 VV4×10＋1×6，空气明敷时其安全载流量为 41.9 A。室外架空铜芯电缆线按机械强度的最小截面为 10 mm^2，满足要求。

c. 选择电器开关

选择开关箱内开关为 DZ5－20/3，其脱扣器整定电流值为 I_r＝16 A。

漏电保护器为 DZ15L－30/3。

⑦钢筋对焊机开关箱至钢筋对焊机导线截面及开关箱内电气设备选择

a. 计算电流

$K_x=0.3$，$\cos\varphi=0.7$

$$\begin{aligned}I_{js}&=K_x\times P_e/(1.732\times U_e\times\cos\varphi)\\&=0.3\times50/(1.732\times0.38\times0.7)\\&=32.56\ \text{A}\end{aligned}$$

b. 选择导线

按允许电压降：

$$S=K_x\times\sum(P_L)/C\Delta U=0.3\times1\,000/(77\times5)=16.37\ \text{mm}^2$$

选择 VV4×10＋1×6，空气明敷时其安全载流量为 41.9 A。室外架空铜芯电缆线按机械强度的最小截面为 10 mm^2，满足要求。

c. 选择电器开关

选择开关箱内开关为 DZ5－50/3，其脱扣器整定电流值为 $I_r=40$ A。

漏电保护器为 DZ15L－40/3。

⑧钢筋室外加工照明开关箱至钢筋室外加工照明导线截面及开关箱内电气设备选择

a. 计算电流

$K_x=0.5$，$\cos\varphi=0.9$

$$\begin{aligned}I_{js}&=K_x\times P_e/(1.732\times U_e\times\cos\varphi)\\&=0.5\times1/(1.732\times0.38\times0.9)\\&=0.84\ \text{A}\end{aligned}$$

b. 选择导线

按允许电压降：

$$S=K_x\times\sum(P_L)/C\Delta U=0.5\times20/(77\times5)=16.37\ \text{mm}^2$$

选择 VV4×10＋1×6，空气明敷时其安全载流量为 41.9 A。室外架空铜芯电缆线按机械强度的最小截面为 10 mm^2，满足要求。

c. 选择电器开关

选择开关箱内开关为 DZ5－20/3，其脱扣器整定电流值为 $I_r=16$ A。

漏电保护器为 DZ15L－30/3。

⑨双笼电梯开关箱至双笼电梯导线截面及开关箱内电气设备选择

a. 计算电流

$K_x=0.3$，$\cos\varphi=0.7$

$$\begin{aligned}I_{js}&=K_x\times P_e/(1.732\times U_e\times\cos\varphi)\\&=0.3\times22/(1.732\times0.38\times0.7)\\&=14.33\ \text{A}\end{aligned}$$

b. 选择导线

按允许电压降：

$$S=K_x\times\sum(P_L)/C\Delta U=0.3\times1\,320/(77\times5)=16.37\ \text{mm}^2$$

选择 VV4×10＋1×6，空气明敷时其安全载流量为 41.9 A。室外架空铜芯电缆线按机械强度的最小截面为 10 mm^2，满足要求。

c. 选择电器开关

选择开关箱内开关为 DZ5－20/3，其脱扣器整定电流值为 $I_r=16$ A。

漏电保护器为DZ15L－30/3。

⑩混凝土搅拌机开关箱至混凝土搅拌机导线截面及开关箱内电气设备选择

a. 计算电流

$K_x=0.7,\cos\varphi=0.68$

$$\begin{aligned}I_{js}&=K_x\times P_e/(1.732\times U_e\times\cos\varphi)\\&=0.7\times5.5/(1.732\times0.38\times0.68)\\&=8.6\ \text{A}\end{aligned}$$

b. 选择导线

按允许电压降：

$$S=K_x\times\sum(P_L)/C\Delta U=0.7\times110/(77\times5)=16.37\ \text{mm}^2$$

选择VV4×10＋1×6，空气明敷时其安全载流量为41.9 A。室外架空铜芯电缆线按机械强度的最小截面为10 mm²，满足要求。

c. 选择电器开关

选择开关箱内开关为DZ5－20/3，其脱扣器整定电流值为$I_r=16$ A。

漏电保护器为DZ15L－30/3。

⑪混凝土搅拌站照明开关箱至混凝土搅拌站照明导线截面及开关箱内电气设备选择

a. 计算电流

$K_x=0.5,\cos\varphi=0.9$

$$\begin{aligned}I_{js}&=K_x\times P_e/(1.732\times U_e\times\cos\varphi)\\&=0.5\times2/(1.732\times0.38\times0.9)\\&=1.69\ \text{A}\end{aligned}$$

b. 选择导线

按允许电压降：

$$S=K_x\times\sum(P_L)/C\Delta U=0.5\times40/(77\times5)=16.37\ \text{mm}^2$$

选择VV4×10＋1×6，空气明敷时其安全载流量为41.9 A。室外架空铜芯电缆线按机械强度的最小截面为10 mm²，满足要求。

c. 选择电器开关

选择开关箱内开关为DZ5－20/3，其脱扣器整定电流值为$I_r=16$ A。

漏电保护器为DZ15L－30/3。

⑫振捣棒开关箱至振捣棒导线截面及开关箱内电气设备选择

a. 计算电流

$K_x=0.3,\cos\varphi=0.7$

$$\begin{aligned}I_{js}&=K_x\times P_e/(1.732\times U_e\times\cos\varphi)\\&=0.3\times1.1/(1.732\times0.38\times0.7)\\&=0.72\ \text{A}\end{aligned}$$

b. 选择导线

按允许电压降：

$$S=K_x\times\sum(P_L)/C\Delta U=0.3\times66/(77\times5)=16.37\ \text{mm}^2$$

选择VV3×6，空气明敷时其安全载流量为41.9 A。室外架空铜芯电缆线按机械强度的最小截面为10 mm²，满足要求。

c. 选择电器开关

选择开关箱内开关为 DZ5－20/3,其脱扣器整定电流值为 I_r＝16 A。

漏电保护器为 DZ15L－30/3。

⑬平板振动器开关箱至平板振动器导线截面及开关箱内电气设备选择

a. 计算电流

K_x＝0.3,$\cos\varphi$＝0.7

$$I_{js}=K_x\times P_e/(1.732\times U_e\times\cos\varphi)$$
$$=0.3\times2.5/(1.732\times0.38\times0.7)$$
$$=1.63\ \text{A}$$

b. 选择导线

按允许电压降:

$$S=K_x\times\sum(P_L)/C\Delta U=0.3\times50/(77\times5)=16.37\ \text{mm}^2$$

选择 VV4×16＋1×10,空气明敷时其安全载流量为 41.9 A。室外架空铜芯电缆线按机械强度的最小截面为 10 mm²,满足要求。

c. 选择电器开关

选择开关箱内开关为 DZ5－20/3,其脱扣器整定电流值为 I_r＝16 A。

漏电保护器为 DZ15L－30/3。

⑭电焊机开关箱至电焊机导线截面及开关箱内电气设备选择

a. 计算电流

K_x＝0.3,$\cos\varphi$＝0.45

$$I_{js}=K_x\times P_e/(1.732\times U_e\times\cos\varphi)$$
$$=0.3\times11/(1.732\times0.38\times0.45)$$
$$=11.14\ \text{A}$$

b. 选择导线

按允许电压降:

$$S=K_x\times\sum(P_L)/C\Delta U=0.3\times220/(77\times5)=16.37\ \text{mm}^2$$

选择 VV4×10＋1×6,空气明敷时其安全载流量为 41.9 A。室外架空铜芯电缆线按机械强度的最小截面为 10 mm²,满足要求。

c. 选择电器开关

选择开关箱内开关为 DZ5－20/3,其脱扣器整定电流值为 I_r＝16 A。

漏电保护器为 DZ15L－30/3。

⑮混凝土浇筑照明开关箱至混凝土浇筑照明导线截面及开关箱内电气设备选择

a. 计算电流

K_x＝0.5,$\cos\varphi$＝0.9

$$I_{js}=K_x\times P_e/(1.732\times U_e\times\cos\varphi)$$
$$=0.5\times1/(1.732\times0.38\times0.9)$$
$$=0.84\ \text{A}$$

b. 选择导线

按允许电压降:

$$S=K_x\times\sum(P_L)/C\Delta U=0.5\times30/(77\times5)=16.37\ \text{mm}^2$$

选择 VV4×10＋1×6,空气明敷时其安全载流量为 41.9 A。室外架空铜芯电缆线按机械强度的最小截面为 10 mm^2，满足要求。

c. 选择电器开关

选择开关箱内开关为 DZ5－20/3，其脱扣器整定电流值为 $I_r=16$ A。

漏电保护器为 DZ15L－30/3。

⑯电渣压力焊开关箱至电渣压力焊导线截面及开关箱内电气设备选择

a. 计算电流

$K_x=0.5$，$\cos\varphi=0.7$

$$I_{js}=K_x\times P_e/(1.732\times U_e\times\cos\varphi)$$
$$=0.5\times40/(1.732\times0.38\times0.7)$$
$$=43.41\text{ A}$$

b. 选择导线

按允许电压降：

$$S=K_x\times\sum(P_L)/C\Delta U=0.5\times1\,200/(77\times5)=16.37\text{ mm}^2$$

选择 VV3×16＋2×10，空气明敷时其安全载流量为 56.13 A。室外架空铜芯电缆线按机械强度的最小截面为 10 mm^2，满足要求。

c. 选择电器开关

选择开关箱内开关为 DZ15－63/3，其脱扣器整定电流值为 $I_r=49$ A。

漏电保护器为 DZ15L－63/3。

⑰分 1 至第 1 组电机的开关箱的导线截面及分配箱内开关的选择

a. $I_{js}=20.84$ A

b. 选择导线

选择 VV4×10＋1×6，空气明敷时其安全载流量为 41.9 A。室外架空铜芯电缆线按机械强度的最小截面为 10 mm^2，满足要求。

c. 选择电器开关

选择分配箱内开关为 DZ15－40/3，其脱扣器整定电流值为 $I_r=32$ A。

⑱分 1 至第 2 组电机的开关箱的导线截面及分配箱内开关的选择

a. $I_{js}=1.69$ A

b. 选择导线

选择 VV4×10＋1×6，空气明敷时其安全载流量为 41.9 A。室外架空铜芯电缆线按机械强度的最小截面为 10 mm^2，满足要求。

c. 选择电器开关

选择分配箱内开关为 DZ5－20/3，其脱扣器整定电流值为 $I_r=16$ A。

⑲分 2 至第 1 组电机的开关箱的导线截面及分配箱内开关的选择

a. $I_{js}=63.3$ A

b. 选择导线

选择 VV3×10＋2×6，空气明敷时其安全载流量为 41.9 A。室外架空铜芯电缆线按机械强度的最小截面为 10 mm^2，满足要求。

c. 选择电器开关

选择分配箱内开关为 DZ5－20/3，其脱扣器整定电流值为 $I_r=16$ A。

⑳分 3 至第 1 组电机的开关箱的导线截面及分配箱内开关的选择

a. $I_{js}=33.22$ A

b. 选择导线

选择 VV3×10+2×6，空气明敷时其安全载流量为 41.9 A。室外架空铜芯电缆线按机械强度的最小截面为 10 mm^2，满足要求。

c. 选择电器开关

选择分配箱内开关为 DZ5－20/3，其脱扣器整定电流值为 $I_r=16$ A。

㉑分 4 至第 1 组电机的开关箱的导线截面及分配箱内开关的选择

a. $I_{js}=57.74$ A

b. 选择导线

选择 VV3×10+2×6，空气明敷时其安全载流量为 41.9 A。室外架空铜芯电缆线按机械强度的最小截面为 10 mm^2，满足要求。

c. 选择电器开关

选择分配箱内开关为 DZ15－63/3，其脱扣器整定电流值为 $I_r=49$ A。

㉒分 1 进线及进线开关的选择

a. 计算电流

$K_x=0.7$，$\cos\varphi=0.5$

$$I_{js}=K_x\times\sum P_e/(1.732\times U_e\times\cos\varphi)$$
$$=0.7\times40/(1.732\times0.38\times0.5)$$
$$=85.09\ \text{A}$$

b. 选择导线

按允许电压降：

$$S=K_x\times\sum(P_L)/C\Delta U=0.7\times2\ 040/(77\times5)=3.71\ \text{mm}^2$$

选择 BX－4×16+1×16，空气明敷时其安全载流量为 86.96 A。室外架空铜芯导线按机械强度的最小截面为 10 mm^2，满足要求。

c. 选择电器开关

选择分配箱进线开关为 DZ10－250/3，其脱扣器整定电流值为 $I_r=200$ A。

漏电保护器为 DZ10L－100/3。

㉓分 2 进线及进线开关的选择

a. 计算电流

$K_x=0.7$，$\cos\varphi=0.5$

$$I_{js}=K_x\times\sum P_e/(1.732\times U_e\times\cos\varphi)$$
$$=0.7\times83.8/(1.732\times0.38\times0.5)$$
$$=178.25\ \text{A}$$

b. 选择导线

按允许电压降：

$$S=K_x\times\sum(P_L)/C\Delta U=0.7\times1\ 271/(77\times5)=2.31\ \text{mm}^2$$

选择 BX－4×50+1×25，空气明敷时其安全载流量为 181.83 A。室外架空铜芯导线按机械强度的最小截面为 10 mm^2，满足要求。

c. 选择电器开关

选择分配箱进线开关为 DZ10－250/3，其脱扣器整定电流值为 $I_r=200$ A。

漏电保护器为 DZ10L－100/3。

㉔分 3 进线及进线开关的选择

a. 计算电流

$K_x=0.7$，$\cos\varphi=0.5$

$$I_{js}=K_x\times\sum P_e/(1.732\times U_e\times\cos\varphi)$$
$$=0.7\times35/(1.732\times0.38\times0.5)$$
$$=74.45\ \text{A}$$

b. 选择导线

按允许电压降：

$$S=K_x\times\sum(P_L)/C\Delta U=0.7\times1\ 470/(77\times5)=2.67\ \text{mm}^2$$

选择 BX－3×16＋2×6，空气明敷时其安全载流量为 86.96 A。室外架空铜芯导线按机械强度的最小截面为 10 mm²，满足要求。

c. 选择电器开关

选择分配箱进线开关为 DZ10－250/3，其脱扣器整定电流值为 $I_r=200$ A。

漏电保护器为 DZ10L－100/3。

㉕分 4 进线及进线开关的选择

a. 计算电流

$K_x=0.7$，$\cos\varphi=0.5$

$$I_{js}=K_x\times\sum P_e/(1.732\times U_e\times\cos\varphi)$$
$$=0.7\times56.7/(1.732\times0.38\times0.5)$$
$$=120.61\ \text{A}$$

b. 选择导线

按允许电压降：

$$S=K_x\times\sum(P_L)/C\Delta U=0.7\times1\ 566/(77\times5)=2.85\ \text{mm}^2$$

选择 BX－4×35＋1×16，空气明敷时其安全载流量为 142.3 A。室外架空铜芯导线按机械强度的最小截面为 10 mm²，满足要求。

c. 选择电器开关

选择分配箱进线开关为 DZ10－250/3，其脱扣器整定电流值为 $I_r=200$ A。

漏电保护器为 DZ10L－100/3。

㉖干 1 导线截面及出线开关的选择

a. 选择导线截面

按导线安全载流量：

$K_x=0.7$，$\cos\varphi=0.5$

$$I_{js}=K_x\times\sum P_e/(1.732\times U_e\times\cos\varphi)$$
$$=0.7\times215.5/(1.732\times0.38\times0.5)$$
$$=458.4\ \text{A}$$

按允许电压降：

$$S=K_x\times\sum(P_L)/C\Delta U=0.7\times9\ 004/(77\times5)=16.37\ \text{mm}^2$$

选择 BX－4×25＋1×16，空气明敷时其安全载流量为 114.63 A。室外架空铜芯导线按机械强度的最小截面为 10 mm²，满足要求。

b. 选择出线开关

干 1 出线开关选择 DZ15－100/3，其脱扣器整定电流值为 $I_r=80$ A。

(6)干 2 线路上导线截面及分配箱、开关箱内电气设备选择在选择前应对照平面图和系统图先由用电设备至开关箱计算，再由开关箱至分配箱计算，选择导线及开关设备。分配箱至开关箱，开关箱至用电设备采用铜芯聚氯乙烯绝缘电缆线空气明敷。

①电刨子开关箱至电刨子导线截面及开关箱内电气设备选择

a. 计算电流

$K_x=0.3, \cos\varphi=0.7$

$$\begin{aligned} I_{js} &= K_x \times P_e/(1.732 \times U_e \times \cos\varphi) \\ &= 0.3 \times 4/(1.732 \times 0.38 \times 0.7) \\ &= 2.6\ \text{A} \end{aligned}$$

b. 选择导线

按允许电压降：

$$S=K_x \times \sum(P_L)/C\Delta U=0.3 \times 80/(77 \times 5)=4.51\ \text{mm}^2$$

选择 VV4×16+1×10，空气明敷时其安全载流量为 41.9 A。室外架空铜芯电缆线按机械强度的最小截面为 10 mm^2，满足要求。

c. 选择电气开关

选择开关箱内开关为 DZ5－20/3，其脱扣器整定电流值为 $I_r=16$ A。

漏电保护器为 DZ15L－30/3。

②圆盘锯开关箱至圆盘锯导线截面及开关箱内电气设备选择

a. 计算电流

$K_x=0.3, \cos\varphi=0.7$

$$\begin{aligned} I_{js} &= K_x \times P_e/(1.732 \times U_e \times \cos\varphi) \\ &= 0.3 \times 5/(1.732 \times 0.38 \times 0.7) \\ &= 3.26\ \text{A} \end{aligned}$$

b. 选择导线

按允许电压降：

$$S=K_x \times \sum(P_L)/C\Delta U=0.3 \times 100/(77 \times 5)=4.51\ \text{mm}^2$$

选择 VV4×10+1×6，空气明敷时其安全载流量为 41.9 A。室外架空铜芯电缆线按机械强度的最小截面为 10 mm^2，满足要求。

c. 选择电气开关

选择开关箱内开关为 DZ5－20/3，其脱扣器整定电流值为 $I_r=16$ A。

漏电保护器为 DZ15L－30/3。

③砂轮锯开关箱至砂轮锯导线截面及开关箱内电气设备选择

a. 计算电流

$K_x=0.3, \cos\varphi=0.7$

$$\begin{aligned} I_{js} &= K_x \times P_e/(1.732 \times U_e \times \cos\varphi) \\ &= 0.3 \times 2/(1.732 \times 0.38 \times 0.7) \\ &= 1.3\ \text{A} \end{aligned}$$

b. 选择导线

按允许电压降：

$$S=K_x \times \sum(P_L)/C\Delta U=0.3 \times 120/(77 \times 5)=4.51\ \text{mm}^2$$

选择 VV4×10+1×6，空气明敷时其安全载流量为 41.9 A。室外架空铜芯电缆线按机械强度的最小截面为 10 mm^2，满足要求。

c. 选择电气设备

选择开关箱内开关为 DZ5－20/3，其脱扣器整定电流值为 I_r＝16 A。

漏电保护器为 DZ15L－30/3。

④木材加工锯木照明开关箱至木材加工锯木照明导线截面及开关箱内电气设备选择

a. 计算电流

K_x＝0.5，$\cos\varphi$＝0.9

$$I_{js}=K_x\times P_e/(1.732\times U_e\times\cos\varphi)$$
$$=0.5\times2/(1.732\times0.38\times0.9)$$
$$=1.69\ \text{A}$$

b. 选择导线

按允许电压降：

$$S=K_x\times\sum(P_L)/C\Delta U=0.5\times40/(77\times5)=4.51\ \text{mm}^2$$

选择 VV4×10＋1×6，空气明敷时其安全载流量为 41.9 A。室外架空铜芯电缆线按机械强度的最小截面为 10 mm^2，满足要求。

c. 选择电气设备

选择开关箱内开关为 DZ5－20/3，其脱扣器整定电流值为 I_r＝16 A。

漏电保护器为 DZ15L－30/3。

⑤木材加工模板照明开关箱至木材加工模板照明导线截面及开关箱内电气设备选择

a. 计算电流

K_x＝0.5，$\cos\varphi$＝0.9

$$I_{js}=K_x\times P_e/(1.732\times U_e\times\cos\varphi)$$
$$=0.5\times2/(1.732\times0.38\times0.9)$$
$$=1.69\ \text{A}$$

b. 选择导线

按允许电压降：

$$S=K_x\times\sum(P_L)/C\Delta U=0.5\times40/(77\times5)=4.51\ \text{mm}^2$$

选择 VV3×6，空气明敷时其安全载流量为 41.9 A。室外架空铜芯电缆线按机械强度的最小截面为 10 mm^2，满足要求。

c. 选择电气设备

选择开关箱内开关为 DZ5－20/3，其脱扣器整定电流值为 I_r＝16 A。

漏电保护器为 DZ15L－30/3。

⑥振捣棒开关箱至振捣棒导线截面及开关箱内电气设备选择

a. 计算电流

K_x＝0.3，$\cos\varphi$＝0.7

$$I_{js}=K_x\times P_e/(1.732\times U_e\times\cos\varphi)$$
$$=0.3\times1.1/(1.732\times0.38\times0.7)$$
$$=0.72\ \text{A}$$

b. 选择导线

按允许电压降：

$$S=K_x\times\sum(P_L)/C\Delta U=0.3\times22/(77\times5)=4.51\ \mathrm{mm}^2$$

选择 VV4×6+1×4，空气明敷时其安全载流量为 41.9 A。室外架空铜芯电缆线按机械强度的最小截面为 10 mm^2，满足要求。

c. 选择电气设备

选择开关箱内开关为 DZ5－20/3，其脱扣器整定电流值为 $I_r=16$ A。

漏电保护器为 DZ15L－30/3。

⑦平板振动器开关箱至平板振动器导线截面及开关箱内电气设备选择

a. 计算电流

$K_x=0.3$，$\cos\varphi=0.7$

$$I_{js}=K_x\times P_e/(1.732\times U_e\times\cos\varphi)$$
$$=0.3\times2.5/(1.732\times0.38\times0.7)$$
$$=1.63\ \mathrm{A}$$

b. 选择导线

按允许电压降：

$$S=K_x\times\sum(P_L)/C\Delta U=0.3\times150/(77\times5)=4.51\ \mathrm{mm}^2$$

选择 VV4×6+1×4，空气明敷时其安全载流量为 41.9 A。室外架空铜芯电缆线按机械强度的最小截面为 10 mm^2，满足要求。

c. 选择电器开关

选择开关箱内开关为 DZ5－20/3，其脱扣器整定电流值为 $I_r=16$ A。

漏电保护器为 DZ15L－30/3。

⑧电焊机开关箱至电焊机导线截面及开关箱内电气设备选择

a. 计算电流

$K_x=0.3$，$\cos\varphi=0.45$

$$I_{js}=K_x\times P_e/(1.732\times U_e\times\cos\varphi)$$
$$=0.3\times11/(1.732\times0.38\times0.45)$$
$$=11.14\ \mathrm{A}$$

b. 选择导线

按允许电压降：

$$S=K_x\times\sum(P_L)/C\Delta U=0.3\times660/(77\times5)=4.51\ \mathrm{mm}^2$$

选择 VV4×10+1×6，空气明敷时其安全载流量为 41.9 A。室外架空铜芯电缆线按机械强度的最小截面为 10 mm^2，满足要求。

c. 选择电器开关

选择开关箱内开关为 DZ5－20/3，其脱扣器整定电流值为 $I_r=16$ A。

漏电保护器为 DZ15L－30/3。

⑨混凝土浇筑照明开关箱至混凝土浇筑照明导线截面及开关箱内电气设备选择

a. 计算电流

$K_x=0.5$，$\cos\varphi=0.9$

$$I_{js}=K_x\times P_e/(1.732\times U_e\times\cos\varphi)$$
$$=0.5\times1/(1.732\times0.38\times0.9)$$
$$=0.84\ \mathrm{A}$$

b. 选择导线

按允许电压降：

$$S=K_x\times\sum(P_L)/C\Delta U=0.5\times60/(77\times5)=4.51\ \text{mm}^2$$

选择 VV4×6+1×4，空气明敷时其安全载流量为 41.9 A。室外架空铜芯电缆线按机械强度的最小截面为 10 mm²，满足要求。

c. 选择电器开关

选择开关箱内开关为 DZ5－20/3，其脱扣器整定电流值为 $I_r=16$ A。

漏电保护器为 DZ15L－30/3。

⑩双笼电梯开关箱至双笼电梯导线截面及开关箱内电气设备选择

a. 计算电流

$K_x=0.3$，$\cos\varphi=0.7$

$$I_{js}=K_x\times P_e/(1.732\times U_e\times\cos\varphi)$$
$$=0.3\times22/(1.732\times0.38\times0.7)$$
$$=14.33\ \text{A}$$

b. 选择导线

按允许电压降：

$$S=K_x\times\sum(P_L)/C\Delta U=0.3\times1\,320/(77\times5)=4.51\ \text{mm}^2$$

选择 VV4×10+1×6，空气明敷时其安全载流量为 41.9 A。室外架空铜芯电缆线按机械强度的最小截面为 10 mm²，满足要求。

c. 选择电器开关

选择开关箱内开关为 DZ5－20/3，其脱扣器整定电流值为 $I_r=16$ A。

漏电保护器为 DZ15L－30/3。

⑪分 5 至第 1 组电机的开关箱的导线截面及分配箱内开关的选择

a. $I_{js}=10.54$ A

b. 选择导线

选择 VV4×10+1×6，空气明敷时其安全载流量为 41.9 A。室外架空铜芯电缆线按机械强度的最小截面为 10 mm²，满足要求。

c. 选择电器开关

选择分配箱内开关为 DZ5－20/3，其脱扣器整定电流值为 $I_r=16$ A。

⑫分 6 至第 1 组电机的开关箱的导线截面及分配箱内开关的选择

a. $I_{js}=25.47$ A

b. 选择导线

选择 VV4×10+1×6，空气明敷时其安全载流量为 41.9 A。室外架空铜芯电缆线按机械强度的最小截面为 10 mm²，满足要求。

c. 选择电器开关

选择分配箱内开关为 DZ5－20/3，其脱扣器整定电流值为 $I_r=16$ A。

⑬分 7 至第 1 组电机的开关箱的导线截面及分配箱内开关的选择

a. $I_{js}=14.33$ A

b. 选择导线

选择 VV4×10+1×6，空气明敷时其安全载流量为 41.9 A。室外架空铜芯电缆线按机械强度的最小截面为 10 mm²，满足要求。

c. 选择电气设备

选择分配箱内开关为 DZ5－20/3，其脱扣器整定电流值为 $I_r=16$ A。

⑭分 5 进线及进线开关的选择

a. 计算电流

$K_x=0.7$，$\cos\varphi=0.5$

$$I_{js}=K_x\times\sum P_e/(1.732\times U_e\times\cos\varphi)$$
$$=0.7\times15/(1.732\times0.38\times0.5)$$
$$=31.91\ \text{A}$$

b. 选择导线

按允许电压降：

$$S=K_x\times\sum(P_L)/C\Delta U=0.7\times380/(77\times5)=0.69\ \text{mm}^2$$

选择 BX－4×16＋1×10，空气明敷时其安全载流量为 67.2 A。室外架空铜芯导线按机械强度的最小截面为 10 mm²，满足要求。

c. 选择电器开关

选择分配箱进线开关为 DZ5－50/3，其脱扣器整定电流值为 $I_r=40$ A。

漏电保护器为 DZ15L－40/3。

⑮分 6 进线及进线开关的选择

a. 计算电流

$K_x=0.7$，$\cos\varphi=0.5$

$$I_{js}=K_x\times\sum P_e/(1.732\times U_e\times\cos\varphi)$$
$$=0.7\times27.7/(1.732\times0.38\times0.5)$$
$$=58.92\ \text{A}$$

b. 选择导线

按允许电压降：

$$S=K_x\times\sum(P_L)/C\Delta U=0.7\times892/(77\times5)=1.62\ \text{mm}^2$$

选择 BX－4×16＋1×10，空气明敷时其安全载流量为 67.2 A。室外架空铜芯导线按机械强度的最小截面为 10 mm²，满足要求。

c. 选择电气设备

选择分配箱进线开关为 DZ10－100/3，其脱扣器整定电流值为 $I_r=80$ A。

漏电保护器为 DZ15L－63/3。

⑯分 7 进线及进线开关的选择

a. 计算电流

$K_x=0.7$，$\cos\varphi=0.5$

$$I_{js}=K_x\times\sum P_e/(1.732\times U_e\times\cos\varphi)$$
$$=0.7\times22/(1.732\times0.38\times0.5)$$
$$=46.8\ \text{A}$$

b. 选择导线

按允许电压降：

$$S=K_x\times\sum(P_L)/C\Delta U=0.7\times1\ 320/(77\times5)=2.4\ \text{mm}^2$$

选择 BX－4×16＋1×10，空气明敷时其安全载流量为 67.2 A。室外架空铜芯导线按机械强度的最小截面为 10 mm²，满足要求。

c. 选择电气设备

选择分配箱进线开关为 DZ10－100/3，其脱扣器整定电流值为 I_r＝80 A。

漏电保护器为 DZ15L－63/3。

⑰干 2 导线截面及出线开关的选择

a. 选择导线截面

按导线安全载流量：

$K_x=0.7$，$\cos\varphi=0.5$

$$\begin{aligned}I_{js}&=K_x\times\sum P_e/(1.732\times U_e\times\cos\varphi)\\&=0.7\times64.7/(1.732\times0.38\times0.5)\\&=137.63\ \text{A}\end{aligned}$$

按允许电压降：

$$S=K_x\times\sum(P_L)/C\Delta U=0.7\times2\ 482/(77\times5)=4.51\ \text{mm}^2$$

选择 BX－3×35＋2×16，空气明敷时其安全载流量为 142.3 A。室外架空铜芯导线按机械强度的最小截面为 10 mm²，满足要求。

b. 选择出线开关

干 2 出线开关选择 DZ10－250/3，其脱扣器整定电流值为 I_r＝200 A。

(四)绘制临时供电施工图

1. 临时供电系统图(图 6－3)

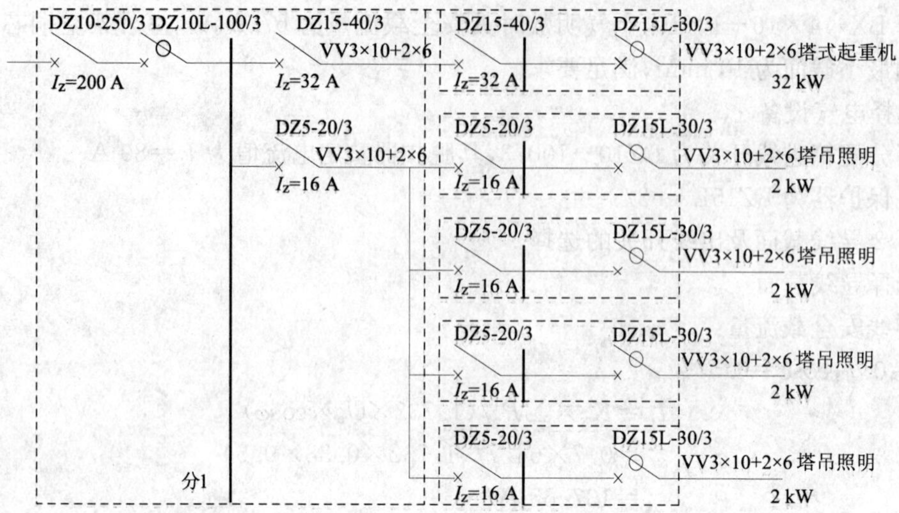

DZ10-250/3 DZ10L-100/3 DZ15-40/3 VV3×10+2×6 DZ15-40/3 DZ15L-30/3 VV3×10+2×6塔式起重机 32 kW

I_Z=200 A I_Z=32 A I_Z=32 A

DZ5-20/3 VV3×10+2×6 DZ5-20/3 DZ15L-30/3 VV3×10+2×6塔吊照明 2 kW

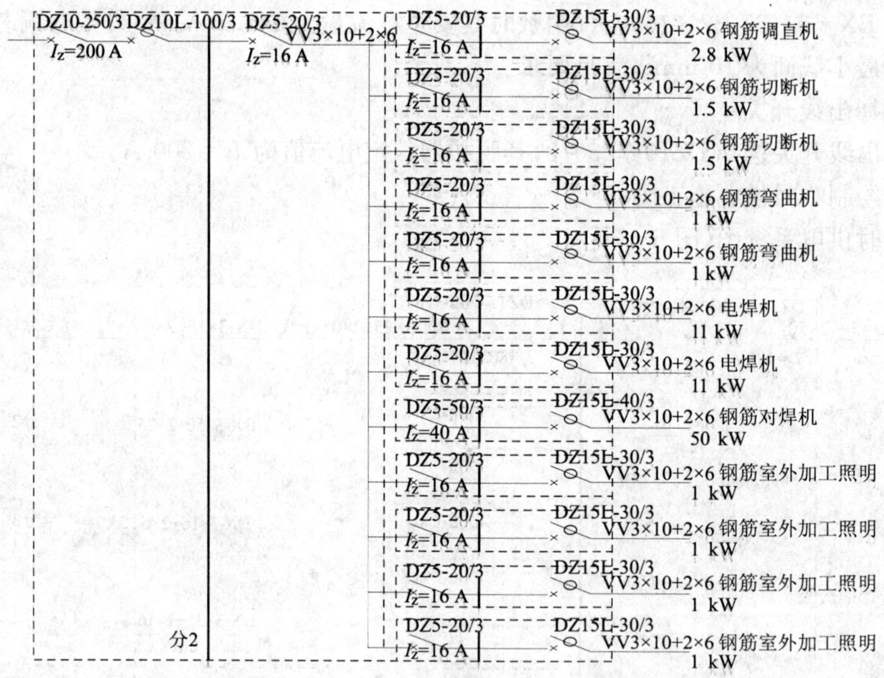

I_Z=16 A I_Z=16 A

DZ5-20/3 DZ15L-30/3 VV3×10+2×6塔吊照明 I_Z=16 A 2 kW

DZ5-20/3 DZ15L-30/3 VV3×10+2×6塔吊照明 I_Z=16 A 2 kW

DZ5-20/3 DZ15L-30/3 VV3×10+2×6塔吊照明 I_Z=16 A 2 kW

分1

DZ10-250/3 DZ10L-100/3 DZ5-20/3 VV3×10+2×6 I_Z=200 A I_Z=16 A

DZ5-20/3 I_Z=16 A DZ15L-30/3 VV3×10+2×6 钢筋调直机 2.8 kW

DZ5-20/3 I_Z=16 A DZ15L-30/3 VV3×10+2×6 钢筋切断机 1.5 kW

DZ5-20/3 I_Z=16 A DZ15L-30/3 VV3×10+2×6 钢筋切断机 1.5 kW

DZ5-20/3 I_Z=16 A DZ15L-30/3 VV3×10+2×6 钢筋弯曲机 1 kW

DZ5-20/3 I_Z=16 A DZ15L-30/3 VV3×10+2×6 钢筋弯曲机 1 kW

DZ5-20/3 I_Z=16 A DZ15L-30/3 VV3×10+2×6 电焊机 11 kW

DZ5-20/3 I_Z=16 A DZ15L-30/3 VV3×10+2×6 电焊机 11 kW

DZ5-50/3 I_Z=40 A DZ15L-40/3 VV3×10+2×6 钢筋对焊机 50 kW

DZ5-20/3 I_Z=16 A DZ15L-30/3 VV3×10+2×6 钢筋室外加工照明 1 kW

DZ5-20/3 I_Z=16 A DZ15L-30/3 VV3×10+2×6 钢筋室外加工照明 1 kW

DZ5-20/3 I_Z=16 A DZ15L-30/3 VV3×10+2×6 钢筋室外加工照明 1 kW

DZ5-20/3 I_Z=16 A DZ15L-30/3 VV3×10+2×6 钢筋室外加工照明 1 kW

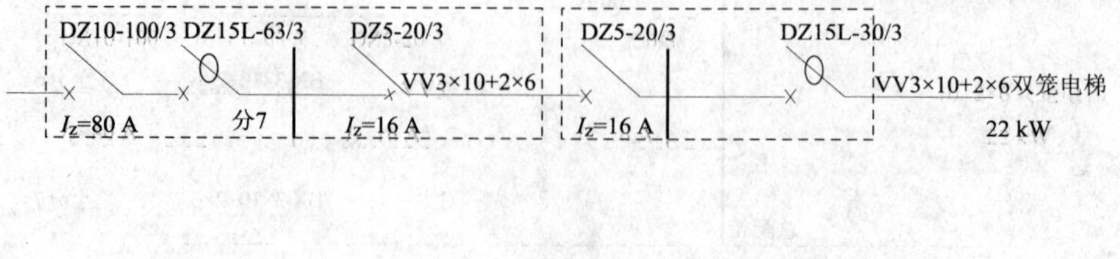

分2

DZ10-100/3 DZ15L-63/3 DZ5-20/3 VV3×10+2×6 DZ5-20/3 DZ15L-30/3 VV3×10+2×6双笼电梯 22 kW

I_Z=80 A 分7 I_Z=16 A I_Z=16 A

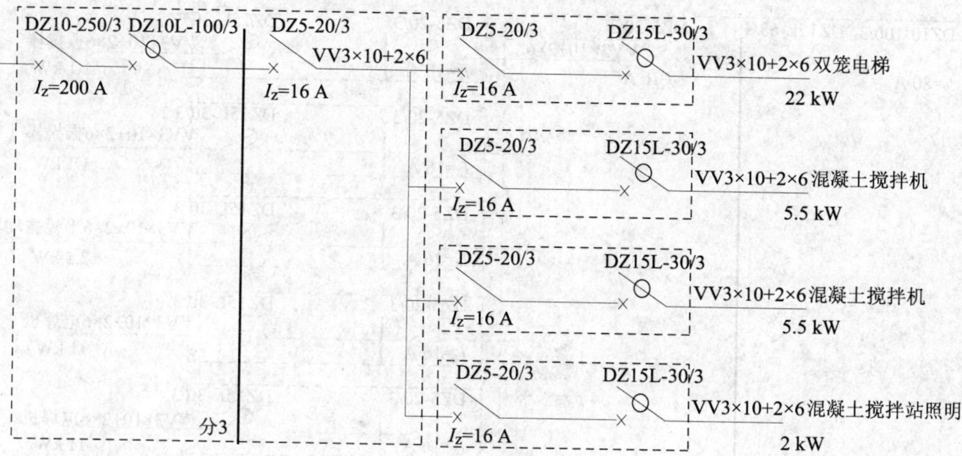

DZ10-250/3
DZ10L-100/3
DZ5-20/3
VV3×10+2×6
I_Z=200 A
I_Z=16 A
分3
DZ5-20/3
DZ15L-30/3
I_Z=16 A
VV3×10+2×6 双笼电梯
22 kW
VV3×10+2×6 混凝土搅拌机
5.5 kW
VV3×10+2×6 混凝土搅拌机
5.5 kW
VV3×10+2×6 混凝土搅拌站照明
2 kW

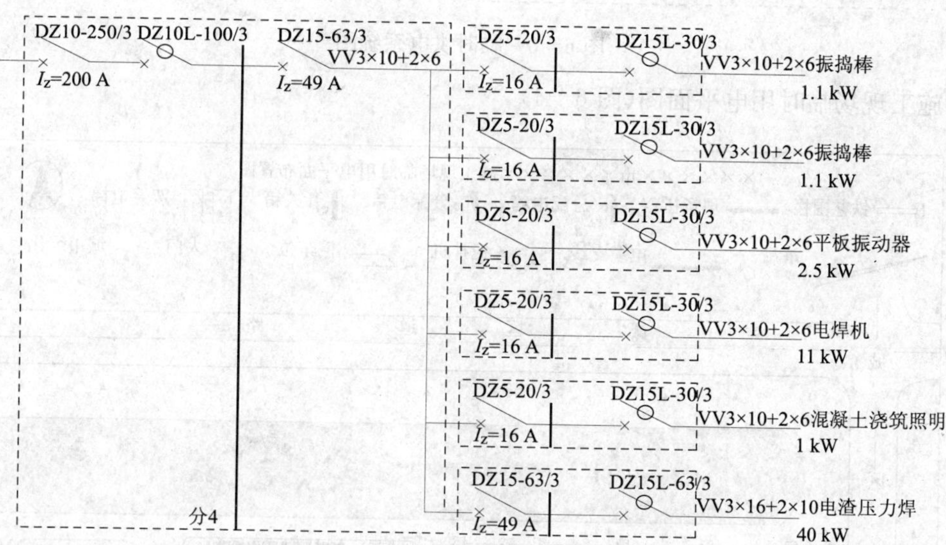

DZ10-250/3
DZ10L-100/3
DZ15-63/3
VV3×10+2×6
I_Z=200 A
I_Z=49 A
分4
DZ5-20/3
DZ15L-30/3
I_Z=16 A
VV3×10+2×6振捣棒
1.1 kW
VV3×10+2×6振捣棒
1.1 kW
VV3×10+2×6平板振动器
2.5 kW
VV3×10+2×6电焊机
11 kW
VV3×10+2×6混凝土浇筑照明
1 kW
DZ15-63/3
DZ15L-63/3
I_Z=49 A
VV3×16+2×10电渣压力焊
40 kW

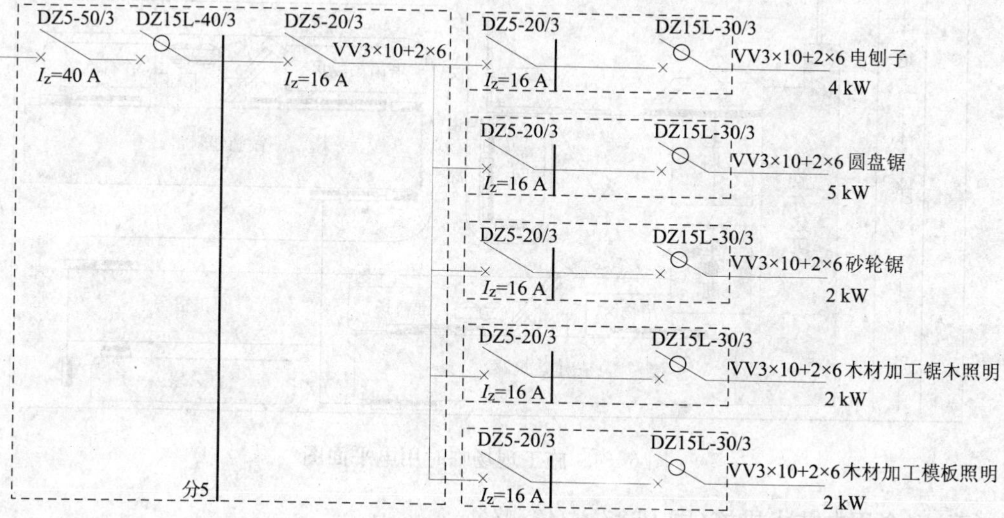

DZ5-50/3
DZ15L-40/3
DZ5-20/3
VV3×10+2×6
I_Z=40 A
I_Z=16 A
分5
DZ5-20/3
DZ15L-30/3
I_Z=16 A
VV3×10+2×6 电刨子
4 kW
VV3×10+2×6 圆盘锯
5 kW
VV3×10+2×6 砂轮锯
2 kW
VV3×10+2×6 木材加工锯木照明
2 kW
VV3×10+2×6 木材加工模板照明
2 kW

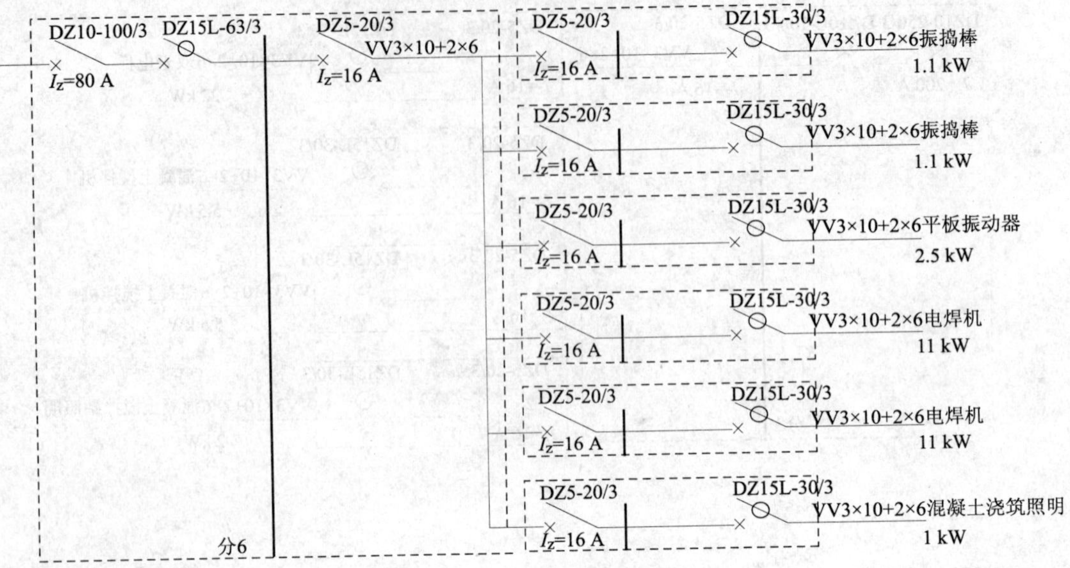

图 6－3　临时供电系统图

2. 施工现场临时用电平面图(图 6－4)

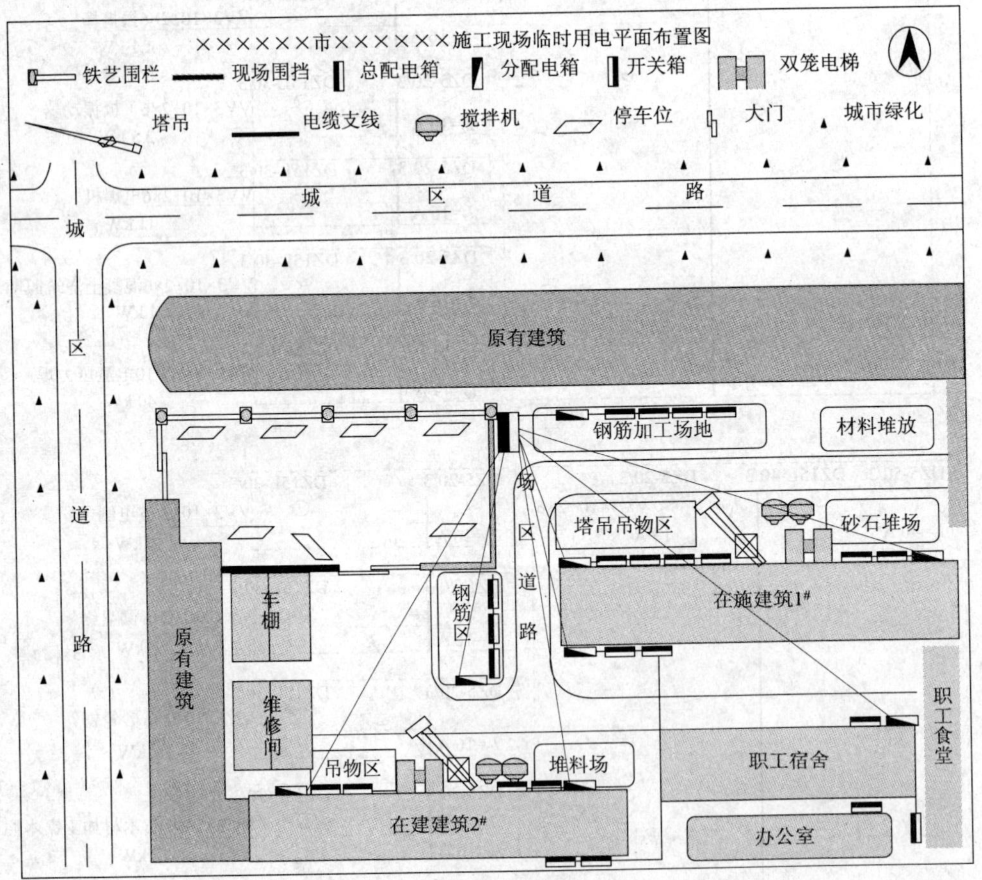

图 6－4　施工现场临时用电平面图

(五)安全用电技术措施(同 P337～343,略)

三、施工现场临时用电施工组织设计

(一)编制依据

《施工现场临时用电安全技术规范》(JGJ 46—2005)。

《建设工程施工现场供电安全规范》(GB 50194—93)。

《建筑施工安全检查标准》(JGJ 59—99)。

《某市机场新区项目一期工程施工组织设计》。

公司《质量、环境、职业健康安全管理体系程序文件》。

某市机场新区项目施工图纸。

(二)工程概况

1.工程总体概况

某市机场新区项目一期工程,共计 82 617.2 m^2,地上建筑面积 65 839.3 m^2,地下建筑面积 16 777.9 m^2,其中住宅及配套地下建筑面积为 7 337.9 m^2,车库地下建筑面积为 9 440 m^2,配套商业建筑面积 5 990.5 m^2,其他 200 m^2;容积率 2.0,建筑密度 20%,绿化率 31%。其中 B1、B2 为两栋 26 层高层住宅,B3 为一栋 18 层住宅,B4、为一栋 6 层住宅,B5、B6 为两栋 7 层住宅,B7 为一栋 3 层商业楼,B8 为一栋 2 层商业楼,B9 为地下车库。公共服务设施配套公建有幼儿园、小学、会所、垃圾转运站、热力站、变电室、煤气调压站等。

建筑设计防火分类为一类,高层住宅耐火等级为一级,多层住宅耐火等级为二级,地下车库耐火等级为一级。

B1 楼地下 2 层,地上 24/26 层,建筑高度 74/80 m,总建筑面积 17 421.82 m^2,地下建筑面积 1 345.32 m^2,地上建筑面积 16 076.5 m^2;B2 楼地下 2 层,地上 24/26 层,建筑高度74/80 m,总建筑面积 18 439.45 m^2,地下建筑面积 1 323.42 m^2,地上建筑面积 17 116.03 m^2;B3 楼地下 2 层,地上 18 层,建筑高度 56 m,总建筑面积 19 030.4 m^2,地下建筑面积 1 867.76 m^2,地上建筑面积 17 162.65 m^2;B4 楼地下 1 层,地上 7 层,建筑高度 24.8 m,总建筑面积3 062.03 m^2,地下建筑面积 359.53 m^2,地上建筑面积 2 702.5 m^2;B5 楼地下 1 层,地上 7 层,建筑高度 24.8 m,总建筑面积 3 062.03 m^2,地下建筑面积 359.53 m^2,地上建筑面积2 702.5 m^2;B6 楼地下 2 层,地上 7 层,建筑高度 24.8 m,总建筑面积 7 542.13 m^2,地下建筑面积 1 637.26 m^2,地上建筑面积5 904.87 m^2;B7 楼地下 1 层,地上 3 层,建筑高度 14.4 m,总建筑面积 3 280 m^2;B8 楼地下 1 层/面积 496.52 m^2,地上 2 层/面积 1 321.8 m^2;B9 为地下车库,地下 1 层/面积 9 440 m^2,地上面积 160 m^2。

2.现场施工条件

本工程甲方现场提供 4 台 315 kW 变压器,其中有 1 台变压器供搅拌站使用,兼顾生活区用电;另 3 台变压器供施工现场。施工现场临时用电布置过程中,拟在搅拌站东侧设置 1 台 ZX-1,B1 楼东北角布置 1 台 ZX-2,在 B3 楼的东南角布置 1 台 ZX-3,在 B3 楼的西北角布置 1 台 ZX-4。现场二级箱共设置 19 台,每个钢筋场设置二级箱 2 台,B3 楼设置 2 台二级箱,B4、B5 楼共用 1 台二级箱,其他每栋楼设置 1 台二级箱,生活区 1 台,搅拌站 2 台,结构施工期间,施工层每栋楼设置 1 台二级箱。

(1)临时用电线路分配情况

甲方在现场入口处提供给我方 4 台 315 kVA 变压器,即 1～4 号变压器,其中 1# 线路由 1# 变压器提供搅拌站和生活区用电,2#～4# 线路由 2#～4# 变压器提供施工现场用电。1# 线路由 1# 变压器引一根电缆在现场西侧办公室后沿墙铺设接至北侧红线处的二级箱,从二级箱分别引到每栋办公楼和宿舍楼的三级箱;另一路沿大门处的混凝土路面北侧向东铺到搅拌站。

2# 线路由 2# 号变压器引一根电缆，沿沿基坑西侧，引至 B1 楼西北角的 ZX-1，供 B1 楼、B7 楼施工用电及 B2 楼拖式泵用电。3# 线路由 3# 变压器引一根电缆，沿大门处的混凝土路面南侧，一直向东铺到 B3 楼东北角的 ZX-2，供 B2 楼及 B3、B6 楼两台拖式泵用电。4# 线路由 4# 变压器引一根电缆，沿大门处的混凝土路面北侧，一直铺到施工场区东侧的南北方向的路东侧，向南铺到场地东侧的钢筋加工厂和木工加工厂，供 B4、B5、B6 楼施工用电及钢筋加工厂和木工加工厂用电。

(2)楼面施工层用电

三栋高层每栋楼由电梯井或设备井向施工层引一路 $3\times35\ mm^2+2\times16\ mm^2$ 电缆。多层部分每栋楼从电梯井向施工层引一路 $3\times16\ mm^2+2\times10\ mm^2$ 电缆。

(三)现场总负荷的计算：

1.施工机械用电统计

该工程施工用电高峰时期在装修施工阶段，室内粗装修及水电安装与主体结构穿插施工阶段，此阶段主要用电设备有：混凝土搅拌站 2 座，塔吊 4 台，施工电梯 3 台，物料提升机 4 台，JZC350 搅拌机 4 台，钢筋对焊机 1 台，电焊机 6 台，其他钢筋机械，木工机械，混凝土机械若干及安装专业用机械等。

表 6－17 施工现场机械设备功率一览表

序号	设备名称	规格型号	安装功率(kW)	数量	合计功率	备注
1	拖式泵	——	110	4	440	
2	塔式起重机	QTZ80	50	4	200	$J_c=25\%$
3	施工电梯	——	44	3	132	
4	搅拌站	——	100	2	200	
5	卷扬机	JZR—41—8	11	2	22	
6	电渣压力焊机	——	38.6	4	154.4	
7	物料提升机	——	11	4	44	
8	钢筋切断机	QJ40—1	11	4	44	
9	钢筋成型机	——	6	3	18	
10	圆盘电锯	MJ104	5.5	4	22	
11	木工电刨	——	3	2	6	
12	蛙式夯机	HW—60	3	8	24	
13	振捣棒	HZ—30	1.5	8	12	
14	电焊机	BX—330	38.6	8	308.8	$J_c=100\%$
15	搅拌机	JZC350	10 kW	4	40	
16	水泵	——	1.1	3	3.3	
17	液压弯管机	——	3	3	9	
18	管道套丝机	——	3	3	9	
19	直螺纹套丝机	——	4	4	16	
20	空压机	——	15	2	30	
总 计		157.2 kW				

2.照明用电

(1)现场施工照明

现场施工照明用电主要是为施工现场提供夜间施工照明、楼梯间安全照明等，其使用负荷为长期负荷，共设置高压镝灯 8 个、每个楼梯口上下设置安全照明灯 1 个，预计照明总负荷为 50 kW。

(2)生活、办公区域照明用电

生活、办公区域照明用电，主要为生活区职工宿舍、食堂、办公室提供照明用电，职工生活区域照明用电拟采用 220 V 电压照明；食堂、办公室采用 220 V 照明系统供电，预计生活用电负荷为 50 kW。

3. 现场总负荷计算

(1)塔式起重机

$$K_x=0.30 \quad \cos\varphi=0.70 \quad \tan\varphi=1.02$$

将 $J_c=40\%$ 统一换算到 $J_{c1}=25\%$ 的额定容量

$$P_e=n\times(J_c/J_{c1})\times1/2\times P_n=4\times(0.40/0.25)\times1/2\times50.00=253.00\ \text{kW}$$

$$P_{js}=K_x\times P_e=0.30\times253=75.90\ \text{kW}$$

$$Q_{js}=P_{js}\times\tan\varphi=75.9\times1.02=77.42\ \text{kvar}$$

(2)建筑施工外用电梯

$$K_x=0.20 \quad \cos\varphi=0.60 \quad \tan\varphi=1.33$$

$$P_{js}=0.20\times132.00=26.40\ \text{kW}$$

$$Q_{js}=P_{js}\times\tan\varphi=26.40\times1.33=35.10\ \text{kvar}$$

(3)电焊机

$$K_x=0.35 \quad \cos\varphi=0.40 \quad \tan\varphi=2.29$$

将 $J_c=50\%$ 统一换算到 $J_{c1}=100\%$ 的额定容量

$$P_e=\sum n\times(J_c/J_{c1})\times1/2\times\cos\varphi=1\times(0.50/1.00)\times1/2\times463.20=115.8\ \text{kW}$$

$$P_{js}=K_x\times P_e=0.35\times131=45.85\ \text{kW}$$

$$Q_{js}=P_{js}\times\tan\varphi=45.85\times2.29=105.00\ \text{kvar}$$

(4)钢筋切断机、成型机

$$K_x=0.30 \quad \cos\varphi=0.70 \quad \tan\varphi=1.02$$

$$P_{js}=0.30\times48.00=14.40\ \text{kW}$$

$$Q_{js}=P_{js}\times\tan\varphi=14.40\times1.02=14.70\ \text{kvar}$$

(5)木工电刨

$$K_x=0.30 \quad \cos\varphi=0.60 \quad \tan\varphi=1.33$$

$$P_{js}=0.30\times6.0=1.80\ \text{kW}$$

$$Q_{js}=P_{js}\times\tan\varphi=1.80\times1.33=2.39\ \text{kvar}$$

(6)木工圆锯

$$K_x=0.30 \quad \cos\varphi=0.60 \quad \tan\varphi=1.33$$

$$P_{js}=0.30\times22.00=6.60\ \text{kW}$$

$$Q_{js}=P_{js}\times\tan\varphi=6.60\times1.02=6.73\ \text{kvar}$$

(7)强制式混凝土搅拌机

$$K_x=0.70 \quad \cos\varphi=0.68 \quad \tan\varphi=1.08$$

$$P_{js}=0.7\times200.00=140.00\ \text{kW}$$

$$Q_{js}=P_{js}\times\tan\varphi=140.00\times1.08=151.20\ \text{kvar}$$

(8)JZC350L 搅拌机

$$K_x=0.60 \quad \cos\varphi=0.65 \quad \tan\varphi=1.17$$

$$P_{js}=0.76\times40.00=30.40\ \text{kW}$$

$$Q_{js}=P_{js}\times\tan\varphi=30.40\times1.17=35.57\ \text{kvar}$$

(9)水泵

$$K_x=0.70 \quad \cos\varphi=0.68 \quad \tan\varphi=1.08$$

$$P_{js}=0.70\times3.30=2.31\ \text{kW}$$

$$Q_{js}=P_{js}\times\tan\varphi=2.31\times1.08=2.49\ \text{kvar}$$

(10)插入式振动器

$$K_x=0.70 \quad \cos\varphi=0.70 \quad \tan\varphi=1.02$$

$$P_{js}=0.70\times12.00=8.40\ \text{kW}$$

$Q_{js}=P_{js}\times\tan\varphi=8.40\times1.02=8.57\ \text{kvar}$

(11)打夯机

$$K_x=0.70 \quad \cos\varphi=0.70 \quad \tan\varphi=1.02$$

$$P_{js}=0.70\times24.00=16.80\ \text{kW}$$

$$Q_{js}=P_{js}\times\tan\varphi=16.80\times1.02=17.14\ \text{kvar}$$

(12)直螺纹套丝机、液压弯管机、管道套丝机

$$K_x=0.70 \quad \cos\varphi=0.70 \quad \tan\varphi=1.02$$

$$P_{js}=0.70\times34.00=23.80\ \text{kW}$$

$$Q_{js}=P_{js}\times\tan\varphi=23.80\times1.02=24.28\ \text{kvar}$$

(13)混凝土拖式泵

$$K_x=0.70 \quad \cos\varphi=0.70 \quad \tan\varphi=1.02$$

$$P_{js}=0.70\times440.00=308.00\ \text{kW}$$

$$Q_{js}=P_{js}\times\tan\varphi=308.00\times1.02=314.16\ \text{kvar}$$

(14)空压机

$$K_x=0.70 \quad \cos\varphi=0.70 \quad \tan\varphi=1.02$$

$$P_{js}=30\times0.70=21.00\ \text{kW}$$

$$Q_{js}=P_{js}\times\tan\varphi=21.00\times1.02=21.42\ \text{kvar}$$

(15)室外照明

$$K_x=1.00 \quad \cos\varphi=0.80 \quad \tan\varphi=0.00$$

$$P_{js}=0.80\times50.00=40.00\ \text{kW}$$

(16)照明

$$K_x=1.00 \quad \cos\varphi=1.00 \quad \tan\varphi=0.00$$

$$P_{js}=1.00\times50.00=50.00\ \text{kW}$$

(17)总的计算负荷计算,总箱同期系数取 $K_x=0.90$

总的有功功率

$$\begin{aligned}P_{js}&=K_x\times\sum P_{js}\\&=0.90\times(75.90+26.40+45.85+114.40+1.80+6.60+140.00+30.40+2.31+8.40\\&\quad+16.80+23.80+308.00+21.00+40.00+50.00)\\&=830.11\ \text{kVA}\end{aligned}$$

总的无功功率

$Q_{js}=K_x\times\sum Q_{js}$

=0.90×(77.42+35.10+105.00+14.70+2.39+6.73+151.20+35.57+2.49+8.57+17.14+24.28+314.16)

=715.28 kVA

总的视在功率

$S_{js}=(P_{js}{}^2+Q_{js}{}^2)^{1/2}=(830.11^2+715.28^2)^{\frac{1}{2}}=1\ 095.77\ \text{kVA}$

总的计算电流计算

$I_{js}=S_{js}/(1.732\times U_e)=1\ 095.77/(1.732\times 0.38)=1\ 664.90\ \text{A}$

4.选择变压器

根据计算的总的视在功率选择 4 台 SL7—315/10 型三相电力变压器,它的容量为 1 260 kVA>1 095.77 kVA,能够满足使用要求,其高压侧电压为 10 kV,同施工现场外的高压架空线路的电压级别一致。

5.线路计算及电缆选择

线路计算及电缆选择按允许电流进行。

动力系统的电流计算式为

$$I_{线}=K\times P/(\sqrt{3}\times U_{线}\times\cos\varphi) \tag{6-2}$$

式中 $I_{线}$——电流值(A);

K——需要系数,按不同负荷分别选用;

P——有功功率(kW);

$U_{线}$——电压(V);

$\cos\varphi$——平均功率因素,取 0.85。

(1)电缆选择

①ZX—1:(1# 线路)主要施工设备为搅拌站 200 kW,生活用电 50 kW。

代入公式(6−2)为

$$\begin{aligned}I_{线}&=K\times P/(\sqrt{3}\times U_{线}\times\cos\varphi)\\&=0.75\times 250\times 1\ 000/(1.732\times 380\times 0.85)\\&=335.55(\text{A})\end{aligned}$$

选用 3×120+2×70YJV 铜芯电缆。

②ZX−2:(2# 线路)主要施工设备为拖式泵 110 kW,电梯 44 kW,物料提升机 11 kW,塔吊 50 kW,空压机 15 kW,楼层用电 60 kW。

代入公式(6−2)为

$$\begin{aligned}I_{线}&=K\times P/(\sqrt{3}\times U_{线}\times\cos\varphi)\\&=0.75\times 290\times 1\ 000/(1.732\times 380\times 0.85)\\&=388.78(\text{A})\end{aligned}$$

选用 3×120+2×70YJV 铜芯电缆。

③ZX—3:(3# 线路)主要施工设备为拖式泵 220 kW,塔吊 50 kW,空压机 15 kW,楼层用电 30 kW。

代入公式(6−2)为

$$I_{线}=K\times P/(\sqrt{3}\times U_{线}\times\cos\varphi)$$
$$=0.75\times315\times1\,000/(1.732\times380\times0.85)$$
$$=422.30(\text{A})$$

选用 3×150＋2×70YJV 铜芯电缆。

④ZX—4：(3#线路)主要施工设备为拖式泵 110 kW，塔吊 50 kW，钢筋机械 64 kW，木工机械 28 kW，物料提升机 33 kW，空压机 15 kW，楼层用电 50 kW。

代入公式(6－2)为

$$I_{线}=K\times P/(\sqrt{3}\times U_{线}\times\cos\varphi)$$
$$=0.70\times350\times1\,000/(1.732\times380\times0.85)$$
$$=437.94(\text{A})$$

选用 3×150＋2×70YJV 铜芯电缆。

(2)一级箱、二级箱电缆选用表

表 6－18　一级箱、二级箱电缆选用表

序号	一级箱	二级箱	电缆型号
1	ZX2	FX1	3×50 mm²＋2×25 mm²
		FX7	3×50 mm²＋2×25 mm²
2	ZX3	FX2	3×35 mm²＋2×16 mm²
		FX3－1	3×95 mm²＋2×50 mm²
		LCFX－B2	3×25 mm²＋2×10 mm²
		LCFX－B3	3×25 mm²＋2×10 mm²
3	ZX4	FX3－2	3×35 mm²＋2×16 mm²
		FX4	3×35 mm²＋2×16 mm²
		FX5	3×25 mm²＋2×10 mm²
		FX6	3×25 mm²＋2×10 mm²
		FX8	3×25 mm²＋2×10 mm²
		FX9	3×25 mm²＋2×10 mm²
		LCFX－B4	3×16 mm²＋2×10 mm²
		LCFX－B5	3×16 mm²＋2×10 mm²
		LCFX－B6	3×16 mm²＋2×10 mm²
		FX10	3×25 mm²＋2×10 mm²
4	ZX1	FX11	3×35 mm²＋2×16 mm²
		FX12	3×50 mm²＋2×25 mm²
		FX13	3×50 mm²＋2×25 mm²

(3)主要用电设备电缆计算

①拖式泵电缆

代入公式(6－2)为

$$I_{线}=K\times P/(\sqrt{3}\times U_{线}\times\cos\varphi)$$
$$=1\times110\times1\,000/(1.732\times380\times0.9)$$
$$=185.70(\text{A})$$

选用 3×50＋2×25YJV 铜芯电缆。

②搅拌机电缆

代入公式(6－2)为

$$I_{线}=K\times P/(\sqrt{3}\times U_{线}\times\cos\varphi)$$
$$=1\times10\times1\,000/(1.732\times380\times0.9)$$
$$=168.82(A)$$

选用 3×50＋2×25YJV 铜芯电缆。

③塔吊电缆

代入公式(6－2)为

$$I_{线}=K\times P/(\sqrt{3}\times U_{线}\times\cos\varphi)$$
$$=1\times50\times1\,000/(1.732\times380\times0.7)$$
$$=108.53(A)$$

选用 3×25＋2×16YJV 铜芯电缆。

④施工电梯电缆

代入公式(6－2)为

$$I_{线}=K\times P/(\sqrt{3}\times U_{线}\times\cos\varphi)$$
$$=1\times44\times1\,000/(1.732\times380\times0.7)$$
$$=95.5(A)$$

⑤交流焊机电缆

代入公式(6－2)为

$$I_{线}=K\times P/(\sqrt{3}\times U_{线}\times\cos\varphi)$$
$$=0.35\times38.6\times1\,000/(1.732\times380\times0.4)$$
$$=51.32(A)$$

选用 3×10＋2×6YJV 铜芯电缆。

⑥其他小型用电设备电缆列表

表 6－19 其他小型用电设备电缆列表

序号	机械设备	功率(kW)	电缆型号
1	物料提升机	11	3×4 mm^2＋2×2.5 mm^2
2	钢筋切断机	5	3×2.5 mm^2＋2×1.5 mm^2
3	钢筋成型机	3	3×2.5 mm^2＋2×1.5 mm^2
4	木工电锯	5.5	3×4 mm^2＋2×2.5 mm^2
5	木工电刨	3	3×2.5 mm^2＋2×1.5 mm^2
6	JZC350 搅拌机	10	3×4 mm^2＋2×2.5 mm^2
7	蛙式打夯机	3	3×2.5 mm^2＋2×1.5 mm^2
8	水泵	1.1	3×2.5 mm^2＋2×1.5 mm^2
9	直螺纹套丝机	4	3×2.5 mm^2＋2×1.5 mm^2
10	液压弯管机	3	3×2.5 mm^2＋2×1.5 mm^2
11	管道套丝机	3	3×2.5 mm^2＋2×1.5 mm^2

6.临时用电线路布置

(1)施工临时用电线路布置

施工总配电室设在施工现场大门入口北侧,由于用电设备分散,主要集中在建筑物东侧和北侧,按照安全、经济可行的原则进行线路布设,总配电室设2个总配电柜,分别从总配电箱布置4条供电线路至一级配电箱。详见《施工临时用电线路平面布置图》。

(2)各配电箱电气设备计划

①ZPX:(一级配电箱4个)

漏电保护开关:630 A,1个。

隔离开关:630 A,1个。

电压表1个,电流表3个,电度表1个,万能转换开关1个,电流互感器:3个;接地母排,接零母排。

隔离开关:400 A,3个。

漏电保护开关:400 A,3个。

②FX—1:(二级配电箱11个),带锁

空气开关:400 A,1个。

隔离开关:400 A,1个。

空气开关:200 A,2个。

隔离开关:200 A,2个。

空气开关:100 A,6个。

隔离开关:100 A,6个。

接地母排,接零母排。

(四)绘制临时供电施工图

1.临时供电系统图(图6—5)

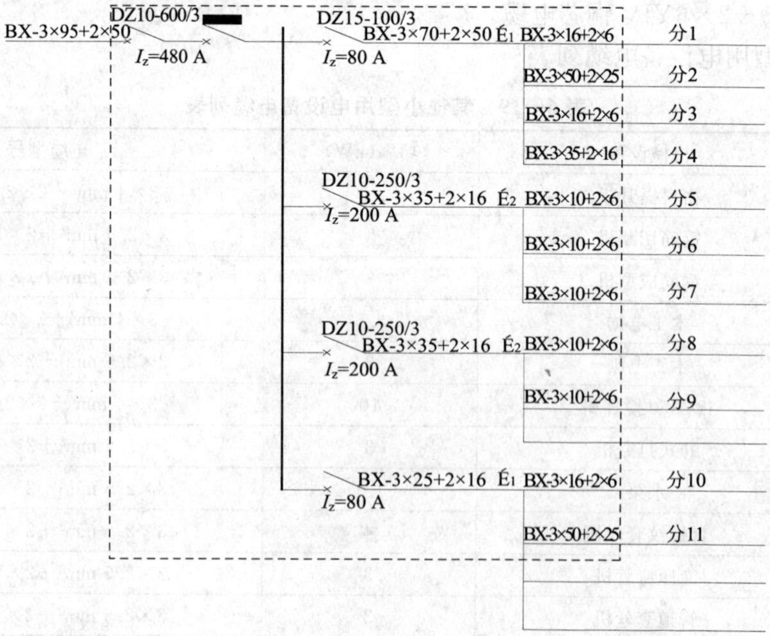

图 6—5

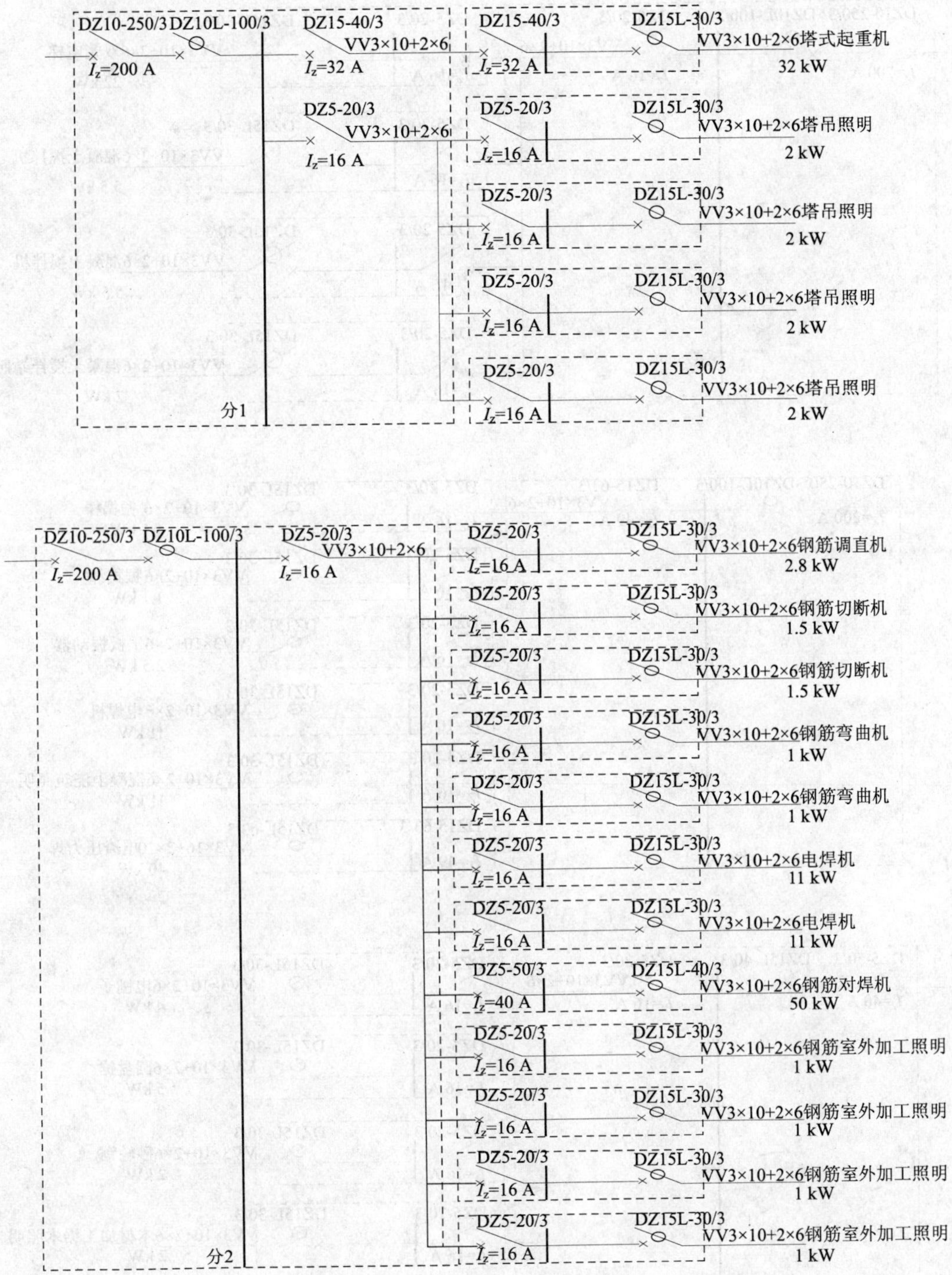

DZ10-250/3 DZ10L-100/3 DZ15-40/3 VV3×10+2×6 I_z=200 A I_z=32 A
DZ5-20/3 VV3×10+2×6 I_z=16 A
分1
DZ15-40/3 I_z=32 A DZ15L-30/3 VV3×10+2×6塔式起重机 32 kW
DZ5-20/3 I_z=16 A DZ15L-30/3 VV3×10+2×6塔吊照明 2 kW
DZ5-20/3 I_z=16 A DZ15L-30/3 VV3×10+2×6塔吊照明 2 kW
DZ5-20/3 I_z=16 A DZ15L-30/3 VV3×10+2×6塔吊照明 2 kW
DZ5-20/3 I_z=16 A DZ15L-30/3 VV3×10+2×6塔吊照明 2 kW

DZ10-250/3 DZ10L-100/3 DZ5-20/3 VV3×10+2×6 I_z=200 A I_z=16 A
分2
DZ5-20/3 I_z=16 A DZ15L-30/3 VV3×10+2×6钢筋调直机 2.8 kW
DZ5-20/3 I_z=16 A DZ15L-30/3 VV3×10+2×6钢筋切断机 1.5 kW
DZ5-20/3 I_z=16 A DZ15L-30/3 VV3×10+2×6钢筋切断机 1.5 kW
DZ5-20/3 I_z=16 A DZ15L-30/3 VV3×10+2×6钢筋弯曲机 1 kW
DZ5-20/3 I_z=16 A DZ15L-30/3 VV3×10+2×6钢筋弯曲机 1 kW
DZ5-20/3 I_z=16 A DZ15L-30/3 VV3×10+2×6电焊机 11 kW
DZ5-20/3 I_z=16 A DZ15L-30/3 VV3×10+2×6电焊机 11 kW
DZ5-50/3 I_z=40 A DZ15L-40/3 VV3×10+2×6钢筋对焊机 50 kW
DZ5-20/3 I_z=16 A DZ15L-30/3 VV3×10+2×6钢筋室外加工照明 1 kW
DZ5-20/3 I_z=16 A DZ15L-30/3 VV3×10+2×6钢筋室外加工照明 1 kW
DZ5-20/3 I_z=16 A DZ15L-30/3 VV3×10+2×6钢筋室外加工照明 1 kW
DZ5-20/3 I_z=16 A DZ15L-30/3 VV3×10+2×6钢筋室外加工照明 1 kW

图 6—5

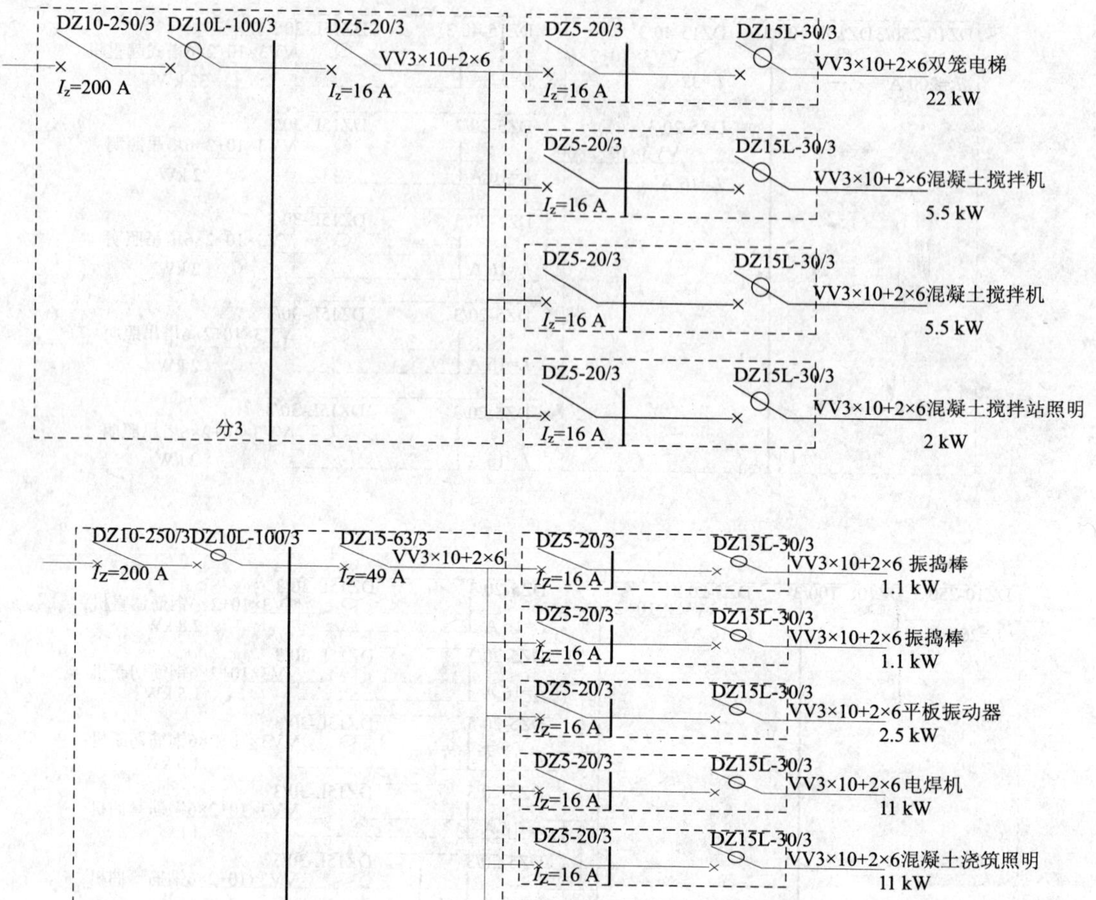

DZ10-250/3 DZ10L-100/3 DZ5-20/3
I_z=200 A VV3×10+2×6 I_z=16 A
分3

DZ5-20/3 I_z=16 A DZ15L-30/3 VV3×10+2×6双笼电梯 22 kW

DZ5-20/3 I_z=16 A DZ15L-30/3 VV3×10+2×6混凝土搅拌机 5.5 kW

DZ5-20/3 I_z=16 A DZ15L-30/3 VV3×10+2×6混凝土搅拌机 5.5 kW

DZ5-20/3 I_z=16 A DZ15L-30/3 VV3×10+2×6混凝土搅拌站照明 2 kW

DZ10-250/3 DZ10L-100/3 DZ15-63/3
I_z=200 A VV3×10+2×6 I_z=49 A
分4

DZ5-20/3 I_z=16 A DZ15L-30/3 VV3×10+2×6 振捣棒 1.1 kW

DZ5-20/3 I_z=16 A DZ15L-30/3 VV3×10+2×6振捣棒 1.1 kW

DZ5-20/3 I_z=16 A DZ15L-30/3 VV3×10+2×6平板振动器 2.5 kW

DZ5-20/3 I_z=16 A DZ15L-30/3 VV3×10+2×6电焊机 11 kW

DZ5-20/3 I_z=16 A DZ15L-30/3 VV3×10+2×6混凝土浇筑照明 11 kW

DZ15-63/3 I_z=49 A DZ15L-63/3 VV3×16+2×10电渣压力焊 40 kW

DZ5-50/3 DZ15L-40/3 DZ5-20/3
I_z=40 A VV3×10+2×6 I_z=16 A
分5

DZ5-20/3 I_z=16 A DZ15L-30/3 VV3×10+2×6电刨子 4 kW

DZ5-20/3 I_z=16 A DZ15L-30/3 VV3×10+2×6圆盘锯 5 kW

DZ5-20/3 I_z=16 A DZ15L-30/3 VV3×10+2×6砂轮锯 2 kW

DZ5-20/3 I_z=16 A DZ15L-30/3 VV3×10+2×6木材加工锯木照明 2 kW

DZ5-20/3 I_z=16 A DZ15L-30/3 VV3×10+2×6木材加工模板照明 2 kW

图 6—5

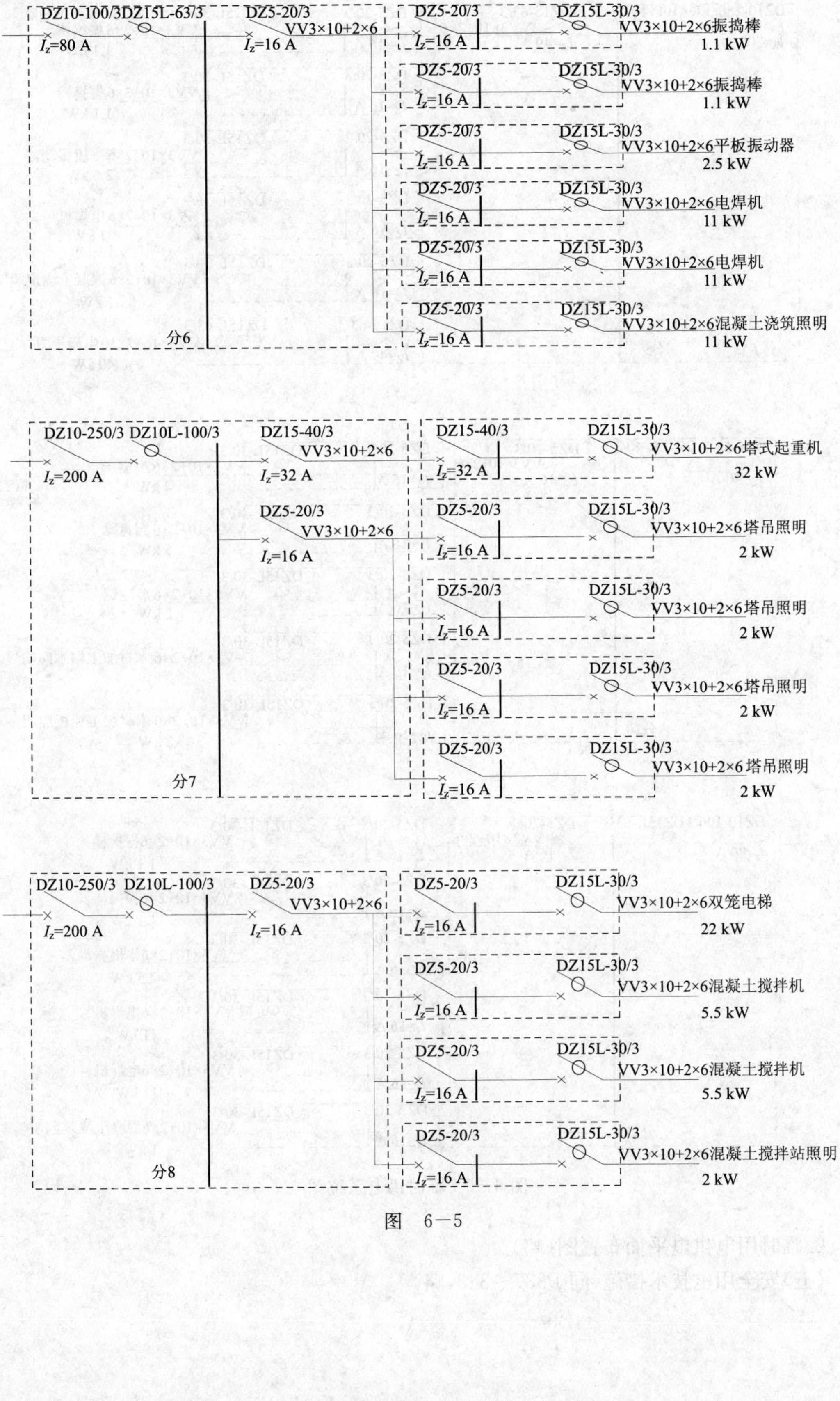

DZ10-100/3 DZ15L-63/3 DZ5-20/3 VV3×10+2×6
I_z=80 A I_z=16 A
DZ5-20/3 I_z=16 A DZ15L-30/3 VV3×10+2×6振捣棒 1.1 kW
DZ5-20/3 I_z=16 A DZ15L-30/3 VV3×10+2×6振捣棒 1.1 kW
DZ5-20/3 I_z=16 A DZ15L-30/3 VV3×10+2×6平板振动器 2.5 kW
DZ5-20/3 I_z=16 A DZ15L-30/3 VV3×10+2×6电焊机 11 kW
DZ5-20/3 I_z=16 A DZ15L-30/3 VV3×10+2×6电焊机 11 kW
DZ5-20/3 I_z=16 A DZ15L-30/3 VV3×10+2×6混凝土浇筑照明 11 kW
分6

DZ10-250/3 DZ10L-100/3 DZ15-40/3 VV3×10+2×6
I_z=200 A I_z=32 A
DZ5-20/3 VV3×10+2×6 I_z=16 A
DZ15-40/3 I_z=32 A DZ15L-30/3 VV3×10+2×6塔式起重机 32 kW
DZ5-20/3 I_z=16 A DZ15L-30/3 VV3×10+2×6塔吊照明 2 kW
DZ5-20/3 I_z=16 A DZ15L-30/3 VV3×10+2×6塔吊照明 2 kW
DZ5-20/3 I_z=16 A DZ15L-30/3 VV3×10+2×6塔吊照明 2 kW
DZ5-20/3 I_z=16 A DZ15L-30/3 VV3×10+2×6塔吊照明 2 kW
分7

DZ10-250/3 DZ10L-100/3 DZ5-20/3 VV3×10+2×6
I_z=200 A I_z=16 A
DZ5-20/3 I_z=16 A DZ15L-30/3 VV3×10+2×6双笼电梯 22 kW
DZ5-20/3 I_z=16 A DZ15L-30/3 VV3×10+2×6混凝土搅拌机 5.5 kW
DZ5-20/3 I_z=16 A DZ15L-30/3 VV3×10+2×6混凝土搅拌机 5.5 kW
DZ5-20/3 I_z=16 A DZ15L-30/3 VV3×10+2×6混凝土搅拌站照明 2 kW
分8

图 6—5

DZ10-250/3 DZ10L-100/3 DZ15-63/3 VV3×10+2×6
I_Z=200 A　I_Z=49 A
DZ5-20/3 I_Z=16 A　DZ15L-30/3 VV3×10+2×6 振捣棒 1.1 kW
DZ5-20/3 I_Z=16 A　DZ15L-30/3 VV3×10+2×6 振捣棒 1.1 kW
DZ5-20/3 I_Z=16 A　DZ15L-30/3 VV3×10+2×6 平板振动器 2.5 kW
DZ5-20/3 I_Z=16 A　DZ15L-30/3 VV3×10+2×6 电焊机 11 kW
DZ5-20/3 I_Z=16 A　DZ15L-30/3 VV3×10+2×6 混凝土浇筑照明 1 kW
DZ15-63/3 I_Z=49 A　DZ15L-63/3 VV3×16+2×10 电渣压力焊 40 kW
分9

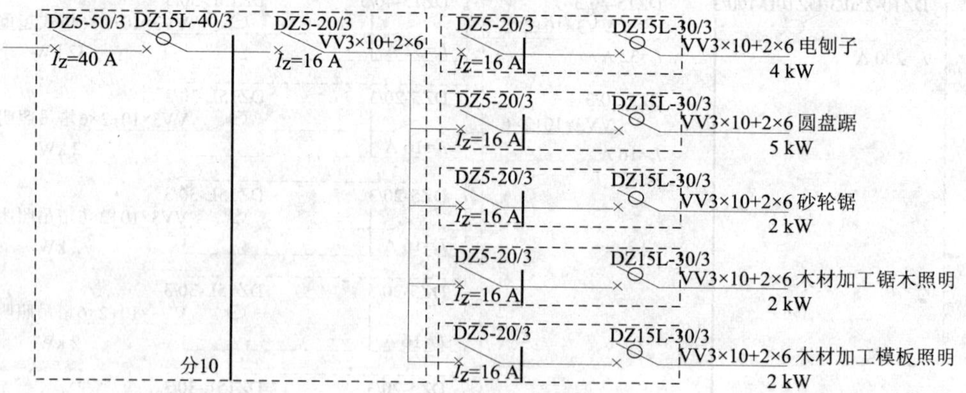

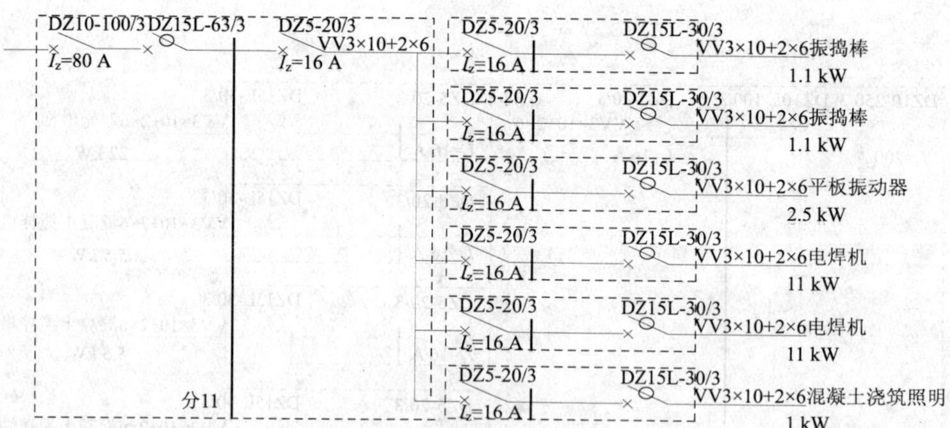

图 6—5　临时供电系统图

2. 临时用电供电平面布置图(略)

(五)安全用电技术措施(同 P337～343,略)

第七章 起重吊装专项施工方案

起重吊装工程是指将建筑工程设备或者结构构件用起重机械(或提升设备)提升至设计位置并直至固定的过程。其作业属于高处危险作业,作业过程的专业性、技术性非常强。起重吊装作业大多数作业点都必须由专业技术人员来完成,属于特种作业的人员必须按国家有关规定经专门的安全技术培训,取得特种作业操作资格证书,方可上岗作业。

在起重吊装作业过程中的突发事件多,是伤亡事故及其他事故多发的作业环节,是施工过程中的重大危险源,也是安全管理工作的重要监控对象,因而加强起重吊装作业的安全管理工作是非常必要的。

第一节 概 述

建筑起重吊装工程的施工工艺包括构件吊装和设备吊装,因为作业条件和环境多变,施工技术也非常复杂,作业前,技术人员应认真研究施工图纸,组织图纸审查,核对构件或设备安装各部位的空间就位尺寸和相互间的关系,在充分考察和分析的基础上,针对现场实际情况,根据工程特点认真编写《起重吊装工程专项施工方案》。在编制专项施工方案时,要根据吊装的设备或构件的强度、刚度及起重机械的可能性,选择最有利的受力条件,必要时采取补强加固措施,并进行强度核算,所选用的吊装机具必须保证安全要求。

起重吊装专项施工方案必须针对所吊装设备或构件的结构特点和现场实际具有针对性、指导性和可操作性,并按照企业相关规定经上级专业技术负责人或相关部门审批确认符合要求后方可实施。施工中未经审批人许可不得随意改变原专项施工方案和安全技术措施。作业前应根据编制的专项施工方案,对参加作业人员进行方案和安全技术交底。

第二节 起重吊装工程施工方案编制

一、适用范围

起重吊装工程施工方案的编制方法适用于履带式起重机、汽车式起重机、轮胎式起重机、塔式起重机、卷扬机、物料提升机、施工升降机(外用电梯)、桅杆起重机等。

二、起重吊装工程施工方案的主要内容

(一)编制依据

1. 承建工程安装部分施工图、建筑施工图、机具的安装使用说明书等。
2. 本工程施工组织总设计及相关技术文件。
3. 国家和行业现行的起重吊装作业规范、规程和条例。
4. 建(构)筑物设计文件、地质报告等。

(二)工程概况

主要阐述建设工程特点、建设地点、建筑面积、结构、平面布置、层高、受力点、主要吊装构件或设备的基本参数(如吊装工程量、被吊构件的单件质量、总体质量、安装高度、连接方法、构件尺寸、几何形状等),对起重吊装要求,施工现场作业条件(地形、交通、周边环境等),工程进度安排和要求,施工周期等,必要时需画出结构简图。

(三)吊装施工的总体部署

1. 组织与管理

起重吊装作业专业性、技术性强,应根据吊装工程实际情况,制定切实可行的组织机构与管理体系,明确各个部门的职责与权限,要组织专业吊装队伍,确定吊装负责人,要建立健全吊装作业队伍的岗位责任制,责任落实到人。特种作业人员(起重司机、指挥、司索及配合作业的电工、电焊工、架子工等)必须按国家有关规定经上级主管部门培训合格,持证上岗。各工种、专业施工队伍之间必须紧密配合,服从统一规划和安排。

2. 管理目标

(1)质量目标

根据国家及行业有关起重吊装作业质量验收规范,对质量控制提出要求,明确吊装作业的质量目标。

(2)工期目标

明确施工工期,全力满足合同要求的工期目标,进度安排应从进场开始到竣工做好详细周密的安排部署。可分为准备、施工、竣工三个阶段,做到科学安排、均衡施工。

(3)安全文明施工目标

(4)环境目标

(5)根据吊装工程的实际情况制定其他的目标及服务承诺等

(四)起重机械的选择及使用

1. 起重机械的选择

起重机械型号的选择决定于以下三个主要参数:

(1)起重量

起重机的起重量可按式(7－1)确定

$$Q \geqslant (Q_1 + Q_2) \tag{7-1}$$

式中 Q——起重机起重量;

Q_1——构件/设备的计算重量;

Q_2——绑扎索具计算的自重。

(2)起升高度

起重机的起升高度应考虑以下四个因素:

①安装支座表面高度;

②安装间隙;

③绑扎点至构件吊起后底面的距离;

④吊索的高度。

(3)起重半径

起重半径应根据起重机性能表复核起重量及起升高度是否符合要求。

(4)起重索具的选择

吊装用索具设备包括：绳索、吊具、滑车、倒链、卷扬机、千斤顶、锚碇。这些设备即可作为起重机械的组成部分，又可作为单独的吊装机具使用。

(5)起重机械数量

根据工程量、工期及起重机械的每班产量定额，确定需要的起重机数量。

2.起重机械的稳定性验算

根据起重作业时，起重机所处的最不利位置，验算起重机的稳定性。其稳定力矩须大于倾覆力矩，并保证安全系数在规范要求范围内。

3.起重机械及配套装置的验收

新购置(进口)的起重机械，其生产厂家必须是国家主管部门指定并核发生产许可证(进口许可证)的专业制造厂，其安全防护装置必须齐全、完备，有产品合格证和安全使用、维护、保养说明书。

起重机械必须取得国家行政主管部门核发的登记证，未取得证照的，一律禁止进行起重吊装作业。

钢丝绳、吊钩、卡环、滑轮及滑轮组、卸扣、绳卡及卷扬机等起重机具必须具有合格证及使用说明书。

自制、改造和修复的吊具、索具，必须有设计资料(包括图纸、计算书等)和工作、检查记录，并按规定进行存档。

起重机械及配套装置安装完毕后，需经主管领导组织有关部门进行验收。验收合格后，方可进行作业。

4.场地的要求

作业道路平整坚实，一般情况纵向坡度不大于3‰，横向坡度不大于1‰，行驶或停放时，应与沟渠、基坑保持5 m以上的距离，且不得停放在斜坡上。地面铺垫要用符合规定的材料，不得使用腐朽和易碎的材料当作起重机械的铺垫。

(五)选择吊装作业方法

根据工程实际情况，选择适当起重机械和吊装方法，做好构件/设备吊装的准备工作，主要构件/设备的绑扎方法及吊装注意事项。

1.吊装方法的选择

工程结构吊装法一般有综合吊装法、分件吊装法、混合吊装法、双机抬吊法和多机抬吊法等。其吊装顺序可采取：

(1)从跨度一侧向另一侧顺序吊装；

(2)从两端向中间顺序吊装；

(3)从中间分别向两端顺序吊装等；

(4)对于多跨厂房通常先吊主跨，后吊副跨，或根据工程实际安排吊装顺序。

2.构件/设备吊装的准备工作

准备工作主要包括：

(1)技术准备；

(2)吊装机械与吊具的选择；

(3)构件/设备检查、编号；

(4)吊装接头准备；

(5)构件/设备稳定性检查；

(6)吊装机具的检查准备；

(7)道路临时设施的准备；

(8)劳动组织的准备。

3. 构件/设备的绑扎方法及注意事项

对主要构件的绑扎方法应包括吊点的选择、绑扎的要求，并注意以下有关事项：

(1)构件绑扎时，绳索与构件水平面成的角度宜采用不小于 45°角，并应对吊索及构件进行验算，根据实际情况也可采用平衡梁进行起吊。

(2)绑扎点与构件的重心应相对称，绑扎点中心应对正物件重心，并高于物件的重心，使起吊后平稳，并易于就位。

(3)构件绑扎应牢靠，多点绑扎应尽可能使各点受力均匀一致。

(4)绑扎构件时，吊索与构件之间应垫以草袋、麻袋、橡皮、垫木等，避免吊索被磨断或损坏构件。

(5)起吊点应按设计规定，应根据吊装中实际可能产生的最不利受力情况进行强度及抗裂验算。

(6)采用双机抬吊或多机抬吊时，应根据所吊装构件的具体结构型式及构件重量以及各起重机的允许起重量进行构件吊装受力、强度、变形计算及合理的载荷分配。操作时，两机(或多机)动作要统一指挥，相互协调，配合一致。

(7)绑扎所用的吊索、卡环、绳扣等的规格应按计算确定，起吊前应分别进行检查和试验。

(8)高空吊装构件时，应在构件上绑扎溜绳，以控制构件的悬空方向。

(六)吊索的受力计算

1. 常用做吊索用的钢丝绳有 6×37+1 和 6×61+1 2 种，这种规格的钢丝绳强度高，又比较柔软、捆绑方便。按照吊索使用频繁的特点，通常用 6×61+1 的钢丝绳成对加工。

2. 用吊索时，要考虑拆除是否方便，会不会损坏吊索。在吊索与物体棱角间要加垫块，以免损坏钢丝绳。吊索要挂在合适的位置上，两端连接时，要用卸扣将物体吊正和捆牢。

3. 用两根吊索吊物体时，可避免在空间出现旋转状态。同时要求 2 根吊索不能并在一起使用。

4. 使用多根吊索捆绑物体时，要在试吊过程中调整好各根绳的状态，防止吊索由于长短不同而受力不均，导致事故的发生。

5. 吊索的直径，要根据物体质(重)量、吊索的根数及吊索与水平面夹角大小来决定，当夹角越大，吊索受力越小，反之，夹角越小，受力越大。同时水平分力还会产生较大的挤压力。见图 7—1。因此，在吊起物体时，吊索最好是垂直的，有夹角时，应不小于 30°，通常在 45°～60°比较合适，这样能减少吊索的拉力。

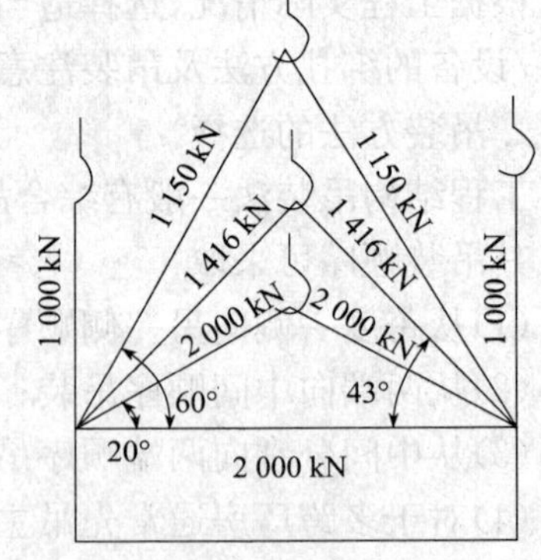

图 7—1　吊索拉力与夹角变化关系

6. 吊索承受拉力按公式(7—2)进行计算

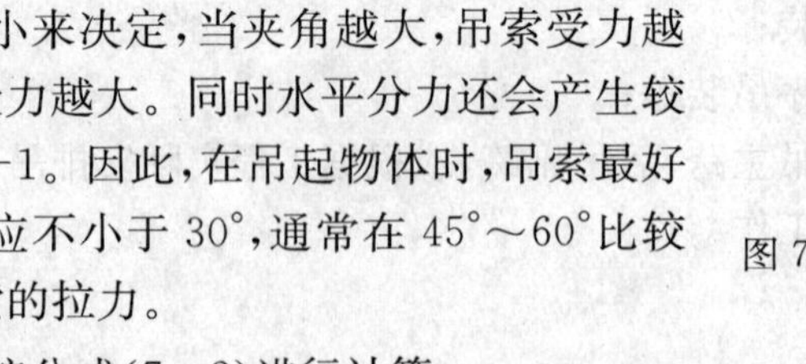

$$S=\frac{Qg}{n}\cdot\frac{1}{\sin\beta} \tag{7—2a}$$

式中　S——一根吊索承受的拉力(kN)；

Q——物体质(重)量(t)；

g——重力加速度，$g=9.8\text{m/s}^2$；

n——吊索根数；

β——吊索与水平面的夹角。

吊索上受力大小，与绑扎方法有关。用2根吊索起吊时，用a表示物体两绑扎点间的水平距离，h表示吊索高，从三角形ABC求出

$$\sin\beta=\frac{h}{\sqrt{\left(\frac{a}{2}\right)^2+h^2}} \tag{7-2b}$$

将式(7－2b)代入式(7－2c)

$$S=\frac{Qg}{2\sin\beta} \tag{7-2c}$$

得出

$$S=\frac{\sqrt{\left(\frac{a}{2}\right)^2+h^2}}{2h}Qg \tag{7-2d}$$

或

$$S=\frac{Qg}{2}\sqrt{\left(\frac{a}{2h}\right)^2+1} \tag{7-2e}$$

按上面计算，吊索绑扎越平缓(即a/h或a越大)则吊索受力就越大，见图7－2，吊索的水平分力$H=S\cos\beta$，根据求得的S值来选取吊索的直径。

(七)构件/设备的运输、堆放方法和要求

1.构件的运输

构件的运输应根据施工方案中所规定的吊装顺序进行。运输前应对构件质量进行检查，运输道路应平整坚实，有足够的宽度和转弯半径，地耐力符合承载要求。运输时，构件应有足够的强度，柱、梁、板构件应不低于设计强度的75%，桁架和平壁构件应达到设计强度的100%。物件运输时的受力情况和支撑方式应尽可能接近设计放置状态。运输中各物件间应用垫木隔开，上下垫木应在同一垂直线上，并注意支承物的稳定性和强度，捆扎牢固可靠，以防倾倒。运输应按顺序，按平面布置堆放，避免二次搬运。

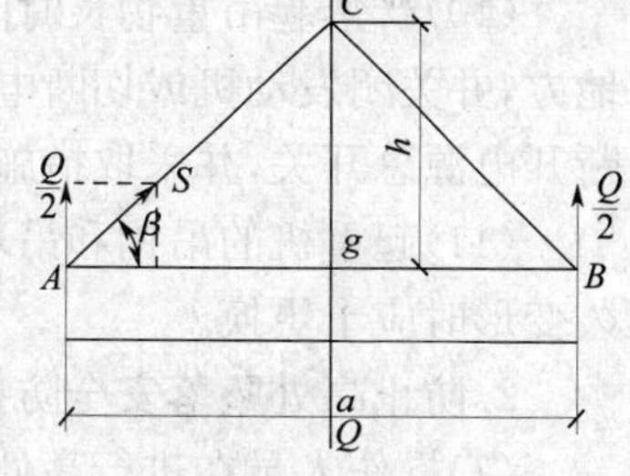

图7－2　吊索受力图

2.构件的堆放

构件应按型号、吊装平面图规划、吊装顺序依次分类堆放。堆放位置应尽可能在起重机运行回转半径范围内。场地平整压实，排水良好，堆放平稳，底部应设垫木，支承点尽可能接近设计支承位置。侧面刚度差，重心较高、支撑面较窄构件，宜直立堆放，在堆放时除两端垫方木外，并应在两侧加撑木，或将几个构件用方木以铁丝连接在一起，使其稳定。成垛堆放构件以垫木隔开，各层垫木的位置应紧靠吊点外侧，并在同一条垂直线上，堆放高度应根据构件的特点、重量、外形尺寸、堆垛稳定性来决定，不应超过规定要求，构件堆放应有一定的挂钩绑扎操作间距。

(八)起重吊装作业的安全技术措施

针对吊装作业的要求，提出针对性的安全技术措施，主要包括：

1.防止起重机倾翻事故的安全措施

(1)起重机的行驶道路必须平坦坚实，地下基坑和松软土层要进行处理。必要时，需铺设

木头或路基箱。起重机不得停置在斜坡上工作。当起重机通过墙基或地梁时,应在墙基两侧铺垫道木或石子,以免起重机直接碾压在墙基或地梁上。

(2)应尽量避免超载吊装。在某些特殊情况下难以避免时,应采取措施,如:在起重机吊杆上拉缆风绳或在其尾部增加平衡重等。起重机增加平衡重后,卸载或空载时,吊杆必须落到水平线夹角 60°以内,操作时应缓慢进行。

(3)禁止斜吊。所谓斜吊,是指所要起吊的重物不在起重机起重吊钩的正下方,因而当将捆绑重物的吊索挂上吊钩后,吊钩滑车组不与地面垂直。斜吊易超载,绳易出槽还会使重物在离开地面后发生快速摆动,可能会伤人或碰撞其他物体。

(4)起重机应避免带载行走,如需作短距离带载行走时(履带式起重机),载荷不得超过允许起重量的 70%,构件离地面不得大于 50 cm,并将构件转至正前方,拉好溜绳,控制构件摆动。

(5)双机抬吊时,要根据起重机的起重能力进行合理的负荷分配,各单机载荷不得超过其允许载荷的 80%,并在操作时要统一指挥,互相密切配合。在整个抬吊过程中,2 台起重机的吊钩滑车组应基本保持垂直状态。

(6)绑扎构件的吊索需经过计算,绑扎方法应正确牢靠。所有起重工具应定期检查。

(7)不吊重量不明的重大构件或设备。

(8)禁止在 4 级风的情况下进行吊装作业。

(9)起重吊装的指挥人员必须持证上岗,作业时应与起重机司机密切配合,执行标准的指挥信号。司机应听从指挥,当信号不清或错误时,司机可拒绝执行。

(10)严禁起吊重物长时间悬挂在空中,作业中遇突发故障,应采取措施将重物降落到安全地方,并关闭发动机或切断电源后进行检修。在突然停电时,应立即把所有控制器拨到零位,断开电源总开关,并采取措施使重物降到地面。

(11)起重机的吊钩和吊环严禁补焊。当吊钩、吊环表面有裂纹、严重磨损或危险断面有永久变形时应予更换。

2.防止高处坠落安全防护措施

(1)操作人员在进行高处作业时,必须正确使用安全带。安全带一般应高挂低用,即将安全带绳端的钩环挂于高处,而人在低处操作。

(2)在高处使用撬棍时,人要立稳,如附近有脚手架或已安装好的构件,应一手扶住,一手操作。撬棍插进深度要适宜,如果撬动距离较大,则应逐步撬动,不宜急于求成。

(3)雨天和雪天进行高处作业的时候,必须采取可靠的防滑、防寒和防冻措施。作业处和构件上有水、冰、霜、雪均应及时清除。

对在高耸建筑物进行高处作业,应事先设置避雷设施。遇有 5 级以上强风、浓雾等恶劣天气,不得从事露天高处吊装作业。暴风雪及台风暴雨后,应对高处作业安全设施逐一加以检查,发现有松动、变形、损坏或脱落等现象,应立即修理完善。

(4)登高用梯子必须牢固。梯脚底部应坚实,不得垫高使用。梯子的上端应有固定措施。立梯工作角度以 75°±5°为宜,踏板上下间距以 300 mm 为宜,不得有缺档。

(5)梯子如需接长使用,必须有可靠的连接措施,且接头不得超过 1 处,连接后梯梁的强度,不应低于单梯梯梁的强度。

(6)固定式直爬梯应用金属材料制成。梯宽不应大于 500 mm,支撑应采用不小于∟70×60 的角钢,埋设与焊接均必须牢固。梯子顶端的踏棍应与攀登的顶面齐平,并加设 1~1.5 m

高的扶手。

(7)操作人员在脚手板上通行时，应思想集中，防止踏上挑头板。

(8)安装有预留孔洞的楼板或屋面板时，应及时用木板盖严，或及时设置防护栏杆、安全网等防、坠落措施。

(9)电梯井口必须设防护栏杆或固定栅门；电梯井内应每隔两层并最多隔 10 m 设 1 道安全网。

(10)从事屋架和梁类构件安装时，必须搭设牢固可靠的操作台。需在梁上行走时，应设置护栏横杆或绳索。

3. 防止高处落物伤人的安全防护措施

(1)地面操作人员必须戴安全帽。

(2)高处操作人员使用的工具、零配件等，应放在随身佩带的工具袋内，不可随意向下丢掷。

(3)在高处用气割或电焊切割时，应采取措施，防止火花落下伤人或造成火灾。

(4)地面操作人员，应尽量避免在高空作业面的正下方停留或通过，也不得在起重机的起重臂或正在吊装的构件下停留或通过。

(5)构件安装后，必须检查连接质量，只有连接确实安全可靠，才能松钩或拆除临时固定工具。

(6)设置吊装禁区，禁止与吊装作业无关的人员入内。

4. 防止触电措施

(1)吊装工程施工组织设计中，必须有现场电气线路及设备位置平面图。现场电气线路和设备应有专人负责安装、维护和管理，严禁非电工人员随意拆改。

(2)施工现场架设的低压线路不得用裸导线。所架设的高压线应距建筑物 10 m 以外，距离地面 7 m 以上跨越交通要道时，需加安全保护装置。施工现场夜间照明，电线及灯具高度不应低于 2.5 m。

(3)起重机不得靠近架空输电线路作业。流动式起重机不准在线下作业。起重机的任何部位与架空输电线路的安全距离不得小于表 7—1 的规定。

表 7—1　起重机的任何部位与架空输电线路的安全距离

安全距离＼电压(kV)	<1	1～15	20～40	60～110	230
沿垂直方向(m)	1.5	3.0	4.0	5.0	6.0
沿水平方向(m)	1.0	1.5	2.0	4.0	6.0

(4)构件运输时，构件或车辆与高压线净距不得小于 2 m，与低压线净距不得小于 1 m，否则，应采取停电或其他保证安全的措施。

(5)现场各种电线接头、开关应装入开关箱内。用后加锁，停电必须拉下电闸。

(6)电焊机的电源线长度不宜超过 5 m，并必须架高。电焊机手把线的正常电压，在用交流电工作时为 60～80V，要求手把线质量良好，如有破皮情况，必须及时用胶布严密包扎。电焊机的外壳应该接地。电焊线如与钢丝绳交叉时应有绝缘隔离措施。

(7)使用塔式起重机或长起重臂的其他类型起重机时，应有避雷防触电设施。

(8)各种用电机械必须有良好的接地或接零。接地线应用截面不小于 25 mm^2 的多股软裸铜线和专用线夹。不得用缠绕的方法接地和接零。同一供电网不得有的接地，有的接零。手持电动工具必须装设漏电保护装置。使用行灯电压不得超过 36 V。

(9)在雨天或潮湿地点作业的人员，应穿戴绝缘手套和绝缘鞋。大风雪后，应对供电线路进行检查，防止断线造成触电事故。

5. 轮式或履带式起重机作业时必须确定吊装区域，并设警戒标志，必要时派专人监护。

6. 坚持起重吊装“十不吊”(即：①指挥信号不明或违章指挥不吊；②超载不吊；③工件捆绑不牢不吊；④吊物上面有人不吊；⑤安全装置不灵不吊；⑥工件埋在地下不吊；⑦光线阴暗视线不清不吊；⑧棱角物件无防护措施不吊；⑨斜拉工件不吊；⑩6 级以上强风不吊)。

(九)起重吊装作业施工要求

1. 基本要求

(1)警告标示与通信

①各类起重机应装有音响清晰的喇叭、电铃或汽笛等信号装置。在起重臂、吊钩、吊篮(吊笼)、平衡重等转(运)动体上应标以鲜明的色彩标志。

②操纵室远离地面的起重机，在正常指挥发生困难时，地面及作业层(高处)的指挥人员均应采用对讲机等有效的通信联络方式进行指挥。

(2)人员

①起重吊装的指挥人员必须持证上岗，作业时应与操作人员密切配合，执行标准的指挥信号。操作人员应按照指挥人员的信号进行作业，当信号不清或错误时，操作人员可拒绝执行。司机、司索与指挥人员必须经过国家行政主管部门培训考试合格持证上岗。指挥人员必须了解每项工作的内容和要求。司机必须了解所操作的起重机的工作原理，熟悉该起重机的构造、各安全装置的功用及其调整方法，掌握该起重机各项性能的操作方法以及该起重机的维修保养技术。

②操作人员进行起重机回转、变幅、行走和吊钩升降等动作前，应发出音响信号示意。

③起重机作业时，起重臂和重物下方严禁有人停留、工作或通过。重物吊运时，严禁从人上方通过。严禁用起重机吊钩载运人员。

④操作人员应按规定的起重性能作业，不得超载。在特殊情况下需超载使用时，必须经过验算，有保证安全的技术措施，并写出专题方案，经企业技术负责人批准，有专人在现场监护，方可作业。

(3)工作条件

在露天有 6 级及以上大风或大雨、大雪、大雾等恶劣天气时，应停止起重吊装作业。雨雪过后开始作业前，应先试吊，确认制动器灵敏可靠后方可进行作业。

(4)操作控制

起重机的变幅指示器、力矩限制器、高度限位器、起重量限制器以及各种行程限位开关等安全保护装置，应完好齐全、灵敏可靠，不得随意调整或拆除。严禁利用限制器和限位装置代替操纵机构。

(5)吊装

①严禁使用起重机进行斜拉、斜吊和起吊地下埋设或凝固在地面上的重物以及其他不明重量的物体。现场浇筑的混凝土构件或模板，必须全部松动后方可起吊。

②起吊重物应绑扎平稳、牢固，不得在重物上再堆放或悬挂零星物件。易散落物件应使用吊笼栅栏固定后方可起吊。标有绑扎位置的物件，应按标记绑扎后起吊。吊索与物件的夹角

宜为45°～60°，且不得小于30°，吊索与物件棱角之间应加垫块。

③起吊载荷达到起重机额定起重量的90％及以上时，应先将重物吊离地面200～500 mm后，检查起重机的稳定性、制动器的可靠性、重物的平稳性、绑扎的牢固性，确认无误后方可继续起吊。对易晃动的重物应拴拉绳。

④重物起升和下降速度应平稳、均匀，不得突然制动。左右回转应平稳，当回转未停稳前不得作反向动作。非重力下降式起重机，不得带载自由下降。

⑤严禁起吊重物长时间悬挂在空中，作业中遇突发故障，应采取措施将重物降落到安全地方，并关闭发动机或切断电源后进行检修。在突然停电时，应立即把所有控制器拨到零位，断开电源总开关，并采取措施使重物降到地面。

(6)钢丝绳

①起重机使用的钢丝绳，应有钢丝绳制造厂签发的产品技术性能和质量的证明文件。当无证明文件时，必须经过试验合格后方可使用。

②起重机使用的钢丝绳，其结构形式、规格及强度应符合该型号起重机出厂说明书的要求。钢丝绳与卷筒应连接牢固，放出钢丝绳时，卷筒上应至少保留3圈，收放钢丝绳时应防止钢丝绳打环、扭结、弯折和乱绳，不得使用扭结、变形的钢丝绳。

③钢丝绳当采用绳卡固接时，与钢丝绳直径匹配的绳卡的规格、数量应符合表7－2的规定。最后一个绳卡距绳头的长度不得小于140 mm。绳卡滑鞍(夹板)应在钢丝绳承载时受力的一侧，"U"形螺栓应在钢丝绳的尾端，不得正反交错，绳卡初次固定后，应待钢丝绳受力后再度紧固，并宜拧紧到使两绳直径高度压扁1/3。作业中应经常检查紧固情况。

表7－2　与绳径匹配的绳卡数

钢丝绳直径(mm)	10以下	10～20	21～28	28～36	36～40
最少绳卡数(个)	3	4	5	6	7
绳卡间距(mm)	80	140	160	220	240

④每班作业前，应检查钢丝绳及钢丝绳的连接部位。当钢丝绳在一个节距内断丝根数达到或超过表7－3的规定的根数时应予报废。当钢丝绳表面锈蚀或磨损使钢丝绳直径显著减少时，应将表7－3报废标准按表7－4折减，并按折减后的断丝数报废。

表7－3　钢丝绳报废标准(一个节距内的断丝数)

采用的安全系数	钢丝绳规格					
	6×19＋1		6×37＋1		6×61＋1	
	交互捻	同向捻	交互捻	同向捻	交互捻	同向捻
6以下	12	6	22	11	36	18
6～7	14	7	26	13	38	19
7以上	16	8	30	15	40	20

表7－4　钢丝绳锈蚀或者磨损时报废标准的折减系数

钢丝绳表面锈蚀量或磨损量(％)	10	15	20	25	30～40	＞40
折减系数	85	75	70	60	50	报废

⑤向转动的卷筒上缠绕钢丝绳时，不得用手拉或脚踩来引导钢丝绳。钢丝绳涂抹润滑脂，必须在停止运转后进行。

(7)吊钩和吊环

起重机的吊钩和吊环严禁补焊。当出现下列情况之一时应予更换：

①表面有裂纹、破口；

②危险断面及钩颈有永久变形；

③挂绳处断面磨损超过高度的10%；

④吊钩衬套磨损超过原厚度的50%；

⑤心轴(销子)磨损超过其直径的3%～5%。

(8)制动

当起重机制动器的制动鼓表面磨损达1.5～2.0 mm(小直径取小值，大直径取大值)时，应更换制动鼓，同样，当起重机制动器的制动带磨损超过原厚度的50%时，应更换制动带。

2.履带式起重机

(1)起重机应在平坦坚实的地面上作业、行走和停放。在正常作业时，坡度不得大于3°，并应与沟渠、基坑保持安全距离。

(2)起重机启动前重点检查项目应符合下列要求：

①各安全防护装置及各指示仪表齐全完好；

②钢丝绳及连接部位符合规定；

③燃油、润滑油、液压油、冷却水等添加充足；

④各连接件无松动。

(3)内燃机启动后，应检查各仪表指示值，待运转正常再接合主离合器，进行空载运转，顺序检查各工作机构及其制动器，确认正常后，方可作业。

(4)作业时，起重臂的最大仰角不得超过出厂说明书的规定。当无资料可查时，不得超过78°。

(5)起重机变幅应缓慢平稳，严禁在起重臂未停稳前变换挡位；起重机载荷达到额定起重量的90%及以上时，严禁下降起重臂。

(6)在起吊载荷达到额定起重量的90%及以上时，升降动作应慢速进行，并严禁同时进行两种及以上动作。

(7)起吊重物时应先稍离地面试吊，当确认重物已挂牢，起重机的稳定性和制动器的可靠性均良好，再继续起吊。在重物升起过程中，操作人员应把脚放在制动踏板上，密切注意起升重物，防止吊钩冒顶。当起重机停止运转而重物仍悬在空中时，即使制动踏板被固定，仍应将脚踩在制动踏板上。

(8)采用双机抬吊作业时，应选用起重性能相似的起重机进行。抬吊时应统一指挥，动作应配合协调，载荷应分配合理，单机的起吊载荷不得超过允许载荷的80%。在吊装过程中，2台起重机的吊钩滑轮组应保持垂直状态。

(9)当起重机如需带载行走时，载荷不得超过允许起重量的70%，行走道路应坚实罚平整，重物应在起重机正前方向，重物离地面不得大于500 mm，并应拴好拉绳，缓慢行驶，严禁长距离带载行驶。

(10)起重机行走时，转弯不应过急；当转弯半径过小时，应分次转弯；当路面凹凸不平时，不得转弯。

(11)起重机上下坡道时应无载行走，上坡时应将起重臂仰角适当放小，下坡时应将起重臂仰角适当放大。严禁下坡空挡滑行。

(12)作业后，起重臂应转至顺风方向，并降至 40°～60°之间，吊钩应提升到接近顶端的位置，应关停内燃机，将各操纵杆放在空挡位置，各制动器加保险固定，操纵室和机棚应关门加锁。

(13)起重机转移工地，应采用平板拖车运送。特殊情况需自行转移时，应卸去配重，拆短起重臂，主动轮应在后面，机身、起重臂、吊钩等必须处于制动位置，并应加保险固定。每行驶 500～1 000 m 时，应对行走机构进行检查和润滑。

(14)起重机通过桥梁、水坝、排水沟等构筑物时，必须先查明允许载荷后再通过。必要时应对构筑物采取加固措施。通过铁路、地下水管、电缆等设施时，应铺设木板保护，并不得在上面转弯。

(15)用火车或平板拖车运输起重机时，所用跳板的坡度不得大于 15°；起重机装上车后应将回转、行走、变幅等机构制动，并采用三角木楔紧履带两端，再牢固绑扎；后部配重用枕木垫实，不得使吊钩悬空摆动。

3. 汽车、轮胎式起重机

(1)起重机行驶和工作的场地应保持平坦坚实，并应与沟渠、基坑保持安全距离。

(2)起重机启动前重点检查项目应符合下列要求：

①各安全保护装置和指示仪表齐全完好；

②钢丝绳及连接部位符合规定；

③燃油、润滑油、液压油及冷却水添加充足；

④各连接件无松动；

⑤轮胎气压符合规定。

(3)作业前，应全部伸出支腿，先伸后支腿，后伸前支腿，收回时顺序相反。并在撑脚板下垫方木，调整机体使回转支承面的倾斜度在无载荷时不大于 1/1 000(水准泡居中)。支腿有定位销的必须插上。底盘为弹性悬挂的起重机，放支腿前应先收紧稳定器。

(4)作业中严禁扳动支腿操纵阀。调整支腿必须在无载荷时进行，并将起重臂转至正前或正后方可再行调整。

(5)应根据所吊重物的重量和提升高度，调整起重臂长度和仰角，并应估计吊索和重物本身的高度，留出适当空间。

(6)起重臂伸缩时，应按规定程序进行，在伸臂的同时应相应下降吊钩。当限制器发出警报时，应立即停止伸臂。起重臂缩回时，仰角不宜太小。

(7)起重臂伸出后，出现前节臂杆的长度大于后节伸出长度时，必须进行调整，消除不正常情况后，方可作业。

(8)起重臂伸出后，或主、副臂全部伸出后，变幅时不得小于各长度所规定的仰角。

(9)汽车式起重机起吊作业时，汽车驾驶室内不得有人，重物不得超越驾驶室上方，且不得在车的前方起吊。

(10)起吊重物达到额定起重量的 50%及以上时，应使用低速挡。

(11)作业中发现起重机倾斜、支腿不稳等异常现象时，应立即使重物降落在安全的地方，下降中严禁制动。

(12)重物在空中需要较长时间停留时，应将起升卷筒制动锁住，操作人员不得离开操纵室。

(13)起吊重物达到额定起重量的90%以上时，严禁同时进行2种及以上的操作动作。

(14)起重机带载回转时，操作应平稳，避免急剧回转或停止，换向应在停稳后进行。

(15)当轮胎式起重机带载行走时，道路必须平坦坚实，载荷必须符合出厂说明书的规定，重物离地面不得超过500 mm，并应拴好拉绳，缓慢行驶。

(16)作业后，应将起重臂全部缩回放在支架上，再收回支腿。吊钩应用专用钢丝绳挂牢；应将车架尾部两撑杆分别撑在尾部下方的支座内，并用螺母固定；应将阻止机身旋转的销式制动器插入销孔，并将取力器操纵手柄放在脱开位置，最后应锁住起重操纵室门。

(17)行驶前，应检查并确认各支腿的收存无松动，轮胎气压应符合规定。行驶时水温应在80 ℃～90 ℃范围内，水温未达到80℃时，不得高速行驶。

(18)行驶时应保持中速，不得紧急制动，过铁道口或起伏路面时应减速，下坡时严禁空挡滑行，倒车时应有人监护。

(19)行驶时，严禁人员在底盘走台上站立或蹲坐，并不得堆放物料。

(十)桅杆式起重机

因结构简单，使用灵活，只是在特殊场合下使用。(略)

(十一)安全操作要求

1.操作人员在作业前，要明确任务，并制定可靠的安全技术措施，班组长和安全管理人员要经常督促检查，发现问题要及时、妥善加以解决。

2.施工人员要服从统一指挥和调配，要分工明确，坚守岗位，尽职尽责，保证吊运工作的顺利进行。

3.吊运前对各机具(如钢丝绳、链式起重机、千斤顶、滑轮、卡环等)进行检查，发现有缺陷，不符合安全要求的不准使用。

4.起吊用的吊钩、吊环、链条等，要符合标准要求，并不得超负荷使用。

5.设备起吊前，要检查各绑扎点是否可靠，重心是否准确，滑轮组的穿法是否符合要求，并应进行试吊。

6.起吊机具受力后，要仔细检查地锚、缆风绳、滑轮组、卷扬机等变化情况，发现异常现象，应立即停止起吊工作。

7.起钩时，操纵杆不要扳得太紧，防止由于过紧而卡住。

8.作业时，起重臂下严禁站人，重物应避免从司机操作室上方通过。

9.起吊作业场所，夜间要有足够照明设备和畅通道路，并应与附近设备、建筑物保持一定距离，防止发生碰撞。

10.作业要有警戒标志，非作业人员不得进入作业区。

11.吊重作业中不准扳动支腿操作手柄，如要调整支腿时，应落下重物后，再进行调整。

12.吊重钢丝绳应垂直地面，不得斜吊。

13.缆风绳跨越公路或其他障碍物时，距路面高度要大于6 m，缆风绳、吊臂和起重设备与高压线安全距离应符合规范的相关要求。

14.起升卷筒的钢丝绳，在任何情况下不得少于3圈。

15.吊重行走时，要平稳起步，要慢速、均匀，不能急刹车。

16.吊钩吊有重物时，司机不准离开驾驶室。工作时，不能对设备进行维修和调整。

17.每班工作前，对起重设备进行一次空负荷试验，检查各部件是否灵活可靠。发现问题应提早处理，以免影响工作。

18. 吊装大、中型及重型设备，要制定切实可行的吊装方案，批准后应认真贯彻执行。

19. 使用导向滑轮作水平导向时，底滑轮钩向下挂住绳扣，防止使用中脱钩，垂直悬挂的导向滑轮要在钩子上绕一圈，避免滑轮移动或绳索走动时，发生滑动。

20. 起吊用的钢丝绳、链式起重机、吊钩等机具，不得和电气线路交叉、接触，并保持一定的安全距离。

21. 起重吊装工作要坚持"十不吊"。

22. 登高作业使用的工具、工件，上下传递时，要采取必要的安全措施，不准用甩抛的方法传递，防止出现事故。

23. 不准用直径大的绳索捆绑小设备或构件，薄壁圆柱形容器捆扎时，要防止绳扣滑脱，在圆周方向垫等厚的木板，以保护容器不受挤压，必要时，可采取加固措施。

24. 使用撬杠时，不准骑在上面，当重物升高后，用坚实垫木垫牢，严禁将手伸入重物底面。

25. 千斤顶要直立使用，不得放倒或倾斜使用。油压千斤顶油缸内不得少于规定的油量。螺旋千斤顶，螺纹磨损率不得超过 2%。

26. 吊装塔类设备，可采用组合吊装法，塔上部件尽量在地面组装好安装在塔体上，以便整体吊装就位，减少高空作业。

27. 吊运作业场地周围如有易燃、易爆危险品时，要采取有效的隔离措施，以保证人员、设备和机具的安全。

28. 从事起吊作业人员，要身体健康，符合登高作业要求，并熟悉本工种安全技术操作规程，同时具备操作知识和技能，方可胜任此工作。

29. 起重吊装指挥人员，要由技术熟练、施工经验丰富、懂安装工艺和机械性能，头脑清楚，有一定应变和判断能力的人来担任。

30. 登高作业前，要检查登高和安全用具是否齐全，有无损坏，不合格品不准使用。

31. 登高作业要系好安全带，穿好防滑鞋。使用梯子时，中间不得缺档，梯子倾斜度为 60°～75°，使用人字梯时，下部要拴牢，张开角为 45°～60°。

32. 采用吊篮、吊筐登高时，必须由专人指挥升降，指挥信号要准确可靠。吊篮、吊筐在空中不得碰撞，必要时，应设保险装置并应有防止倾翻措施。

33. 搬运施工人员，要熟悉搬运方法，对大型、重要设备搬运要制订方案。

34. 设备或部件运输时，要正确地选择运输方法和机具。路面要保证平整，障碍物要及时清理，捆绑要符合要求。

35. 搬运设备过程中，要分工明确，指挥统一，动作要相互协调。

36. 在上、下坡道搬运设备时，要有必要的防滑措施。向下坡(大于 10°)方向运设备时，其后面应拴挂索具或卷扬机，控制速度，确保安全。

(十二)文明施工要求

1. 作业人员严格遵守公司/项目部的规章制度及当地治安管理规定，做到文明施工。

2. 作业人员仅在公司/项目部提供的施工场地进行活动，不允许随处走动，更不能进入施工外场地。

3. 现场作业人员严格执行操作规程和安全技术规程。

4. 现场作业人员听从安排、指挥，相互配合，分工协作。

5. 现场作业用工具、施工机具要堆放整齐，每日下班前清理现场，保持整洁。

6. 进入现场的作业人员，穿统一的工作服，佩戴工作证，戴好安全帽、手套、安全带，不准穿拖鞋、高跟鞋。

（十三）应急预案

在编制起重吊装专项施工方案时要针对吊装工程特点及吊装过程中的危险部位的实际情况制定有针对性的安全事故应急预案。

第三节　起重吊装工程施工方案编制实例

一、装配车间预制构件吊装方案

（一）编制依据

1. 工程安装施工图、建筑施工图

2. 工程施工组织总设计及相关技术文件

3. 主要施工规范

(1)《混凝土结构工程施工及验收规范》(GB 50204—2002)。

(2)《建筑工程施工质量验收统一标准》(GB 50300—2001)。

(3)《建筑安装工人安全技术操作规程》。

(4)《建筑机构使用安全技术规程》(JGJ 33—2001)。

(5)《建筑施工安全检查标准》(JGJ 59—99)。

(6)《建筑施工高处作业安全技术规范》(JG J 80—91)。

(7)《起重机安全规程》(GB 6067)。

（二）工程概况

1. 总体简介

工程名称：××公司装配车间

工程地点：

设计单位：

总包单位：

总建筑面积：

施工工期：

2. 特点及施工难点

(1)本工程是单层装配车间，排架结构，30 m屋架，27 m屋架柱，顶高7.2 m，12 m单坡层面梁，柱顶标高7.8 m和6.6 m。屋架屋面梁上面安装屋面板、嵌板、天沟板、天窗架、封檐及钢支撑。

(2)本工程任务重，工期紧，构件的跨度大，30 m、27 m屋架由××厂在施工现场制作，其他构件均由××厂在厂内制作，并负责所有构件运输，安装。

(3)由于工期要求紧迫，从而增大了吊装难度。所以在构件的吊装过程中，一方面要注意工程的施工进度、施工质量，在保质量、争进度的前提下，重点突出施工现场的安全防护，使整个工程在确保安全的前提下优质、高效的完成。

（三）吊装施工的总体部署

1. 施工组织

(1)根据本工程的特点，组织专业的吊装队伍，确定项目负责人及吊装负责人，起重指挥2

人，司索 4 人，起重司机 2 人，电焊工 4 人，放线工 2 人，电工 1 人。

(2)项目施工组织机构及职责图略。

2. 管理目标

(1)质量目标

(2)工程目标

(3)安全生产、文明施工目标

(4)环境目标

(四)主要构件的重量

表 7—5　主要构件的规格、重量及数量

构件名称	规格(m)	重量(t)	数　量
屋架	30	14.235	34 榀
屋架	27	12.77	102 榀
屋面梁	12	5.02	14 榀
钢天窗架	9	0.57	120 榀
屋面板	6×1.5	1.28	1 979 块
屋面封檐板	6×1.9	1.53	224 块
嵌板	6×0.9	0.92	269 块
天沟板	6×0.58	2.01	269 块
封檐板	9	0.43	32 块
柱子	8.5×0.6×0.4	5.1	214 根
钢支撑		240	若干

(五)起重机械选用

1. 混凝土柱吊装受力计算

以最重柱 5.1 t 计算：5.1×1.2(为动力系数)＝6.12 t，柱高 8.5 m＋2 m(吊索)＋0.5 m(离地高度)＝11 m，即为起重高度。根据 25 t 汽车吊机械性能表，汽车吊起重臂长度 17.6 m，工作幅度 10 m，起升高度 14.4 m，吊起重量 6.38 t，能够满足吊装要求。

2. 30 m 预应力钢盘混凝土折线形屋架吊装受力计算。

屋架重 14.235 t×1.2(动务系数)＝17.08 t，起升高度：7.2 m(柱顶标高)＋4.1 m(屋架同度)＋6 m(吊索高度)＋0.5 m(安装时柱顶到屋架底的距离)＝17.8 m。根据 50 t 汽车吊机械性能表，汽车吊起重臂长度 25.4 m，工作幅度 6 m，起重量为 18 t，能够满足屋架吊装要求。

根据计算选用 25 t 及 50 t 汽车式起重机各 1 台。

(六)吊索的选择

为了防止吊装中过大的弯曲变形，用平衡梁进行吊装，平衡梁至吊钩用 2 根吊索。

吊索承受拉力按下面公式进行计算：

$$S=\frac{Qg}{n}\times\frac{1}{\sin\beta}$$

式中　S——一根吊索承受的拉力(kN)；

Q——物体质(重)量(t)；

g——重力加速度，$g=9.8\ \text{m/s}^2$；

n——吊索根数；

β——吊索与水平面的夹角。

根据构件的重量表，选取最大重量 $Q=14.235$ t，设定吊索与水平面夹角 $\beta=45°$，

$$S=\frac{14.235\times1}{2\times\sin45°}=98.65(\text{kN})$$

选取安全系数 $K=6$，钢丝绳最小破断拉力 $S_{破}=S\times K=98.65\times6=592(\text{kN})$，查钢丝绳主要性能表可知，应选用 $\phi32$ 的 6×37＋FC 的钢丝绳。10 t 以上构件均选用此索组，其余用 $\phi18$ 和 $\phi13$ 两种规格的钢丝绳。

（七）吊装机具一览表（表 7－6）

表 7－6　吊装机具一览表

机具名称	规　格	数　量	备　注
汽车吊	QY25	1 台	
汽车吊	QY50	1 台	
平衡梁	ϕ159×8×10	1 个	
平衡梁	800×600×30	1 个	
卸扣	1～12 t	20 个	
钢丝绳	ϕ32	4 条	
钢丝绳	ϕ18	4 条	
钢丝绳	ϕ13	4 条	
绳卡	Y－12、Y－20、Y－32	各 30 个	
交流电焊机	300 A、500 A	4 台	
把线	300 A	30 m	
把线	500 A	30 m	
焊缝检验尺	5 个		焊缝检验

（八）吊装程序、方法和要求

1. 吊装顺序

混凝土柱翻身→立柱子找正→安柱间支撑→屋架吊装→天窗架吊装→安屋架支撑及天窗架支撑→屋面板吊装。

2. 柱子吊装程序

（1）柱子翻身

柱子翻身前必须核实柱子的强度是否达到 100％强度要求，以及型号是否正确，有无伤损。柱子采取平卧叠层生产，翻身以吊环为基点，水平吊到杯口位置。

（2）柱子吊装

起吊柱子用吊索直接绑扎，连续用活络卡环。柱子位于柱根靠近杯口处，使起吊点、柱根、杯口基本在以吊车为圆心的圆弧上，吊车在起钩时同步进行旋转即将柱子吊到杯口上方。吊车缓慢落钩，设 2 名起重工在杯口附近配合，使柱子就位，柱子就位后，用木楔临时固定。

（3）柱子校正固定

平面位置校正时，对定位线的程序是，先是小面，着力与角上，后对大面线，着力于中间使柱子平衡。在柱子吊装就位过程中，利用撬棍配合起重机作好定位工作，试用大锤击木楔固

定，定位偏差控制在±5 mm范围内。垂直度校正时，先在杯底柱子四周塞紧木楔，使柱脚不能移动，然后用千斤顶作用于柱子侧面，同时使用2台经纬仪在纵横两个方向观察柱子的垂直度偏差，即可校正，校正后其垂直度偏差严格控制在±10 mm内。柱子校正完毕后应尽快在杯口灌入规定标号的细石混凝土，达到一定强度后，去掉木楔，进行二次灌浆。

3.屋架吊装程序

(1)屋架翻身

屋架都是平卧生产，吊装时必须先翻身并作好杉杆绑扎。翻身时先将起重机吊钩基本上对准屋架平面中心，然后起臂使屋架脱胎。并松开转向刹车，让车身自由回转，屋架下弦两端要垫好方木，并配合作用方凳，垫木高度与屋架下弦平齐，并做好支撑。扶直时缓缓起升，角度30°～40°最危险，起钩与起落臂要配合好，保证受力均匀，勿使其受扭及冲击起吊，扶直后靠墙体支垫好。

(2)屋架吊装

采用旋转吊装法对屋架进行吊装。

起吊前应作好放线工作，焊好梁垫板，然后正式起吊。当屋架稳定后将屋架离地面50 cm，试吊无问题后方可正式吊装。使屋架中心对准安装中心，然后徐徐起钩。当屋架吊离到高于柱顶后即刹车，用溜绳旋转使其对准柱头，然后徐徐落钩，用撬棍使其中心线对准柱顶到中心线，刚接触柱顶时即刹车。做好对线工作，即做临时固定，柱正垂直度，用杉杆固定，然后即可进行焊接固定。焊接固定时，屋架两端同时对称分段进行，避免同一侧施焊，焊凝收缩使屋架倾斜。施焊后即可卸钩。

(3)钢支撑安装

认真按图纸安装支撑件，做好螺栓连接及支撑焊接工作。

4.天窗架吊装

天窗架在吊装前应进行拼装，拼装应在平整地面上进行。首先，找好一对对称天窗架，把天窗架连接好。其次，用杉杆绑扎固定天窗架下边，使其具有整体性。天窗架组装完毕后，起吊放置在混凝土折线形屋架上，用杉杆绑扎临时支撑，天窗找正后进行固定。

5.屋面板吊装

支撑件吊装完毕后，即可上屋面板，采用四点起吊。(有预留吊环)屋面板安装顺序应由屋脊向两侧檐板对称由高向低进行，按弹线位置吊装到位，使两端搭接长度和空隙均匀。支撑处如有空隙用垫片垫实后，即可卸钩，再用电焊固定(每块应至少焊接3个点)。

(九)施工准备工作

1.做好劳动力组织和施工人员的进场工作的准备。

2.现场布置构件堆放场地。

3.编制施工机械、工具使用计划(见表7－6)，及时组织进场。

4.进行施工现场临电及其他临时设施的搭设工作。

5.认真学习施工图纸，核对构件的相互关系及就位尺寸，计算构件数量、重量以及连接件等数量。

6.组织项目部相关人员认真学习施工方案，了解安装要求，并进行技术交底。检查构件强度及地基强度以及构件外型尺寸、形状、预埋件位置、吊环等，并协同甲方作好放线工作，同时检查厂房轴线及跨度等是否符合设计要求。

7.各构件及金属支撑杆分类编号，并准备必要的连接件。

(十)构件运输、堆放方法和要求

屋面梁运输,由 60 马力拖拉机为牵引,拖挂抽拉式平板挂车,在屋面梁装车前应检查拖拉机及挂车是否机械性能正常,各个锚栓是否牢固,垫木位置是否正确。检查完毕无误后,开始装车,屋面梁装车时,放钩的速度要慢,面梁要与挂车顺直,屋面梁下弦点放在垫木上,然后用钢丝绳绑扎牢固,两边钢丝绳的力要张紧一致,防止屋面梁倾斜。屋面梁运输到安装现场前,应再检查绑扎钢丝绳是否有松动,如有松动及时调整,勘察现场运输道路情况,施工现场道路应压实、平整,不得有倾翻车辆的隐患。其他构件的运输使用 15 马力拖拉机运输。

构件按型号、吊装顺序依次分类堆放,堆放位置在起重机运行回转半径内。场地平整压实、排水良好,堆放平稳,底部设垫木,支撑点尽可能接近设计支撑位置。

(十一)起重吊装作业的安全技术措施

1. 防止起重机倾翻事故的安全措施

(1)起重机的行驶道路必须平坦坚实,地下基坑和松软土层要进行处理。必要时,需铺设木头或路基箱。起重机不得停置在斜坡上工作。当起重机通过墙基或地梁时,应在墙基两侧铺垫道木或石子,以免起重机直接碾压在墙基或地梁上。

(2)避免超载吊装。

(3)禁止斜吊。所谓斜吊,是指所要起吊的重物不在起重机起重吊钩的正下方,因而当将捆绑重物的吊索挂上吊钩后,吊钩滑车组不与地面垂直。斜吊还会使重物在离开地面后发生快速摆动,可能会伤人或碰撞其他物体。

(4)起重机应避免带载行走。

(5)绑扎不同构件的吊索需经过对应选择,绑扎方法应正确牢靠。所有起重工具应定期检查。

(6)禁止在 4 级风的情况下进行吊装作业。

(7)起重吊装的指挥人员必须持证上岗,作业时应与起重机司机密切配合,执行标准的指挥信号。司机应听从指挥,当信号不清或错误时,司机可拒绝执行。

(8)严禁起吊重物长时间悬挂在空中,作业中遇突发故障,应采取措施将重物降落到安全地方,并关闭发动机进行检修。在突然停电时,应立即把所就位的构件绑扎固定,未就位的采取措施使重物降到地面。

(9)起重机的吊钩和吊环严禁补焊。当吊钩、吊环表面有裂纹、严重磨损或危险断面有永久变形时应予更换。

2. 防止高处坠落安全防护措施

(1)操作人员在进行高处作业时,必须正确使用安全带。安全带一般应高挂低用,即将安全带绳端的钩环挂于高处,而人在低处操作。

(2)在高处使用撬棍时,人要立稳,如附近有脚手架或已安装好的构件,应一手扶住,一手操作。撬棍插进深度要适宜,如果撬动距离较大,则应逐步撬动,不宜急于求成。

(3)雨天进行高处作业的时候,必须采取可靠的防滑措施。作业处和构件上有水应及时清除。

(4)登高用梯子必须牢固。梯脚底部应坚实,不得垫高使用。梯子的上端应有固定措施。立梯工作角度以 75°±5°为宜,踏板不得有缺挡。

(5)梯子如需接长使用,必须有可靠的连接措施,且接头不得超过 1 处,连接后梯梁的强度,不应低于单梯梯梁的强度。

(6)操作人员在脚手板上通行时,应思想集中,防止踏上挑头板。

(7)从事屋架和梁类构件安装时,必须搭设牢固可靠的操作台。需在梁上行走时,应设置护栏横杆或绳索。

3.防止高处落物伤人的安全防护措施

(1)地面操作人员必须戴安全帽。

(2)高处操作人员使用的工具、零配件等,应放在随身佩带的工具袋内,不可随意向下丢掷。

(3)在高处焊接时,应采取措施,防止火花落下伤人或造成火灾。

(4)地面操作人员,应尽量避免在高处作业面的正下方停留或通过,也不得在起重机的起重臂或正在吊装的构件下停留或通过。

(5)构件安装后,必须检查连接质量,只有连接确实安全可靠,才能松钩或拆除临时固定工具。

(6)设置吊装禁区,禁止与吊装作业无关的人员入内,并有人监护。

4.防止触电措施

(1)现场电气线路和设备应有专人负责按要求安装、维护和管理,严禁非电工人员随意拆改。

(2)施工现场架设的低压线路不得用裸导线。

(3)构件运输时,构件或车辆与高压线净距不得小于 2 m,与低压线净距不得小于 1 m,否则,应采取停电或其他保证安全的措施。

(4)现场各种电线接头、开关应装入开关箱内。用后加锁,停电必须拉下电闸。

(5)电焊机的电源线长度不宜超过 5 m,并必须架高。电焊机手把线的正常电压,在用交流电工作时为 60～80 V,要求手把线质量良好,如有破皮情况,必须及时用胶布严密包扎。电焊机的外壳应该接地。电焊线如与钢丝绳交叉时应有绝缘隔离措施。

(6)各种用电机械必须有良好的接地或接零。接地线应用截面不小于 25 mm^2 的多股软裸铜线和专用线夹。不得用缠绕的方法接地和接零。同一供电网不得有的接地,有的接零。手持电动工具必须装设漏电保护装置。使用行灯电压不得超过 36 V。

(7)在雨天或潮湿地点作业的人员,应穿戴绝缘手套和绝缘鞋。大风雨后,应对供电线路进行检查,防止断线造成触电事故。

(十二)起重吊装作业施工要求

1.起重机行驶和工作的场地应保持平坦坚实,并应与沟渠、基坑保持安全距离。

2.起重机启动前重点检查项目应符合下列要求:

(1)各安全保护装置和指示仪表齐全完好;

(2)钢丝绳及连接部位符合规定;

(3)燃油、润滑油、液压油及冷却水添加充足;

(4)连接件无松动;

(5)轮胎气压符合规定。

3.作业前,应全部伸出支腿,并在撑脚板下垫方木,调整机体使回转支承面的倾斜度在无载荷时不大于 1/1 000(水准泡居中)。支腿有定位销的必须插上。底盘为弹性悬挂的起重机,放支腿前应先收紧稳定器。

4.作业中严禁扳动支腿操纵阀。调整支腿必须在无载荷时进行,并将起重臂转至正前或正后方可再行调整。

5.应根据所吊重物的重量和提升高度，调整起重臂长度和仰角，并应保证吊索和重物本身的高度，留出适当空间。

6.起重臂伸缩时，应按规定程序进行，在伸臂的同时应相应下降吊钩。当限制器发出警报时，应立即停止伸臂。起重臂缩回时，仰角不宜太小。

7.起重臂伸出后，出现前节臂杆的长度不大于后节伸出长度时，必须进行调整，消除不正常情况后，方可作业。

8.起重臂伸出后，或主、副臂全部伸出后，变幅时不得小于各长度所规定的仰角。

9.起重吊装的指挥人员必须持证上岗，作业时应与操作人员密切配合，执行标准的指挥信号。操作人员应按照指挥人员的信号进行作业，当信号不清或错误时，操作人员可拒绝执行。司机、司索与指挥人员必须经过国家行政主管部门培训考试合格持证上岗。指挥人员必须了解每项工作的内容和要求。

10.起吊作业时，汽车驾驶室内不得有人，重物不得超越驾驶室上方，且不得在车的前方起吊。

11.起吊重物达到额定起重量的50%及以上时，应使用低速挡。

12.作业中发现起重机倾斜、支腿不稳等异常现象时，应立即使重物降落在安全的地方，下降中严禁制动。

13.重物在空中需要较长时间停留时，应将起升卷筒制动锁住，操作人员不得离开操纵室。

14.起吊重物达到额定起重量的90%以上时，严禁同时进行2种及以上的操作动作。

15.起重机带载回转时，操作应平稳，避免急剧回转或停止，换向应在停稳后进行。

16.作业后，应将起重臂全部缩回放在支架上，再收回支腿。吊钩应用专用钢丝绳挂牢；应将车架尾部两撑杆分别撑在尾部下方的支座内，并用螺母固定；应将阻止机身旋转的销式制动器插入销孔，并将取力器操纵手柄放在脱开位置，最后应锁住起重操纵室门。

17.行驶前，应检查并确认各支腿的收存无松动，轮胎气压应符合规定。

18.行驶时应保持中速，不得紧急制动，过铁道口或起伏路面时应减速，下坡时严禁空档滑行，倒车时应有人监护。

19.行驶时，严禁人员在底盘走台上站立或蹲坐，并不得堆放物料。

(十三)文明施工要求

1.作业人员严禁遵守公司/项目部的规章制度及当地治安管理规定，做到文明施工。

2.作业人员仅在公司/项目部提供的施工场地进行活动，不允许随处走动，更不能进入施工外场地。

3.现场作业人员严格执行操作规程和安全技术规程，并按该厂的消防要求办理相关动火手续。

4.现场作业人员听从安排、指挥，相互配合，分工协作。

5.现场作业用工具、施工机具要堆放整齐，每日下班前清理现场，保持整洁。

6.进入现场的作业人员，不准穿拖鞋、高跟鞋。

(十四)应急预案

起重吊装过程中，可能会出现起重机倾翻、高处坠落、高处落物伤人、触电等安全事故，具体应急预案(略)。

二、钢结构吊装部分施工组织设计

(一)编制说明

本施工组织设计是以业主提供的招标文件和图纸为依据，按照国家及地方相关的现行施工规范和标准，参考以往此类钢结构工程的施工经验，结合本工程的相关计算和分析结果，满足工程总体施工进度计划和施工场地条件的基础上编制的。本施工组织设计主要用于指导××钢结构工程的吊装施工。

1. 编制原则

(1)严格执行中华人民共和国颁布的各项法规及行业标准。

(2)严格遵循招标文件，设计图纸、地质资料及国家部委和地方政府颁布的有关技术规范、规程的规定；认真分析研究，制定切实可行的施工技术措施。

(3)总体考虑，全面协作，选择适合本工程条件的施工机械、设备和人员，发挥设备、人才优势；认真分析，充分比较、论证，合理规划整个工程的施工程序、技术措施，减小施工干扰，加强各施工工序间的衔接，提高施工效率，确保施工质量和进度。

(4)多方案分析比较，选择最合理的施工方案，可靠的节水、节电、排水、防噪、防尘措施，选择最有利于工程施工，同时又对周围环境影响最小的施工组织方案。

(5)认真贯彻执行"百年大计，质量第一"的质量方针政策。在业主及监理工程师的指挥下，优质、快速、高效完成本工程施工任务。

(6)切实可行地搞好文明施工和现场管理，争创文明工地，切实为各个协作单位提供最优质的服务。

2. 编制依据

(1)"××工程"施工图。

(2)工程招标文件。

(3)钢结构深化设计图。

(4)工程所在地的法律法规及有关施工规定。

(5)有关标准、规范、规程和规定，参考的主要规范部分为：

《碳素结构钢》(GB 700—88)；

《合金结构钢技术条件》(GB 3077—88)；

《低合金结构钢结构技术条件》(GB 1591—94)；

《焊接用焊条》(GB 1330)；

《钢结构高强度螺栓的设计、施工及验收规程》(GBJ 82—91)；

《钢结构用高强度大六角螺栓、大六角螺母、垫圈与技术条件》(GB/T 1228—1231—91)；

《结构用无缝钢管》(GB 8162—87)；

《钢结构制作安装施工规范》(YB 9254—95)；

《钢结构工程施工质量验收规范》(GB 50205—2001)；

《工程测量规范》(GB 50026—93)；

《建筑防腐蚀工程施工及验收规程》(GB 50212—91)；

《建筑施工安全检查标准》(JGJ 59—99)；

《高空作业机械安全规则》(JGJ 5099—98)；

《建筑机械使用安全技术规程》(JGJ 33—2001)；

《建筑工程施工现场供用电安全规范》(GB 501094—93)；

《建筑施工高处作业安全技术规范》(JGJ 80—91)；

《起重机安全规程》(GB 6067)。

(二)工程概况

1.工程简介

(1)工程概况

本工程主要有3部分组成，主楼、连廊和指廊3部分。主楼长205.44 m，宽约为60 m。指廊长约552 m，宽约为27 m。主楼和指廊通过之间连廊连接。主楼标高最高点为40.50 m。

主楼主要有两榀变截面箱型刚性斜主拱，主拱落地长度205.44 m，两榀拱脚距离50.4 m，拱顶距离12 m，主拱最高高度40 m，拱与地面成64°角。屋面中间最高点高度30 m，主拱与沿纵向中心拱、两边纵向联系梁、横向屋面梁、斜腹杆构成两个连体空间三角形桁架，形成了稳定的空间结构。

指廊跨度27 m，柱距12 m，采用箱型柱、托梁、焊接H型钢弧形梁、圆钢管檩条，材质均为Q235B。

(2)钢结构形式

主拱落地跨度为205.44 m，主拱平面内半径约141.1 m，拱断面采用下大上小的变高度箱型断面，由钢板焊接而成，翼缘宽度1.4 m不变，截面高度由1.8 m至1.4 m渐变，壁厚25 mm，在拱的自身斜平面内呈圆弧型。与地面倾斜后，拱立面成为椭圆形。

屋面梁断面为焊接H型钢H700 mm×400 mm×12 mm×20 mm，两端悬挑梁为变断面，梁高由300 mm变为700 mm，两边纵向联系梁采用500 mm×300 mm×16 mm的箱型断面，主拱斜拉杆采用圆钢管，钢管直径中间为508 mm，壁厚16 mm，两端为325 mm，壁厚14 mm，在2个主拱最高点设有2根撑杆，断面为圆钢管500 mm×20 mm，中心拱位于屋盖中间沿纵向的圆拱，采用700 mm×400 mm×20 mm的箱型断面，其两端设置了落地支架将水平推力传到下部结构，充分发挥钢结构与混凝土结构各自的优越性。

2.工程特点及难点

(1)设计方面

①斜平面主拱的预起拱

结构体系分析与计算分析表明由于斜平面主拱跨度大，达205.44 m，虽截面为较大箱形截面(1 800～1 400 mm×1 400 mm×25 mm)，仍较为柔弱。

②影响

屋面板的安装。

桁架腹杆可能承受较大压力。

③措施

以恒载+0.5活载进行结构计算，以计算所得位移进行预起拱。

(2)结构的吊装和安装

本工程钢结构造型复杂，航站主楼主要有2榀面外箱型刚性斜主拱，主拱落地长度205.44 m，两榀拱脚距离50.4 m，拱顶距离12 m，主拱最高高度40 m，拱与地面成64°角。屋面中间最高点高度30 m，主拱与沿纵向中心拱、两边纵向联系梁、横向屋面梁、斜腹杆构成两个连体空间三角形桁架，形成了稳定的空间结构。

①现场拱架拼装工作量大，拼装精度要求高。由于桁架拼装精度受拼装环境、胎架适用性

及温度变化等多方面的影响,因此主拱架拼装的质量将直接影响到整个工程的质量。而且主拱架最大跨度达到 205.44 m,现场施工采用分段吊装的方法,施工安装时临时支撑的有效设置是保证结构安装到位的重要步骤。因此确定一种既能保质、保量、安全地满足设计要求,又能加快工程进度,降低成本的吊装和安装方法也是本工程施工的难点。

②同时考虑到土建结构的影响,包括场地布置、道路、吊机行走路线,及土建结构自身特点,包括混凝土柱和混凝土楼面的影响和吊装高度的变化,所以必须合理选用安装方案。

③本工程为空间钢管桁架结构体系,其设计计算一般均采用结构完工状态为计算模型,而单榀桁架吊装时抗倾覆性能差,且由于屋顶整体为曲面,而在结构安装过程中结构在各阶段的受力状况均与完工状态有较大差别,安装过程各阶段结构的内力、稳定性、位移的计算分析是确保整个结构最终成形以及施工安全性的重要方法,因此对结构各阶段不同安装工况下的验算是本工程实施的重点。

④高空焊接作业量大,焊接应力及变形对结构影响大。

本工程构件相贯线长度大且相贯节点多。因此在这个屋顶的焊接成形过程中,不仅焊接工作量大,且焊接变形及焊接应力所引起的结构自身内力分布的变化较大。因此采用合理的焊接顺序并指定科学、适当的焊接工艺对本工程施工有重大意义,也是本工程质量保证的难点和重点内容。

⑤施工工期短。

钢结构工程的安装工期要求总共 60 个日历日。如何在这么短的时间内保质保量按时完成工作,满足业主要求是本工程的难点。

(三)施工总体部署

1. 指导思想和实施目标

(1)指导思想

以质量为中心,安全第一,按期完工,顺利通过竣工验收。公司将建立工程质量保证体系,选派高素质的项目经理、工程师及工程技术管理人员。按项目法施工管理,积极推广新技术、新工艺、新材料、精心组织、合理安排,优质高效地完成施工任务。

(2)实施目标

①质量目标

达到《钢结构工程施工质量验收规范》(GB 50205－2001),获自治区优质工程和国家钢结构金奖。

②工期目标

2006 年 4 月 15 日～2006 年 6 月 20 日钢结构现场安装实际有效施工工期为 65 d。全力满足业主的要求,同时精心组织施工,实施立体交叉、水平流水作业,发挥企业管理优势,全力满足合同要求的工期目标,确保建设单位按时投入生产使用。

③安全文明施工

采取有效措施,杜绝死亡,工伤事故及一切火灾事故,争创文明工地。

④服务承诺

a. 工程施工前:作好图纸的深化设计,作好与土建工程的交接手续,为工程尽早开工创造有利条件。

b. 工程施工中:协助业主作好与有关部门的协调工作,积极主动地为使工程优质高速的实施提出合理化建议。对工程实施当中若出现一般工程问题则有现场项目经理解决，对于重大问题则由公司总师办在 24 h 内解决。

c. 工程竣工后：做好与建设、监理单位的工程移交工作。

d. 用户回访：由回访小组与业主商定具体的回访日期及程序，征询业主对工程质量的评价，对存在的施工缺陷协商处理办法，同时做好回访记录并保存。

⑤环境保护方针

本工程从实际出发，坚持“预防为主，防治结合，综合治理，化害为利”的环境保护方针，为工程周边创造一个良好的环境。

2. 工程的组织与管理

根据工程实际情况，本公司决定选派技术骨干，加强工厂及施工现场的组织与管理，保证工程顺利完成。各工种、专业施工队伍之间必须紧密配合，服从统一规划和安排。明确各个部门的职责与权限，确保整个工程的顺利进行。施工现场实行项目经理负责制及各级分管负责制，项目经理集责、权、利于一身，解决发生在工程施工过程中的所有问题。

工程施工管理机构及组织机构图略。

由于工程建设的特殊情况，图纸滞后等原因造成工期延误，钢结构工程的实施也受到很大影响，很多因素制约着如期安装完工。项目部克服困难，采取措施力争完成计划目标。

(1)加强项目部钢结构专业管理力量，增派钢结构专业技术人员。

(2)将工程划分为 3 段同时施工。

计划 2006 年 4 月 15 日开始钢结构安装。

主楼钢结构工程项目管理人员表见表 7—7。

表 7—7　主楼钢结构工程项目管理人员表

职　务	姓　名	职　能	备　注
项目经理		全面负责工程施工管理工作	
项目工程师		负责工程安装技术	
现场生产经理		负责工程施工管理	
测量负责人		负责安装施工测量	
安全员		负责施工现场安全	
施工员		负责安装施工测量	
质检员		负责工程质量检查及监督	
资料员		负责施工资料整理归档	
项目主管		全面负责施工管理工作	公司协助
项目技术主管		全面负责工程技术管理	公司协助

3. 施工总体思路

根据本工程特点及存在的难点问题，制定了下列施工总体思路，以指导本工程构件运输、现场拼装及安装工作有序进行。

(1)构件运输总体思路

根据本项目钢结构施工图，决定以能同时设计分段要求和运输要求的前提下，进行分段制作和运输。

(2)现场拼装及安装总体思路

为确保施工进度和钢屋架的稳定性，主楼安装总体顺序从承重支撑架的搭设→钢柱的安装→钢柱连接梁的安装→中间拱梁的安装→大厅屋面拱梁的安装→边拱梁的安装→周边连系梁及水平支撑的安装→屋面檩条的安装及油漆的修补；两榀主拱梁的安装参插在其他结构梁安装的同时进行，主拱梁的安装顺序是从 4 个主拱脚向上进行安装，最后在顶部中间合拢，主拱梁安装的同时，在有条件的前提下及时进行主拱梁和屋面拱梁之间的拉杆支撑的安装。

指廊分 A、B、C 三个施工段同时进行安装。

4.施工现场平面布置

(1)施工现场平面布置原则

合理的场地布置是安全、文明施工的重要保证，同时兼顾施工便利、经济合理的原则，本工程现场平面布置主要解决现场大型吊机吊装行走线路，水、电管线的设置，拼装场地、工具仓库、办公区、生活区、成品堆放区等主要设施的区域布置。

施工总平面布置原则具有以下几点。

①合理布置现场，规划好施工道路和场地，尽量减少运输费用和场内二次倒运费用。

②既要满足施工，方便施工管理，又要能确保施工质量、安全、进度和环保的要求，不能顾此失彼。

③应在允许的施工用地范围内布置，避免扩大用地范围，合理安排施工程序，分期进行施工场地规划，将施工道口交通及周围环境影响程度降至最小、将现有场地的作用发挥到最大化。

④施工布置需整洁、有序，同时做好施工废水净化、排放措施、防尘、防噪措施，创建文明施工工地。

⑤场地布置还应遵循“三防”原则，消除不安定因素，防火、防水、防盗设施齐全且布置合理。

(2)施工总平面布置依据

①建设单位的有关要求。

②总包单位(土建)单位的现场位置，以及现场勘察成果。

③总平面图、建筑平面、立面图。

④总进度计划及资源需用量计划。

⑤安全文明施工和环境保护要求。

⑥总体部署和主要施工方案。

(3)施工现场总平面布置图

①吊装区的布置

a.吊机的选择

根据施工现场的布置图，结合本项目钢构件的单体重量，进行吊装机械的选择，首先考虑吊装机械在吊装本工程中单体重量最大时的起重参数，并结合吊装机械在工作半径最大时，吊装本工程中单体重量最大时的起重参数，根据本工程钢结构施工图和设计对主拱梁的分段要求，本项目中单体重量最大为主拱梁 ZG1，最重的单段重量约 15 t，在本工程中在吊装机械工作半径最大时，吊装本工程中单体重量最大的为 26 轴、G 轴上的钢柱 ZZ2，钢柱 ZZ2 约 8 t，吊机的工作半径约 54 m；根据以上的吊装的特定要求，最后决定采用 7707 型 300T 履带吊机作为本工程的主吊机，7707 型吊机的起重参数见表 7－8。

表 7－8　7707 型吊车的起重参数

选择主杆长度	88.4 m				
选择副杆长度	12.2 m				
工作半径	30.0 m	41.0 m	50.0 m	54.0 m	59.0 m
起重能力	30.33 t	18.9 t	12.5 t	10.3 t	8 t

b. 在场内铺设吊机等大型机械的临时道路，布设吊机进出场的路线；同时根据现场土质情况，在充分利用现场已有道路的基础上，在大型吊机吊装行走线路的路基上采用压路机进行碾压后，承载力不小于 13 t/m²，以确保 300 t 履带吊的行走及吊装安全，吊点部位的地耐力不小于 26 t/m²。

②现场拼装区

按现场平面图布置的拼装区内，拼装场地要求地面抄平压实，地耐力不小于 10 kN/m²，以免地基沉降不均而影响拼装精度然后按要求搭设拼装平台，并设置专门堆放原材料的材料堆场，分别位于以拼装平台的两侧，便于拼装取材，减少拼装辅助吊机的行走线路，工厂加工进场的杆件以枕木垫底，设置顺畅的排水通道，确保场内无积水。

(4)劳动力配备计划

现场施工人员分为两大类，即项目管理部和施工作业层。他们在项目经理的领导下共同完成工程施工任务。

根据本工程的特点和工期要求，各专业施工队伍按照施工需要配备充足的劳动力进场施工，保证工程按期完工。施工的主要间段具体各专业施工人员进场安排见表 7－9、表7－10。

表 7－9　主楼钢结构安装现场劳动力计划表

工　种	按工程施工阶段投入劳动力情况		
	4 月份	5 月份	6 月份
管理及辅助人员	9	7	10
地面组装	12	14	8
构件验收及倒运	6	8	4
胎架搭设及拆除	20	28	18
钢结构安装	28	68	75
油漆喷涂	8	18	25
现场人数总计	81	145	140

表 7－10　指廊钢结构安装现场劳动力计划表

工　种	按工程施工阶段投入劳动力情况		
	4 月份	5 月份	6 月份
管理及辅助人员	9	7	10
地面组装	18	21	16
构件验收及倒运	12	18	8
钢结构安装	24	34	34
油漆喷涂	12	12	16
现场人数总计	66	85	74

(5)机械设备投入计划(表 7－11)

表 7－11　机械设备投入计划

序号	设备名称	规格型号	性能、生产能力	数量	来源
1	履带吊机	7707	300 t	1	租赁
2	履带吊机	LT	50 t	1	租赁
3	汽车吊	YQ	16 t	1	租赁
4	千斤顶	50 t	50 t	8	自有
5	葫芦	3 t	3 t	10	自有
6	葫芦	10 t	10 t	4	自有
7	逆变直流电焊机	ZX7－500	16 kW	2	
8	逆变直流电焊机	ZX7－400	14kW	8	
9	直流电焊机	ZXG－400	23 kW	8	自有
10	直流电焊机	ZX－400	23 kW	3	自有
11	空压机	CW－170/08	6 kW	1	自有
12	碳弧气刨	ZX5－630		2	自有
13	手枪钻		0.23 kW	10	自有
14	测力扳手		1 000 kN	2	自有
15	高温烘箱	DH－30－2	6 kW	2	自有
16	保温筒	TRB 系列		30	自有
17	卷扬机	JK－3(5)	7.5 t	3	自有
18	气割设备			6	自有
19	角向磨光机	100	0.5 kW	20	自有
20	全站仪	TONPCON		1	自有
21	经纬仪	DJ－1		2	自有
22	水准仪	SZ3		4	自有
23	喷漆机	6C		6	自有
24	超声波探伤			1	自有
25	对讲机	摩托罗拉	通话	6	自有
26	钢丝绳			3 000 m	自有
27	安全绳、网			若干	
28	小型电动工具			若干	

(6)施工用电计划

①线路布设总体思路

根据总包施工现场提供的现有的配电线路，公司依据容量分配计划从总包的二个计量配电箱内，分南、北二总回路引至公司施工现场 A 级配电屏(进线为 90 mm^2)。根据施工安全用电的需要和机械布置，南、北二总回路用电线路各分 3 个分回路。从现场南 A 级配电屏 G－21 为第一回路(进线为 50 mm^2)，从现场南 A 级配电屏引入 G－26 为第二回路(进线为 50 mm^2)，从现场南 A 级配电屏引入 G－31 的为第三回路；从现场北 A 级配电屏 K－21 为第一回路(进线为 50 mm²),从现场南 A 级配电屏引入 K－26 为第二回路(进线为 50 mm²),从现场南 A 级配电屏引入 K－31 的为第三回路。各回路的电缆线为 YC 型 3×50＋2×25 橡套电缆,B 级配电箱采用 JSP/(1)型配电箱;配电箱内电器设置严格按照 JGJ 46－88 中的第 7.2.2条和第 7.2.1 条及第 7.2.4 条规范执行;C 级配电箱采用 JSP－K/(2)型配电箱,电缆线采用 YC 型 3×6＋1×4 橡套电缆线,从 B 级配电箱引至到所需用电设备 C 级开关配电箱上。

②施工用电的具体方案略

(四)钢构件的运输

1.构件的运输

钢构件的运输应严格遵循以下运输要求:

(1)运输构件的类型、尺寸及重量等因素。

(2)公路、道路和运输设备的要求。

(3)严格执行中华人民共和国公路法第四十九条,要求运输公司对参与运输的车辆进行全面检查、检修。

(4)严格执行中华人民共和国公路法第五十条,与县级以上地方人民政府交通主管部门、公安部联系,取得主管部门和公安部同意。并对指定路线进行沿途公路、桥梁、弯道查看,清除障碍。

(5)根据产品的长度确定运输工具,确保产品质量和运输安全,特殊长度应对车厢进行适当改装。应与运输公司签订行车安全责任协议,严禁野蛮装卸。

(6)构件运输时保持成套性,装车时必须按规定方法搁置构件,并且保证构件在运输途中不受损伤。

(7)为保证构件在运输过程中不发生变形,并用专用的固定夹具进行分类包装。

2.构件的装卸

所有构件装卸除按规定采用起重机卸货外,还须采取一些必要的措施加以保护,如架设枕木、垫块等。

3.构件的堆放

材料、构件到现场,应按施工顺序分类堆放,尽可能堆放于平整不积水的场地;堆放时应放在木垫板上,分层以木垫板间隔,垫的位置均匀以免变形,高度不宜过高;侧向刚度较大的构件可以水平堆放,当多层堆放时,必须使各层垫木在同一垂直线上;同一标号的钢构件放在一个范围内,每堆垛留通道,高度不宜大于 2 m,易于散落的单件构件的堆放,上小下大,并配备护栏。

(五)主楼钢结构安装

1.安装前的准备工作

(1)现场测量控制

①根据本工程钢结构设计图中的钢结构平面布置图,参照土建提供的定位控制点,建立本项目钢结构安装纵、横向的测量控制网。根据测量控制网上的各控制点和主拱上标志点的坐标,用全站仪对主拱的定位进行测量控制,并根据楼面各纵横轴线和水准点,用经纬仪控制各柱、梁的位置和标高,以及对楼面和支承架上设置的观测点进行跟踪观测变形量,以确保结构安全施工,具体测量控制网见下附图。

②定位轴线的检查

根据控制定位轴线引到柱位置的基础上,定位线必须重合封闭,每根定位线的总尺寸误差不得超过控制数,定位轴线必须垂直或平行;定位轴线的检查应由业主、监理、总包(土建)、安装联合进行检查,对检验的数据要统一认可后才能进行钢结构的吊装;并把检验合格的建筑物定位轴线引到柱顶上。

③柱间距检查

柱间距检查是在定位轴线被认可的前提下进行的，用标准钢卷尺实测柱间距，柱间距的偏差值应严格控制在±2 mm以内。

④预埋螺栓的检查

在钢结构安装前，先检查预埋螺栓埋设的位置，主要检查埋设轴线的偏差、标高及支承面的标高偏差，根据GB 50205—2001中的规定，预埋螺栓的位置应符合设计和安装要求。

(2)钢结构构件的预检

①为确保钢构件的安装质量，预检用的计量器具必须统一标准并进行计量检测，确保施工单位及加工单位的检验精度。

②构件的预检在钢结构加工厂质检部门检查的基础上，现场安装项目部要进厂对制造质量复检，复检合格后，方可出厂。不允许不合格构件进入安装现场，同时项目部根据现场安装进度要求及提供的构件清单监督制造部门是否按进度要求配套加工，避免由于加工构件不配套造成现场安装间断，影响安装工期和质量。

③预检项目：钢材材质的成品质量证明书及复验报告，焊条、焊丝材质的成品质量证明书及复验报告，构件焊缝外观及超声波探伤报告，以及实际偏差等资料，对于关键的构件如钢柱必须全部检查，其他构件进行抽查，并记录预检的所有资料；构件外观检查包括：钢构件的几何尺寸、连接板零件的位置、角度、螺栓孔直径及位置，焊缝的坡口，节点的摩擦面，附件的数量及规格等。

④钢结构制造厂家应提供如下资料：

a. 构件合格证，应附简图标注关键部位的检查偏差。

b. 施工图和设计变更文件，变更的内容应在施工图中相应的部位注明。

c. 钢材与连接材料和涂装材料的质量证明书或试验报告。

d. 焊接工艺评定报告。

e. 高强螺栓摩擦面抗滑移系数试验报告。

f. 焊缝无损检验报告及涂层检测资料。

g. 制作中对技术问题处理的协议文件。

h. 主要构件验收记录。

i. 构件发运和包装清单。

(3)现场钢构件的供应及堆放

①构件的供应

构件应按照现场提供的材料进场计划进行制作及供应，运输时，应以吊装的顺序为单位，将所有需要的构件分别从工厂的成品仓库中提出来，集中提前1～3 d运输到施工现场，在现场堆放或先在堆放场地进行短暂的堆放，严禁过多后阶段施工的构件提前到场，造成构件过多而影响施工进度。

②构件的堆放

构件的堆放原则是：不同类型，不同施工段的构件分开堆放，同时先安装的构件堆放在上面，后安装的构件堆放在下面，堆放时做好对构件的编号及标注，堆放高度一般不能超过1.5 m。构件下面应放置垫木，堆放场地有专设队伍进行管理。

(4)土建作业条件

①B区主楼、连廊、指廊7.035 m梁板结构4月5日前浇筑完毕，4月10日前完成土建与

钢构的中间验收交接，4 月 15 日梁板混凝土强度达到 100%。

②A、C 区 7.035 m 梁板 4 月 10 日前浇筑完毕，4 月 15 日前完成土建与钢构的中间验收交接，4 月 20 日梁板混凝土强度达到 100%。

③A、B、C 区指廊 3.835 m 梁板 4 月 10 日前完成土建与钢构的中间验收交接。

④拱脚混凝土 4 月 5 日前完成混凝土的浇筑，4 月 10 日前完成土建与钢构的中间验收交接，4 月 15 日混凝土强度达到 100%。

2. 主楼的安装方法

(1)安装思路

根据主楼的结构体系分析，斜平面主拱同时承担屋面竖向荷载和水平荷载及幕墙风荷载，斜平面主拱面外稳定由相连的三角形桁架保证，相连的三角形桁架是通过主拱箱型梁 ZG1 和中间拱 ZG2、大厅屋面拱梁 WL1 在 *G* 轴、*K* 轴的柱顶位置，通过钢管拉杆支撑相连接，形成 2 个变截面的三角形桁架，最后在 2 根主拱箱型梁 ZG1 的顶部中间采用 3 根钢管支撑连接，从而形成稳定的空间结构体系；然后结合本项目设计结构的节点详图，认为首先应安装周边的钢柱及钢柱间的连梁，再安装中间拱梁 ZG2 和大厅屋面拱梁 WL1，WL1 钢梁一端安装在 *G* 轴、*K* 轴的钢柱上，另一端与中间拱梁 ZG2 连接，中间拱梁 ZG2 的两端与 19 轴、33 轴上的箱型梁 LXL1 连接，单跨为 168 m，所以在主拱未能形成三角形桁架之前，整个屋面钢结构的中间部分荷载全由中间拱梁 ZG2 来支撑，所以综上因素，首先决定在中间拱梁 ZG2 的下面设置支撑，考虑到与中间拱梁 ZG2 的节点全部在 20～32 轴上，所以决定在每条轴线上，中间拱梁 ZG2 的下方设置一个承重支撑架，共 13 个；在安装主拱箱型梁 ZG1 时，也必须设置承重支撑架，根据对本工程结构体系的受力分析，主拱箱型梁 ZG1 主要受力杆件，未合前不要说作为结构体系的主支撑构件，在分段吊装时自重也必须外加支撑体系来完成，所以计划在主拱箱型梁 ZG1 的投影弧线上设置 20 个支撑点，另在安装两端的弧形悬挑梁时也需各设置 3 个承重支撑架。

(2)支承架设置

根据施工组织设计的要求，本工程钢架的主拱采用高空分段拼装，因此，吊装前需搭设高空安装支承架及作业平台，以满足施工及安全要求。

支承架平面布置图略。

为保证支撑架体稳定及高空作业人员安全，7.035 m 顶板上采用满堂红脚手架，搭至屋面梁下 1 m 标高位置，立杆纵横向间距 1.8 m，水平杆垂直向间距 1.5 m，南北向每隔 3 跨设 1 道垂直向剪刀撑，每隔 3 步设 1 道水平剪刀撑。(图略)

①中间拱支承架体

根据施工图纸和吊装方案，以及加工工艺要求，中间拱共分成 14 段，分段位置在轴线附近，因此，为便于承重定位和拼装，在每个分段点横向轴线处设置 1 个支承架，每个支承架高度随拱高而变，以架顶低于拱底 1 m 为宜，并考虑到架体的稳定性，以及中间拱先行安装的方便，我们沿纵向在各支撑架之间搭设一路 2.8 m 宽的三排脚手架，脚手架纵距 1.8 m(支承架处为 1.5 m)，步距为 1.5 m，并沿高度每隔 3 m 与各支承架箍牢，将各支承架连成一整体，必要时在两侧沿纵向每 3 跨加一钢管斜撑，同时，在各支承架横向两侧各设 1 道缆绳，确保支承架横向的稳定性。(图略)

考虑到定位安装的需要，在每个支承架架顶设置 1 个支座，支座底盘采用 200 mm×200 mm的工字钢制，在下面四个角上焊上角钢嵌在支承架的顶上，并根据该部位中间拱的角度在底盘上面设置定位板和支托，以便于拱的定位和固定。(图略)

中间拱支承架虽然在大梁的上方，考虑到支承架立杆对楼面集中支承反力的影响，在每个支承架下面铺一块 1 600 mm×1 600 mm×12 mm 的钢板，使点受力转为面受力，且所有支撑架部位楼板下的支撑脚手架不得拆除，确保对楼面的保护。

②斜主拱支承架体

斜主拱共 2 榀，每榀分为 17 段，分段点位置基本上在每两横轴中间附近，即在各撑杆与斜主拱相交点附近，因此，斜主拱下各支承架设置在每两轴中间，既能符合斜主拱承重定位拼装要求，也满足各撑杆的安装施工。

由施工图纸及方案可知，每个支承架搭设前，该跨的屋梁已安装完毕，因此，该处支承架上部将临时采用檩条将支承架与屋梁连接固定，必要时将支撑架顶端用缆绳与屋梁上的檩托板拉牢，以确保支承架上部稳定性，同时在支承架屋梁与楼面之间中部也用缆绳与楼面锚固板拉牢固定，缆绳上应设有葫芦以便于调节，并在支承架下部焊上 ϕ48 短钢管，用脚手钢管将支承架下部连牢，确保支承架体的整体稳定性。

因楼面上的支承架不一定在混凝土梁上，为确保将支承架上的荷载直接传递到混凝土梁上，我们将在每个支承架下垂直于混凝土梁方向设置 2 根 200 mm×200 mm，长度不小于 4 m 的工字钢，每根工字钢两端均要搭在混凝土梁上方，以确保混凝土梁受力。而 1、1′、10、10′支撑架坐落在地面且较短，支承架我们将在现场根据施工需要进行制作，并在支架位置浇筑 2 000 mm×2 000 mm×200 mm 混凝土基础，基础配筋为Φ 12@200 双层双向网片，确保支架均匀受力，并在支承架四周设置钢管桩，便于支承架的锚固。(图略)

考虑到斜主拱下支承架之间无脚手架，而斜主拱高空对接难度较大，为满足施工要求，在每个支承架顶部用钢管搭设一个操作平台，平台与支架必须牢固连接。

本工程斜主拱与地面呈 64°角度，定位控制与中间拱略有不同，且难度较大，因此，必须根据该处主拱角度，在两个方向设置带角度的定位支托，以主拱的定位准确，斜主拱定位支座。(图略)

③支承架承载内力验算

考虑到结构的重要性，为了确保结构施工时的安全可靠，对主拱下的支撑架进行内力和稳定性计算分析。分析时首先确定临时支承架的最大竖向反力值。该竖向反力值由结构主体安装过程中，在临时支撑处产生的最大反力值确定。本工程各主拱各段自重不超过 22 t，取最高临时支承架 32 mm 进行验算，验算时支承架竖向荷载取 22 t，同时考虑到施工的影响以及其他不确定的因素，计算时将该反力值乘了 1.2 倍的放大系数。所以最大反力为 220×1.2＝264 kN。顶部水平荷载按 20％竖向荷载考虑(4.4 t)。根据荷载作用大小和作用形式对支架进行结构受力分析和稳定验算。

考虑到临时支撑高度较大，故需要考虑作用在临时支撑架上的水平风荷载作用。基本风压按 50 年一遇的基本风压考虑即 $\omega_0=0.5\ \mathrm{kN/m^2}$，支撑结构顶部的风压高度变化系数 $\mu_z=1.42$，体型系数由临时支撑的挡风系数决定，经计算 X 方向的挡风系数为 0.187，Y 方向的挡风系数为 0.256。故根据《建筑结构荷载规范》(GB 50009—2001)可得到 X 方向的风荷载体系为 2.42，(Y)方向的风荷载体系为 2.5，计算时考虑风荷载沿着支撑的长(Y)、短(X)边两个方向作用。

临时支撑的强度、刚度及稳定性分析的有关计算均选用美国 Computers And Structures 公司研制开发的大型有限元程序 SAP2000(8.23 版)进行。计算模型采用空间三维模型。杆件选用 2 个节点，6 个自由度的 frame 单元，该单元可以考虑弯剪扭 3 种作用的共同作用。

计算时考虑 5 种荷载组合工况：

1.35×恒载；

1.0×恒载+1.4×X方向风荷载；

1.0×恒载+1.4×Y方向风荷载；

1.2×恒载+1.4×X方向风荷载；

1.2×恒载+1.4×Y方向风荷载。

采用此形式临时支撑得进行验算:临时支撑在竖向反力及自重作用下的变形。经计算可知,临时支撑在竖向反力及自重作用下的最大竖向挠度为−2.88 mm。临时支撑在柱顶竖向荷载作用下结构的强度、刚度以及稳定性满足规范要求。

结论:由计算可知,在上面所示的施工荷载作用下,采用此形式临时支撑并设置缆风绳,支架受力安全合理,变形、强度及稳定性均满足规范要求。

(3)楼板下支撑架的设置及验算

①支撑架的设置

根据本工程的施工方案和要求,在施工过程中,上部结构施工荷载通过支承架传递到楼面。为确保楼面的保护和安全,需在各支承架对应部位的楼面下设置支撑架体,将荷载传递地面。

该支撑架体将采用钢管脚手架搭设,每个支撑架纵、横间距为0.6 m,步距为1.2 m,总高约7 m,共计36根立杆,在中间设置1道水平剪撑,四边各设1道垂直剪刀撑。

每根立杆下部垫一块100 mm×100 mm×5 mm的钢板,再铺设50 mm厚的通长木板。立杆的上部加设顶托,顶托上设置通长的方木,通过调节顶托的高度,使每根立杆与楼板顶紧,确保受力传递的有效性。

每根立杆应根据所在部位的板、梁高度选择立杆的长度,为确保立杆的受力,立杆的接长必须采用对接,不得用扣件搭接,且对接接头应错开,尽可能不在同平面内。各立杆上顶托的丝杆外露长度不大于顶丝长度的1/2。(图略)

②钢管支撑架验算

a.支撑架的稳定性验算

(a)立杆轴向受力N值

施工荷载N_{Qik}验算时取最高支承架处的最大荷载进行计算,该处构件荷载为200 kN,支承架及附件自重50 kN,总荷载为250 kN,钢管支撑架共36根,则平均单根受力为6.9 kN。

架体自重经查表,得

一步一纵距钢管、扣件重力$N_{G1k}=0.221$ kN;

一立杆纵距附件及物品重力$N_{G2k}=0.5$ kN。

则单根立杆轴向受力为:

$$N=1.2(nN_{G1k}+N_{G2k})+1.4\sum N_{Qik}=1.2(6\times0.221+0.5)+1.4\times6.9=11.85\text{ kN}$$

(b)计算φ值

经查表得长度系数$\mu=1.75$,附加系数$K=1.155$。

所以计算长度$l_0=K\mu\cdot h=1.155\times1.75\times1.2=2.43$ m。

长细比$\lambda=l_0/i=2.43\times10^3/15.8=154$。

根据λ值查表得立杆稳定$\varphi=0.323$。

(c)验算立杆搭设的整体稳定

将K、A、N、φ、f代入公式中得

$$N/(\varphi A)=11.85\times10^3/(0.323\times489)=75\text{ N/mm}^2$$

$$Kf=0.755\times205=154.78\text{ N/mm}^2>75\text{ N/mm}^2$$

所以钢管支撑架整体稳定性满足要求。

b. 支撑架立杆底座及地基承载力验算

(a)立杆底座验算

因立杆轴向受力 $N=11.85$ kN$\leqslant R_d$(一般取 40 kN)，所以满足要求。

(b)立杆地基承载力验算

基础底面积 $A_d=0.25\times5/6=0.208$ mm^2。

回填土调整系数 K 为 0.4。

承载力标准值 f_d 为 160 kPa。

则 $K\cdot A_d\cdot f_d=0.208\times0.4\times160=13.3$ kN$\geqslant N=11.85$ kN。

地基承载力也满足要求。

经过上述各项受力验算，本工程楼面下各支承架部位设置的钢管支撑架体，完全满足上部结构施工荷载受力要求。

(4)安装总体流程

根据目前制造部的实际情况，钢构件的加工难易程度及原材料到货等因素，结合现场的安装顺序，制定了详细的供货计划，现结合施工现场的施工条件和总体工期要求，及吊装机械的吊装能力，将航站主楼钢结构的安装分为 10 个作业时间段进行(具体流程及图示略)。

(5)吊装方法

根据以上的施工部署和现场实际的施工条件，及钢构件的深化分段长度和重量，并参考吊装机械的起重能力，对主楼钢结构的吊装，考虑到施工的方便和风量等不定安全因素的影响，决定采用首钢的利玛 7707 型 300 覆带吊进行作业。

①典型构件吊装

在本工程中，吊装机械只能在 19 轴外侧、33 轴外侧和 K 轴外侧进行钢结构的吊装，所以现对吊装靠 G 轴一侧主构件的吊装机械及各施工段的施工场地进行布置。

a. 先考虑吊装主拱中的 ZG1－5 箱型梁，该箱型梁为主拱中最重的梁，重为 21.79 t，吊装时将 300 t 覆带吊布置在 19 轴、33 轴外侧，在 G 轴和 H 轴之间，根据计算得安装 ZG1－5 段时，吊机的工作半径为 29.6 m，根据利玛 7707 型 300 覆带吊额定起重量表得，吊机选择主臂长度为 88.4 m 时，30 m 半径时的吊装能力为 30.33 t，能满足 ZG1－5 的吊装要求。(图略)

b. 在 K 轴吊装 ZG1 主拱梁中，吊装 ZG1－6 段时，吊机的工作半径为最大，计算得安装 ZG1－6 时的工作半径为 39.95 m，重量为 16.5 t，吊机 41 m 工作半径时的起重能力为18.9 t，所以能满足对 ZG1－6 段的吊装能力。(图略)

c. 在 K 轴吊装靠 G 轴的钢柱和屋面梁时，首先考虑单件最重，吊机工作半径最大的安装情况，选择 26 轴的钢柱重量为 7.835 t，屋面钢梁重量为 11.3 t，安装 26 轴的钢柱时，吊机的工作半径为 57.5 m，安装屋面钢梁时吊机的工作半径为 48.5 m，且考虑到二层混凝土结构的影响，吊机在工作半径 50m 时，起重量为 12.5 t，在工作半径 58 m 时，起重量为 8.6 t，所以 300 t 覆带吊能满足靠 G 轴的钢柱和屋面梁。

②吊装作业施工技术要求

a. 起重机启动前重点检查项目应符合下列要求：

(a)各安全防护装置及各指示仪表齐全完好；

(b)钢丝绳及连接部位符合规定；

(c)燃油、润滑油、液压油、冷却水等添加充足；

(d)各连接件无松动。

b. 内燃机启动后，应检查各仪表指示值，待运转正常再接合主离合器，进行空载运转，顺序检查各工作机构及其制动器，确认正常后，方可作业。

c. 作业时，起重臂的最大仰角不得超过出厂说明书的规定。

d. 起重机变幅应缓慢平稳，严禁在起重臂未停稳前变换挡位；起重机载荷达到额定起重量的 90％及以上时，严禁下降起重臂。

e. 在起吊载荷达到额定起重量的 90％及以上时，升降动作应慢速进行，并严禁同时进行 2 种及以上动作。

f. 起吊重物时应先稍离地面试吊，当确认重物已挂牢，起重机的稳定性和制动器的可靠性均良好，再继续起吊。在重物升起过程中，操作人员应把脚放在制动踏板上，密切注意起升重物，防止吊钩冒顶。当起重机停止运转而重物仍悬在空中时，即使制动踏板被固定，仍应将脚踩在制动踏板上。

g. 作业后，起重臂应转至顺风方向，并降至 40°～60°之间，吊钩应提升到接近顶端的位置，应关停内燃机，将各操纵杆放在空挡位置，各制动器加保险固定，操纵室和机棚应关门加锁。

③吊装作业安全操作要求

a. 操作人员在作业前，要明确任务，班组长和安全管理人员要做好监督检查，发现问题要及时、妥善加以解决。

b. 施工人员要服从统一指挥和调配，要分工明确，坚守岗位，尽职尽责，保证吊运工作的顺利进行。

c. 吊运前对各机具(如吊钩、钢丝绳、滑轮、卡环等)进行检查，发现有缺陷、不符合安全要求的不准使用。

d. 设备起吊前，要检查各绑扎点是否可靠，重心是否准确，滑轮组的穿法是否符合要求，并应进行试吊。

e. 作业时，起重臂下严禁站人，重物应避免从司机操作室上方通过。

f. 作业要有警戒标志，非作业人员不得进入作业区。

g. 起重吊装工作要坚持十不吊。

h. 吊钩吊有重物时，司机不准离开驾驶室。工作时，不能对设备进行维修和调整。

i. 每班工作前，对起重设备进行一次空负荷试验，检查各部件是否灵活可靠。发现问题应提早处理，以免影响工作。

j. 登高作业使用的工具、工件，上下传递时，要采取必要的安全措施，不准用甩抛的方法传递，防止出现事故。

k. 从事起吊作业人员，要身体健康，符合登高作业要求，并熟悉本工种操作规程，同时具备操作知识和技能，并经考试合格，方可胜任此工作。

l. 起重吊装指挥人员，要由技术熟练、施工经验丰富、懂安装工艺和机械性能，头脑清楚，有一定应变和判断能力的人来担任。

m. 登高作业前，要检查登高和安全用具是否齐全，有无损坏，不合格品不准使用。

④起重吊装作业的安全技术措施

a. 防止起重机倾翻事故的安全措施

(a)应尽量避免超载吊装。

(b)禁止斜吊。所谓斜吊，是指所要起吊的重物不在起重机起重吊钩的正下方，因而当将捆绑重物的吊索挂上吊钩后，吊钩滑车组不与地面垂直，而与水平线成一个夹角。斜吊还会使重物在离开地面后发生快速摆动，可能会伤人或碰撞其他物体。

(c)起重机应避免带载行走，如需作短距离带载行走时，载荷不得超过允许起重量的70%，构件离地面不得大于50 cm，并将构件转至正前方，拉好溜绳，控制构件摆动。

(d)禁止在6级风的情况下进行吊装作业。

(e)起重吊装的指挥人员必须持证上岗，作业时应与起重机司机密切配合，执行标准的指挥信号。司机应听从指挥，当信号不清或错误时，司机可拒绝执行。

(f)严禁起吊重物长时间悬挂在空中，作业中遇突发故障，应采取措施将重物降落到安全地方，并关闭发动机或切断电源后进行检修。在突然停电时，应立即把所有控制器拨到零位，断开电源总开关，并采取措施使重物降到地面。

(g)起重机的吊钩和吊环严禁补焊。当吊钩、吊环表面有裂纹、严重磨损或危险断面有永久变形时应予更换。

b. 防止高处坠落安全防护措施

(a)操作人员在进行高处作业时，必须正确使用安全带。安全带一般应高挂低用，即将安全带绳端的钩环挂于高处，而人在低处操作。

(b)雨天进行高处作业的时候，必须采取可靠的防滑措施。

(c)从事构件安装时，必须搭设牢固可靠的操作台。需在梁上行走时，应设置护栏横杆或绳索。

c. 防止高处落物伤人的措施

(a)地面操作人员必须戴安全帽。

(b)高处操作人员使用的工具、零配件等，应放在随身佩带的工具袋内，不可随意向下丢掷。

(c)在高处用气割或电焊切割时，应采取措施，防止火花落下伤人或造成火灾。

(d)地面操作人员，应尽量避免在高空作业面的正下方停留或通过，也不得在起重机的起重臂或正在吊装的重物下停留或通过。

(e)构件安装后，必须检查连接质量，只有连接确实安全可靠，才能松钩或拆除临时固定工具。

(f)设置吊装禁区，禁止与吊装作业无关的人员入内。

d. 防止触电措施

(a)现场电气线路和设备应有专人负责安装、维护和管理，严禁非电工人员随意拆改。

(b)现场各种电线接头、开关应装入开关箱内。用后加锁，停电必须拉下电闸。

(c)电焊机的电源线长度不宜超过5 m，并必须架高。电焊机手把线的正常电压，在用交流电工作时为60～80 V，要求手把线质量良好，如有破皮情况，必须及时用胶布严密包扎。电焊机的外壳应该接地。电焊线如与钢丝绳交叉时应有绝缘隔离措施。

(d)各种用电机械必须有良好的接地或接零。接地线应用截面不小于25 mm^2 的多股软裸铜线和专用线夹。不得用缠绕的方法接地和接零。同一供电网不得有的接地，有的接零。手持电动工具必须装设漏电保护装置。使用行灯电压不得超过36 V。

(e)在雨天或潮湿地点作业的人员，应穿戴绝缘手套和绝缘鞋。

e. 作业时必须确定吊装区域，并设警戒标志，必要时派专人监护。

(6)卸荷方案

①总体思路

本工程主楼在卸荷前，整个钢结构荷载分别由钢柱、支撑架及主拱承担，卸载时支撑架上所承受的荷载逐渐过渡到钢柱和主拱上，最终形成稳定的承载体系。卸载过程是使屋盖系统缓慢协同空间受力的过程，此间整屋架结构的内力重新分布，并逐渐过渡到设计状态，因此屋架的卸载工作至关重要，所以，本工程在卸载时应遵循“变形协调、卸载均衡”的原则，拟采用从中间向两边逐步卸荷的施工方案，先卸载中间拱的支撑架，卸完后再进行主拱的卸荷，两榀主拱应同时由中间向两端进行。

根据类似工程的卸载施工和内力测试试验结果表明，从桁架跨中往两边卸荷，相邻支架间未见明显受力突变，这种卸荷顺序符合设计要求，使主拱架在施工过程尽量形成自受力体系，减少卸荷过程对不同支架的不均匀受力影响，施工上也可行。支架卸荷分多次进行，不同支架分次卸荷交替进行，减少对支架的不均匀受力。

从中间向两边卸荷的方案应是合理的、切实可行的。（图略）

②卸荷具体施工过程

卸载前整屋架结构施工完毕，且无损探伤合格，并经自检及监理、甲方检验合格后方可开始卸载。

a. 在拱架下各支撑架的支撑点的 H 型钢梁上设置型号为 QL50 的 50 t 螺旋千斤顶，支撑点上设置一个。

b. 在每个螺旋千斤顶的顶部利用 ϕ219 的钢管做套筒，再在钢管的顶部做与拱架角度相同的支托作为临时支撑。

c. 调节螺栓千斤顶的高度，使支托支撑在拱架的底部，顶紧到位。

d. 在每根 H 型梁千斤顶的落位处设置钢板卡码，固定千斤顶，防止千斤顶在支撑 H 型钢梁上滑落和失稳。（图略）

e. 待所有支撑点上的临时千斤顶支撑到位、顶紧后，按照从中间到两边的顺序逐渐拆除原临时的支撑，让拱架逐步落位在千斤顶支托上。

f. 中间拱卸完后进行两主拱的卸荷，2 榀同时进行卸荷，卸荷时仍由中间向两端进行，即每次同时卸 4 个支撑架，卸荷顺序及参数下中间拱类同，直至全部卸完。

g. 由于屋架卸荷落位过程是使整个屋盖缓慢协同空间受力过程，此间屋架发生较大的内力重分布，每次落位后架的内力就有可能发生重新分布，为使每次落位的屋架具有足够的时间进行内力重新分布，每次卸载间隔时间为 6 h。

③屋架落位应注意事项

a. 落位前需检查可调节支承装置（千斤顶）的下降行程量应足以满足拱架该点挠度值的要求，并适当考虑由于支架下沉引起行程增大的值，据此余留足够的行程余留量（应大于 50 mm）。中间挠度较大的关键支撑点要增设备用千斤顶，以防应急使用。

b. 落位过程中要“精心组织、精心施工”，要编制专门的“落位责任制”，设总指挥和分指挥分区把关；整个落位过程在总指挥统一指挥下进行工作。操作人员要明确岗位职责，上岗后按指定位置“对号入座”。发现问题向所在区域分指挥报告，由分指挥向总指挥报告，由总指挥统一处理问题。

c. 用千斤顶落位时，千斤顶每次下降时间间隔应大于 6 min 为宜，以确保结构各杆件之间内力的调整与重分布。

④安全措施

在屋架卸荷过程中，除了作业中的操作安全外，屋架的结构安全和支架自身安全亦将是作业过程中的重中之重，因此，在卸荷过程中将采取相应的安全保障措施。

a. 在支架卸荷过程中，必须对主拱架的变形情况进行全程跟踪观测，并做详细记录，应避免突变情况的产生。

b. 所有卸荷作业人员必须在作业前进行全面的安全技术交底，清楚作业要点，确保步调协调一致。

c. 支架在卸荷过程中受力情况将发生改变，所以，支架的变形和立柱支座及支撑面的变化必须进行跟踪观测做好记录。

d. 高处作业中使用的设施、设备，特别是千斤顶，必须在施工前进行检查，确认其完好方能投入使用。

d. 卸荷作业中有坠落可能的物件，必须先进行拆除或加固。

f. 卸荷千斤顶作业面必须搭设脚手架吊篮，悬空作业人员必须系好安全带。

g. 支架卸荷后拆除前，必须设置缆风绳，确保自身稳定。

⑤应急处理预案

a. 在卸荷过程中如发生支架变形（侧向挠度大于 10 mm）或垂直度较大偏移（大于 30 mm），立即停止作业，对支架进行加固后才可继续作业。因此，现场需准备 ϕ219×6 的钢管 200 m、缆风用钢丝绳 500 m。

b. 为防止在卸荷过程中因荷载重新分部而出现个别千斤顶超载失效，应考虑局部增加 2 个千斤顶进行卸载，现场准备 5 个备用千斤顶。

c. 在支架卸荷过程中根据观测，如发现主拱架有突变情况时，应立即停止卸荷作业，对整个卸荷过程进行检查分析，查明原因并进行相应处理后，方可继续卸荷作业。

（六）连廊、指廊钢结构安装

根据现场情况，钢构吊装分为汽吊吊装和拔杆吊装。其中 20～32 轴/F 轴的部分箱形钢柱、钢梁采用拔杆吊装。其他构件均采用汽吊吊装。安装总工期为 60 d。

1. 安装前的准备

(1)钢构件加工制作完后，按施工图要求和《钢结构工程施工质量验收规范》的规定，对成品构件检查验收。钢构件成品出厂时，加工厂须提供下列技术文件。

①所用钢材和其他材料的质量证明书和试验报告。

②发运构件的清单。

③加工制作检验批资料。

④构件合格证。

(2)钢构件的进场检验。

钢构件进入施工现场后，除检查构件规格、型号、数量外，还需对运输过程中易产生变形的构件和构件易损部位进行专门检查，发现问题，做好标示工作，对已变形的构件予以矫正，并重新检验。

(3)高强螺栓及其配件，检查合格证和检验报告，并符合《钢结构高强螺栓连接的设计、施工及验收规程》规范要求。合格后按规格数量，码放施工现场库房。设专人看管。

(4)测量仪器如经纬仪、水准仪均符合标准要求，检定合格，且在有效使用范围内。

(5)基础复测

①土建施工单位须在吊装前提供基础及混凝土柱预埋件的验收资料。

②土建施工单位须提供定位轴线及标高水准点。

③土建施工单位须弹出有关轴线和标高线。

④在安装前对基础的定位轴线、柱脚底标高，地脚螺栓位置、螺栓直径和伸出长度、螺栓位

置及直径等进行全面复核。

⑤安装前安装柱脚调整螺母，螺母上平面标高为柱脚板底标高。(图略)

⑥柱翼缘板弹出中心线。

2. 吊装顺序

(1)B 区指廊连廊吊装顺序

①首先为箱形钢柱的吊装

钢柱进场后，吊装区域分为 2 块：17～25 轴/*A* 轴的箱形钢柱全部采用汽车吊的方式进行吊装。

17～35 轴/*G* 轴的部分箱形钢柱采用汽车吊装，部分钢柱采用拔杆式吊装。

总的钢柱的吊装为汽车式吊装和拔杆式吊装同时开展进行完成。

②箱形钢柱吊装完成后，紧接着进行箱形托梁吊装，箱形托梁的安装与钢柱吊装的顺序及方式相同。

③连廊连接梁的安装(H 型钢梁)

17～35 轴/*G* 轴的箱形钢柱吊装完成后，并在 *B* 区大厅的主梁及挑梁安装完成的同时，即能开展连廊连接梁的安装。

④在箱形托梁安装后，即马上进行屋面 H 型环形梁及檩条的安装。

首先在地面将 H 型弧形梁进行拼装、焊接，再整榀吊装。

H 型弧形梁安装的同时，檩条同时进行安装、焊接。

(2)*A*、*C* 段指廊钢结构吊装

吊装顺序为：

A 段⑯～⑩轴柱、托梁安装；

⑯～⑩轴弧形梁的吊装；

⑨～②轴弧形梁的吊装。

C 段与 *A* 段同步进行吊装作业。

3. *B* 区指廊连廊吊装方案

(1)汽吊式吊装

①本工程中构件吊装的最大高度为 20.6 m，工作中应特别注意重心平衡，防止失稳。在没有及时形成稳固的空间刚体单元的情况下，应根据现场实际，在重心大侧的对面设置可靠的地锚和缆风绳。

②梁的安装采用先地面拼装、焊接，整榀一次吊装。

(2)拔杆式吊装

根据图纸及现场实际的情况，⑳～㉜轴/*F* 轴有部分钢柱、钢梁无法采用汽吊吊装。因此采用拔杆吊装方案。主要施工措施为：

①吊装用具

采用独脚拔杆，由钢管、臂杆、缆风绳、滑轮、钢丝绳组成，拔杆选用无缝钢管制作，高度 12 m，下垫钢板。首先根据吊装位置选择“点”将拔杆竖立，然后用缆风绳将拔杆固定。

②拔杆竖立好后，使用前要试吊，将钢柱吊离地面 20 cm，检查各个部位和吊物的情况，经检查确认无问题后再起吊。

③吊装钢柱(钢梁)，时柱身保持垂直(钢梁保持水平)，以免增加拔杆和缆风绳的受力，有时在特殊情况下，构件吊起后需要调整缆风绳来改变拔杆的倾角，使构件安装到要求位置，这

种情况必须小心谨慎。松动缆风绳应用装有制止的绞磨来控制，以保证吊装过程中的安全。缆风绳与葫芦应尽量捆在一点，或距离越近越好，这样可减少拔杆顶受弯作用，否则两点捆扎距离越大，拔杆顶受弯曲力矩越大，对拔杆不利。

④在确认钢柱、钢梁的位置准确无误后，采用地脚螺栓将钢柱固定，高强螺栓将钢梁与柱进行连接。

(3)吊装流程

①流程一：箱形柱的安装

a. *A* 轴线箱形柱吊装

b. *F* 轴线箱形柱吊装

②流程二：箱形托梁的安装

a. *A* 轴线箱形托梁吊装

b. *F* 轴线箱形托梁吊装

③流程三：微型柱的安装

④流程四：H 型弧形梁安装

a. 弧型梁拼装

b. 弧型梁吊装安装

c. 屋面檩条与弧型梁的安装同步进行

⑤流程五：连廊部分安装

a. 连廊梁安装

b. 连廊内框架柱、梁安装

4. *A*、*C* 段指廊吊装方案

(1)吊装机械选择

①现场装卸钢构件、拼装钢梁选用 2 台 QY25 型汽车式起重机。

②因施工场地中央有混凝土框架结构，吊车无法在跨内作业，故吊装弧形梁构件选用 2 台 QY50 型汽车式起重机，在 *A*、*F* 轴柱外侧实行跨外双机抬吊，NB－500 交流电焊机 10 台、水准仪 1 台、经纬仪 2 台、12.5 钢丝绳 300 m、15.5 吊装钢丝绳 200 m、24.5 吊装钢丝绳 100 m。

(2)拼装场地布置

考虑到进度要求，现场设置 3 副胎架进行组装，桁架最长 42 m，加上钢架之间运输通道以及堆放场地等，拼装场地需要 60 m×35 m，经现场考察拼装场地设置在施工现场的南侧。由于现场场地为草地，需对其拼装场地进行硬化。待 7.035 m 平台混凝土强度达到 100%后将在上面进行弧形梁的拼接。

(3)安装流程

A、*F* 轴 36～39 轴为第一个单元，39～42 轴为第二个单元，42～46 轴为第三个单元，46～1/49 轴为第四个单元，1/49～52 轴为第五个单元。

以下流程以第一个单元为例，其他各单元同第一个单元。(*A* 段同 *C*)段。

①流程一：

A、*F* 轴/36～39 轴，箱型柱吊装，GZ2a－1→GZ2c→GZ2c－1→GZ2a→GZ1a－1→GZ1c→GZ1c－1→GZ1a。

②流程二：

箱型托梁安装，TL2－3b→TL1－3b→TL2－2→TL1－2→TL1－3→TL2－3

③流程三：

弧型梁安装，ZL2－1→ZL2－2→ZL1a－1→ZL1a－2→ZL1b－1→ZL1b－2→ZL1c－1、ZL1c－2→ZL3－1、ZL3－2→ZL1d－1、ZL1d－2、ZL1d－3→ZL1－1、ZL1－2、ZL1－3→ZL1d－1、ZL1d－2、ZL1d－3→ZL3－1、ZL3－2→ZL1c－1、ZL1c－2→→ZL1b－1、ZL1b－2→→ZL1a－1、ZL1a－2→ZL2－1、ZL2－2。

④流程四：

屋面檩条、边梁、部分安装焊接。

(4)吊装方法

根据起重机的起重能力、现场、安全等因素，结合本工程桁架的几何尺寸、重量、安装高度选择起重设备 2 台 QY50 型汽车式起重机，其吊臂为 32 m。工作半径 15 m 以内，吊重 5.4 t。由于本桁架跨度为 38 m，高 21 m，整个桁架的重量最重为 5 t，吊装时容易变形。吊装方法如下：

一榀桁架 5 t，扁担自重 1 t，总起重量(5＋1)×1.2＝7.2 t。

QY50 型汽车式起重机起升高度为 32m，工作半径 15 m 时额定起重荷载 5.4 t，5.4 t×80%＝4.32 t＞3.6 t，所以 QY50 型汽车式起重机满足使用要求。

①平台的搭设

由于弧形构件采取分段制作，现场搭设组装平台进行整体拼装焊接，由于构件太长无法翻身焊接，为了保证焊缝质量，腹板熔透焊缝采用现场仰焊，使用碳弧气刨进行反面清根处理，使用后，需用角磨机磨去刨削部位表面附着的高碳晶粒。尽量控制焊缝的加强面，减少应力集中，所有焊缝的余高控制在 0.5～3 mm 以内，为了保证施工进度，翼缘板熔透焊缝采用加垫板单面焊接。当地气候风力较强，需在其拼装焊接时搭设临时防风棚。

②钢柱的吊装与校正

a. 钢柱的吊装方法与装配式钢筋混凝土柱子相似，该工程由于结构吊装时间紧，故拟采用人工辅助就位，构件就位后采用单机旋转法吊装，为提高吊装效率，在堆放柱时，尽量使柱的绑扎点、柱脚中心与基础中心三点共圆弧。

b. 起吊时吊机将绑扎好的柱子缓缓吊起离地 20 cm 后暂停，检查吊索牢固和吊车稳定，同时打开回转刹车，然后将钢柱下放到离安装面 40～100 mm，对准基准线，指挥吊车下降，把柱子插入锚固螺栓临时固定，钢柱经初校正后，待垂直度偏差控制在 20 mm 以内方可使起重机脱钩，钢柱的垂直度用设在纵横轴线上的 2 台经纬仪检验，如有偏差立即进行校正，在校正过程中随时观察底部和标高控制块之间是否垫实，以防整根钢柱用锚栓承重。

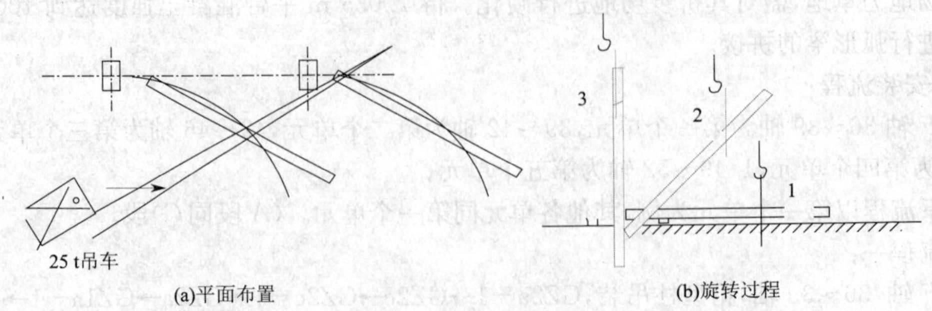

图 7－3　钢柱的吊装

1—柱平放时；2—起吊中途；3—直立

c. 柱子的垂直校正，测量用 2 台经纬仪安置在纵横轴线上，先对准柱中线，再渐渐仰视到柱顶，如中线偏离视线，表示柱子不垂直，可指挥调节拉绳或支撑，可用敲打等方法使柱子垂直。在施工中，首先把4个单元的柱子和托梁连接起来，然后进行校正。这时可把2台经纬仪分别安置在纵横轴线一侧。在吊装屋架时或安装竖向构件时，还需对钢柱进行复核校正，矫正完后拧紧柱脚螺母，点焊柱脚垫板。

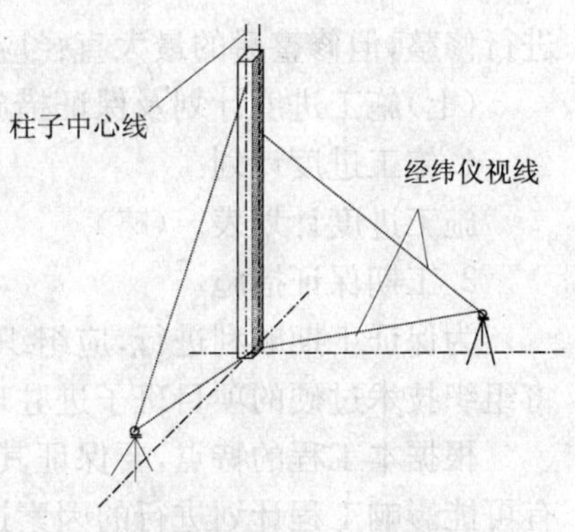

图7—4 钢柱垂直校正测量示意图

③弧形钢梁的吊装与校正

a.钢梁构件运到现场，先进行现场对接焊，对接焊缝进行探伤，满足要求后方可进行吊装。吊装采用2台吊车同时起吊的方法，站在7.035 m平台上2个信号指挥必须协调一致，对2台吊车进行指挥.吊装用2个扁担，2台50 t吊车分别吊弧形梁的两端重心位置，均匀抬起后在空中将其缓慢翻身，垂直吊装就位，再由人工在地面拉动预先扣在大梁上的控制绳，转动到位后即可用扳钳来定柱梁孔位，同时用高强螺栓固定。桁架就位后用6根揽风绳对称成12个固定点每根揽风绳用一个3 t手板葫芦将桁架固定，然后撤掉汽车吊把第二榀桁架按一样的方法吊装就位后塔吊不松钩，对已吊装就位的2榀桁架用2台经纬仪进行校正，然后用25 t吊车起吊相应的中间钢管杆件进行连接，使2榀桁架形成整体结构后，然后吊车再松钩，依此类推吊装下一榀，高空各临时固定杆件定位焊接时用25 t汽车吊进行安装，所有钢构安装执行现行验收规范的规定。

b.本钢构工程安装时节点处的所有螺栓都先暂时作为钢梁临时固定用的临时螺栓。钢梁的检验主要是垂直度，垂直度可用水准仪检验，检验符合要求后的屋架再用高强度螺栓作最后固定。

c.在吊装钢梁时还需对钢柱进行复核，此时一般采用葫芦拉钢丝绳缆索进行检查，待大梁安装完后方可松开缆索。对钢梁屋脊线也必须控制。使屋架与柱两端中心线等值偏差，这样两跨钢屋架均在同一中心线上。

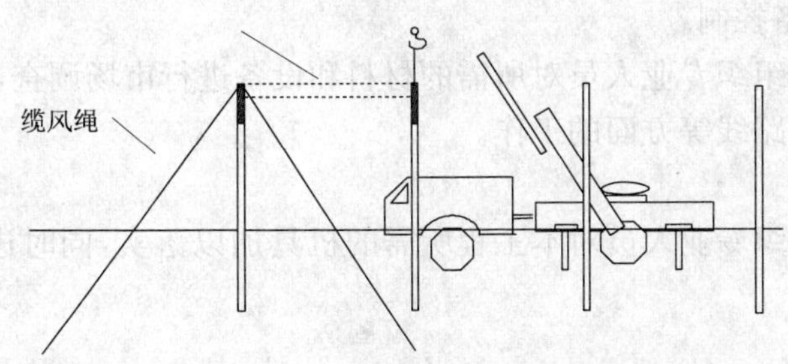

图7—5 钢柱临时固定示意图

5.高强度螺栓施工

本工程钢梁与钢梁连接采用摩擦型高强螺栓，安装高强螺栓时构件的摩擦面应保持干燥清洁，不得在雨中作业，高强螺栓紧固程度用扭矩扳手进行控制，拧紧方法用两次拧紧方法，初拧不得小于终拧扭矩值的30%。终拧扭值应符合设计要求并按式“$M=(P+\Delta P)\times K\times D$”计算，每组高强螺栓的拧紧顺序应从节点板中心向边缘施拧，当天安装的螺栓应在当天终拧完毕，其外露丝扣不得小于2扣，连接檩条墙梁用的普通螺栓每个螺栓不得垫2个垫圈。所有安装螺孔，均不得采用气割扩孔，当板叠销孔超出允许偏差造成连接螺栓不能穿通时，可用铰刀进行修整，但修整后的最大直径应小于螺栓直径的 1.2 倍，铰孔时应防止铁屑落入板叠缝隙。

(七)施工进度计划及保证措施

1. 施工进度计划

施工进度计划表。(略)

2. 工期保证措施

为保证工期顺利进行，应组织技术人员进行图纸的深化设计，进行原材料的采购。另外还将组织技术过硬的项目班子进驻现场，进行现场的安装作业。

根据本工程的特点，要保证其实施时能按计划顺利、有序地进行，并达到预定目标，必须对有可能影响工程计划进行的因素进行分析，事先采取措施，尽量缩小计划进度与实际的偏差，实现对项目的主动控制，影响进度的主要因素有计划因素、人员因素、技术因素、材料和设备因素、机具因素、气候因素等。对于上述影响工期的诸多因素，可按事前、事中、事后控制的原则，分别对这些因素加以分析、研究，制定对策，以确保工程按期完成。

(1)事前控制

①计划因素

根据本项目的工程特点及难点，合理安排各工序的作业时间，在各工序持续时间的安排上将根据以往同类工序的经验，结合本工程的特点，并充分征求有关方面意见加以确定。同时将总计划分解成日、周、旬计划，以做到以日保周，以周保月、以月保总体计划的工期保证体系。

②人员因素

充分发挥企业人才优势，在本项目配备具有丰富工程施工经验的强有力的项目管理班子及满足各种工艺技能要求的技术工人。

③技术因素

充分发挥本企业的技术优势的同时，加强与业主、设计、监理、总包、其他分包等各方面的联系，事前对本工程的实施难点、关键点加以分析、研究，充分理解设计意图，大力推广先进的屋架成熟施工技术。

④材料构件与设备控制

在工程实施前，将组织专业人员对所需的材料和设备进行市场调查，货源落实，材质检验、构件加工及运输方法、路线等方面的工作。

⑤机具因素

在工程实施前，组织专业人员对本工程所需的机具加以落实，同时进行全面检查，确保所需机具的工艺良好。

⑥气候因素

在工程实施前，与有关气象部门取得联系，了解工程所在地区历年来的气候情况，制定具体措施，同时将根据气候情况安排施工进度计划。

(2)事中控制

①计划因素

根据确定的进度检查日期，及时对实际进度进行检查，及时对实际进度与计划进度加以分析、比较，并对计划加以调整，在具体实施时应牢牢抓住关键工序。

②人员因素

在实施过程中采取各种有效措施，设立各种奖励机制，做好后勤，采取以人为本的策略，以确保工期完成。

③技术因素

在项目实施过程中，及时总结实施过程中出现的各种情况，并加以调整，以确保项目实施更趋合理、有效，达到预期效果。

④材料、构件与设备控制

调专门人员负责构件加工、验收等方面的监督、协调工作，同时重视构件的运输工作，以确保现场施工所需。

⑤机具因素

在项目实施时，应严格按施工方案及各机具的操作规程操作机具，同时做好机具设备的日常保养工作，现场配备专业维修人员在最短时间内处理可能发生的各种机具故障，确保工程顺利进行。

⑥气候因素

在项目实施时密切保持与气象部门的联系，掌握每日的气象变化情况，并在出现异常气候时能及时调整日作业计划，把气候可能对工程进度的影响降低到最低限度。

(3)事后控制

事后控制是指定完成整个施工任务的进度控制工作，具体内容有：

①协助有关单位及时进行工程的验收工作。

②及时做好各项资料的整理、归档工作。

③及时进行现场收尾、退场工作，为业主后期工期展开创造条件。

(八)安全生产及文明施工

1.安全生产管理体系

由于工期紧，交叉作业及高空施工等特点，安全生产尤为重要，为了有条不紊地组织安全生产，必须组织所有施工人员学习和掌握安全操作规程和有关安全生产、文明施工条例，成立以项目经理为首的安全生产管理小组，按施工区域分别确定专职安全员，各生产班组设兼职安全员，建立一整套完整的安全生产管理体系。

2.施工安全要点

(1)高处作业的一般要求

①高处作业的安全技术措施及其所需料具，必须列入工程的施工组织设计。

②单位工程施工负责人应对工程的高处作业安全技术负责，并建立相应的负责制。施工前，应逐渐进行安全技术教育及交底，落实所有安全技术措施和人身防护用品，未经落实时不得进行施工。

③高处作业中的设施、设备，必须在施工前进行检查，确认其完好，方能投入使用。

④攀登和悬空作业人员，必须经过专业技术培训及专业考试合格，持证上岗，并必须定期进行体格检查。

⑤施工中对高处作业的安全技术设施，发现有缺陷和隐患时，必须及时解决；危及人身安全时，必须停止作业。

⑥施工作业场所有坠落可能的物件，应一律先进行撤除或加以固定。高处作业中所有的物料，均应堆放平稳，不妨碍通行和装卸。随手用工具应放在工具袋内。作业中的走道内余料及时清理干净，不得任意乱掷或向下丢弃。传递物件禁止抛掷。

⑦雨天和雪天进行高空作业时，必须采取可靠的防滑、防寒和防冻措施。凡水、冰、霜、雪均应及时清除。对进行高处作业的高耸建筑物，应事先设置避雷设施，遇有6级以上强风、浓

雾等恶劣气候，不得进行露天攀登与悬空高处作业。暴风雪及台风暴雨后，应对高处作业安全设施逐渐一加以检查，发现问题，立即修理完善。

⑧钢结构吊装前，应进行安全防护设施的逐渐检查和验收，验收合格后，方可进行高处作业。

(2)临边作业

①基坑周边，尚未安装栏杆或栏板的阳台、料台与挑平台周边、雨棚与挑檐边，无外脚手的屋面与楼层周边及水箱与水塔周边、屋架、梁上工作人员行走，柱顶工作平台，拼装平台等处，都必须设置防护栏杆。

②各种垂直运输接料平台，除两侧设防护栏杆外，平台口还应设置安全的活动防护栏杆，接料平台两侧的栏杆，必须自上而下加挂安全立网。

(3)攀登作业

现场登高应借助建筑结构或脚手架上的登高设施，也可采用载人的垂直运输设备，进行攀登作业时，也可使用梯子或采用其他攀登设施。

①梯脚底部应垫实，不得垫高使用，梯子上端应有固定措施。

②登高安装屋架时，应视屋架高度，在两端设置挂梯或搭设钢管脚手架。屋架通道上需行走时，其一侧的临时护栏横杆可采用钢索。当改为扶手绳时，绳的自由下垂度不应大于 $L/20$，并应控制在 100 mm 以内。

③在钢屋架上下弦登高操作时，需设置钢爬梯。钢屋架吊装前，应在上弦设置防护栏杆。

(4)悬空作业

悬空作业处应有牢固的立足处，并必须视具体情况，配置防护栏网/栏杆或其他安全设施。

①悬空作业所用的索具/脚手架/吊篮/吊笼/平台等设备，均需经过技术鉴定或验证方可作用。

②钢结构的吊装，构件应尽可能的地面组装，并搭支撑设进行临时固定。电焊工具高空安全设施，随构件同时上吊就位。拆卸时的安全的措施，亦应一并考虑和落实。高空吊装大型构件前，也应搭设悬空作业中所需的安全设施。

③悬空作业人员必须系好安全带。

(5)防止起重机倾覆

①起重机的行驶道路，必须坚实可靠。起重机不得停置在斜坡上工作，也不允许起重机两个履带一高一低。

②严禁超载吊装，超载有两种危害，一是断绳重物下坠，二是“倒塔”。

③禁止斜吊，斜吊会造成超负荷及钢丝绳出槽，甚至造成拉断绳索和翻车事故。斜吊会使物体在离开地面后发生快速摆动，可能会砸伤人或碰坏其他构件。

④要尽量避免满负荷行驶，构件摆动越大，超负荷就越多，就可能发生翻车事故。短距离行驶，只能将构件离地 30 cm 左右，且要慢行，并将构件转至起重机的地方。拉好溜绳，控制构件摆动。

⑤有些起重机的横向与纵向的稳定性相差很大，必须熟悉起重机纵横两个方向的性能，进行吊装工作。

⑥双机抬吊时，要根据起重机的起重能力进行合理的负荷分配(每台起重机的负荷不宜超过其安全负荷量的 80%)并在操作时要统一指挥。两台起重机的驾驶员应互相密切配合，防止一台起重机失重而使另一台起重机超载。在整个抬吊过程中，两台起重机的吊钩滑车组均应基本保持铅垂状态。

⑦绑扎构件的吊索须经过计算，所有起重机工具，应定期进行检查，对损坏者作出鉴定，绑扎方法应正确牢靠，以防吊装中吊索破断或从构件上滑脱，使起重机失重而倾翻。

⑧吊装时保持统一指挥，信号明确。

⑨经常检修吊机的各个部位的性能，以防止由于各种机件失修造成的事故。

(6)防止高空坠落和物体落伤人

①防止高处坠落，操作人员在进行高处作业，必须正确使用安全带。安全带一般应高挂低用，即将安全带绳端挂在高的地方，而人在较低处操作。

②在高处安装构件时，要经常使撬杠校正构件的位置，这样必须防止因撬杠滑脱而引起的高空坠落。

③在雨季、冬季里，构件上常因潮湿或积有冰雪而容易使操作人员滑倒，因此必须采取清扫积雪后再安装，高空作业人员必须穿防滑鞋方可操作。

④高空操作人员在脚手板上通行时，应该思想集中，防止踏上探头板而从高空坠落。

⑤地面操作人员必须戴安全帽。

⑥高空操作人员使用的工具及安装用的零部件，应放入随身佩带的工具袋内，不可随便向下丢掷。

⑦在高空用气割或电焊切割时，应采取措施防止割下的金属或火花落下伤人。

⑧地面操作人员，尽量避免在高空作业的正下方停留或通过，也不得在起重机的吊杆和正在吊装的构件停留或通过。

⑨构件安装后，必须检查连接质量，无误后，才能摘钩或拆除临时固定工具，以防构件掉下伤人。

⑩设置吊装禁区，禁止与吊装作业无关的人员入内。

(7)防止触电

①电焊机的手把线质量应该完好，如果有破皮情况，必须及时用胶布严密包扎。电焊机的外壳应该接地。

②电气设备不得超铭牌运行。

③使用手操式电动工具应戴绝缘手套站在绝缘台上。

④严禁带电作业。

3.安全注意事项

(1)要在职工中牢牢树立起安全第一的思想，认识到安全生产的重要性，做到每天班前教育，班中检查，班后总结。

(2)进入施工现场必须戴安全帽，高空作业必须系好安全带，穿防滑绝缘鞋。

(3)吊装前要仔细检查索吊具是否符合规格要求，是否有损伤，所有起重指挥及操作人员必须持证上岗。

(4)高空作业人员应符合高空施工体质要求，定期检查身体。

(5)高空作业人员应佩戴工具袋，工具应放在工具袋中不得放在易失落的地方，所有手动工具(如手锤、扳手、撬棍等)应穿上绳子套在安全带或手腕上，防止失落伤及他人。

(6)钢结构是良好导电体，四周应接地良好，施工用的电源线必须是橡胶护套电缆线，所有电动设备应装漏电保护开关，严格遵守安全用电操作规程。

(7)高空作业人员严禁带病作业，禁止酒后作业，并做好防暑降温工作。

(8)风力超过 6 级或雷雨时应禁止吊装，夜间吊装必须保证足够的照明，构件不得悬空过夜,特殊情况时应报主管领导批准,并采取可靠的安全防范措施。

(9)易燃物品应妥善保管,严禁在明火附近作业、吸烟。

4. 文明施工管理

(1)对施工人员进行文明施工教育,加强职工的文明施工意识。

(2)做好施工现场临时设施、材料的布置与堆放,实行区域管理,划分职责范围,工长、班组长分别是包干区域的负责人,项目按《文明施工中间检查记录》表自检评分,在每月的生产会上总结评比。

(3)切实加强火源管理,现场禁止吸烟,电、气焊及焊接作业时应清理周围的易燃物,消防工具要齐全,动火区域都要安放灭火器,并定期检查,加强噪音管理,控制噪音污染。

(4)施工现场内的建筑垃圾、废料应清理到指定地点堆放,并及时清运出场,保证施工场地的清洁和施工道路的畅通。

(5)做好已安装好的构件及待安装构件的外观及形体保护,减少污染。

(九)环境保护的技术措施

1. 实行环保目标责任制

把环境保护指标以责任制的形式层层分解到有关部门和人,列入承包合同和岗位责任制,建立一支懂行善管的环保自我检控队伍。

2. 加强检查和监控工作

加强对施工现场粉尘、噪音、废气、废水的监控工作,及时采取措施消除粉尘、噪音、废气、废水的污染。

3. 保护和改善施工现场的环境,进行综合治理

采取有效的措施控制人为的噪音、粉尘的污染;采取有效措施控制烟尘、污水和噪音的污染,并同当地的环境保护部门加强联系。

4. 在施工现场平面布置和组织施工过程中严格执行国家、地区、行业、企业的有关环境保护的法律法规和规章制度,禁止焚烧有毒、有害物质。

5. 保持施工机械的整洁。电缆、气割带、风带等沿施工台架成束之下而上拉放。并应捆扎牢固。

6. 噪音控制

(1)严格控制人为噪音,进入施工现场不得高声叫喊、乱吹口哨、限制高音喇叭使用,最大限度的减少扰民。施工噪音遵守《建筑施工场界噪音限植》(GB 12523—90)。

(2)严格控制强噪音作业时间,一般从晚上10点到早上五六点间停止强噪音作业,未经许可,夜间禁止施工;确系特殊情况必须夜间施工的,尽量采取降低噪音措施,并出安民告示,请求周边居民谅解。

(3)认真选择施工设备和施工方法,尽量降低施工噪音声对周边单位及居民的影响。

(十)与其他施工单位的配合措施

1. 总则

由于施工钢架安装是整个工程的骨架,其施工对整个工程的质量、进度等都起着至关重要的作用,因此,必须通过加强与总包单位的关系,尽量创造施工作业面,为各分项工程创造条件;从整个工程的施工利益出发,从业主的利益出发,应紧密配合,团结一致,为高速、优质、安全、文明完成整个工程的施工任务这一共同目标而努力。

通过与参加该工程项目建设的其他各方包括业主、土建单位、设计单位、监理单位等的合

作，以及与地方政府各主管部门包括质监站、建委、城监部门、环卫部门等的配合协作，和与施工现场周围的各社会团体组织、企事业单位、居民等建立良好的社区关系，保证有良好的外部条件和施工氛围来实现。

2. 与总包、业主、设计等各方面的关系处理

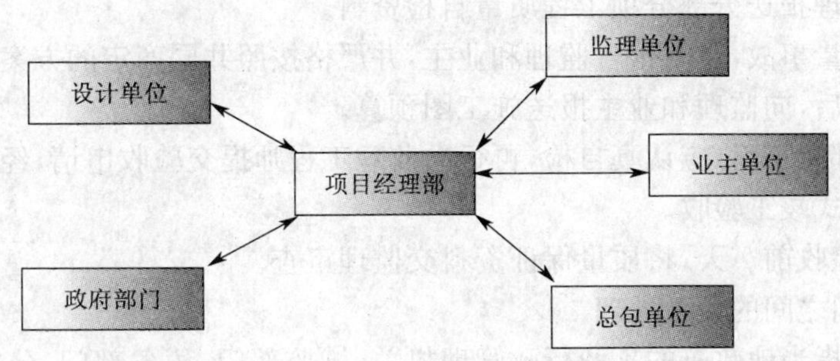

图 7－6　与总包、业主、设计等各方面的关系处理

3. 与设计单位的技术协调

(1)负责细化钢架设计方案，经技术部门验算后提交设计院审核，确保满足设计要求。

(2)开工前，做好图纸会审工作，负责将疑问提交设计院澄清。领会设计意图，认真听取设计院的交底；施工中，严格按设计图纸实施。

(3)对钢架在施工期间的变更问题及时送交设计院审核。

(4)积极主动与设计院联系，解决施工中发现的图纸技术问题。

(5)对设计院作出的设计变更及时调整现场施工，予以认真落实。

4. 土建、水电、设备安装单位的施工协调

(1)平衡协调施工顺序、施工进度。

(2)清除施工场地障碍，提供必要的工作面，提供土建、水电安装作业面。

(3)与上述单位专业配合。

5. 与业主的关系处理

(1)项目经理的外部关系中，最主要的是处理好与业主的关系，项目经理部全体人员确认“业主是顾客和上帝”的观念，把业主期望的工期和工程质量作为核心，为业主建造一流的建筑产品，让业主满意。

(2)定期向业主提供工程进度报告，对于合同允许条件下的工程进度延误或超合同条件下施工，必须及时请业主或监理书面认可。

(3)为保证项目的顺利建设，应积极与业主交流汇报，主动为业主排忧解难，想业主所想，急业主所急，和业主融洽相处。

(4)经常核实项目建设的施工范围是否与签订的标书与图纸一致。发现有不符的及时查找原因，并请业主或监理核实和签证。

6. 与监理的关系处理

(1)开工前将书面报告施工准备情况，获监理认可后方可开工。

(2)开工前将正式施工组织设计及施工计划报送监理工程师审定。

(3)各类检测设备和重要机电设备的进场情况向监理申报，并附上年合格证明或设备完好证明。

(4)施工用各类建筑材料均向监理报送样品、材质证明和有关技术资料，以监理审核批准

后再行采购使用。

(5)工程隐蔽前，在检查合格的基础上，提前 24 h 书面通知监理。

(6)若监理对某些工程质量有疑问，要求复测时，项目总工将给予积极配合，并对检测仪器的使用提供方便。

(7)及时向监理报送分部分项工程质量自检资料。

(8)若发现质量事故，及时报告监理和业主，并严格按照共同商定的方案进行处理。

(9)合同签订后，向监理和业主报送施工图预算。

(10)工程全部完工后，应认真自检，再行向监理工程师提交验收申请，经监理复验认可后，转报业主，组织正式竣工验收。

(11)在竣工验收前 7 天，将质量保证资料交监理审查。

7. 与政府部门之间的关系处理

(1)政府部门指当地政府的工商行政管理机关、城监部门、税务部门、公安交通部门、质量监督站、安全监督站、消防管理部门、劳动局等。

(2)自觉接受政府的依法监督和指导，随时了解国家和政府的有关文件、政策，掌握近期的市场信息，熟悉当地的法规和惯例。

(3)一切项目管理活动都须遵纪守法。

(4)通过经常性上门咨询和信息发布等形式，沟通与政府部门间的关系。

(5)主动与公安交通部门取得联系，求得施工占用道路的批准和运输的畅通。

(6)主动与司法部门联系，求得法律的保护和指导。

(7)主动与城监部门联系，搞好施工现场周围地区的环境卫生。

(8)主动与质监站、安监站联系，求得他们对于工程质量和施工安全的指导与认可。

总之，在本工程施工过程中，应从思想上、组织上、技术上等各个方面做到准备充分，组织严密，切实可行，保证施工顺利完成。

三、钢结构工程吊装施工方案

(一)编制依据

1. 招标文件

××钢结构分册结构施工图纸。

2. 主要施工规范(表 7—12)

表 7—12　主要施工规范

序号	名　称	编　号
1	《建设工程项目管理规范》	GB/TS 0326—2001
2	《工程测量规范及条文说明》	GB 50026—93
3	《屋面工程质量验收规范》	GB 50207—2002
4	《钢结构设计规范》	GBJ 17—2003
5	《钢结构工程施工质量验收规范》	GB 50205—2001
6	《建筑钢结构焊接技术规程》	JOJ 81—2002
7	《钢焊缝手工超声波探伤方法和探伤结果的分级》	CDll 345—89

续上表

序号	名 称	编 号
8	《碳素结构钢》	GB 60194—93
9	《优质碳素结构钢技术条件》	JGJ 81—2002
10	《低合金高虽度结构钢》	GB 50018—2002
11	《建筑工程现场供用电安全规范》	GB 699—88
12	《网壳结构技术规程》	JGJ 61—2003
13	《建筑机械使用安全技术规程》	JGJ 33—2001
14	《建设工程文件归档整理规范》	GB/T 50328—2001

(二)工程概况

1.总体简介

工程名称:××工程钢结构工程

工程地点:

设计单位:

总包单位:

2.建筑设计简介

××工程为地下4层的钢筋混凝土框架-剪力墙结构,中央展厅的大跨度屋盖为钢结构及金属屋面,报告厅为球形钢结构。本工程施工范围为屋面钢结构和报告厅钢结构施工。

中央展厅的屋盖采用张弦梁结构体系。张弦梁为焊接H型钢结构,其下翼缘设置撑杆及预应力钢索,结构最大跨度为48 m,柱距为8.0 m,屋面钢梁顶面标高为1.098 m,钢材材质为Q345B屋面为金属板。结构的连接节点采用高强螺栓连接及坡口焊的节点形式。

报告厅采用单层球面肋环壳体钢结构。主钢梁为H型钢结构,球体直径为26.6 m,球体支座标高为5.3 m,顶面钢梁标高为22.471 m,钢材材质为Q235B,结构的连接节点采用坡口焊的节点形式。

钢结构工程全部采用工厂加工、制作构件,现场组装、吊装的方法施工。

3.结构设计简介

本工程抗震设防烈度7度。屋盖结构形式为张弦梁钢结构,A轴和T轴钢梁形式为H型钢组成桁架,其余为焊接H型钢。屋盖结构最高安装高度为21.098 m。钢结构用钢材和无缝钢管Q345级钢材,钢索采用挤包双护层扭绞型拉索(高强度钢丝屈服强度大于1 410 MPa。高强螺栓采用10.9级大六角头螺栓。摩擦面抗滑移系数不小于0.5,表面采取抛丸处理。地角锚栓为Q345—M52螺栓。

4.工程特点及施工难点

(1)本工程由于任务重、工期紧、制作难度大,因此焊接必须进行工艺评定。本工程每榀桁架梁重约30 t,每榀张弦梁重约20 t,L4重约5 t;而且张弦梁的钢板厚度最厚的有80 m厚,焊缝均为一级全熔透焊逢,跨度48 m。厚板现场拼接焊是本工程的重点、难点问题。

(2)由于工期要求紧迫,从而增大了吊装难度。所以在钢结构现场吊装过程中,一方面要注意工程的施工进度、施工质量,在保质量、争进度的前提下,重点突出施工现场的安全防护,使整个工程在确保安全的前提下优质、高效的完成。

(3)本工程施工过程中需要与多专业交叉平行施工,合理安排工序,保证各单位施工期和做好成品保护工作是本工程的一个施工难点。应制订详细的施、工进度计划以及和各方的积极配合来保证施工工期及成品保护工作。

(4)本工程施工现场场地有限,合理安排施工场地,尽量避免出现二次倒运。通过合理安排场内道路和作业区域来保证场地的合理使用。

(三)施工部署

1.施工组织

项目施工组织机构图略。

2.任务划分

设备、构件、加工产品、材料采购的分工:设备、构件、加工产品、材料采购由项目材料部门负责采购。经营管理部门提供数量。工程技术部门提供型号,质量管理部门负责质量检查。设备、构件、配件、加工产品、材料具体进场时间、型号、数量应有"加工订货计划"。项目部直接负责钢结构的现场吊装作业。

3.施工部署原则及总体施工顺序

(1)根据本工程的特点,在工程施工中,严格遵循由中间向四周逐次进行吊装作业的施工程序。

(2)施工准备工作

①做好劳动力的组织和施工人员进场工作的准备。

②现场布置钢构件临时堆放场地和钢构梁拼装场地。

③编制施工机械、工具使用计划,及时组织进场。

④进行施工现场的临水、临电及其他临时设施的搭设工作。

⑤对混凝土柱顶标高锚栓位置进行复核。

⑥积极与甲方、监理、设计等单位进行联系和沟通,听取相关单位的合理意见,做好各项施工准备。

4.主要构件重量(表 7—13)

表 7—13 主要构件每榀重量

名 称	单 位	重 量(t)	名 称	单 位	重 量(t)
桁架梁	每榀	30	L4	每榀	5
张弦梁	每榀	20	其他		

5.主要劳动力计划

为保证工程进度和施工质量,参加本工程施工的技术工人,都要经过专门技术培训,经考试合格并持相关部门认可的上岗证。特种作业人员必须具有特种作业上岗证方可上岗作业。劳动力需用计划详见表 7—14。

表 7—14 劳动力需用计划

起重工	30人	电焊工	20人
测量工	4人	探伤工	2人
电工	2人	气割工	5人
工长	4人	油漆工	4人
安全员	2人	辅助用工	12人

现场施工人员根据进度要求随时调整。

6.施工进度计划

根据本工程的结构形式和施工的难易程度,决定施工中以钢结构吊装和施加预应力为控制工期主线。

(四)施工准备

1.施工技术准备

技术工作是项目的核心工作。认真做好技术工作的安排,对于确保本工程的施工质量、施工进度及施工安全等具有极其重要的意义。根据本工程的特点,应重点突出钢结构吊装施工的技术准备工作。

首先做好技术组织安排,成立以分公司主任工程师为组长、设计所长为副组长的工程施工技术领导小组,负责现场吊装施工技术的指导。结构吊装施工前,项目部相关技术人员必须认真熟悉施工图纸;了解相关的设计资料、设计依据、主体施工单位移交的相关资料(如轴线、标高等)、施工验收规范及有关技术规定,并要求在图纸会审后工程技术人员必须向施工人员作好以下交底工作:

(1)设计人员向参与该工程安装的项目部技术人员、施工员和质检员进行设计交底。

(2)项目部安装技术人员和施工员、质检员向参加该工程的安装队的队长和施工员进行技术交底。

(3)安装队长和施工员向所有参加该工程的施工人员进行技术交底。技术交底内容为:

①设计人员向参与该工程安装的项目部技术人员、施工员和质检员进行设计交底,使他们明白该工程的设计意图、工程难点以及生产施工过程中主要工艺控制。

②项目部安装技术人员和施工员、质检员向参与该工程的安装队的队长和施工员进行安装技术、质量、安全控制以及工期要求进行技术交底,使他们明白该工程的工艺要求和质量、安全控制难点,以及工期的紧迫性。

③安装队长和施工员向所有参与该工程的施工人员进行讲解、示范,有必要时做榜样,并组织有针对性的技术培训和安全培训,上岗前进行考核,合格后发证上岗。

2.计量、测量、检测、试验等器具配置计划(表7—15)

表7—15 器具配制计划

器具名称	数量	进场日期	器具名称	数量	进场日期
经纬仪	2台		50 m钢卷尺	1把	
水准仪	1台		5 m钢卷尺	10把	

3.施工主要材料检验、试验,过程检验、试验和最终检验工作计划(表7—16)

表7—16 施工检验试验工作计划

项目	依据标准编号	数量	见证试验数量
钢材	GB 50205—2001	/	见施工试验计划
高强螺栓	GB 50205—2001	/	见施工试验计划
钢绞线	GB 50205—2001	/	见施工试验计划
抗滑移	GB 50205—2001	/	见施工试验计划

4.吊车选择

经过结构吊装计算决定采用150 t履带吊进行吊装作业。150 t履带吊在臂长为57.91 m,作业半径为 16 m 时，起吊重量为 33.8 t。而张弦梁自重为 22 t＜33.8 t，桁架梁自重 30 t＜33.8 t，吊装起重半径需要 12 m，能够满足吊装要求。（吊车参数详见图 7—10）

5. 吊装用钢丝绳选择

吊装用钢丝绳采用 6×37 直径 28 mm 钢丝绳。

钢丝绳破断拉力总和查建筑施工计算手册表 13－5 可得 $F_g=412$ kN。

钢丝绳安全系数查建筑施工计算手册表 13－3 可得 $K=8$。

钢丝绳容许拉力计算：$[F_g]=aF_g/K=0.82\times412/8=42.23$ kN。

吊装时最外侧钢丝绳受力计算：

$N=26.794/8\times10/\cos34.5°=40.64$ kN(42.23 kN)

满足吊装要求。

吊装时最外侧钢丝绳受力最大，所以最外侧钢丝绳满足吊装要求，其他钢丝绳都能满足吊装要求。

张弦梁吊装时在张弦梁两侧 1/3 处各绑 2 条缆风绳，张弦梁起吊高度超过两侧建筑物(21 m)高度 1 m 后吊车转向使张弦梁位置就位，钢梁就位后把缆风绳与地锚连接，做临时固定。待第二道张弦梁就位后，立刻连接次梁，使 2 道张弦梁连接成稳定体系，然后再进行下一道钢梁吊装。

6. 主要施工机械的选择

钢结构安装工程主要施工机械设备。

注：所有施工机械必须有相关检测部门的检测合格证明资料，保证机械的使用安全。

表 7－17　主要施工机械的选择

机械名称		规　格	数　量	备　注
吊装机械设备	履带式起重机	PH7－150 型	1 台	用于 30 t 钢桁架安装
	履带式起重机	PH7－150 型	1 台	用于张弦梁安装
	起重倒链	5 t	4 个	安装校正
	起重倒链	3 t	3 个	安装校正
	千斤顶	10～20 t	5 个	
	卡环	5.15 t	20 个	
	钢丝绳	$\phi28$	58.21 m/条×4 条	
	高强螺栓力矩器		5 把	安装紧固高强螺栓
	梅花扳手		10 把	安装紧固普通螺栓
	张拉千斤顶	YCN(20r)	4	张弦梁施加预应力
	电动油泵	ZB4－500	4	张弦梁施加预应力
	压力表		5	张弦梁施加预应力
测量仪器	经纬仪	J2	2 台	
	水准仪	S3	1 台	
	钢卷尺	30 m、50 m	各 1 把	

续上表

机械名称		规　格	数　量	备　注
焊接设备	交流电焊机	6台		
	焊条烘干箱	1台		
	角向磨光机	4把		打磨
	钢刷	10把		清理表面
	焊缝检验尺	5个		焊缝检验
	气割设备	2套		
	碳弧气刨	2套		焊缝处理

(五)各分部分项施工工艺

1. 张弦梁吊装总体施工顺序:

测量放线(柱顶锚栓检测)→钢梁对接拼装→一次施加预应力→钢梁吊装→高强螺栓安装→检查→屋面次结构安装→整体校正→二次张拉。

(1)测量放线

①预埋锚栓标高及轴线准确是保证工程质量的前提条件,为满足测量精度要求,应做好施工测量的人员安排、仪器、工具、测量方法准备工作。

②人员准备:本工程设测量放线员4名,要求具有丰富的施工测量放线经验,并经过专业培训,持证上岗;另外,项目部配备1名质检员,具有丰富的实际操作经验和质量管理经验。

③测量所需主要仪器(表7-18)

表7-18　测量所需主要仪器

序　号	名　称	规　格	数　量
1	经纬仪	J2	2
2	水准仪	DS3	1
3	钢卷尺	50 m	
4	塔尺	5 m	

④为保证主体钢结构工程的施工质量,达到有关结构施工及验收规范的要求。因此,在钢结构工程制作前需对建筑物的轴线进行整体测量,以掌握建筑物的结构尺寸的偏差值。

⑤主体钢结构的施工测量应与主体工程的施工测量轴线相配合,使主体钢结构坐标、轴线与建筑物的相关坐标、轴线相吻合(或相对应),测量误差应及时消化不得积累,使其符合主体结构的构造要求。

⑥测量放线在主体施工完成后进行,按每个单位框架柱设置垂直、水平方向的控制线并做好标示。严格控制测量误差,垂直方向偏差不大于15 m,水平方向偏差不大于5 mm,中心位移不大于3 mm,测量必须经过反复核查、检验、确保准确无误,并做好标示。注意:此过程中必须确保标高、轴线的统一、唯一性。

⑦本工程所用经纬仪、水平仪、钢卷尺等测量仪器,均经过市计量检测单位检定,具有合格证书并保证在符合使用的有效期内,经监理单位查验合格后才能准予施工测量使用。

⑧测量放线之前,首先必须熟悉和核对钢结构设计图纸中的各部分尺寸关系,做到既能全面控制钢结构的安装,又有利于后期检查时符合校准。

⑨测量时应掌握天气预报，在风力不大于 4 级时进行钢结构安装测量，垂直方向、水平方向控制线须做好标示。

⑩施工验线工作：轴线、标高检查须在构件进场前进行。

⑪轴线的检查和地脚螺栓位置的检查，应依据控制桩或轴线点，由有关各方共同参加检查验线，符合设计规范要求，并做好地脚锚栓检验纪录并存档。方可进行钢构安装施工。

地脚锚栓允许偏差见表 7－19。

表 7－19　地脚锚栓允许偏差

项　目		允许偏差
支承面	标高	±3.0 m
地脚锚栓	中心偏移	5.0 mm
锚栓露出长度	0～30.0 mm	

(2)钢结构安装

张弦梁现场拼装时，用 28a 槽钢焊接搭设 1 000 m×1 000 m×1 000 mm 的工作平台(见图 7－7)。拼接前先把平台底部基础夯实，用水平仪将各平台高度找平。然后张弦梁就位，张弦梁预拼好后，用水平仪及钢尺进行几何尺寸校对。

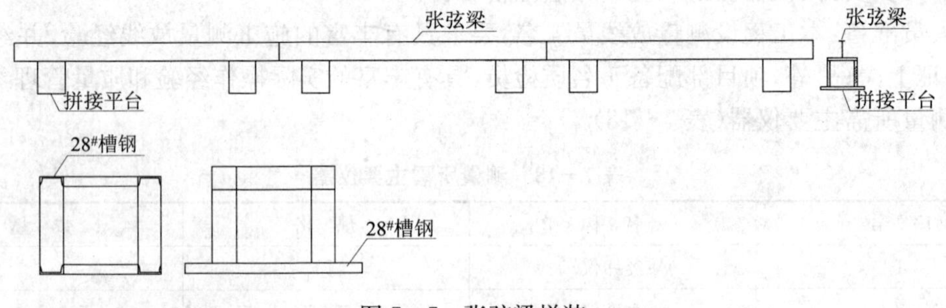

图 7－7　张弦梁拼装

①平台承载力计算

本平台采用 28# 槽钢作为 4 个平台柱。

四根 28# 槽钢的平面面积为 A:40 cm²×4＝160 cm²，张弦梁自重为 220 kN，每个平台承受的荷载为 N＝220 kN/6＝36.67 kN。

即求得压应力为 $\sigma=N/A=36.67\times1\ 000\ \mathrm{N}/(160\times100)\mathrm{mm}^2=2.29\ \mathrm{N/mm}^2<[\delta]=215\ \mathrm{N/mm}^2$，满足要求。

现场拼装时环境温度不得低于 5°，且在拼装焊接时焊缝处要进行加热处理，把焊缝处的钢板加热到 20°，当现场温度在 0℃以下时做一个彩色复合板保温小房 2 m 高，长宽为 2.5 m，用小房把拼接节点罩住，用火焰进行加热，加热区外用石棉被进行保温，焊接方法采用 CO_2 气体保护焊见表 7－20。并采用多层堆焊。

表 7－20　CO_2 气体保护焊

焊接方法	焊接材料	焊材规格	焊接电流(A)	焊接电压(V)	焊接速度(cm/min)	气体流量(L/min)
CO_2 气保焊	E7n—1	ϕ1.2	120～300	20～30	15～18	15～25

为了减少焊接变形在施焊时采用以下措施：a. 减少焊缝尺寸；b. 减小焊接拘束度；c. 采取合理焊接顺序：在 H 型梁的拼接焊时，翼缘板比腹板厚，拘束度较大，焊接时先焊翼缘板，后焊腹板。必要时还可把翼缘与腹板之间的角焊缝预留一段（30～500 mm），待翼板、腹板拼焊完成以后再施焊，以便进一步减小翼、腹板焊接时的应力以及焊后残余应力。d. 用锤击法减小焊接残余应力：在每层焊道焊完后立即用圆头敲渣小锤锤均匀敲击焊缝金属，使其产生塑性延伸变形，并抵消焊缝冷却后承受的局部拉应力。

张弦梁拼接好后，放在张拉的平台上等候张拉。

张弦梁预应力施工另见专项方案。

××工程钢结构工程中张弦梁实际长度为 47.6 m。吊装时采用 1 台 150 t 履带吊车，8 点起吊。起吊时仰角 74°，吊索最大夹角不超过 70°。吊索双向使用，每根长度为 58.21 m。详见示意图 7－8。

轴力及稳定性验算：

根据钢梁最小截面（H700×250×16×20）

$A=21\ 360\ \mathrm{mm}^2$，$I_x=1.81\times109\ \mathrm{mm}^4$，$I_y=5.23\times107\ \mathrm{mm}^4$，$i_x=291.081\ 4\ \mathrm{mm}$，$i_y=49.494\ \mathrm{mm}$

②钢梁吊装产生的最大轴力计算

钢梁自重 22 t。

张拉索具自重 3.554 t。

加固用的架管自重为 1.24 t。

$G=(22+3.554+1.24)\times9.8=262.581\ 2\ \mathrm{kN}$

即 $G_1=G/8=262.581\ 2\ \mathrm{kN}/8=32.8\ \mathrm{kN}=G'_1$

即求得 N_1：$G'_1\times3/35=2.811\ \mathrm{kN}$

$N_2=G'_1\times6/35=5.623\ \mathrm{kN}$

$N_3=G'_1\times15/35=14.057\ \mathrm{kN}$

$N_4=G'_1\times21/35=19.68\ \mathrm{kN}$

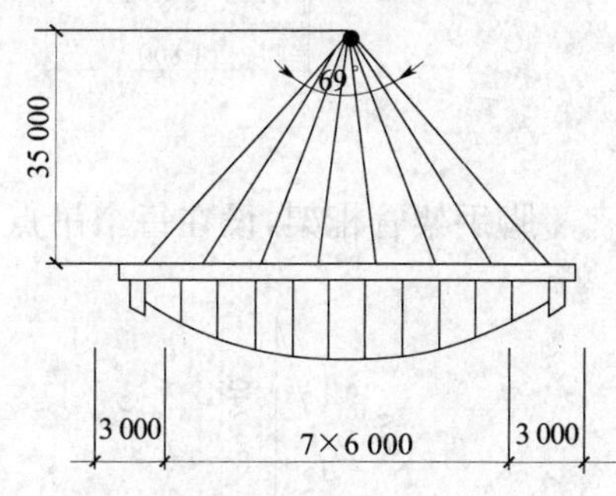

图 7－8 起吊示意简图(mm)

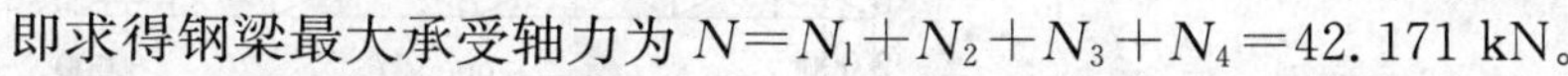
即求得钢梁最大承受轴力为 $N=N_1+N_2+N_3+N_4=42.171\ \mathrm{kN}$。

③计算梁的轴心压应力

$$\sigma=N/A=42.171\times10^3\ \mathrm{N}/21\ 360\ \mathrm{mm}^2=197.4\ \mathrm{N/mm}^2/<[\sigma]=315\ \mathrm{N/mm}^2$$

满足要求。

④计算钢梁在吊装时的整体稳定性

平面内：因为设有 8 个吊点，每个吊点处增加了侧向支撑点，故计算长度为 6 m。

即 x：$l_{ox}/i_{ox}=6\ 000/291.081\ 4=20.613<[\delta]$：150

平面外：因为设有 8 个吊点，每个吊点处增加了侧向支撑点，故计算长度为 6 m。

即 y：$l_{oy}/i_{oy}=6\ 000/49.494=121<[\delta]$：150

本工程吊点间距设为 6 m，满足要求。

根据以上计算方法求得桁架梁吊装时平面内外稳定性符合要求。

计算简图见图 7－9。

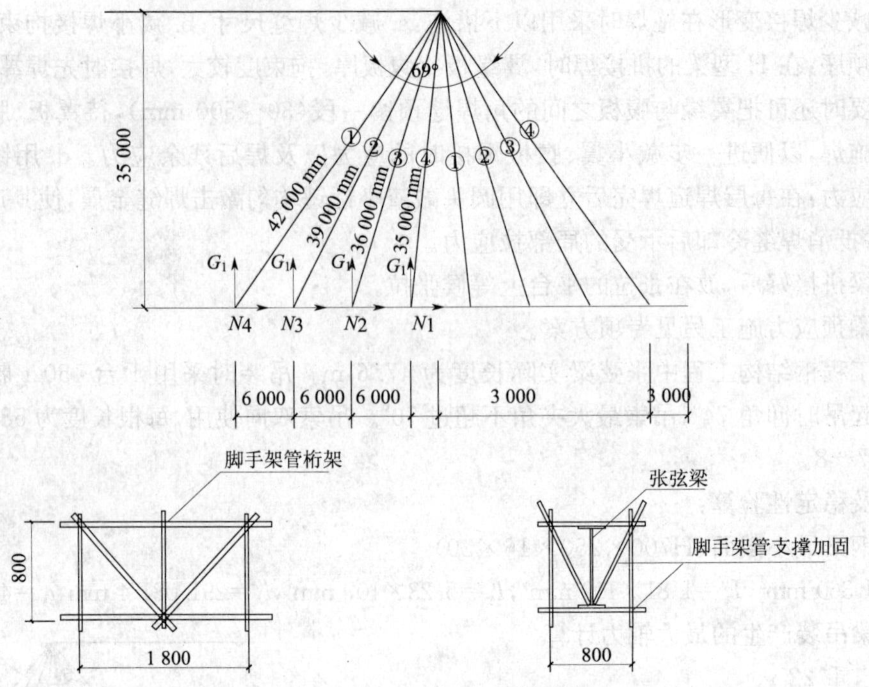

图 7－9　计算简图(mm)

脚手架管桁架,设在每个吊点处,增加了 8 个张弦梁平面外支撑点。见图 7－11。

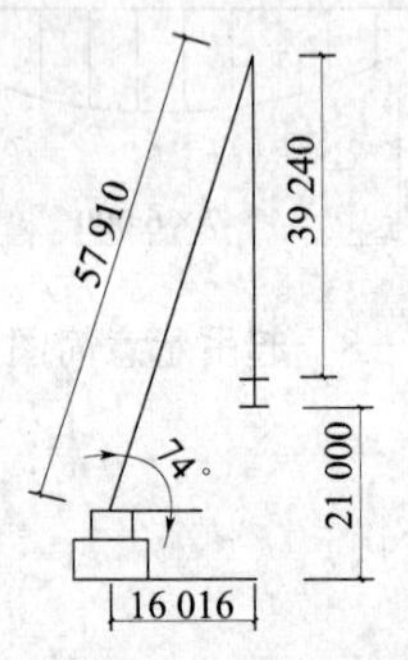

图 7－10　吊车的工作参数示意图(mm)

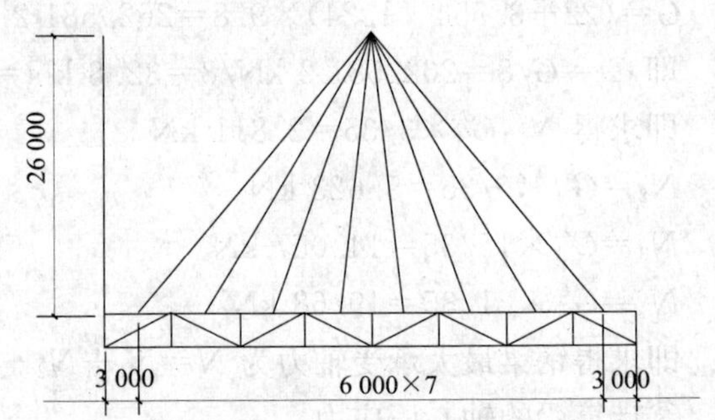

图 7－11　张弦梁平面外支撑(mm)

张弦梁安装就位时采用吊篮。见图 7－12。

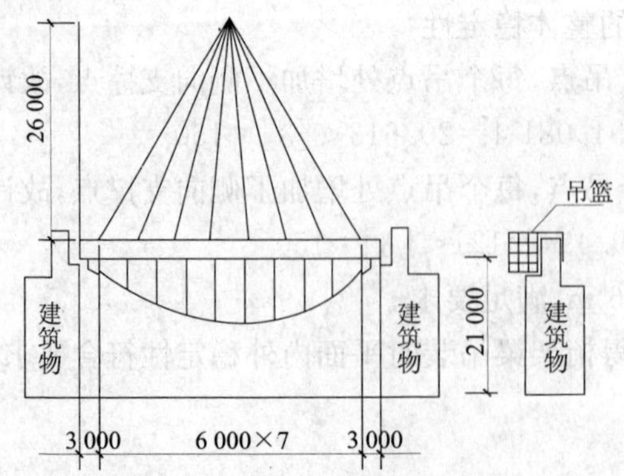

图 7－12　张弦梁安装就位(mm)

现场拼装及吊车行车线路平面布置图见图 7—13。

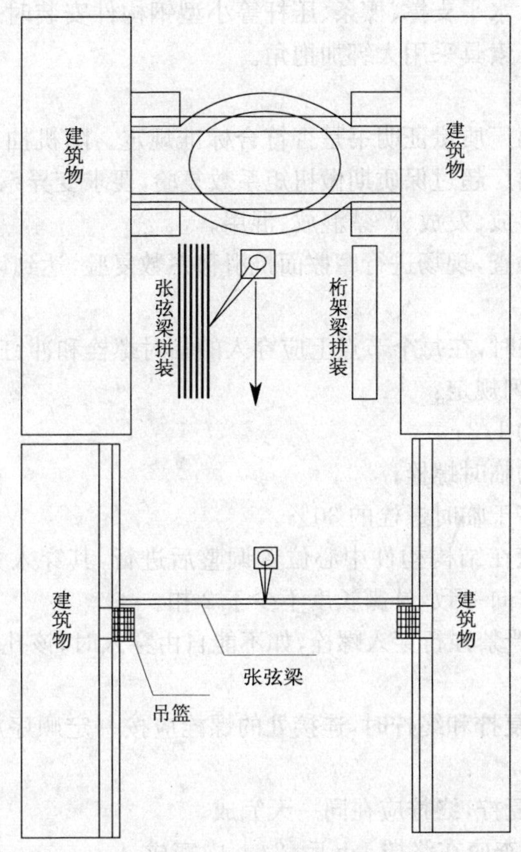

图7—13　现场拼装及吊车行车线路平面布置图

张弦梁的安装顺序是从球形报告厅向两边同时进行安装。

当相邻的 2 榀张弦梁安装就位后，开始安装次梁。

次钢梁吊装按张弦梁吊装平面稳定性验算方法求得，次钢梁吊装平面稳定性符合要求。安装次梁时使用安装吊篮。见图 7—14。

每个次梁的位置放一个高空安装吊篮，等次梁安装好后再倒到下一榀主梁上。当移动吊篮时，安装操作人员必须离开吊篮，人员必须在梁面行走时，要在主梁一侧设置安全索，人员行走时把安全带系在安全索上方可行走。整体结构安装完毕后进行全方位复检，最终验收。

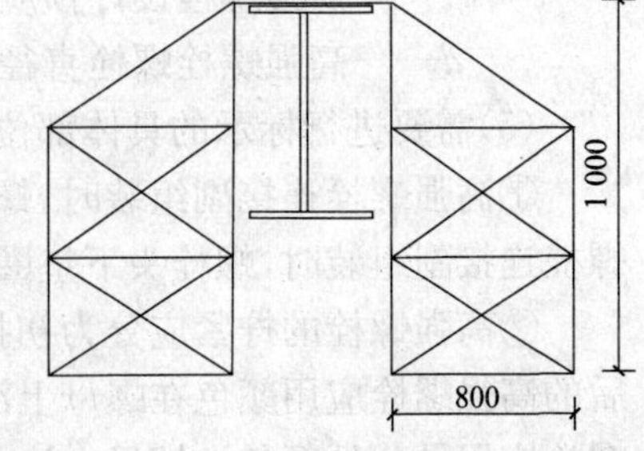

图 7—14　吊篮(mm)

(3)钢结构安装注意事项

①张弦梁就位后，用双螺母与锚栓固定，校正时可用缆风和撬棍进行调整垂直及位移。当第二榀张弦梁安装后，随即安装 2 榀张弦梁之间的次梁，以保证结构的稳定，防止倾覆变形。钢梁就位时，严防与已安装结构碰撞。

②水平支撑系统及压杆的安装：

水平支撑系统及压杆杆件随钢架的安装而安装，每相邻 2 榀钢架吊装完毕且校正后，即可安装该节间的支撑及压杆。

③吊装锁具选择：

吊索选钢丝绳、卡环、水平支撑、檩条、压杆等小型钢构件安装时应用细钢丝绳进行吊装。合理设置梁的吊点位置。索具采用大绑加抱角。

(4)高强螺栓的施工

①核对高强螺栓的出厂质量证明书是否符合标准规定。随机抽查高强螺栓外型尺寸，表面裂纹和伤痕等缺陷。出厂超过保质期做扭矩系数复验，要求变异系数不得大于10%。

②高强螺栓按规定存放、发放、严禁混放、混用。

③构件摩擦面质量检查，现场进行摩擦面抗滑移系数复验，达到设计要求方能使用。

④高强螺栓安装：

a. 高强螺栓连接安装时，在每个节点上应穿入的临时螺栓和冲钉数量，由安装时可能承担的荷载计算，并应符合下列规定：

不得小于安装总数的1/3；

不得小于2/3螺栓的临时螺栓；

冲钉穿入数量不宜多于临时螺栓的30%。

b. 高强螺栓的安装应在结构构件中心位置调整后进行，其穿入方向应以施工方便为准，并力求一致。螺栓穿入方向一致，外露长度不少于2扣。

c. 安装高强螺栓时，严禁强行穿入螺栓，如不能自由穿入时，该孔应用铰刀进行修整，严禁气割扩孔。

d. 高强螺栓在初拧，复拧和终拧时，连接处的螺栓应按一定顺序施拧，应由螺栓群中央顺序向外拧紧。

e. 高强螺栓的初拧，复拧，终拧应在同一天完成。

f. 高强螺栓的扭矩检查应在终拧1 h后、24 h内完成。

g. 高强螺栓的扭矩检查按式(7－3)计算

$$T_{ch}=K_c P_c d \tag{7-3}$$

式中 T_{ch}——检查扭矩；

K_c——扭矩系数；

P_c——高强螺栓设计预应力值(10.9SM24)；

d——高强螺栓螺栓直径(mm)。

(5)需要进行标示的具体部位和方法

①高强螺栓连接副组装时，螺母带圆台的一侧朝向垫圈有倒角的一侧，对于大六角头高强螺栓连接副组装时，螺栓头下垫圈有倒角的一侧应朝向螺栓头。

②高强螺栓的拧紧应分为初拧，终拧，对于大型节点应分为初拧，复拧，终拧。初拧或复拧后的高强螺栓应用颜色在螺母上涂上标记，然后按规定的施工扭矩值进行终拧，终拧后的高强螺栓应用另一种颜色在螺母上涂上标记。

(6)成品保护的要求

①高强螺栓连接副在运输、保管过程中，应轻装、轻卸，防止损伤螺纹。

②高强螺栓连接副应按包装箱上注明的批号、规格分类保管，室内存放、堆放不宜过高，防止生锈和沾染脏物，高强螺栓连接副在安装使用前严禁任意开箱。

③工地安装时应按当天高强螺栓连接副使用的数量领取。当天安装剩余的必须妥善保管，不得乱扔、乱放。在安装过程中不得碰伤螺纹及沾染脏物，以防扭矩系数发生变化。

2. 现场焊接的施工

(1)对人员的要求:凡从事焊接工作的人员,必须有特种作业操作证,操作证应注明施焊条件、有效期限,焊工停焊时间超过 6 个月需重新考核。

(2)焊条应防潮保管,不可使用涂料剥落、脏污、变质、吸潮及生锈的焊接材料。

(3)现场应有专门电工负责现场电源设施管理及焊接设备的检查和维修。现场焊接设备应停放稳妥,并需有防护措施(设置漏电开关),确保施工安全。

(4)所有焊接部位等高强螺栓施工完毕后在施焊,焊接时采用各种有效措施以防止或减少变形,当变形超过现行规范时,必须加以矫正。

(5)焊缝力求规整、美观,不得有缺焊、咬肉、夹渣、气孔等缺陷。

3. 球形报告厅钢结构安装

球形报告厅安装顺序:柱脚锚栓检测→钢柱对接拼装→钢柱吊装→环形梁安装→整体校正→环形梁焊接→验收。

①柱脚锚栓检测和张弦梁柱顶锚栓的检测方法一样。

②钢柱对接拼装:每根钢柱弧长为 23 m 左右,工厂制作时分为 2 段做好后在工厂预拼装好,再运输到现场进行拼接,拼接前在现场按 1∶1 实物放样,然后逐一进行拼接焊接。

③钢柱吊装:钢柱吊装前先把球形报告厅最上边的环形梁安装定位好(安装定位图略)。

用塔式起重机的塔身标准节做中心环梁的定位支撑,四周用揽风绳进行固定,支撑的最上端搭设成一个平台,中心环梁的直径为 3.324 m,平台上放 4 个 2 t 的液压千斤顶来调整中心环梁的标高。用经纬仪找出中心环梁的圆心,用 5 kg 重的线坠把中心环梁的圆心控制好,用扣件把中心环梁和支撑架连成一体。吊装钢柱时用 2 台 50 t 汽车吊对称吊装,把所有的钢柱吊装完毕后进行整体校正,校正无误后开始搭设满堂红脚手架为吊装环形梁做安全技术准备。脚手架设置前应核算楼板的承载能力,以确定是否须对楼板进行顶板支护加固。

安装环形梁时采取从上到下的顺序进行安装。采用 2 台 50 t 汽车吊进行环形梁的吊装就位,现场准备了 14 台 CO_2 气体保护焊机进行环形梁的焊接。焊接的节点处用单层彩钢板做防风罩,焊接节点处的 H 型钢翼缘板坡口下面加垫板,并用垫板作临时支撑。所有焊工都经过焊接培训持证上岗。

钢柱吊装示意图见图 7—15。

支撑点处用脚手架管支撑好,并与满堂红脚手架紧固连接,防止钢柱就位后对中心环梁产生的侧向力造成中心环梁移位。钢柱安装就位后用经纬仪进行校正。

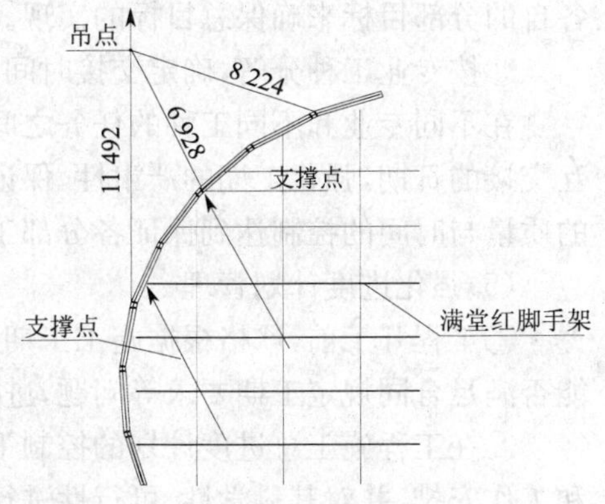

图 7—15　钢柱吊装示意图(mm)

(六)主要施工管理措施

1. 施工进度保证措施

(1)为了确保安装工程按计划完成,必须做到:

①加强组织管理,配置精干队伍,做到设计准确,备料及时,人力充足,器具齐全,保证钢结构施工高速顺利进行。

②现场测量做到精细、周到,发现与设计不符及时反馈、处理,做到当日问题当日解决。

③在保证施工人力的前提下,尽量采用交叉施工,以缩短施工周期。

④材料的采购、加工严格按甲方认可的样品和加工工艺图进行,保证到场的材料皆为优质

晶，业主、监理验收一次必须通过，不出现退货返工而出现停工待料现象。

⑤严格按材料进场计划供货，做到及时供应现场所需的安装材料，不让暂不需要的材料进入现场，并保证所需材料进场有足够的超前量，不因材料供应不及时而延误安装。

⑥严格按相关国家现行钢结构规范规定及业主监理要求进行施工，杜绝因安装原因造成返工。

⑦及时提供合格的安装作业面：设计过程中考虑主体安装面施工过程的误差力求做到在不影响装饰效果的前提下，最大限度的处理施工误差。要求主体施工方在钢结构测量放线之前提交合格的安装作业面以及实测资料，轴线标高，避免因调整安装而影响进度。

⑧垂直运输与堆放场地；材料进入现场须及时安排垂直运输和堆放场地，避免因之造成现场窝工。

⑨材料、半成品、成品的保护：除自身必须加强这方面的管理外，还需要其他施工单位重视，避免发生损失、损伤造成等料或返工。

⑩其他：尽量减少发生其他不利现场安装开展的因素。

(2)工期保证措施

为确保工程施工能够按照工期计划进行，在保证质量和安全的基础，以总进度网络为依据，按不同施工阶段、不同专业工种分解为不同的进度分目标，以各项技术、管理措施为保证手段，进行施工全过程的动态控制。

(3)工期目标

总工期为 100 d。确保在计划工期内完成施工任务，力争提前竣工。

(4)施工进度控制的方法

①施工阶段分解，突出控制节点

以关键线路和次关键线路为线索，以网络计划中心起止里程碑为控制点，在不同施工阶段确定重点控制对象，制定施工细则，达到保证控制节点的实现。

按总进度网络计划的时间要求，将施工总进度计划分解为月度进度计划。

②按施工单位分解，明确分部目标

以总进度为依据，明确各个单位的分包目标，通过合同责任书落实分包责任，以分头实现各自的分部目标来确保总目标的实现。

③按专业工种分解，确定交接时间

在不同专业和不同工种的任务之间，要进行综合平衡，并强调相互间的衔接配合，确定相互交接的日期，强化工期的严肃性，保证工程进度不在本工序造成延误.通过对各道工序完成的质量与时间的控制达到保证各分部工程进度的实现。

(5)强化进度计划管理

①工程开工前，严格根据施工工期要求，提出工程总进度计划，并在对其是否科学、合理，能否满足合同规定工期要求等问题，进行认真细致论证。

②在工程施工总进度计划的控制下，施工过程坚持逐月(周)编制出具体的工程施工计划和工作安排，并对其科学性、可行性进行认真的推敲。

③工程计划执行过程，如发现未能按期完成工程计划，必须及时检查分析原因，立即调整计划和采取补救措施，以保证工程施工总进度计划的实现。

(6)施工进度的控制

①施工进度计划的控制是一个循环渐进的动态控制过程，施工现场的条件和情况千变万

化，项目经理部要及时了解和掌握与施工进度有关的各种信息，不断将实际进度与计划进度进行比较，一旦发现进度拖后，要分析原因，并系统分析对后续工作会产生的影响。安排有施工管理经验的专业人员担任管理工作，并针对技术、质量、安全、文明施工、后勤保障工作配置项目副经理负责此项工作。

②建立严格的《施工日志》制度，逐口详细记录工程进度、质量、设计修改、工地洽商和现场拆迁等问题，以及工程施工过程必须记录的有关问题。

③坚持每周定期召开1次，由工程项目经理主持，各专业工程施工负责人参加的工程施工协调会议，听取关丁工程施工进度问题的汇报，协调工程施工外部关系，解决工程施工内部矛盾，对其中有关施工进度的问题，提出明确的计划调整意见。

④各级领导做到"干一观二计划三"，提前为下道工序的施工，做好人力、物力和机械设备的准备，确保工程一环扣一环地紧凑施工。对于影响工程施工总进度的关键项目、关键工序，主要领导和有关管理人员必须跟班作业，必要时组织有效力量，加班加点突破难点，以确保工程总进度计划的实现。

(7)保证工期的技术措施

在施工生产中影响进度的因素纷繁复杂，如设计变更、技术、资金、机械、材料、人力。水电供应、气候、组织协调等等，要保证目标总工期的实现，就必须采取各种措施预防和克服上述影响进度的诸多因素，其中从技术措施入手是最直接有效的途径之一。

①设计变更因素

设计变更因素是进度执行中最大干扰因素，其中包括改变部分工程的功能引起大量变更施工工作量，以及因设计图纸本身欠缺而变更或补充造成增量、返工、打乱施工流水节奏，致使施工减速、延期甚至停顿。针对这些现象，项目经理部要通过理解图纸与业主意图，进行自审、会审和与设计院交流，采取积极主动的态度，最大限度地实现事前预控，把影响降到最低。

②保证资源配置

劳动力配置：在保证劳动力的条件下，优化工人的技术等级的配备与管理。以均衡流水为主，抓住关键工序，对影响总工期的关键工序和具体环节给予人、财、物的充分保证，确保整个工程进行颇畅和连贯。

材料配置：按照施工进度计划要求及时进货，做到既满足施工要求，又要使现场无太多的积压，以便更有效的利用施工场地。公司建立有效的材料市场调查和采购、供应部门，以保证施工现场对材料的需求。

机械配置：大型机械配置，为保证本工程的按期完成，我们将配备足够的中小型施工机械，不仅满足正常使用，还要保证有效备用。另外，要做好施工机械的定期检查和日常维修，保证施工机械处于良好的状态。

资金配备：根据施工实际情况编制月进度报表，根据合同条款申请工程款，并将预付款、工程款合理分配于人工费、材料费等各个方面，使施工能顺利进行。

③技术因素

实行流水交叉作业，循序跟进的施工程序。(发扬技术力量雄厚的优势，大力应用、推广"三新项目"(新材料、新技术、新工艺)，运用ISO 9001国际标准、网络计划、计算机等现代化的管理手段或工具为木工程的施工服务。

(8)施工进度控制系统

网络计划、计算机等现代化的管理手段或工具为本工程的施工服务，提高工作质量和工程质量,从而进一步保证工程进度。

2.质量施工保证措施(略)

3.焊接质量保证措施(略)

4.质量管理保证措施(略)

5.安全管理保证措施

(1)吊装作业施工技术要求

①起重机启动前重点检查项目应符合下列要求:

a.各安全防护装置及各指示仪表齐全完好;

b.钢丝绳及连接部位符合规定;

c.燃油、润滑油、液压油、冷却水等添加充足;

d.各连接件无松动。

②内燃机启动后,应检查各仪表指示值,待运转正常再接合主离合器,进行空载运转,顺序检查各工作机构及其制动器,确认正常后,方可作业。

③作业时,起重臂的最大仰角不得超过出厂说明书的规定。

④起重机变幅应缓慢平稳,严禁在起重臂未停稳前变换档位;起重机载荷达到额定起重量的90%及以上时,严禁下降起重臂。

⑤在起吊载荷达到额定起重量的90%及以上时,升降动作应慢速进行,并严禁同时进行2种及以上动作。

⑥起吊重物时应先稍离地面试吊,当确认重物已挂牢,起重机的稳定性和制动器的可靠性均良好,再继续起吊。在重物升起过程中,操作人员应把脚放在制动踏板上,密切注意起升重物,防止吊钩冒顶。当起重机停止运转而重物仍悬在空中时,即使制动踏板被固定,仍应将脚踩在制动踏板上。

⑦作业后,起重臂应转至顺风方向,并降至40°~60°之间,吊钩应提升到接近顶端的位置,应关停内燃机,将各操纵杆放在空档位置,各制动器加保险固定,操纵室和机棚应关门加锁。

(2)吊装作业安全操作要求

①施工人员要服从统一指挥和调配,要分工明确,坚守岗位,尽职尽责,保证吊运工作的顺利进行。

②吊运前对各机具(如吊钩、钢丝绳、滑轮、起重倒链、卡环等)进行检查,发现有缺陷、不符合安全要求的不准使用。

③设备起吊前,要检查各绑扎点是否可靠,重心是否准确,滑轮组的穿法是否符合要求,并应进行试吊。

④作业时,起重臂下严禁站人,重物应避免从司机操作室上方通过。

⑤作业要有警戒标志,非作业人员不得进入作业区。

⑥起重吊装工作要坚持十不吊。

⑦吊钩吊有重物时,司机不准离开驾驶室。工作时,不能对设备进行维修和调整。

⑧每班工作前,对起重设备进行一次空负荷试验,检查各部件是否灵活可靠。发现问题应提早处理,以免影响工作。

⑨起吊作业场所,夜间要有足够照明设备和畅通道路,并应与附近设备、建筑物保持一定距离,防止发生碰撞。

⑩登高作业使用的工具、工件,上下传递时,要采取必要的安全措施,不准用甩抛的方法传

递，防止出现事故。

⑪从事起吊作业人员，要身体健康，符合登高作业要求，并熟悉本工种操作规程，同时具备操作知识和技能，并经考试合格，方可胜任此工作。

⑫起重吊装指挥人员，要由技术熟练、施工经验丰富、懂安装工艺和机械性能，头脑清楚，有一定应变和判断能力的人来担任。

⑬登高作业前，要检查登高和安全用具是否齐全，有无损坏，不合格品不准使用。

(3)吊装作业过程中的安全要点

①高处作业的一般要求

a. 高处作业的安全技术措施及其所需料具，必须列入工程的施工组织设计。

b. 单位工程施工负责人应对工程的高处作业安全技术负责，并建立相应的负责制。施工前，应逐渐进行安全技术教育及交底，落实所有安全技术措施和安全防护用品，未经落实时不得进行施工。

c. 高处作业中的设施、设备，必须在施工前进行检查，确认其完好，方能投入使用。

d. 攀登和悬空作业人员，必须经过专业技术培训及专业考试合格，持证上岗，并必须定期进行体格检查。

e. 施工中对高处作业的安全技术设施，发现有缺陷和隐患时，必须及时解决；危及人身安全时，必须停止作业。

f. 施工作业场所有坠落可能的物件，应一律先进行撤除或加以固定。高处作业中所有的物料，均应堆放平稳，不妨碍通行和装卸。随手用工具应放在工具袋内。作业中的走道内余料及时清理干净，不得任意乱掷或向下丢弃。传递物件禁止抛掷。

g. 雨天和雪天进行高空作业时，必须采取可靠的防滑、防寒和防冻措施。凡水、冰、霜、雪均应及时清除。对进行高处作业的高耸建筑物，应事先设置避雷设施，遇有 6 级以上强风、浓雾等恶劣气候，不得进行露天攀登与悬空高处作业。暴风雪及台风暴雨后，应对高处作业安全设施逐渐一加以检查，发现问题，立即修理完善。

h. 钢结构吊装前，应进行安全防护设施的逐渐检查和验收，验收合格后，方可进行高处作业。

②攀登作业

现场登高应借助建筑结构或脚手架上的登高设施，也可采用载人的垂直运输设备，进行攀登作业时，也可使用梯子或采用其他攀登设施。

a. 梯脚底部应垫实，不得垫高使用，梯子上端应有固定措施。

b. 登高安装屋架时，应视屋架高度，在两端设置挂梯或搭设钢管脚手架。屋架通道上需行走时，其一侧的临时护栏横杆可采用钢索。当改为扶手绳时，绳的自由下垂度不应大于 $L/20$，并应控制在 100 mm 以内。

c. 在钢屋架上下弦登高操作时，需设置钢爬梯。钢屋架吊装前，应在上弦设置防护栏杆。

③悬空作业

悬空作业处应有牢固的立足处，并必须视具体情况，配置防护栏网/栏杆或其他安全设施。

a. 悬空作业所用的索具/脚手架/吊篮/吊笼/平台等设备，均需经过技术鉴定或验证方可作用。

b. 钢结构的吊装，构件应尽可能的地面组装，并搭支撑设进行临时固定。电焊工具高空安全设施，随构件同时上吊就位。拆卸时的安全的措施，亦应一并考虑和落实。高空吊装大型构件前，也应搭设悬空作业中所需的安全设施。

c. 悬空作业人员必须系好安全带。

(4)吊装作业过程中的安全技术措施

①防止起重机倾翻事故的安全措施

a. 起重机的行驶道路，必须坚实可靠。起重机不得停置在斜坡上工作，也不允许起重机两个履带一高一低。

b. 严禁超载吊装。

c. 禁止斜吊。所谓斜吊，是指所要起吊的重物不在起重机起重吊钩的正下方，因而当将捆绑重物的吊索挂上吊钩后，吊钩滑车组不与地面垂直，而与水平线成一个夹角。斜吊会造成超负荷及钢丝绳出槽，还会使重物在离开地面后发生快速摆动，可能会伤人或碰撞其他物体。

d. 要尽量避免满负荷行驶，构件摆动越大，超负荷就越多，就可能发生翻车事故。如需作短距离带载行走时，载荷不得超过允许起重量的 70%，短距离行驶，构件离地面不得大于 50 cm，且要慢行，并将构件转至起重机的正前方。拉好溜绳，控制构件摆动。

e. 有些起重机的横向与纵向的稳定性相差很大，必须熟悉起重机纵横两个方向的性能，进行吊装工作。

f. 双机抬吊时，要根据起重机的起重能力进行合理的负荷分配(每台起重机的负荷不宜超过其安全负荷量的 80%)并在操作时要统一指挥。2 台起重机的驾驶员应互相密切配合，防止一台起重机失重而使另一台起重机超载。在整个抬吊过程中，2 台起重机的吊钩滑车组均应基本保持铅垂状态。

g. 绑扎构件的吊索须经过计算，所有起重机工具，应定期进行检查，对损坏者作出鉴定，绑扎方法应正确牢靠，以防吊装中吊索破断或从构件上滑脱，使起重机失重而倾翻。

h. 经常检修吊机的各个部位的性能，以防止由于各种机件失修造成的事故。

i. 禁止在 6 级风的情况下进行吊装作业。

j. 起重吊装的指挥人员必须持证上岗，作业时应与起重机司机密切配合，执行标准的指挥信号。司机应听从指挥，当信号不清或错误时，司机可拒绝执行。

k. 严禁起吊重物长时间悬挂在空中，作业中遇突发故障，应采取措施将重物降落到安全地方，并关闭发动机或切断电源后进行检修。在突然停电时，应立即把所有控制器拨到零位，断开电源总开关，并采取措施使重物降到地面。

l. 起重机的吊钩和吊环严禁补焊。当吊钩、吊环表面有裂纹、严重磨损或危险断面有永久变形时应予更换。

②防止高空坠落和高处落物伤人的措施

a. 防止高处坠落，操作人员在进行高处作业，必须正确使用安全带。安全带一般应高挂低用，即将安全带绳端挂在高的地方，而人在较低处操低。

b. 在高处安装构件时，要经常使撬杠校正构件的位置，这样必须防止因撬杠滑脱而引起的高空坠落。

c. 在雨季、冬季里，构件上常因潮湿或积有冰雪而容易使操作人员滑倒要采取清扫积雪后再安装，高空作业人员必须穿防滑鞋方可操作。

d. 高空操作人员在脚手板上通行时，应该思想集中，防止踏上探头板而从高空坠落。

e. 地面操作人员必须戴安全帽。

f. 高空操作人员使用的工具及安装用的零部件，应放入随身佩带的工具袋内，不可随便向下丢掷。

g. 在高空用气割或电焊切割时，应采取措施防止割下的金属或火花落下伤人。

h. 地面操作人员，尽量避免在高空作业的正下方停留或通过，也不得在起重机的吊杆和正在吊装的构件停留或通过。

i. 构件安装后，必须检查连接质量，无误后，才能摘钩或拆除临时固定工具，以防构件掉下伤人。

j. 设置吊装禁区，禁止与吊装作业无关的人员入内。

③防止触电的安全措施

a. 现场电气线路和设备应有专人负责安装、维护和管理，严禁非电工人员随意拆改。

b. 现场各种电线接头、开关应装入开关箱内。用后加锁，停电必须拉下电闸。

c. 电焊机的电源线长度不宜超过 5 m，并必须架高。电焊机手把线的正常电压，在用交流电工作时为 60～80 V，要求手把线质量良好，如有破皮情况，必须及时用胶布严密包扎。电焊机的外壳应该接地。电焊线如与钢丝绳交叉时应有绝缘隔离措施。

d. 各种用电机械必须有良好的接地或接零。接地线应用截面不小于 25 mm^2 的多股软裸铜线和专用线夹。不得用缠绕的方法接地和接零。同一供电网不得有的接地，有的接零。使用手操式电动工具应戴绝缘手套站在绝缘台上。手持电动工具必须装设漏电保护装置。使用行灯电压不得超过 36V。

e. 在雨天或潮湿地点作业的人员，应穿戴绝缘手套和绝缘鞋。

f. 电气设备不得超铭牌运行。

(5)特别安全注意事项

①要在职工中牢牢树立起安全第一的思想，认识到安全生产的重要性，做到每天班前教育，班中检查，班后总结。

②进入施工现场必须戴安全帽，高空作业必须系好安全带，穿防滑绝缘鞋。

③吊装前要仔细检查索吊具是否符合规格要求，是否有损伤，所有起重指挥及操作人员必须持证上岗。

④高空作业人员应符合高空施工体质要求，定期检查身体。

⑤高空作业人员应佩戴工具袋，工具应放在工具袋中不得放在易失落的地方，所有手动工具(如手锤、扳手、撬棍等)应穿上绳子套在安全带或手腕上，防止失落伤及他人。

⑥钢结构是良好导电体，四周应接地良好，施工用的电源线必须是橡胶护套电缆线，所有电动设备应装漏电保护开关，严格遵守安全用电操作规程。

⑦高空作业人员严禁带病作业，禁止酒后作业，并做好防暑降温工作。

⑧风力超过 6 级或雷雨时应禁止吊装，夜间吊装必须保证足够的照明，构件不得悬空过夜，特殊情况时应报主管领导批准，并采取可靠的安全防范措施。

⑨易燃物品应妥善保管，严禁在明火附近作业、吸烟。

(6)作业时必须确定吊装区域，并设警戒标志，必要时派专人监护。

6. 合同保证措施

保持总进度控制目标与合同总工期相一致。供货、供电、运输、构件加工等合同对施工项目提供服务配合的时间与有关进度控制目标相一致，相协调。

7. 信息管理措施

建立监测、分析、调整、反馈进度实施过程的信息流动程序和信息管理工作制度，以实现连续地动态地全过程进度目标控制。

8. 总承包与监理和设计的配合措施

(1)总承包与监理的配合措施

①在施工过程中，严格按照以业主及监理工程师批准的“施工大纲”，施工组织设计，进行质量管理，在班组“自检、互检、交接检”和质量部门专检和上，接受监理的验收和检查，并按照监理的要求予以整改。

②责成工程供方贯彻已经建立的质量控制、检查、管理制度，并据此对工程供方进行质量预控，确保产品达到优质。总包单位对整个工程的质量负有最终责任，任何工程供方的失职均视为总包单位工作的失误，所以要坚决杜绝施工现场的任何工程供方不服从监理工作的不正常现象发生，使监理工程师的指令得到全面的执行。

③所有进入现场成品、半成品、设备、材料、器具均主动向监理工程师提交产品合格证或质量保证书，应按照规定使用前进行物理化学试验的材料，主动递交检测结果报告，使所使用的材料、设备不给工程造成浪费。

④按部位或分项工序检验的质量，严格执行“上道工序不合格，下道工序不施工”的原则，使监理工程师能顺利地开展工作。对可能出现的意见不一致的情况，遵循“先执行监理的指导后予以磋商统一”的原则，在现场质量管理工作中，维护好监理工程师的权威性。

(2)与设计单位的配合措施

①严格按照施工图纸进行施工，未经设计同意不事先变更设计。

②开工前，应与设计单位进行联系，进一步了解设计意图及工程要求，根据设计意图提出施工方案，包括施工中可能出现的各种结构施工情况，协助设计完善施工图设计。

③主持施工图审查，协助甲方会同设计、工程物资供方提出建议，完善设计内容和设备物资选型。

④对施工中出现的情况，除按现场设计、监理的要求及时处理外，还应积极修正设计可能出现的失误，会同业主、设计、监理等部门按照总进度与整体效果要求，先做样板段，进行验收检查评定满足设计要求后，普遍进行施工，最后进行部位验收、中途质量验收、竣工验收。

⑤根据业主指令，组织设计方参加机电设备、装饰用料、卫生洁具等的检查验收。

⑥对施工中出现的问题，及时向业主、监理汇报，并向设计提出咨询意见，办理有关设计变更后方进行施工。

第八章　建筑起重机械设备安装、拆除作业方案

建筑起重机械设备，是指房屋建筑工程和市政工程施工现场使用的塔式起重机、移动式起重机、施工升降机、物料提升机等各类起重机械设备。随着基础建设规模的加大，高层建筑物数量和层数不断增多，建筑物的结构更加趋于复杂，为建筑起重机械设备提供了一个飞速发展的空间。基于起重机械设备具有非常良好的起重和吊装的技术性能，建筑施工企业对起重机械设备的拥有率和使用率呈逐年攀升的趋势。其安装、拆除作业专业性强、危险性大，属特种作业。从事作业的人员必须按照国家有关规定经过专门的安全技术培训，取得岗位证书，方可上岗作业。

建筑起重机械设备安拆过程是伤亡事故和设备事故多发的作业环节，是安全管理的重要监控对象，因而加强其安装、拆除过程的安全管理是非常有必要的。

第一节　塔式起重机安装、拆除工程

塔式起重机机体庞大、重心高、稳定性能差、连接部位环节多，大量的安装拆除作业需要在高空进行，而且是多方位、多层次的交叉作业，各项工作又互相牵连、互相制约，必须有周密的组织和协调、严格的纪律和科学的作业程序，所以在安装拆除之前，必须编制有针对性的安装、拆除专项作业方案。

一、塔式起重机的安装、拆除作业方案概述

塔式起重机安装、拆除作业前，安装队技术人员依据国家、行业等有关标准，结合现场考察情况和设备本身的结构特点，按照机械使用说明书的规定要求制定安装、拆除作业方案。如无使用说明书且工程作业难度较大、作业条件复杂、状况危险的，其方案应由上一级的技术人员或技术负责人编制。

塔式起重机的安装和拆除方案应是安装、拆除作业过程中的指导性文件，必须针对机械特点和现场实际具有指导性，并经上一级专业技术负责人审批确认符合要求后方可实施。施工中未经审批人许可不得随意改变原方案和措施。

二、安装方案编写内容

塔式起重机的安装方案主要内容应包括：

(一)编制依据

1.塔机主要参数包括型号、最大起重量、最大和最小幅度、首次安装及最终安装高度、最大起重力矩和臂长、分部单体重量等。

2.工程施工组织设计、平面布置图及现场地质情况。

3.《塔式起重机使用说明书》、《安、拆说明书》、《部件安装图》、《电器原理图及说明》等技术

资料。

4.《塔式起重机安全规程》(GB 5144－2006)、《塔式起重机操作使用规程》(JG/T 100)。

(二)工程基本情况

工程的基本情况中应把工程位置、结构型式、高度、长度、宽度及现场状况(现场地形、道路及交通运输情况、周围环境、构筑物布局、管道及电气线路分布)等具体情况详尽地介绍清楚,要有简明准确的现场平面布置图。其安装位置应考虑拆除作业的具体作业环境来确定。

(三)安拆作业队伍的组成

塔式起重机械设备的安装、拆除作业队伍的总人数应根据安拆作业的实际内容和工艺要求确定,主要由起重指挥(信号工)、司索、司机、钳工、焊工、电工等组成,原机操作人员和辅助拆装的起重机、运输汽车的驾驶员为配合人员,还要配备机械或电气技术人员,由安装队队长统一领导,安排要合理,尽可能发挥每个人的专业特长,使大家能协同作战,体现整体作业的能力。

由于安拆作业很多是在高空进行,作业面狭窄,不允许人员过多,要求队伍精干。分工明确、各就其位、都能胜任岗位职责,因此,专业队伍的人员要相对固定,不宜轻易变动,使之形成操作熟练、配合默契的作业群体。只有这样,才能快速、安全地完成安拆任务。

(四)安装前的准备工作

1. 现场勘察运输道路和安拆场地

要求施工单位清理出安拆作业必须的场地,并平整夯实;清除影响安拆作业的地面和空间一切障碍物;设置好专用电源的配电箱;察看塔机进出场的道路情况,选择最佳的行车路线,行车路线的空间如有架空电线等障碍时,要采取防护措施,保证行车安全。

2. 基础的检查

由塔机使用单位与安装单位技术负责人根据项目部的基础处理情况对塔机基础进行检查验收。

(1)固定式混凝土基础应符合下列要求:

①混凝土强度等级不低于 C35,并应能承受工作状态和非工作状态下的最大载荷和塔机抗倾翻稳定性的要求。

②基础表面平整度允许偏差 1‰。

③埋设件的位置、标高和垂直度以及施工工艺符合出厂说明书要求。

④基础周围应修筑边坡和排水设施,并应与基坑保持一定安全距离。

(2)轨道式基础应符合下列要求:

①轨道应通过垫块与轨枕可靠地连接,每间隔 6 m 应设一个轨距拉杆。钢轨接头处应有轨枕支承,不应悬空,轨枕之间应填满碎石。

②轨距允许误差不大于公称值的 1‰,其绝对值不大于 6 mm。

③塔机安装后,轨道顶面纵横方向上的倾斜度,对于上回转塔机应不大于 3‰,对于下回转塔机应不大于 5‰。在轨道全程中,轨道顶面任意两点地高度差应小于 100 mm。

④钢轨接头间隙不大于 4 mm,与另一侧钢轨接头的错开距离不小于 1.5 m,接头处两轨顶高度差不大于 2 mm。

⑤距轨道终端 1 m 处必须设置缓冲止挡器,其高度不应小于行走轮的半径。在距轨道终端 2 m 处必须设置限位开关碰块。

⑥鱼尾板连接螺栓应紧固,垫板应固定牢靠。

3. 塔式起重机安装前的检查

在安装作业开始前，应进行一次全面检查，检查内容如下：

(1)路基和轨道铺设或混凝土基础应符合技术要求。

(2)对所安装塔机的各机构、各部位结构焊缝，重要部位螺栓、销轴、卷扬机构和钢丝绳、吊钩、吊具以及电气设备、线路等进行检查，使隐患排除于安装作业之前。

(3)对自升塔式起重机顶升液压系统的液压缸和油管、顶升套架结构、导向轮、顶升撑脚爬爪等进行检查，及时处理存在的问题。

4. 安装机具的准备应列清单，并配以相应吊具。

5. 检查安装作业中配备的起重机、运输汽车等辅助机械，状况应良好，技术性能应保证安装作业的需要。

6. 对安装人员所使用的工具、安全带、安全帽等进行检查，不合格者立即更换。

7. 安全监督岗的设置及安全技术措施的贯彻落实已达到要求。

(五)安拆作业方法、程序和安全技术要求

这是作业方案的核心。编制前应认真调查研究、分析对比，然后结合现场实际情况进行编制。作业方法、程序和安全技术要求以该机说明书及有关技术标准、工艺规程等作为主要依据。过去积累的历次装拆记录，也是编制中的重要参考资料。

1. 作业方法和程序基本内容

(1)绘制作业程序图。根据建筑物的立面图及有关层次的楼层结构图绘制作业程序图。图上应标明塔机与建筑物的相对标高，如外附应标明附着层次、内爬应标明框架安装层次。按照作业程序图排好时间进度表，以便掌握作业时间。并将程序图及进度表抄送施工单位，以便预埋件的设置能符合作业进度的需要，必要时应会同设计单位校核节点强度。

(2)制定安装作业程序。按照该机说明书及拆装工艺中规定的安拆程序。制定安装作业程序。一般自升式塔式起重机的安装程序是：铺设轨道基础或固定基础→安装行走台车及底架→安装塔身基础节和两个标准节→放置压重→安装顶升套架和液压顶升装置→组拼安装转台、回转支撑装置、承座及过渡节→安装塔帽和驾驶室→安装平衡臂并加一块平衡重→安装起重臂和起重小车→安装平衡重→穿绕起升钢丝绳→顶升接高标准节最多到独立高度。

塔式起重机拆卸程序是安装的逆过程。

2. 安拆作业安全技术要求

(1)起重机的安、拆作业应在白天进行。当遇大风、浓雾和雨雪等恶劣天气时，应停止作业。

(2)指挥人员应熟悉安、拆作业方案，遵守安、拆工艺和操作规程，使用正确的指挥信号进行指挥。所有参与安拆作业的人员，都应听从指挥，如发现指挥信号不清或有错误时，应停止作业，待联系清楚后再进行。

(3)安拆人员在进入工作现场时，应正确穿戴安全防护用品，高处作业时应系好安全带。熟悉并认真执行安、拆工艺和操作规程，当发现异常情况或疑难问题时，应及时向技术负责人反映，不得自行其是，应防止处理不当而造成事故。

(4)在安、拆上回转、小车变幅的起重臂时，应根据出厂说明书的安、拆要求进行，并应保持起重机的平衡。

(5)采用高强度螺栓连接的结构，应使用国家标准的等级螺栓；连接螺栓时，应采用扭矩扳手或专用扳手，并应按装配技术要求拧紧。

(6)在安、拆作业过程中,当遇天气剧变、突然停电、机械故障等意外情况,短时间不能继续作业时,必须使已安、拆的部位达到稳定状态并固定牢靠,经检查确认无隐患后,方可停止作业。

(7)安装起重机时,必须将大车行走缓冲止档器和限位开关碰块安装牢固可靠,并应将各部位的栏杆、平台、扶杆、护圈等安全防护装置装齐。

(8)在拆除因损坏或其他原因而不能用正常方法拆卸的起重机时,必须按照专业技术负责人批准的安全拆卸方案进行。

3. 塔身升降作业安全技术要求

(1)液压系统

①液压油必须符合原厂说明书规定的品种、标号。如代用时其各项性能必须与原品种、标号相同或相近,不得随意代用,也不得两种不同品种的液压油掺和使用。

②必须保证液压油和液压系统的清洁,不得有灰尘、水分、金属屑和锈蚀物等杂质。油箱中的油量应保持正常油面。换油时应彻底清洗液压系统,加入新油必须过滤。盛装液压油的容器必须保持清洁,容器内壁不得涂刷油漆。

③液压油管接头应牢固避震,软管应无急弯或扭曲,不得与其他管道或物件相碰和摩擦。

④液压泵的出入口和旋转方向应与标牌一致。拆装联轴器时不得敲打。

⑤液压缸的软管连接不得松弛,各阀的出入口不得装反,法兰螺丝按规定预紧力拧紧。液压缸与平衡阀间严禁软管连接。

⑥在低温和严寒地带起动液压泵时,应使用加热器提高油温,待运转灵活后再开始作业。液压油的工作温度在 30～60 ℃的范围内,最高不超过 60 ℃。

⑦在液压泵启动和停止时,应使溢流阀卸荷,溢流阀的调整压力不得超过液压系统的最高压力。

⑧当开启放气阀或检查高压系统泄漏时,不得面对喷射口的方向。

⑨高压系统发生微小或局部喷泻时,应立即卸荷检修,不得用手去检查或堵挡喷泻。

⑩液压系统的各部连接密封必须可靠,无渗漏,连锁装置必须校准。液压系统发生故障或事故时,必须卸荷后方可检查和调整。

(2)升降作业过程,必须有专人指挥,专人照看电源,专人操作液压系统,专人拆装螺栓,非作业人员不得登上顶升套架的操作平台,操纵室内应只准一人操作,必须听从指挥信号。

(3)升降应在白天进行,特殊情况需在夜间作业时,应有充分的照明。

(4)风力在 4 级及以上时,不得进行升降作业。在作业中风力突然增大达到 4 级时,必须立即停止,并应紧固上、下塔身各连接螺栓。

(5)顶升前应预先放松电缆,其长度宜大于顶升总高度,并应紧固好电缆卷筒,下降时应适时收紧电缆。

(6)升降时,必须调整好顶升套架滚轮与塔身标准节的间隙,并应按规定使起重臂和平衡臂处于平衡状态,并将回转机构制动住,当回转台与塔身标准节之间的最后一处连接螺栓(销子)拆卸困难时,应将其对角方向的螺栓重新插入,再采取其他措施。不得以旋转起重臂动作来松动螺栓(销子)。

(7)升降时,顶升撑脚(爬爪)就位后,应插上安全销,方可继续下一动作。

(8)升降完毕后,各连接螺栓应按规定扭力紧固,液压操纵杆回到中间位置,并切断液压升降机构电源。

4.起重机的附着锚固作业安全技术要求

(1)起重机附着的建筑物,其锚固点的受力强度应满足起重机的设计要求。附着杆系的布置方式、相互间距和附着距离等,应按出厂说明书规定执行;有变动时,应另行设计。

(2)装设附着框架和附着杆件,应采用经纬仪测量塔身垂直度,并应采用附着杆进行调整,在最高锚固点以下塔身轴线对支承面垂直度允许偏差不得大于2‰。

(3)在附着框架和附着支座布设时,附着杆倾斜角不得超过10°。

(4)附着框架宜设置在塔身标准节连接处,箍紧塔身。塔架对角处在无斜撑时应加固。

(5)塔身顶升接高到规定锚固间距时,应及时增设与建筑物的锚固装置。塔身高出锚固装置的自由端高度,应符合出厂说明书的规定。

(6)起重机作业过程中,应经常检查锚固装置;发现松动或异常情况时,应立即停止作业。故障未排除,不得继续作业。

(7)拆卸起重机时,应随着降落塔身的进程拆卸相应的锚固装置。严禁在落塔之前先拆所有的锚固装置。

(8)遇有4级及以上大风时,严禁安装或拆卸锚固装置。

(9)锚固装置的安装、拆卸、检查和调整,均应有专人负责,工作时应系安全带和戴安全帽,并应遵守高处作业有关安全操作的规定。

(10)轨道式起重机作附着式使用时,应提高轨道基础的承载能力和切断行走机构的电源,并应设置阻挡行走轮移动的支座。

5.起重机内爬升作业安全技术要求

(1)内爬升作业应在白天进行。风力在5级及以上时,应停止作业。

(2)内爬升时,应加强机上与机下之间的联系以及上部楼层与下部楼层之间的联系。遇有故障及异常情况,应立即停机检查。故障未排除,不得继续爬升。

(3)内爬升过程中,严禁进行起重机的起升、回转、变幅等各项动作。

(4)起重机爬升到指定楼层后,应立即拔出塔身底座的支撑梁或支腿,通过内爬升框架固定在楼板上,并应顶紧导向装置或用楔块塞紧。

(5)内爬升塔式起重机的固定间隔不宜小于3个楼层。

(6)对固定内爬升框架的楼层楼板,在楼板下面应增设支柱作临时加固。搁置起重机底座支承梁的楼层下方2层楼板,也应设置支柱作临时加固。

(7)每次内爬升完毕后,楼板上遗留下来的开孔,应立即采用混凝土封闭。

(8)起重机完成内爬升作业后,应检查内爬升框架的固定、底座支承梁的紧固以及楼板临时支撑的稳固等。确认可靠后,方可进行吊装作业。

(六)安装过程中的注意事项及安全防护措施

1.注意事项

(1)全体作业人员必须持有效证件上岗,未取证人员一律不得参与。

(2)全体作业人员必须听从总指挥的统一指挥,总指挥必须听从技术人员的技术指导,接受安全监护人员的安全监督。

(3)所有作业吊车司机必须严格遵守安全操作规程。

(4)工作中集中精力,不得随意开玩笑和打闹。

(5)作业现场及行车道路存在的杂物要清理完。

(6)作业过程中所有作业人员一定要团结协作,互相监督。

(7)安装时要与项目部紧密配合,共同完成任务。

(8)吊车指挥人员应熟悉吊车起重性能、吊物的起重量以及构件安装部位。

(9)指挥人员应使用国家规定标准信号。

(10)作业现场应禁止闲杂人员的进出,临街作业时,要采取临时保护措施。

(11)在安装期间要注意环境保护问题。油手套不要乱丢,润滑油不要洒落地上。

2. 安全防护措施

除了具体的安全措施外,还要考虑在非正常情况下的安全措施,如高温、严寒、雨雪的恶劣气候条件下的作业等。安全措施应具体明确,切实可行,并落实到人。还要设置安全监督员,监督安全措施的执行。具体措施主要包括下面几项内容:

(1)安装作业人员要求穿工作服,穿防滑绝缘鞋,严禁酒后作业。

(2)塔机安装作业现场要求用防护绳圈起,划定作业区,设专人监护,严禁非作业人员入内,现场安全由安全员负责。

(3)上下交叉作业时,要注意工具和零部件放置位置必须安全可靠,防止坠落伤人。

(4)安装作业现场严禁与土建施工作业人员进行交叉作业。

(5)现场作业供电设总闸箱,配置相适应的漏电保护器。

(6)作业时,作业人员必须佩戴安全帽,登高人员必须穿防滑鞋,高空作业人员要系好安全带。

(7)大件物品起重高度超过 2 m 要系拖拉绳。

(8)所用吊绳必须符合安全规定,所吊构件重心必须准确,符合说明书的要求。

(9)组装的总成件及附属装置必须按规定上足所有的螺栓及销,确保使用的安全性。

(10)凡大雨、大雪、大雾、大风(风力达 4 级)等天气禁止安装、拆除作业。

(11)塔机安装作业要在白天进行,夜间工作必须有足够的照明灯光。

(12)塔机的平衡臂和起重臂要一气安装完成,不要只安装平衡臂就终止作业。

(13)塔机顶升时必须设专人照看电源。当作业过程中发生停电或电压下降时,要立即将控制器扳到零位,并切断电源。如吊钩上挂有重物时要稍松稍紧反复使用制动器,使重物缓慢地下降到安全地带。

3. 顶升作业前应注意的事项

(1)顶升前把要加的标准节一个个摆在大臂下面。

(2)调整好爬升架导向轮与塔身之间的间隙,以 2～3 mm 为宜。

(3)放松电缆长度略大于总的爬升高度。

(4)在油缸开始运动前,必须检查顶升横梁是否处在正确位置。

(5)顶升前进行试运转,正常后方可进行升塔或降塔。

4. 顶升作业中应注意事项

(1)油缸开始运动前,必须检查顶升横梁是否处在正确位置,顶升上部是否处于平衡位置。否则应加以调整,使塔身前后两边平衡。(调整方法:调整小车的位置,使得塔机的上部重心落在顶升油缸的位置上。实际操作中,观察到爬升架上四角导向轮基本上与塔身标准节弦杆脱开时,即为理想位置。)

(2)爬升操作中,吊臂不能旋转,油缸始终处于规定压力。

(3)只允许单独动作,严禁爬升与其他动作同时进行。

(4)当爬升套架与塔身标准节脱离后,禁止起吊重物。

(5)顶升过程中起重臂应保持在正前方位置(引进标准节方为前方)。

(6)顶升过程中,回转机构必须处于有效的制动状态。

(7)若连续加节,每加完一节后,用塔身自身起吊下一标准节前,塔身标准节和下支座之间的高强度螺栓要全部拧紧。

(8)所加的标准节必须与已有的塔身标准节对齐。

5. 顶升作业完毕应注意事项

(1)加节完毕,应旋转臂架至不同的角度,检查塔身节各接头高强度螺栓的拧紧情况。重点检查下支座与塔身连接螺栓的紧固情况,哪一塔身主弦杆位于平衡臂正下方,就把主弦杆从上到下的螺栓拧紧。

(2)塔机加节完毕,将爬升架下降到塔身底部并加以固定,以降低整个塔机的重心和减少迎风面积。

(3)塔机加节完毕,将操作手柄置于零位,并切断液压系统电源。

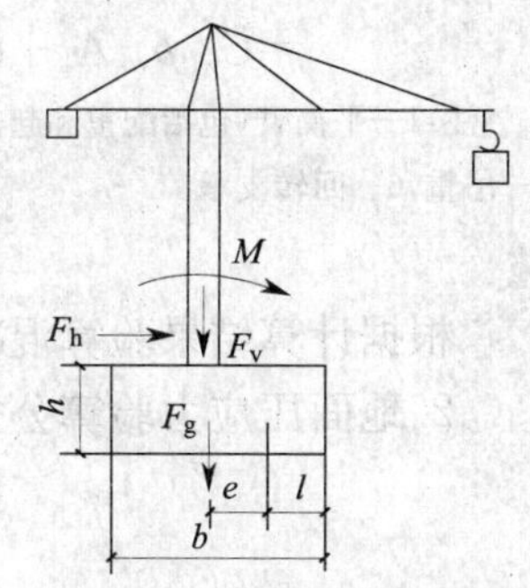

图 8—1　抗倾翻稳定性计算简图

(七)塔式起重机地耐力计算

固定式塔式起重机使用的混凝土基础应满足抗倾翻稳定性和强度条件。

1. 混凝土基础的抗倾翻稳定性验算公式:

$$e=\frac{M+F_h\cdot h}{F_vF_g}\leqslant\frac{b}{3} \tag{8—1}$$

式中　e——偏心距,即地面反力的合力至基础中心的距离(m);

M——作用在基础上的弯矩(N·m);

b——基础的宽(m);

h——基础的高(m);

F_v——作用在基础上的垂直载荷(N);

F_h——作用在基础上的水平载荷(N);

F_g——混凝土基础的重力(N)。

$$M=(M_{吊臂}+M_{额定})-(M_{平衡臂}+M_{平衡重}) \tag{8—2}$$

$$F_h=F_w=C_wp_wA \tag{8—3}$$

式中　F_w——作用在塔式起重机上和物品上的风载荷(F_{w1},F_{w2})(N);

C_w——风力系数,根据结构在设计规范上选取;

P_w——计算风压(Pa);

A——垂直于风向的迎风面积(m²)。

(1)在空旷地区,离地面高度 10 m 处的风压与风速的关系可按公式(8—4)计算

$$P_w=0.613v_w \tag{8—4}$$

式中　P_w——计算风压(Pa);

v_w——风速(m/s)。

(2)工作状态计算风压分为两种:P_{w1}、P_{w2}。

P_{w1}是正常工作状态计算风压,用于选择电动机功率的阻力计算和机械零部件的疲劳强度和发热验算,$P_{w1}=150$ Pa。

P_{w2}是工作状态最大计算风压,用于计算机构零件和金属结构的强度、刚度和稳定性,验

算传动装置过载能力和整体抗倾翻稳定性，$P_{w2}=250$ Pa。

特殊情况下，如特殊用途或用于风力较大地区，可按用户与制造厂协议规定更高的计算风压值。

在确定载荷组合时假定风载荷是作用在最不利位置上。

$$F_h=F_w=C_w p_w A$$
$$=C_{w1}p_{w1}A_1+C_{w2}p_{w2}A_2+C_{w3}p_{w3}A_3+C_{w4}p_{w4}A_4+C_{w5}p_{w5}A_5+C_{w6}p_{w6}A_6$$

注：1—平衡臂（包括配重和起升机构及配电箱），2—塔身（包括塔帽和套架），3—起重臂（包括小车和吊钩），4—驾驶室，5—吊重，6—回转支承。

$$F_v=G_{自重}+P_{Q额定}$$

根据计算结果验算混凝土基础的抗倾翻稳定性是否符合要求。

2. 地面压应力验算公式：

$$P_B=\frac{2(F_v+F_g)}{3bl}\leqslant[P_B] \tag{8—5}$$

式中 P_B——地面计算压应力（Pa）；

$[P_B]$——地面许用压应力，由实地勘探和基础处理情况确定，一般按国家强制性设计规范取$[P_B]=2\times10^5\sim3\times10^5$ Pa。

（八）附着式塔式起重机的附着计算

塔式起重机附着（锚固）装置的构造、内力和安装要求在使用说明书中均有叙述，因此，在塔机安装和使用中，使用单位按要求执行即可，不需再进行计算。只有在当塔机安装位置至建筑物距离超过使用说明书规定，需增长附着杆（支承杆），或附着杆与建筑物连接的两支座间距改变时，需进行附着计算。

三、塔机安装自检验收、检测及登记

塔式起重机安装活动结束后，安装单位应严格按照安全技术规范的要求对本机进行整机技术检验和调整。各机构动作应正确、平稳、无异响，制动可靠，各安全装置应灵敏有效。在无载荷情况下，塔身和基础平面的垂直度允许偏差为 4/1 000。整机检验合格后，安装单位结合工程项目部对塔机进行检验验收，既是安装单位的自检也是项目部对塔机安装完毕的确认。

自检合格后，使用单位、施工单位会同安装单位、产权单位对其进行核验或向国家有关部门核准的起重机械设备检验检测单位申请监督检验，经相关人员签字并盖章进行确认，合格后方可使用，并于 30 日内将上述相关资料报至当地建设行政主管部门进行登记。

有下列情况之一，起重机械设备使用单位应当组织有关单位对设备检查验收，并向起重机械设备检验机构提出检验申请。未进行检验或检验不合格的起重机械设备不得使用。

1. 连续正常使用 2 年，继续使用前。

2. 正常安装使用后，不是由于设备原因停止使用 6 个月以上，重新启用前。

四、拆除方案的编写内容

塔式起重机拆除作业是在工程完工或主体结顶后进行的，因此其作业环境及场地发生了很大变化，所以必须有针对性的对拆除工作编制作业方案。塔式起重机拆除资质也必须能满足所拆除塔机的要求。作业队伍当接到拆除申请后，要组织技术人员对现场进行考察，充分了解现场情况和塔机状况。对新型号的塔机，工况复杂危险或事故塔机的拆除，要由高一级的技术人员或专业技术负责人编制方案，其内容与安装方案所包括的内容相同，只是拆除的工艺程序逆向进行编制。拆除作业比安装作业危险性大，安全技术交底工作要详细、及时。

在实施作业前应下达安全技术交底。由专业技术人员依据拆除方案的要求，针对具体项目和措施向全体作业人员进行书面交底，拆除负责人、安全员和交底人要本人签字。

五、安装、拆除作业安全技术交底

在实施作业前应下达安全技术交底。塔式起重机安拆作业前由专业技术人员依据装拆方案的要求，针对具体项目和措施向全体作业人员进行书面交底，作业 负责人、安全员和交底人要本人签字。

（一）装拆作业安全技术交底

装拆作业安全技术交底应主要包括：

1. 学习讨论方案的全部内容。

2. 安拆过程中的安全注意事项、质量要求与防护措施。

3. 安拆现场的安全防护措施。

4. 穿插作业中的注意事项与“三宝”利用。

5. 起重作业过程的主要注意事项。

6. 运输作业的注意事项。

7. 顶升、锚固作业的专项要求。

8. 作业人员的岗位职责及工种安全操作规程。

（二）对工程项目经理交底应

对工程项目经理交底应主要包括：

1. 基础处理技术要求

（1）为保证塔机正常使用，工程施工顺利进行，在塔机基础的施工过程中要严格按照设计要求以及相关规范进行施工。

（2）固定支腿周围钢筋数量不得减少和切断，主筋通过支腿有困难时，允许主筋避让。

（3）吊起装配好的固定支腿和塔机标准节整体，浇筑混凝土，在标准节的两个方向的中心线上挂铅垂线，保证预埋后标准节中心线与水平面的垂直度偏差不大于 1.5‰。

（4）质检员要对整个施工过程进行跟踪监督、检查，发现问题及时纠正。

2. 现场应提供的安全防护措施。

3. 顶升作业和附着锚固作业的安全技术要求。

4. 使用过程中的安全注意事项及安全使用要求。

六、应急救援预案

为了减少或预防在塔机安装拆除过程中潜在的安全事故隐患或紧急情况带来的安全事故的发生，以便对可能出现的重大事故或紧急情况进行预防和控制，要制定专项的应急救援预案。内容应包括以下几个方面：

（一）塔机安装拆除作业队伍所属单位应建立应急准备管理体系，成立以一把手为核心的应急小组，小组成员由各个职能处室和相关的生产班组长组成；

（二）单位指挥中心，注明联系电话；

(三)单位应急反应组织机构框架图；

(四)应急响应；

(五)具体的安全事故及紧急状态的应急准备与响应措施。

第二节　施工升降机安装、拆除工程

施工升降机也称外用电梯(即人货两用电梯或施工电梯)，是一种采用齿轮、齿条啮合的方式或钢丝绳提升方式，使吊笼做垂直或倾斜运动，用以输送人员和物料的机械。电是高层施工中必备的垂直运输设备，主要应用于建筑施工与维修，还可作为仓库、码头、船坞、高塔等长期使用的垂直运输机械。施工升降机有单笼和双笼之分，属于起重类机械，所以在安装拆除之前，必须编制有针对性的安装拆除专项作业方案。

一、施工升降机的安装、拆除作业方案概述

施工升降机安拆作业前，安装队技术负责人依据国家、行业等有关标准，结合现场工作环境及辅助设备情况，按照机械使用说明书的规定要求编制安装拆除方案。该方案是安装拆除作业过程中的指导性文件。

方案必须针对机械特点，对现场实际操作具有指导性，并经上一级专业技术负责人审批确认，符合要求后方可实施。施工中未经审批人许可不得随意改变原方案和措施。

二、安装方案编写内容

方案主要内容应包括：

(一)编制依据

1. 施工升降机主要参数，包括型号、额定载重量、标准节长度及重量、外笼重量、对重重量、安装高度、附墙架型式等。

2. 工程施工组织设计、平面布置图及现场地质情况。

3. 施工升降机使用说明书。

4.《施工升降机》(GB/T 10054－2005)、《施工升降机安全规程》(GB 10055－2007)、《建筑施工安全检查标准》实施细则和《建筑安装工人安全技术操作规程》等。

(二)工程基本情况

包括工程位置、结构、高度及现场状况。现场地形、道路及交通运输情况，周围环境，管道及电气线路分布等，要有简明准确的现场平面布置图，其安装位置应考虑拆除作业。

(三)安拆作业队伍的组成

安拆作业队伍的总人数应根据安拆作业的实际内容和工艺要求确定，主要由起重工、电工、电气焊工等组成，辅助拆装的起重机、运输汽车的驾驶员为配合人员，还要配备机械或电气技术人员，由安装队队长统一领导，安排要合理，尽可能发挥每个人的专业特长，使大家能协同作战，体现整体作业的能力。

由于安拆作业很多是在高空进行，作业面狭窄，不允许人员过多，要求队伍精干、分工明确、各就其位、都能胜任岗位职责，因此，专业队的人员要相对固定，不宜轻易变动，使之形成操作熟练、配合默契的作业群体。只有这样，才能快速、安全地完成安拆任务。

(四)安装前的准备工作

1. 现场勘察运输道路和拆装场地

要求施工单位清理出拆装作业必须的场地，并平整夯实；清除影响装拆作业的地面和空间一切障碍物；设置好专用电源的配电箱；察看施工升降机进出场的道路情况，选择最佳的行车路线，行车路线的空间如有架空电线等障碍时，要采取防护措施，保证行车安全。

2. 基础的检查

由施工升降机使用单位与安装单位技术负责人根据项目部的基础处理情况对基础进行检查验收。

应查阅试块试验报告或用回弹法确定混凝土基础强度，必须能够承受工作状态和非工作状态下的最大荷载，并能满足起重机的稳定性要求，其承载能力应大于 0.15 MPa。地脚螺栓的数量及位置必须正确、可靠，基础表面平整度允许偏差为 10 mm，并应有排水措施。

3. 施工升降机安装前的检查

在安装作业开始前，应进行一次全面检查，清点零部件的数量，检查内容如下：

(1)对各机构、各部位、结构焊缝、齿轮、导轨架、手摇卷扬机等进行检查，发现问题应立即解决。

(2)对钢丝绳和吊具进行检查，看是否合乎要求，绳头连接是否可靠。

(3)对电气设备、线路及电气元件进行检查，看是否正常。

(4)安装施工升降机前应认真进行检修、保养，对变形件及时修复，必要时全机涂刷油漆。

4. 安装机具的准备应列清单，并配以相应吊具。常用机具有：大扳手、眼镜、大锤、手锤、大绳、摇臂、带滑轮钩、U 形吊索、吊索等。其中，吊索直径要经计算，一般可参照下述方法计算：

$$d=\sqrt{[K_1\cdot K_2\cdot K_3(Q/m)\cdot n]\cdot 1K}$$

式中　K_1——动载荷系数，一般取 $K_1=1.1$；

K_2——不均衡系数，一般取 $K_2=1.2\sim1.3$；

K_3——夹角 α 整定系数，一般按表 8－1 取；

n——吊索的安全系数，一般取 $n=6\sim10$，捆绑时用 8，吊点时用 6；

Q——设备重量(kg)；

m——吊索的分支数(系结根数)；

K——常数，为 52.5。

表 8－1　α 与 K_3 取值

α	0°	15°	30°	45°	60°
K_3	1	1.035	1.154	1.414	2

注意：在选吊索时，实际吊索直径可等于计算所得直径或大于计算所得直径，但不准将吊索直径往小选用。

(五)安装过程中的注意事项、安全要求及安全防护措施

1. 注意事项和安全要求

(1)安装前应先审核基础位置尺寸，基础中心距离建筑物的附着点应在所使用的附墙架允许尺寸范围内。

(2)安装场地应保持清洁干净并划定作业区域，禁止非工作人员入内。

(3)防止安装地点上方掉落物体，必要时应加安全网。

(4)安装过程中必须由专人负责，统一指挥。

(5)在安装导轨架时，一次吊装标准节的数量不得超过 6 节。

(6)利用吊杆进行安装时，不得超载，吊杆最大起升重量为 200 kg，吊杆只用于安装、拆卸升降机的零部件，不得用于其他起重用。

(7)吊杆有悬挂物时，不得启动升降机，并将急停开关关闭。

(8)放置在吊笼顶部的零件应放置平稳，不得露出安全栏外；升降运行时，人员的头、手绝不可露出安全栏以外。

(9)如果有人在导轨架上或附墙架上工作时，绝不允许开动升降机。当吊笼升起时禁止任何人进入外笼内。

(10)安装过程中操作升降机，必须将操纵盒拿到吊笼顶部，不允许在吊笼内操作，开车前必须鸣铃示警相互呼应。

(11)导轨架至 10 m 左右时，必须按说明书要求做一次坠落试验。检验防坠安全器是否安全可靠，以确保安全。坠落试验结束后防坠安全器必须复位。

(12)挂对重放钢丝绳时一定要考虑钢丝绳的重量，防止脱手造成事故。

(13)安装作业人员应按高空作业的安全要求，必须戴安全帽、系安全带、穿防滑鞋等，不要穿过于宽松的衣服，应穿工作服，以免被卷入运动部件中，发生安全事故。

(14)吊笼启动前，应进行全面检查，消除所有安全隐患。

(15)安装运行时，必须按升降机额定载重量装载，不允许超载运行。

2. 安全防护措施

(1)安装现场划定作业区，设专人监护，现场安全由安全员负责。

(2)作业现场严禁非作业人员入内。

(3)作业现场存在的杂物要清理完。

(4)现场作业供电设总闸箱和保护器。

(5)作业现场的一切车辆和人员应听从统一指挥。

(6)应防止安装地点的上方掉落物体，下面作业人员要戴好安全帽。

(7)作业过程中所有作业人员一定要团结协作，互相监护。

(8)安装时要与项目部紧密配合，共同完成任务。

(六)施工升降机安装程序及要求

1. 安装程序

制作基础—安装主机—对重就位—安装电缆并接通电源—安装调整下限位碰铁、下极限开关碰铁—安装导轨架同时安装附墙架及电缆保护架—安装对重装置中的天轮及钢丝绳—安装调整上限位碰铁及上极限开关碰铁—验收。

2. 各程序步骤要求

(1)安装主机时要先松开吊笼内电动机上的制动器，注意调整好导轨架的垂直度，保证导轨架的各个立管在两个相邻方向上的垂直度允许偏差为其高度的 0.5‰。

(2)调整外笼门框的垂直度不大于 1/1 000。

(3)现场供电箱距离升降机电源箱应在 20 m 以内。

(4)在进入安装工况前要保证各个安全控制开关能够有效地起作用，并且动作方向应与操纵盒上所示的方向一致。

(5)安装工况时若不挂对重，则应将断绳保护开关锁住。

(6)在挂对重时吊笼在达到最大的提升高度时,应保证对重离地面的距离大于 550 mm。

(7)下限位碰铁的位置,应调整在吊笼满载下行时,自动停止在碰到缓冲簧 100～200 mm。

(8)上极限碰铁应安装在吊笼越过上终端平台 150 mm 处。

(9)紧固所有碰铁上的螺栓,确保碰铁不移动。

(10)导轨架顶端自由高度、导轨架与附壁距离、导轨架的两附壁连接点距离和最低附壁点高度均不得超过说明书规定。

(11)验收时要反复进行调试,以确保所有的安全限位及工作机构灵敏有效、安全可靠。

(七)基础位置的选择及技术要求

1. 基础位置的选择

(1)基础中心与建筑物距离要根据附墙架形式确定。

(2)基础位置尽量选择在有阳台一侧。

(3)选择框架结构建筑物基础位置时基础中心应与建筑物立柱在同一剖面上。

(4)特殊结构建筑物或基础与建筑物之距离大于各型附墙架联结尺寸时要考虑设计制作辅助支架。

2. SC 型单笼升降机基础技术要求

(1)基础承受的载荷 P 近似计算:

P=(吊笼重＋外笼重＋导轨架总重＋载重＋对重重)×2.1

(2)混凝土基础板下地面的承载压力为 0.15 MPa。

(3)钢筋网:φ 8 钢筋,间距 200 mm。

(4)混凝土基础的体积为 3.5 m^3。

(5)地脚螺栓共 8 个,配 M24 螺母及垫圈。

3. SC 型双笼升降机基础技术要求。

(1)基础承受的载荷 P 近似计算:

P=(吊笼重＋外笼重＋导轨架总重＋载重＋对重重)×2.1

(2)混凝土基础板下地面的承载压力为 0.15 MPa。

(3)钢筋网:φ 8 钢筋,间距 200 mm。

(4)混凝土基础的体积为 5.7 m^3。

(5)地脚螺栓共 8 个,配 M24 螺母及垫圈。

(八)施工升降机附着技术要求

根据升降机的类型及与建筑物的位置关系确定附着支架的类型,并附上示意图,标上主要的尺寸。

附着的建筑物,其锚固点的受力强度应满足起重机的设计要求。附着杆系的布置方式、相互间距和附着距离等,应按出厂说明书规定执行,有变动时,应另行设计。附着、锚固装置的安装、拆卸、检查和调整,均应有专人负责,工作时应系安全带和戴安全帽,并应遵守高处作业有关安全操作的规定。

三、施工升降机安装自检验收、检测及登记

施工升降机安装活动结束后,安装单位应严格按照安全技术规范的要求对本机进行整机技术检验和调整。主要包括内容如下:

1. 金属结构：检查受力构件无变形、裂纹及严重锈蚀，附件、联结件螺栓和销轴等齐全紧固，护栏、平台、司机室连接牢固可靠，配重符合要求。

2. 传动机构：检查各机构应平稳无异响，制动器、离合器等灵活可靠，各润滑点润滑良好，油质、油位符合规定。

3. 绳、轮系统：检查钢丝绳的质量、规格、缠绕、固定等情况应符合规定，各部滑轮灵活可靠，磨损不超标。

4. 电气系统：电气系统应工作正常，各接线端子要求接触良好、可靠，控制操作灵活、可靠，电气安全装置齐全，配线符合规定。

5. 安全装置和保护装置：安全装置和保护装置要求齐全有效、灵活可靠。

6. 按照要求进行空载试验、额定载荷试验。

通过试运转发现的问题要及时处理，整机检验合格后，安装单位结合工程项目部对施工升降机进行检验验收，既是安装单位的自检也是项目部对安装完毕的确认。

自检合格后，使用单位、施工单位会同安装单位、产权单位对其进行核验或向国家有关部门核准的起重机械设备检验检测单位申请监督检验，经相关人员签字并盖章进行确认，合格后方可使用，并于 30 日内将上述相关资料报至当地建设行政主管部门进行登记。

有下列情况之一，起重机械设备使用单位应当组织有关单位对设备检查验收，并向起重机械设备检验机构提出检验申请。未进行检验或检验不合格的起重机械设备不得使用。

(1)连续正常使用 2 年，继续使用前。

(2)正常安装使用后，不是由于设备原因停止使用 6 个月以上，重新启用前。

四、拆除方案的编写内容

施工升降机拆除作业是在工程完工后进行的，因此其作业环境及场地发生了很大变化，所以必须有针对性的对拆除工作编制作业方案。作业队伍当接到拆除申请后，要组织技术人员对现场进行考察，充分了解现场情况和设备状况。对新型号的施工升降机，工况复杂危险或事故机的拆除，要由高一级的技术人员或专业技术负责人编制方案，其内容与安装方案所包括的内容相同，只是拆除的工艺程序逆向进行编制。拆除作业比安装作业危险性大，安全技术交底工作要详细、及时。

在实施作业前应下达安全技术交底。施工升降机安拆作业前由专业技术人员依据安拆方案的要求，针对具体项目和措施向全体作业人员进行书面交底，拆除负责人、安全员和交底人要本人签字。

五、安装拆除作业安全技术交底

在实施作业前应下达安全技术交底。施工升降机安拆作业前由专业技术人员依据装拆方案的要求，针对具体项目和措施向全体作业人员进行书面交底，安拆负责人、安全员和交底人要本人签字。

(一)安拆作业安全技术交底应主要包括：

1. 学习讨论方案的全部内容。

2. 安装拆除过程中的安全注意事项，安全要求与防护措施。

3. 安装拆除现场的安全防护措施。

4. 穿插作业中的注意事项与“三宝”利用。

5. 起重作业过程的主要注意事项。

6. 运输作业的注意事项。

7. 附着作业的专项要求。

8. 作业人员的岗位职责及工种安全操作规程。

(二)对工程项目经理交底应主要包括：

1. 基础处理技术要求：

(1)为保证施工升降机正常使用，工程施工顺利进行，在基础的施工过程中要严格按照设计要求以及相关规范进行施工。

(2)钢筋数量不得减少和切断，间距要符合要求。

(3)地基应浇筑混凝土基础，其承载能力应大于 0.15 MPa，地基上平整度允许偏差为 10 mm，并应有排水措施。

(4)技术负责人要对整个施工过程进行跟踪监督、检查，发现问题及时纠正。

2. 现场应提供的安全防护措施。

3. 使用过程中的安全注意事项及安全使用要求。

六、应急救援预案

为了减少或预防在施工升降机装拆过程中潜在的安全事故隐患或紧急情况带来的安全事故的发生，以便对可能出现的重大事故或紧急情况进行预防和控制，要制定应急救援预案。内容应包括以下几个方面：

1. 作业队伍所属单位应建立应急准备管理体系，成立以一把手为核心的应急小组，小组成员由各个职能处室和相关的生产班组长组成。

2. 单位指挥中心，注明联系电话。

3. 单位应急反应组织机构框架图。

4. 应急响应。

5. 具体的安全事故及紧急状态的应急准备与响应措施。

第三节　物料提升机安装、拆除工程

物料提升机是工程建设中应用较广泛的机械设备，它主要用来完成施工现场物料的垂直升降运输。随着技术的革新，限位及保险装置不断完善，已经具有良好的安全技术性能，已列为起重机械，对其管理也已经上升到起重设备管理范畴。物料提升机根据安装的高度分为低架物料提升机(提升高度 30 m 以下，含 30 m)和高架物料提升机(提升高度 30～67 m)两种；根据形式分为门式物料提升机和井架式物料提升机两种。门式物料提升机是以地面卷扬机为动力、由两根立柱与天梁和地梁构成门式架体的提升机，吊篮(吊笼)在两立柱中间沿轨道作垂直运动，该类提升机也可由 2 台或 3 台门架并联在一起使用。井架式物料提升机是以地面卷扬机为动力、由型钢组成井字形架体的提升机，吊篮(吊笼)在井孔内沿轨道作垂直运动，该类提升机可组成单孔或多孔井架并联在一起使用。

物料提升机的技术要求，安装与拆除，使用、试验方法，检验规则必须符合《物料提升机安全技术条件》(DB 13/888－2007)的要求。企业应选用厂家生产的定型产品，厂家必须出示法定的检验机构鉴定检验合格报告及河北省建设厅印发的“河北省使用备案证”。

物料提升机的安拆是高处作业，且危险性大，为避免安全事故，对其的管理也应列为重中之重。

一、物料提升机的安装拆除作业方案概述

物料提升机安拆作业前，安装技术人员依据国家、行业等有关标准，结合现场工作条件和本机结构特点，按照机械使用说明书的规定要求制定装拆方案。该方案是装拆作业过程中的指导性文件。

方案必须针对机械特点，对现场实际操作具有指导性，并经上一级专业技术负责人审批确认符合要求后方可实施。施工中未经审批人许可不得随意改变原方案和措施。

二、安装方案编写内容

方案主要内容应包括：

(一)编制依据

1. 物料提升机主要参数，包括型号、最大起重量、架体高度、分部重量等。

2. 基础、吊装方法、与建筑主体的拉结固定等。

3. 工程施工组织设计、平面布置图及现场地质情况。

4. 物料提升机使用说明书。

5.《龙门架及井架物料提升机安全技术规范》(JGJ 88－1992)、《施工升降机》(GB/T 10054－2005)、《物料提升机安全技术条件》(DB 13/888－2007)。

(二)工程概况

包括工程位置、结构型式、高度、现场状况(现场地形、道路及交通运输情况、周围环境、外电线路防护、施工方法等)。

(三)提升机平面位置示意图

提升机与建筑物的平面位置关系，以示意图的形式注明。

(四)安装作业队伍的组成

物料提升机的安装属高处作业，是国家标准中规定的特种作业，其作业人员(包括架子工、起重工、起重设备司机)必须是经过国家规定的有关部门培训、考试合格后取得相应资格，持证上岗，非特种作业人员不得上岗操作。作业人员应严格落实其岗位责任并认真执行。

安装作业队伍的总人数应根据安拆作业的实际内容和工艺要求确定，原机操作人员和辅助拆装的起重机、运输汽车的驾驶员为配合人员，还要配备机械或电气技术人员，由安装负责人统一领导，安排要合理。

(五)安装前的准备工作

1. 基础

(1)高架提升机的基础应进行设计，基础应能可靠地承受作用在其上的全部荷载。基础的埋深与做法，应符合设计和提升机出厂使用规定。

(2)低架提升机的基础，当无设计要求时，应符合下列要求：

①土层压实后的承载力，应不小于 80 kPa。

②浇筑 C20 混凝土，厚度 300 mm。

③基础表面应平整，水平度偏差不大于 10 mm。

(3)基础应有排水措施。距基础边缘 5 m 范围内，开挖沟槽或有较大振动的施工时，必须有保证架体稳定的措施。

2. 安装作业前检查的内容一般包括

(1)金属结构的成套性和完好性。

(2)提升机构是否完整良好。

(3)电气设备是否齐全可靠。

(4)基础位置和做法是否符合要求。

(5)地锚的位置、附墙架连接埋件的位置是否正确和埋设牢靠。

(6)提升机的架体和缆风绳的位置是否靠近或跨越架空输电线路；必须靠近时，应保证最小安全距离，并应采取安全防护措施。其最小安全距离见表 8－2。

表 8－2　与架空输电线的最小安全距离

外电线路电压(kV)	1 以下	1～10	35～110	154～220	330～550
最小安全距离(m)	4	6	8	10	15

3. 安装机具的准备应列清单，并配以相应吊具。

(六)安装拆除过程中的注意事项、安全要求及安全防护措施

1. 架体的安装、拆除

(1)安装架体时，应先将地梁与基础连接牢固。每安装 2 个标准节(一般不大于 8 m)，应采取临时支撑或临时缆风绳固定，并进行初校正，在确认稳定时，方可继续作业。

(2)利用建筑物内井道做架体时，各楼层进料口处的停靠门，必须与司机操作处装设的层站标志灯进行连锁。阴暗处应装照明。

(3)架体各节点的螺栓必须紧固，螺栓应符合孔径要求，严禁扩孔和开孔，更不得漏装或以钢丝代替。其连接螺栓的强度等级不应低于 4.8 级。

(4)装设摇臂把杆时，应符合以下要求：

①把杆不得装在架体的自由端处。

②把杆底座要高出工作面，其顶部不得高出架体。

③把杆应安装保险钢丝绳，起重吊钩应装设限位装置。

④把杆与水平面夹角应在 45°～70°之间，转向时不得碰到缆风绳。

⑤随工作面升高把杆需要重新安装时，其下方的其他作业应暂时停止。

(6)在拆除缆风绳或附墙架前，应先设置临时缆风绳或支撑，确保架体的自由高度不得大于 2 个标准节(一般不大于 8 m)。

(7)拆除龙门架的天梁前，应先分别对两立柱采取稳固措施，保证单柱的稳定。

(8)拆除作业中，严禁从高处向下抛掷物件。

(9)拆除作业宜在白大进行，夜间作业应有良好的照明。因故中断作业时，应采取临时稳固措施。

2. 卷扬机安装

(1)卷扬机应安装在平整坚实的位置上，宜远离危险作业区，视线应良好。因施工条件限制，卷扬机安装位置距施工作业区较近肘，其操作棚的顶部应按防护棚的要求架设。

(2)固定卷扬机的锚杆应牢固可靠，不得以树木、电杆代替锚桩。

(3)当钢丝绳在卷筒中间位置时，架体底部的导向滑轮应与卷筒轴心垂直，否则应设置辅助导向滑轮，并刚性固定。

(4)提升钢丝绳运行中应架起，使之不拖地面和被水浸泡。必须穿越主要干道时，应挖沟槽并加保护措施，严禁在钢丝绳穿行的区域内堆放物料。

(七)安装的技术要求

1. 架体稳定要求

(1)基本要求

①井架式提升机的架体，在与各楼层通道相接的开口处，应采取加强措施。

②提升机架体顶部的自由高度不得大于 6 m。

③提升机的天梁应使用型钢，宜选用 2 根槽钢，其截面高度应经计算确定，但不得小于 2 根[14。

④提升机吊篮的各杆件应选用型钢，杆件连接板的厚度不得小于 8 mm。吊篮的结构架除按设计制作外，其底板材料可采用 50 mm 厚木板；当使用钢板时，应有防滑措施。吊篮的两侧应设置高度不小于 1 m 的安全挡板或挡网。高架提升机应选用有防护顶板的吊笼，其顶板材料可采用 50 mm 厚木板。

(2)附墙架

①提升机附墙架的设置应符合设计要求，其间隔一般不宜大于 9 m，且在建筑物的顶层必须设置 1 组。

②附墙架与架体及建筑之间，均应采用刚性件连接，并形成稳定结构，不得连接在脚手架上。严禁使用钢丝绑扎。

③附墙架的材质应与架体的材质相同，不得使用木杆、竹竿等做附墙架与金属架体连接。

④附墙架与建筑结构的连接应进行设计。当无设计规定时，可选用下述构造实例所示的做法：

a. 型钢制作的附墙架与建筑结构的连接可预埋专用铁件用螺栓连接。做法见图 8－2 和图 8－3。

b. 用脚手架钢管制作的附墙架与建筑结构连接，可预埋与附墙架规格相同的短管，用扣件连接。做法见图 8－4。

c. 当墙体有足够的强度时，可将扣件钢管伸入墙内，用扣件加横管夹住。做法见图 8－5。

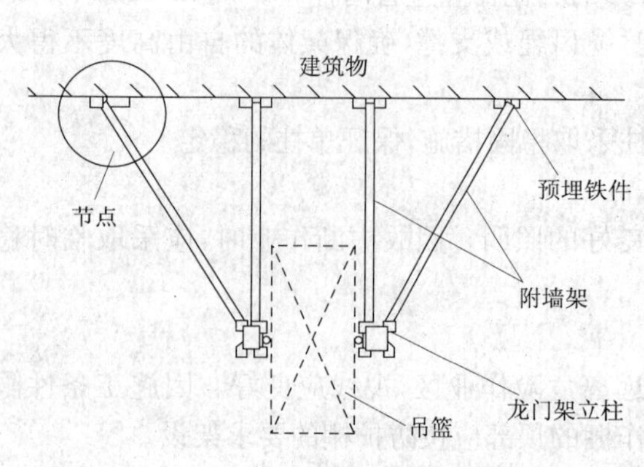

图 8－2　型钢附墙架与埋件连接

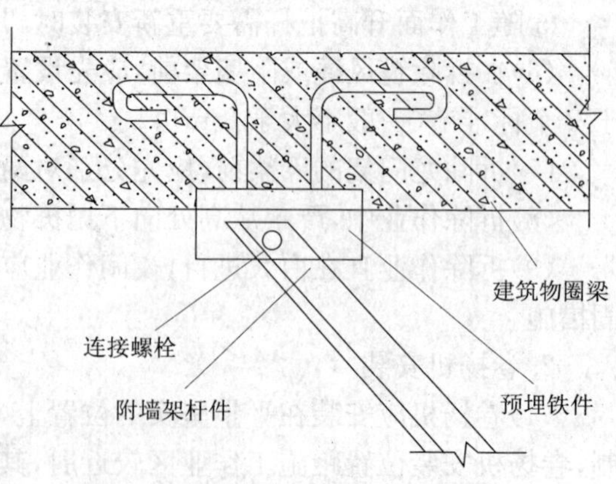

图 8－3　节点详图

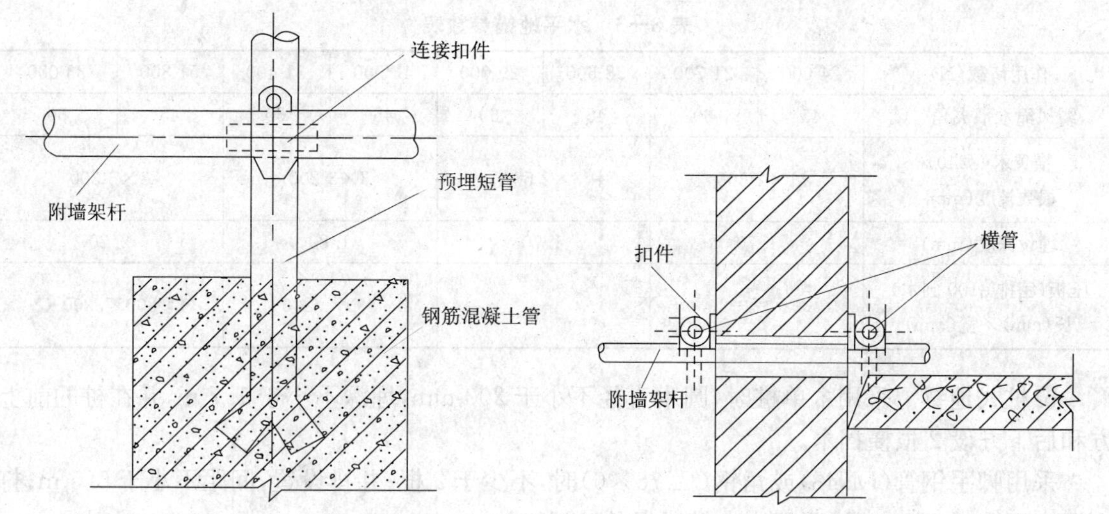

图 8－4　附墙架与建筑结构连接做法　　图 8－5　架体钢管伸入墙内用横管夹住墙体

(3)缆风绳

①提升机受到条件限制无法设置附墙架时，应采用缆风绳稳固架体。高架提升机在任何情况下均不得采用缆风绳。

②提升机的缆风绳应经计算确定(缆风绳的安全系数 n 取 3.5)。缆风绳应选用圆股钢丝绳，直径不得小于 9.3 mm。提升机高度在 20 m 以下(含 20 m)时，缆风绳不少于 1 组(4～8 根)；提升机高度在 21～30 m 时，不少于 2 组。

③缆风绳应在架体四角有横向缀件的同一水平面上对称设置，使其在结构上引起的水平分力处于平衡状态。缆风绳与架体的连接处应采取措施，防止架体钢材对缆风绳的剪切破坏。对连接处的架体焊缝及附件必须进行设计计算。

④缆风绳应设在顶部。若中间设置临时缆风绳时，应使缆风绳平面与两架体组成的平面垂直。

⑤缆风绳与地面的夹角应不大于 60°，其下端应与地锚连接，不得拴在树木、电杆或堆放构件等物体上。

⑥缆风绳与地锚之间，应采用与钢丝绳拉力相适应的花篮螺栓拉紧。缆风绳垂度不大于 0.01 l (l 为长度)，调节时应对角进行，不得在相邻两角同时拉紧。

⑦当缆风绳需改变位置时，必须先做好预定位置的地锚，并加临时缆风绳确保提升机架体的稳定，方可移动原缆风绳的位置；待与地锚拴牢后，再拆除临时缆风绳。

⑧在安装、拆除以及使用提升机的过程中设置的临时缆风绳，其材料也必须使用钢丝绳，严禁使用钢丝、钢筋、麻绳等代替。

(4)地锚

①缆风绳的地锚，根据土质情况及受力大小设置，应经计算确定。

②缆风绳的地锚，一般宜采用水平式地锚，当土质坚实，地锚受力小于 15 kN 时，也可选用桩式地锚。

③当地锚无设计规定时，其规格和形式可按以下情况选用：

a. 水平地锚。水平地锚参数选用见表 8－3。

表 8—3 水平地锚参数表

作用荷载(N)	24 000	21 700	38 600	29 000	42 000	31 400	51 800	33 000
缆风绳水平夹角(°)	45	60	45	60	45	60	45	60
横置木(ϕ240)根数长度(mm)	1×2 500		3×2 500		3×3 200		3×3 300	
埋设深度(mm)	1.70		1.70		1.80		2.20	
压板(密排 ϕ100 圆木)长(mm)×宽(mm)	—		—		800×3200		800×3200	

b. 桩式地锚。采用木单桩时，圆木直径不小于 200 mm，埋深不小于 1.7 m，并在桩的前上方和后下方设 2 根横挡木。

采用脚手钢管(DN48)或角钢(∟ 75×6)时，不少于 2 根；并排设置，间距不小于 0.5 m；打入深度不小于 1.7 m；桩顶部应有缆风绳的防滑措施。

c. 地锚的位置应满足对缆风绳的设置要求。

2. 钢丝绳要求

卷筒两端的凸缘至最外层钢丝绳的距离，应不小于钢丝绳直径的 2 倍。卷筒边缘必须设置防止钢丝绳脱出的防护装置。

(1)卷筒与钢丝绳直径的比值应不小于 30。

(2)卷扬机应符合现行国家标准《建筑卷扬机》的规定。

(3)滑轮组的滑轮直径与钢丝绳直径比值：低架提升机应不小于 25；高架提升机应不小于 30。

(4)滑轮应选用滚动轴承支承。滑轮组与架体(或吊篮)，应采用刚性连接，严禁采用钢丝绳、钢丝等柔性连接和使用开口拉板式滑轮。

(5)提升钢丝绳的最大工作拉力应按下式确定

$$S=P/\alpha\eta$$

式中 S——钢丝绳最大工作拉力(N)；

P——提升荷载(N)；

α——承载钢丝绳分支数；

η——滑轮组总效率。

提升钢丝绳安全系数应按下式确定：

$$n\geqslant S_p/S$$

式中 n——安全系数，一般取 7～9；

S_p——钢丝绳破断拉力(N)；

S——钢丝绳最大工作拉力(N)。

(6)提升钢丝绳不得接长使用。端头与卷筒应用压紧装置卡牢，在卷筒上应能按顺序整齐排列。当吊篮处于工作最低位置时，卷筒上的钢丝绳应不少于 3 圈。

(7)钢丝绳端部的固定当采用绳卡时，绳卡应与绳径匹配，其数量不得少于 3 个，间距不小于钢丝绳直径的 6 倍。绳卡滑鞍放在受力绳的一侧，不得正反交错设置绳卡。

(8)钢丝绳应符合现行国家标准《圆股钢丝绳》的规定，并有合格证。

当钢丝绳不能在卷筒上顺序整齐缠绕，造成受力后相互挤压时，就会破坏了钢丝绳的受力性能。因此钢丝绳锈蚀、缺油或磨损已超过报废标准的不得使用。

3. 电气要求

(1)选用的电气设备及电器元件，必须符合提升机工作性能、工作环境等条件的要求，并有合格证书。

(2)提升机的总电源应设短路保护及漏电保护装置；电动机的主回路上，应同时装设短路、失压、过电流保护装置。

(3)电气设备的绝缘电阻值(包括对地电阻值)必须大于 0.5 MΩ；运行中必须大于 1 000 Ω/V。

(4)提升机的金属结构及所有电气设备的金属外壳应接地，其接地电阻应不大于 4 Ω。

(5)当提升机高度超出相邻建筑物的避雷装置的保护范围时，应按现行国家标准《施工现场临时用电安全技术规范》(JGJ 46—2005)中所规定的条件安装避雷装置，其接地电阻应不大于 10 Ω。

(6)携带式控制装置应密封、绝缘，控制回路电压应不大于 36 V，其引线长度不得超过 5 m。

(7)工作照明的开关，应与主电源开关相互独立。当提升机电源被切断时，工作照明不应断电。各自的开关应有明显标志。

(8)禁止使用倒顺开关作为卷扬机的控制开关。

(八)安装质量标准要求

1. 提升机架体安装应垂直、稳定，新制作的提升机，架体安装的垂直偏差，最大不应超过架体高度的 1.5‰；多次使用过的提升机，在重新安装时，其偏差不应超过 3‰，并不得超过 200 mm。

2. 井架式提升机的井架截面内，两对角线长度偏差不得超过最大边长名义尺寸的 3‰。

3. 架体拼接时，相邻标准节的立柱结合面对接应平直，导轨接点截面错位形成的阶差不应大于 1.5 mm，且连接牢固、可靠。

4. 吊篮(吊笼)的导靴(滚轮)与导轨的安装间隙，应控制在 5～10 mm 之间，两导轨间距偏差不得大于 10 mm。

5. 限位保险装置

(1)吊笼在每层停放时必须有灵敏可靠的制动装置。

(2)必须有可靠的吊笼运行超高限位装置。

(3)必须有吊笼楼层停歇支承安全装置和断绳保护装置。

6. 牵引钢丝绳

(1)钢丝绳必须符合使用规定。

(2)绳卡安装必须符合规定。

(3)钢丝绳要有过路保护。

(4)钢丝绳不得拖地或与其他物体相摩擦。

7. 楼层卸料平台防护

(1)卸料平台必须搭设严密牢固。

(2)平台必须有防护栏和防护门。

8. 吊篮或吊笼

(1)必须有防护门。

(2)必须有笼顶防护棚或网。

9.架体

(1)基础应平整夯实。

(2)若设置混凝土基础应使用地脚螺栓与架体联结。

(3)架体应整体稳定,各杆件的连接螺栓不得漏装,同时螺母应拧紧。

10.传动系统

(1)卷扬机和地锚应联结牢固。

(2)在卷扬机卷筒上应有防止钢丝绳滑脱的保险装置。

(3)第一个导向滑轮与卷扬机距离,带槽卷筒应不少于卷筒宽度的15倍,无槽卷筒应不少于20倍。

11.吊笼井架进出料口防护

(1)各层进出料口应有防护门。

(2)首层进出料口应有防护棚。

12.应有统一的联络信号。

13.卷扬机操作棚应有防雨和防高空坠物的作用。

14.应按有关规定安装防雷装置。

(九)安全防护装置及要求

提升机应具有下列安全防护装置并满足其要求:

1.安全停靠装置。吊篮运行到位时,停靠装置将吊篮定位。该装置应能可靠地承担吊篮自重、额定载荷及运料人员和装卸物料时的工作荷载。

2.断绳保护装置。当吊篮悬挂或运行中发生断绳时,应能可靠地将其停住并固定在架体上。其滑落行程,在吊篮满载时,不得超过1 m。

3.楼层口停靠栏杆(门)。各楼层的通道口处,应设置常闭的停靠栏杆(门),宜采用连锁装置(吊篮运行到位时方可打开)。停靠栏杆可采用钢管制造,其强度应能承受1 kN/m水平荷载。

4.吊篮安全门。吊篮的上料口处应装设安全门。安全门宜采用连锁开启装置,升降运行时安全门封闭吊篮的上料口,防止物料从吊篮中滚落。

5.上料口防护棚。防护棚应设在提升机架体地面进料口上方。其宽度应大于提升机的最外部尺寸;长度:低架提升机应大于3 m,高架提升机应大于5 m。其材料强度应能承受10 kPa的均布静荷载。也可采用50 mm厚木板架设或采用2层竹笆,上下竹笆层间距应不小于600 mm。

6.上极限限位器。该装置应安装在吊篮允许提升的最高工作位置。吊篮的越程(指从吊篮的最高位置与天梁最低处的距离)应不小于3 m。当吊篮上升达到限定高度时,限位器即行动作,切断电源(指可逆式卷扬机)或自动报警(指摩擦式卷扬机)。

7.紧急断电开关。紧急断电开关应设在便于司机操作的位置,在紧急情况下,应能及时切断提升机的总控制电源。

8.信号装置。该装置是由司机控制的一种音响装置,其音量应能使各楼层使用提升机装卸物料人员清晰听到。

9.高架提升机除应满足上述规定外,尚需具备下列安全装置并应满足以下要求:

(1)下极限限位器。该限位器安装位置,应满足在吊篮碰到缓冲器之前限位器能够动作。

当吊篮下降达到最低限定位置时，限位器自动切断电源，使吊篮停止下降。

(2)缓冲器。在架体的底坑里应设置缓冲器，当吊篮以额定荷载和规定的速度作用到缓冲器上时，应能承受相应的冲击力。缓冲器的型式，可采用弹簧或弹性实体。

(3)超载限制器。当荷载达到额定荷载的90%时，应能发出报警信号。荷载超过额定荷载时，切断起升电源。

(4)通信装置。当司机不能清楚地看到操作者和信号指挥人员时，必须加装通信装置。通信装置必须是一个闭路的双向电气通信系统，司机应能听到每一站的联系，并能向每一站讲话。

(十)施工中避免工程质量通病的注意事项

1. 导轨架不垂直。导轨架底安装要水平，立柱要垂直。

2. 底架横梁易被拉弯曲。导向滑轮要绑扎在基础的挂环或地锚上，不允许绑扎在底架横梁上。

3. 导轨架不稳。在安装和拆除导轨架时要按规定安装缆风绳或架体与建筑物的连接杆件。

4. 钢丝绳在卷筒上排列不整齐；卷扬机安装位置要符合要求，卷筒轴线应与卷筒的中点至第一个导向轮方向要垂直。

5. 所有导轨架的螺栓，必须全部安装上，不允许漏安装螺栓或随意减少螺栓的数量。

三、物料提升机安装自检验收、检测及登记

物料提升机安装活动结束后，项目负责人组织有关人员(工长、专职安全员、设备员、安装班组长、操作人员)针对《物料提升机安装方案》，根据《物料提升机安全技术条件》(DB 13/888—2007)和《建筑施工现场安全检查评分标准》(JGJ 59—99)的要求进行检查验收，并将检查验收结果填入验收表，验收合格由相关人员签字，做出是否合格的定性结论。

自检合格后，使用单位、施工单位会同安装单位、产权单位对其进行核验或向国家有关部门核准的起重机械设备检验检测单位申请监督检验，经相关人员签字并盖章进行确认，合格后方可使用，并于30日内将上述相关资料报至当地建设行政主管部门进行登记。

四、拆除方案的编写内容

物料提升机拆除作业是在工程完工后进行的，因此其作业环境及场地发生了很大变化，所以必须编制有针对性的作业方案。其内容与安装方案所包括的内容相同，只是拆除的作业工序逆向进行编制。拆除作业比安装作业危险性大，安全技术交底工作要详细、及时。

在实施拆除作业前，技术人员依据拆除方案的要求，针对具体项目和措施向全体作业人员进行书面交底，拆除负责人、安全员和交底人要本人签字。

五、安装拆除作业安全技术交底

在作业前，由项目技术负责人向作业班组进行书面安全技术交底。交底必须根据审批的安装(拆除)方案及设计文件，结合工程的实际情况，重点对安(拆)施工方法、架体高度、基础、架体与建筑物的拉结、缆风绳的设置、钢丝绳的穿绕、各部位安装精度的要求、安全装置的设置等做出明确的交底，提出注意事项，划定安全警戒区，并设警戒人员，确定指挥人员，设监护人员，排除作业障碍。

技术交底主要内容包括：

1. 学习讨论方案的全部内容。

2. 安(拆)作业中的安全防护措施。

3. 安拆过程中的安全注意事项，安全要求与防护措施。

4. 安拆现场的安全防护措施。

5. 穿插作业中的注意事项与“三宝”利用。

安全技术交底后，交接双方必须履行签字手续，不得代签。

安全技术交底在作业中不得随意变更，在实施过程中遇到特殊情况时，应及时向技术负责人报告，同意后方可变更，变更时应办理书面变更手续。

六、应急救援预案

为了减少或预防在物料提升机安装拆除过程中存在的潜在的安全事故隐患或紧急情况带来的安全事故的发生，以便对可能出现的重大事故或紧急情况进行预防和控制，要制定应急救援预案。内容应包括以下几个方面：

1. 作业队伍所属单位应建立应急准备管理体系，成立以项目经理为核心的应急小组，小组成员由项目部管理人员和班组长组成。

2. 单位指挥中心，注明联系电话。

3. 单位应急反应组织机构框架图。

4. 应急响应。

5. 具体的安全事故及紧急状态的应急准备与响应措施。

第四节 建筑起重机械设备安装、拆除方案实例

一、塔式起重机安装方案

(一)塔机安装方案编制依据

1. 塔机主要参数

表 8—4 塔机主要参数

<table>
<tr><td colspan="3">安装工地名称</td><td colspan="3">某小区10#楼</td><td colspan="2">安装日期</td><td colspan="2">2008.4.11</td></tr>
<tr><td colspan="3">塔机型号</td><td colspan="3">QTZ63</td><td colspan="2">塔机编号</td><td colspan="2">3125—246—18</td></tr>
<tr><td>臂长</td><td colspan="2">塔高</td><td>最大起重量</td><td>最大幅度</td><td>最小幅度</td><td colspan="2">平衡重</td><td>压重</td><td>最大起重力矩</td></tr>
<tr><td rowspan="2">50 m</td><td>首次</td><td>40 m</td><td rowspan="2">6 t</td><td rowspan="2">50 m</td><td rowspan="2">2.5 m</td><td colspan="2" rowspan="2">12 t</td><td rowspan="2"></td><td rowspan="2">75 t·m</td></tr>
<tr><td>最终</td><td>60 m</td></tr>
<tr><td>起重臂重量</td><td colspan="2">平衡臂重量</td><td>回转支承重量</td><td>爬升架</td><td>塔帽重量</td><td colspan="4">平衡重数量及摆放形式</td></tr>
<tr><td>6 t</td><td colspan="2">3.9 t</td><td>2.8 t</td><td>2.3 t</td><td>1.3 t</td><td>6块</td><td colspan="2">前面</td><td>□□□□□□</td></tr>
</table>

2. 工程施工组织设计、施工图纸平面图及现场地质情况

3. 塔式起重机使用说明书

4.《塔式起重机安全规程》(GB 5144—2006)、《塔式起重机操作使用规程》(JG/T 100)。

（二）工程概况及现场情况

本工程位于B区小区院内，主体为框-剪结构，地下2层，地上11层，标高37 m，东西长为76.42 m，南北宽13.9 m，工程总建筑面积13 000 m^2，基础地耐力为1.6×10^5 Pa。

根据施工组，确定安装1台QTZ63塔机（主参数见方案编制依据），完全可以满足施工要求。

（三）作业队伍的组成

负责人：

安全员：

技术员：

质验员：

电气焊：

指　挥（信号工）：

电　工：

起重机安装、维修保养工：

塔机司机：

司索：

（四）安装前的准备工作

1. 安装现场情况

经察看安装现场，场地和行车道路较为狭窄，场地较为松软，地下没有暗沟和暗坑。现场示意图见图8—6。

2. 安装前的检查

(1)基础的检查

经塔机使用单位与安装技术负责人根据项目部的基础处理情况，对塔机基础进行检查验收。混凝土强度符合要求，基础表面平整度偏差0.6‰，埋设件的位置、标高和垂直度符合说明书要求，基础周围有排水设施，符合安装条件。

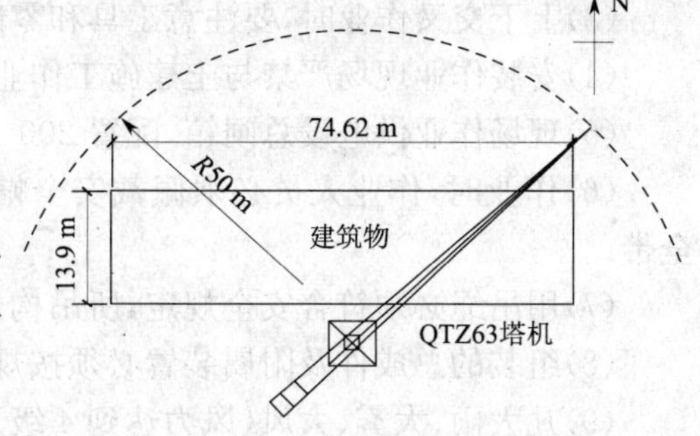

图8—6　现场示意图

(2)塔式起重机安装前的检查

对起重机的各机构、各部位结构焊缝，重要部位螺栓、销轴，卷扬机构和钢丝绳、吊钩、吊具以及电气设备、线路等进行检查，使隐患排除于安、拆作业之前；对起重机顶升液压系统的液压缸和油管、顶升套架结构、导向轮、顶升撑脚（爬爪）等进行检查，做到把存在的问题在安装前处理好。

3. 安装机具清单（表8—5）

表8—5　安装机具清单

机具	型号	数量	机具	型号	数量
专用扳手	46	2把	吊索	四长两短	2副
大扳手	450 mm×55 mm	2把	手动葫芦	3 t	1副
大锤		2把	撬棍		4把
手锤		3把	安全带		5条
大绳		2条	安全帽		10个

其他常用工具带齐，电工工具本人自带。

4. 整机安装配置 50 t 汽车吊。

（五）安装过程中的注意事项及安全防护措施

1. 注意事项

(1)全体作业人员必须持有效证件上岗，未取证人员一律不得参与。

(2)全体作业人员必须听从指挥的统一指挥，指挥必须听从技术人员的技术指导，接受安全监护人员的安全监护。

(3)所有作业人员必须严格遵守安全操作规程。

(4)作业现场及行车道路存在的杂物要清理完。

(5)作业过程中所有作业人员一定要团结协作，互相监护。

(6)安装时要与项目部紧密配合，共同完成任务。

(7)吊车指挥人员应熟悉吊车起重性能、吊物的起重量以及构件安装部位。

(8)指挥人员应与吊车司机统一手势信号。

(9)作业现场应禁止闲杂人员的进出。

(10)在安装期间要注意环保问题。油手套不要乱丢，润滑油不要洒落地上。

2. 安全防护措施

(1)安装作业人员要求穿工作服，穿防滑绝缘鞋，严禁酒后作业。

(2)塔机安装作业现场要求用防护绳圈起，划定作业区，设专人监护，严禁非作业人员入内，现场安全由安全员负责。

(3)上下交叉作业时，要注意工具和零部件放置位置必须安全可靠，防止坠落伤人。

(4)安装作业现场严禁与土建施工作业人员进行交叉作业。

(5)现场作业供电设总闸箱，配置 200 A 以上的漏电保护器。

(6)作业时，作业人员必须佩戴安全帽，登高人员必须穿防滑鞋，高空作业人员要系好安全带。

(7)用吊绳必须符合安全规定，所吊构件重心必须准确，符合说明书的要求。

(8)组装的总成件及附属装置必须按规定上足所有的螺栓及销，确保使用的安全性。

(9)凡大雨、大雾、大风(风力达到 4 级)等天气禁止作业。

(10)塔机安装作业要在白天进行，夜间工作必须有足够的照明灯光。

(11)塔机的平衡臂和起重臂要一气安装完成，不要只安装平衡臂就终止作业。

(12)塔机顶升时必须设专人照看电源，当作业过程中发生停电或电压下降时，要立即将控制器扳到零位，并切断电源，如吊钩上挂有重物时要稍松稍紧反复使用制动器，使重物缓慢地下降到安全地带。

（六）塔机安装程序、方法及要求

塔机采用固定式工作，起升高度 40 m，自下而上的组成为：混凝土基础，16 节标准节，下支座和上面的回转部分。

1. 先将两节标准节用 8 个 M30 高强螺栓连接为一体，(螺栓的预紧矩为 2.5 kN · m)然后吊装在混凝土基础上面，并用 8 个 M30 高强螺栓紧固好。安装时注意有踏步的 2 根主弦应平行于建筑物。

2. 在地面上将液压顶升系统吊装至爬升架上，并完成顶升油缸爬升架的装配，然后将爬升架吊起，套在两节标准节外面(注意爬升架的外伸架要与建筑物方向平行，以便施工完成后拆塔)，并使套架上的爬爪搁在标准节的最下一个踏步上(套架上有油缸的一面对准塔身上有踏步的一面套入)。

3. 在地面上将上下支座以及回转机构，回转支承，平台等装为一体，然后将这一套部件吊起安装在塔身上。用 4 个 ϕ35 的销轴和 8 个 M30 的高强度螺栓将上下支座分别与爬升架和塔身节相连。注意回转支承与上、下支座的连接螺栓一定要拧紧，预紧力矩为 640 N · m。

4. 在地面上将塔顶与平衡臂拉杆的第一节以及起重臂拉杆的上方长拉杆与下方短拉杆用销轴连接好，然后吊起，用 4 个销轴与上支座连接。安装塔顶时要注意区分塔顶哪边是与起重臂相连，此边回转限位器和司机室处于同一侧。

5. 在平地上拼装好平衡臂，并将起升机构、电控柜与电阻箱等装在平衡臂上，接好各部分所需的电线；然后将平衡臂吊起来与上支座用销轴铰接完毕后，再抬起平衡臂与水平线成一角度至平衡臂拉杆的安装位置；装好平衡臂拉杆后，再将吊车卸载。

6. 吊起重 2.2 t 的平衡重一块，放在平衡臂后方最靠近塔顶的位置。

7. 在地面上，先将司机室的各电气设备检查好以后，将司机室吊起至上支座的上面，然后用销轴将司机室与上支座连接好。

8. 起重臂与起重臂拉杆的安装。按照图纸组合吊臂的长度，用相应的销轴把他们装配在一起。把第一节臂与第二节臂连接后，装上小车，并把小车固定在吊臂根部，把吊臂搁置在 1 m高左右的支架上，使小车离开地面，装上小车牵引机构。所有销轴都要装上开口销，并将开口销充分打开。按要求组合吊臂拉杆，用销轴把它们连接起来，置在吊臂上弦杆上的拉杆架内。检查吊臂上的电路是否完善，并穿绕小车牵引钢丝绳。用汽车吊将吊臂总成平稳提升，提升中必须保持吊臂处于水平位置，使得吊臂能够顺利地安装到上支座的吊臂铰点上。连接完吊臂后，继续提升吊臂，使吊臂头部稍微抬起。这时穿绕起升绳，开动起升机构以低速点动拉起起重臂拉杆，先使下方短拉杆连接板能够用销轴连接到塔顶相应的拉板上；然后再开动起升机构调整上方长拉杆的高度位置，使得上方长拉杆的连接板也能够用销轴连接到塔顶相应的拉板上。注意这时汽车吊使吊臂头部稍微拉起，当开动起升机构，起升绳拉起起重臂拉杆时，起重臂拉杆不可承受起重臂的自重，否则起升机构将超负荷。把起重臂缓慢放下，使拉杆处于拉紧状态。

9. 吊装平衡重：根据所使用的臂架长度，按规定安装平衡重(50 m 臂，平衡重 12 t)。平衡重块之间用板将平衡重连接为一体以防工作时晃动。

10. 穿绕起升钢丝绳：起升钢丝绳从起升机构卷筒拉出，绕过塔帽顶部滑轮，经臂根起重量限制器的滑轮，再绕过变幅小车和吊钩上滑轮，最后固定到起重臂端部的钢丝绳防扭装置的绳环上。

11. 把小车行至最根部使小车与吊臂碰块撞牢。转动小车上带有棘轮的小储绳卷筒，把牵引绳尽力张紧。

12. 接线：

将电气系统按电气原理图和接线图安装好，使起升、回转、变幅三个机构能正常动作，各机构限位开关灵敏有效。做好接零保护，金属架体重复接地，要求接地电阻＜4 Ω，线路绝缘电阻＞0.5 MΩ。

13. 整机试运转：

检查各处油位润滑均正常，连接件安装齐全正确后进行试运转，确定各机构工作正常，调定各安全装置，进行最后的安装自检。

14. 顶升、附着：

本塔独立高度不能满足建筑物整体完工，需顶升加高、附着处理、其附着点强度计算及附着、顶升按相关要求另附方案。

(七)QTZ63 塔式起重机地耐力计算

固定式塔式起重机使用的混凝土基础应满足抗倾翻稳定性和强度条件。

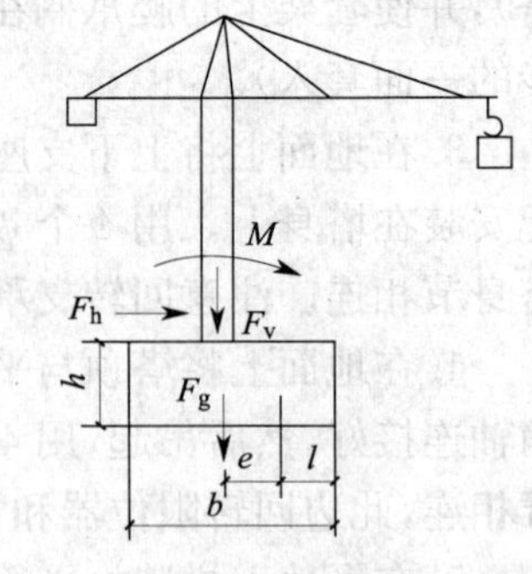

图 8－7　抗倾翻稳定性计算简图

1. 混凝土基础的抗倾翻稳定性验算公式：

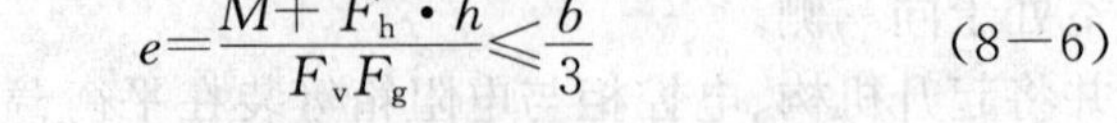

$$e=\frac{M+F_h\cdot h}{F_vF_g}\leqslant\frac{b}{3} \qquad (8-6)$$

其中，

$M=(M_{吊臂}+M_{额定})-(M_{平衡臂}+M_{平衡重})$

$=(6\ 395\times9.8\times25+76\ 000\times9.8)-(4\ 880\times9.8\times6+12\ 000\times9.8\times12)$

$=613.43\ \mathrm{kN\cdot m}$

$F_h=F_w=C_wp_wA$

$=C_{w1}p_{w1}A_1+C_{w2}p_{w2}A_2+C_{w3}p_{w3}A_3+C_{w4}p_{w4}A_4+C_{w5}p_{w5}A_5+C_{w6}p_{w6}A_6$

$=250\times(1.2\times4.4+1.6\times41+1.3\times0.73+1.2\times3+1.2\times5+1.2\times2.4)$

$=21.08\ \mathrm{kN}$

注：1—平衡臂(包括配重和起升机构及配电箱)，2—塔身(包括塔帽和套架)，3—起重臂(包括小车和吊钩)，4—驾驶室，5—吊重，6—回转支承；C_{w1}取 1.2，C_{w2}取 1.6，C_{w3}取 1.3，C_{w4}取 1.2，C_{w5}取 1.2，C_{w6}取 1.2；全部 p_w 取 250 Pa。

$A_1=1.2\times1.12\times2.56+1=4.4\ \mathrm{m^2}$

$A_2=\omega_2A_2l(1+\eta)+0.6=0.4\times1.6\times45\times(1+0.4)+0.6=41\ \mathrm{m^2}$，$A_3=\frac{1-\eta^n}{1-\eta}\omega_1A_{31}$

$=\frac{1-0.49^{40}}{1-0.49}\times0.4\times\frac{1}{2}\times1.226\times1.1+0.2=0.73\ \mathrm{m^2}$

$A_4=1.5\times2=3\ \mathrm{m^2}$，$A_5=5\ \mathrm{m^2}$(查表)，$A_6=\frac{1}{2}\times2.87\times1.66=2.4\ \mathrm{m^2}$

$h=1.3\ \mathrm{m}$

$F_v=G_{自重}+PQ_{额定}$

$=(36.7+12+6)\times1\ 000\times9.8$

$=526.49\ \mathrm{kN}$

$F_g=5\times5\times1.3\times2.5\times1\ 000\times9.8=796.25\ \mathrm{kN}$

代入以上数值，可得

$$e=\frac{613.43+21.08\times1.3}{526.49+796.25}=0.48\ \mathrm{m}<\frac{b}{3}=\frac{5}{3}=1.67\ \mathrm{m}$$

混凝土基础的抗倾翻稳定性符合要求。

2. 地面压应力验算公式：

$$P_B=\frac{2(F_v+F_g)}{3bl}\leqslant[P_B] \qquad (8-7)$$

$$=\frac{2(F_v+F_g)}{3b(0.5b-e)}$$

$$=\frac{2\times(526.49+796.25)}{3\times5\times(0.5\times5-0.48)}$$

$$=0.87\times10^5\ \mathrm{Pa}<[P_B]=2\times10^5\ \mathrm{Pa}$$

根据现场地质资料显示，经处理，基础地耐力为 1.6×10^5 Pa＞0.87×10^5 Pa。

结论：塔机地耐力符合施工要求。

（八）安全技术交底（表8－6）

表8－6　起重机安装、拆卸安全和技术交底书

档案编号：　　　　　　　　　　　　　　　　　　　　　　　年　　月　　日

<table>
<tr><td colspan="2">工程名称</td><td colspan="4"></td><td colspan="3">施工单位</td><td colspan="3"></td></tr>
<tr><td colspan="2">施工地点</td><td colspan="4"></td><td colspan="3">起重机名称</td><td colspan="3"></td></tr>
<tr><td>起重机型号</td><td colspan="2">QTZ63</td><td>设备编号</td><td>3125－246－18</td><td>塔高</td><td colspan="2">40 m</td><td colspan="2">臂长</td><td colspan="2">50米</td></tr>
<tr><td colspan="2">起重机设备配备</td><td colspan="3">50 t汽车吊</td><td colspan="3">运输设备配备</td><td colspan="4">半挂车4辆</td></tr>
<tr><td colspan="12">交　底　内　容
一、安全交底
1.作业人员进入施工现场必须遵守现场的安全管理，全体作业人员必须佩戴安全帽，高空作业人员必须系好安全带。
2.塔机安装作业前必须仔细检查塔机各受力构件和机构有无存在缺陷，确定无影响安全的质量问题后方可进行安装。
3.由于安装现场场地松软，要注意汽车吊的支腿要坚实稳固，并在作业过程中注意检查有无下陷情况。
4.由于存在多塔作业情况，安装起重臂时注意做好监护工作，确保安全施工。
5.当风力大于4级时要停止作业（包括顶升作业），同时要注意不要只安装完平衡臂就停止作业。
6.塔机安装前一定要与项目部联系好，确保安装时不与土建施工作业发生干扰。
交底人签字：＿＿＿＿＿
年　　月　　日
二、技术交底
1.严格按照本塔机使用说明书的规定和方案要求进行安装作业。
2.塔机安装完毕要按规定仔细调定各限位开关，确保其灵敏有效。
三、其他具体要求
交底人签字：＿＿＿＿＿
年　　月　　日</td></tr>
<tr><td colspan="12">安装负责人签字：　　　　　　　　　　　　　　　　　　2008年4月10日</td></tr>
</table>

说明：1.常规安装、拆除只需写明按说明书或按照拆装工艺；
　　　2.特殊情况安装、拆除必须进行交底并附拆装方案。

（九）紧急救援预案

为了减少或预防在施工过程中存在的潜在的安全事故隐患或紧急情况带来的安全事故的发生，以便对可能出现的重大事故或紧急情况进行预防和控制，特制定以下紧急预案。

1.公司建立应急准备管理体系，成立以公司经理为核心的应急小组，小组成员由各个职能处室和生产班组长组成。

组　长：

副组长：

成　员：

2.公司指挥中心设在安全管理处，联系电话＿＿＿＿＿＿。

3.公司应急网络图（图8－8）。

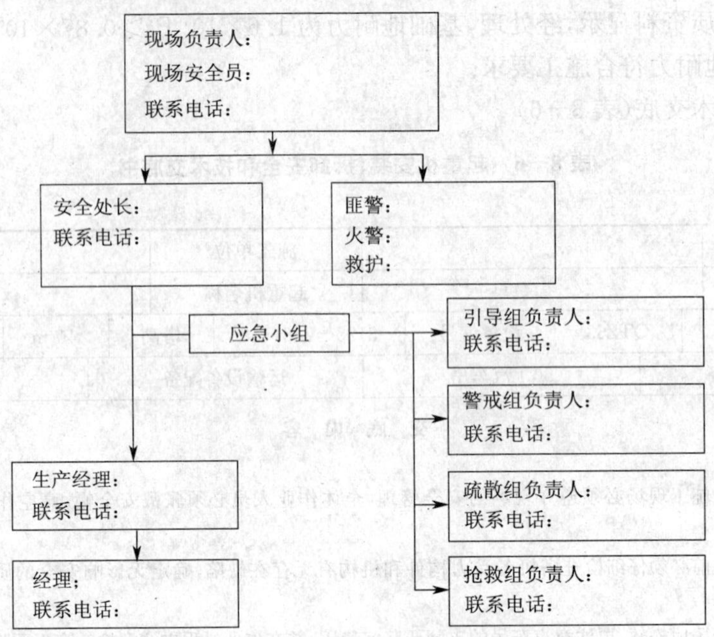

图 8—8　公司应急网络图

4. 应急响应

(1)一般安全事故的应急响应

①当事故或紧急情况发生后,当事人应立即向安全处、公司领导汇报,并采取应急措施,以防事态扩大。

②现场班组应急成员应及时对事故进行处理,并在 24 h 内向安全管理处或保卫处报告。

(2)重大事故的应急响应

①重大事故发生后,当事人或发现人应立即向公司领导报告,同时采取措施,防止事态进一步扩大。

②公司组织小组成员对事故按应急措施进行处理,并立即报告公司主管经理和安全管理处或保卫处。安全管理处协同应急小组成员立即到现场进行调查。

(3)报警:紧急事故或事件发生时,发现人应立即报警。

①内部报警应详细准确报告:出事地点、报警人姓名。

②外部报警应详细准确报告:出事地点、单位、电话、事态状况及报警人姓名、单位、地址、电话、发生火灾时要派人到主要路口迎接消防车和救护车。

(4)上报:紧急事故处理后,事故发生部门或责任人,应在 24 h 内填写报告,报告安全管理处或保卫处。

5. 具体的安全事故及紧急状态的应急准备与响应措施

(1)可能发生的安全事故主要有 5 种类型:高处坠落、物体打击、触电事故、机械伤害、设备倾翻。

(2)高处坠落的应急措施

①施工人员要利用好各种安全防护用品,尤其是安全带、安全帽及时正确地使用。

②高处坠落可能造成的伤害有:颅脑损伤、胸部创伤、骨折、胸腔储器损伤等。

③当发生物体打击事件和高空坠落摔伤时,应急注意保护摔伤及骨折部位,避免因不正确

的抬运造成二次损伤，并及时向现场负责人报告，拨打急救电话“120”或直接送医院救治。途中不要乱转动病人的头部，应该将病人的头部略微抬高，防止呕吐物吸入肺中。

(3)触电事故的应急措施

①触电急救的要点是：动作迅速，方法正确。发现有人触电，首先要尽快使触电人脱离电源，然后根据具体情况进行抢救。

②触电人脱离电源以后，应视触电人身体状况，决定采取不同的急救方法。

急救方法有 4 种：

a. 触电人伤势不重，神志清醒，但有些心慌，四肢发麻，身体无力，或一度昏迷，已经清醒过来。这样就应扶触电人到空气流通的地方安静休息，不要走动，并请医生前来诊治或送往医院接受检查治疗。

b. 触电人伤势较重，失去知觉，昏迷不醒，但还有呼吸和心脏跳动。这样应使触电者在舒适安静的地方平卧，保持空气流通，解开衣扣、腰带便于呼吸，天气寒冷时要注意保温，并速请医生前来诊治或送往医院接受检查治疗。

c. 发现触电人失去知觉，呼吸困难、稀少或发生痉挛，应立即采取人工呼吸进行抢救。

d. 触电人伤势严重，呼吸和心脏二者均已停止，应立即不间断地作口对口人工呼吸或胸外心脏挤压抢救，并速请医生或送往医院。应该注意的是急救要尽快进行，不能等医生到来。在送往医院的途中，也不能中断急救。

(4)机械伤害事故的应急措施

①发生断手(足)、断指(趾)的严重情况时，现场要对伤口包扎止血、止痛，进行半握拳状的功能固定。将断手(足)、断指(趾)用消毒和清洁的敷料包好，切忌将断指(趾)浸入酒精等消毒液中，以防细胞变质。然后将包好的断手(足)、断指(趾)放在无泄漏的塑料袋内，扎紧袋口，在袋口周围放些冰块，或用冰棍代替(切忌将断手(足)、断指(趾)直接放入冰水中浸泡)，速随伤者到医院抢救。

②发生头皮撕裂时，必须及时对受伤者进行抢救，采取止痛及其他对症措施。

用生理盐水冲洗有伤部位涂红贡后用消毒大纱布、消毒棉花紧紧包扎，压迫止血，同时打 120 或送医院进行治疗。

(5)设备倾翻事故的应急措施，可参见高处坠落的应急措施。

(十)塔机标准节顶升程序及要求

塔机顶升作业必须在小于 4 级的风力天气下进行。顶升前应检查塔机的机械系统、电器系统、结构部分和液压系统。检查顶升部分的油缸、油缸横梁、标准节耳板和支承轴，以及调整套架滚轮与塔身主弦杆间隙等。

顶升前需将接高用的全部标准节，用起升机构吊到套架引进梁的正前方，10 m 幅度内。并将起重臂旋至引进标准节方向。

顶升过程中，严禁回转塔身。

顶升作业程序：

1. 塔机用顶升专用钢丝绳扣将一个标准节吊至回转下的引进梁上部(注意吊起的标准节耳板方向与塔机耳板方向应完全一致)。将 4 个引进滚轮的卡轴插入连接套内，并旋转 90°使引进滚轮下部的卡板卡在标准节下部的横腹杆下，然后放在引进梁上。另吊起一个标准节，调整变幅小车至适当位置，使顶升部分的重量处于平衡状态，使塔身所受不平衡弯矩为最小。

2. 开动液压顶升系统，将油缸横梁两端的耳板放入支撑节上部的顶升耳板槽中。顶升时注意要将支承轴缩回。

3. 检查套架和塔身之间有无障碍，在各部无误时，拆去塔身与下转台之间的 8 个连接螺栓。然后操作手柄稍向上顶一点套架，缩回支承轴，使下转台与标准节的定位凸台相距 20 mm。观察定位凸台是否与下转台的凹孔对正，如有偏离须调整变幅小车的位置，使之对正。

4. 操纵手柄，使油缸将上部的结构顶起，升高一个踏步，伸出支承轴，担在标准节下部的顶升耳板上面。

缩回油缸活塞杆到标准节下部的顶升耳板处，将油缸顶升横梁两端耳轴放入耳板槽内，稍顶起一点套架，缩回支承轴。

5. 接着进行第二个踏步的顶升，待油缸行程超过一个标准节的高度时伸出支承轴，并将放在引进梁上的标准节人工引入套架内。

对准下面的标准节，注意顶升耳板的方向与下面几节保持一致，稍顶起一点套架，缩回支撑轴，操纵手柄缓缓落下套架，使新标准节就位，并上好与下面原标准节连接的 8 个高强连接螺栓。

6. 将支承轴伸出，担在标准节上部顶升耳板上面，缩回油缸活塞杆，将顶升横梁两端耳轴放入标准节上部顶升耳板槽中，准备进行下一个工作循环。

7. 如需继续加高塔身，则用吊钩重新吊起一节带 4 个引进滚轮的标准节放在引进梁上。必须注意在吊标准节前，塔身每根主肢和下转台间至少应上好一个高强螺栓，且变幅小车只能在 10 m 幅度以内运行；调整变幅小车位置，使上部顶升重量保持平衡，才能拆去与下转台连接螺栓，进行下一个工作循环，直到塔身高度达到需要的高度为止。

8. 顶升完成后，将塔身标准节与下转台之间高强螺栓上好，再全面拧紧一遍标准节高强螺栓，达到规定预紧力。

(十一)验收及试运转要求

1. 整机安装完毕后，由安装负责人组织，质验员和安全员参加，机长操作进行自检验收和试运转。

2. 金属结构：检查受力构件无变形、裂纹及严重锈蚀，附件、联结件螺栓和销轴等齐全紧固，爬梯、护栏、平台、司机室连接牢固可靠，压重、配重符合要求。

3. 传动机构：检查各机构应平稳无异响，制动器、离合器等灵活可靠，各润滑点润滑良好，油质、油位符合规定。

4. 绳、轮、钩系统：检查钢丝绳的质量、规格、缠绕、固定等情况应符合规定，各部滑轮、吊钩灵活可靠，磨损不超标。

5. 电气系统：电气系统应工作正常，各接线端子要求接触良好、可靠，控制操作灵活、可靠，电气安全装置齐全，配线符合规定。

6. 安全装置和保护装置：安全装置和保护装置要求齐全有效、灵活可靠。

7. 按照要求进行空载试验、额定载荷试验。

8. 通过试运转发现的问题要及时处理，全部合格后填写安装自检报告，安装方与使用方双方签字。

二、施工升降机安装方案

(一)施工升降机安装方案编制依据

1. 施工升降机主要参数表(表 8－7)

表 8－7　施工升降机主要参数表

安装工地名称		某大厦 B 座	安装日期	2008. 4. 11
电梯型号		SCD200/200	电梯编号	3181－246－08
标准节长度	吊笼尺寸	架设高度	额定载重量	吊杆额定载重量
1. 508 m	3 m×1. 3 m×2. 7 m	110 m	2×2 000 kg	200 kg
标准节重量	吊笼重量	外笼重量	对重重量	附着架形式
161 kg	1 600 kg×2	1 600 kg	2×1 600 kg	Ⅲ

2. 工程施工组织设计、施工图纸平面图及现场地质情况

3.《施工升降机》(GB/T 10054－2005)、《施工升降机安全规程》(GB 10055－2007)、《建筑施工安全检查标准》实施细则和《建筑安装工人安全技术操作规程》等。

4. 施工升降机使用说明书

(二)工程概况及现场情况

本工程位于××住宅小区院内，主体为框-剪结构，地下 2 层，地上 32 层，建筑物东西跨度 34. 5 m，南北跨度 34. 8 m，工程总建筑面积为 30 600 m^2。

根据施组，确定安装 SCD200/200 施工升降机 1 台(主参数见方案编制依据)，完全可以满足后期装修施工要求。现场平面布置图(略)。

(三)安装作业人员组成

负责人：

安全员：

技术员：

质检员：

电气焊：

指挥(信号工)：

电工：

起重机安装、维修保养工：

施工升降机司机：

(四)安装前的准备工作

1. 安装现场情况

经察看安装现场较为平整，场地较为狭窄，附近周围没有高压线路，地下没有暗沟、暗坑。

2. 安装前的检查

由施工升降机使用单位与安装单位技术负责人根据项目部的基础处理情况对基础进行检查验收。经查阅试块试验报告混凝土基础强度能够承受工作状态和非工作状态下的最大荷载，并能满足起重机的稳定性要求，其承载能力大于 0. 15 MPa。地脚螺栓的数量及位置正确、可靠，基础表面平整度偏差为 6 mm，并有排水措施。符合安装条件。

在安装作业开始前，应对施工升降机进行一次全面检查，清点零部件的数量，并对各机构、各部位、结构焊缝、齿轮、导轨架、手摇卷扬机等进行检查，发现问题应立即解决，做到把存在的问题在安装前处理好。

3. 安装机具清单(表 8－8)

表 8-8　安装机具清单

机具	型号	数量	机具	型号	数量
大扳手	450 mm×55 mm	2把	摇臂	带滑轮钩	1副
眼镜	32/36	4把	U形吊索		2副(专用)
大锤		2把	吊索	四短	2副
手锤		3把	安全带		5条
大绳		2条	安全帽		10个

其他工具常用工具带齐，电工工具本人自带。

4. 整机安装配置 16 t 汽车吊。

(五)升降机安装过程中的注意事项及安全防护措施

1. 注意事项

(1)安装前应先审核基础位置尺寸，基础中心距离建筑物的附着点应在所使用的附墙架允许尺寸范围内。

(2)安装场地应保持清洁干净并划定作业区域，禁止非工作人员入内。

(3)防止安装地点上方掉落物体，必要时应加安全网。

(4)安装过程中必须由专人负责，统一指挥。

(5)在安装导轨架时，一次吊装标准节的数量不得超过 6 节。

(6)利用吊杆进行安装时，不得超载，吊杆最大起升重量为 200 kg，吊杆只用于安装、拆卸升降机的零部件，不得用于其他起重用途。

(7)吊杆有悬挂物时，不得启动升降机，并将急停开关关闭。

(8)放置在吊笼顶部的零件应放置平稳，不得露出安全栏外，升降运行时，人员的头、手绝不可露出安全栏以外。

(9)如果有人在导轨架上或附墙架上工作时，绝不允许开动升降机。当吊笼升起时禁止任何人进入外笼内。

(10)安装过程中操作升降机，必须将操纵盒拿到吊笼顶部，不允许在吊笼内操作，开车前必须鸣铃示警相互呼应。

(11)导轨架至 10 m 左右时，必须按说明书要求做一次坠落试验。检验防坠安全器是否安全可靠，以确保安全。坠落试验结束后防坠安全器必需复位。

(12)挂对重放钢丝绳时一定要考虑钢丝绳的重量，防止脱手造成事故。

(13)安装作业人员应按高空作业的安全要求，必须戴安全帽，系安全带，穿防滑鞋等，不要穿过于宽松的衣服，应穿工作服，以免被卷入运动部件中，发生安全事故。

(14)吊笼启动前，应进行全面检查，消除所有安全隐患。

(15)安装运行时，必须按升降机额定安装载重量装载，不允许超载运行。

2. 具体安全防护措施

(1)安装现场划定作业区，设专人监护，现场安全由安全员负责。

(2)作业现场严禁非作业人员入内。

(3)作业现场存在的杂物要清理完。

(4)现场作业供电设总闸箱和保护器。

(5)作业现场的一切车辆和人员统一指挥。

(6)应防止安装地点的上方掉落物体，下面作业人员要戴好安全帽。

(7)作业过程中所有作业人员一定要团结协作，互相监护。

(8)安装时要与项目部紧密配合，共同完成任务。

(六)施工升降机安装程序及要求

1. 安装程序

制作基础—安装主机—对重就位—安装电缆并接通电源—安装调整下限位碰铁、下极限开关碰铁—安装导轨架同时安装附墙架及电缆保护架—安装对重装置中的天轮及钢丝绳—安装调整上限位碰铁及上极限开关碰铁—验收。

2. 各程序步骤要求

(1)安装主机时要先松开吊笼内电动机上的制动器，注意调整好导轨架的垂直度，保证导轨架的各个立管在两个相邻方向上的垂直度不大于 1/1 500。

(2)调整外笼门框的垂直度不大于 1/1 000。

(3)现场供电箱距离升降机电源箱应在 20 m 以内。

(4)在进入安装工况前要保证各个安全控制开关能够有效得起作用，并且动作方向应与操纵盒上所示的方向一致。

(5)安装工况时因不挂对重，应将断绳保护开关锁住。

(6)导轨架达到 10 m 左右应对防坠装置进行试验。

(7)在挂对重时应保证吊笼在达到最大的提升高度时对重应离地面大于 550 mm。

(8)下限位碰铁的位置，应调整在吊笼满载下行时，自动停止在碰到缓冲簧 100～200 mm。

(9)上极限碰铁应安装在吊笼越过上终端平台 150 mm 处。

(10)紧固所有碰铁上的螺栓，确保碰铁不移动。

(11)验收时要反复进行调试，以确保所有的安全限位及工作机构灵敏有效，安全可靠。

(七)施工升降机附着方案

SCD200/200 型施工升降机采用Ⅲ型附着架，其附着形式和尺寸见图 8－9、8－10。

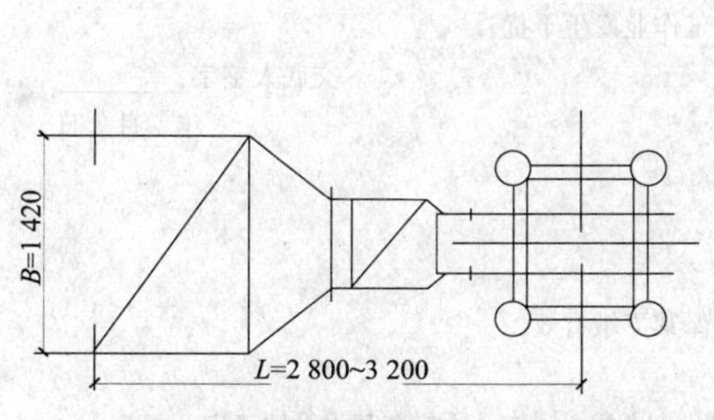

图 8－9　Ⅲ型附着架示意图(mm)

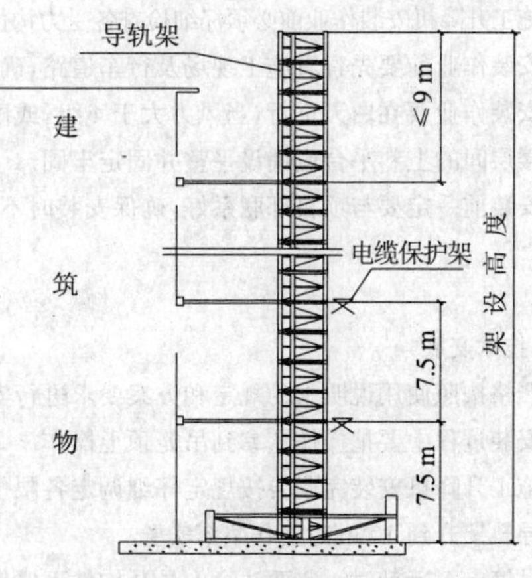

图 8－10　Ⅲ型附着架安装示意图

(八)施工升降机基础承载力计算

SCD200/200 升降机基础承载力：

$$F=(\text{吊笼重}+\text{外笼重}+\text{导轨架总重}+\text{对重重}+\text{载重量})\times 2.1$$

SCD200/200 升降机，加设高度为 110 m。

吊笼重(双笼)：1 600 kg×2。

外笼重：　1 600 kg。

导轨架总重(共需 73 节标准节每节重 161 kg)：161 kg×73。

对重重(双对重)：1 600 kg×2。

吊笼载重量：2 000 kg×2。

则

$$F=[(1\,600\times2)+1\,600+(161\times73)+(1\,600\times2)+(2\,000\times2)]\times2.1$$
$$=49\,881.3\ \text{kg}$$

$$49.88\times9.8=488.8\ \text{kN}$$
$$A=4.2\times4.1=17.22\ \text{m}^2$$

由公式 $P=\frac{F}{A}=\frac{488.8}{17.22}=0.02\ \text{MPa}$

根据规范要求 $P<[P]=0.15\ \text{MPa}$

所以，满足要求。

(九)安全技术交底(表 8—9)

表 8—9　安全技术交底书

档案编号：　　　　　　　　　　　　　　　　　　　　年　　月　　日

工程名称				施工单位	
施工地点				起重机名称	
起重机	型号	SCD200/200	设备编号	安装高度	110 m
起重机设备配备	16 t 汽车吊		运输设备配备	半挂车三辆	

交　底　内　容

一、安全交底

1. 作业人员进入施工现场必须遵守现场的安全管理，全体作业人员必须佩戴安全帽，高空作业人员必须系好安全带。
2. 施工升降机安装作业前必须仔细检查各受力构件和机构有无存在缺陷，确定无影响安全的质量问题后方可进行安装。
3. 安装作业前要先察看施工现场及行车道路，确保现场平整坚实，行车道路通畅。
4. 安装作业要在白天进行，当风力大于 4 级，或雨雪天气时要停止作业。
5. 楼层间的上料平台应铺设平整并固定牢固。
6. 安装前一定要与项目部联系好，确保安装时不与土建施工作业发生干扰。

交底人签字：________

年　月　日

二、技术交底

1. 严格按照使用说明书的规定和方案要求进行安装作业。
2. 安装过程中要把操作盒拿到吊笼顶上操作。
3. 施工升降机安装完毕要按规定仔细调定各限位开关，确保其灵敏有效。
4. 导轨架升到 10 m 时要作坠落实验。
5. 吊笼上下运动时一定要注意人员及构件不要伸出护栏外，并注意周围物品不要在其运行轨迹内。
6. 其他安全技术要求详见说明书。

交底人签字：________

年　月　日

安装负责人签字：　　　　　　　　　　　　　　　　　　年　月　日

说明：1. 常规拆装只需写明按说明书或按照拆装工艺；

2. 特殊情况拆装必须进行交底并附拆装方案。

(十)紧急救援预案(略)

(十一)验收及试运转要求

1. 整机安装完毕后,由安装负责人组织,检验员和安全员参加,机长操作进行自检验收和试运转。

2. 金属结构:检查受力构件无变形、裂纹及严重锈蚀,附件、联结件螺栓和销轴等齐全紧固,护栏、平台、司机室连接牢固可靠,配重符合要求。

3. 传动机构:检查各机构应平稳无异响,制动器、离合器等灵活可靠,各润滑点润滑良好,油质、油位符合规定。

4. 绳、轮系统:检查钢丝绳的质量、规格、缠绕、固定等情况应符合规定,各部滑轮灵活可靠,磨损不超标。

5. 电气系统:电气系统应工作正常,各接线端子要求接触良好、可靠,控制操作灵活、可靠,电气安全装置齐全,配线符合规定。

6. 安全装置和保护装置:安全装置和保护装置要求齐全有效、灵活可靠。

7. 按照要求进行空载试验、额定载荷试验。

8. 通过试运转发现的问题要及时处理,全部合格后填写安装自检报告,安装方与使用方双方签字。

三、物料提升机安装方案

(一)编制依据

1. 物料提升机型号 WLZ1600/30、最大起重量 1.6 t、安装高度 24 m。

2. 工程施工组织设计、平面布置图及现场地质情况。

3. 物料提升机使用说明书。

4.《龙门架及井架物料提升机安全技术规范》(JGJ 88－1992)、《施工升降机》(GB/T 10054－2005)、《物料提升机安全技术条件》(DB 13/888－2007)。

(二)工程概况

工程名称:

建筑面积:

结构类型:

建筑高度:

建筑标高:

物料提升机安装位置:

(三)物料提升机平面位置示意图(图 8－12)

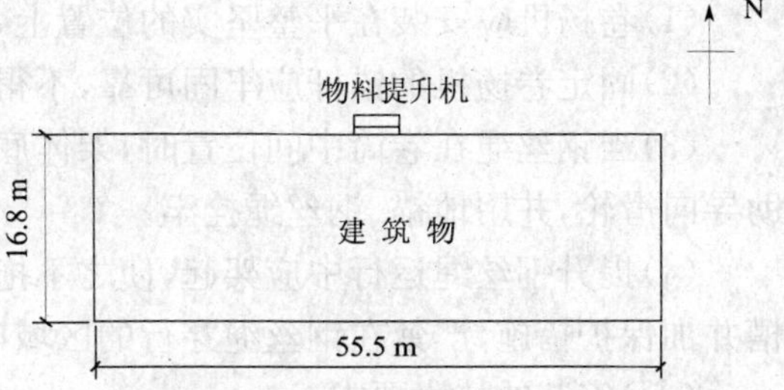

图 8－12　物料提升机平面布置示意图

(四)安装作业队伍的组成及职责

安装负责人:全面负责物料提升机的安装协调工作。

技术负责人:全面负责物料提升机的技术指导工作。

安装人员:负责物料提升机的安装调试工作。

物料提升机司机:负责卷扬机操作及故障排除。

(五)安装前的准备工作

1. 基础检查

安装负责人结合现场技术负责人根据基础处理情况对基础进行检查验收。查阅基础混凝土试块报告确认能够承受工作状态和非工作状态下的最大荷载,并能满足起重机的稳定性要求。基础表面平整度偏差为 6 mm,并有排水措施。符合安装条件。

2. 安装作业前的检查

在安装作业开始前,应对物料提升机进行一次全面检查,清点零部件的数量,并对各机构、各部位、结构焊缝、齿轮等进行检查,发现问题应立即解决,做到把存在的问题在安装前处理好。

3. 安装机具清单(表 8－10)

表 8－10　安装机具清单

机具	型号	数量	机具	型号	数量
大扳手	300 mm×32 mm	2 把	U 形吊索		1 副(专用)
眼　镜	18/24	2 把	安全带		4 条
手　锤		2 把	安全帽		6 个

其他常用工具带齐,电工工具本人自带。

(六)安装过程中的注意事项、安全要求及安全防护措施

1. 架体的安装

(1)安装架体时应先将地梁与基础连接牢固,每安装 2 个标准节应采取临肘支撑或临时缆风绳固定并进行初校正,在确认稳定后,方可继续作业。

(2)架体各节点的螺栓必须紧固,螺栓应符合孔径要求,严禁扩孔和开孔,更不得漏装或以钢丝代替。

(3)安装时,吊篮内不得多于 2 个标准节,平台上不得多于 3 个工作人员,工作人员必须戴安全帽,系安全带。

(4)安装时,小吊杆横杆应转至无障碍物位置,防止与其他物体碰撞。

(5)自升平台爬爪在平台上下移动时,必须转动灵活,动作可靠,应注意检查并加油润滑;安装时,应严禁其卡住;平台不动时,应保证爬爪有效支撑在标准节横杆上。

(6)安装作业中,严禁从高处向下抛掷物件。

(7)安装作业宜在白天进行。

(8)4 级风力以上天气情况下禁止安装作业。

2. 卷扬机安装

(1)卷扬机应安装在平整坚实的位置上,远离危险作业区,视线应良好。

(2)固定卷扬机的锚杆应牢固可靠,不得以其他物品代替锚桩。

(3)当钢丝绳在卷筒中间位置时,架体底部的导向滑轮应与卷筒轴心垂直,否则应设置辅助导向滑轮,并用地锚、钢丝绳拴牢。

(4)提升钢丝绳运行中应架起,使之不拖地面和被水浸泡。必须穿越主要干道时,应挖沟槽并加保护措施,严禁在钢丝绳穿行的区域内堆放物料。

(七)安装的技术要求

1. 提升机架体安装应垂直、稳定,架体安装的垂直度偏差,不得超过架体高度的 3‰,并不得超过 200 mm。

2. 架体拼接时，相邻标准节的立柱结合面对接应平直，导轨接点截面相互错位形成的阶差不应大于 1.5 mm，且连接牢固，可靠。

3. 吊篮的滚轮与导轨的安装总间隙应控制在 5～10 mm 以内，两导轨间距偏差不得大于 10 mm。

4. 分节安装架体时，安装过程中必须有临时的固定措施，保持架体安装过程中的整体稳定性。

5. 附墙架与架体及建筑物之间均应采用刚性件连接，并形成稳定结构，其间距为 3～6 m，一般不宜大于 9 m，且在建筑物的顶层必须设置一组。架体顶部的自由高度不得大于 6 m。

6. 吊篮到最高提升位置时，吊篮顶部与升降操作平台底部的间隙不得小于 0.5 m。

(八)安装步骤

1. 清理基础周围杂物；准备好各种安装工具；将各连接螺栓处涂以适量黄油；将各润滑点注以润滑油。

2. 将底盘安置于基础上，用水平仪找平、调整，并用地脚螺栓固定。

3. 卷扬机的固定：将卷扬机用螺栓固定于其基础上。其距离提升机不小于卷筒宽度的 20 倍。

4. 将自升操作平台的套架套在标准节与基础联结处，再把底节放入套架内，并用螺栓紧固。

5. 调整平台位置，安装平台滚轮，保证滚轮与滑道间隙适当，使平台上下自如。安装时滚轮轴上应涂布润滑脂。

6. 将介轮装置置于标准节顶部，穿绕提升系统钢丝绳通过手摇卷筒实现平台的上升(或下降)。顶升前后，应特别注意支撑爬爪位置，防止其卡住；平台停止动作后，应将其放回原位，将平台有效的支撑在标准节上。

7. 将平台顶升至标准节第四层腹杆位置(即其支撑爬爪置于第四层腹杆上)，用平台上的小吊杆吊起第二节标准节，通过紧固螺栓与第一节标准节连接。

8. 上移介轮装置，将平台顶升至第二节标准节第四层腹杆位置，固定。

9. 将吊篮移至架体中间位置，调整，安装滚轮，轴上应涂油，保证滚轮与滑道间隙适当，以便吊篮上、下运动自如。

10. 穿绳，将绳一端从卷扬机引出后绕过升降机底座导向滑轮；接着到天梁导向滑轮；然后从此处引出后绕过吊篮上的动滑轮；最后引出到天梁将该绳端固定。

11. 安装断绳保护安全装置，将保险杠和吊篮架体，以有保险杠、链板和动滑轮架有销轴连接，上好制动弹簧，保证其应有足够的张紧力，必须动作灵活、可靠。

12. 继续顶升，此时需借助吊篮运输待装标准节到一定高度，再由小吊杆吊装，方法如前。(吊杆吊装标准节时，标准节应为竖立位置，并有上下方向)

13. 卷扬机必须由专人负责操作，安装过程中，由于未安装上升极限限位，应防止吊篮冒顶事故的发生。

14. 提升架体接高到 9 m 时，需用经纬仪找正一次垂直度，调整后保证其垂直度偏差不大于 1‰；且每接高 9 m 时，必须检测其垂直度，并用调节附墙架来校正；提升架体自由端高度不大于6 m。

15. 提升架体每次安装和接高后，要先空载运行，观察并调整上下限位开关，使之动作灵活、可靠；并做轻载运行，各机构确无问题，方可投入使用；使用 24 h 后，应架架体连接螺栓紧固一次。

16. 吊篮在正常工作过程中，严禁运送人员。

17. 当架设高度超过规定独立高度后，在第二节标准节的附着管上设置第一道附着；以后每隔 3～6 m 必须与建筑物连接一道附着，架体自由端高度不得超过 6 m。

18. 附墙架必须用螺栓连于建筑物的预埋件上或圈梁上（或焊接于预埋件上），要求附着要牢固，不得附于脚手架等其他外设架子上。

（九）应急救援预案

为减少或预防在施工中潜在的安全事故隐患或紧急情况下带来的安全事故的发生，以便对可能出现的重大事故或紧急情况进行预控和控制，特制定以下应急预案。

1. 项目部建立应急管理体系，成立以项目经理为核心的应急小组，小组成员由专职安全员和工长及班组长组成。

组长：

成员：

2. 指挥中心设在项目部办公室。

3. 应急响应：

①一般安全事故、环境事件的应急响应

a. 当事故或紧急情况发生后，当事人应立即汇报，并采取应急措施，防止事态扩大。

b. 项目经理组织应急成员对事故进行处理，并在 24 h 内向安全管理部门或保卫部报告。

②重大事故的应急报告

a. 重大安全事故发生后。当事人或发现人应立即向项目领导报告，同时采取措施，防止事态进一步扩大。

b. 项目部组织应急小组人员对事故按应急措施进行处理，并立即报告公司主管经理和安全管理部门或保卫部。安全管理部通知应急领导小组相关成员立即到现场进行调查。

③报警

a. 紧急事故或事件发生时，发现人应立即报警。

b. 内部报警应简述：

出事地点、事态状况、报警人姓名。

c. 外部报警应详细准确报告：

出事地点、单位、电话、事态状况及报警人姓名、单位、地址、电话、发生火灾时还要派人到主要路口迎接消防车。

④报告

紧急事故处理后，项目负责人，应在 24 h 内填写报告书，报安全管理部或保卫部。

4. 具体的安全事故、环境事件及紧急状况的应急准备与响应措施：

①可能发生的安全事故主要有 5 种类型：高处坠落、物体打击、触电事故、机械伤害、设备倾翻。

②高处坠落的应急措施

a. 施工人员要利用好各种安全防护用品，尤其是安全帽、安全带及时正确使用。

b. 高处坠落可能造成的伤害有：颅脑损伤、胸部创伤（如肋骨骨折）、胸腔储器损伤等。

c. 当发生物体打击事件和有人自高处坠落摔伤时，应注意保护摔伤及骨折部位，避免因不正确的抬运使骨折错位造成二次伤害，并及时向工地负责人报告，拨打急救电话“120”或送医院治，送医院途中不要乱转病人的头部，应该将病人的头部略微抬高一些，防止呕吐物吸入肺内。

③触电事故的应急措施

a. 触电急救的要点是动作迅速，方法正确。发现有人触电，首先要尽快使触电人脱离电源，然后根据具体情况进行抢救。

b. 触电人脱开电源以后，应视触电人身体状况，决定采取不同急救的方法。

急救方法有 4 种：

a. 触电人伤势不重，神志清醒，但有些心慌，四肢发麻，全身无力，或一度昏迷，已经清醒过来。这样就应搀扶触电者到空气流通的地方安静休息，不要走动，并请医生前来诊治或送往医院接受检查治疗。

b. 触电人伤势较重，失去知觉，昏迷不醒，但还有呼吸和心脏跳动，这样应使触电者舒适安静地平卧，保持空气流通，解开衣扣、腰带便于呼吸，天气寒冷时要注意保温，并速请医生诊治或送往医院。

c. 发现触电人失去知觉，呼吸困难、稀少或发生痉挛，应立即采取人工呼吸进行抢救。

d. 触电人伤势严重，呼吸和心脏二者均已停止，应立即不间断地作口对口人工呼吸或胸外心脏挤压抢救，并速请医生或送往医院。应该注意的是急救要尽快进行，不能等医生到来。在送往医院的途中，也不能中断急救。

④机械伤害事故的应急措施：

机械设备必须按规定配备齐全有效的各种安全保护装置，按要求办理验收手续。

发生断手(足)、断指(趾)的严重情况时，现场要对伤口包扎止血、止痛、进行半握拳状的功能固定。将断手(足)、断指(趾)用消毒和清洁的敷料包好，切忌将断指(趾)浸入酒精等消毒液中，以防细胞变质。然后将包好的断手(足)、断指(趾)放在无泄露的塑料袋内，扎紧袋口，在袋口周围放些冰块，或用冰棍代替(切忌将断手(足)、断指(趾)直接放入冰水中浸泡)，速随伤者送医院抢救。

发生头皮撕裂伤时，必须及时对受伤者进行抢救，采取止痛及其他对症措施。用生理盐水冲洗有伤部位涂红贡后用消毒大纱布块、消毒棉花紧紧包扎，压迫止血，同时打 120 或送医院进行治疗。

⑤设备倾翻事故的应急措施，可参见高处坠落的应急措施。

(十)物料提升机安装验收

1. 整机安装完毕后，由安装负责人组织，现场设备管理员和安全员参加，司机操作进行自检验收和试运转。

2. 金属结构：检查受力构件无变形、裂纹及严重锈蚀，附件、联结件螺栓和销轴等齐全紧固。

3. 传动机构：检查各机构应平稳无异响，制动器、离合器等灵活可靠，各润滑点润滑良好。

4. 绳、轮系统：检查钢丝绳的质量、规格、缠绕、固定等情况应符合规定，各部滑轮灵活可靠，磨损不超标。

5. 电气系统：电气系统应工作正常，各接线端子要求接触良好、可靠，控制操作灵活、可靠，电气安全装置齐全，配线符合规定。

6. 安全装置和保护装置：安全装置和保护装置要求齐全有效、灵活可靠。

7. 按照要求进行空载试验、额定载荷试验。

8. 通过试运转发现的问题要及时处理，全部合格后填写安装自检报告，安装方与使用方双方签字。